能源碳中和概论

周开乐　丁　涛　张　弛　陆信辉◎编著

Introduction to Energy Carbon Neutrality

科学出版社

北京

内 容 简 介

本书分为三篇共十五章，较为系统地介绍了能源碳中和相关的基本概念、关键问题、发展现状和主要挑战等。第一篇为碳中和基础，包括碳中和概述、碳足迹与碳排放、碳交易市场机制、碳捕集利用与封存、碳达峰碳中和的国际比较等五章；第二篇为能源与碳中和，主要介绍能源转型、储能、能源区块链、智慧能源管理和综合能源服务等；第三篇为面向领域的能源碳中和，涵盖工业领域、交通领域、建筑领域、信息通信行业和服务业等不同领域的能源碳中和。

本书可作为高等学校碳达峰碳中和相关专业的本科生或研究生教材，也可作为环境科学、管理科学、能源工程、公共管理等领域的科技工作者、工程技术人员或管理人员的参考用书，还可供企事业单位从事能源碳中和相关管理工作的人员参考阅读。

图书在版编目（CIP）数据

能源碳中和概论 / 周开乐等编著. —北京：科学出版社，2022.12

ISBN 978-7-03-072868-5

Ⅰ. ①能…　Ⅱ. ①周…　Ⅲ. ①能源发展－产业发展－研究－中国
Ⅳ. ①F426.2

中国版本图书馆 CIP 数据核字（2022）第 148482 号

责任编辑：王丹妮　陶　璇 / 责任校对：贾娜娜
责任印制：张　伟 / 封面设计：有道设计

科 学 出 版 社 出版

北京东黄城根北街 16 号
邮政编码：100717
http://www.sciencep.com

北京中科印刷有限公司 印刷
科学出版社发行　各地新华书店经销

*

2022 年 12 月第 一 版　开本：720 × 1000　1/16
2022 年 12 月第一次印刷　印张：33 1/4
字数：670 000

定价：298.00 元
（如有印装质量问题，我社负责调换）

前　　言

　　绿色低碳可持续是人类共同追求的发展目标，也是我国新发展理念的重要内容。多年来，很多国家和地区为解决能源和生态危机采取了诸多行动，全球为应对气候变化开展了广泛合作，取得了一定成效。2020 年 9 月，我国正式提出二氧化碳排放力争在 2030 年前达到峰值，努力争取 2060 年前实现碳中和的目标。实现碳达峰碳中和是一项艰巨的任务，是一场深刻的变革，也是一个复杂的系统工程，涉及经济社会各领域和生产生活各方面，覆盖能源、工业、交通、建筑、信息通信等诸多行业。碳达峰碳中和是一个交叉领域，需要气候变化科学、地球科学、环境科学、能源工程、信息技术、管理科学、经济学、公共政策、哲学、社会科学等多学科、跨学科交叉融通、协同发力。

　　能源生产和消费相关活动是最主要的二氧化碳排放源，能源转型和能源革命是实现碳达峰碳中和的内在要求和必由之路。能源碳中和既指能源生产领域的绿色低碳转型，也指面向不同领域能源消费的节能降碳，这是编写本书的初衷，也是设计本书篇章结构的出发点。本书作者团队长期从事能源管理和环境治理相关领域的基础理论研究和应用研究，在相关研究积累的基础上，参考了国内外大量文献资料，收集整理了国内外现有相关研究成果，编写了本书。本书主要有以下几个特点：一是定位上聚焦通识和基础，内容呈现没有使用过多专业研究术语，力求通俗易懂，读者适用面广泛；二是结构上聚焦能源供需视角的碳中和，既从能源生产的典型环节和过程理解碳中和，也从不同领域的能源消费出发探究能源碳中和问题；三是内容上聚焦前沿且新颖，如既讨论了氢能、储能等能源生产领域的前沿课题，也介绍了能源区块链和综合能源服务等智慧能源管理领域的前沿内容。

　　本书分为三篇，共十五章。第一篇为碳中和基础，包括碳中和概述、碳足迹与碳排放、碳交易市场机制、碳捕集利用与封存、碳达峰碳中和的国际比较等五章；第二篇为能源与碳中和，主要介绍能源转型、储能、能源区块链、智慧能源管理、综合能源服务等；第三篇为面向领域的能源碳中和，涵盖工业领域、交通领域、建筑领域、信息通信行业和服务业等不同领域的能源碳中和。三篇内容各有侧重，相互呼应，构成一个有机整体。

　　本书的出版和相关研究工作得到了国家自然科学基金项目（编号：72271071；71822104）、安徽省自然科学基金安徽能源互联网联合基金重点项目（编号：

2008085UD05）、中央高校基本科研业务费专项资金资助项目（编号：JZ2020HGQA0167；JZ2022HGPB0305）和安徽省科技重大专项（编号：17030901024）等的资助。本书的构思和完成得到了合肥工业大学过程优化与智能决策教育部重点实验室、数据科学与智慧社会治理教育部哲学社会科学实验室（试点）和能源环境智慧管理与绿色低碳发展安徽省哲学社会科学重点实验室等平台基地的支持。本书由合肥工业大学周开乐、丁涛、陆信辉以及浙江工商大学张弛共同撰写，周开乐设计了本书的总体框架和撰写思路，并对全书进行了统稿和审校，丁涛、张弛、陆信辉对各篇章进行了重点审校。合肥工业大学研究生虎蓉、胡定定、张增辉、种杰、高亚婷、李浩斌、费志能、郭金环、杨柳、周昆树、殷辉、于俊卿等为本书编写提供了协助，在资料收集整理和文字编辑等方面做了大量工作。

　　在本书编写过程中，作者参考了大量的国内外相关领域的经典理论成果和最新前沿成果，得到了很多启发，各章参考文献中列出的只是其中一部分，在此向所有参考文献的作者致以衷心的感谢。

　　能源碳中和涉及学科专业多，科技发展迅速，相关领域新技术、新产业、新业态、新模式不断涌现。由于作者的水平有限，在篇章设计、内容编写、观点表述等方面都难免存在不足之处，恳请广大读者批评指正。

周开乐　丁　涛　张　弛　陆信辉

2021 年 11 月于合肥

目　　录

第一篇　碳中和基础

第二篇　能源与碳中和

第三篇　面向领域的能源碳中和

第一篇　碳中和基础

第1章　碳中和概述

1.1　全球气候变化

近百年来，受人类活动和自然因素的共同影响，全球正经历着以气候变暖为显著特征的气候变化，全球气候变化已深刻影响人类的生存和发展，成为制约可持续发展的严峻挑战之一。人为活动尤其是能源活动导致的温室气体排放是 20 世纪中叶以来全球气候变暖的主要原因。国际社会已经意识到全球气候变化对人类当代及未来生存空间的威胁和挑战，意识到采取共同应对措施减少温室气体排放和防范气候风险的重要性和紧迫性。

1.1.1　全球气候变暖的现实

气候是指一个地区大气的多年平均状况，主要的气候要素包括光照、气温和降水等，以冷、暖、干、湿等特征进行衡量。气候是大气物理特征的长期平均状态，具有一定的稳定性。

气候变化是指气候平均状态随时间的变化，即气候平均状态和离差（距平）两者中的一个或两个一起出现了统计意义上的显著变化，变化持续的时间典型的为 30 年或更长。平均值的升降，表明气候平均状态的变化；离差值越大，表明气候变化的幅度越大，气候状态不稳定性增加。气候变化的原因有自然因素和人为因素。自然因素包括太阳活动、火山活动、大气以及海洋环流的变化等；人为因素主要是工业革命以来人类生产和生活所引起的二氧化碳（CO_2）等温室气体浓度的增加、土地利用的变化等。联合国政府间气候变化专门委员会（Intergovernmental Panel on Climate Change，IPCC）对气候变化的定义为基于自然变化和人类活动所引起的气候变动。《联合国气候变化框架公约》（United Nations Framework Convention on Climate Change，UNFCCC）定义的气候变化是指经过一段时间的观察，在自然气候变化之外由人类活动直接或间接地改变全球大气组成所导致的气候变化。

近百年来，许多观测资料表明，地球气候出现了以变暖为主要特征的系统性变化。世界气象组织（World Meteorological Organization，WMO）的报告显示，2020 年的全球平均地表温度比工业化前时代（1850～1900 年基线）高出约 1.2℃，成为全球有记录以来的三个最热年份之一[1]。IPCC 在第六次评估报告（Sixth

Assessment Report，AR6）第一工作组报告《气候变化 2021：自然科学基础》中指出，最近 40 年间，每十年的平均温度比 1850 年以来的任何十年的平均温度都要高，2001～2020 年全球平均地表温度相比工业化前时代高出 0.99℃，2011～2020 年则要高出 1.09℃[2]。1850 年以来全球平均地表温度如图 1.1 所示。

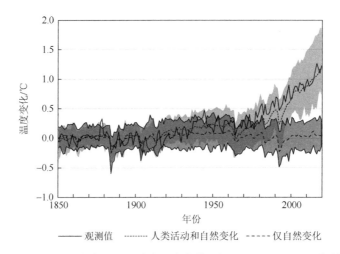

图 1.1　1850～2019 年全球平均地表温度变化（相对于 1850～1900 年基线）

浅灰色阴影部分表示由人类活动和自然变化共同影响导致的全球平均地表温度变化的模拟区间，深灰色阴影部分表示仅自然变化导致的全球平均地表温度变化的模拟区间，详细解释可参考 IPCC AR6

1.1.2　全球气候变暖的影响

综合气候变化相关的科学和政治研究，全球平均地表温度较工业化前时代升高幅度一旦超过 2℃的阈值，人类、野生动植物和生态系统将面临巨大风险，这一观点已经成为全球共识。按照 IPCC 相关情景预测，如果不对当前的气候变暖趋势加以控制，那么到 21 世纪末温升将很有可能超过工业化前水平 2.1～3.5℃，并且可能将在未来 20 年内达到甚至超过 1.5℃的温升水平。目前全球平均温升或已超过 1.2℃，全球气候系统的持续变暖已经对生态系统和人类社会经济造成了严重影响，未来这些影响在气候系统惯性作用下还将持续。

1. 海平面上升

气候变暖使得气候系统增加的净能量大部分被海洋吸收并储存，导致海洋升温，海水热膨胀引起海平面上升，而冰川和冰盖消融以及陆地水资源的变化则进一步加剧了海平面上升。IPCC AR6 指出，从 1901 年到 2018 年，全球平均海平面高度上升了 0.20 米。1901～1970 年，海平面上升速度为 1.3 毫米/年，1971～2005 年达到 1.9 毫米/年，2006~2018 年进一步提高到了 3.7 毫米/年（高可信度）。美国国家航空航天局（National Aeronautics and Space Administration，NASA）的一项研究表明，通过卫星数据观测到的 1993~2017 年海平面上升速度为 3±0.4 毫米/年，且这一时期海平面上升速度还保持着大致 0.084±0.025 毫米/年^2 的速率不断加快[3]。该研究还基于 IPCC 第五次评估报告（Fifth Assessment Report，AR5）相关协议的情景粗略预测，到 2100 年全球平均海平面高度相比 2005 年将上升 0.65±0.12 米。由于自然资源和贸易机会，沿海地区往往也是人口和经济活动相对集中的区域，尤其是亚洲，容纳了全球低海拔四分之三的人口。海平面上升将导致海岸线侵蚀、一些小岛国和沿海城市被海水淹没，数亿人将直接面临海平面上升所带来的风险。有学者通过海岸数字高程模型评估受海平面上升影响的人口数量，发现在有效控制气候变暖的情况下，到 2100 年也将有大约 1.9 亿人的居住地在海洋高潮位以下；而在减缓气候变暖不理想的情况下，受海水泛滥影响的人口数量将从目前的 2.5 亿人扩大到 2100 年的 6.3 亿人[4]。

2. 海水酸化

随着大气中二氧化碳浓度的升高，部分二氧化碳会被海水吸收，从而有助于减轻气候变化的影响。海洋中的二氧化碳的浓度上升直接影响海洋化学性质，降低海水的平均 pH 值，这一过程称为海水酸化。2010~2019 年人类活动导致的二氧化碳排放总量中约 46% 累积在大气中、23% 在海洋中、31% 在陆地上，其中 1% 为未归因的收支平衡[5]。2.5 亿年前的二叠纪末生物大灭绝被认为是地球多次生物大灭绝事件中最惨烈的，有超过 90% 的海洋物种和 70% 的陆地物种灭绝。有研究指出，火山活动导致的快速巨量的碳排放使得全球大气中二氧化碳的含量急剧升高，引起了全球升温和海洋酸化，同时还伴随着海洋缺氧等一系列事件，很可能是导致这次大灭绝的原因[6]。而当时的最大碳排放速率大约是 50 亿吨碳/年，仅仅相当于当前每年碳排放量的一半。相关研究显示，从 20 世纪 80 年代起，海洋表层的 pH 值下降速度大约是每十年 0.016±0.006pH 值[7]。IPCC AR6 也认为当前海洋表层的 pH 值是至少 26 000 年以来的最低水平，而且 pH 值变化速度也是从那时开始前所未有的[2]。海水酸化将直接影响众多生物的生存环境，如有着保护海岸线作用的珊瑚礁，从而影响整个海洋生态系统，危害人类的渔业生产，对粮食安全造成威胁。而且随着海水 pH 值的下降，其从大气中吸收二氧化碳的能力也会随之下降[8]，不利于减缓气候变化。

3. 冰冻圈加速消融

冰冻圈是指地球表层连续分布并具有一定厚度的负温圈层，冰冻圈可提供气候变化的关键指标。气候变化领域所用的主要冰冻圈指标有海冰范围、冰川质量平衡以及格陵兰和南极冰盖的质量平衡。《2020 年全球气候状况》报告显示[1]，自 20 世纪 80 年代中期以来，北极地面气温的升温速度至少是全球平均值的两倍，而且还会通过各类反馈机制致使多年冻土融化，释放甲烷到大气中，对全球气候产生潜在的巨大影响。2020 年北极海冰范围在经过夏季融化后，其最小值为 374 万平方公里，这是有记录以来第二次缩小到不足 400 万平方公里。冰川受温度、降水和太阳光辐射等因素影响较大，对底部光滑度变化或冰架支撑损失等其他因素也比较敏感。有研究表明，长期以来地球许多地区的冰川质量损失都有明显的加速趋势，且 10 个最大负质量平衡年份中，有 8 个出现在 2010 年以后。对于冰盖的质量平衡，监测数据显示，格陵兰冰盖质量继续损失，冰山崩解造成的冰损失是 40 年卫星记录的高点。2019 年 9 月至 2020 年 8 月，格陵兰冰盖的冰损失约为 1520 亿吨；南极冰盖自 20 世纪 90 年代末以来也出现了显著的质量损失趋势，并且由于西南极洲和南极半岛主要冰川的流速加快，2005 年之后质量损失的趋势也在加快，目前南极冰盖每年冰损失为 1750 亿～2250 亿吨[9]。

4. 极端天气

全球气候变暖加剧了气候系统的不稳定，是造成极端天气气候事件频发、强度增强的根本原因，这些极端天气包括热浪、干旱、特大暴雨和热带风暴等事件。IPCC AR5 指出，1950 年以来全球范围内热浪等极端热事件发生的频率越来越高，危害程度也越来越高；相反，极端冷事件则变得更少[10]。2021 年 6 月和 7 月，北美洲西部受异常热浪影响，许多地区最高温度打破台站纪录，并导致数百人因高温死亡。2021 年 6 月 29 日，加拿大不列颠哥伦比亚省中南部利顿镇的温度达到 49.6℃，打破加拿大全国纪录。2021 年 8 月，地中海地区也遭遇极端高温事件，意大利西西里岛锡拉库萨市附近温度达到 48.8℃，成为欧洲最高温度纪录。热浪和大范围的干旱促使野火发生，如 2020 年夏末美国西部的特大野火造成了 20 年来美国国内最大过火面积，2019 年下半年澳大利亚的严重野火一直持续到了 2020 年上半年，同期新西兰也经历了有记录以来的最长干期。随着气候变暖，大气层在饱和前可容纳更多水汽，极端强降水发生的可能性随之增大。2021 年 7 月 17 日至 21 日，中国河南省遭遇了极端降雨。其中，郑州市 1 小时最大降水量达 201.9 毫米（中国大陆小时气象观测降水量纪录），6 小时降水量为 382 毫米，这次事件的总降水量为 720 毫米，超过了其年平均降水量。此次极端暴雨导致严重城市内涝、河流洪水、山洪滑坡等多种灾害，造成重大人员伤亡和财产损失，据统计此次灾害共造成河南省 1478.6 万人受灾，因灾死亡失踪 398 人，直接经济损失 1200.6 亿元[11]。

1.1.3 应对气候变化行动

自 IPCC AR5 以来，将观测到的上述系统变化归因于人类影响的证据均有增强。此外，全球气候变暖引起的气候变化还会导致物种和生态系统消失、影响农业生产和粮食安全、诱发自然灾害和疾病暴发、间接造成受水文气象灾害事件影响的地区遭受经济损失和居民流离失所。减缓和适应气候变化已成全球共识，世界各国都在积极采取措施，为减缓和适应气候变化而不断努力。

1. 全球应对气候变化行动

联合国环境规划署（United Nations Environment Programme，UNEP）和 WMO 在 1988 年合作成立了 IPCC。该组织目前已有 195 个成员国，专门负责研究由人类活动所造成的气候变化，每隔若干年（5～8 年）根据全世界气候变化相关的研究进展，发表一个具有权威性的综述报告。IPCC 已分别在 1990 年、1995 年、2001 年、2007 年和 2014 年发布了第一次评估报告（First Assessment Report，FAR）、第二次评估报告（Second Assessment Report，SAR）、第三次评估报告（Third Assessment Report，TAR）、第四次评估报告（Fourth Assessment Report，AR4）和 AR5 五份气候变化评估报告，并在 2018 年发布了《全球升温 1.5℃特别报告》（Special Report on Global Warming of 1.5℃，SR15），2019 年发布了《气候变化和土地特别报告》（Special Report on Climate Change and Land，SRCCL）以及《气候变化中的海洋和冰冻圈特别报告》（Special Report on the Ocean and Cryosphere in a Changing Climate，SROCC）两份特别报告。最新的 IPCC AR6 第一工作组报告、第二工作组报告和第三工作组报告分别于 2021 年 8 月、2022 年 2 月和 2022 年 4 月发布。

1992 年，UNFCCC 在联合国环境与发展会议（United Nations Conference on Environment and Development，UNCED）上通过，这是世界上第一个为应对全球气候变暖给人类经济和社会带来的不利影响的国际公约。该公约确立了共同但有区别的责任、尊重各缔约方的可持续发展权等基本原则，成为国际社会在应对全球气候变化问题上进行国际合作的一个基本框架。1997 年通过并于 2005 年 2 月正式生效的《京都议定书》（Kyoto Protocol）是历史上第一个设立强制减排目标且具有法律约束力的减排文件。此后的"蒙特利尔路线图"、"巴厘岛路线图"及《哥本哈根协议》等，由于各方的政治博弈和责任规避，均未就《京都议定书》一期承诺到期后给出相应的后续方案；坎昆协议、德班增强行动平台、多哈修正案、华沙共识、利马倡议等文件也主要是围绕第二承诺期和针对发展中国家的资金和技术转让等公平性问题进行商讨[12]。直到 2015 年，《巴黎协定》(The Paris Agreement) 成为第二份具有法律约束力的气候协议，为 2020 年后全球应对气候变化行动做出安排，以各自制定国家自主贡献 (nationally determined contribution，NDC) 目标和行动计划为基础，确定到 21 世纪下半叶实现全球温室气体净零排放以及尽快达到峰值的减排目标。《巴黎协定》的达成是继《京都议定书》之后全球应对气候变化谈判的历史性突破，是全球气候治理进程中的又一里程碑，也是全球实现绿色低碳和可持续发展的新起点。更多 UNFCCC 缔约方大会 (Conference of the Parties，COP) 信息见表 1.1。

表 1.1 历次 UNFCCC COP 概况

年份	会次	地点	会议内容
1992	联合国环境与发展会议	里约热内卢	通过了具有法律效力的 UNFCCC,形成应对全球气候变化问题国际社会进行合作的基本框架
1995	COP1	柏林	《柏林授权书》规定最迟于 1997 年签订一项议定书，议定书应明确规定在一定期限内发达国家所应限制和减少的温室气体排放量
1996	COP2	日内瓦	《日内瓦宣言》展开减排数量的讨论
1997	COP3	京都	《京都议定书》具有划时代意义
1998	COP4	布宜诺斯艾利斯	《布宜诺斯艾利斯行动计划》决定在 2000 年就减缓全球温室效应的计划采取具体行动
1999	COP5	波恩	通过了一系列缔约国的信息通报编制指南、温室气体清单技术审查指南、全球气候观测系统报告编写指南
2000	COP6	海牙	发展中国家利益集团形成，美国为首的伞形集团极力推行以市场为主的"抵消排放"方案，会议未能达成预期协议。会后，2001 年 3 月，美国政府正式宣布退出《京都议定书》
2001	COP7	马拉喀什	《马拉喀什协定》稳定了国际社会对应对气候变化行动的信心
2002	COP8	新德里	《德里宣言》明确指出了应对气候变化的正确途径
2003	COP9	米兰	会议成果有限，在推动《京都议定书》尽早生效并付诸实施方面未能取得实质性进展
2004	COP10	布宜诺斯艾利斯	会议成效甚微，几个关键议程的谈判进展不大，其中资金机制的谈判最为艰难
2005	COP11	蒙特利尔	通过了"蒙特利尔路线图"；在《京都议定书》框架下，157 个缔约方将启动《京都议定书》2012 年后发达国家温室气体减排责任谈判进程
2006	COP12	内罗毕	达成包括"内罗毕工作计划"在内的几十项决定，以帮助发展中国家提高应对气候变化的能力
2007	COP13	巴厘岛	通过了"巴厘岛路线图"，进一步确认了 UNFCCC 和《京都议定书》下的"双轨"谈判进程
2008	COP14	波兹南	正式启动 2009 年气候谈判进程，同时决定启动帮助发展中国家应对气候变化的适应基金

续表

年份	会次	地点	会议内容
2009	COP15	哥本哈根	发表了《哥本哈根协议》，决定延续"巴厘岛路线图"，并推动谈判向正确方向迈出了第一步，同时提出建立帮助发展中国家减缓和适应气候变化的绿色气候基金
2010	COP16	坎昆	《坎昆协议》坚持了 UNFCCC、《京都议定书》和"巴厘岛路线图"，坚持了"共同但有区别的责任"，确保谈判进程继续向前
2011	COP17	德班	同意延长 5 年《京都议定书》的法律效力，决定建立德班增强行动平台特设工作组，即"德班平台"，就实施《京都议定书》第二承诺期并启动绿色气候基金达成一致
2012	COP18	多哈	通过了《京都议定书多哈修正案》，从法律上确保了《京都议定书》第二承诺期在 2013 年实施
2013	COP19	华沙	德班增强行动平台基本体现"共同但有区别的原则"，发达国家再次承认应出资支持发展中国家应对气候变化，就损失损害补偿机制问题达成初步协议，同意开启有关谈判
2014	COP20	利马	就 2015 年巴黎气候大会协议草案的要素基本达成一致
2015	COP21	巴黎	196 个缔约方一致同意通过《巴黎协定》，为 2020 年后全球应对气候变化行动做出安排，将 21 世纪全球平均气温较工业化前水平上升幅度控制在 2℃ 以内作为目标，并为把升温控制在 1.5℃ 之内而努力
2016	COP22	马拉喀什	发表了《马拉喀什行动宣言》，通过了关于《巴黎协定》的决定和 UNFCCC 继续实施的决定
2017	COP23	波恩	通过了"斐济实施动力"的一系列成果，进一步明确了 2018 年促进性对话的组织方式，通过了加速 2020 年前气候行动的一系列安排
2018	COP24	卡托维兹	通过了《卡托维兹规则手册》，确立了各国应如何提供有关其国家行动计划的信息，包括减排、减缓及适应气候变化的措施
2019	COP25	马德里	推动《巴黎协定》第 6 条关于碳交易市场机制运作与发展在缔约方范围内的落实
2021	COP26	格拉斯哥	因新型冠状病毒肺炎（以下简称新冠肺炎）疫情影响而延期至 2021 年，此次大会是《巴黎协定》进入实施阶段后召开的首次缔约方会议，就《巴黎协定》实施细则达成共识

应对气候变化全球政策是一个跨期国际协同行动，既是一个基于"环境规则"的履行公约，又是一个基于"经济权利"的分配公约，需要将一系列错综复杂的价值追求、环境义务、经济权利、国家主权、利益分配等问题置于一种制度安排之下，其目标的设置、方案的制订、措施的执行等关键问题同全球各国公平发展权利密切相关。每一届联合国气候变化大会都在万众瞩目中开幕，但会议过程往往并不顺利。从几次重要的气候变化大会的谈判进程来看，由于事关切身利益，参与的各个缔约方就话语权、责任分配、合作意愿等问题纷争不断，表现出明显的博弈特征[13]。全球应对气候变化的国际谈判折射出南北矛盾、发达国家内部矛盾、发展中国家的内部分歧和针对排放大国的矛盾。虽然各方致力于合作解决全球气候变化问题并签订了多个国际公约及其议定

书，但真正的全球合作存在相当大的难度，这是当前全球应对气候变化的严峻现实。

2. 中国应对气候变化行动

中国地域辽阔，自然条件复杂，生态环境脆弱，是遭受气候变化不利影响最为严重的国家之一，我国始终高度重视气候变化问题。中国先后在 1998 年 5 月签署《京都议定书》和 2016 年 4 月签署《巴黎协定》，并结合国家经济社会发展战略，制定和实施了一系列积极的减排政策与行动。2007 年国家发展和改革委员会（简称国家发展改革委）会同有关部门制定的《中国应对气候变化国家方案》作为中国第一部应对气候变化的科学评估报告，明确了到 2010 年中国应对气候变化的具体目标及重点领域[14]。从 2008 年起，国家发展改革委每年组织编写《中国应对气候变化的政策与行动》年度报告，以全面了解中国在应对气候变化方面采取的政策与行动及取得的成效[15]，2018 年后该报告由生态环境部主持组织编写。2011 年，"大幅度降低能源消耗强度和二氧化碳排放强度，有效控制温室气体排放"被正式写进《中华人民共和国国民经济和社会发展第十二个五年规划纲要》。2011 年 12 月，国务院发布《"十二五"控制温室气体排放工作方案》，则继续明确了到 2015 年单位国内生产总值（gross domestic product，GDP）二氧化碳排放量相比 2010 年下降 17% 的目标，并对进一步完善应对气候变化政策体系、体制机制，建立温室气体排放统计核算体系，形成碳排放交易市场等相关工作进行了指导[16]。2013 年 11 月国家发展改革委等部门发布的《国家适应气候变化战略》为 2020 年之前增强中国适应气候变化能力和统筹协调开展适应工作进行了专项规划和战略部署[17]。2009 年，哥本哈根会议期间中国对国际社会承诺"到 2020 年实现单位 GDP 二氧化碳排放相比 2005 年下降 40% 至 45%"，2014 年国家发展改革委发布的《国家应对气候变化规划（2014—2020 年）》将其作为约束性指标纳入国民经济和社会发展中长期规划，明确了中国在第二承诺期内应对气候变化的时间表和路线图[18]。2015 年，中国政府正式向 UNFCCC 秘书处提交了国家自主贡献文件，明确提出了二氧化碳排放 2030 年左右达到峰值并争取尽早达峰；单位 GDP 二氧化碳排放比 2005 年下降 60% 至 65%；非化石能源占一次能源消费比重达到 20% 左右；森林蓄积量比 2005 年增加 45 亿立方米左右的自主行动目标，制定了确保目标实现的相应政策措施[19]。2020 年 9 月 22 日，国家主席习近平在第七十五届联合国大会一般性辩论上表示，中国将提高国家自主贡献力度，采取更加有力的政策和措施，二氧化碳排放力争于 2030 年前达到峰值，努力争取 2060 年前实现碳中和①。在将控制温室气体排放作为国民经济和社会发展规划目标，尤其是加入《巴黎协定》

---

① 《减排二氧化碳，中国按下快进键！》，http://env.people.com.cn/n1/2020/0930/c1010-31881043.html[2022-08-04]。

之后，中国政府通过调整产业结构、优化能源结构、节能提高能效、控制非能源活动温室气体排放、增加碳汇等一系列措施，在减缓气候变化方面取得了积极成效。

1.2　温室气体排放概述

20 世纪上半叶，人们开始注意到全球气候有所变暖，通过对二氧化碳浓度变化的系统观测和气象资料的累积，二氧化碳等气体导致地球升温的推论逐步得到证实。IPCC AR6 对"人类活动导致气候变暖的结论"的评估结果认定是"明确的（unequivocal）"，认为人类活动在过去的 2000 年里造成的气候变暖是前所未有的[2]。报告还提到，模拟的太阳活动和火山活动等自然变率造成的全球平均地表温度变化是较为平稳的，而模拟的人类活动＋自然变率和观测到的平均温度变化是较为吻合的（图 1.1）。基于气候科学的众多证据可以说明，当前全球的气候变暖主要归因于人类燃烧化石燃料和土地利用等活动造成的温室气体排放。

1.2.1　温室效应与温室气体

温室气体排放导致全球气候变暖的机制为温室效应（greenhouse effect）。在太阳—地球—太空三者之间的能量平衡中，地球大气将吸收的地表释放的长波辐射通过逆辐射的形式到达地面，使得地表温度升高，这是自然状态下的温室效应，可以称为地球大气的保温效应。

地球大气的组成中，氮气（N_2）占 78%，氧气（O_2）占 21%，氩气（Ar）等占 0.9%，这些占比 99%以上的气体一般来说与入射的太阳辐射和地球的长波辐射的相互作用极小，既不吸收也不放射热辐射，不属于温室气体。温室气体主要包括水蒸气（H_2O）、二氧化碳、甲烷（CH_4）、氧化亚氮（N_2O）、臭氧（O_3）、一氧化碳（CO），以及氯氟烃、氟化物、溴化物、氯化物、醛类和各种氮氧化物、硫化物等极微量气体。对流层中的水蒸气对长期的温室效应没有显著作用，平流层中水蒸气对变暖的贡献要比甲烷或二氧化碳的小得多。二氧化碳、甲烷等温室气体可以吸收地表长波辐射，自然状态下对保持全球气候的适宜性具有积极的作用。但自工业化时代（约 1750 年）以来，人类活动，主要是燃烧化石燃料和土地利用等，使得温室气体浓度在短时间内出现剧烈变化，破坏了气候系统原有的稳定和平衡状态，引起全球气候变暖。在气候变化的科学研究中，通常只考虑由于人类活动导致排放量增加的长效温室气体，主要包括二氧化碳、甲烷、氧化亚氮、氢氟碳化物（HFCs）、全氟碳化物（PFCs）和六氟化硫（SF_6）。

不同的温室气体在大气中的含量不同，影响气候变化的相对能力也不同，其对气候变化的影响程度通常用辐射强迫来衡量。辐射强迫是指当地面和对流层温度保持不变时，平流层温度重新调整到辐射平衡后对流层顶净辐射通量的变化，是对改变地球大气系统能量平衡的影响因素的一种度量[20]，单位为瓦/米^2。根据WMO的报告[21, 22]，2020 年上述长效温室气体的总辐射强迫为 3.18 瓦/米^2，与1990 年相比增加了 47%。自工业化时代以来至 2020 年，主要长效温室气体对总辐射强迫增加的相对贡献如图 1.2 所示。二氧化碳是大气中最重要的人为排放的温室气体，占自工业化时代以来总辐射强迫增加的 66%，占过去十年辐射强迫增长的约82%[23]；甲烷占总辐射强迫增加的 16%；氧化亚氮占到 7%；其余温室气体约占 11%。从各自的大气含量来看，2020 年全球平均二氧化碳摩尔分数为 413.2±0.2ppm[①]，达到工业化前水平（278ppm）的 149%；甲烷的含量达到 1889±2ppb[②]，是工业化前水平的 262%；氧化亚氮的含量达到 333.2±0.1ppb，相当于工业化前水平的 123%。

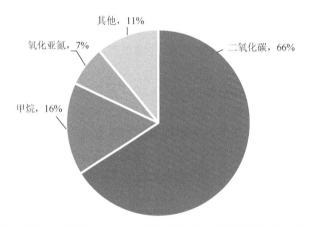

图 1.2　从工业化前时代至 2020 年主要温室气体对总辐射强迫增加的相对贡献

1.2.2　全球碳排放概况

二氧化碳是最重要的人为排放的温室气体，大部分针对气候变化的科学研究都是以人为二氧化碳排放量为研究对象，其他温室气体也可以通过全球变暖潜势值（详细见本篇 2.2.1 节）统一换算为二氧化碳当量（$CO_2\text{-eq}$）以进行比较分析。

1. 全球二氧化碳排放量

根据全球碳计划（Global Carbon Project，GCP）2021 年发布的数据[24]，自1960 年以来，全球二氧化碳排放量（化石燃料燃烧和工业生产过程）平均每年增长 2.27%，进入 21 世纪以来增长速度有所放缓，为 1.68%，增长趋势如图 1.3 所

---

① ppm，即 parts per million，百万分之一。
② ppb，即 parts per billion，十亿分之一。

示。2020 年，全球二氧化碳排放量为 348.07 亿吨，相比 2005 年增加了 52.05 亿吨，相比 2019 年减少了 19 亿吨，略低于 2012 年水平。

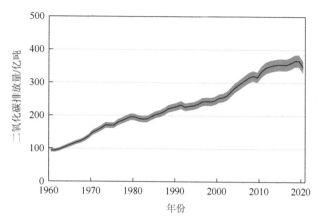

图 1.3　1960～2020 年全球二氧化碳排放量

二氧化碳排放量包括化石燃料燃烧和工业生产过程，灰色阴影部分表示±5%的不确定性

2. 按燃料类型分全球二氧化碳排放量

1960～2020 年按不同燃料类型分全球二氧化碳排放量如图 1.4 所示。1960 年，来自煤炭、石油、天然气的二氧化碳排放量分别为 51.52 亿吨、31.27 亿吨和 8.34 亿吨，占当年碳排放总量的 55.9%、32.8%和 8.6%；2020 年，三者分别达到 139.76 亿吨、110.73 亿吨和 74.00 亿吨，占比分别为 40.2%、31.8%和 21.3%。石油燃烧排放的二氧化碳排放快速增长的时期为 20 世纪七八十年代，煤炭燃烧排放的二氧化碳排放快速增长期则主要在 21 世纪的前 15 年。从长周期来看，石油燃

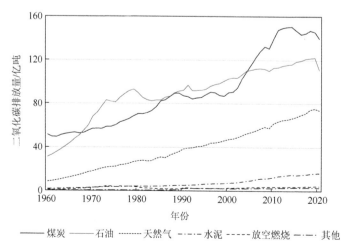

图 1.4　1960～2020 年按不同燃料类型分全球二氧化碳排放量

烧的份额相对稳定，主要表现为天然气对煤炭的份额替代。同样热值的煤炭燃烧排放的二氧化碳约是天然气的两倍，相对低碳的石油和天然气对煤炭的替代，一定程度上减缓了二氧化碳排放的增长速度。

3. 全球主要国家/地区二氧化碳排放

中国的二氧化碳排放量自 2002 年之后增长速度加快，分别于 2002 年和 2006 年超过欧盟 27 国和美国，成为世界第一大二氧化碳排放国，2020 年占全球二氧化碳排放量的 30.6%，同图 1.5 中其余 5 个国家或地区合计占全球二氧化碳排放量的 66.2%。2000~2020 年，中国的累计二氧化碳排放量占全球累计二氧化碳排放量的 24.3%，2010~2020 年，这一比例达到 28.0%，而其余国家或地区均有所下降。中国碳排放量增长速度较快，但在较快经济增长速度下，碳排放强度下降明显。据统计，2019 年碳排放强度比 2005 年下降 48.1%，超过了 2020 年碳排放强度比 2005 年下降 40%~45%的目标，扭转了二氧化碳排放快速增长的局面[25]。

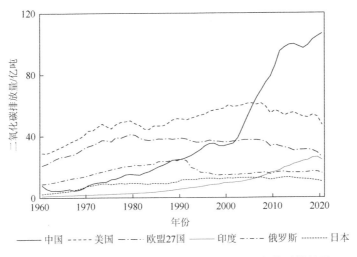

图 1.5　1960~2020 年全球主要国家/地区的二氧化碳排放量

4. 全球典型国家/地区的人均二氧化碳排放

中国人均二氧化碳排放量在 1990 年之前一直未超过世界平均水平的 50%，2006 年达到 4.85 吨，超过世界平均水平，但仍不及日本和德国的 1/2、美国的 1/4，具体见图 1.6。2010 年之后随着中国碳排放增长速度逐渐放缓，人均碳排放量基本稳定在 7 吨左右，2018 年之后又有小幅增长。2020 年中国人均二氧化碳排放量达到 7.4 吨，相当于同期美国人均二氧化碳排放量的 52%和世界平均水平的 166%。

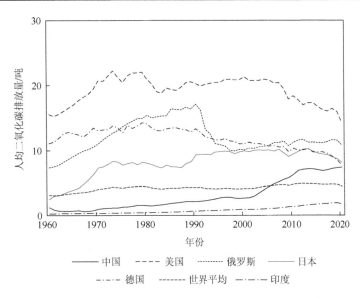

图 1.6　1960～2020 年全球典型国家/地区的人均二氧化碳排放量

1.3　碳达峰与碳中和

　　人类向自然生态系统加速排放的巨量温室气体所引起的气候变化，已经造成了全球很多区域的气候极端事件。人类已经意识到，如果不能在 21 世纪 20 年代有效遏制温室气体排放，并在 2050 年左右实现温室气体的净零排放，那么实现 1.5℃温控目标将变得遥不可及，人类的未来前景也将变得更为黯淡。每 0.1℃的温升都将带来更危险的后果和更高昂的代价，如何采取有效措施控制温室气体排放并实现净零排放，已经成为当下人类命运共同体面临的最为重大和紧迫的问题。

1.3.1　1.5℃温升目标

　　人为导致的二氧化碳累计排放量和全球变暖的温度变化有一个线性关系，大约每增加 1 万亿吨的二氧化碳排放，全球平均气温将升高 0.45℃（0.27～0.63℃）。如果不对当前的气候变暖趋势加以控制，几乎可以肯定未来全球平均气温会随着累计二氧化碳的增加而持续升高，到 21 世纪末温升将超过工业化前水平 4℃，给人类和生态系统带来巨大灾难。

　　《巴黎协定》提出要将全球平均气温上升幅度控制在不超过工业化前水平 2℃以内，并努力将气温上升幅度控制在工业化前水平 1.5℃以内；全球尽快实现温室气体排放达峰，并在 21 世纪下半叶实现温室气体净零排放。那应该如何根据该目标制定全球的碳排放政策，如何控制全球的碳排放量呢？IPCC AR6 基于共享社会经济路径（shared socio-economic pathways，SSP）进行未来气候变化的情景开发，设定较低排放水平情景 SSP 1-1.9、可持续发展情景 SSP 1-2.6、中等排放水平情景 SSP 2-4.5、较高排放水平的区域竞争情景 SSP 3-7.0 和化石燃料富足情景 SSP 5-8.5[2]。5 种二氧化碳排放情景下中长期增温估计结果如表 1.2 所示。

表 1.2　　五种二氧化碳排放情景下中长期增温估计（单位：℃）

情景	短期 2021～2040 年		中期 2041～2060 年		长期 2061～2100 年	
	预计温增	温增可能区间	预计温增	温增可能区间	预计温增	温增可能区间
SSP 1-1.9	1.5	1.2～1.7	1.6	1.2～2.0	1.4	1.0～1.8
SSP 1-2.6	1.5	1.2～1.8	1.7	1.3～2.2	1.8	1.3～2.4
SSP 2-4.5	1.5	1.2～1.8	2.0	1.6～2.5	2.7	2.1～3.5
SSP 3-7.0	1.5	1.2～1.8	2.1	1.7～2.6	3.6	2.8～4.6
SSP 5-8.5	1.6	1.3～1.9	2.4	1.9～3.0	4.4	3.3～5.7

在较高排放水平的两种情景（SSP 3-7.0 和 SSP 5-8.5）下，2100 年前二氧化碳排放量一直保持增长趋势，21 世纪末增温将达到 2.8～5.7℃；在中等排放水平情景（SSP 2-4.5）下，二氧化碳排放量将在 2030～2055 年进入平台期，之后开始下降，21 世纪末增温将达到 2.1～3.5℃；在较低的两种排放情景（SSP 1-1.9 和 SSP 1-2.6）下，全球需要立即行动，开始快速减排，实现二氧化碳排放量的快速下降，并在 2055～2080 年达到碳中和，最终增温可以控制在 1.0～2.4℃。然而模拟结果也显示，以上 5 种排放情景温增幅度在最近的 20 年内都将达到 1.5℃。只有 SSP 1-1.9 的排放路径才有可能将 21 世纪末的增温控制在 1.5℃ 以下。

如果按照温升控制不超过 1.5℃，目前全球剩余的碳预算（即该情景下人类剩余的碳排放空间）已十分有限，截至 2020 年初，仅有 4000 亿吨二氧化碳。若考虑到甲烷等非二氧化碳温室气体的排放，全球剩余的碳预算将再减少 2200 亿吨甚至更多。若按目前全球每年的二氧化碳排放速度计算，碳预算很可能将在十年内耗尽。尽管新冠肺炎疫情的冲击一度使得全球碳排放下降[26]，但这只是暂时的，后疫情时代的碳排放增长将不可避免。

所以，未来十年将是实现 1.5℃温控目标的关键窗口期。如果人类不能在 21 世纪 20 年代遏制温室气体排放，并在 2050 年左右实现净零排放，那么实现 1.5℃温控目标将会变得遥不可及。

《巴黎协定》邀请各缔约方在 2020 年通报或更新 2030 年的国家自主贡献，以及面向 21 世纪中叶的长期低排放发展战略。国家自主贡献是《巴黎协定》的核心制度之一，是各缔约方依据自身的历史责任、发展阶段和具体国情，自主决定未来一个时期的贡献目标和实现方式，同时参考较为宽泛的通用信息导则和核算规则，以及全球盘点提供的总体信息，来不断调整、更新并序贯提出下一阶段提高力度的贡献方案[27]。世界主要国家或地区的自主贡献减排承诺目标（提交/更新日期截至 2021 年底）见表 1.3。

表 1.3　主要国家或地区自主贡献减排承诺目标

国家或地区	自主贡献减排承诺目标
中国	二氧化碳排放力争于 2030 年前达到峰值，努力争取 2060 年前实现碳中和
	到 2030 年，单位 GDP 二氧化碳排放比 2005 年下降 65%以上，非化石能源占一次能源消费比重达到 25%左右
欧盟（27 国）	2030 年温室气体排放比 1990 年减少至少 55%
美国	2030 年温室气体排放比 2005 年减少 50%~52%
加拿大	2030 年温室气体排放比 2005 年下降 40%~45%，2050 年实现碳中和
日本	2030 年温室气体排放比 2013 年减少 46%，2050 年实现碳中和
韩国	2030 年温室气体排放比 2018 年减少 40%（约为 7.28 亿吨二氧化碳当量）
澳大利亚	2030 年温室气体排放比 2005 年减少 26%~28%，2050 年实现碳中和
新西兰	2030 年温室气体排放比 2005 年减少 50%
俄罗斯	2030 年温室气体排放水平降低至 1990 年水平的 70%
印度	2030 年单位 GDP 二氧化碳排放比 2005 年下降 33%~35%
巴西	2025 年温室气体排放比 2005 年减少 37%，2030 年温室气体排放比 2005 年减少 43%
南非	2025 年温室气体排放达到 3.98~5.10 亿吨二氧化碳当量，2030 年达到 3.50 亿~4.20 亿吨二氧化碳当量
墨西哥	2030 年温室气体排放比一切照旧情景（business as usual，BAU）减少 22%（无条件）或者 36%（有条件）

然而，国家自主贡献模式无法解决全球集体承诺目标与 IPCC 给出的全球减排路径之间存在差距的问题。UNEP 在《2020 年排放差距报告》中分析指出，与 2℃情景相比，若完全实施无条件的国家自主贡献（unconditional NDCs），与 IPCC 减排路径相比，2030 年全球碳排放量预计仍然高出 150（120~190）亿吨二氧化碳当量；而完全实施有条件的国家自主贡献（conditional NDCs），差距将缩小至 120（90~150）亿吨二氧化碳当量[28]。

1.3.2　碳达峰和碳中和面临的挑战

碳达峰是指某个国家或地区的年度碳排放量达到历史最高值，经历平台期后持续下降的过程，是碳排放量出现由增转降的历史拐点，标志着一个国家或地区的经济社会发展与碳排放实现"脱钩"，即经济增长不再以增加碳排放为代价，是一个经济体绿色低碳转型过程中的标志性事件。碳中和是指在一定时间内，某个地区由人类活动（如能源活动、工业生产过程、农业和土地利用等）导致的直接和间接的碳排放总量，与通过人为努力（如植树造林、工程封存等）和自然过程（如海洋吸收等）所吸收的碳总量相互抵消，实现碳的净零排放。对尚未实现碳达峰的国家和地区来说，碳达峰是具体的近期目标，碳中和是中长期的愿景目标，二者相辅相成、融合发展。努力实现并尽早达峰，可为后续碳中和目标预留更广阔的空间和更大的灵活性。碳达峰时间越晚，峰值越高，后续实现碳中和目标的压力就会越大。碳中和是对碳达峰的约束要求，达峰行动方案需要在实现碳中和的引领下制订。

实施国家自主贡献同控制温升目标之间仍然存在差距，而且在实现国家自主贡献的碳达峰碳中和目标（以下简称"双碳"目标）方面，世界各国也面临诸多挑战。由于各国国情差别巨大，发展阶段不同、社会政治经济条件不同、受到气候变化的影响程度也有许多差别，下面主要以中国为例进行简要介绍。

1. 能源需求持续增长

面向"两个一百年"奋斗目标，实现碳达峰和碳中和一方面是中国实现可持续发展的内在要求，是加强生态文明建设、实现美丽中国目标的重要抓手，另一方面也是中国作为负责任大国履行国际责任、推动构建人类命运共同体的责任担当。然而经济社会的发展将带动能源需求的持续增长，经济增长同碳排放之间也难以在短时间内实现"脱钩"。西方发达国家实现碳达峰时已经实现工业化，经济社会发展进入慢速增长阶段。中国尚未实现现代化，经济发展处于快速增长阶段，既要保增长、又要控排放，面临很大的困难和挑战。

2. 碳排放体量巨大

目前，中国温室气体排放总量大、增长快。从中国温室气体排放清单来看，2014年温室气体排放总量为123.01亿吨二氧化碳当量，相比2005年的80.15亿吨，增长了53.5%。2020年，中国化石燃料燃烧引起的二氧化碳排放量约占全球的31%，并且有机构预测，2021年中国二氧化碳排放量将有可能继续增长4.0%

（2.1%～5.8%），达到 111 亿吨[24]。而且，中国人均碳排放水平也已经达到 7.4 吨，虽然仅相当于美国人均水平的一半，但已超过世界平均水平（约 4.5 吨）。所以即使在实现碳达峰的条件下，如何削减如此庞大规模的二氧化碳排放量以实现净零排放，任务依然十分艰巨。

3. 能源结构高碳化

能源活动是碳排放的最主要来源，全球煤炭、石油、天然气等化石燃料超过一次能源消费总量的 80%，化石燃料燃烧引起的二氧化碳排放占二氧化碳排放总量的 90%左右。2019 年，中国化石燃料占一次能源消费量的比重达 85%，其中煤炭占比 58%，能源结构严重依赖化石能源，尤其是碳排放强度最大的煤炭，呈现"一煤独大"的高碳化。截至 2019 年底，中国煤电装机高达 10.4 亿千瓦，占全球煤电总装机的 50%。相比之下，中国清洁能源占一次能源的比重仅为 15%，清洁能源发展的速度和质量有待提升。实现"双碳"目标，能源结构的调整势在必行。然而面对大量的化石能源基础设施、严重依赖化石能源的产业体系，能源结构如何调整需要全面加强统筹，政府和市场都将面临一系列的问题和挑战。

4. "双碳"目标窗口期短

中国提出的二氧化碳排放 2030 年前达峰并努力争取 2060 年前实现碳中和的"双碳"目标，从实现碳排放量不再增长到实现净零排放，窗口期仅有 30 年。并且在这期间，中国已进入全面建设社会主义现代化国家的新征程，国内面临经济增速放缓、劳动力成本快速上升、人口结构老龄化、产业结构调整升级等长期挑战，国外逆全球化思潮不断蔓延、保护主义和单边主义盛行、地缘政治风险上升等不稳定、不确定因素增加，给中国经济社会绿色低碳转型带来巨大困难。如何利用只有发达国家大约一半的时间从碳达峰到碳中和，任务十分艰巨。部分国家承诺的从碳达峰到碳中和的过渡期比较如表 1.4 所示。

表 1.4 部分国家承诺的从碳达峰到碳中和的过渡期比较

国家	达峰年份	承诺碳中和年份	过渡期/年
英国	1973	2050	77
匈牙利	1978	2050	72
德国	1979	2050	71
法国	1979	2050	71
瑞典	1976	2045	69
丹麦	1996	2050	54

国家	达峰年份	承诺碳中和年份	过渡期/年
葡萄牙	2002	2050	48
爱尔兰	2006	2050	44
西班牙	2007	2050	43
奥地利	2005	2040	35
芬兰	2003	2035	32
美国	2007	2050	43
中国	2030	2060	30

5. 低碳相关技术需求紧迫

低碳、零碳和负碳技术是实现碳中和目标的关键，然而现阶段低碳、零碳、负碳技术的发展尚不成熟，各类技术系统集成难，环节构成复杂，缺乏技术引领和产业化发展协同，亟须系统性的技术创新。低碳技术体系涉及可再生能源及新能源、碳捕集利用与封存（carbon capture utilize and storage，CCUS）、生物质能碳捕集与封存（biomass energy with carbon capture and storage，BECCS）等领域，不同低碳技术的技术特性、应用领域、边际成本和减排潜力差异较大。新形势下中国的技术升级面临自主创新不足、关键技术"卡脖子"、各类生产要素成本上升等挑战，如何通过产业结构的转型升级带动低碳相关技术应用和推广，需要在体制机制、系统结构、投融资等多方面进行系统性变革。

1.4　本　章　小　结

本章主要交代清楚了碳中和的现实背景和理论内涵。

首先，基于全球气候变暖的基本事实，详细阐释了气候变暖给全球生态系统带来的不可逆影响，梳理了全球应对气候变化所做的努力。

其次，从气候变化科学的角度，介绍了主要的温室气体和温室效应的基本原理，基于相关研究机构的统计数据，简要描述了全球主要国家或地区的碳排放趋势。

最后，要想应对气候变化，就必须控制碳排放，本章结合《巴黎协定》提出的1.5℃温升目标和国家自主贡献，简要总结了实现"双碳"目标所面临的挑战。

本章参考文献

[1]　World Meteorological Organization. State of the global climate 2020[R]. Geneva：World Meteorological Organization，2021.

[2]　Intergovernmental Panel on Climate Change. Climate change 2021：the physical science basis[R]. Cambridge：Intergovernmental Panel on Climate Change，2021.

[3]　Nerem R S，Beckley B D，Fasullo J T，et al. Climate-change-driven accelerated sea-level rise detected in the altimeter era[J]. Proceedings of the National Academy of Sciences of the United States of America，2018，115（9）：2022-2025.

[4]　Kulp S A，Strauss B H. New elevation data triple estimates of global vulnerability to sea-level rise and coastal flooding[J]. Nature Communications，2019，10（1）：4844.

[5]　Friedlingstein P，O'sullivan M，Jones M W，et al. Global carbon budget 2020[J]. Earth System Science Data，2020，12（4）：3269-3340.

[6]　Cui Y，Li M S，van Soelen E E，et al. Massive and rapid predominantly volcanic CO_2 emission during the end-Permian mass extinction[J]. Proceedings of the National Academy of Sciences of the United States of America，2021，118（37）：e2014701118.

[7]　von Schuckmann K，Le Traon P Y，Smith N，et al. Copernicus marine service ocean state report，issue 4[J]. Journal of Operational Oceanography，2020，13（sup1）：S1-S172.

[8]　Middelburg J J，Soetaert K，Hagens M. Ocean alkalinity，buffering and biogeochemical processes[J]. Reviews of Geophysics，2020，58（3）：e2019RG000681.

[9]　Intergovernmental Panel on Climate Change. The ocean and cryosphere in a changing climate[R]. Cambridge：Intergovernmental Panel on Climate Change，2019.

[10]　Intergovernmental Panel on Climate Change. Climate change 2013：the physical science basis[R]. New York：Intergovernmental Panel on Climate Change，2013.

[11]　河南郑州"7·20"特大暴雨灾害调查报告公布[EB/OL].（2022-01-21）[2022-01-25]. http://www.news.cn/politics/2022/01/21/c_1128287291.htm.

[12]　丁涛. 开放经济下我国碳排放及碳转移特征研究[D]. 大连：大连理工大学，2018.

[13]　肖巍，钱箭星."气候变化"：从科学到政治[J]. 复旦学报（社会科学版），2012，（6）：84-93.

[14]　中国应对气候变化国家方案[EB/OL].（2007-06-04）[2022-01-25]. https://www.ndrc.gov.cn/xwdt/xwfb/200706/t20070604_957690.html.

[15]　中华人民共和国生态环境部. 中国应对气候变化的政策与行动 2020 年度报告[EB/OL].（2021-07-13）[2022-01-25]. https://www.mee.gov.cn/ywgz/ydqhbh/syqhbh/202107/t20210713_846491.shtml.

[16]　国务院. 国务院关于印发"十二五"控制温室气体排放工作方案的通知[EB/OL].（2012-01-13）[2022-01-25]. http://www.gov.cn/zwgk/2012-01/13/content_2043645.htm.

[17]　国家发展改革委，财政部，住房城乡建设部，等. 关于印发国家适应气候变化战略的通知[EB/OL].（2013-12-09）[2022-01-25]. http://www.gov.cn/zwgk/2013-12/09/content_2544880.htm.

[18]　国家发展改革委. 国家发展改革委关于印发国家应对气候变化规划（2014—2020 年）的通知[EB/OL].（2014-09-19）[2022-01-25]. https://zfxxgk.ndrc.gov.cn/web/iteminfo.jsp?id=298.

[19]　强化应对气候变化行动——中国国家自主贡献（全文）[EB/OL].（2015-06-30）[2022-01-25]. http://www.gov.cn/xinwen/2015-06/30/content_2887330.htm.

[20]　秦大河，陈振林，罗勇，等. 气候变化科学的最新认知[J]. 气候变化研究进展，2007，（2）：63-73.

[21]　World Meteorological Organization. WMO greenhouse gas bulletin（GHG bulletin）-no.17: the state of greenhouse gases in the atmosphere based on global observations through 2020[R]. Geneva：World Meteorological Organization，2021.

[22]　The NOAA annual greenhouse gas index（AGGI）[EB/OL]. [2022-01-26]. https://gml.noaa.gov/aggi/aggi.html.

[23] Caesar L，McCarthy G D，Thornalley D J R，et al. Current Atlantic meridional overturning circulation weakest in last millennium[J]. Nature Geoscience，2021，14（3）：118-120.

[24] Friedlingstein P，Jones M W，O'sullivan M，et al. Global carbon budget 2021[J]. Earth System Science Data，2022，14（4）：1917-2005.

[25] 中华人民共和国国务院新闻办公室.《新时代的中国能源发展》白皮书[EB/OL].（2020-12-21）[2022-01-26]. http://www.gov.cn/zhengce/2020-12/21/content_5571916.htm.

[26] Liu Z，Ciais P，Deng Z，et al. Near-real-time monitoring of global CO_2 emissions reveals the effects of the COVID-19 pandemic[J]. Nature Communications，2020，11（1）：5172.

[27] 李慧明.《巴黎协定》与全球气候治理体系的转型[J]. 国际展望，2016，8（2）：1-20，151-152.

[28] United Nations Environment Programme，United Nations Environment Programme Copenhagen Climate Centre. Emissions gap report 2020[R]. Nairobi：United Nations Environment Programme（UNEP）and UNEP DTU Partnership（UDP），2020.

第 2 章　碳足迹与碳排放

2.1　生　态　足　迹

自然生态系统为人类社会的生存和发展提供了优良的生态环境和丰富的物质资料。人类社会自进入工业文明，尤其是第二次世界大战以来，随着技术进步和生产规模的不断扩大，以自然资源过度消耗为代价的传统发展模式在支撑经济社会快速发展的同时，也带来了严峻的资源和环境危机。1987 年在第 42 届联合国大会上首次提出的可持续发展理念，强调在资源和环境可承受的基础上实现经济、社会和自然的协调、全面和同步发展。人类社会要实现可持续发展，其对自然生态系统的压力必须处于地球生态系统的承载力范围内，以维持自然资源的存量和可持续利用。定量测算并比较人类社会对自然资源的利用状况以及自然生态系统的再生产能力，是可持续发展评估研究的核心问题，而生态足迹（ecological footprint）以其简明而综合的特点成为评价可持续发展的良好量化指标。

2.1.1　生态足迹理论

1. 生态足迹概念

生态足迹是由加拿大生态经济学教授 Rees 在 1992 年提出[1]，并由其博士生 Wackernagel 逐步完善的一种衡量人类对自然资源利用程度以及自然界为人类提供的服务的方法[2, 3]。该方法通过估算维持人类的自然资源消费量和同化人类产生的废弃物所需要的生态生产性土地（ecologically productive area）面积大小，并与给定人口区域的生态承载力进行比较，来衡量该区域的可持续发展状况。Rees 曾将生态足迹形象地比喻为"一只负载着人类与人类所创造的城市、工厂、铁路、农田……的巨脚踏在地球上时留下的脚印大小"[4]。"脚印"这一具象化的比喻既反映了人类对地球环境的影响，也包含了可持续发展机制，即当地球所能提供的土地面积容不下这只"巨脚"时，其上的城市、工厂、人类文明就会失衡；如果这只"巨脚"始终得不到一块允许其发展的立足之地，那么它所承载的人类文明将最终坠落、崩毁[5]。

2. 生态生产性土地

人类的生活和生产活动在消耗地球上的自然资源的同时，还会产生大量的废物，生态足迹通过将其转换为土地和水域面积来估算人类为了维持自身生存和发展而消耗的自然资源总量，进而评估人类对自然生态系统和环境的影响。例如，一个人的粮食消费量可以转换为生产这些粮食所需要的耕地面积，其所排放的二氧化碳也可以转换成吸收这些二氧化碳所需要的森林、草地或耕地的面积。这些土地统称为生态生产性土地，是生态足迹分析为各类自然资源提供的统一度量标准。生态生产是指生态系统中的生物从外界环境中吸收必需的物质和能量并转化为新的物质，从而实现物质和能量的积累。所谓生态生产性土地是指具有生态生产能力的地表空间，包括土地和水体等，而在一定的自然、社会和经济技术等条件下，一个地区所能提供给人类的所有生态生产性土地的极大值就是生态承载力（ecological capacity）。生态足迹的值越高，表明维持人类生存发展所需要的生态生产性土地的面积越大，即人类所消耗的自然资源越多，对生态和环境的影响就越严重。

在生态足迹分析中，生态生产性土地主要包含 6 种类型。

（1）可耕地（arable land）。生态角度上最具生产能力、最便于计算、集聚生物量最多而且破坏较严重的一类生态生产性土地。据联合国粮食及农业组织（Food and Agriculture Organization of the United Nations，FAO）统计[6]，2019 年全球总耕地面积约为 13.8 亿公顷，而人均耕地面积不足 0.18 公顷。

（2）牧草地（pasture）。人类用于进行畜牧业生产的牧场土地。草地的生产能力比可耕地要低得多，这不仅仅因为草地积累生物量的潜力不如耕地，而且从生物能转化的角度来看，牲畜饲养的过程中损失了大量能量，最终可供人类利用的生物量仅剩 10% 左右。2019 年全球总草地面积约为 32.0 亿公顷，人均草地面积不足 0.42 公顷。

（3）林地（forest）。可以生产木材的人工林和天然林土地。由于人类对林地资源的过度开发，除了部分原始森林以外，大部分林地的生态生产能力并不高。而且林地的功能除了为人类提供木材等经济价值以外，还具有诸如涵养水源、调节气候等多种生态价值。2019 年全球总林地面积约为 40.6 亿公顷，人均林地面积不足 0.53 公顷。

（4）建筑用地（built-up areas）。人类居所、道路等人工建筑覆盖土地。由于大部分建筑用地都占用了生产能力较强的土地，所以建筑用地面积的增加意味着生态生产量的明显降低。

（5）水域（the sea）。地球上的海洋面积约为 362 亿公顷，人均不足 4.7 公顷。而且超过 95% 的生态生产量来自海岸带水域，该部分水域面积占海洋面积的约 8.3%，人均不足 0.4 公顷。

（6）化石燃料土地（fossil energy land）。人类在消耗化石燃料获得能量的同时，为了达到持续利用的目的应当以相等能量的土地进行补充以平衡自然资源总量。基于经济与生态环境协调、可持续发展的理念，生态足迹分析中应考虑吸收化石燃料燃烧排放的温室气体的土地面积。另外，化石燃料消耗的过程中除了排放二氧化碳以外，还会排放其他污染物危害生态，吸收这部分污染物的土地面积也应当考虑在内。

"生态生产性土地"的概念实现了对各类自然资源的统一描述并使其得以进行对比，使得生态足迹的量化变得更加简约明了，使得生态足迹分析应用从个人、家庭、城市、地区扩展至国家乃至整个世界范围，更加有利于从时间维度和空间尺度对其进行比较分析。

3. 生态赤字/盈余

生态承载力是可持续发展的前提基础，反映生态系统对于资源的供给能力和环境容纳能力，以及自我维持与调节的能力。通过"生态赤字/盈余"这一概念表征生态承载力与生态足迹之间的关系。当生态承载力小于生态足迹时，便产生生态赤字（ecological deficit），表明该地区生产和消费模式处于相对不可持续状态；反之便是生态盈余（ecological remainder），表明该地区发展模式具有相对可持续性。

4. 全球公顷

全球公顷（global hectare，ghm^2）表示全球生态生产性土地的平均生产力，是表征生态足迹账户的标准生态生产性土地单位。以全球公顷为计量单位进行生态足迹核算可以很方便地进行国际比较，但在进行国家尺度以下不同区域、城市生态足迹比较和结果分析时，采用国家公顷（national hectare，nhm^2）可以相对更加精确地反映当地的实际生产力状况和区域发展特征。

5. 均衡因子和产量因子

生态足迹分析将生态生产性土地分为六种类型，其中某类生态生产性土地的均衡因子（equivalence factor）等于全球该类生态生产性土地的平均生产力与全球各类生态生产性土地的平均生产力的比值，表示不同类型土地生产力的相对差异。通过均衡因子，将生产力差异很大的各类生态生产性土地面积转化为统一标准的面积，以便于计算和比较。在特定的年份中，每种土地类型的均衡因子是一个常数，对于各国来说都是相同的。

某类生态生产性土地的产量因子（yield factor）等于该区域内该类生态生产性土地的平均生产力与其全球平均生产力的比值，表示该区域的局部产量和全球平均产量的差异。产量因子反映了一个国家或地区的土地在现有的技术和管理水平下的生产能力，因此，对于不同国家或地区来说，产量因子是不同的。

2.1.2　生态足迹计算方法

自生态足迹理论提出以来，相关的模型方法一直处于完善和改进之中。目前比较有代表性的计算方法有传统生态足迹计算方法[7-9]、投入产出法[10]、真实土地面积法[11, 12]、时间序列研究方法[13, 14]等。每种方法各有特色，但基本上都是在传统生态足迹计算方法的基础上发展起来的。

1. 传统生态足迹计算方法

1）基本假设

生态足迹的计算基于以下基本假设[3, 9]。

（1）人类消耗的大部分自然资源和产生的废弃物是可以追踪的。

（2）这些自然资源和废弃物可以折算成生产这部分自然资源以及消纳这部分废弃物的生态生产性土地面积。

（3）以每种类型生态生产性土地的生物量生产力（即对人们有经济利益的生物量的潜在生产量）作为权重，不同类型的土地面积可以用一个标准化的计量单位——全球公顷来表示。

（4）不同类型土地的利用方式是单一的，即具有排他性，将各种不同类型的土地相加可以得到人类活动的总需求。

（5）自然生态所能提供的生态生产性土地面积同人类占用的生态生产性土地面积都可以用全球公顷来表示，即生态承载力同人类生态足迹可以直接进行比较。

（6）人类活动的总需求可超过自然生态的总供给，即人类生态足迹可以超过现存的自然资本的再生产能力——生态承载力。

2）计算步骤

按照分析过程，传统生态足迹计算方法分为综合法和成分法[15]。综合法自上而下获取统计数据，通常用于国家层级的生态足迹计算；成分法自下而上获取人们日常生活中主要消费品消费量和废弃物产量等数据，适用于地区、城市、企业、家庭乃至个人的生态足迹计算。不论是综合法还是成分法，其计算方法的实质基本一致，基本计算步骤如下：①划分消费项目，计算各消费项目的消费量；②利用平均产量数据，将各项消费量折算为生态生产性土地面积；③利用均衡因子将各类生态生产性土地面积转换为等价生产力的土地面积，并将其汇总得到生态足迹；④利用产量因子计算生态承载力，通过与生态足迹进行比较，分析可持续发展的程度。

A. 生态足迹的计算

a. 自然资源消费和废弃物消纳

通过统计部门、统计资料或亲自调研获取生物资源消费和能源消费统计数据。生物资源消费包括农产品（粮食、棉花、油料等）、动物产品（肉、奶、毛、蛋等）、木材和水果（苹果、柑橘、梨等）、水产品（鱼、虾、蟹、贝类等）等。用每类消费品总量除以该类消费品同年世界平均产量得到提供该类消费品的生态生产性土地面积，再按可耕地（农产品）、牧草地（动物产品）、林地（木材和水果）、水域（水产品）等土地类型分类汇总，具体计算公式为

$$A_i = \frac{C_i}{Y_i} = \frac{P_i + I_i - E_i}{Y_i} \tag{2.1}$$

$$\mathrm{BEF}_j = \frac{\sum_{i=1}^{n} A_i}{N} \tag{2.2}$$

式中，A_i 为第 i 类消费品折算的生态生产性土地面积（即生态足迹，单位为全球公顷）；$i = 1, 2, \cdots, n$ 为消费品类型；C_i 为第 i 类消费品的总消费量（单位为千克）；Y_i 为第 i 类消费品的全球年平均产量（单位为千克/全球公顷）；P_i 为第 i 类消费品的年生产量（单位为千克）；I_i 为第 i 类消费品的年进口量（单位为千克）；E_i 为第 i 类消费品的年出口量（单位为千克）；BEF_j 为第 j 类土地的人均生态足迹（单位为全球公顷/人）；$j = 1, 2, 3, 4$ 为生态生产性土地类型（可耕地、牧草地、林地和水域）；N 为区域人口总量（单位为人）。

能源消费统计资料通常包括原煤、焦炭、煤气、汽油、柴油、煤油、燃料油、液化石油气、炼厂干气、其他石油制品、天然气和电力等，一般将水电作为建筑用地，其余能源消费类型用来计算化石燃料土地。其计算方法主要有三种：①替代法，将能源消费量以能量标准折算为乙醇（或甲醇），将能够生产上述同等质量乙醇（或甲醇）的农田或林地面积作为化石燃料的生态足迹；②碳吸收法，估算用于吸收化石燃料燃烧所排放的二氧化碳的林地面积；③自然资本存量法，计算用于以同等速率补偿化石燃料能源消耗的生态生产性土地面积。多数研究采用碳吸收法计算化石燃料土地，也就是说，化石燃料燃烧产生的二氧化碳是传统生态足迹核算账户中唯一需要消纳的废弃物。具体计算公式为

$$\mathrm{EEF} = \sum_{i}^{n} \frac{\mathrm{EC}_i L_i}{Q_i N} \tag{2.3}$$

式中，EEF 为化石燃料土地的人均生态足迹（单位为全球公顷/人）；EC_i 为第 i 种能源消费量（单位为千克）；$i = 1, 2, \cdots, n$ 代表不同的能源种类（煤炭、汽油、天然气等）；L_i 为第 i 种能源的平均低位发热量（单位分别为吉焦/千克、吉焦/米^3、

吉焦/千瓦时）；Q_i 为第 i 种能源消费的全球平均足迹（单位为吉焦/全球公顷）；N 为区域人口总量（单位为人）。全球平均能源足迹由单位面积林地的碳吸收量与不同种类能源的碳排放因子计算得到，煤炭为 55 吉焦/全球公顷，油品为 71 吉焦/全球公顷，天然气为 93 吉焦/全球公顷，表示某种化石燃料燃烧释放相当量热值时，所产生的二氧化碳需要 1 全球公顷林地一年时间的吸收。一般情况下，单位面积林地的碳吸收量同大气中的二氧化碳浓度、温度、林木结构和年龄有关，所以全球平均能源足迹并非一个常量，但每年变动幅度较小。另外，常见能源种类的平均低位发热量如表 2.1 所示。

表 2.1　常见能源种类的平均低位发热量

能源名称	平均低位发热量	能源名称	平均低位发热量
原煤	20.908 吉焦/千克	煤油	43.070 吉焦/千克
焦炭	28.435 吉焦/千克	燃料油	41.816 吉焦/千克
焦炉煤气	16.726~17.981 吉焦/米^3	液化石油气	50.179 吉焦/千克
汽油	43.070 吉焦/千克	天然气	32.238~38.931 吉焦/米^3
柴油	42.652 吉焦/千克	电力（当量）	3.600 吉焦/千瓦时

b. 均衡处理和汇总

由于不同土地类型的生态生产能力不同，需要用均衡因子进行标准化处理，以便将不同类型土地的面积进行汇总。均衡因子按年进行统计计算，各年数值会略有差别。例如，2007 年可耕地的均衡因子为 2.51，表示可耕地的生态生产能力是所有土地类型生态生产能力平均值的 2.51 倍。同理，牧草地的生态生产能力大概是平均值的一半。建筑用地的均衡因子同可耕地一致，但要注意的是，水电工程生态足迹虽然按建筑用地类型计算，但考虑到修建水电站大多淹没的是生产能力不高的土地，其均衡因子通常改用全球土地平均生态生产能力，即取 1。化石燃料土地的均衡因子在部分研究中按常量 1.10 处理，若以碳吸收法计算化石燃料消费的生态足迹，其均衡因子应同林地一致。部分年份的均衡因子如表 2.2 所示。

表 2.2　部分年份的均衡因子

土地类型	1991 年	1999 年	2007 年	2017 年
可耕地	2.23	2.17	2.51	2.49
牧草地	0.47	0.47	0.46	0.46
林地	1.32	1.35	1.26	1.28

土地类型	1991 年	1999 年	2007 年	2017 年
建筑用地	2.23	2.17	2.51	2.49
水域	0.36	0.35	0.37	0.37

将根据式（2.2）计算的可耕地、牧草地、林地和水域四类土地的人均生态足迹，根据式（2.3）计算的化石燃料土地的人均生态足迹，另外还有建筑用地的人均生态足迹（人均实际建筑面积乘以建筑用地产量因子，产量因子将在下文介绍），分别乘以相应的均衡因子，进而得到可以加和汇总的各种土地类型的人均生态足迹。具体计算公式为

$$EF = \sum_{j}^{6} \left(r_j\, EF_j \right) \tag{2.4}$$

式中，EF 为人均生态足迹（单位为全球公顷/人）；r_j 为第 j 种土地类型的均衡因子；EF_j 为第 j 种土地类型的人均生态足迹（单位为全球公顷/人）；$j = 1, 2, \cdots, 6$ 为土地类型，即可耕地、牧草地、林地、建筑用地、水域和化石燃料土地。

B. 生态承载力的计算

a. 计算产量因子

不同国家或地区同类生态生产性土地的生产能力存在差异，实际面积不能直接对比，需要乘以产量因子进行调整。根据产量因子的定义可知，产量因子反映了一个国家的可再生资源的生产能力以及现有的技术和管理水平。对于一个国家来说，产量因子反映的是全国平均水平，而对于中国、巴西等国家来说，国内有多个气候带，不同地区的土地生产能力存在较大差异，在进行国内区域、城市层级的生态足迹分析时，每个地区都有各自的产量因子。基于国家层级的产量因子的计算方法有两种：获取同等数量自然资源的全球土地面积与国家土地面积的比值，以及不同类型土地的国家平均产量与全球平均产量的比值。后者的具体计算公式为

$$y_j = \frac{NP_j}{WP_j} \tag{2.5}$$

式中，y_j 为某个国家或地区的第 j 种土地类型的产量因子（单位为全球公顷/国家公顷）；NP_j 为该国家或地区第 j 种土地类型的平均产量（单位为千克/国家公顷）；WP_j 为全球第 j 种土地类型的平均产量（单位为千克/全球公顷）；$j = 1, 2, \cdots, 5$ 为土地类型，即可耕地、牧草地、林地、建筑用地和水域。

由此可以计算出每个国家或地区各种土地类型的产量因子，而且不同年份产

量因子也会存在差异。2017 年部分国家的产量因子如表 2.3 所示。由表 2.3 中数据可见，中国可耕地的生产力是全球可耕地平均生产力的将近 2 倍，但牧草地的生产力不及全球平均水平。相比之下，俄罗斯由于地处高纬度地区，其可耕地的生产力仅为全球平均生产力的一半，巴西畜牧业生产水平较高，其牧草地生产力为全球牧草地平均生产力的 2.18 倍。

表 2.3 2017 年部分国家的产量因子

土地类型	中国	巴西	印度	俄罗斯	日本	韩国	英国	美国
可耕地	1.94	1.55	1.05	0.52	1.22	1.47	1.63	1.07
牧草地	0.81	2.18	0.90	1.16	2.16	1.70	1.50	0.72
林地	1.18	2.10	0.31	0.59	1.37	0.57	2.54	1.24
建筑用地	1.94	1.55	1.05	0.52	1.22	1.47	1.63	1.07
水域（海域）	1.27	1.09	1.66	0.96	0.78	1.83	0.99	1.06
水域（内陆）	1.00	1.00	1.00	1.00	1.00	1.00	1.00	1.00

b. 计算生态承载力

首先确定可耕地、牧草地、林地、建筑用地和水域的实际面积，分别乘以均衡因子和产量因子，得到该区域以全球平均产量表示的各种生态生产性土地面积，加总之后得到该区域的生态承载力。需要注意的是，化石燃料是不可再生能源，储量有限，故传统生态足迹的计算方法将化石燃料土地的生态承载力视为 0。生态承载力的具体计算公式为

$$EC = \frac{\sum_{j=1}^{5}(a_j r_j y_j)}{N} \tag{2.6}$$

式中，EC 为某个国家或地区的人均生态承载力（单位为全球公顷/人）；a_j 为第 j 种土地类型的实际面积（单位为国家公顷）；r_j 为第 j 种土地类型的均衡因子；y_j 为第 j 种土地类型的产量因子（单位为全球公顷/国家公顷）；$j = 1, 2, \cdots, 5$ 为土地类型；N 为该国家或地区的人口总量（单位为人）。

C. 生态赤字/盈余的计算

通过上述计算分别得到某个国家或地区的人均生态足迹和人均生态承载力之后，通过二者的差值判断该地区的发展模式是否具有相对可持续性。具体计算公式为

$$\Delta ECF = EC - EF \tag{2.7}$$

式中，ΔECF 为某个国家或地区的人均生态承载力与人均生态足迹之间的差值（单位为全球公顷/人）。

当生态承载力大于生态足迹时，ΔECF 为正值，即生态盈余，表明该地区的人类消费处于该地区生态系统的供给与容纳能力范围以内，其发展模式具有相对可持续性；当生态承载力小于生态足迹时，差值为负值，即生态赤字，表明该地区的人类消费超过了该地区生态系统的供给与容纳能力，处于生态不可持续状态。

2. 其他生态足迹计算方法

生态足迹模型作为生态承载力的度量指标，在世界范围内得到了广泛的关注，传统生态足迹计算方法因其通用性和便利性也得到了大量的应用。但传统生态足迹计算方法在假设条件、核算边界、参数选取等方面还存在诸多不足，许多学者在后续的研究应用当中给予其不断的改进。例如，除化石燃料燃烧释放的二氧化碳以外，还要考虑甲烷、氮氧化物等温室气体；考虑国家或地区之间的产品和服务贸易所占用的生态足迹；将水资源和污染物排放对生态环境的影响纳入生态足迹账户当中等。

1）投入产出法

投入产出法最早由美籍俄裔经济学家 Leontief 在 1936 年提出[16]。投入产出分析以国民经济为整体，以产品为对象，把产出和进口作为总资源的投入，把中间消耗、最终消费、资本形成和出口作为总资源的使用，采用复式记账的矩阵账户形式，揭示国民经济各个产品部门之间消耗和被消耗、投入与产出之间相互依存、相互制约的数量关系。利用投入产出模型，可以分析和探讨一个或多个区域不同产业部门之间的投入产出关系，其基本思想是考察某一产业部门最终需求量发生变动时，其他各产业部门的产出随之相应变动的情况。从 20 世纪60 年代以来，许多学者开始结合投入产出模型研究经济发展同资源、能源、环境等领域之间的关系。Bicknell 等于 1998 年首次将投入产出模型引入生态足迹研究，利用国民经济系统的投入产出表及相关参数，结合各产业部门的投入用地面积和能源消费量数据，计算土地乘数，进而得到各个产业部门维持一定消费水平所需要的土地面积[10]。在其他学者不断的完善与改进下，投入产出法在生态足迹研究中的运用逐渐成熟，应用范围也得到了一定的扩展[17-19]。相对于传统生态足迹计算方法，投入产出法具有很多的优势，该方法可以将生态足迹分配到不同的产业部门、最终需求类型（消费、投资和出口）、国家层级以下的区域和社会经济群体（政府、城市居民、农村居民），还可以反映不同产业部门间生态足迹的依存关系、直接和间接的生态环境影响，以及不同国家或地区之间国际贸易的生态足迹等。

2）真实土地面积法

真实土地面积法利用全球平均产量将不同国家或地区的土地生产力统一标

准，使得不同区域之间的生态足迹得以进行合并计算和比较，但该方法忽略了地区之间独特的气候、土地类型、土壤特性、土地利用状况等的差异。Erb 于2004 年提出了"真实土地需求"的概念，利用区域的生物产量替换全球平均产量，用原产地生物资源生产量替换贸易输入部分[11, 12]，而经过替换后得到的土地面积则能够相对真实地反映出该区域内人类活动对生态系统的影响程度。但该方法也由于缺少国际统一的标准尺度，而很难进行区域之间的生态足迹的横向比较。

3）时间序列研究方法

相比于针对单一年份进行静态研究的传统生态足迹计算方法，时间序列研究方法则是针对连续多年份的生态足迹计算方法。该方法能够描绘某一特定时期内生态足迹的变化情况，反映经济发展过程中的生态影响和变化趋势，其提供的可持续性信息也更加丰富。基于时间序列的生态足迹模型的改进策略主要有：①不用均衡因子，而用区域真实生产力核算生态足迹；②用逐年全球生产力和分段均衡因子核算生态足迹；③用最大可持续产量计算林地生态足迹[20]。基于选取的产量标准和均衡因子的不同，生态足迹的内涵也有所差异。

2.1.3　生态足迹基本现状

1. 全球生态足迹

全球尺度的生态足迹核算最早见于 1997 年 Wackernagal 等的《国家生态足迹报告》（*Ecological Footprints of Nations*）[2]，报告中计算了 1993 年全球 52 个国家的生态足迹，这些国家拥有当时全球 80% 的人口和 95% 的经济总量，对全球可持续发展有着举足轻重的影响。目前，除学术界以外，世界自然基金会（World Wide Fund for Nature，WWF①）和全球足迹网络（Global Footprint Network，GFN）等国际组织也会对全球生态足迹进行计算分析并发布专业报告[21, 22]。

以 GFN 发布的全球人均生态足迹账户为例[23]，自 20 世纪 70 年代以来，全球进入生态超载状态（图 2.1）。此后，人类每年对自然资源的需求都超过了生态系统的可再生能力，处于生态赤字状态。2017 年，全球生态足迹达 209.26 亿全球公顷，人均生态足迹达 2.77 全球公顷。同年，全球生态承载力为 120.67 亿全球公顷，人均生态承载为 1.60 全球公顷。生态赤字达 88.59 亿全球公顷，全球生态足迹超过生态承载力 73.4%，也就意味着，在 2017 年人类还额外需要 3/4 个地球才能生产其所利用的可再生资源和吸收其所排放的二氧化碳。

---

① WWF 起初代表世界野生动植物基金会（World Wildlife Fund），1986 年，WWF 改名为世界自然基金会（World Wide Fund for Nature），但至今仍保留其缩写名称"WWF"。

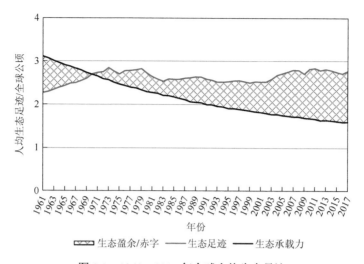

图 2.1　1961～2017 年全球人均生态足迹

从土地类型来看，全球人均生态足迹如图 2.2 所示。可以看出，化石燃料土地占比最高，其次为可耕地和林地，牧草地、水域和建筑用地在人均生态足迹构成中占比较小。以 2017 年为例，化石燃料土地的人均生态足迹达 1.69 全球公顷，已经超过全球人均生态承载力总量，可耕地、林地和牧草地分别为 0.52 全球公顷、0.27 全球公顷和 0.14 全球公顷，水域和建筑用地的人均生态足迹均不足 0.10 全球公顷。

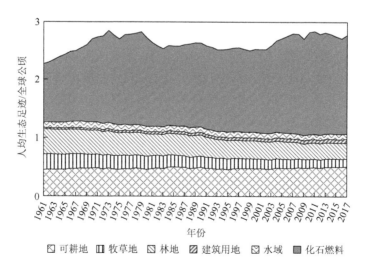

图 2.2　1961～2017 年按土地类型分全球人均生态足迹

　　生态足迹在全球各个地区之间有较大差异，世界主要国家的生态足迹结构如图 2.3 所示。在 1961 年，以美国和欧洲为代表的高收入国家和地区的生态足迹总量占到全球总量的 43%，占当年生态承载力的三分之一。到 2017 年，中国在庞大的人口基数和快速经济增长的带动下，生态足迹总量占到全球总量的 26%，占据了全球 44%的生态承载力。

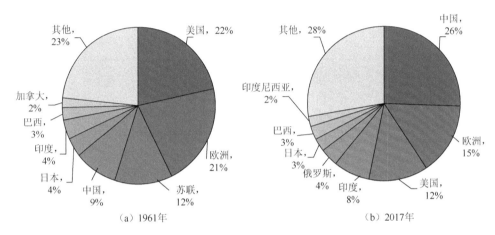

（a）1961年　　　　　　　　　　　　　（b）2017年

图 2.3　1961 年和 2017 年世界主要国家或地区的生态足迹结构

图中数据进行过修约，存在合计不等于 100%的情况

2. 中国生态足迹

　　生态足迹的概念于 1999 年引入中国，围绕生态足迹的理论、模型方法以及应用研究也相应展开[24-26]，特别是近年来在绿色发展理念的引领下，包括生态足迹在内的可持续发展相关研究逐渐受到更广泛的关注。WWF 曾联合中国环境与发展国际合作委员会、中国科学院地理科学与资源研究所、GFN 等机构专门发布针对中国生态足迹情况的相关报告[27-29]。

　　从 GFN 公布的数据来看，中国的生态足迹总量已占到全球生态足迹总量的 1/4，从 1961 年到 2017 年增长了一倍多，这期间中国人均生态足迹也从 0.93 全球公顷增长到了 3.71 全球公顷，增长了近 3 倍（图 2.4）。相比之下，中国人均生态承载力仅有 0.90 全球公顷左右，生态赤字的幅度越来越大，呈"喇叭口"形态，生态系统严重超载。

　　如图 2.5 所示，从土地类型来看，化石燃料土地占比最高，其次为可耕地和林地，牧草地、建筑用地和水域在人均生态足迹构成中占比最小。以 2017 年为例，化石燃料土地的人均生态足迹高达 2.62 全球公顷，占人均生态足迹的 70.5%，这同中国庞大的二氧化碳排放量密切相关。可耕地、林地、牧草地和建筑用地分别为 0.56 全球公顷、0.21 全球公顷、0.14 全球公顷和 0.11 全球公顷,水域的人均生态足迹不足 0.10 全球公顷。也由此可见,中国人均生态足迹同全球平均人均生态足迹的主要差距就在于化石燃料土地生态足迹。

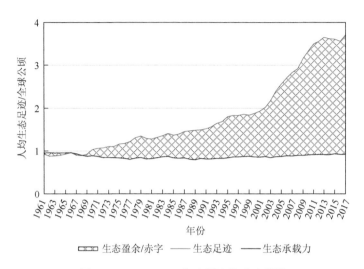

图 2.4　1961～2017 年中国人均生态足迹

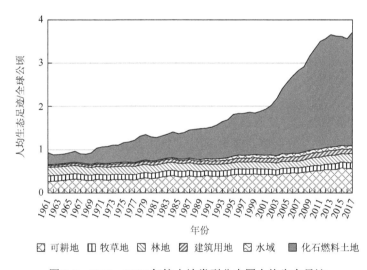

图 2.5　1961～2017 年按土地类型分中国人均生态足迹

3. 其他领域生态足迹

相比全球和国家宏观尺度,区域以及产业部门层级的中观尺度一直也是生态足迹研究的主要对象。例如，中国生态足迹研究主要集中在省级、城市和县域等行政区，区域类型涵盖城区、郊区、山区、干旱区、农牧交错带等其他不同类型的生态脆弱区[30-33]。在此基础上，又进一步拓展到诸如采矿业、交通运输业、旅游业、进出口贸易等产业或部门层级的生态足迹研究[34-36]。另外，针对家庭和个人微观尺度的生态足迹研究也逐渐展开[37]，如 GFN 推出的个人生态足迹计算器（https://www.footprintcalculator.org）。

2.2　温室气体排放核算

温室效应引起的全球气候变化已对人类生存和可持续发展构成严重威胁，而以二氧化碳为主的温室气体的大量排放是引发全球温室效应的主要原因。减少温室气体排放，共同应对气候变化已成为全球共识。从全球生态足迹的构成中也可以看出，以化石燃料燃烧过程中排放的二氧化碳为中间变量计算的化石燃料土地生态足迹已超过人类生态足迹总量的一半。所以不论是生态经济政策领域，还是生态足迹研究领域，以二氧化碳等温室气体排放核算为基础的碳足迹相关研究越来越受到世界各国的普遍关注。

2.2.1　温室气体与全球增温潜势

温室气体通常指的是大气中对短波太阳辐射吸收极少，对地面反射的长波太阳辐射有强烈吸收作用，并能重新发射辐射，使地球表面温度上升，导致全球变暖的自然的和人为的气态成分，包括二氧化碳、甲烷、一氧化碳、氟氯烃及臭氧等30余种气体。目前研究中通常考虑按照《京都议定书》的标准界定的六种主要温室气体，分别为二氧化碳、甲烷、氧化亚氮、氢氟碳化物、全氟化碳和六氟化硫。

全球变暖潜势是指某一给定物质在一定时间积分范围内与二氧化碳相比而得到的相对辐射影响值，用于评价各种温室气体对气候变化影响的相对能力。限于人类对各种温室气体辐射强迫的了解和模拟工具，至今在不同时间尺度下模拟得到的各种温室气体的全球变暖潜势仍有一定的不确定性。IPCC SAR 中给出的100 年时间尺度甲烷和氧化亚氮的全球变暖潜势分别为 21 和 310，即 1 吨甲烷和 1 吨氧化亚氮分别相当于 21 吨和 310 吨二氧化碳的增温能力。而 IPCC AR4 中给出的 100 年时间尺度甲烷和氧化亚氮的全球变暖潜势分别为 25 和 298。目前，中国温室气体排放清单所涉及温室气体的全球增温潜势采用 IPCC SAR 中 100 年时间尺度下的数据，具体如表 2.4 所示。

表 2.4 中国温室气体清单所涉及温室气体的全球增温潜势

温室气体种类	全球增温潜势	温室气体种类	全球增温潜势
二氧化碳	1	HFC-152a	140
甲烷	21	HFC-227ea	2 900
氧化亚氮	310	HFC-236fa	6 300
HFC-23（三氟甲烷，CHF_3）	11 700	HFC-245fa	1 030
HFC-32	650	PFC-14（四氟化碳，CF_4）	6 500
HFC-125	2 800	PFC-116（六氟乙烷，C_2F_6）	9 200
HFC-134a	1 300	六氟化硫	23 900
HFC-143a	3 800		

2.2.2 温室气体排放核算体系

开展温室气体排放核算工作是准确掌握温室气体排放变化趋势并有效实现温室气体减排的基本前提，是各国积极参与应对气候变化国际谈判的重要支撑，围绕温室气体排放核算的国际和国内规则也在不断更新完善。

1. 国外温室气体核算体系

1)《IPCC 2006 年国家温室气体清单指南》

IPCC 是由 WMO 和 UNEP 共同组建成的政府间科学技术机构。该机构主要负责获取关于应对气候变化的各类科学和社会经济信息，包括气候变化的趋势和影响等。《IPCC 2006 年国家温室气体清单指南》[38]（以下简称《IPCC 指南》）是由 IPCC 国家温室气体清单特别工作组联合主席带领世界各国 250 多名专家组成温室气体清单编制指导小组，经两次专家评审后形成终稿，自发布后沿用至今。《IPCC 指南》主要面向国家/区域层面的温室气体清单编制工作，目标是协助 UNFCCC 各缔约方履行公约承诺，帮助各缔约方在编制温室气体排放清单时采用透明、一致、可比较的方法，并尽量降低清单编制的误差。《IPCC 指南》分为 5 卷，第 1 卷描述了编制温室气体排放清单的基本步骤，第 2 卷至第 5 卷从能源活动、工业生产过程、农业、土地利用变化和林业，以及废弃物处理五个部门详细介绍了国家/区域层面的温室气体清单编制方法。2019 年 5 月，IPCC 第 49 次全会通过了《IPCC 2006 年国家温室气体清单指南 2019 修订版》[39]，与《IPCC 指南》和《IPCC 2006 年国家温室气体清单指南 2013 年增补：湿地》[40]联合使用，成为世界各国编制温室气体清单的最新方法和规则。

2)温室气体核算体系

温室气体核算体系由世界资源研究所（World Resources Institute，WRI）和世界可持续发展工商理事会（World Business Council for Sustainable Development，WBCSD）联合建立，由一系列标准、指南和计算工具构成，是企业、组织、项目等核算与报告温室气体排放量的基础。体系中最主要的是以下三大标准，即《温室气体核算体系：企业核算与报告标准》《温室气体核算体系：产品寿命周期核算和报告标准》《温室气体核算体系：企业价值链（范围三）核算与报告标准》，这三项标准共同提供了一个价值链温室气体核算的综合性方案，供企业进一步制定和选择产品层面和企业层面上的温室气体减排战略。

3）ISO 14064、ISO 14067

国际标准化组织（International Organization for Standardization，ISO）于 2006 年发布了 ISO 14064 系列标准，于 2013 年正式发布 ISO 14067 标准。ISO 14064 是一个由三部分组成的温室气体管理国际标准，包括《ISO 14064-1：温室气体 第一部分 组织层次上对温室气体排放和清除的量化和报告的规范及指南》《ISO 14064-2：温室气体 第二部分 项目层次上对温室气体减排和清除增加的量化、监测和报告的规范及指南》《ISO 14064-3：温室气体 第三部分 温室气体声明审定与核查的规范及指南》。ISO 14064-1 指导面向组织层次的温室气体清单的设计、制定、管理和报告的原则和要求，主要内容包括确定温室气体排放边界、量化温室气体的排放和清除、温室气体清单的报告和质量管理，组织内部审核的要求以及企业管理温室气体情况的具体措施等方面的要求和指导。ISO 14064-2 指导面向温室气体减排或清除项目进行的温室气体管理工作，主要内容包括确定项目监测基准线、温室气体监测与量化的原则、项目绩效报告的要求，以及帮助减排项目进行审定和核查。ISO 14064-3 指导面向实际温室气体清单审定和核查的标准化工作，规定了审定的要求、程序，核查的策划、评价等。ISO 14064 属于非强制性标准，目的在于降低温室气体排放，促进温室气体的计量、监控、报告和验证的标准化，提高温室气体报告结果的可信度与一致性。《ISO 14067：2018 温室气体-产品碳足迹-量化要求及指南》是关于产品层面的标准，它由两部分组成，分别是产品碳足迹的量化和产品碳足迹的信息交流。ISO 14067 为产品碳足迹的量化与信息交流提供了详细的原则、要求与指南，为政府或者组织提供了基于全生命周期评价（life cycle assessment，LCA）的清晰、一致的量化和交流产品碳排放情况的方法。

4）《PAS 2050：2011 商品和服务在生命周期内的温室气体排放评价规范》

《PAS 2050：2011 商品和服务在生命周期内的温室气体排放评价规范》（以下简称《PAS 2050 规范》）主要是以英国标准协会（British Standards Institution，BSI）为指导评价产品或者服务在全生命周期内温室气体排放情况而编制的规范。公共可用规范（publicly available specification，PAS）表示该规范为公开给公众使用并严格遵循 BSI 规定程序制定的具有指导性质的公开标准规范。《PAS 2050 规范》是建立在 LCA 方法之上的评价物品和服务（统称为产品）生命周期内温室气体排放的标准规范。《PAS 2050 规范》的实施一定程度上在企业温室气体减排、倡导居民低碳生活、改善环境等方面都带来了积极的作用。

2. 国内温室气体核算体系

中国是 UNFCCC 首批缔约方之一。UNFCCC 除了规定各缔约方根据共同但有区别的责任和各自的能力保护气候系统并采取措施应对气候变化以外，同时也要求所有缔约方提供国家信息通报。目前中国已提交了三次国家信息通报（分别报告 1994 年、2005 年和 2010 年数据）[41-43]以及两次两年更新报告（分别报告 2012 年和 2014 年数据）[44,45]。信息通报中温室气体清单的编制方法主要遵循和参考了《IPCC 国家温室气体清单指南》（含 1996 年修订版和 2006 年版）、《IPCC 国家温室气体清单优良作法指南和不确定性管理》[46]和《IPCC 关于土地利用、土地利用变化和林业方面的优良做法指南》[47]。

1)《省级温室气体清单编制指南（试行）》

2010 年 9 月，国家发展改革委办公厅下发《关于启动省级温室气体排放清单编制工作有关事项的通知》，要求各地制订工作计划和编制方案，组织好温室气体清单编制工作。为了进一步加强省级温室气体清单编制能力建设，在国家重点基础研究发展计划相关课题的支持下，国家发展改革委应对气候变化司组织国家发展改革委能源研究所、清华大学、中国科学院大气物理研究所、中国农业科学院农业环境与可持续发展研究所、中国林业科学研究院森林生态环境与保护研究所、中国环境科学研究院等单位的专家编写了《省级温室气体清单编制指南（试行）》（以下简称《省级指南》），旨在加强省级清单编制的科学性、规范性和可操作性，为编制方法科学、数据透明、格式一致、结果可比的省级温室气体清单提供有益指导。《省级指南》在编制国家温室气体清单工作的基础上，重点参考了《IPCC 指南》的相关核算方法理论，清单结构按部门划分，分为能源活动、工业生产过程、农业、土地利用变化和林业及废弃物处理五个主要部门，除此之外还包括不确定性分析以及质量保证和控制等相关内容。

2) 行业企业温室气体排放核算方法与报告指南

为有效落实《中华人民共和国国民经济和社会发展第十二个五年规划纲要》提出的"建立完善温室气体排放统计核算制度"的目标，推动完成《国务院关于印发"十二五"控制温室气体排放工作方案的通知》提出的"构建国家、地方、企业三级温室气体排放基础统计和核算工作体系"，"实行重点企业直接报送能源和温室气体排放数据制度"。国家发展改革委组织制定并先后发布了三批重点行业企业温室气体排放核算方法与报告指南（表 2.5～表 2.7），供企业建立温室气体排放报告制度、完善温室气体排放统计核算体系、开展碳排放权交易等相关工作参考使用。

表 2.5　第一批重点行业企业温室气体排放核算方法与报告指南（2013 年）

序号	指南名称
1	《中国发电企业温室气体排放核算方法与报告指南（试行）》
2	《中国电网企业温室气体排放核算方法与报告指南（试行）》
3	《中国钢铁生产企业温室气体排放核算方法与报告指南（试行）》
4	《中国化工生产企业温室气体排放核算方法与报告指南（试行）》
5	《中国电解铝生产企业温室气体排放核算方法与报告指南（试行）》
6	《中国镁冶炼企业温室气体排放核算方法与报告指南（试行）》
7	《中国平板玻璃生产企业温室气体排放核算方法与报告指南（试行）》
8	《中国水泥生产企业温室气体排放核算方法与报告指南（试行）》
9	《中国陶瓷生产企业温室气体排放核算方法与报告指南（试行）》
10	《中国民用航空企业温室气体排放核算方法与报告指南（试行）》

表 2.6　第二批重点行业企业温室气体排放核算方法与报告指南（2014 年）

序号	指南名称
1	《中国石油和天然气生产企业温室气体排放核算方法与报告指南（试行）》
2	《中国石油化工企业温室气体排放核算方法与报告指南（试行）》
3	《中国独立焦化企业温室气体排放核算方法与报告指南（试行）》
4	《中国煤炭生产企业温室气体排放核算方法与报告指南（试行）》

表 2.7　第三批重点行业企业温室气体排放核算方法与报告指南（2015 年）

序号	指南名称
1	《造纸和纸制品生产企业温室气体排放核算方法与报告指南（试行）》
2	《其他有色金属冶炼和压延加工业企业温室气体排放核算方法与报告指南（试行）》
3	《电子设备制造企业温室气体排放核算方法与报告指南（试行）》
4	《机械设备制造企业温室气体排放核算方法与报告指南（试行）》
5	《矿山企业温室气体排放核算方法与报告指南（试行）》
6	《食品、烟草及酒、饮料和精制茶企业温室气体排放核算方法与报告指南（试行）》
7	《公共建筑运营单位（企业）温室气体排放核算方法和报告指南（试行）》
8	《陆上交通运输企业温室气体排放核算方法与报告指南（试行）》
9	《氟化工企业温室气体排放核算方法与报告指南（试行）》
10	《工业其他行业企业温室气体排放核算方法与报告指南（试行）》

2.2.3　温室气体排放核算方法

鉴于目前多数国家遵循《IPCC 指南》温室气体排放核算体系，本节主要介绍非二氧化碳温室气体排放核算方法，关于二氧化碳排放核算方法的详细介绍见本章 2.3 节。

1. 能源活动

1）化石燃料燃烧活动产生的甲烷和氧化亚氮排放

化石燃料燃烧活动排放的温室气体除了二氧化碳，还包括甲烷和氧化亚氮等。甲烷和氧化亚氮等温室气体的核算采用以详细技术为基础的部门方法（IPCC 方法 2）。该方法基于分部门、分燃料品种、分设备的燃料消费量等活动水平数据以及相应的排放因子等参数，通过逐层累加综合计算得到总排放量。

2）生物质燃料燃烧活动产生的甲烷和氧化亚氮排放

这部分温室气体排放主要涉及在乡村用作能源使用的秸秆、薪柴和木炭。考虑到生物质燃料燃烧活动产生的甲烷和氧化亚氮排放与燃料种类、燃烧技术与设备类型等因素紧密相关，生物质燃料燃烧活动产生的甲烷和氧化亚氮排放核算也采用 IPCC 方法 2，与化石燃料燃烧活动产生的甲烷和氧化亚氮排放的核算方法一致。

3）煤矿和矿后活动产生的甲烷逃逸排放

对于煤矿和矿后活动产生的甲烷逃逸排放，如能够获得各矿井的实测甲烷涌出量，则首选采用基于煤矿的估算方法（IPCC 方法 3），即利用各个矿井的实测甲烷涌出量，求和计算地区的甲烷排放量。实际测量的数据是最直接、精确和可靠的数据，矿井实测的甲烷涌出量即为甲烷排放量，无须确定排放因子。

4）石油和天然气系统产生的甲烷逃逸排放

石油和天然气系统产生的甲烷逃逸排放估算方法，主要基于所收集到的以下表征活动水平的数据：一是油气系统基础设施（如油气井、小型现场安装设备、主要生产和加工设备等）的数量和种类的详细清单；二是生产活动水平（如油气产量、放空及火炬气体量、燃料气消耗量等）；三是事故排放量（如井喷和管线破损等）；四是典型设计和操作活动及其对整体排放控制的影响。再根据合适的排放因子确定各个设施及活动的实际排放量，最后把上述排放量汇总得到总排放量。

2. 工业生产过程

1）己二酸生产过程氧化亚氮排放

己二酸有多种制备工艺，其中会产生氧化亚氮的主要是传统工艺。可利用己二酸的产量乘以己二酸的平均排放因子来估算己二酸生产过程中氧化亚氮的排放量。

2）硝酸生产过程氧化亚氮排放

氧化亚氮是氨催化氧化过程产生的副产品。氧化亚氮的生成量取决于反应压力、温度、设备年代和设备类型等，反应压力对氧化亚氮的生成影响最大。可利用采用高压法（没有安装非选择性尾气处理装置）、高压法（安装非选择性尾气处理装置）、中压法、常压法、双加压法、综合法、低压法等七种技术的硝酸产量乘以七种技术的氧化亚氮排放因子来估算硝酸生产过程中氧化亚氮的排放量。

3）一氯二氟甲烷生产过程三氟甲烷排放

一氯二氟甲烷（HCFC-22）生产会排放三氟甲烷。三氟甲烷是制造过程中副产品的无意释放。可利用一氯二氟甲烷的产量乘以一氯二氟甲烷生产的平均排放因子来估算一氯二氟甲烷生产过程中三氟甲烷的排放量。

4）铝生产过程全氟化碳排放

原铝熔炼过程中会排放四氟化碳和六氟乙烷两种全氟化碳气体。我国原铝生产采用的技术类型是点式下料预焙槽技术和侧插阳极棒自焙槽技术，并以点式下料预焙槽技术为主。可利用采用点式下料预焙槽技术生产和采用侧插阳极棒自焙槽技术生产的产量乘以相应的排放因子来估算铝生产过程中全氟化碳的排放量。

5）镁生产过程六氟化硫排放

镁生产过程六氟化硫排放来源于原镁生产中的粗镁精炼环节，以及镁或镁合金加工过程中的熔炼和铸造环节。可利用采用六氟化硫作为保护剂的原镁产量和镁加工的产量分别乘以原镁生产和镁加工的六氟化硫排放因子来估算镁生产过程中六氟化硫的排放量。

6）电力设备生产过程六氟化硫排放

六氟化硫具有优异的绝缘性能和良好的灭弧性能，在高压开关断路器及封闭式气体绝缘组合电器设备中得到广泛使用。可利用电力设备生产过程中六氟化硫的使用量乘以平均排放系数来估算电力设备生产过程中六氟化硫的排放量。

7）半导体生产过程温室气体排放

半导体生产过程中会采用多种含氟气体。含氟气体主要用于半导体制造业的晶圆制作过程中，具体用于等离子刻蚀和化学气相沉积反应腔体的电浆清洁和电浆蚀刻。半导体制造排放的温室气体主要包括四氟化碳、三氟甲烷、六氟乙烷和六氟化硫。可利用半导体生产过程中四氟化碳、三氟甲烷、六氟乙烷和六氟化硫的使用量乘以相应的平均排放系数来估算半导体生产过程中温室气体的排放量。

8）氢氟碳化物生产过程氢氟碳化物排放

一些消耗臭氧层物质替代品在生产和使用中会有部分气体排放到大气中，造成温室效应，成为温室气体。氢氟碳化物是其中排放量比较大的一类。可利用氢氟碳化物产量乘以氢氟碳化物生产的平均排放因子来估算氢氟碳化物生产过程中同类氢氟碳化物排放量。

3. 农业

1）稻田甲烷排放

稻田中的有机物厌氧分解会产生甲烷排放。稻田甲烷排放量可以由不同地区不同类型（单季水稻、双季早稻和晚稻）的稻田面积乘以相应排放因子得到。

2）农用地氧化亚氮排放

农用地氧化亚氮排放包括直接排放和间接排放，排放量根据农用地氮输入和排放因子计算得到。农用地氮输入主要包括化肥氮、粪肥氮和秸秆还田氮。间接排放源于施肥土壤和畜禽粪便氮氧化物（NO_x）和氨（NH_3）挥发经过大气氮沉降引起的氧化亚氮排放。

3）动物肠道发酵和粪便管理

动物肠道发酵指的是牲畜消化系统内的微生物发酵食物的过程，最终排出副产品甲烷。牲畜的粪便在储存和使用的过程中由于厌氧分解也会排放出甲烷和氧化亚氮。动物肠道发酵的甲烷排放量可根据不同种类的牲畜饲养量分别乘以排放因子得到，粪便管理的估算方法也与之类似。

4. 土地利用变化和林业

森林转化燃烧，包括现地燃烧（即发生在林地上的燃烧，如炼山等）和异地燃烧（被移走在林地外进行的燃烧，如薪柴等）。其中，现地燃烧除会排放二氧化碳外，还会排放甲烷和氧化亚氮等温室气体。异地燃烧同样也会产生甲烷和氧化亚氮等温室气体，但由于在能源活动中，已对生物质燃料燃烧活动产生的甲烷和氧化亚氮排放做了估算，因此这里只估算现地燃烧排放的甲烷和氧化亚氮等温室气体。

5. 废弃物处理

城市固体废弃物的主要处理方式为填埋。填埋过程中有机物的厌氧发酵会产生甲烷排放，而且大部分甲烷气体都直接排放到了大气当中。此外，甲烷也是工业污水和生活污水处理中排放的主要温室气体。垃圾焚烧是另一种城市固体废弃物的处理方法，其中碳基废弃物在燃烧过程中会排放二氧化碳。另外，在生活污水和工业废水处理过程中，有机物的降解也会向大气释放甲烷和氧化亚氮气体。

2.2.4　温室气体排放基本现状

参考 WRI 发布的全球温室气体排放量数据（图 2.6），1990 年全球温室气体排放量（不含土地利用变化和林业部分）为 307.37 亿吨二氧化碳当量，其中二氧化碳排放量占比 68.9%，甲烷占比 22.5%，氧化亚氮占比 7.6%，其他含氟气体占比 1.0%。到 2018 年，全球温室气体排放量达到 475.52 亿吨二氧化碳当量，其中二氧化碳排放量占比增长到 74.1%，甲烷占比 17.2%，氧化亚氮占比 6.3%，其他含氟气体占比 2.4%。

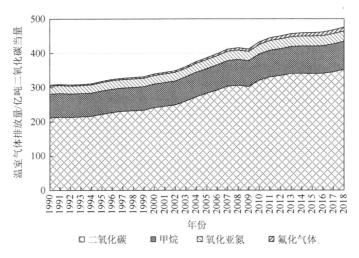

图 2.6　1990～2018 年按气体种类分全球温室气体排放量

综合目前中国已提交的国家信息通报和两年更新报告，从核算边界和方法相对一致的 2005 年、2010 年、2012 年和 2014 年温室气体排放清单来看，中国温室气体排放量（不含土地利用变化和林业部分）在这四年当中分别达到 80.15 亿吨二氧化碳当量、105.44 亿吨二氧化碳当量、118.96 亿吨二氧化碳当量和 123.01 亿吨二氧化碳当量（表 2.8）。其中，二氧化碳排放量在 2014 年已经达到 102.75 亿吨，占温室气体排放总量的 83.5%，显著高于同期世界平均水平（74.3%）。而且同期内各种温室气体排放的增长速度也显著高于世界平均水平，尤其是全氟化碳和六氟化硫的年均增长率分别达到 11.5% 和 22.3%，虽然两种温室气体的绝对排放量较小，但在大气中存留时间长、增温潜势高，其温室效应也不容忽视。

表 2.8　部分年份中国温室气体排放量（单位：亿吨二氧化碳当量）

温室气体	2005 年	2010 年	2012 年	2014 年
二氧化碳	63.81	87.07	98.93	102.75
甲烷	10.09	11.27	11.74	11.25
氧化亚氮	5.00	5.47	6.38	6.10

温室气体	2005 年	2010 年	2012 年	2014 年
氢氟碳化物	1.09	1.32	1.54	2.14
全氟化碳	0.06	0.10	0.12	0.16
六氟化碳	0.10	0.21	0.24	0.61
合计	80.15	105.44	118.96	123.01

注：由于四舍五入的原因，表中各分项之和与合计数据可能存在一定误差

2.3　碳足迹与碳排放核算

在现代工业文明和经济的蓬勃发展丰富人类物质生活的同时，人类对自然资源的占用和废弃物的排放已远远超出地球自身的承载能力，引发了一系列诸如生态破坏、环境污染、水资源短缺、气候变暖、极端天气等全球性、复合型的生态环境问题。生态足迹理论为定量评估人类对自然资源占用状况提供了新的评价体系，成为生态经济学界和可持续发展领域中最突出的成果之一。在生态足迹理论和方法的基础上，聚焦于特定领域又衍生出如能源足迹、碳足迹、水足迹、化学足迹、氮足迹、生态多样性足迹等相关概念，极大丰富了足迹概念的内涵与外延。

2.3.1　碳足迹概述

1. 碳足迹概念

碳足迹源于生态足迹的概念，可以用来评价人类生产及消费活动引起的温室气体排放对气候变化的影响。这一概念最早出现于英国，并在科学研究者、非政府组织和新闻媒体的推动下迅速发展起来。需要指出的是，碳足迹的定义在学术界没有形成统一的共识，各国学者有着不同的理解和认识。争议主要有以下两个方面：①碳足迹的研究对象是二氧化碳的排放量，还是用二氧化碳当量表示的所有温室气体的排放量？②碳足迹的衡量是用质量单位，还是面积单位[48]？例如，Wiedmann 和 Minx 认为碳足迹只能用于碳排放的分析，将碳足迹定义为一项活动中直接和间接产生的二氧化碳排放量，或者产品在各生命周期阶段累积的二氧化碳排放量，并明确指出碳足迹是对二氧化碳排放量的衡量，且用质量单位表示[49]。此外，一些政府及非政府组织也根据自身需求提出了碳足迹的定义。BSI 于 2008 年发布的《PAS 2050：2008 商品和服务在生命周期内的温室气体排放评价规范》指出，碳足迹是一个用于描述某个特定活动过程或实体产生的温室气体排放量的术

语。欧盟对碳足迹的定义是一个产品或服务的整个生命周期中所排放的二氧化碳和其他温室气体的总量。综合碳足迹的各种定义发现,当前学术界对于碳足迹的定义大多包含非碳气体的排放,并以二氧化碳当量对其进行计量,以质量作为计量单位,即一项活动、一个产品(或服务)的整个生命周期或者某一地理范围内直接或间接排放的二氧化碳和其他温室气体的总量。

2. 碳足迹研究尺度

碳足迹按照研究尺度从小到大进行分类,可分为个人或家庭碳足迹、产品碳足迹、企业碳足迹、部门碳足迹、城市或国家碳足迹。个人或家庭碳足迹是指与每个人或每个家庭日常的生活方式和消费习惯相关的温室气体排放量,可以通过专门的"碳足迹计算器"进行计算;产品碳足迹反映一件产品的环境友好程度,即一件产品在整个生命周期中产生的温室气体排放量;企业碳足迹是指按照 ISO 所发布的环境标准 ISO 14064 核算出的企业生产活动产生的直接和间接的温室气体排放量,可用来发掘企业减排的潜力;部门碳足迹是指能源活动、工业活动、农业活动、废弃物等不同产业部门的温室气体排放量;城市或国家碳足迹是指在某个城市或整个国家区域内,满足家庭消费、公共服务以及投资的温室气体排放量的总和。

3. 碳足迹研究方法

1) 投入产出法

20 世纪 60 年代以来,投入产出模型开始被用于研究产业活动与环境污染之间的关系,并逐渐应用于能源消费和碳排放的研究中,目前已有不少学者应用投入产出法进行碳足迹的计算。投入产出法以整个经济系统为核算边界,从宏观层面进行二氧化碳排放量的估算,是一种自上而下的方法。投入产出表是进行投入产出分析的前提和基础,通过编制投入产出表建立初始投入、中间投入、总投入、中间使用、最终使用和总产出相应的平衡方程并进行分析计算以获得产品部门之间的关联关系。再结合各产品部门的温室气体排放数据,最终计算整个生产链中各部门或各行业由最终产品或服务的消费和使用造成的温室气体排放总量。

投入产出法可以利用投入产出表提供的信息来计算经济变化对环境的直接或间接影响,并得出产品与其投入之间的经济关联关系,具有数据获取简单、耗时短以及经济成本较低、系统完整性较好等优势。但该方法也存在一定的局限性,具体表现在:①投入产出法是分部门或分行业来计算二氧化碳的排放量,而同一部门或行业间有多种不同类型的产品,这些产品的二氧化碳排放也有多种不同的情况,因此采用投入产出法进行核算,计算结果会有较高的不确定性;②投入产出法的核算结果无法获悉产品的具体情况,它只能从行业数据入手,因此该方法更适合运用于核算经济系统各部门、区域等的碳足迹而非单一产品的碳足迹。

2）LCA

LCA 是一个定量化、系统化评价一种产品、服务活动或过程在生命周期的不同阶段对环境产生影响的方法。它能详细全面核算一个产品在原材料开采、运输、加工，产品生产、运输与分配、使用、再使用和维护、再循环以及最终处置整个生命周期过程中的温室气体排放，是一种"从摇篮到坟墓"式的分析方法。目前，LCA 是国际上普遍认同的比较科学的环境评价工具，已经纳入 ISO14000 环境管理体系，广泛应用于各种技术评价、产品设计、生产管理、环境标志以及政策制定中的环境分析。

LCA 包括互相联系、不断重复进行的四个步骤，分别是：①目标与范围定义。确定目标和范围的过程中要重点关注目的、范围、功能单元、系统边界以及数据质量等方面，这些因素是 LCA 后续评估过程所依赖的出发点和立足点。②清单分析。清单分析是对产品、工艺或者活动在其整个生命周期阶段的资源、能源消耗和废物排放进行量化分析。清单分析贯穿于产品的整个生命周期，汇总了产品整个生命周期各阶段的环境交换数据，是影响评价开展的基础。③影响评价。利用清单分析阶段得到的生命周期数据量化评估产品每个生产阶段或部件的环境影响与资源消耗影响，是基于功能单位的相对评价方法，也是 LCA 最重要的阶段。④结果解释。对评估结果进行解释说明，其目的是根据前面几个阶段的研究或者清单分析的发现，以透明的方式来分析结果、形成结论、解释局限性、提供以报告形式呈现的结论和建议。

LCA 的计算结果相对具有针对性，是一种自上而下的方法，适用于分析单个主体或产品等微观层面的碳足迹的计算。LCA 以产品为核心，面向产品系统，考虑了整个产品系统的环境影响，碳足迹核算结果可以准确地反映研究对象造成的环境影响。但 LCA 研究涉及面广，需要大量的数据来支持，因此需要消耗较大的人力、物力资源，相对成本较高。

3）碳足迹计算器

碳足迹计算器在碳足迹兴起后随之诞生。目前互联网上流行的碳足迹计算器是计算评估碳足迹的重要工具。碳足迹计算器可以用来计算个人和家庭基于人数、住房面积、能源资源消耗量等日常活动而产生的二氧化碳排放量。碳足迹计算器根据人们不同的活动轨迹，利用简单的转换因子将煤、油、气、水和电等消耗量转换为二氧化碳排放量，或者根据交通工具的类型和运输距离来计算相应的二氧化碳排放量。然后根据二氧化碳排放量计算补偿该部分二氧化碳排放所需要的植树数量。

目前网络上的碳足迹计算器多种多样，如英国 Carbon Footprint 公司开发的针对个人、商业机构和产品的碳足迹计算器（https://www.carbonfootprint.com/measure.html），中国科学院大气物理研究所-碳足迹研究小组开发的个人碳足迹计算器（http://www.dotree.com/CarbonFootprint/），联合国碳抵消平台推出的碳足迹计算器（https://offset.climateneutralnow.org/footprintcalc）。

不同碳足迹计算器的复杂程度和包含的项目不同，没有统一权威的标准，一些碳足迹计算器的转换因子缺乏透明性，因此不同碳足迹计算器的计算结果差别较大，计算结果不够精确。但是用碳足迹计算器来核算碳足迹操作简单，易于理解，只要根据提示输入相应的数据，就可以得到计算结果和减少碳足迹的合理建议。公众可以随时上网计算自己日常生活中的碳足迹，从而在日常生活中约束自己的行为，并采取行动减少碳足迹。这对于提高公众环保意识、缓解温室效应具有重要作用。

2.3.2　碳排放核算方法

WMO 于 2021 年发布的报告显示，二氧化碳占过去十年辐射强迫增长的约 82%[50]，无疑是最主要的温室气体。围绕碳排放的核算工作也因此成为温室气体排放核算的重中之重。鉴于中国目前遵循的《IPCC 指南》碳排放核算体系，本节将从国家/区域和行业/企业两个层级做简要介绍。

1. 国家/区域碳排放核算

基于《IPCC 指南》对温室气体排放的部门划分，涉及碳排放的部门包括能源活动、工业生产过程、土地利用变化和林业。考虑到生物质燃料生产与消费的总体平衡，其燃烧所产生的二氧化碳与生长过程中光合作用所吸收的二氧化碳两者基本抵消，能源活动只考虑化石燃料燃烧；工业生产过程包括水泥生产过程、石灰生产过程、钢铁生产过程和电石生产过程；土地利用变化和林业包括森林和其他木质生物质生物量碳贮量变化、森林转化碳排放，具体排放源清单如图 2.7 所示。

1）能源活动

A. 化石燃料燃烧碳排放核算方法

《IPCC 指南》介绍了三种核算化石燃料燃烧碳排放的方法，方法 1（基准方法）是基于国家能源统计的化石燃料消费数量（表观消费），将碳转换为二氧化碳并进行所有部门的汇总求和；方法 2 和方法 3（自下而上）在方法 1 考虑所有燃料品种和部门的基础上，还考虑了燃烧技术。方法的选择应依据国情并根据可获得的活动水平详细程度而定，对于能源消费数据相当完整的国家来说，方法 2 和方法 3 需要更多的数据支持，一般结果也更为准确。

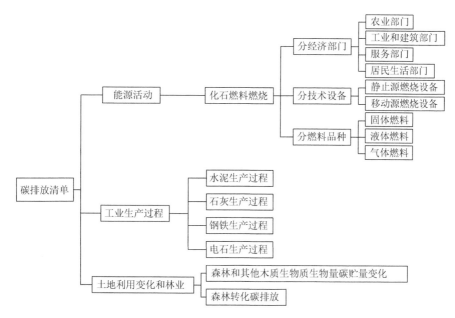

图 2.7 国家/区域碳排放清单主要排放源构成

鉴于数据的可得性和不确定性,针对化石燃料燃烧活动的碳排放核算主要采用以详细技术为基础的 IPCC 方法 2。该方法基于分经济部门、分燃料品种、分技术设备的化石燃料消费量等活动水平、碳排放因子等参数,通过逐层累加综合计算得到国家/区域的碳排放总量。具体计算公式为

$$CE_f = \sum_i \sum_j \sum_k \left(CEF_{i,j,k} \ FC_{i,j,k} \right) \tag{2.8}$$

式中,CE_f 为化石燃料燃烧活动的碳排放量(单位为吨);$CEF_{i,j,k}$ 为碳排放因子(单位为吨/太焦);$FC_{i,j,k}$ 为燃料消费量(单位为太焦);i 为不同的燃料品种(如煤炭、汽油、天然气等);j 为不同的经济部门(如农业、工业、服务业等);k 为不同的技术设备(如静止源的工业锅炉和窑炉、移动源的货车和机车等)。

具体计算步骤为:①参考国家/区域的能源平衡表及分经济部门、分燃料品种能源消费量,确定分经济部门、分燃料品种主要设备的燃料燃烧量;②基于设备的燃烧特点,确定分经济部门、分燃料品种主要设备的碳排放因子数据;③根据分经济部门、分燃料品种、分技术设备的燃料消费量与碳排放因子数据,估算每种设备的碳排放量;④逐层累加计算化石燃料燃烧的碳排放总量。

B. 活动水平数据及其来源

化石燃料燃烧活动分经济部门的排放源可分为农业、工业、建筑业、交通运输、仓储和邮政业、批发零售和住宿餐饮业、其他服务业以及居民生活消费(乡村和城镇)八个部门。分技术设备的排放源可分为静止源燃烧设备和移动源燃烧

设备，静止源燃烧设备主要包括发电锅炉、工业锅炉、工业窑炉、户用炉灶、农用机械、发电内燃机、其他设备等；移动源燃烧设备主要包括各类型航空器、公路运输车辆、铁路运输车辆和船舶运输机具等。中国现行能源统计口径与《IPCC指南》稍有不同，分燃料品种排放源一般包括原煤、洗精煤、其他洗煤、型煤、煤矸石、焦炭、焦炉煤气、高炉煤气、转炉煤气、其他煤气、原油、汽油、煤油、柴油、燃料油、液化石油气、炼厂干气、天然气和液化天然气等。

应用详细技术为基础的部门方法估算化石燃料燃烧碳排放量时，需首先收集分部门、分品种主要设备的燃料燃烧量，其数据来源主要包括《中国能源统计年鉴》中的能源平衡表和工业分行业终端能源消费，具体到行业部门时，还需根据相关行业统计资料进行估算。例如，交通运输业中公路交通的能源消费量需根据机动车保有量、机动车年运行公里数和机动车百公里油耗等数据进行估算。

C. 碳排放因子数据及其确定方法

碳排放因子可以基于各种燃料品种的低位发热量、含碳量以及主要技术设备的碳氧化率确定。上述参数原则上需要通过实际测试获得，以便正确反映不同燃烧设备的技术水平和排放特点。如实测数据无法获得，一般采用特定国家/区域推荐的化石燃料燃烧碳排放因子或利用《IPCC指南》推荐的缺省排放因子。《省级指南》推荐的部分燃料的单位燃料（以热值为计量单位）含碳量及碳氧化率参考值如表2.9所示。

表2.9 部分燃料的单位燃料含碳量及碳氧化率参考值

燃料物态	燃料品种	单位热值含碳量/（吨碳/太焦）	碳氧化率
固体燃料	无烟煤	27.4	0.94
	烟煤	26.1	0.93
	型煤	33.6	0.90
	焦炭	29.5	0.93
液体燃料	原油	20.1	0.98
	燃料油	21.1	0.98
	汽油	18.9	0.98
	柴油	20.2	0.98
	一般煤油	19.6	0.98
	液化石油气	17.2	0.98
	炼厂干气	18.2	0.98
气体燃料	天然气	15.3	0.99

2）工业生产过程

A. 水泥生产过程

水泥生产过程中的二氧化碳排放来自水泥熟料的生产过程。熟料是水泥生产的中间产品，由水泥生料经高温煅烧发生物理化学反应后生成。煅烧过程中，水泥生料的主要成分——碳酸钙和碳酸镁受热分解排放出二氧化碳。具体计算公式为

$$CE_c = CEF_c \, AD_c \tag{2.9}$$

式中，CE_c 为水泥生产过程的碳排放量；CEF_c 为水泥生产过程平均碳排放因子；AD_c 为水泥熟料产量。

估算水泥工业生产过程二氧化碳排放所需的活动水平数据为所在区域扣除了用电石渣生产的熟料数量之后的水泥熟料产量，水泥熟料产量的数据来源可参考中国水泥协会编写的《中国水泥年鉴》，利用电石渣生产熟料的产量需要实地调查。《省级指南》推荐的水泥生产过程排放因子为 0.538 吨二氧化碳/吨熟料。

B. 石灰生产过程

石灰生产过程中的二氧化碳排放来源于石灰石中的碳酸钙和碳酸镁的热分解，其计算方法同水泥生产过程类似，具体计算公式为

$$CE_l = CEF_l \, AD_l \tag{2.10}$$

式中，CE_l 为石灰生产过程的碳排放量；CEF_l 为石灰生产过程平均碳排放因子；AD_l 为石灰产量。

由于中国没有官方的石灰产量统计资料，可以对所在区域内的石灰企业进行石灰产量的抽样调查，有的研究则使用建筑及建材、粗钢、电石、有色金属等主要石灰消费行业的石灰消费量代替。《省级指南》推荐的石灰生产过程排放因子为 0.683 吨二氧化碳/吨石灰。

C. 钢铁生产过程

钢铁生产过程二氧化碳排放主要有两个来源：炼铁熔剂高温分解和炼钢降碳过程。炼铁熔剂高温分解是指石灰石和白云石等熔剂中的碳酸钙和碳酸镁在高温下分解产生二氧化碳；炼钢降碳是指在高温下用氧化剂把生铁里过多的碳和其他杂质氧化成二氧化碳或炉渣除去。具体计算公式为

$$CE_s = CEF_l \, AD_l + CEF_d \, AD_d + \left(CF_r \, AD_r - CF_s \, AD_s \right) \times \frac{44}{12} \tag{2.11}$$

式中，CE_s 为钢铁生产过程的碳排放量；CEF_l 为作为溶剂消耗的石灰石的碳排放因子；AD_l 为钢铁企业作为溶剂使用的石灰石消费量；CEF_d 为作为溶剂消耗的白云石的碳排放因子；AD_d 为钢铁企业作为溶剂使用的白云石消费量；CF_r 为炼钢用生铁的平均含碳率；AD_r 为炼钢用的生铁消耗量；CF_s 为炼钢的钢材产品的平均含碳率；AD_s 为炼钢的钢材产量。

钢铁产量的数据可参考《中国钢铁工业年鉴》，其他数据需向统计部门、行业协会或钢铁企业调查。钢铁生产过程碳排放因子和相关参数在《省级指南》中也有相应推荐值（表 2.10）。

表 2.10 钢铁生产过程碳排放因子和相关参数

类别	单位	数值	类别	单位	数值
石灰石消耗	吨二氧化碳/吨石灰石	0.430	生铁平均含碳量	%	4.1
白云石消耗	吨二氧化碳/吨白云石	0.474	钢材平均含碳量	%	0.248

D. 电石生产过程

电石生产过程的二氧化碳排放来源于石灰和碳素原料的煅烧过程中的化学反应，其计算方法同样基于活动量水平和平均碳排放因子，具体计算公式为

$$CE_{cc} = CEF_{cc} \, AD_{cc} \qquad (2.12)$$

式中，CE_{cc} 为电石生产过程的碳排放量；CEF_{cc} 为电石生产过程平均碳排放因子；AD_{cc} 为电石产量。

电石产量的数据可参考《中国有色金属工业年鉴》，《省级指南》推荐的电石生产过程排放因子为 1.154 吨二氧化碳/吨电石。

3）土地利用变化和林业

A. 森林和其他木质生物质生物量碳贮量变化

本部分计算受森林管理、采伐、薪炭材采集等活动影响而导致的生物量碳贮量增加或减少，核算内容主要包括乔木林生长生物量碳吸收，散生木、四旁树、树林生长生物量碳吸收，竹林、经济林、灌木林生物量碳贮量变化，以及活立木消耗碳排放。相关数据主要包括森林和其他木质生物质涉及的不同树种的当年蓄积量（单位为立方米）、蓄积量年生长率和消耗率（单位为%）、不同树种的生物量转换系数、不同树种的基本木材密度（单位为吨/米³）、生物量含碳率（单位为%）。

B. 森林转化碳排放

本部分主要估算各区域"有林地"（包括乔木林、竹林、经济林）转化为"非林地"（如农地、牧地、城市用地、道路等）过程中，由地上生物质的燃烧和分解引起的二氧化碳排放。相关数据主要包括年转化面积、转化前后单位面积地上生物量、燃烧或分解的生物量比例、燃烧生物量氧化系数、地上生物量碳含量。

森林和其他木质生物质生物量碳贮量变化部分的数据来源可参考相关区域的森林资源清查的资料数据或利用最近 3 次调查数据进行外推。中国目前缺乏森林转化的相关参数，而国际上的有关测定也有较大的不确定性。这两部分相关参数的详细说明及推荐值可参阅《省级指南》。

2. 行业/企业碳排放核算

关于组织层面温室气体排放核算，国际上已经发布了若干标准文件，国内也相继发布了 24 个重点行业企业温室气体排放核算方法与报告指南。为满足企业碳排放核算的政策要求和现实需要，2015 年 11 月，国家质量监督检验检疫总局、国家标准化管理委员会批准并发布《工业企业温室气体排放核算和报告通则》等 11 项国家标准（表 2.11），于 2016 年 6 月 1 日起实施。该系列标准规定了部分工业企业温室气体排放核算与报告的术语和定义、基本原则、工作流程、核算边界确定、核算步骤与方法、质量保证、报告要求等内容，适用于指导国内相关工业企业温室气体排放核算方法与报告要求标准的编制，也可为工业企业开展温室气体排放核算与报告活动提供方法参考。

表 2.11　《工业企业温室气体排放核算和报告通则》系列标准

序号	国家标准编号	国家标准名称	实施日期
1	GB/T 32150—2015	工业企业温室气体排放核算和报告通则	2016/6/1
2	GB/T 32151.1—2015	温室气体排放核算与报告要求 第 1 部分：发电企业	2016/6/1
3	GB/T 32151.2—2015	温室气体排放核算与报告要求 第 2 部分：电网企业	2016/6/1
4	GB/T 32151.3—2015	温室气体排放核算与报告要求 第 3 部分：镁冶炼企业	2016/6/1
5	GB/T 32151.4—2015	温室气体排放核算与报告要求 第 4 部分：铝冶炼企业	2016/6/1
6	GB/T 32151.5—2015	温室气体排放核算与报告要求 第 5 部分：钢铁生产企业	2016/6/1
7	GB/T 32151.6—2015	温室气体排放核算与报告要求 第 6 部分：民用航空企业	2016/6/1
8	GB/T 32151.7—2015	温室气体排放核算与报告要求 第 7 部分：平板玻璃生产企业	2016/6/1
9	GB/T 32151.8—2015	温室气体排放核算与报告要求 第 8 部分：水泥生产企业	2016/6/1
10	GB/T 32151.9—2015	温室气体排放核算与报告要求 第 9 部分：陶瓷生产企业	2016/6/1
11	GB/T 32151.10—2015	温室气体排放核算与报告要求 第 10 部分：化工生产企业	2016/6/1

综合行业企业温室气体排放核算方法与报告指南及《工业企业温室气体排放核算和报告通则》（以下简称《企业核算通则》）国家标准，行业/企业温室气体排放核算与报告内容主要包括报告主体、核算边界、核算和报告范围、核算步骤与核算方法、数据质量管理等。下面以水泥生产企业为例介绍行业/企业碳排放核算主要内容（由于水泥生产企业核算和报告的温室气体只有二氧化碳，因此下文不对"温室气体"和"碳排放"做严格区分）。

1）报告主体

报告主体是指具有温室气体排放行为并应定期核算和报告的法人企业或视同法人的独立核算单位，即以水泥生产为主营业务的独立核算单位。

2）核算边界

核算边界是指与报告主体的生产经营活动相关的温室气体排放的范围。具体来说，就是报告主体以企业为边界，核算和报告其生产系统产生的温室气体排放。生产系统一般包括主要生产系统、辅助生产系统及直接为生产服务的附属生产系统，其中辅助生产系统包括动力、供电、供水、化验、机修、库房、运输等，附属生产系统包括生产指挥系统和厂区内为生产服务的部门和单位（如职工食堂、车间浴室、保健站等）。从水泥生产的工艺流程来看，其温室气体核算边界如图 2.8 所示。

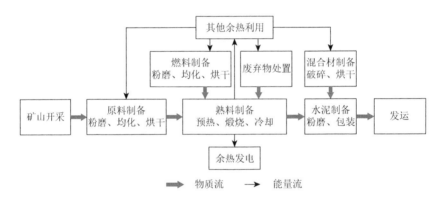

图 2.8 水泥生产企业温室气体核算边界示意图

3）核算和报告范围

水泥生产企业温室气体核算和报告范围主要包括以下几点。

（1）化石燃料燃烧。水泥生产过程中使用的实物煤、热处理和厂内运输等设备使用的燃油等发生氧化燃烧过程产生的排放。

（2）替代燃料和协同处置的废弃物中非生物质碳的燃烧。废轮胎、废油和废塑料等替代燃料、污水污泥等废弃物里所含有的非生物质碳的燃烧产生的排放。

（3）原料碳酸盐的分解。水泥生产过程中，原材料碳酸盐分解产生的二氧化碳排放，包括熟料对应的碳酸盐分解排放、窑炉排气筒（窑头）粉尘对应的排放和旁路放风粉尘对应的排放。

（4）生料中非燃料碳煅烧。生料中采用的配料，如钢渣、煤矸石、高碳粉煤灰等，含有可燃的非燃料碳，这些碳在生料高温煅烧过程中都转化为二氧化碳。

（5）购入的电力、热力产生的排放。水泥企业购入的电力、热力对应的生产活动的二氧化碳排放。

（6）输出的电力、热力产生的排放。水泥企业输出的电力、热力对应的生产活动的二氧化碳排放。

其中，范围（2）和（4）的碳排放在行业企业温室气体排放核算方法与报告指南核算和报告范围内，不在《企业核算通则》核算和报告范围内。

4）核算步骤与核算方法

A. 核算步骤

报告主体进行企业温室气体排放核算和报告的完整工作流程包括以下步骤：①确定核算边界；②识别排放源；③收集活动水平数据；④选择和获取排放因子数据；⑤分别计算燃料燃烧排放、工业生产过程排放、购入和输出的电力和热力所对应的排放；⑥汇总计算企业温室气体排放量。

B. 核算方法

根据识别的核算范围和排放源，水泥生产企业的碳排放总量等于企业边界内所有的燃料燃烧排放量、过程排放量、企业净购入的电力和热力产生的排放量之和，具体计算公式为

$$
\begin{aligned}
\mathrm{CE}_c &= \mathrm{CE}_{燃烧} + \mathrm{CE}_{过程} + \mathrm{CE}_{电和热} \\
&= \mathrm{CE}_{燃烧1} + \mathrm{CE}_{燃烧2} + \mathrm{CE}_{过程1} + \mathrm{CE}_{过程2} + \mathrm{CE}_{电和热}
\end{aligned} \tag{2.13}
$$

式中，$\mathrm{CE}_{燃烧}$ 为企业燃料燃烧活动产生的碳排放量；$\mathrm{CE}_{燃烧1}$ 为企业所消耗的化石燃料燃烧活动产生的碳排放量；$\mathrm{CE}_{燃烧2}$ 为企业所消耗的替代燃料或废弃物中非生物质碳的燃烧产生的碳排放量；$\mathrm{CE}_{过程}$ 为企业在水泥生产过程中产生的碳排放量；$\mathrm{CE}_{过程1}$ 为企业在生产过程中原料碳酸盐分解产生的碳排放量；$\mathrm{CE}_{过程2}$ 为企业在生产过程中生料中的非燃料碳煅烧产生的碳排放量；$\mathrm{CE}_{电和热}$ 为企业净购入的电力和热力所对应的碳排放量。

a. 化石燃料的燃烧

水泥生产中，使用的化石燃料，如煤炭、燃料油等，其产生的碳排放计算公式为

$$
\mathrm{CE}_{燃烧1} = \sum_i \left(\mathrm{CEF}_i \, \mathrm{FC}_i \right) \tag{2.14}
$$

式中，$\mathrm{CE}_{燃烧1}$ 为企业核算和报告期内消耗的化石燃料燃烧产生的碳排放量（单位为吨）；CEF_i 为第 i 种化石燃料的碳排放因子（单位为吨/太焦）；FC_i 为企业核算和报告期内消耗的第 i 种化石燃料的活动水平（单位为太焦）。

b. 替代燃料和协同处置的废弃物中非生物质碳的燃烧

$$
\mathrm{CE}_{燃烧2} = \sum_i \left(\mathrm{CEAF}_i \, \mathrm{AFC}_i \, \mathrm{HV}_i \, \alpha_i \right) \tag{2.15}
$$

式中，$CE_{燃烧2}$ 为企业核算和报告期内替代燃料或废弃物中非生物质碳的燃烧产生的碳排放量（单位为吨）；$CEAF_i$ 为第 i 种替代燃料或废弃物的碳排放因子（单位为吨/太焦）；AFC_i 为替代燃料或废弃物的消耗量（单位为吨）；HV_i 为第 i 种替代燃料或废弃物的平均低位发热量（单位为太焦/吨）；α_i 为第 i 种替代燃料或废弃物中非生物质碳的含量（单位为%）。

c. 原料碳酸盐的分解

$$CE_{过程1} = AD_c\left[(FR_1 - FR_{10}) \times \frac{44}{56} + (FR_2 - FR_{20}) \times \frac{44}{40}\right] \quad (2.16)$$

式中，$CE_{过程1}$ 为核算和报告期内原料碳酸盐分解产生的碳排放量（单位为吨）；AD_c 为生产的水泥熟料产量（单位为吨）；FR_1 为熟料中氧化钙（CaO）的含量（单位为%）；FR_{10} 为熟料中不是来源于碳酸盐分解的氧化钙（CaO）的含量（单位为%）；FR_2 为熟料中氧化镁（MgO）的含量（单位为%）；FR_{20} 为熟料中不是来源于碳酸盐分解的氧化镁（MgO）的含量（单位为%）。

d. 生料中非燃料碳煅烧

$$CE_{过程2} = AD_{rc} FR_0 \times \frac{44}{12} \quad (2.17)$$

式中，$CE_{过程2}$ 为核算和报告期内生料中非燃料碳煅烧产生的碳排放量（单位为吨）；AD_{rc} 为水泥生料产量（单位为吨）；FR_0 为生料中非燃料碳含量（单位为%）。

e. 净购入的电力、热力产生的排放

$$CE_{电和热} = CEF_p AD_p + CEF_h AD_h \quad (2.18)$$

式中，$CE_{电和热}$ 为核算和报告期内净购入的电力和热力（蒸汽量）对应的生产活动的碳排放量（单位为吨）；CEF_p 为电力的碳排放因子（单位为吨/兆瓦时）；CEF_h 为热力的碳排放因子（单位为吨/吉焦）；AD_p 和 AD_h 分别为核算和报告期内企业净购入的电量（单位为兆瓦时）和热力量（单位为吉焦）。

核算过程中涉及的各种活动水平数据，企业可根据核算和报告期内的生产记录数据进行确定，如各种化石燃料消耗量、替代燃料用量、生料和熟料产量、购入和输出的电力和热力量。熟料中氧化钙和氧化镁的含量、熟料中不是来源于碳酸盐分解的氧化钙和氧化镁的含量与产品工艺相关，采用企业测量数据。燃料的平均低位发热量、替代燃料中非生物质碳含量、生料中非燃料碳含量可选择使用推荐值，具备条件的企业可开展实测，或委托有资质的专业机构进行检测，检测应遵循相关标准。电力碳排放因子应根据企业生产所在地及目前的华北区域、东北区域、华东区域、华中区域、西北区域、南方区域、海南电网划分，选用国家主管部门公布的相应区域电网排放因子（表2.12）。热力碳排放因子暂按0.11吨/吉焦计，并根据政府主管部门发布的官方数据保持更新。

表 2.12　中国区域电网单位供电平均碳排放因子（单位：吨/兆瓦时）

电网名称	覆盖地理范围	2005 年	2010 年	2011 年	2012 年
华北区域	北京市、天津市、河北省、山西省、山东省、蒙西（除赤峰、通辽、呼伦贝尔和兴安盟外的内蒙古自治区）	1.246	0.8845	0.8967	0.8843
东北区域	辽宁省、吉林省、黑龙江省、蒙东（赤峰、通辽、呼伦贝尔和兴安盟）	1.096	0.8045	0.8189	0.7769
华东区域	上海市、江苏省、浙江省、安徽省、福建省	0.928	0.7182	0.7129	0.7035
华中区域	河南省、湖北省、湖南省、江西省、四川省、重庆市	0.801	0.5676	0.5955	0.5257
西北区域	陕西省、甘肃省、青海省、宁夏回族自治区、新疆维吾尔自治区	0.977	0.6958	0.686	0.6671
南方区域	广东省、广西壮族自治区、云南省、贵州省、海南省	0.714	0.596	0.5748	0.5271
海南电网	海南省	0.917	—	—	—

注：2005 年的数据中海南省数据单独列出，2010～2012 年的数据中海南省数据并入南方区域数据，不再单独列出

2.3.3　碳排放基本现状

世界范围内对全球各国碳排放量进行核算和研究的机构主要有国际能源署（International Energy Agency，IEA）[51]、美国橡树岭国家实验室（Oak Ridge National Laboratory）二氧化碳信息分析中心（Carbon Dioxide Information Analysis Centre，CDIAC）[52]、欧盟委员会联合研究中心（European Commission's Joint Research Centre，JRC）和荷兰环境评估署的全球大气研究排放数据库（emissions database for global atmospheric research，EDGAR）[53]、未来地球（Future Earth）计划和世界气候研究计划（World Climate Research Programme，WCRP）的 GCP[54]、美国能源信息署（Energy Information Administration，EIA）[55]和 WRI[56]，此外还有涵盖中国和全球其他发展中经济体碳排放清单的中国碳核算数据库（carbon emission accounts & datasets，CEADs）[57, 58]。以上机构发布的碳排放数据比较全面、被引用率高、影响力较大，已经成为全球气候变化谈判与博弈的重要参考。各个数据库采用的碳排放核算方法基本都是遵循 IPCC 核算体系，利用活动量水平与碳排放因子进行计算，但在排放源、部门分类、具体参数引用上略有差别。

参考 WRI 发布的数据，2018 年全球二氧化碳排放量（不含土地利用变化和林业部分）为 352.49 亿吨，相比 1990 年 211.81 亿吨增长了 66.4%，其中来自能源活动的碳排放量为 337.47 亿吨，来自工业生产过程的碳排放量为 15.02 亿吨。能源活动作为最大的碳排放源，占比将近 96%。从国家/区域分布（图 2.9）来看，美国在 1990 年的碳排放量为 48.45 亿吨，占全球碳排放量的 23%；欧盟 27 国的碳排放量为 35.63 亿吨，占比 17%；中国碳排放量为 21.73 亿吨，占比 10%。2005 年，中国碳

排放量达到 58.19 亿吨，超过美国（57.56 亿吨），成为全球第一大排放国。到 2018 年，中国碳排放量增长到 103.13 亿吨，占全球碳排放总量的 29%；美国和欧盟 27 国的碳排放量为 49.81 亿吨和 28.71 亿吨，分别占比 14% 和 8%。

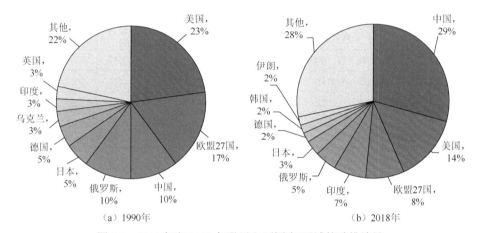

（a）1990年　　　　　　　　　　　　　　（b）2018年

图 2.9　1990 年和 2018 年世界主要国家/区域的碳排放量

图中数据进行过修约，存在合计不等于 100% 的情况

　　由于不同的研究机构在燃料的分类及方法学、活动水平数据、碳排放因子及其他参数的选择原则上不尽相同，导致其对中国碳排放核算的结果之间存在较大差异，具体如图 2.10 所示。从仅包含能源活动排放源的碳排放核算结果来看，EDGAR

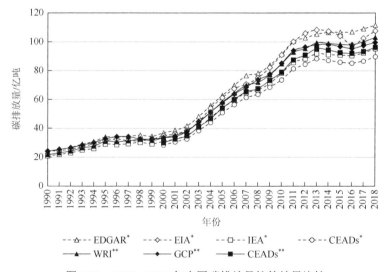

图 2.10　1990～2018 年中国碳排放量核算结果比较

*表示该数据的排放源为化石燃料燃烧；**表示该数据的排放源除包含化石燃料燃烧以外，还包含水泥生产等工业生产过程

和 EIA 的结果较为接近，IEA 和 CEADs 的结果较为接近。例如，EDGAR 核算的 2018 年碳排放量为 111.57 亿吨，CEADs 的核算结果为 89.80 亿吨。对包含能源活动和工业生产活动排放源的碳排放核算结果，WRI、GCP 和 CEADs 三家机构的结果差异较小，CEADs 的核算结果依然是最低的。CEADs 在碳排放因子的选取原则上，通过对中国 100 家大型煤矿的 602 个煤炭样本进行实测，发现中国煤炭质量普遍偏低，其平均低位发热量和氧化率均低于《IPCC 指南》推荐值，这导致其核算结果相比其他研究机构都要偏低[59]。

参考 CEADs 数据库，中国碳排放的行业/部门分布如图 2.11 所示。电力、热力生产和供应业（S07）作为国民经济重要的能源生产和供应部门，能源消耗量庞大，2018 年其碳排放量占比达到 46.9%。其次，中国的钢铁和水泥产量很高，作为能源密集型行业，黑色金属冶炼和压延加工业（S06）和非金属矿物制品业（S05）的碳排放量占比也相对较高，2018 年分别达到 18.4% 和 11.4%。服务业中交通运输、仓储和邮政业（S10）的碳排放量增长较快，期间增长了 2.62 倍，2018 年占比达到 7.7%。从产业结构调整和转型升级的角度来看，电力、热力生产和供应业，黑色金属冶炼和压延加工业，非金属矿物制品业等行业是中国实现碳达峰碳中和需要重点关注的行业，此外对排放量增长较快的一些行业也应重点关注。

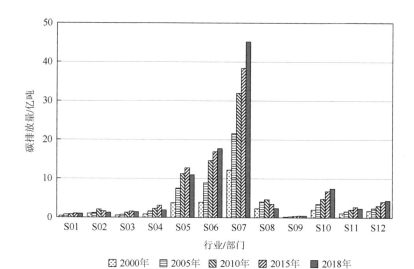

图 2.11　2000～2018 年中国主要行业/部门的二氧化碳排放量

S01 即农业；S02 即采矿业；S03 即石油加工、炼焦和核燃料加工业；S04 即化学原料和化学制品制造业；S05 即非金属矿物制品业；S06 即黑色金属冶炼和压延加工业；S07 即电力、热力生产和供应业；S08 即其他制造业；S09 即建筑业；S10 即交通运输、仓储和邮政业；S11 即其他服务业；S12 即居民生活消费

　　从中国碳排放的省域分布（图 2.12）来看，东部地区普遍高于西部地区，而且省域之间的碳排放量差异也比较大。以 2018 年为例，河北和山东两省的碳排放量均达到 9 亿吨以上，青海和海南的碳排放量则仅有 0.5 亿吨左右，排放量的巨大差异同省际的经济总量、产业结构和能源结构之间的差异都有关系。此外，"西电东送"等重大工程以及省域之间的产业转移和贸易往来等活动都会对省域碳排放格局产生影响。例如，内蒙古作为其他发达地区重要的产业转移承接地、"西电东送"北部通道上保证华北及东北地区电力供应的重要电源基地，其电力、热力生产和供应业的碳排放量从 2000 年的 0.62 亿吨（58.9%）增长到 2018 年的 5.50 亿吨（75.9%），增长了近 8 倍。另外，从 2000～2018 年各省区市的碳排放量最大值来

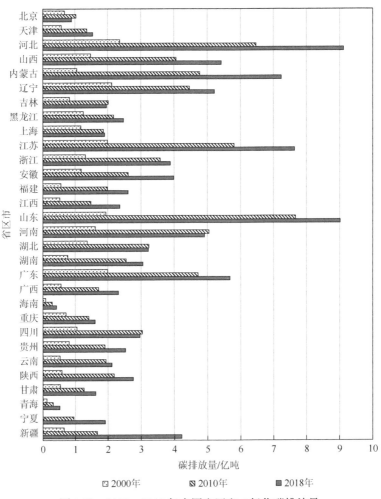

图 2.12　2000～2018 年中国省区市二氧化碳排放量

本图中未统计港澳台及西藏数据

看，部分省区市的碳排放量已经达峰，如北京、浙江、上海等[①]。但综合目前已达峰省区市的碳排放量来看，其 2018 年碳排放总量仅占全国总量的 1/3 左右，距全国碳排放达峰还有较长距离。

2.4　本章小结

科学构建核算体系和规则对二氧化碳等温室气体排放量进行系统核算，是建立温室气体排放清单的核心内容，是制定应对气候变化措施的重要前提，是实现"双碳"目标的必然要求。

首先，本章基于可持续发展理念介绍了生态足迹的基本概念和计算方法，分析了全球人均生态足迹的基本现状、类型构成和国家分布。

其次，针对非二氧化碳温室气体排放，介绍了主要气体种类和全球增温潜势的含义；简要介绍了若干温室气体排放核算体系和相关规则；按能源活动、工业生产过程、农业、土地利用变化和林业、废弃物处理等部门介绍了非二氧化碳温室气体排放的核算方法，并进一步分析了全球及世界主要国家的温室气体排放基本现状。

最后，在生态足迹理论的基础上，阐释了碳足迹的基本概念、研究尺度和研究方法；结合《IPCC 指南》碳排放核算体系，从国家/区域和行业/企业两个层级系统介绍了碳排放清单内容以及碳排放核算方法；综合全球碳排放相关研究机构的核算结果，概括介绍了全球主要国家/区域的碳排放基本情况，并从行业/部门分布和省域分布角度对中国碳排放情况进行了分析。

本章参考文献

[1] Rees W E. Ecological footprints and appropriated carrying capacity: what urban economics leaves out[J]. Environment and Urbanization，1992，4：121-130.

[2] Wackernagel M，Onisto L，Linares A C，et al. Ecological Footprints of Nations[M]. Xalapa: Universidad Anahuac de Xalapa，1997.

[3] Wackernagel M，Schulz N B，Deumling D，et al. Tracking the ecological overshoot of the human economy[J]. Proceedings of the National Academy of Sciences of the United States of America，2002，99（14）：9266-9271.

[4] Rees W E. Revisiting carrying capacity: area-based indicators of sustainability[J]. Population and Environment，1996，17（3）：195-215.

[5] 杨开忠，杨咏，陈洁. 生态足迹分析理论与方法[J]. 地球科学进展，2000，15（6）：630-636.

[6] Food and Agriculture Organization of the United Nations. Food and agriculture data[DB/OL]. （2021-09-15）[2021-09-29]. https://www.fao.org/faostat/en/#data.

---

① 限于篇幅，图 2.12 仅展示三年数据，部分省区市已在 2018 年前实现碳排放量达峰。

[7]　Wackernagel M，Rees W E. Our Ecological Footprint：Reducing Human Impact on the Earth[M]. Philadelphia：New Society Publishers，1996.

[8]　Wackernagel M，Onisto L，Bello P，et al. National natural capital accounting with the ecological footprint concept[J]. Ecological Economics，1999，29（3）：375-390.

[9]　Wackernagel M，Monfreda C，Moran D，et al. National footprint and biocapacity accounts 2005：the underlying calculation method[R]. Oakland：Global Footprint Network，2005.

[10]　Bicknell K B，Ball R J，Cullen R，et al. New methodology for the ecological footprint with an application to the New Zealand economy[J]. Ecological Economics，1998，27（2）：149-160.

[11]　Erb K-H. Actual land demand of Austria 1926-2000：a variation on ecological footprint assessments[J]. Land Use Policy，2004，21（3）：247-259.

[12]　Wackernagel M，Monfreda C，Erb K-H，et al. Ecological footprint time series of Austria，the Philippines，and South Korea for 1961-1999：comparing the conventional approach to an "actual land area" approach[J]. Land Use Policy，2004，21（3）：261-269.

[13]　Haberl H，Erb K-H，Krausmann F. How to calculate and interpret ecological footprints for long periods of time：the case of Austria 1926-1995[J]. Ecological Economics，2001，38（1）：25-45.

[14]　Krausmann F，Haberl H. The process of industrialization from the perspective of energetic metabolism：socioeconomic energy flows in Austria 1830-1995[J]. Ecological Economics，2002，41（2）：177-201.

[15]　徐中民，程国栋，张志强. 生态足迹方法的理论解析[J]. 中国人口·资源与环境，2006，16（6）：69-78.

[16]　Leontief W W. Quantitative input and output relations in the economic systems of the United States[J]. The Review of Economic Statistics，1936，18（3）：105-125.

[17]　Ferng J-J. Using composition of land multiplier to estimate ecological footprints associated with production activity[J]. Ecological Economics，2001，37（2）：159-172.

[18]　McDonald G W，Patterson M G. Ecological footprints and interdependencies of New Zealand regions[J]. Ecological Economics，2004，50（1）：49-67.

[19]　Wiedmann T，Minx J，Barrett J，et al. Allocating ecological footprints to final consumption categories with input-output analysis[J]. Ecological Economics，2006，56（1）：28-48.

[20]　曹淑艳，谢高地. 表达生态承载力的生态足迹模型演变[J]. 应用生态学报，2007，18（6）：1365-1372.

[21]　Living planet report 2020：bending the curve of biodiversity loss[EB/OL].（2020-09-14）[2021-09-29]. https://icriforum.org/living-planet-report-2020-bending-the-curve-of-biodiversity-loss/.

[22]　Ewing B，Moore D，Goldfinger S，et al. Ecological footprint atlas 2010[R]. Oakland：Global Footprint Network，2010.

[23]　Global Footprint Network. National footprint and biocapacity accounts 2021 edition[DB/OL].[2021-09-29]. https://data.footprintnetwork.org/.

[24]　刘宇辉，彭希哲. 中国历年生态足迹计算与发展可持续性评估[J]. 生态学报，2004，24（10）：2257-2262.

[25]　Shao L，Wu Z，Chen G Q. Exergy based ecological footprint accounting for China[J]. Ecological Modelling，2013，252：83-96.

[26]　黄宝荣，崔书红，李颖明. 中国 2000～2010 年生态足迹变化特征及影响因素[J]. 环境科学，2016，37（2）：420-426.

[27]　中国环境与发展国际合作委员会，世界自然基金会. 中国生态足迹报告 2008[R]. 北京：中国环境与发展国际合作委员会，2008.

[28]　中国环境与发展国际合作委员会，世界自然基金会. 中国生态足迹报告 2010[R]. 北京：中国环境与发展国

际合作委员会，2010.

[29]　世界自然基金会. 中国生态足迹报告 2012[R]. 北京：世界自然基金会，2012.

[30]　杜斌，张坤民，温宗国，等. 城市生态足迹计算方法的设计与案例[J]. 清华大学学报（自然科学版），2004，
（9）：1171-1175.

[31]　张志强，徐中民，程国栋，等. 中国西部 12 省（区市）的生态足迹[J]. 地理学报，2001，（5）：598-609.

[32]　陈东景，徐中民，程国栋，等. 中国西北地区的生态足迹[J]. 冰川冻土，2001，（2）：164-169.

[33]　陈冬冬，高旺盛，陈源泉. 生态足迹分析方法研究进展[J]. 应用生态学报，2006，（10）：1983-1988.

[34]　吴隆杰，杨林，苏昕，等. 近年来生态足迹研究进展[J]. 中国农业大学学报，2006，（3）：1-8.

[35]　金丹，卞正富. 采煤业生态足迹及地区间的差异[J]. 煤炭学报，2007，（3）：225-229.

[36]　章锦河，张捷. 旅游生态足迹模型及黄山市实证分析[J]. 地理学报，2004，（5）：763-771.

[37]　尚海洋，马忠，焦文献，等. 甘肃省城镇不同收入水平群体家庭生态足迹计算[J]. 自然资源学报，2006，（3）：
408-416.

[38]　Intergovernmental Panel on Climate Change. 2006 IPCC guidelines for national greenhouse gas inventories[R].
Hayama：Institute for Global Environmental Strategies，2006.

[39]　Intergovernmental Panel on Climate Change. 2019 refinement to the 2006 IPCC guidelines for national greenhouse
gas inventories[R]. Hayama：Institute for Global Environmental Strategies，2019.

[40]　Intergovernmental Panel on Climate Change. 2013 supplement to the 2006 IPCC guidelines for national
greenhouse gas inventories：wetlands[R]. Hayama：Institute for Global Environmental Strategies，2013.

[41]　国家发展和改革委员会应对气候变化司. 中华人民共和国气候变化初始国家信息通报[M]. 北京：中国计划
出版社，2004.

[42]　国家发展和改革委员会应对气候变化司. 中华人民共和国气候变化第二次国家信息通报[M]. 北京：中国经
济出版社，2013.

[43]　中华人民共和国气候变化第三次国家信息通报[EB/OL]. [2021-09-29]. https://tnc.ccchina.org.cn/Detail.aspx?
newsId=73250&TId=203.

[44]　中华人民共和国气候变化第一次两年更新报告[EB/OL]. [2021-09-29]. https://www.ccchina.org.cn/archiver/
ccchinacn/UpFile/Files/Default/20170124155928346053.pdf.

[45]　中华人民共和国气候变化第二次两年更新报告[EB/OL]. [2021-09-29]. https://max.book118.com/html/2019/
1015/6211145212002113.shtm.

[46]　Intergovernmental Panel on Climate Change. Good practice guidance and uncertainty management in national
greenhouse gas inventories[R]. Hayama：Institute for Global Environmental Strategies，2000.

[47]　Intergovernmental Panel on Climate Change. Good practice guidance for land use，land-use change and forestry[R].
Hayama：Institute for Global Environmental Strategies，2003.

[48]　耿涌，董会娟，郗凤明，等. 应对气候变化的碳足迹研究综述[J]. 中国人口·资源与环境，2010，20（10）：
6-12.

[49]　Wiedmann T，Minx J. A Definition of Carbon Footprint[EB/OL]. [2021-09-29]. https://wiki.epfl.ch/hdstudio/
documents/articles/a%20definition%20of%20carbon%20footprint.pdf.

[50]　World Meteorological Organization. WMO greenhouse gas bulletin（GHG bulletin）-no.17：the state of greenhouse
gases in the atmosphere based on global observations through 2020[R]. Geneva：World Meteorological
Organization，2021.

[51]　International Energy Agency. Greenhouse gas emissions from energy highlights[DB/OL]. [2021-09-29].
https://www.iea.org/data-and-statistics/data-product/greenhouse-gas-emissions-from-energy-highlights.

[52] Boden T A，Andres R J，Marland G. Global，regional，and national fossil-fuel CO_2 emissions[DB/OL]. [2021-09-29]. https://cdiac.ess-dive.lbl.gov/trends/emis/overview_2009.html.

[53] Olivier J，Peters J. Trends in global CO_2 and total greenhouse gas emissions：2020 report[R]. Hague：PBL Netherlands Environmental Assessment Agency，2020.

[54] Global Carbon Project. Data supplement to the Global Carbon Budget 2020[DB/OL]. [2021-09-29]. https://www.icos-cp.eu/science-and-impact/global-carbon-budget/2020.

[55] Energy Information Administration. International energy statistics-total carbon dioxide emissions from the consumption of energy[DB/OL]. [2021-09-29]. https://www.eia.gov/beta/international/.

[56] World Resource Institute. Historical GHG emissions[DB/OL]. [2021-09-29]. https://www.climatewatchdata.org/data-explorer.

[57] Shan Y L，Guan D B，Zheng H R，et al. China CO_2 emission accounts 1997-2015[J]. Scientific Data，2018，5：170201.

[58] Shan Y L，Huang Q，Guan D B，et al. China CO_2 emission accounts 2016-2017[J]. Scientific Data，2020，7：54.

[59] Liu Z，Guan D B，Wei W，et al. Reduced carbon emission estimates from fossil fuel combustion and cement production in China[J]. Nature，2015，524：335-338.

第 3 章　碳交易市场机制

3.1　碳交易与碳交易市场

温室气体排放是具有典型负外部性的企业行为，其造成的全球气候变化引起的负经济效应不能完全转移至温室气体排放方的企业决策中。碳交易市场机制将排放权分配给企业，并允许市场参与者进行剩余配额或温室气体减排量的交易。通过交易，各排放方的边际减排成本均等，借此可以实现以最低成本控制温室气体排放总量的目标。碳税是一种基于同碳排放水平直接相关的定价形式，是运用税收手段引导碳排放市场主体控制温室气体排放的政策工具。碳交易和碳税主要利用市场机制的调节作用来控制温室气体排放，为企业减排提供了较大的灵活性和一定的经济刺激，在一些国家和地区已经取得了较好的实施效果。

3.1.1　碳交易产生背景

碳交易是以温室气体排放配额为交易对象，通过各类交易机制，实现控制温室气体排放的目标。碳交易的概念源自 1992 年 5 月 9 日召开的联合国环境与发展会议，会议上通过了 UNFCCC，该公约的目标是控制人类活动对气候变化和环境的影响，将大气中温室气体的浓度维持在一个相对稳定的水平[1]。UNFCCC 体现了国际性的减排共识，也开启了国际社会在应对全球气候变化问题上的合作。

1997 年 12 月，作为 UNFCCC 的补充条款，《京都议定书》首次提出以法规的形式限制缔约国的温室气体排放[2]。《京都议定书》允许附件一国家采取以下方式更好地完成温室气体减排目标：①不同国家之间以排放额度进行排放权交易，即超出排放配额的国家可以向有剩余配额的国家购买排放额度；②以本国实际排放量减去通过植树造林、植被恢复等措施吸收的二氧化碳所得到的"净排放量"作为温室气体排放量；③实行国际绿色开发机制，促进发达国家和发展中国家共同达成温室气体减排目标；④可以采用"集团方式"，如欧盟内部可能有的国家削减、有的国家增加的方式，总体上完成减排任务即可。

2015 年 12 月，在 COP21 上近 200 个缔约方一致通过了《巴黎协定》[3]，在该协定框架下，世界各国为应对全球气候变化实施一系列应对措施，共同约束完成降低温室气体碳排放量的总体目标。

3.1.2 碳交易概念和机制

1. 碳交易概念

碳交易又称碳排放权交易，是人类为应对温室气体过度排放造成的全球气候变暖而开拓采用的一种市场手段。按照世界银行的定义，碳交易是指一方凭购买合同向另一方支付以获得既定量的温室气体排放权的行为。在国家层面，不同国家由于在经济发展阶段、技术成熟度等因素上存在差异，实现减排的成本亦有所不同，可能会出现减排成本低的国家超额减排的情况，那么该国可以将其剩余配额或减排信用通过交易的方式出售给购买方，从而使得总体减排目标得以实现。由此，碳交易形成了碳交易市场，是一种引入市场机制解决环境问题的实践探索[4]。

2. 碳交易机制

碳交易机制在有效控制排放总量的同时引入市场机制，运用多样化的经济手段降低成本，在完成减排目标的同时最大程度地优化资源配置效率[5]。《京都议定书》为附件一国家规定了相应的温室气体减排义务，引入了三种灵活机制：国际排放交易（international emission trade，IET）机制、联合履约（joint implementation，JI）机制和清洁发展机制（clean development mechanism，CDM）[6]。

1）IET 机制

IET 类似于一般性质的碳排放权交易，是指超额完成减排义务的环保型国家通过交易的方式，将其盈余的配额指标出售给未能完成减排义务的耗能型国家，并且从转让方的允许排放限额上扣减相应的转让额度。IET 机制的前提假设是等量的二氧化碳在全球范围内不同国家排放对气候变化产生的效果是相同的，即不同国家间的减排具有可替代性，碳排放权的价值就得以同等置换。以国家 A 和 B 为例，在规定的履约期内，国家 A 不能完成减排目标而国家 B 超额完成减排目标，国家 A 就可以用资金购买国家 B 富余的排放额度以帮助自身完成减排目标，交易过程如图 3.1 所示。这种以二氧化碳排放权为标的的交易在国际范围内逐渐展开，便形成了国际碳排放交易市场。

图 3.1　IET 机制示意图

2）JI 机制

JI 机制下，国家 A 可以通过在国家 B 投入资金技术的方式建设减排项目，获取其所实现的减排额度，同时扣减自身相应的排放配额额度[7]，机制规则如图 3.2 所示。JI 机制下任何项目都需要参与国共同批准，减排目标可以通过从源头上减少排放量或增加森林碳汇的吸收量两种方式实现。JI 项目可以是智慧能源管理基站、新能源实验开发工厂、沙漠造林等形式。此外，各 JI 项目的基准由项目参与方选择，但制定基准的标准和指南由 JI 监督委员会制定。在 JI 机制下，对于投资国来说，不仅可以获取减排额度并降低减排成本，还可以为国内企业或其他实体开拓国际市场提供发展思路。对于被投资国来说，一方面可以得到投资国提供的环境友好技术的支持，另一方面还可以促进社会基础设施建设。

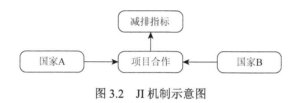

图 3.2　JI 机制示意图

3）CDM

相较于发展中国家，发达国家减排温室气体的成本高昂，CDM 在一定程度上可以帮助发达国家在完成减排任务的同时降低减排成本[8]。CDM 是发达国家和发展中国家通过项目合作的方式进行核证减排量（certified emission reduction，CER）的获得和转让，即发达国家在发展中国家投入资金和技术建设节能减排项目，以换取核证减排量，其基本原理如图 3.3 所示。与 JI 机制不同，CDM 是发达国家和发展中国家之间的项目合作，在某种程度上也是一种双赢机制：发达国家降低了减排同等温室气体的成本，发展中国家得到了资金和技术。

图 3.3　CDM 示意图

3. 碳定价机制

碳定价是指记录温室气体排放的外部成本，即公共支付成本，以二氧化碳的定价反映出来[9, 10]。碳定价是实现"双碳"目标的重要政策性工具，在提升应对气候变化行动力的同时，还可以引导绿色低碳的环境友好型投融资活动。碳定价机制主要有两种形式：碳税和碳排放权交易。碳定价机制以为碳排放支付应有的价格为中心，可以产生减排效应、技术创新效应、经济效应和分配效应，实现节能减排目标和获取经济效益。

1）减排效应

社会生产活动需要考虑其成本，碳定价机制通过将碳排放权商品化并纳入市场机制范畴，进而抑制人类活动的负外部性，优化行业间的资源配置，降低温室气体排放。通过将外部成本纳入价格体系赋予碳排放权市场属性，凸显全球气候这种公共物品的稀缺性，逐步改变人类社会经济生产模式和消费方式，促进碳减排目标的实现。与碳定价机制相关的政策在完善市场价格机制的同时，也向碳交易市场传递了投融资活动的导向信号[11]。各个国家可以将资金、技术等生产要素注入市场导向的碳减排领域，降低原有减排方式的成本，提升减排质量。

2）技术创新效应

"波特假说"认为适当的环境规制会刺激技术革新，使得边际成本大幅下降，以达到同时改进环境绩效和经济绩效的双赢状态。因此，碳定价机制可以引导技术进步、刺激技术创新，通过技术创新的溢出效应形成科技进步与节能减排的良性循环——一方面淘汰落后的高耗能生产技术，另一方面开拓出高效节能的新型生产方式。此外，碳定价机制可以增强投资者投资绿色项目的信心，为其融资提供新思路，也有利于节能减排项目发挥示范效应。碳减排单位通过技术创新可以获得环境优惠政策的绿色补贴，国家的财政收入也可以投资节能减排项目，补偿控排单位技术创新的成本。

3）经济效应

"双碳"目标约束下，各经济实体短期内为了完成减排任务，将不得不付出一定的经济代价，但长期不减排的经济成本将远高于此。碳定价机制产生的技术创新效应一方面可以调和减排与减产之间的矛盾从而降低边际减排成本，另一方面可以提高生产效率和改进生产要素的分配从而增加社会经济效益。碳定价机制的经济效应会逐步渗透到各行各业，进一步优化配额分配和交易机制，国际的碳交易市场也会得到很大程度的发展。

4）分配效应

碳定价机制可以通过碳税改善社会收入再分配和提升居民福利。碳税作为税收，可以优化资源分配，实现有限经济资源在不同地区间的合理均衡利用。另外，碳税收入可以降低环境问题对居民健康造成的负面影响，提高居民的社会福利水平。基于信号传递理论，碳定价可以暗示环境监管导向，帮助减少投资不确定性，增加国家税收收入，提高碳税收入分配的质量和效率。

3.1.3 碳交易市场

碳交易市场是一种特殊的商品交易市场，买家与卖家之间交易的对象主要是二氧化碳的排放权[12]。在碳交易市场中，由于市场范围内碳排放总量是确定的，碳排放权作为一种对环境容量资源的使用权，它的稀缺性使得自由市场交易可以自发确定碳排放权的市场价格。世界银行将碳排放权的交易定义为一种购买合约，买方付款给卖方以获取一定数量的碳排放配额或碳减排信用额，进而完成温室气体减排的行动目标以实现减排承诺。碳交易市场在实际运作过程中涉及机制设计、规则制定、执行手段、风险监管等复杂的系统性问题。支付方式可以是现金支付，也可以是非现金支付，如股票、债券、期货期权等方式。碳的交易以吨二氧化碳当量（CO_2-eq）为计量单位，通称为碳交易，形成的交易市场称为碳交易市场。在此基础上，不同碳交易机制下，一些主要的碳交易市场也发展了各自的交易品种，具体如表 3.1 所示。

表 3.1 国际碳交易市场上的交易品种及其含义

交易品种名称	使用范围或要求
国家配额排放单位（assigned amount unit，AAU）	《京都议定书》附件一国家之间使用
森林吸收形成的清除单位（removal unit，RMU）	由碳汇吸收形成的减排量
JI 机制减排单位（emission reduction unit，ERU）	转型国家由 JI 监督委员会签发的项目减排量
CER	由 CDM 执行理事会签发
长期核证减排量（long-term certified emission reduction，ICER）	由 CDM 执行理事会签发
国家核证自愿减排量（China certified emission reduction，CCER）	CDM 项目备案后经核证的自愿减排量
欧盟排放配额（European Union allowance，EUA）	欧盟排放交易体系（EU Emissions Trading Scheme，EU ETS）强制减排指标
自愿减排量（voluntary emission reduction，VER）	芝加哥气候交易所（Chicago Climate Exchange，CCX）等自愿减排市场交易

注：表中的单位是指 1 吨二氧化碳当量

1. 国际碳交易市场体系

自《京都议定书》生效以来，全球碳交易市场不断蓬勃发展，日渐成熟并形成体系，其突出贡献在于：IET 机制和 JI 机制为发达国家之间碳排放权交易提供了市场平台，而 CDM 则打通了发达国家与发展中国家碳交易的限制。根据交易机制分类，国际碳交易市场可划分为基于配额的交易市场和基于项目的交易市场；

根据交易意愿分类，可划分为强制交易市场和自愿交易市场。基于配额的交易是指买家在总量管制与交易制度体制下购买由管理者分配、拍卖的减排配额；基于项目的交易是指买主从可证实降低温室气体排放的项目中购买 CER。配额市场遵循限量与交易机制：在一定区域内，管理者设定该区域内温室气体排放总量上限，然后将排放配额分配给各成员，减排后的剩余配额可以在市场范围内自由交易[13]。参与市场交易的成员，如果未达到减排目标，在一定限度内可在市场上竞拍排放配额；若分配或竞拍的排放配额突破总量限制，还可以通过购买特定减排项目产生的CER 的方式抵消配额。强制交易市场是指"强制加入、强制减排"，为《京都议定书》中强制规定温室气体排放标准的国家提供碳排放权交易平台以完成减排目标。自愿交易市场是出于保护环境、实现碳中和生活等非履约目标，主动采取碳排放权交易行为以实现节能减排的市场。除此之外，根据与国际履约义务的相关性，即是否受《京都议定书》辖定，划分为京都市场和非京都市场；根据覆盖范围，可划分为跨国性碳交易市场、区域性碳交易市场、地区性碳交易市场。部分碳交易市场概况如表 3.2 和表 3.3 所示，以下仅对几个典型碳交易市场体系做简要介绍。

表 3.2 国际主要碳交易市场概况

国家/地区		碳交易体系特点
欧盟		EU ETS 包括 30 个国家；2005 年实施，一期为 2005～2007 年，二期为 2008～2012 年，三期为 2013～2020 年，四期为 2021～2030 年；为迄今为止世界上最大、最成功的碳交易体系
美国	CCX	自愿减排交易体系；2003 年建立；全球第一个由企业发起的、以温室气体减排为目标和贸易内容的专业市场平台；2010 年关闭
	区域温室气体倡议（Regional Greenhouse Gas Initiative，RGGI）	地方级碳交易体系；2009 年开始；涵盖美国东北部 10 个州，新泽西州于 2011 年退出
	西部气候倡议（Western Climate Initiative，WCI）	跨国地方级碳交易体系
	加利福尼亚州碳交易市场	2013 年启动
澳大利亚	国家级	2012 年 7 月开始；固定价格拍卖配额；无排放上限；2015 年 7 月转为完全基于市场的碳交易体系
	新南威尔士州温室气体减排体系（The New South Wales Greenhouse Gas Abatement Scheme，NSW GGAS）	地方级强制性碳交易体系；以强度为目标的基线信用型强制交易体系；2003 年实施；覆盖近 200 个项目，50 个参与方
新西兰		国家级排放权贸易计划；2008 年开始实施；针对国内所有部门和所有温室气体，不设上限；采取逐步推进的方式，不同行业分阶段加入排放权贸易体系；配额价格固定

续表

国家/地区		碳交易体系特点
日本	东京都	亚洲首个碳交易体系及全球首个城市级碳交易计划；2010 年 4 月开始；覆盖办公楼宇、商业建筑和工厂等约 1400 个排放源，占全国温室气体排放量的 1%
	日本自愿排放交易体系（Japan Voluntary Emission Trading Scheme，JVETS）	2006 年开始；覆盖日本能源和工业领域；90 个实体参与

表 3.3　2020 年部分碳交易市场交易概况

区域/国家		配额上限	覆盖范围	碳价格/(美元/吨)
欧盟		18.16 亿吨	三种温室气体，电力、工业和航空等超过 11 000 个设施	28.6
北美	RGGI	7 446 万吨	二氧化碳，25MW 电厂约 165 个实体	6.4
	加利福尼亚州	3.34 亿吨	六种温室气体，所有经济部门约 500 个实体	17
	魁北克	5 474 万吨	七种温室气体，电力、建筑、交通与工业等约 150 个实体	17
新西兰		无	六种温室气体，所有经济部门约 200 个实体	20.5
哈萨克斯坦		1.62 亿吨	电力、油气、冶金、采矿和建材等 129 家企业	1
韩国		5.48 亿吨	六种温室气体，电力和热力、工业、交通和建筑业等约 610 家实体	26.8
瑞士		490 万吨	水泥、化工、制药、造纸、石油炼制和钢铁等约 54 个实体	19

1）英国排放交易体系

英国作为全球应对气候变化的先行者，为国际碳排放交易市场的构建做出了巨大贡献。英国排放交易体系（UK Emissions Trading Scheme，UK ETS）实施阶段为 2002 年 4 月 1 日至 2006 年底，运用自愿参与并配合经济奖励、罚款等手段对国内经济部门严格控排，体系中碳基金和碳预算的设计具有重要的借鉴意义。UK ETS 体现了强制交易与自愿交易、配额交易与项目交易的融合特征，为英国政府制定应对气候变化相关政策提供了重要支撑。2008 年，英国在全球范围内率先颁布出台了《气候变化法》，承诺在 2050 年完成温室气体排放量在 1990 年的基础上减少 80%的目标，由此推出的气候变化协议制度为很多企业自愿减排提供了实施路径。

2）EU ETS

作为交易总量占全球碳排放配额交易总量 80%的市场体系，EU ETS 具有重要的示范作用。其发展可分为四个阶段[14]：第一阶段为 2005～2007 年，在实践中探索了碳交易市场建设路径，积累了经验；第二阶段为 2008～2012 年，在原有配额分配的基础上引入了拍卖机制；第三阶段为 2013~2020 年，将碳交易市场的交易对象和行业覆盖范围逐步扩大；第四阶段为 2021~2030 年，创新阶段将会从市场稳定储备的角度对配额方式进行调整。EU ETS 的阶段性发展，其总量设置、配额分配与交易、流程监督、灵活履约等机制对其他国家和地区建立碳交易市场具有借鉴意义。

3）美国加利福尼亚州总量控制与交易体系

2006 年，美国加利福尼亚州提出要将其 2020 年温室气体排放恢复到 1990 年水平的减排目标，并于 2012 年正式启动碳交易市场[15]。借鉴了 EU ETS，加利福尼亚州总量控制与交易体系（California cap-and-trade program，CCTP）同样运用了阶段性目标：第一履约期为 2013~2014 年，主要对工业设施、电力生产、热力、电力进口商进行控排；第二履约期为 2015~2017 年，覆盖范围新增了天然气等燃料供应商和进口商；第三履约期为 2018~2019 年，在原有覆盖范围基础上增加自愿加入方式。值得注意的是，加利福尼亚州为帮助企业降低减排成本引入了碳抵消机制，其最高抵消比例达到了履约排放量的 8%。其抵消项目的标准有美国臭氧消耗物质项目标准、禽畜粪肥项目标准、城市森林项目标准、美国森林项目标准，这些项目类型标准的制定均由加利福尼亚州自行研究设计。

4）CCX

CCX 是世界上首个由企业发起的、自愿参与温室气体减排交易的市场，其最大特色是会员制运营[16]。CCX 的主要模式是限额交易和补偿交易，其独立的交易系统为：首先注册会员账户，以记录减排量和交易情况；然后通过公开透明的交易平台开展交易；最后在交易完成后清算和结算。CCX 在欧洲还建立了分支机构——欧洲气候交易所（European Climate Exchange，ECX），并在 2005 年与印度的商品交易所成为合作伙伴。CCX 不仅帮助了美国降低温室气体排放量，还加速了美国碳交易相关的立法进程。

2. 中国碳交易市场体系

中国早期主要通过 CDM 参与碳交易市场，利用发达国家提供的资金、技术援助开展相应的温室气体减排项目，发达国家通过项目产生的 CER 完成履约承诺。目前中国碳交易市场类型主要分为自愿减排交易和碳配额交易，围绕 CDM 形成了 CCER 用于抵消清缴碳配额，以自愿减排项目备案和自愿减排量备案为前提，市场供需双方在相应交易平台开展自愿减排量交易。碳配额交易市场则通过明确配额总量界定，利用分配原则和分配方法开展碳配额的分配工作，进行排放交易、核查与清缴配额以及相关的监督管理[17]。按照国家发展改革委的规划，中国碳交易市场的建设经过前期准备阶段（2014~2015 年）、试点启动阶段（2016~2019 年）、快速运转阶段（2020 年及之后）三个阶段的发展，碳交易市场体系稳步走向成熟，将在温室气体减排中发挥核心作用[18]。中国碳交易市场自 2011 年开始试点，2012 年七省市获准开展碳排放权交易试点工作，2013 年正式启动试点交易。2021 年 7 月 16 日，全国碳交易市场正式上线运行，标志着中国碳交易市场体系进入了一个新的发展阶段[19]。在此，简要介绍一些中国碳交易试点省市的实施成果。

1）碳交易制度设计结合试点省市发展状况

考虑到碳交易制度实施的有效性容易受到能源结构、市场化和工业发展程度等因素的影响，因此差异化的碳交易制度设计一方面能体现可比性和公平性的原则，另一方面还能矫正环境差异对碳交易试点制度的效率影响。广东省大型重化工业产业发育程度高，试点控排行业重点就放在钢铁、石化、水泥和电力行业；天津市中新天津生态城被选为"绿色建筑示范基地"，控排范围中相应地纳入民用建筑；北京市经济发展程度高，碳排放量的核算就由企业自主选择核查机构；上海市金融化程度高，选择一次性免费分配碳配额促进碳金融产业和现货市场的共同发展。试点省市结合自身经济发展状况、历史排放水平、产业转型升级趋势，制定符合自身情况的碳交易政策和设计科学灵活的碳交易制度，在一定程度上也推动了全国碳排放交易体系的启动。

2）碳交易市场信息披露逐步完善

在中国碳交易市场建设进程中，除政府相关部门发布政策等指导性文件之外，碳交易市场的成交情况和配额交易也会发布在中国碳排放权交易网和当地政府网站，试点省市的碳交易市场逐步公开透明化。在试点阶段，碳排放配额以免费发放为主，相关的配额总量和分配以及参与控排企业名单等具体化信息逐步公布。碳交易市场信息披露程度越高，越有利于评价不同行业免费分配配额的减排效率，从而推动拍卖分配方式的发展。随着碳交易市场交易规模的扩大和参与主体的增加，信息披露程度的提高也推动了碳交易市场监管体系的完善，在提高市场流动性的同时甄别碳排放数据核查与上报程序中的漏洞。中国碳交易试点在逐步完善碳交易市场信息披露制度，营造更好的碳交易环境。

3）碳交易市场创新碳金融交易产品

在中国碳交易市场试点交易不断发展的过程中，配额型和自愿型碳交易市场有序运行，能够参与抵消配额的产品也日趋丰富。广东省的原创性碳交易产品——碳普惠，针对小微企业和居民展开低碳减排行为，拓宽太阳能热水器使用、分布式光伏发电建设和电动汽车推广等环节。北京市在原有试点交易碳配额和 CCER 的基础上，相继推出林业碳汇和节能项目减排量。湖北省也在碳金融创新领域有多项突破，推出全国首单"碳保险"和首单碳资产托管协议等。随着参与碳排放交易企业对于风险对冲和套期保值需求的增加，碳金融领域开展的碳期权、碳期货等金融产品创新，增加了碳资产融资渠道，提高了碳金融市场的流动性。

3.2　用能权交易

3.2.1　用能权交易概述

1. 用能权交易产生背景

能源作为经济发展的动力源对一国国民经济水平的提高至关重要。人类社会由农业文明发展到工业文明，化石能源逐步取代了柴薪，再到可再生能源的大规模开发利用，社会一直在不断进步，但能源危机也始终存在。能源消费者在实际生产过程中仅仅会考虑如何通过能源使用来达到自身经济效益的最大化，通常不会顾及能源过度消耗而造成的资源枯竭和对外部环境造成的污染。实际上，化石能源的消耗会产生大量的二氧化碳以及有害物质，如果不加干预最终就会超过环境承载量，造成对环境的负外部效应。因此，世界各国也对能源有了全新的认知——不仅是一类具有经济利益属性的商品，更是一项兼具经济效益与环境效益，私人权利属性与国家管控公共权利属性相互交织的特殊资产。为了提高节能效率，除了出台相关控制政策和经济激励政策之外，欧美等发达国家和地区引入了市场机制开始发展基于市场的节能政策，如可交易节能证书机制、合同能源管理机制和用户需求响应机制等。中国也探索了用能权交易机制，从源头上控制能源的使用，与碳排放权交易机制协同配合，支撑节能减排目标的实现。从用能权交易的原理来看，用能权交易与可交易节能证书机制密不可分，一定程度上，用能权交易衍生于可交易节能证书机制。

2. 用能权交易制度由来

随着能源危机和气候变化的程度加剧，世界各国在考虑碳排放的同时也逐步意识到节能降耗的重要性，欧美一些发达国家和地区率先发展出可交易节能证书机制[20, 21]。可交易节能证书机制又被称为白色证书机制，其原理是政府部门为特定责任主体制定节能目标并责令其完成，由节能配额制和节能量交易系统组成。其中，节能配额制是为节约能源、减少碳排放量而设置的节能目标，提高能源利用效率；节能量交易系统也叫白色证书系统，白色证书由政府管理部门或授权机构统一为节能责任主体颁发，代表一定数量的节能量，实质上是节能量产权的交易。欧盟各国于21世纪初率先开始推行以节约能源为核心目标的白色证书制度，美国部分州和澳大利亚等国家和地区也紧随其后[22]。

为应对能源危机和气候变化的双重挑战，中国借鉴了可交易节能证书机制，推行了以实现能耗总量与能源强度"双控"为目标、促进可持续发展的用能权交易制度。因此，从溯源的角度来看，用能权交易机制的原理源于可交易节能证书机制。"用能权"这一词汇，首次出现在 2015 年 9 月中共中央、国务院印发的《生态文明体制改革总体方案》中，随后在 2016 年"十三五"规划中被再次提及。用能权是指在能源消费总量控制的背景下，用能单位经核定或交易取得的、允许其使用和投入生产的年度能源消费总量指标[23]。用能权交易是以用能权指标为交易对象，用能单位对其进行交易转让的行为。

可交易节能证书机制的创新点在于，在对具有节能减排任务的主体进行统一管控的同时，还规定对不履约的行为采取处罚措施。这种市场交易存在的前提是不同责任主体完成节能目标的边际成本不同，对于边际成本较高的主体，其购买白色证书的成本要低于其为实现节能目标所需要付出的成本，通过购买白色证书来完成节能目标的意愿就会更强。可交易节能证书机制主要有四类参与者：政府与监管机构、责任主体与非责任主体、市场经营者，以及终端用户[22]。该机制中节能目标的设定、合格项目的制定标准和审核、责任主体和分配原则、节能量的核算等流程都对用能权交易制度的建立与完善起到了至关重要的作用。

3. 用能权交易制度变迁

中国的用能权交易制度发展和完善经历了以下几个阶段。

1）从排污权交易制度到节能量交易制度

排污权交易的概念来源于科斯产权理论，认为排污权也可以作为商品进行交易，其原理是根据污染控制目标发放排污许可证，并允许排污许可证在各责任主体之间自由交换。排污权交易制度是将环境治理与市场经济原理相结合的产物，运用市场机制对排放污染物的总量进行限定，将排污指标以许可证书的形式发放给各责任主体，最大限度地减少污染治理的成本。随后，欧盟等地区推行的可交易节能证书机制则从提高能源利用效率、实现节能目标的角度，由政府部门为相关责任主体制定节能目标后责令其在规定期限内完成。中国从 1988 年开始了对排污权交易的尝试与探索，政府参与排污权交易管理不仅帮助了企业降低减排成本、促进技术革新，还推动了区域的经济发展[24]。国家环境保护总局、国家发展改革委在"十一五"期间提出了全国主要污染物排放总量控制计划，关闭了 2000 多家重点高耗能、高污染企业。"十二五"时期节能减排规划开展了新的节能政策——节能量交易，从简单的末端治理转变到末端治理与源头治理并重，排污权交易与节能量交易两项节能政策并行。节能量交易制度制定了更为严格的节能目标，率先在山东、福建、江苏等地区建立节能量交易试点市场，划分为重点用能单位节能量交易和项目节能量交易，运用政策手段和市场机制提高能源利用效率并降低排放量，部分地区试点情况如表 3.4 所示。节能量交易制度体系包括节能义务的制定与分配、目标节能量的审核认证、节能量市场交易和责任追责及监管等内容。"十三五"时期作为实现 2020 年全面建成小康社会目标的关键时期，在国家大力发展经济追求经济增长的同时，能源消费总量也在急剧增加，温室气体排放量也呈现上升趋势，因此节能量交易制度的实行也刻不容缓。

　　2）从节能量交易制度到用能权交易制度

　　用能权交易制度起始于"十三五"期间，稍晚于节能量交易制度。2016 年，《国家发展改革委关于开展用能权有偿使用和交易试点工作的函》印发，开始在浙江、河南、福建和四川等地开展用能权有偿使用和交易制度试点工作。节能量交易制度存在一定弊端，首先，企业是在开展节能项目之后用较少的能源使用量进行交易[25]，但在实际生产过程中企业可能面临市场供需关系调整、产品更迭速度快、生产设备与现有技术不匹配等多种复杂情况，企业能源消耗的不确定性大大增加。其次，缺乏第三方权威认证机构进行节能量的审核测算，进而影响节能量市场交易的规范性。最后，对未完成节能目标企业的惩罚追责力度也不够，相关制度体系的缺失和实施过程中的重重困难使得节能量交易制度的实施效果并不理想。用能权交易制度借助制度设计与系统支撑，通过与生产要素改革结合的方式，倒逼企业转型升级，促进完成能耗总量和能源强度"双控"指标，从而实现真正意义上的节能减排。在实践运用过程中，用能权交易制度开始采用能耗限额标准和历史法相结合的方法对用能权进行初始分配，通过企业能耗在线监测系统对企业能耗进行多方清算，价格机制上也呈现出从政府主导转为市场主导的趋势。此外，用能权交易制度与碳排放权交易制度合理分工、互相补充，既控制源头，又注重末端治理，相辅相成，更好地实现节能减排目标。

表 3.4　中国节能量交易部分地区试点情况

主要情况	山东省	福建省
时间	2014 年（2015 年已废止）	2015 年
分配基准	用能单位与政府签订节能目标责任书	每年根据产业发展政策、行业单位产品能耗水平和交易主体的节能潜力等因素确定
节能量认证	省节能主管部门会同有关部门	第三方节能量审核机构
交易平台	山东省能源环境交易中心	海峡股权交易中心

3.2.2　用能权交易机制

1. 用能权交易机制理论基础

用能权交易机制的产生是基于人类社会对能源认知的新视角，从自然资

源属性到具有经济利益的商品属性，再到兼具经济效益和环境效益的公共权
利属性和私人权利属性相交织的特殊产权。用能权交易机制涉及的相关基础
理论如下。

1）科斯产权理论

用能权交易机制立足于科斯产权理论，用能权指标本质上也是一种产权。科
斯产权理论指出，在交易费用不为零的情况下，不同的权力配置界定会产生不同
的资源配置。因此，管理者或政府部门控制区域内能源消费总量，对用能单位的
用能指标进行分配，设定年度用能配额，通过用能交易能够实现能源配置优化并
达到节能减排的效果。政府管理的目的是在适当的情况下加以干预，降低各用能
单位之间交易用能权指标的交易费用，而干预的前提是不影响市场的竞争性。因
此，用能权交易还需要不断完善交易市场，在相关市场交易规则范围内建立健全
风险监管制度体系。

2）外部性理论

科斯产权理论和庇古税收理论是运用外部性理论解决环境问题的两大里程碑
性途径[26]。除了科斯产权理论之外，庇古认为通过征税和补贴等形式，可以使外
部性问题内部化。负外部性是指一个生产者或消费者的生产或消费活动使其他社
会成员蒙受损失而未得到补偿。在用能权交易中，在能源总量一定的前提下，对
超出用能配额之外的指标实行超额收费制度，用能单位就会根据自身边际控制成
本在节能降耗与付费有偿使用之间进行考量，这样不仅有利于企业的发展，还可
以降低政府的监督管理成本。

3）公地悲剧理论

哈丁的公地悲剧理论描述的是一群牧民在公共牧场上放牧，每一位牧民
都为了达到自身利益最大化而对牧场过度使用造成公共资源的枯竭。因此，
用能权交易机制通过赋予用能权指标以可交易属性，将用能权私有化再加上
政府的监督管理，可以避免公地悲剧的发生。用能权作为一种资源使用权，
具有明显的公共属性，由政府进行统一分配管理，在避免能源过度使用和浪
费的同时也可以促进节能减排目标的实现。在这种公共产权私有化的交易机
制下，用能单位可以根据自身发展情况关联能源使用情况，自行谈判交易以
优化能源使用结构。

4）边际成本理论

用能权交易机制中的边际成本理论是指，当用能单位为控制用能指标所付出
的边际成本大于用能权交易中购买用能超额指标的情况下，就可以选择在市场上
购买用能指标的方式实现节能目标。因此，用能权交易的交易价格、交易手段会
影响不同用能主体的边际成本，促进用能单位的技术改进与革新，甚至可以产生
技术创新效应，进而提高产能和加速产业转型升级。此外，有剩余用能指标的用

能单位可以将其出售以获得边际收益,这对企业完成初始节能指标具有一定的激励效果。

2. 用能权交易机制框架内容

用能权交易机制框架涵盖总量分配机制、交易机制、管理机制和惩罚机制等诸多内容。此外,交易机制的实施还需要完善相应的前期准备和实施效果评价等工作。在对能源消费实行总体控制的前提下,形成用能权交易机制的控制体系需要重视以下内容。

(1)用能权初始指标的分配。在能源消费总量控制目标的前提下,合理确定用能单位初始用能权成为用能权交易机制的关键,不仅要考虑到试点地区的经济发展水平、产业结构和资源禀赋等现实问题,还要将未来该地区产业发展转型的方向纳入统筹规划范围之内。目前,中国试点方案中提到的用能权初始指标的确定方法有基准法和历史法。对于高耗能行业和产能严重过剩行业可采用基准法,结合近几年产量和行业水平进行确定;其他行业的用能单位可采用历史法,用近三到五年的历史综合能源消费总量的平均值作为初始用能指标。一方面,要结合节能评估审查制度,科学、合理、严格地确定初始指标;另一方面,也要鼓励各用能单位生产和利用可再生能源减少温室气体的排放,自产自用可不计入其综合能源消费总量。

(2)用能权有偿使用的原则。各用能单位初始配额内的用能权以免费为主,超出限额的用能部分需要有偿使用,未超出配额部分的指标可以在交易市场中进行买卖。试点过程中,各地区的相关规范有所不同,用能权的价格也表现出不确定、不稳定的特征,因此有偿使用原则的落地困难重重。用能权有偿使用原则一方面要结合政策导向和制度体系等宏观因素,另一方面要考虑市场波动、投机事件的影响。

(3)能源消费量的测算。用能单位的年综合能源消费量是确定初始用能权指标的基准,可通过用能单位自我报告、第三方审核、政府抽查等方式予以确定。此外,对于能耗总量的测算方法需要统一的规则和标准,否则就会出现在同一制度下效果大相径庭的情况。确定统一的测算规则和测算标准之后,还要考虑企业能耗在线监测系统平台的搭建,或者第三方权威机构的审核测算,才能真正意义上实现节能减排目标。

(4)交易规则。用能权交易通过用能权指标开展交易,基准单位为吨标准煤,按年度清算,买入或卖出用能权指标都在当年计算,不影响下一年度。试点地区的用能权交易实施登记注册制,交易主体注册登记账户用于记录用能权指标的分配、签发、持有、转移和注销等流转和权属情况。用能权交易主体开设交易账户后,与注册登记账户进行绑定实现交易与交收;交易参与人也需要通过专门的结算账户进行与用能权指标交易相关的资金清算、资金转入转出等操作。

3.2.3　中国用能权交易试点

1. 用能权交易试点概况

用能权交易由中国率先提出，其基本目标是控制企业年度直接或间接使用各类能源的总额，实现节能降耗。用能权交易制度的顶层设计和试点实践，需要结合各个试点地区的经济发展状况因地制宜，进而从中发现问题，优化用能权交易的制度设计。下面介绍一些用能权交易试点地区的基本情况。

1）浙江省

2015 年，浙江省率先开展了用能权交易试点进程，对省内 25 个地区开展用能权有偿使用和交易，推动建立存量用能分类核定、新增用能有偿申购、节约用能上市交易制度。2018 年 8 月，浙江省人民政府办公厅印发了《浙江省用能权有偿使用和交易试点工作实施方案》，明确企业初始用能权的核定工作程序、交易系统管理、相关节能审核部门和机构的主要职责，为用能权交易试点工作的展开提供了支撑和保障。浙江省用能权交易制度试点建设了全省统一的"一平台、三系统"——浙江省用能权交易平台、与银行相衔接的账户管理和资金清算系统、与县级以上能源监察（监测）机构相衔接的用能单位实时监测系统、与统计部门相衔接的指标划转系统。

2）福建省

福建省在开展用能权交易试点之前，对年耗能 5000 吨标准煤以上的部分重点企业实行了节能量交易制度。鉴于交易范围的局限性和能源交易制度变革，2017 年 12 月，福建省人民政府印发《福建省用能权有偿使用和交易试点工作实施方案》，明确福建省能源交易转变为基于能源消费总量控制下的用能权交易。在原有节能量交易工作的基础上，继续推进水泥、火电行业的用能权交易试点工作，确保交易市场的稳妥启动。福建用能权交易制度建设了用能权交易能源消费数据报送系统、用能权指标注册登记系统和用能权交易系统三大平台。

3）河南省

2018 年 7 月，河南省人民政府办公厅印发《河南省用能权有偿使用和交易试点工作实施方案》①，为用能权有偿使用和交易市场的建设和运行提供了指导意见和发展方向。河南省用能权交易形成了"1＋4＋N"的制度体系，在郑州、平顶山、鹤壁、济源等代表性工业化地区试行，对化工、钢铁、建材等多个重点行业

---

① 2022 年 4 月，河南省人民政府办公厅对该文件进行了修订。

的年综合耗能超过 5000 吨标准煤的重点用能单位开展能耗数据审核、初始用能单位分配、交易平台系统化建设等工作。河南省用能权交易市场建设采用了分阶段的方式：第一阶段，2018 年初步完成顶层设计和基础系统支撑；第二阶段，2019 年启动用能权市场交易并且着力提高交易活跃度；第三阶段，2020 年之后逐步扩大行业试点范围，将交易效果的评估结果优化并反馈到系统建设中。

4）四川省

2018 年，四川省发展和改革委员会正式印发了《四川省用能权有偿使用和交易试点实施方案》，明确了建立健全初始用能权分配制度，建立健全能源消费报告、审核和核查制度，建立健全交易制度，建立健全履约制度，建立健全监督管理制度等 5 项重点任务。四川省联合环境交易所积极协助搭建了用能权交易平台，推进了用能权交易制度的顶层设计工作，通过开发完成用能权注册登记和交易系统以及制定相关的交易规则和配套制度，建设全面、开放、兼容的用能权交易服务体系。在初始用能权指标分配工作上，四川省用能权交易制度设计结合现有能源效率水平评估结果、行业能源效率以及产业转型升级特征，进一步优化了初始用能权的分配。2019 年 9 月 26 日，四川省用能权有偿使用和交易市场正式启动。

2. 用能权交易制度建设

用能权交易制度的设计和实施过程需要考虑的因素众多，为了更好地发挥用能权有偿使用和交易对于能源消耗总量和强度控制的积极作用，提高用能权交易市场资源配置效率，优化当前的管理路径和评估相应的实施效果，当前用能权交易制度试点建设有以下发展趋势。

（1）结合基准法和修正历史法制定初始用能权。2021 年 9 月，国家发展改革委印发《完善能源消费强度和总量双控制度方案》，提出"进一步完善用能权有偿使用和交易制度，加快建设全国用能权交易市场，推动能源要素向优质项目、企业、产业及经济发展条件好的地区流动和集聚"的要求。实现该目标要求的重要前提就是初始用能权的分配问题。尽管目前大多数相关行业开展了初始能耗量的基础测算工作，并提交了综合审定能耗限额标准，确定了初始用能权指标的分配。然而，制定初始用能权时还要考虑用能主体的历史能耗情况、生产要素结构、发展阶段等内部因素以及政策变化、市场波动和突发性事件等外部因素，结合修正历史法来综合确定初始用能权指标。

（2）完善支撑用能权交易制度的基础体系。中国用能权有偿使用和交易制度处于试点探索阶段，相关规范文件主要以政策形式为主，配套的法律法规、条例规范的具体细则仍需要完善[27]。因此，要加快推进国家和地方层面的用能权交易的立法工作，确认用能单位需要承担相应节能义务的准确性和强制性。用能权交易体现了政府干预驱动能源使用与交易，如果没有法律法规的约束，用能权交易制度的实施会很难落地，预期目标也就难以实现。与用能权相关的法律体系在明确用能权法律地位的同时，还规定了相关责任利益主体的法律责任，为问责以及违约惩罚提供了依据。除此之外，针对用能权总量确定与分配、交易程序、企业检测报告验证以及交易监管等环节的部门规章也需要进一步具体化和细则化。

（3）建立科学合理和有机融合的监控测算平台。获取用能单位能耗数据的基础建设包括用能单位的能耗在线监测平台建设，以及与之有关的监测、报告、核查配套程序和设施。通过建设能耗在线监测平台，不仅可以统一能耗测算标准和衡量尺度，还能为相关核查机构提供真实的一手数据。此外，用能单位的监测和报告由能耗监测平台执行测算和总结，由国家发展改革委指定的独立核查机构进行核查，不仅可以保证耗能核查公开透明，还能避免自查自纠和权力寻租问题[28]。这一有机融合的监控测算平台，也是数字化的信息共享平台，在相关数据审核、存储及报告系统的支撑下，还可以及时披露和报告用能主体的能源消耗量和相关技术资料，使得用能权交易的各个环节更加公开透明。此外，可以引入权威的第三方认证机构帮助审核能耗数据报告的准确性，保障能耗测算精准的同时也降低了政府监管成本。

（4）用能权交易与碳排放权交易协同耦合。在全国碳排放权交易市场启动的基础上，可以运用 JI 原理打通用能权交易体系与碳排放权交易体系，充分利用既有搭建平台、相关机构和交易系统[29]。用能权交易从供给侧的角度减少不可再生能源的消费，进而减少温室气体的排放；碳排放权交易从排放末端进行治理也可以激励用能单位减少对化石能源的浪费。做好两种交易制度的衔接与融合，在保证用能权交易认证指标与碳排放减排指标相对独立的同时，合理设计两个市场的指标互认和抵扣机制，运用科学的指标核算方法设立转化系数互相抵扣相应的节能指标或减排指标，这种双市场的平衡将会对节能减排产生极大的积极作用。

3.3　碳金融与碳金融产品

3.3.1　碳金融基本概念

1. 碳金融与碳金融市场

很多学者尝试运用经济理论探索解决环境和气候问题，特别是在国际金融危机的影响下，催生了"环境金融"这一概念[30]。同时，发展以低能耗、低污染为基础的低碳经济也成为世界各国实现经济增长、经济结构调整转型、实现可持续发展的必然选择，碳金融正是环境金融与低碳经济创新结合的产物。碳金融的兴起与发展同 UNFCCC 和《京都议定书》两项国际公约密不可分。在国际气候政策的驱动下，企业、银行和投资者等金融市场主体参与碳交易市场，开展了一系列为达到温室气体减排目标、转移环境风险的投融资活动。世界银行将用于购买温室气体减排量的金融资源定义为碳金融。从狭义的角度来看，碳金融是指碳交易市场中以碳排放权为标的以及与各种衍生品相关的交易，广义的碳金融除了包括碳排放权及其衍生产品的买卖交易、投资或投机活动，也包括发展低碳能源项目的投融资活动以及相关的担保、咨询服务等相关金融活动及其制度安排[31-33]。现代碳金融体系对各个国家实现与节能减排相关的减排成本收益化、能源链转型资金融通、气候风险管理等目标影响意义深远。

碳金融市场是温室气体排放权交易以及与之相关的各种金融活动和交易的总称。狭义的碳金融市场是指碳排放权交易的标准化市场；广义的碳金融市场是指在此基础上，还包括碳期权、碳期货等金融衍生品交易服务的投融资市场以及节能减排项目投融资市场。碳金融市场是碳金融的核心基础，碳金融市场的交易结构、制度安排、产品设计和交易活跃度都会影响碳金融的发展。根据不同的标准，碳金融市场有不同的分类，具体如图 3.4 所示。

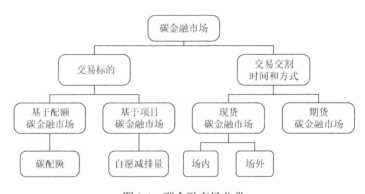

图 3.4　碳金融市场分类

基于国际碳交易市场体系，国际碳金融体系也融入其中并有所发展[34]，由国际碳信用体系、国际碳交易体系、国际碳金融市场、国际碳服务体系和国际碳监管体系组成，如图 3.5 所示。

2. 碳金融市场国际合作

《巴黎协定》签署之后，全球各国都在为实现"双碳"目标而努力，由此开展的碳金融国际合作形式也层出不穷，国际主体在碳金融领域开展的一系列政策协调行为对节能减排的效果也非常显著。但近年来国际政治环境越发多变，不断冲击着碳金融市场与合作组织，本节通过比较国际金融体系和国际碳金融体系的不同（表 3.5），以期寻找更加灵活的碳金融国际合作模式。

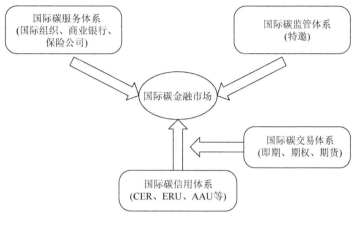

图 3.5　国际碳金融体系

表 3.5　国际金融体系和国际碳金融体系的不同点

体系指标	国际金融体系	国际碳金融体系
标价方式	汇率	单位 ERU、单位 CER、单位 AAU
市场内涵	国际资金融通和交易的场所	与温室气体排放权相关的金融活动的场所
基础资产	利率、外汇、股票、黄金、信用等	ERU、CER、AAU
目的	投机、投资、对冲风险	达到减排目标
面临的风险	价格风险、信用风险、国别风险	市场风险、政策风险
国际监管体系	成熟	待建

　　首先，在碳金融市场国际合作中对碳配额分配应侧重公平原则。国家间的初次分配和在碳金融市场交易中的二次分配并不相同：前者基于公平原则，发达国家承担更多减排责任，即获得更少的碳配额，同时能保障发展中国家的经济发展需要；后者则更多地依靠碳交易市场机制调节以提高碳配额分配效率。

　　其次，碳金融市场国际合作中可以更多地考虑打通市场联系从而稳定碳价格。借助合作契机可以逐步将各碳金融交易市场的碳配额同质化，以免出现部分市场碳配额供给过量造成价格波动。开展国际合作可以帮助建立碳金融市场交易的互联互通机制，也打通了两个或多个碳金融市场的投资渠道。

　　再次，碳金融市场国际合作应注意配套监管体系的建设，需要法律监管体系的支撑和碳金融相关的会计、审计各个部门的监督反馈。一方面，碳金融国际合作需要制定共同的具有法律效力的标准、监测和考核规范；另一方面，与碳金融有关的政策性税收等政策也可以巩固监管体系的建设成果。

最后，需要注意的是，碳金融市场国际合作应在谈判时期预设一定退出门槛，提高合作协议的违约成本，才能保障碳金融国际合作关系的稳定并形成良性循环。开展碳金融国际合作，一方面，有利于投资者共享减排成果，在满足投资者多元化风险管理需求的同时也给碳金融市场带来了更多增量资金；另一方面，碳金融市场国际合作可以促进碳金融市场管理，帮助改善市场投资机构，在促进产业转型升级和助推能源低碳化变革的同时提升双方国际地位。

3.3.2　碳金融产品

1. 碳金融产品介绍

随着国际碳金融交易市场的发展、碳金融国际合作的不断深入，市场规模日趋扩大，市场交易日趋丰富，各种碳金融产品也不断被开发出来，如图 3.6 所示。

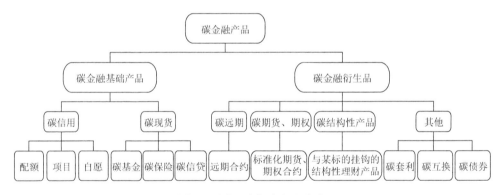

图 3.6　国际碳金融产品种类

1）碳金融基础产品

碳金融基础产品也叫碳金融原生品，其主要职能是把资金储蓄调配至投资领域，也可以是以用于清偿债权债务凭证的形式存在。原生品主要是由碳信用和碳现货构成，是基于《京都议定书》的三大灵活减排机制（即 IET 机制、JI 机制和 CDM）的基本交易单位形成的碳金融基础产品，如三种机制下的 ERU、CER、AAU 和 EU ETS 下的 EUA 等[35]。芝加哥气候交易体系中的自愿减排体系分为碳抵消体系和 CCX 体系：碳抵消体系在场外市场交易产生了 VER；CCX 体系是 CCX 建立的自愿性总量限制体系，即"自愿加入、强制减排"的限额交易机制，开发了温室气体排放配额、经过核证的排放抵消额度和经过核证的先期行动减排信用三种基本产品。早期欧盟碳金融市场主要以现货为主，欧盟配额划入排放企业注册账户后，欧盟配额现货合约不断发展，碳金融基础产品种类也越来越丰富，相继推出了一些碳现货，如碳基金、碳保险、碳信贷等。

A. 碳基金

随着国际碳金融市场的不断成熟，碳基金也开始日益活跃，在各种碳金融交易活动中发挥了极其重要的作用[36]。世界银行于 1999 年建立了全球第一个投资减排项目的碳基金——原型碳基金（prototype carbon fund，PCF）。自此，全球碳基金的数量和投资能力随着碳交易市场的迅速发展而不断增长，出现了各种类型的碳基金，已经形成了比较完整的碳基金门类体系。

B. 碳保险

2005 年开始，国际金融机构和保险公司开始逐渐增加了对碳金融业务的兴趣，由被动应对气候变化的风险，转为积极地担当起碳金融媒介机构的角色。除了可以提供保险产品以外，还可以通过其在风险评估、风险转移方案等方面的专业知识，帮助企业规避风险，减少损失。目前，国际金融机构提供的碳保险产品主要针对交付风险，典型的有世界上最大的保险公司美国国际集团（American International Group，AIG）推出的碳交割保证和计划保险产品以及慕尼黑再保险公司发起的慕尼黑气候保险倡议（Munich Climate Insurance Initiative，MCII）相关的碳保险产品和风险管理产品等。

C. 碳信贷

目前，全球已经有 40 多家国际大型商业银行介入碳金融市场，全球越来越多的商业银行以"赤道原则"为信贷理念，积极推动绿色信贷发展和风险投资[37]。"赤道原则"是为节能减排项目融资制定的一套金融行业基准，通过对项目进行评级来决定所采取的行动法案，是国外银行界很有影响力的非法律约束。德意志银行（Deutsche Bank）等欧美商业银行纷纷帮助那些在适应气候变化或者坚持高效节能、可持续发展方面有显著影响的低碳项目开发企业融资，常见的碳信贷产品有低碳项目融资、绿色信用卡、汽车贷款、房屋净值贷款、住房抵押贷款和商业建筑贷款等。

2）碳金融衍生品

碳金融衍生品是碳排放权派生出来的金融产品，来源分类及其占比结构如图 3.7 所示，其价值取决于碳金融基础产品的价格[38]。碳金融衍生品具有跨期性、高风险性、杠杆性等特点，满足了碳交易主体在风险承受范围内合理套期保值的需求，丰富了碳金融市场的产品品种，提升了碳金融市场活跃度，促进了碳金融市场的发展。

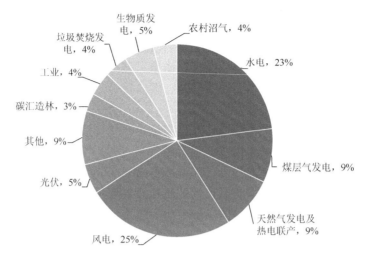

图 3.7　碳金融衍生品来源分类

A. 碳远期合约

碳远期合约是由交易双方协商而定的双边合约，原理是买卖双方根据需要签署合同，规定在将来某一特定时间、按照某一特定交易价格购买或出售一定数量的碳排放交易权，是一种非标准化合约，可以规避未来资产价格变动的风险。CDM产生的 CER 交易通常就属于一种远期交易，因为双方签订合同时，项目尚未运行，因而也没有产生碳信用，其回报来自项目成功后出售所获得的减排额。

B. 碳期货、期权

碳期货属于标准化交易产品，原理是通过购买碳期货合约产品，来取代碳排放权以及其他环境相关金融产品的配额或权益等现货金融产品。在此基础上衍生出碳期权，碳期权合约是由交易双方签署的合法凭证，要想获得合约有效期内的选择权，则碳期权的购买方需要向卖方支付一定数额的权利金。目前，全球主要的碳期货、期权产品有：ECX 碳金融合约（carbon financial instrument，CFI）、EUA期货、CER 期货、EUA 期权、CER 期权。

C. 碳结构性产品

德意志银行和东亚银行有限公司（The Bank of East Asia Limited，BEA）（以下简称东亚银行）等先后推出了结构性理财产品，均以气候变化为主题[39]。此外，投资碳结构性产品市场准入门槛低，一般情况下投资限额为 1 万～15 万元区间，为一些私人投资者提供了多样化可持续发展投资产品和服务。

D. 其他

碳套利是指因为碳金融交易市场存在事实上的分割并且资金要素流通有限，所以投资者利用碳金融产品在不同市场上的价差进行低买高卖的交易从而获利。

碳互换交易的含义是，交易双方通过合约达成协议，在未来特定时期交换约定数量不同内容或不同性质的碳排放权客体或债务。碳债券一般是指政府或企业为筹集低碳项目建设或维护资金，向投资者发行的、承诺在一定时期支付利息和到期还本的债务凭证。

2. 碳金融产品供需来源

碳金融产品从本质上来说是一种基于减排经济活动的金融支持，其独特的产品设计决定了该产品除了一般商品的属性之外，还具有自然属性、全球属性、商品属性、准金融属性等。正是由于这些特殊属性的存在，碳金融产品的供给与需求有其区别于普通商品的特征。

1）碳金融产品供给

从碳金融基础产品的供给方面来看，各碳排放权交易体系下的 EUA、VER、CER 以及 JI 机制减排项目提供的 ERU 等都构成了碳金融基础产品的供给来源。采取的供给方式主要是通过签订国际公约或各国设定减排目标，以确定排放总量以及初始排放配额进而提出分配方案。由于碳金融基础产品市场属于新兴市场，自由竞争程度尚不充分，碳金融基础产品的供给并没有主要体现市场行为，更多的是国际组织的谈判结果或国家政府的决策行为。碳金融衍生品的供给则是由银行、保险公司、交易所等金融机构以及能源公司等企业与提供非标准合约的机构和个人，为了满足市场上的需求而开发出来的金融服务。碳金融衍生品的供给更多地体现了自由竞争市场的原则，也受到配额分配政策方式、节能减排技术发展、碳税政策等多种因素的影响。

2）碳金融产品需求

从碳金融基础产品的需求方面来看，《京都议定书》附件一国家中受排放配额限制约束的国家、自愿减排体系下那些不受《京都议定书》约束的一些团体或个人都具有碳金融产品的需求。从对国际碳金融基础产品的需求类型来看，主要包括额度需求、投资需求和交易需求。从配额数量来看，欧盟在全球的碳排放需求最大。从碳金融衍生品的需求来看，主要来自套期保值者和投机者。

3. 碳金融产品定价机制

碳金融价格机制的形成需要一系列涵盖范围广泛的条件，包括碳金融交易平台、碳金融市场参与主体，前者是碳金融价格机制形成的物质基础，后者则是形成碳金融价格的具有能动性的各类经济主体。追逐利润最大化的各类经济主体在政府等组织部门设定的交易规则、制度乃至政策法律框架下，接受政府的指导和相关监管者的监督，按照市场规律进行交易，形成科学的碳金融价格体系。

1）定价要素

碳金融产品定价机制必须明确交易主体买卖双方、金融中介机构和第三方机构等市场参与者，按一定的交易流程规则在统一完善的碳交易平台进行集中交易。碳金融产品定价机制包含的内容十分广泛，不仅包括定价方法，还包括碳金融交易平台、市场参与主体、交易规则和制度、政策和法律、衍生产品市场等要素，碳金融价格机制的形成也是这些要素共同作用的结果（图3.8）。

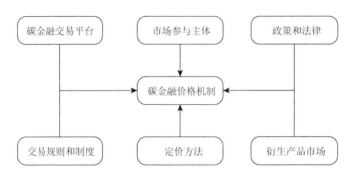

图 3.8　碳金融产品定价要素

2）定价方法

碳金融产品的价格就是碳金融产品价值的表现方式。因为从根本上来说，碳金融产品的交易实际上是对于特定环境资源使用权的交易，环境资源值就是碳排放经济活动的成本，通过科学计算碳排放成本和温室气体排放数量，得出单位碳排放所消耗的环境成本的损失，也就是碳金融产品的单位价值。可见，碳排放数量和相应的环境的成本损失是决定碳金融产品价值的两个因素，围绕这两个因素有以下计算方法。

A. 损失计算法

损失计算法，即通过估算碳排放给环境造成的损失总量来计算碳排放成本。也就是碳排放活动对整个生态系统造成的所有社会损失的加总，如温度升高、海平面上升、极端气候频发、物种多样性受到威胁等由于自然环境受损而带来的社会福利总损失。这里包括损害函数法以及生产率变动法等具体方法。损害函数法运用统计估计以及物质与能量守恒定律的方法将环境受到的影响进行量化，阐述环境受损与福利损失之间的关系；生产率变动法则主要考察在环境恶化的条件下以生产率降低的程度来量化环境变化的影响，即利用生产率下降导致的效率降低和市场价值损失来衡量环境损失。

B. 成本估计法

成本估计法，即恢复环境资源或保证环境质量不下降所需要花费的成本。这里也包括两种方法，即防护支出法和恢复支出法。防护支出法依据补偿法，用保护环境的防护支出等消耗的价值来量化环境资源使用的价值。而恢复支出法则以已破坏的环境的修复费用来衡量由环境质量下降引发的经济损失，从而确定环境资源的价值。

　　C. 影子价格法

　　影子价格法是一种从侧面验证碳排放资源合理价格的方法。根据商品价格规律，商品的价格围绕其价值波动。商品的内在价值是商品价格的指导价格或参考价格。影子价格法可以计算碳排放权的边际减排成本，将其作为碳排放权的指导价格。

3.3.3　碳金融市场发展趋势

　　（1）制定激励和协调机制，推动碳金融体系发展。构建碳金融体系是一个系统工程，市场预期的波动性和环境复杂性需要宏观调控，以此形成激励和协调的机制[40]。因此，各国政府在制定节能减排项目认证标准时可通过国际组织从中协调，统一的认证标准和宏观层面的协调将为碳金融市场的发展提供良好的环境。碳金融体系需要科学、合理、有效的制度支撑，参与交易的金融主体通过市场交易实现碳金融资产的产权变更与流转，在尽可能地降低交易费用的同时优化资源配置，从而提高碳金融体系运行效率。此外，国际碳金融体系处于新兴发展阶段，相关的碳交易市场交易所准入原则和碳排放评价核算体系尚不完善，需要政府等相关部门加强监管和碳金融市场信息的披露，多方机构从中协调碳排放总量控制原则下自愿减排的激励制度，切实保障碳金融体系发展外部环境。

　　（2）加强碳金融创新，满足多元化投资需求。探索创新碳金融市场，推动形成公开、透明的市场价格，提高碳金融产品创新能力，需要符合时代特征，这样才能创造出满足多元化市场需求的碳金融产品和服务，推动碳金融市场高质量发展。国际金融机构要逐步扩大市场开放范围，并与碳金融创新发展理念相融合，提升碳金融竞争力，推动碳金融产品多样化[41]。同时，还要积极探索碳金融创新业务范围，并通过多种碳金融衍生品优化资源配置，从而提高碳金融管理能力和业务创新水平。另外，鼓励中介机构参与到碳金融业务中来，降低交易成本和化解项目风险，才能更好地促进碳金融业务的开展。

　　（3）构建碳金融国际合作体系，完善配套政策体系。全球各国都面临着碳减排的巨大压力，在保持现有碳金融国际合作的基础之上，还需要各国在金融、税收、监管、信贷和外汇等多方面的政策支撑[42]。因此，为了构建碳金融国际合作体系，各国在开展国际碳金融减排项目投融资活动的同时要逐步完善相关法律制度，降低碳金融跨国交易风险。此外，碳金融国际合作通过利益捆绑保障了合作关系的稳定性，也为碳金融市场发展提供了稳定的环境。开展国际碳金融合作会涌现出大批碳金融人才，可以在推广交流碳金融知识的同时提高金融资本运作效率和碳金融战略决策制定的科学性，还能为金融机构输送具备碳金融理念的新型人才。

3.4 碳　　税

3.4.1 碳税概述

1. 碳税起源

基于国家经济发展与环境保护之间的平衡需求，各国开始从经济学角度出发，利用税收手段调节碳交易市场的交易行为，从而实现控制碳排放应对全球气候变化的目标。碳税的兴起为节能减排提供了一项有力手段，碳税是以减少二氧化碳排放为重要目的，对企业生产、家庭生活过程中产生的二氧化碳排放征收的一种污染税或排放税[43-45]。狭义的碳税主要指二氧化碳排放税，广义的碳税还包括对碳排放具有抑制作用的各种资源税、燃油税、环境税等。碳税被认为是简易且对经济负面影响小的有效减碳政策工具，并且已经在欧洲许多国家推广并取得了良好的成效。

2. 碳税性质

碳税是以一种明确的、与碳排放水平直接相关的碳定价形式来控制二氧化碳排放。首先，碳税是基于整个国际社会节能减排和谋求可持续发展的一致性共识，运用税收手段引导碳排放市场的交易主体改进相关生产技术和提升能源利用效率的目的税。其次，碳税具有调节功能。一方面，碳税通过对化石燃料等不可再生能源直接征税，激励纳税人减少传统能源的使用并促进清洁能源的快速发展；另一方面，碳税针对不同纳税主体可以采用差别税率和税收优惠等政策，能够调节市场主体的资源使用行为。因此，碳税的调节功能有利于逐步淘汰高耗能产业，推动节能减排技术的发展，尤其是可以为 CCUS 等新兴技术发展注入活力。最后，碳税影响范围广泛。从表面上看，碳税直接影响到的是能源生产和加工等高碳排放企业，这些纳税主体实际上会将税负转嫁到消费者身上，这种机制就会间接在消费环节引导消费者选择更加低碳的消费方式。除此之外，碳税对于民生影响程度、能源结构调整和产业转型升级都具有潜移默化的影响。

3.4.2　碳税开征理论基础

1. 外部性理论

经济学家马歇尔（Marshall）在其《经济学原理》中提出用外部性问题来描述在经济活动开展过程中一个经济主体的意识行为和生产活动对其他个体的影响，这种影响超过了后者的相关利益范畴，被称为"外部性"。外部性有正负之分，正外部性是个人行为对他人或环境的积极影响；负外部性是个人行为对他人或环境的消极影响。企业在生产过程中排放二氧化碳等温室气体对其他社会成员造成了负外部性影响，并未负担其生产和消费的全部成本，导致生产和能源使用过度，就会加重温室效应。这种某一经济活动的行为主体使得其他个体利益受损且未对其进行补偿的现象就是所谓的"外部不经济"。在此基础上，庇古对外部性理论做出了进一步的阐述，发展出庇古税收理论：需要将私人边际成本置于社会边际成本可控范围之内，才能平衡经济的发展和环境的可承载力。庇古税收理论主张：一方面，对私人成本低于社会成本的经济行为予以征税；另一方面，补贴私人成本高于社会成本的经济行为，从而将外部性问题内部化。庇古税收理论强调第三方的介入，通过公共管理部门的强制手段进行干预来弥补市场的不足。

2. 污染者付费理论

污染者付费理论源于经济合作与发展组织（Organization for Economic Co-operation and Development，OECD）在 1972 年提出的污染者付费原则，考虑将外部成本内部化的问题。环保部门根据污染者排放的污染物种类、数量和浓度，依据法定的征收标准，向污染者征收一定数额的费用，在一定程度上制约了排污者污染行为的同时，也筹集到了用于环境治理和改善的资金。污染者付费理论是庇古税收理论的延伸和拓展，运用环境资源配置市场，污染者不仅要负担生产成本和资源消耗成本，还要考虑环境污染预防和治理成本。同样地，在碳交易市场的交易中对二氧化碳排放主体征收碳税，将环境成本分散到各交易主体的生产成本上，可以促使碳排放主体考虑排放成本以降低二氧化碳的排放量。

3. 双重红利理论

双重红利理论认为，开征环境税会给环境和社会带来双重收益。第一重红利体现在环境改善上，通过开征环境税促进生产经营者考虑能源使用成本和排放成本，调整企业能源消费结构，推动清洁能源相关技术的发展，降低环境污染强度从而改善环境质量。第二重红利体现在社会福利上,征缴后的税收收入可以作为财政专项资金,部分用来补贴开展节能减排生产活动的经营主体,还能用于支持绿色低碳技术的研发工作、扩大低碳产业的投资范围和环境治理专项资金项目。相较于外部性理论和污染者付费理论侧重于将外部效应内部化,双重红利理论着重强调税收收入的使用。碳税收入可以做到专款专用,一方面用于补贴环境治理基础设施的建设,另一方面可以投入到新型能源的研发项目中,从源头上缓解温室效应。

3.4.3　国际碳税制度

1. 典型国家的实践

欧洲部分国家在 20 世纪末就已开展了碳税制度改革,在开征初期确立了碳税的税收法律属性,再结合相应能源生产使用相应的税收负担水平,规划碳税征收范围,为实现设定减排目标服务的同时与其他环境税种搭配实行,以最大程度地发挥碳税对环境的调控力。

1)芬兰

作为最早开始征收碳税的国家,芬兰从 1990 年开始实行碳税政策[46]。初期,芬兰对煤炭、汽油、柴油、轻重燃料油和天然气等所有矿物燃料征收碳税。1995 年在碳税的基础上增加了能源税,按照能源税和碳税 2∶3 的比例混合征收。1997 年,恢复单独开征碳税。碳税收入直接进入国家总预算,征收过程中也相应减征了所得税,芬兰遵循的收入中性原则对税率政策的制定影响深远。

2)瑞典

瑞典开征碳税之前,就已对汽油征税以期改善环境问题,因此碳税引入初期瑞典通过适当降低能源税对纳税人予以补偿。1991 年,瑞典将二氧化碳排放作为单独税目按照每吨排放 27 欧元的税率开始征收。此后,瑞典逐步加强推进碳税改革并提高碳税税率。2010 年,瑞典推出《能源税条例》,2019 年取消或减少碳税豁免,截至 2021 年,碳税税率已经提升至每吨二氧化碳排放 1200 瑞典克朗。瑞典是一个低碳储量同时高税收的国家,碳税作为一项降低国家税负、调整税收结构的政策,受到了较小的政治阻力。

3)丹麦

1992 年,丹麦正式开征碳税,从家庭能源产品消费逐渐扩展到工业生产领域。出于对本国重工业的保护,丹麦当时居民家庭的税率为每吨二氧化碳排放 100 丹麦克朗,显著高于工业行业,另外还为企业制定了相应的税收减免优惠政策。一方面,税收减免政策向自愿签订减排协议的高污染、高排放企业倾斜;另一方面,在工业能源消费环节设置部分二氧化碳免税项目和税收补贴返还。丹麦的碳税征收中也减征了个人所得税，实现了税收转移，将碳税收入用于社会公共基础设施建设和养老金储蓄等公共福利项目。

4）日本

受能源资源极度匮乏的天然约束，日本早在 1978 年就已开征石油煤炭税。2007 年，二氧化碳排放作为环境税，按照每吨碳 2400 日元开始征收。2011 年，碳税税基变更为二氧化碳排放量，税率也调整为每吨二氧化碳排放 289 日元，在此基础上也逐渐开发出更多税种分类进行碳税征收的细化。日本将碳税收入设置为环保储备基金，投入森林保护、新能源开发建设等项目。

2. 国际碳税制度总结

通过对几个典型国家碳税征收实践的介绍，碳税征收中的几个关键环节需要格外注意，一方面碳税的开征要循序渐进，另一方面要科学合理地设计碳税制度。因此，首先，要划定碳税征税对象和设置合理的税率，通过总结国际碳税征收实践经验，结合不同经济发展状况和国情，逐步提高社会对碳税的接受度以及发挥减排效果。其次，碳税征收初期要给予部分税收优惠，鼓励各征税对象优化能源使用结构和控制温室气体排放。最后，碳税的使用要体现公共服务性质，在与其他环境税种结合发挥作用的同时也要投入到环保型科学技术研发工作中，这样才能更好地改进生产工艺、降低污染，从而达到碳税征收目的。

1）征税对象及税率

大部分国家将碳税纳入能源税，针对煤炭、标准气体油、液态石油和天然气等化石燃料根据二氧化碳排放当量或直接根据二氧化碳排放量按照固定税率从量计征[47]。碳税税率的有效性关系到环境治理成本，考虑到温室气体的排放具有累加性，即使排放增加量递减也会对环境治理影响颇深。因此，许多国家根据通货膨胀和国内具体情况适时调整税率：爱尔兰碳税税率每年增加一次、阿根廷碳税每季度更新一次、南非根据消费者物价指数和通货膨胀率调整税率等。这种动态调整的税率制定方式可以降低税收改革的政治阻力，提高社会接受度。部分国家碳税征税对象及税率见表 3.6。

表 3.6　部分国家碳税征税对象及税率

国家	征税对象	税率/（美元/吨）
爱尔兰	煤油、汽油、燃料油、天然气	39
荷兰	二氧化碳排放	35
斯洛文尼亚	石油、天然气、煤炭和焦炭	20
新加坡	年排放温室气体 2.5 万吨及以上设施的二氧化碳排放	4

续表

国家	征税对象	税率/（美元/吨）
南非	所有温室气体	9
德国	石油、天然气、汽油和柴油	29
瑞典	所有化石燃料	137
阿根廷	所有液体燃料和煤炭	6
日本	所有化石燃料	6
英国	所有温室气体	25
加拿大	年排放二氧化碳 5 万吨及以上的所有发电和工业设施的温室气体排放	40
挪威	石油	4～69
芬兰	二氧化碳排放	62.3～72.8
法国	汽油、柴油等化石燃料	44.6

资料来源：荷兰国际财政文献局全球税务、税法研究数据库和世界银行

2）税收优惠

为了缓解征收碳税带来的税收负担，各个国家都相应制定了配套的税收优惠政策。税收优惠政策包括家庭和企业两个方面。例如，瑞典对工业企业的税率减少 50%。日本为家庭、传统行业、渔业提供税收优惠，并对采取减排措施的碳排放大户给予 80%的税收减免。法国为家庭提供不同程度的税收抵免。南非为贸易行业提供 10%额外免税。澳大利亚提出了产业援助计划、家庭援助计划、能源安全基金等。

3）碳税使用

针对碳税使用，大多数国家有明确规定，具体可以分为政府一般预算和削减劳动要素税负两方面，实践上看，大多国家采用后者。澳大利亚将碳税的 50%用于补贴家庭。瑞典将税收收入纳入政府一般账户为养老基金提供支持。法国采用减税或"绿色支票"方式进行返还。英国将碳税用作社会保险和节能投资补贴，剩余拨付给碳基金。丹麦碳税用作企业补贴、工业企业税收返还以及税收减免。

3.4.4　中国碳税制度

经济发展的同时伴随着能源消费需求的急速增长，由此带来的环境问题也会愈发突出，中国作为发展中国家，同样亟须在保证经济稳步增长的同时实现节能减排的目标。在此之前，碳交易和用能权交易相关政策的出台也为中国碳税制度设计提供了有力支撑，使得开征碳税具备了充分的条件。

1. 税种模式

目前碳税征收的两种主要模式是设置独立的碳税税种（独立设税模式）和将碳税征收融入其他税种（融合式设税模式）。独立设税模式可以向纳税人和外界传递更为直接的减碳信号，二氧化碳减排导向更为突出，但在已经开征资源环境税种的情况下，会出现税种设立重复问题，同时受制于税收立法过程，缺乏配套法律法规支撑。融入式设税模式整体上虽然减碳信号不及独立设税模式强烈，但在特定税种下新增税目，其政策效果类似，而且以修改税法、增设税目的方式征收碳税，有利于碳税的有效推进，并可降低税制的复杂性、提高征管的便利性[48]。碳排放权交易市场的建立为碳税征收奠定了必要的基础，碳税的固定性也能帮助企业在预测自身减排成本、优化生产活动上选择最佳减排路径。中国环境保护税实际上是污染物排放税，二氧化碳作为温室效应主要影响因素，在一定程度上其排放具有污染物排放属性，将二氧化碳置于环境保护税中的大气污染物税目具有合理性和可行性。此外，中国东西部经济发展不平衡，东部发达地区需要西部欠发达地区的资源，生产和消费也存在季度效应，碳税置于资源税之中并不合理。资源具体使用方向不同，所排放的二氧化碳量差异巨大，而中国资源税是对资源开发者征收，提高资源价格来减少资源使用和替代对于激励低碳技术研发、碳回收封存等作用有限，因此根据环境保护税征收环节在商品生命周期中的不同位置征收更为合理。

2. 征税范围与计税依据

理论上，企业或单位生产经营、个人或家庭生活的碳排放都属于碳税的征收范围[49]。因为碳税具有累退性，能源作为生活必需品对于个人来说，不会因为收入增加就产生能源消费增加的情况，考虑到中国现阶段发展的国情和对个人或家庭直接征税的征纳成本及可操作性，碳税征收可主要以直接向环境排放二氧化碳的企业事业单位和其他生产经营者为纳税人。此外，交通运输产生的碳排放目前主要通过在汽油、柴油销售环节由销售商以消费税实现代收代缴，加上车船税的改革得以解决，这样使碳税逐渐扩展至家庭部门，引导低碳出行的生活方式。从国际碳税征收实践看，碳税的征收既有依据含碳资源消耗量征收，也有根据企业生产或个人生活中实际的碳排放量征收。虽然前者计征相对简便，但是，出于更好地激励减碳创新、公平税负及实现碳税设税目的的考量，等到相关技术障碍得以攻破或克服后，再考虑按照实际排放的二氧化碳量作为计税依据更为科学合理。

3. 税率与税收优惠

理论上，基于外部成本内部化的角度，碳税的征收应使二氧化碳排放的单位税额等于外部社会成本。根据测算，中国的二氧化碳排放社会成本为 24 美元/吨，但实践中，碳税的税率或单位税额不可能一步到位按照外部社会成本进行征收。政府征收碳税可以将排污企业对环境造成污染的成本内部化，增加社会总福利，合理设置税率就显得至关重要：税率过高会打击企业生产及减排积极性，抑制减排技术的发展进步，税率过低起不到促进减排的作用。成功的税制改革应该是循序渐进的过程，在碳税征收初期可以设置相对较低的税率，以增强税收的社会可接受度，同时降低对经济社会的非预期影响；其后，根据碳减排目标和碳税减碳效应，再进行逐步优化调整。关于税收优惠，在国际碳税征收实践中，有的国家为降低碳税征收可能对高碳排放产业的不利影响，对能源高密度行业和外贸型行业施行碳税豁免，如进行税收返还、设计累退税率等[50]。因此，碳税征收中对高碳排放行业应科学审慎使用税收优惠，适当的税收优惠应与对减少碳排放的激励相容，增强税收优惠政策的精准性和有效性。

4. 碳税收入使用与税收分权

碳税税收使用途径一般有以下几种：一是设置专项资金定向用于环境治理、节能减排等项目；二是用于对部分纳税人设置的税收优惠，一般有税收减免、返还或补贴等形式；三是纳入一般公共预算，统筹安排[51]。由于碳税开征初期设置的税率不高，所征碳税收入不足以完全覆盖专项资金所需。此外，定向使用可能导致财政资源配置低效，增加寻租风险，长期会造成财政资金被部门锁定，使财政资金优化配置面临障碍，同时还会使预算资金碎片化，损害预算的完整性和权威性。为此，应将碳税收入纳入一般公共预算，具体使用由政府预算统一安排，这也是现代税收制度建设的内在要求。根据环境税双重红利理论，碳税征收具有保护环境和潜在地促进经济发展的功能。碳税的征收应与精准的减税改革相辅而行，以中和碳税征收的增税可能对经济社会的不利影响，充分释放碳税的双重红利。关于碳税在政府间的划分，理论上，碳税收入作为中央收入更为合理。具体缘由在于：一是碳税的受益具有全球性或全国性，非地方受益税收；二是在税制既定下，碳税征收的多少主要取决于二氧化碳排放量，将碳税收入作为地方政府收入可能会弱化地方政府的减排激励；三是受地区产业结构的影响各地区碳排放量差异巨大，这会造成碳税在地区间分布的不均衡。如前所述，将碳税融入环境保护税之中，在环境保护税中设置二氧化碳税目是开征碳税的合理选择。虽然中国现行环境保护税属于地方独享税，但是在现行税收征管和分配入库制度下，区别不同税目在央地间分配税收简单易行，同时实践中也有印花税中证券交易印花税归于中央，其余印花税归属于地方的做法，因此，在税收收入划分中，将环境保护税中的碳税收入作为中央税具有可行性[52]。

3.5　本　章　小　结

　　碳交易市场机制作用于各能源消费主体,通过开展碳排放权市场交易,调节碳排放配额交易价格,来实现更低成本、更高效率的长期节能减排目标。

　　首先,本章从碳交易产生背景展开,结合碳交易相关概念阐述了碳交易机制,介绍了碳定价机制和碳交易市场。对全球碳交易市场体系中几个国际典型的碳交易市场体系进行了分析,总结了中国碳交易市场体系建设的发展过程。

　　其次,介绍了用能权交易机制,分析了用能权交易发展的过程和理论基础,讨论了中国用能权交易试点的实践探索。

　　再次,介绍了碳金融与碳金融产品,在分析碳金融的相关概念基础上,探讨了碳金融产品和碳金融市场的发展趋势。

　　最后,从碳税起源出发分析了碳税开征的理论基础,并简要介绍了国际碳税制度和中国碳税制度的主要内容。

本章参考文献

[1] 杨洁. 国际碳交易市场发展现状对我国的启示[J]. 中国经贸导刊, 2021, (16): 24-26.

[2] Mahmoudian F, Lu J, Yu D N, et al. Inter-and intra-organizational stakeholder arrangements in carbon management accounting[J]. The British Accounting Review, 2021, 53 (1): 100933.

[3] 王际杰. 《巴黎协定》下国际碳排放权交易机制建设进展与挑战及对我国的启示[J]. 环境保护, 2021, 49 (13): 58-62.

[4] 周宏春. 世界碳交易市场的发展与启示[J]. 中国软科学, 2009, (12): 39-48.

[5] Jiao L, Liao Y, Zhou Q. Predicting carbon market risk using information from macroeconomic fundamentals[J]. Energy Economics, 2018, 73: 212-227.

[6] 雷立钧, 荆哲峰. 国际碳交易市场发展对中国的启示[J]. 中国人口·资源与环境, 2011, 21 (4): 30-36.

[7] Kerr S, Leining C. Joint implementation in climate change policy[R]. Wellington: Motu Economic and Public Policy Research, 2004.

[8] Lloyd B, Subbarao S. Development challenges under the clean development mechanism (CDM)—can renewable energy initiatives be put in place before peak oil? [J]. Energy Policy, 2009, 37 (1): 237-245.

[9] Jenkins J D. Political economy constraints on carbon pricing policies: what are the implications for economic efficiency, environmental efficacy, and climate policy design? [J]. Energy Policy, 2014, 69: 467-477.

[10] Zhu B Z, Han D, Wang P, et al. Forecasting carbon price using empirical mode decomposition and evolutionary least squares support vector regression[J]. Applied Energy, 2017, 191: 521-530.

[11] Li Y Z, Su B. The impacts of carbon pricing on coastal megacities: a CGE analysis of Singapore[J]. Journal of Cleaner Production, 2017, 165: 1239-1248.

[12] Qi T Y, Weng Y Y. Economic impacts of an international carbon market in achieving the INDC targets[J]. Energy, 2016, 109: 886-893.

[13] Peng S Z, Chang Y, Zhang J T. Consideration of some key issues of carbon market development in China[J].

Chinese Journal of Population, Resources and Environment, 2015, 13（1）：10-15.

[14]　刘慧,谭艳秋. 欧盟碳排放交易体系改革的内外制约及发展趋向[J]. 德国研究, 2015, 30（1）：45-55, 134.

[15]　邢佰英. 美国碳交易经验及启示——基于加州总量控制与交易体系[J]. 宏观经济管理, 2012,（9）：84-86.

[16]　Gans W, Hintermann B. Market effects of voluntary climate action by firms: evidence from the Chicago Climate Exchange[J]. Environmental and Resource Economics, 2013, 55: 291-308.

[17]　Xiong L, Shen B, Qi S Z, et al. The allowance mechanism of China's carbon trading pilots: a comparative analysis with schemes in EU and California[J]. Applied Energy, 2017, 185: 1849-1859.

[18]　李志学,张肖杰,董英宇. 中国碳排放权交易市场运行状况、问题和对策研究[J]. 生态环境学报, 2014, 23（11）：1876-1882.

[19]　Tang L, Wu J Q, Yu L, et al. Carbon emissions trading scheme exploration in China: a multi-agent-based model[J]. Energy Policy, 2015, 81: 152-169.

[20]　谭忠富,刘文彦,刘平阔. 绿色证书交易与碳排放权交易对中国电力市场的政策效果[J]. 技术经济, 2014, 33（9）：74-84.

[21]　An X N, Zhao C, Zhang S H, et al. Joint equilibrium analysis of electricity market with tradable green certificates[C]. Changsha: 2015 5th International Conference on Electric Utility Deregulation and Restructuring and Power Technologies（DRPT）, 2015.

[22]　史娇蓉,廖振良. 欧盟可交易白色证书机制的发展及启示[J]. 环境科学与管理, 2011, 36（9）：11-16.

[23]　刘明明. 论构建中国用能权交易体系的制度衔接之维[J]. 中国人口·资源与环境, 2017, 27（10）：217-224.

[24]　孔跃,李宗录. 用能权交易的内涵、理论基础与机制构建[J]. 山东青年政治学院学报, 2016, 32（6）：116-120.

[25]　陶小马,杜增华. 欧盟可交易节能证书制度的运行机理及其经验借鉴[J]. 欧洲研究, 2008, 26（5）：62-77.

[26]　孙启聪. 用能权交易在中国的制度实现[D]. 上海：华东政法大学, 2019.

[27]　王文熹,傅丽. 反垄断法视域下我国用能权交易监管法律制度的完善[J]. 学术探索, 2021,（8）：124-133.

[28]　公丕芹,辛升,裴庆冰,等. 用能权有偿使用和交易难点及对策[J]. 中国能源, 2018, 40（11）：28-30.

[29]　关涵月. 用能权有偿使用与交易的法律适用性研究[D]. 重庆：西南政法大学, 2017.

[30]　曾刚,万志宏. 国际碳金融市场：现状、问题与前景[J]. 国际金融研究, 2009,（10）：19-25.

[31]　魏一鸣,王恺,凤振华,等. 碳金融与碳市场：方法与实证[M]. 北京：科学出版社, 2010.

[32]　张晨,杨玉,张涛. 基于 Copula 模型的商业银行碳金融市场风险整合度量[J]. 中国管理科学, 2015, 23（4）：61-69.

[33]　Al-Mosharrafa R, Al-Mahmuda N. Carbon finance: its implication against the untoward effect of climate change due to industrialization and urbanization[J]. Journal of Economics and Sustainable Development, 2014, 5（1）：82-88.

[34]　Zhou K L, Li Y W. Carbon finance and carbon market in China: progress and challenges[J]. Journal of Cleaner Production, 2019, 214: 536-549.

[35]　Yu X, Lo A Y. Carbon finance and the carbon market in China[J]. Nature Climate Change, 2015, 5: 15-16.

[36]　陈胜涛,张开华. 世界银行碳基金组织运作方式及启示[J]. 国际金融研究, 2011,（10）：40-46.

[37]　王增武,袁增霆. 碳金融市场中的产品创新[J]. 中国金融, 2009,（24）：51-52.

[38]　刘英. 国际碳金融及衍生品市场发展研究[J]. 金融发展研究, 2010,（11）：7-12.

[39]　石纬林,张宇,张娇敏. 商业银行开展低碳金融业务的国际经验及启示[J]. 经济纵横, 2013,（6）：97-100.

[40]　王雪磊. 后危机时代碳金融市场发展困境与中国策略[J]. 国际金融研究, 2012,（2）：77-84.

[41]　张晓艳. 国际碳金融市场发展对我国的启示及借鉴[J]. 经济问题, 2012,（2）：91-95.

[42]　林立. 低碳经济背景下国际碳金融市场发展及风险研究[J]. 当代财经, 2012,（2）：51-58.

[43]　高鹏飞，陈文颖. 碳税与碳排放[J]. 清华大学学报（自然科学版），2002，（10）：1335-1338.

[44]　Fang G C，Tian L X，Fu M，et al. Investigation of carbon tax pilot in YRD urban agglomerations—analysis and application of a novel ESER system with carbon tax constraints[J]. Energy Procedia，2016，88：290-296.

[45]　Metcalf G E，Weisbach D. The design of a carbon tax[J]. Harvard Environmental Law Review，2009，33：499-556.

[46]　周剑，何建坤. 北欧国家碳税政策的研究及启示[J]. 环境保护，2008，（22）：70-73.

[47]　Hoel M. Should a carbon tax be differentiated across sectors？[J]. Journal of Public Economics，1996，59（1）：17-32.

[48]　杨颖. 我国开征碳税的理论基础与碳税制度设计研究[J]. 宏观经济研究，2017，（10）：54-61.

[49]　曹静. 走低碳发展之路：中国碳税政策的设计及 CGE 模型分析[J]. 金融研究，2009，（12）：19-29.

[50]　李建军，刘紫桐. 中国碳税制度设计：征收依据、国外借鉴与总体构想[J]. 地方财政研究，2021，（7）：29-34.

[51]　Carl J，Fedor D. Tracking global carbon revenues: a survey of carbon taxes versus cap-and-trade in the real world[J]. Energy Policy，2016，96：50-77.

[52]　孙亚男. 碳交易市场中的碳税策略研究[J]. 中国人口·资源与环境，2014，24（3）：32-40.

第4章 碳捕集利用与封存

4.1 CCUS 概述

4.1.1 CCUS 的基本概念

碳捕集与封存（carbon capture and storage，CCS）是指将从火电厂、水泥厂、化工厂和钢铁厂等排放源产生的或大气中的二氧化碳分离并收集起来，将它们通过专门管道运输至特定存储地点，通过注入岩层深处进行永久封存，使之长期与空气隔绝的过程。如果考虑对捕集的二氧化碳再利用，就是 CCUS[1]。CCUS 是减少二氧化碳排放，应对气候变化的一套十分有前景的技术体系[2, 3]。

CCUS 主要包括二氧化碳捕集、二氧化碳运输、二氧化碳利用和二氧化碳封存四个环节[4]，其主要技术环节构成与主要过程如图 4.1 所示。

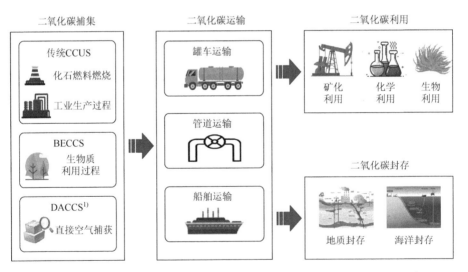

图 4.1 CCUS 的主要技术环节构成与主要过程

1）DACCS 即 direct air carbon capture and storage，直接空气碳捕集与封存

CCUS 包含的捕集、运输、利用与封存等主要技术环节的基本介绍如表 4.1 所示。

表 4.1　CCUS 主要技术环节的内容

环节		内容
捕集		将电力、钢铁、化工、水泥等工业过程基于化石燃料燃烧产生的二氧化碳或者直接将空气中的二氧化碳分离并富集，主要包括燃烧前捕集、燃烧后捕集和富氧燃烧等方式
运输		将捕集到的二氧化碳通过各种运输方式，送到特定地点，为进一步利用和封存做准备，主要包括管道运输、罐车运输和船舶运输等方式
利用	地质利用	将二氧化碳注入到地下以支撑或强化能源资源开采过程，主要用于提高石油、地热、地层深部咸水、铀矿等资源的采收率
	化学利用	通过化学转化，将二氧化碳和其他共反应物转化成目标产物，实现二氧化碳资源化利用。不包括利用二氧化碳生产产品，而产品在使用过程中又将二氧化碳释放到空气中的化学工业
	生物利用	通过生物转化，将二氧化碳用于生物质合成，主要产品包括食品、饲料、生物肥料、化学品、生物燃料等
封存	地质封存	基于工程技术手段，将二氧化碳通过陆地存储于地质构造中，实现其与大气长期隔绝的过程，主要包括陆地咸水层封存、枯竭油气藏封存等
	海洋封存	基于工程技术手段，将二氧化碳通过海洋存储到地质构造中，实现其与大气长期隔绝的过程，如海底咸水层封存

CCUS 各环节的基本含义和特点如下。

1. 二氧化碳捕集

二氧化碳捕集是 CCUS 的首要步骤，是防止大量二氧化碳释放到空气中的一套技术手段[5]。碳捕集指从工业生产过程、能源利用过程中或者直接从空气中将二氧化碳分离出来的过程，传统的方式主要有燃烧前捕集、燃烧后捕集、富氧燃烧[6, 7]。

燃烧前捕集是指在燃烧前将燃料转化为氢气和二氧化碳的气体混合物，其中氢气被分离出来，可以在不产生任何二氧化碳的情况下燃烧，而二氧化碳则被压缩用于运输和存储，如图 4.2 所示。通常所说的燃烧前捕集是指基于煤气化或整体煤气化联合循环（integrated gasification combined cycle，IGCC）的燃烧前二氧化碳捕集技术。燃烧前过程所需的燃料转换步骤比燃烧后涉及的过程更加复杂，这使得燃烧前捕集技术应用较为困难。

燃烧后捕集是指将二氧化碳从燃烧后产生的氮气、氧气和水蒸气等不可燃气体中分离出来，这些气体主要来自工业过程释放的烟道气，利用液体溶剂或其他分离技术捕集二氧化碳，如图 4.3 所示。由于混合气体的常压和低浓度特性，燃烧后捕集的成本一般高于燃烧前捕集，但常压设备投资和维护成本较低。在基于吸收的方法中，二氧化碳被吸收后，通过加热可以释放产生高纯度的二氧化碳流，这种技术已经被广泛应用于捕集二氧化碳并用于食品和饮料行业。

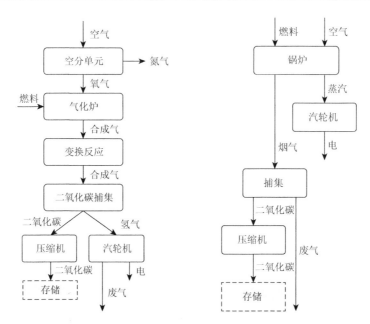

图 4.2　燃烧前二氧化碳捕集示意图　　图 4.3　燃烧后二氧化碳捕集示意图

富氧燃烧是指使用氧气而不是空气来燃烧燃料，这样燃烧产生的主要是水蒸气和二氧化碳，便可以较容易分离出高纯度的二氧化碳，减少二氧化碳和空气中

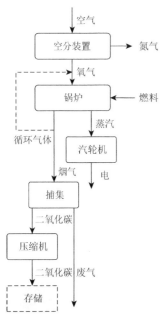

图 4.4　富氧燃烧过程示意图

氮气等惰性气体的分离难度和能耗。其中氧气是利用工业级的空分装置获得的，二氧化碳是通过烟气循环的方式从锅炉排放的烟气中获得的，通过不断的二氧化碳循环和富集使得烟气中的二氧化碳浓度不断提高，从而便于二氧化碳的压缩和分离，这种方式具有成本低、易于规模化、适于存量机组改造等优点。其过程如图 4.4 所示。

此外，化学链捕集也是处于不断研究和完善过程中的碳捕集技术。化学链捕集是指借助载氧体，使燃料无须与空气接触，燃烧产物只有二氧化碳和水，经冷凝后可以直接回收二氧化碳，不需要额外的分离装置。化学链燃烧系统由空分装置、燃料反应器和载氧体组成，其中载氧体由金属氧化物与载体组成，金属氧化物真正参与反应传递氧，而载体是承载金属氧化物并提高化学反应特性的物质。化学链燃烧过程如图 4.5 所示。

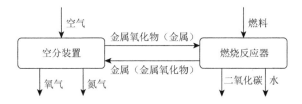

图 4.5　化学链燃烧过程示意图

2. 二氧化碳运输

将二氧化碳从捕集的地点运输到存储地点是 CCUS 过程的重要环节。目前全世界已经建有数百万公里的管道运输各类气体，管道运输也是大规模运输 CCUS 中二氧化碳的最常用方式[8]。通过汽车和铁路来运输小规模的二氧化碳也是可行的，可以使用罐车将二氧化碳从其捕获地点运输到附近的封存地点，随着未来 CCUS 需要运输的二氧化碳规模增加，汽车和铁路运输将会面临挑战。此外，对一些地区和特定需求，船舶运输也是一种重要运输方式。

3. 二氧化碳利用

二氧化碳利用是指利用各种技术手段将捕集的二氧化碳进行资源化再利用的过程，利用方式主要有矿化利用、生物利用和化学利用等。矿化利用通常是指将二氧化碳注入地下，以实现强化能源生产、促进资源开发的过程[9]，如提高石油、天然气的采收率，开采地热、深部咸（卤）水和铀矿等；生物利用是指植物通过光合作用吸收利用二氧化碳；化学利用是指将二氧化碳作为原料，与其他物质发生化学反应，生产出有价值的化工产品。

4. 二氧化碳封存

二氧化碳地质封存是指利用各种技术手段，将从工业过程捕集的二氧化碳注入地下深部岩层，从而使其与大气永久隔绝的过程。二氧化碳地质封存的主要类型如下[10-12]。

（1）咸水层封存二氧化碳。咸水层指含有大量地下盐水溶液的岩层，分布广泛。从陆地或海底将二氧化碳注入深部咸水层，二氧化碳将溶解于咸水层或者与咸水层发生化学反应，通过这两种方式可以永久封存二氧化碳。

（2）深部不可开采煤层封存二氧化碳。将二氧化碳注入深部不可开采煤层可以置换出煤层气，利用煤的吸附特性实现二氧化碳的封存。

（3）废弃油气藏封存二氧化碳。将二氧化碳注入到具有封存条件的枯竭油气田以驱油或者驱气的方式提高原油采收率，同时可多次回收循环注入随原油采出的二氧化碳，实现二氧化碳的永久封存。

　　此外，二氧化碳海洋封存是指通过海洋将二氧化碳存储到地质构造中，实现其与大气长期隔绝。BECCS[13, 14]和 DACCS[15]作为重要的负碳技术，正得到越来越广泛的关注。BECCS 是指将生物质燃烧或转化过程中产生的二氧化碳进行捕集、利用或封存的过程，DACCS 是指直接从大气中捕集二氧化碳，并将其利用或封存的过程。

4.1.2　全球 CCUS 发展概述

　　《巴黎协定》提出要将全球平均气温较前工业化时期的上升幅度控制在 2℃以内，并努力限制在 1.5℃之内。IPCC 和 IEA 都指出，CCUS 是应对气候变化问题的有效技术手段之一，也是唯一能够大幅减少电力和工业二氧化碳排放的技术，是化石能源低碳利用的唯一技术选择。IPCC AR5 中指出："如果没有 CCS，绝大多数气候模式都不能实现减排目标。更为关键的是，没有 CCS，减排成本将会成倍增加，估计增幅平均高达 138%"[16]。CCUS 技术不仅在控制化石燃料燃烧二氧化碳排放上起着关键作用，而且可以大幅降低很多工业生产过程中的直接二氧化碳排放。

　　近年来，全球范围内 CCUS 示范项目不断增加，规模也日益扩大。根据全球 CCS 研究所（Global CCS Institute）发布的 Global Status of CCS 2020[17]，截至 2020 年底，全球范围内共有 28 个处于运行阶段的大规模 CCUS 项目，其中美国 14 个、加拿大 4 个、中国 3 个、挪威 2 个，巴西、沙特阿拉伯、阿拉伯联合酋长国（以下简称阿联酋）、卡塔尔、澳大利亚各有 1 个。截至 2020 年底，全球范围内主要的大规模 CCUS 项目信息如表 4.2 所示。

表 4.2　全球范围内运行的大规模 CCUS 项目

编号	项目名称	投运时间	行业	最大捕集能力/（万吨/年）	捕集类型	封存类型	国家
1	Terrell Natural Gas Processing Plant（formerly Val Verde Natural Gas Plants）	1972	天然气处理	40	工业分离	EOR	美国
2	Enid Fertilizer	1982	化肥生产	20	工业分离	EOR	
3	Shute Creek Gas Processing Plant	1986	天然气处理	700	工业分离	EOR	
4	Great Plains Synfuels Plant and Weyburn-Midale	2000	合成天然气	300	工业分离	EOR	
5	Core Energy CO_2-EOR	2003	天然气处理	35	工业分离	EOR	
6	Arkalon CO_2 Compression Facility	2009	乙醇生产	29	工业分离	EOR	
7	Century Plant	2010	天然气处理	500	工业分离	EOR 和地质封存	
8	Bonanza Bioenergy CCUS EOR	2012	乙醇生产	10	工业分离	EOR	
9	PCS Nitrogen	2013	化肥生产	30	工业分离	EOR	

续表

编号	项目名称	投运时间	行业	最大捕集能力/（万吨/年）	捕集类型	封存类型	国家
10	Lost Cabin Gas Plant	2013	天然气处理	90	工业分离	EOR	美国
11	Coffeyville Gasification Plant	2013	化肥生产	100	工业分离	EOR	
12	Air Products Steam Methane Reformer	2013	制氢	100	工业分离	EOR	
13	Petra Nova Carbon Capture	2017	发电	140	燃烧后捕集	EOR	
14	Illinois Industrial Carbon Capture and Storage	2017	乙醇生产–乙醇厂	100	工业分离	专用地质封存	
15	Boundary Dam Carbon Capture and Storage	2014	发电	100	燃烧后捕集	EOR	加拿大
16	Quest	2015	制氢油砂升级	120	工业分离	专用地质封存	
17	Alberta Carbon Trunk Line（ACTL）with Nutrien CO_2 Stream	2020	化肥生产	30	工业分离	EOR	
18	Alberta Carbon Trunk Line（ACTL）with North West Redwater Partnership's Sturgeon Refinery CO_2 Stream	2020	石油精炼	140	工业分离	EOR	
19	中石化中原油田 CO_2-EOR 项目	2015	化工生产	10	工业分离	EOR	中国
20	克拉玛依敦化石油-新疆油田 CO_2-EOR 项目	2015	化工生产甲醇	10	工业分离	EOR	
21	中石油吉林油田 CO_2-EOR 项目	2008	天然气处理	60	工业分离	EOR	
22	Snhvit CO_2 Storage	2008	天然气处理	70	工业分离	专用地质封存	挪威
23	Sleipner CO_2 Storage	1996	天然气处理	—	工业分离	专用地质封存	
24	Petrobras Santos Basin Pre-Salt Oil Field CCS	2013	天然气处理	460	工业分离	EOR	巴西
25	Uthmaniyah CO_2-EOR Demonstration	2015	天然气处理	80	工业分离	EOR	沙特阿拉伯
26	Abu Dhabi CCS（Phase 1 being Emirates Steel Industries）	2016	钢铁制造	80	工业分离	EOR	阿联酋
27	Qatar LNG CCS	2019	天然气处理	100	工业分离	专用地质封存	卡塔尔
28	Gorgon Carbon Dioxide Injection	2019	天然气处理	400	工业分离	专用地质封存	澳大利亚

注：EOR 即 enhanced oil recovery，强化石油开采

从表 4.2 可以看出，全球范围内在运行的主要大型 CCUS 示范项目中，26 个项目的碳捕集类型为工业分离，主要是天然气处理、化肥生产等行业，仅有 2 个 CCUS 项目是电力行业的燃烧后捕集。对于工业分离过程来说，工艺过程中可能包含二氧化碳脱除工序，可以减少额外投入，降低捕集成本，有利于 CCUS 的开展。

此外，截至 2020 年底，全球还有 37 个大规模 CCUS 项目处于在建或开发阶段，其中燃烧后捕集项目增加到了 13 个，并包括 1 个富氧燃烧项目。在碳封存利用类型中，表 4.2 中 21 个项目中捕集到的二氧化碳用于 EOR，1 个项目用于 EOR 和地质封存，其余为专用地质封存，由此可见 CO_2-EOR 已成为比较成熟的二氧化碳封存利用方式。

4.1.3　中国 CCUS 发展概述

对于中国来说，发展 CCUS 是实现"双碳"目标的重要手段和关键技术，是实现绿色低碳可持续发展和保障国家能源安全和生态安全的必然选择，具有重要的战略意义[18]。

多年来，中国政府部门、工业企业和科研机构等一直高度关注 CCUS 相关技术的发展，众多主体参与其中，并投入很多资源支持相关技术的前沿探索和应用示范[19, 20]。在中国，CCUS 技术目前整体上还处于应用示范阶段，受技术、成本、政策、市场等因素影响，目前示范项目的规模仍然较小。

根据《中国二氧化碳捕集利用与封存（CCUS）年度报告（2021）—— 中国 CCUS 路径研究》[4]，截至 2021 年，中国已建成投运或正在建设中的 CCUS 示范项目约有 40 个，现有 CCUS 项目碳捕集能力约 300 万吨/年，主要集中在电力、石油、煤化工等行业小规模的捕集驱油示范，大规模的组合式全流程应用示范仍然欠缺。商业设施仅 6 个，利用主要以地质利用、矿化利用和化学利用为主，封存主要以咸水层封存为主。

中国已建设的主要 CCUS 示范项目如表 4.3 所示。

表 4.3　中国已建设的主要 CCUS 示范项目

序号	项目名称	地点	捕集工业类型	捕集技术	运输	封存或利用技术	捕集规模/（万吨/年）	投运年份
1	北京琉璃河水泥窑尾气碳捕集项目	北京	水泥厂	燃烧前	—	工业利用	0.1	2017
2	华能长春热电厂碳捕集项目	长春	热电厂	燃烧后	—	—	0.1	2014
3	中石化齐鲁石油化工 CCS 项目	淄博	化工厂	燃烧前	管道	EOR	35	2017

续表

序号	项目名称	地点	捕集工业类型	捕集技术	运输	封存或利用技术	捕集规模/（万吨/年）	投运年份
4	中石化中原油田 CO_2-EOR 项目	濮阳	化肥厂	燃烧前（化学吸收）	罐车	EOR	10	2015
5	中石化华东油气田 CCUS 项目	东台	化工厂	燃烧前	罐车/船舶	EOR	10	2005
6	华能石洞口电厂 CCUS 示范项目	上海	燃煤电厂	燃烧后（化学吸收）	—	工业利用与食品	12	2009
7	中海油丽水 36-1 气田 CO_2 分离、液化与制取干冰项目	温州	天然气开采	燃烧前	船舶/罐车	商品	5	2019
8	国家能源集团国华锦界电厂 CCS 全流程示范项目	榆林	燃煤电厂	燃烧后	—	咸水层封存	15	2021
9	长庆油田 CO_2-EOR 项目	西安	甲醇厂	燃烧前	罐车	EOR	5	2017
10	国家能源集团鄂尔多斯 CCS 示范项目	鄂尔多斯	煤制油	燃烧前（物理分离）	罐车	咸水层封存	10	2011
11	陕西延长石油集团 30 万吨/年 CO_2 捕集项目	榆林	煤制甲醇	燃烧后	—	EOR 地质封存	30	2022
12	中国核工业集团有限公司通辽地浸采铀项目	通辽	—	—	罐车	地浸采铀	—	—
13	中石油吉林油田 CO_2-EOR 项目	松原	天然气处理	燃烧前（伴生气分离）	管道	EOR	60	2008
14	华能绿色煤电 IGCC 电厂捕集、利用和封存项目	天津	燃煤电厂	燃烧前（化学吸收）	罐车	放空	10	2015
15	国电集团天津北塘热电厂 CCUS 项目	天津	燃煤电厂	燃烧后（化学吸收）	罐车	食品应用	2	2012
16	连云港清洁煤能源动力系统研究设施	连云港	燃煤电厂	燃烧前	管道	放空	3	2011
17	中石化胜利油田 CO_2-EOR 项目	东营	燃煤电厂	燃烧后（化学吸收）	罐车	EOR	4	2010
18	中电投重庆双槐电厂 CCUS 项目	重庆	燃煤电厂	燃烧后（化学吸收）	—	焊接保护气、电厂发电机氢冷置换	1	2010

续表

序号	项目名称	地点	捕集工业类型	捕集技术	运输	封存或利用技术	捕集规模/（万吨/年）	投运年份
19	中联煤驱煤层气项目（柿庄）	沁水	外购气	—	罐车	ECBM	—	2004
20	华中科技大学35兆瓦富氧燃烧示范项目	武汉	燃煤电厂	富氧燃烧	罐车	工业应用	10	2014
21	中联煤驱煤层气项目（柳林）	柳林	—	—	罐车	ECBM	—	2012
22	克拉玛依敦华石油-新疆油田CO_2-EOR项目	克拉玛依	甲醇厂	燃烧前（化学吸收）	罐车	EOR	10	2015
23	长庆油田CO_2-EOR项目	西安	甲醇厂	燃烧前	罐车	EOR	5	2017
24	大庆油田CO_2-EOR示范项目	大庆	天然气处理	燃烧前（伴生气分离）	罐车/管道	EOR	20	2003
25	白马山水泥厂水泥窑烟气CCS示范项目	芜湖	水泥厂	燃烧前（化学吸收）	罐车	食品应用	5	2018
26	华润电力海丰碳捕集测试平台	海丰	燃煤电厂	燃烧后	—	—	2	2019
27	山西清洁碳经济产业研究院烟气CO_2捕集及转化碳纳米管示范项目	大同	燃煤电厂	燃烧后	就地转化	碳纳米管	0.1	2020

注：ECBM 即 enhanced coal bed methane recovery，驱替煤层气

当前，中国已具备开展大规模 CCUS 项目的工程技术能力。国家能源集团鄂尔多斯 CCS 示范项目已成功开展了 10 万吨/年规模的 CCS 全流程示范；中石油吉林油田 CO_2-EOR 项目是全球 21 个大型 CCUS 项目之一，是亚洲最大的 EOR 项目，累计已注入二氧化碳超过 200 万吨；国家能源集团国华锦界电厂 CCS 全流程示范项目于 2019 年开始建设，2021 年 1 月完成建设，成为中国最大的燃煤电厂 CCUS 示范项目；海螺集团在白马山水泥厂建成世界首个水泥窑烟气 CCS 示范项目，产能达 5 万吨/年，同时生产高品质工业级和食品级二氧化碳产品。

中国 CCUS 示范技术项目遍布全国，涉及行业和类型多样。捕集技术覆盖燃煤电厂的燃烧前、燃烧后和富氧燃烧捕集，燃气电厂的燃烧后捕集，煤化工的二氧化碳捕集以及水泥窑尾气的燃烧后捕集等多种技术。二氧化碳封存及利用涉及

咸水层封存、EOR、ECBM、地浸采铀、矿化利用、合成可降解聚合物、重整制备合成气和微藻固定等。

根据亚洲开发银行的研究报告[21]，中国 CCUS 发展路线图如图 4.6 所示。

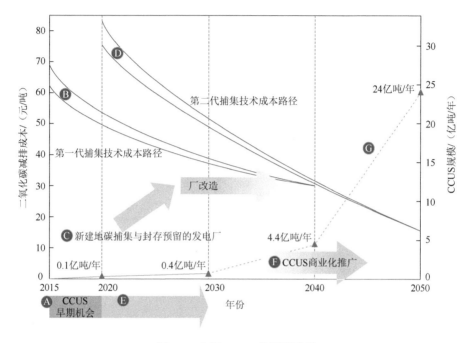

图 4.6　中国 CCUS 发展路线图

表 4.4 描述了实现上述路线图的关键举措与路线图行动。

表 4.4　中国 CCUS 发展路线图的关键举措与路线图行动

阶段	关键举措	路线图行动
2015～2020 年	通过 CCUS 减排 1000 万吨二氧化碳，并通过 EOR 增产 3000 万桶原油；颁布 CCUS 扶持政策；实施 CCUS 示范计划；将现有环保法规的适用范围扩展到 CCUS 项目；有针对性地加强公众对 CCUS 的认知；对第一代 CCUS 示范计划进行评估并优化调整	A：在煤化工领域筛选并实施 5～10 个大型 CCUS 项目，筛选 1～3 个大规模示范项目以克服技术障碍等问题 B：第一代燃煤电厂捕集技术成本大幅下降 C：在内蒙古、宁夏、陕西、新疆等地区规划燃煤发电厂 CCUS 项目，同时建设碳捕集预留电厂
2021～2030 年	提出第二代 CCUS 技术发展目标；对煤化工行业 CCUS 项目，实施碳税、碳排放限额等更多市场化激励措施；推出针对燃煤电厂 CCUS 项目的激励计划；CCS 综合性监管框架到位	D：第二代燃煤电厂碳捕集技术成本大幅下降 E：在煤化工行业实现商业化部署，同时进入大范围推广示范阶段
2030 年以后	强化在燃煤发电领域推广 CCUS 技术的经济激励措施	F：捕集成本下降伴随碳价格上升到一定水平，从而触发大规模 CCUS 应用

注：G：CCUS 的推广具有高度不确定性，主要取决于成本下降程度、其他低碳技术的成本竞争和捕集效率增益

根据《中国二氧化碳捕集利用与封存（CCUS）年度报告（2021）——中国 CCUS 路径研究》[4]，碳中和目标下中国 CCUS 减排需求为：2030 年 0.2 亿～4.08 亿吨，2050 年 6 亿～14.5 亿吨，2060 年 10 亿～18.2 亿吨。2030～2060 年中国部分行业和全行业 CCUS 二氧化碳减排潜力如表 4.5 所示。

表 4.5　2030～2060 年中国部分行业和全行业 CCUS 二氧化碳减排潜力（单位：亿吨/年）

行业	2030 年	2040 年	2050 年	2060 年
煤电	0.2	2～5	2～5	2～5
气电	0.05	0.2～1	0.2～1	0.2～1
钢铁	0.02～0.05	0.2～0.3	0.5～0.7	0.9～1.1
水泥	0.1～1.52	0.3～1.5	0.8～1.8	1.9～2.1
BECCS	0.01	0.8～1	2～5	3～6
DACCS	0	0.15	0.5～1	2～3
石化/化工	0.5	0	0	0
全行业	0.2～4.08	3.7～13	6～14.5	10～18.2

中国 2030～2060 年 CCUS 二氧化碳利用与封存的潜力如表 4.6 所示[4]。

表 4.6　中国 2030～2060 年 CCUS 二氧化碳利用与封存潜力（单位：亿吨/年）

项目	2030 年	2040 年	2050 年	2060 年
化学/生物利用	0.9～1.4	2.9～3.7	4.2～5.6	6.2～8.7
地质利用与封存	0.5～1.4	3.3～8.0	5.4～14.3	6.0～20.5

在中国，CCUS 项目推广应用也面临很多因素影响，具有高度的不确定性，但随着 CCUS 相关技术的不断进步和政策、市场的不断完善，中国 CCUS 技术成本有较大下降空间。按 250 公里运输计算，预计中国 2030 年全流程 CCUS 技术成本为 310～770 元/吨，2060 年成本将进一步下降到 140～410 元/吨。

目前，CCUS 各环节相关技术已取得明显进步，相关研发和应用取得实质性进展，部分技术已经具备商业化推广应用潜力，同时仍然存在一些前沿技术领域需要突破[22]。CCUS 的技术基础包括捕集、输送、利用与封存方面的相关支撑技术。

在捕集方面，CO_2 捕集相关技术的成熟度差异较大，目前燃烧前物理吸收法已经处于商业应用阶段，燃烧后化学吸附法尚处于试验阶段，其他大部分捕集技术处于工业应用示范阶段。燃烧后捕集技术是目前最成熟的捕集技术，可用于大部分火电厂的脱碳改造；燃烧前捕集技术相对复杂，IGCC 技术是典型的可进行燃烧前碳捕集的技术之一；富氧燃烧技术在燃煤电厂大规模碳捕集中潜力巨大，产生的二氧化碳浓度较高，能达到 90%～95%。当前，包括燃烧前捕集、燃烧后捕集和富氧燃烧技术在内的第一代碳捕集技术发展已逐渐趋于成熟，但依然存在成本高、能耗高、大规模示范欠缺等主要问题；而包括新型膜分离技术、新型吸收技术、新型吸附技术、增压富氧燃烧技术等在内的第二代碳捕集技术仍处于研发和实验阶段，第二代碳捕集技术成熟和推广应用后，有望降低碳捕集成本和能耗。

在运输方面，对于规模 10 万吨/年以下较小规模的二氧化碳运输，罐车运输和船舶运输应用已较为广泛。而管道输送尚处于小规模应用示范阶段，已有一些 CCUS 示范项目采用管道运输，其中海底管道运输成本比陆上管道要高 40%～70%，海底管道输送技术仍然需要较为深入的研发和探索。

在利用与封存方面，二氧化碳地浸采铀技术已经较为成熟，实现了商业应用，EOR 已处于应用示范阶段，强化深部咸水开采（enhanced water recovery，EWR）、ECBM、矿化利用等相关技术也处于研究和试验阶段，二氧化碳强化天然气、强化页岩气开采技术仍需要攻克许多基础研究问题。二氧化碳化学利用技术已取得较大进展，电催化、光催化等新技术不断涌现，但在燃烧后二氧化碳捕集系统与化工转化利用装置结合方面仍有需要攻克的技术瓶颈。生物利用主要集中在微藻固定和气肥利用等方面。

目前，部分国内外 CCUS 相关技术类型及发展阶段比较如图 4.7 所示[4]。

这里简要介绍安徽海螺水泥股份有限公司（以下简称海螺水泥）的 CCS 示范项目。海螺水泥成立于 1997 年 9 月，主要从事水泥及商品熟料的生产和销售，先后建成了铜陵、英德、池州、枞阳、芜湖 5 个千万吨级特大型熟料基地，在芜湖、铜陵和阳春建有 4 条 12 000 吨生产线。图 4.8 展示了某个海螺水泥工厂的生产场景。

白马山水泥厂始建于 1975 年，位于芜湖南郊，1996 年加入海螺集团，成为海螺水泥所属分公司。白马山水泥厂于 1998 年和 2005 年分别建成投产日产 2500 吨和日产 5000 吨新型干法熟料生产线，并配套建设了年产 160 万吨的水泥粉磨系统[23]。白马山水泥厂水泥窑烟气 CCS 示范项目于 2016 年获集团批准立项和调研论证，2017 年 6 月开工建设，2018 年 4 月调试生产运行。项目建设了年产 5 万吨工业二氧化碳的捕集纯化生产线，包括每年 3 万吨食品级二氧化碳[24]。白马山水泥厂水泥窑烟气 CCS 示范项目模型和现场管控分别如图 4.9 和图 4.10 所示。

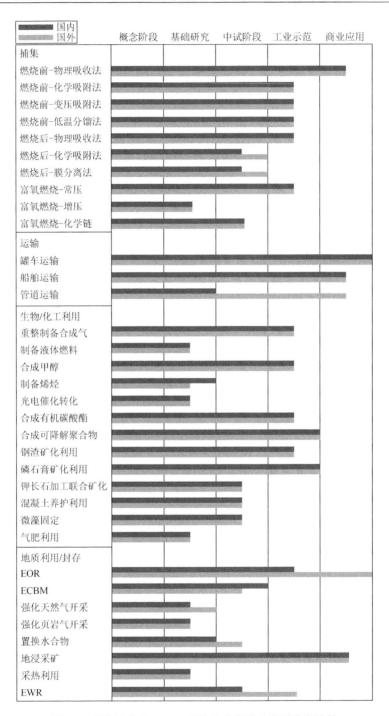

图 4.7　部分国内外 CCUS 相关技术类型及发展阶段比较

图 4.8　海螺水泥工厂

图 4.9　白马山水泥厂水泥窑烟气 CCS 示范项目模型

图 4.10　白马山水泥厂水泥窑烟气 CCS 示范项目现场管控

　　白马山水泥厂水泥窑烟气 CCS 示范项目工艺流程主要包括二氧化碳捕集和纯化精制两个阶段,如图 4.11 所示。

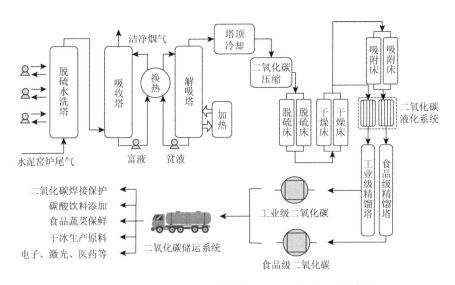

图 4.11　白马山水泥厂水泥窑烟气 CCS 示范项目工艺流程

　　在二氧化碳捕集阶段,水泥窑炉尾气通过引风机送入脱硫水洗塔底部,分别经过水洗降温、脱硫净化、二次水洗去除杂质后，进入吸收塔底部，在吸收塔内其中的二氧化碳被吸收剂吸收形成富液，富液通过泵送至换热器加热后，再送到解吸塔，在解吸塔内解析出纯度 95% 以上的二氧化碳。

在二氧化碳纯化精制阶段，二氧化碳气体从解析塔顶部引出，经冷凝、分水后进入压缩机进行三级压缩，提升至 2.5 兆帕的高压气体，气体再通过脱硫床、干燥床和吸附床，脱除气体中的油脂、水分等杂质，通过液化系统液化后，分别进入工业级精馏塔和食品级精馏塔精馏，从而获得纯度 99.9% 以上的工业级和纯度 99.99% 以上的食品级二氧化碳液体，并通过管道送至储罐中贮存。

4.2　二氧化碳捕集

4.2.1　基本概念

碳捕集是 CCUS 的首要环节，即将从各类工业源产生的二氧化碳或空气中的二氧化碳捕获并分离出来，以运输、利用和封存。碳捕集的主要方式有燃烧前捕集、燃烧后捕集和富氧燃烧[2, 25]，三种方式的技术路线如图 4.12 所示。

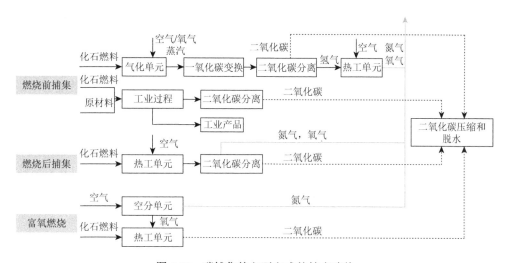

图 4.12　碳捕集的主要方式的技术路线

除了燃烧前捕集、燃烧后捕集和富氧燃烧三种主要方式，直接空气碳捕集（direct air capture，DAC）技术是非常有前景的新兴碳捕集方式[26]。自从 1999 年 Lackner 教授首次提出了 DAC 技术，经过二十多年的发展，DAC 技术已经初步具备了应用条件。但由于大气中二氧化碳浓度极低，使用 DAC 技术捕获和分离二氧化碳的能耗和成本很高。目前主要采用物理吸附或化学吸附的形式实现 DAC,其关键是高效低成本的吸附材料的开发和利用。

4.2.2　主要技术

碳捕集首先针对不同的二氧化碳来源特点,采用相应的捕集方式将含有二氧化碳的混合气体提取出来,进而采用合适的分离技术将二氧化碳从捕集的混合气体中进一步分离出来。

1. 主要捕集方式

碳捕集主要方式分为燃烧前捕集、燃烧后捕集和富氧燃烧三种。

燃烧前捕集是利用煤气化和重整反应,在燃烧前将燃料中的含碳组分分离出来,转化为以氢气、一氧化碳和二氧化碳为主的水煤气,然后再利用相应的分离技术将二氧化碳分离出来,剩余的氢气可作清洁燃料使用[27]。捕集的二氧化碳浓度与分离成本成反比,燃烧前捕集到的二氧化碳浓度较高,分离难度较低,能耗和成本也较低。但这种方式投资成本高,相关技术也需要继续深入研究,可靠性有待提高。目前这种捕集方式主要用于以煤气化为核心的 IGCC 和部分化工过程[28]。

燃烧后捕集是指直接从燃烧设备排出的烟气中分离二氧化碳,这种碳捕获方式虽然投资较少,但烟气中二氧化碳分压较低,二氧化碳捕获的能耗和成本都较高[29]。由于燃烧后捕集技术不改变原有燃烧方式,仅需要在现有燃烧系统后增设二氧化碳捕集装置,对原有系统变动较少,是当前应用较为广泛且成熟的碳捕集技术。

富氧燃烧也称为燃烧中捕集,是指通过分离空气制取纯氧,以纯氧作为氧化剂进入燃烧系统,同时辅以烟气循环的燃烧技术,这种方式捕集的二氧化碳浓度可达 90%以上,只需简单冷凝就可以实现二氧化碳的完全分离,其捕获能耗和成本相对较低[30]。但由于富氧燃烧需要额外增加制氧系统的能耗,这就提高了总体投资[31]。

2. 主要分离技术

通过燃烧前捕集和燃烧后捕集获得了混合气体,还需要对其中的二氧化碳进行分离,主要技术可分为物理法和化学法。

根据分离原理差异,物理法又分为吸收法、吸附法、膜分离法以及低温蒸馏法等[32],各种物理法的基本原理和主要特点如表 4.7 所示。

表 4.7　各种物理法的基本原理和主要特点

方法名称	基本原理	类型	应用行业	主要优势	主要不足
吸收法	基于亨利定律，二氧化碳在吸收剂中的溶解度会随压力或温度改变	N-甲基吡咯烷酮法、聚乙二醇二甲醚法、低温甲醇法、碳酸丙烯酯法	二氧化碳排放浓度较高的行业，如IGCC电站、天然气处理、煤化工等	选择性强、吸收量大、操作简单	吸收或再生能耗和成本较高，致使运行成本偏高
吸附法	利用沸石、分子筛等固体吸附剂对二氧化碳进行选择性吸附，改变温度、压力等实现二氧化碳解吸	变温吸附法、变压吸附法、真空吸附法	合成氨、制氢、天然气处理等	工艺流程简单、能耗低、成本可控	吸附剂容量有限、选择性低
膜分离法	利用膜材料对不同气体渗透速率的差异	无机膜、有机聚合物膜、混合基质膜	制氢、天然气处理等	工艺简单、能耗低、投资小	二氧化碳纯度较低、膜材料持久性较差
低温蒸馏法	经压缩和冷却，将二氧化碳液化或固化，以蒸馏方式分离二氧化碳	—	二氧化碳排放浓度较高的行业，如IGCC电站、油田伴生气中二氧化碳的回收等	简单易行，避免了化学或物理吸收剂的使用	二氧化碳回收率低、成本较高

同样根据分离原理的差异，化学法主要分为溶剂吸收法、吸附法、膜吸收法、电化学法以及水合物法等，各种化学法的基本原理和主要特点如表 4.8 所示。

表 4.8　各种化学法的基本原理和主要特点

方法名称	基本原理	类型	应用行业	主要优势	主要不足
溶剂吸收法	二氧化碳与吸收剂发生化学反应，形成不稳定的盐类，经加热，重新释放出二氧化碳	氨水溶液吸收法、热钾碱法、有机胺吸收法、锂盐吸收法	二氧化碳排放浓度较高的行业，如常规燃煤电厂、天然气处理等	工艺成熟、选择性好、吸收效率高	吸收剂再生热耗较高、吸收剂损失较大、操作成本高、设备投资较高
吸附法	以固体材料吸附或化学反应来分离与回收混合气中的二氧化碳组分	金属氧化物吸附剂、类水滑石类固体吸附剂、氨基吸附剂以及金属-有机骨架材料	制氢、天然气处理等	工艺流程简单、二氧化碳选择吸附性较好、去除效率较高	性能受吸-解吸次数、温度等因素影响较大
膜吸收法	膜接触器与化学吸收相结合实现对二氧化碳的选择性分离	膜接触器即中空纤维膜接触器；吸收液即采用溶剂吸收法所采用的吸收液	制氢、天然气处理等	装置简单、接触面积较大、选择性较高	膜材料持久性较差
电化学法	利用电化学系统将二氧化碳捕获并进行分离	熔融盐电化学系统等	—	电化学技术基础广泛、分离费用较低	熔融盐高温腐蚀性较强，电极材料的选择不易
水合物法	水和二氧化碳在一定温度和压力下形成二氧化碳水合物	—	燃煤烟气	工艺流程相对简单、能耗较低、分离效果好、理论上无原料损失	水合物易腐蚀装置，对设备选材要求较高

对于 DAC 技术，其吸附剂包括液体和固体两种形式，由于固体吸附剂具有较好的动力学性能，可以避免溶剂损失，减少热耗，因此使用较为广泛[33]。DAC 技术各种吸附剂的基本原理和主要特点如表 4.9 所示。

表 4.9　DAC 技术各种吸附剂的基本原理和主要特点

种类		基本原理	类型	主要优势	主要不足
液体吸附剂		二氧化碳与液体吸附剂发生化学反应，形成不稳定的盐类，经加热，重新释放出二氧化碳	碱性溶液	原料成本相对低廉，吸附选择性较好	再生过程中耗能较高
			水性胍吸附剂	解吸、再生过程中耗能较低，二氧化碳选择性好	吸收速率较慢
固体吸附剂	物理吸附剂	依靠范德华力等较弱的物理相互作用吸附二氧化碳，改变压力实现二氧化碳解吸	活性炭、沸石、金属-有机骨架材料、氮化硼纳米片或纳米管、氢键有机框架材料	再生耗能较低	吸附热低、二氧化碳的吸附能力较差、容易受到水蒸气的影响
	化学吸附剂	依靠二氧化碳与吸附剂之间的化学键作用发生化学吸附，经加热，重新释放出二氧化碳	胺改性吸附剂等	吸附能力和选择性较好	再生能耗高
	湿法再生吸附剂	通过改变环境水汽压力，在干燥态吸附二氧化碳，湿润态脱附二氧化碳	离子交换树脂	能耗降低、系统简化、操作灵活	二氧化碳的解吸浓度较低、水资源消耗大、水洁净度要求高、对天气敏感

4.3　二氧化碳运输

4.3.1　基本概念

二氧化碳运输是 CCUS 的中间环节，也是实现 CCUS 目标必不可少的重要环节。二氧化碳运输就是将捕集环节分离出来的二氧化碳通过各种运输方式安全可靠、经济高效地输送到指定地点，运输环节对于整个 CCUS 项目的成功至关重要。

二氧化碳运输和天然气运输有一些相似之处，运输方案的设计和选择可以借鉴天然气的运输方式。目前，二氧化碳的主要运输方式有管道运输（包括陆地管道运输和海底管道运输）和通过各种交通工具（如罐车和船舶等）运输。不同运输方式适用于不同的场景，其运输成本、运输容量、运输距离等都存在差异[34]。罐车和船舶等交通工具运输主要适用于 10 万吨/年以下的较小规模的二氧化碳运输，而管道运输适用于较大规模的二氧化碳运输，但陆地管道运输和海底管道运输目前技术成熟度有所差异，相关建设技术、标准规范、风险管控等在不断完善。

因此，对于具体的 CCUS 项目，需要综合考虑多种因素，确定最合适的二氧化碳运输方案[33]。

4.3.2　主要技术

二氧化碳的管道运输、罐车运输和船舶运输三种主要运输方式的优劣势比较如图 4.13 所示。

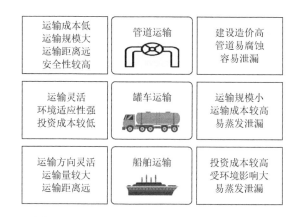

图 4.13　不同二氧化碳运输方式的优劣势比较

1. 管道运输

二氧化碳的管道运输具有距离长、持续性、灵活性和稳定性等优势，而且技术相对成熟，被认为是比较经济可行的二氧化碳运输方式，很多国家都把管道运输作为 CCUS 的重要组成部分。二氧化碳管道运输的主要优势如下。

（1）可靠性较高。通过专用管道运输，可以相对持续稳定、长距离、大规模运输各种相态的二氧化碳，这种运输方式可靠性和稳定性较高。

（2）成本较低。虽然建设二氧化碳运输管道需要一定的投入，但因其建成后运输量较大，二氧化碳运输单位成本较低。

（3）受环境影响较小。二氧化碳运输管道可以建在陆上或地下，特别是对于建在地下的管道，节约土地资源，不受天气影响，二氧化碳运输受外部环境影响较小。

管道运输虽然有很多优势，但在建设初期也存在投入大、成本高、维护难等问题，二氧化碳运输管道的建设还需要考虑很多方面的因素，如地质条件、区位特征、安全风险、投资成本、运行维护等。二氧化碳具有较低的临界温度和压力，其输送主要有气相、液相、密相和超临界四种相态。二氧化碳通过管道长距离运输过程中，与油气管道类似，通常由上游的压缩机提供驱动力，有一些配备中途增压站，典型做法是将二氧化碳增压至 8 兆帕以上，以超临界状态或密相运输提升二氧化碳密度，实现安全运输，这种方法尤其适用于长距离、大规模二氧化碳运输。

目前，世界上已建成多个长距离二氧化碳运输管道，且管道总长度和运输量也在迅速增长。目前建成的最长二氧化碳运输管道是位于美国的科特斯（Cortez）管道，全长 808 公里，将二氧化碳从科罗拉多州科特斯输送到得克萨斯州的丹佛，输送能力达每年 2000 万吨。目前全世界已有约 7000 公里的二氧化碳运输管道，总运输量能达到每年 1.5 亿吨，这些运输管道主要分布在美国、加拿大、挪威、土耳其等国家。

中国在二氧化碳管道运输方面仍处于研发和试验阶段，现有研究主要集中在管道厚度、直径、材料、运行温度、压力等方面，在二氧化碳运输管网规划设计、压缩机性能、管道安全管控等方面，与发达国家相比仍有一定差距，中国现有应用主要是一些油田离二氧化碳气源点较近，采用管道将气态或液态的二氧化碳运输到注入井，以提高油田采收率。

2. 罐车运输

罐车运输主要包括公路运输和铁路运输。公路运输一般是指汽车运输，是现代交通运输体系的重要组成部分，特别适用于地形复杂、人烟稀少、水运和铁路运输不可及的情况。与铁路、空运和船舶运输相比，公路运输具有很多优势。例如，由于公路运输网络比较发达，公路运输具有较高的灵活性，能够较好地实现点对点直达运输和复杂情景下的随需运输。但同时公路运输也存在一些弊端，例如，由于一般汽车载运量有限，与管道运输和铁路运输等相比，公路运输单次二氧化碳运输量较小，同时公路运输消耗汽油、柴油等燃料，使得采用公路运输方式的成本较高。

二氧化碳罐车运输也可以通过铁路运输实现，铁路运输是现代交通运输和陆上货物运输体系的重要组成方式，特别是随着高速铁路技术的发展，铁路运输发挥着越来越重要的作用。与公路运输相比，铁路运输的优势主要体现在：运输距离长、运输量大，在运输成本方面具有一定优势，而且铁路运输受气候条件和外部环境影响较小。

3. 船舶运输

随着海上油气资源开发进程的加快，海洋油气开采平台产生的二氧化碳运输问题日益凸显，因此急需二氧化碳船舶运输技术。船舶运输方式具有运输规模大、运输距离长和适应复杂海洋环境等优势，但也存在投资成本高、配套要求全、受环境影响大等劣势，总体而言，目前全球范围内二氧化碳船舶运输仍处于试验阶段。

根据温度和压力参数的不同，二氧化碳船舶运输可以分为低温型、高压型和半冷藏型。低温型是指在常压下，通过低温控制使二氧化碳处于液态或固态，进而通过船舶运输；高压型是指在常温下，利用高压控制使二氧化碳处于液态，从而进行船舶运输；半冷藏型是指在压力和温度共同作用下使二氧化碳处于液态，从而进行船舶运输。

通常情况下，二氧化碳船舶运输主要包括液化、制冷、装载、运输、卸载和返港等步骤。二氧化碳船舶运输的流程如图 4.14 所示。

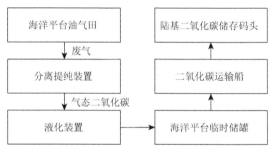

图 4.14　二氧化碳船舶运输的流程

4.4　二氧化碳利用

4.4.1　基本概念

二氧化碳利用是 CCUS 的重要环节，也是 CCUS 的重要末端节点之一，通过二氧化碳捕集和二氧化碳运输之后，二氧化碳的最终去处要么是永久封存，要么是资源化利用[35-37]。对捕集的二氧化碳进行合理有效的开发利用，不仅能够实现碳减排，而且对提高 CCUS 项目的经济性也具有重要意义。

4.4.2　主要技术

二氧化碳的物理利用主要包括食品、制冷、发泡材料等行业，这些利用方式只是转移了二氧化碳的释放地点和延迟了二氧化碳的释放时间，并没有真正实现碳减排。

除此之外，二氧化碳的利用主要分为矿化利用、生物利用和化学利用[38]。

1. 矿化利用

二氧化碳的矿化封存主要是指模仿自然界中二氧化碳矿物吸收过程，利用天然硅酸盐矿石或固体废渣中的碱性氧化物对二氧化碳进行化学吸收，并将其转化成稳定的无机碳酸盐的过程。二氧化碳矿化利用是指利用富含钙、镁的大宗固体废弃物（如炼钢废渣、水泥窑灰、粉煤灰、磷石膏等）矿化二氧化碳联产化工产品，在实现二氧化碳减排的同时，得到具有一定价值的无机化工产物，从而提高二氧化碳和固体废弃物资源化利用水平，是一种很有前景的大规模利用二氧化碳的途径。目前已开发出基于氯化物的二氧化碳矿物碳酸化反应技术、湿法矿物碳酸法技术、干法碳酸法技术以及生物碳酸法技术等。

2. 生物利用

生态系统中植物的光合作用是吸收二氧化碳的主要手段，因此利用植物吸收二氧化碳是最直接有效的二氧化碳利用方式之一。由于微藻生长季周期短、光合效率高，目前生物利用主要集中于微藻固定和二氧化碳气肥使用。微藻固定技术主要将微藻固定的二氧化碳转化为液体燃料、化学品、生物肥料、食品和饲料添加剂等；二氧化碳气肥技术是将捕集到的二氧化碳调节到一定浓度注入温室，以提升作物光合作用速率，提高作物产量。

3. 化学利用

二氧化碳的化学利用是指以二氧化碳为原料，与其他物质发生化学转化，产出附加值较高的无机或有机化工产品，这是消耗二氧化碳的过程。二氧化碳的化学利用途径示意图如图4.15所示。

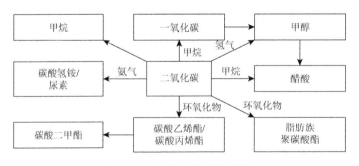

图 4.15　二氧化碳化学利用途径

1）无机产品

在传统化学工业中，二氧化碳大量用于生产纯碱、小苏打、白炭黑、硼砂以及各种金属碳酸盐等大宗无机化工产品,这些无机化工产品大多主要用作基本化工原料。此外,合成尿素和水杨酸是最典型的二氧化碳资源化利用,其中尿素生产可以实现大规模的二氧化碳利用;也有采用浓氨水喷淋烟气吸收二氧化碳并生产碳酸氢铵肥料,同时实现二氧化碳的捕获和利用。

2)有机产品

在有机化工利用方面,各种有机化工产品的开发研究也十分迅速,主要聚焦于能源、燃料以及大分子聚合物等高附加值含碳化学品。以二氧化碳为原料合成的有机产品可以分为以下几个方面。

(1)合成气。二氧化碳与甲烷在催化剂作用下重整制备合成气,其中氢气/一氧化碳比值为 1,更适合费托合成与烯烃生产等用途。目前研究主要集中在催化剂的选择上,以提高二氧化碳的转化率和目标产物的选择性。

(2)低碳烃。二氧化碳与氢气在催化剂的作用下可制取低碳烃,主要挑战在于催化剂的选择。有研究建立串联式催化剂体系,在接近工业生产的反应条件下,低碳烯烃的选择性可达到 80%～90%。美国碳科学公司(Carbon Sciences Inc.,CSI)研究甲烷与二氧化碳的干法重整,设计催化剂体系,使其转化为汽油和其他易用燃料,转化率可达 92%。

(3)各种含氧有机化合物单体。以氢气与二氧化碳为原料,在一定温度、压力下,通过不同催化剂作用,可合成不同的醇类、醚类以及有机酸等。另外二氧化碳与环氧烷烃反应可合成碳酸乙烯酯和碳酸丙烯酯(锂电池电解液主要成分),碳酸乙烯酯可与甲醇反应得到碳酸二甲酯,与氢气反应制成乙二醇、甲醇等高附加值化工产品。此类技术较为成熟,均已实现了较大规模的化学利用。

(4)高分子聚合物。在特定催化剂作用下,二氧化碳与环氧化物共聚合成高分子量聚碳酸酯,脂肪族聚碳酸酯具有资源循环利用和环境保护的双重优势,中国在脂肪族聚碳酸酯的生产和应用方面取得了较大进展。另外以二氧化碳为原材料制成聚氨酯的技术条件也基本成熟,已有工业示范装置。

4.5　二氧化碳封存

4.5.1　基本概念

与二氧化碳利用类似,二氧化碳封存也是 CCUS 的重要末端环节,被广泛认为是缓解气候变化最有效的技术手段之一[39]。二氧化碳封存是指在捕集、提纯、压缩等基础上,将二氧化碳运输到特定地点,并注入到深部地质储层,使其与大气长期永久隔绝,从而减少气候影响[40]。目前,二氧化碳封存主要分为地质封存和海洋封存两大类。其中地质封存研究和应用较早，是目前全球范围内主要使用的二氧化碳封存方式。

根据《中国二氧化碳捕集利用与封存（CCUS）年度报告（2021）——中国CCUS 路径研究》[4]，理论上全球二氧化碳地质封存容量为 6 万亿～42 万亿吨，海洋封存容量为 2 万亿～13 万亿吨。在所有的二氧化碳封存类型中，EWR 是最主要的方式，其封存容量占比约 98%。此外，油气藏由于存在完整的构造、详细的地质勘探基础等，是适合二氧化碳封存的早期地质场所。

二氧化碳封存潜力与一个国家或地区的地形地貌、地质构造和地下资源分布等密切相关[41-43]。据估计，中国二氧化碳地质封存潜力为 1.21 万亿～4.13 万亿吨；除中国以外的亚洲国家二氧化碳地质封存潜力为 4900 亿～5500 亿吨，其中日本约为 1400 亿吨，韩国深部咸水层封存潜力约为 9.4 亿吨，印度尼西亚、泰国、菲律宾和越南的总封存潜力约为 540 亿吨；北美国家的二氧化碳地质封存潜力为 2.3 万亿～21.5 万亿吨；欧洲国家二氧化碳地质封存潜力约为 5000 亿吨；澳大利亚二氧化碳地质封存潜力为 2200 亿～4100 亿吨。

陆地或海洋封存的二氧化碳存在泄露的风险，而如果泄露量控制在一定范围内，CCUS 仍然是有效的[44,45]。现有研究表明，对地质封存层进行合理选择和适当管理，封存的二氧化碳很可能在 100 年内维持 99%以上，且有可能在 1000 年中维持在 99%以上。而对于海洋封存，根据二氧化碳注入的深度和地点不同，100 年以后留存比例在 65%～100%，500 年以后在 30%～85%，1000 米左右深度留存的比例较低，3000 米左右深度留存比例较高。

4.5.2　主要技术

根据封存场景的不同，二氧化碳封存技术主要分为地质封存和海洋封存两类。

1. 地质封存

传统二氧化碳地质封存是指利用地下适合的地质体进行二氧化碳深部封存，封存介质包括深部不可采煤层、深部咸水层和枯竭油气藏等[46,47]。二氧化碳地质封存利用是指将二氧化碳注入上述地质体内，利用地下矿物或地质条件生产或强化有利用价值的产品，同时将二氧化碳封存，对地表生态环境影响很小，具有较高的安全性和可行性。

目前二氧化碳地质封存利用技术主要类型和潜力如表 4.10 所示。在二氧化碳地质封存利用技术中，CO_2-EOR 技术成熟，已有几十年的应用历史，是目前唯一达到了商业化利用水平，同时实现二氧化碳封存和经济收益的有效办法[48]。正常情况下，在 CO_2-EOR 及封存过程中，二氧化碳发生大量泄漏的可能性很小，不会对油田及周边环境产生负面影响。

表 4.10 二氧化碳地质封存利用技术的基本情况

名称	地质体	利用类型	利用潜力
CO_2-EOR 技术	枯竭的油藏	提高石油的采收率	提高原油采收率 7%~15%，延长油井生产寿命 15~20 年，技术成熟，泄漏的可能性很小
CO_2-ECBM 技术	深部不可采煤层	强化煤层气开采	可存储量达 120 亿吨[39]，但二氧化碳注入能力低，经验较缺乏，二氧化碳和煤基质之间的反应仍需要研究
二氧化碳强化天然气开采技术	枯竭的天然气藏	提高天然气的采收率	可存储量达 345 亿吨[40]，但仍需对二氧化碳气田的各种力学以及相关问题进行研究
二氧化碳增强页岩气开采技术	页岩	提高页岩气采收率	超临界二氧化碳作为压裂液，具有强吸附性、强流动性等特点，且不含水、无残留，但仍存在储层性质、气体注入、产出时间等不确定因素
二氧化碳增强地热系统技术	地热系统	开采地热资源	不会产生明显的矿物溶解和沉淀问题，能耗低，但仍需对二氧化碳地球化学过程等问题进行研究
二氧化碳铀矿地浸开采技术	铀矿	开采铀	流程短、对环境影响小、已实现大规模工业应用
CO_2-EWR 技术	深部咸水	高附加值液体矿产资源或开采深部水资源	二氧化碳封存量达 1440 亿吨，在封存二氧化碳的同时，可缓解地层压力、水资源危机

2. 海洋封存

除了地质封存利用外，二氧化碳的封存方式还有海洋封存[49]。海洋是全球最大的二氧化碳贮库，在全球碳循环中扮演了重要角色，目前海洋封存二氧化碳主要包括四种形式。

（1）将压缩的二氧化碳气体通过陆上专用管道或船舶直接注入深海 1500 米以下，该深度是二氧化碳具有浮力的临界深度，二氧化碳可以充分地溶解在该深度附近，以气态、液态或者固态的形式封存在中层海洋，其中固态二氧化碳的封存效率最高。

（2）处于深海环境的二氧化碳密度大于孔隙水，将二氧化碳注入到海床巨厚的沉积层中，封存在沉积层的孔隙水之下。

（3）天然气水合物是存储于深海沉积物和冻土区域的新型清洁能源，将二氧化碳注入深海不仅可以置换强化开采海底天然气水合物，而且能够把二氧化碳以水合物的形式长期封存在海底。

（4）利用海洋生态系统中的溶解度泵、生物泵和微型生物碳泵来吸收和存储二氧化碳，自然地永久封存二氧化碳。

从长远角度看，有研究认为由于洋流等因素的影响，注入深海的液态二氧化碳会导致海水酸化，危及海洋生态系统的平衡，具有一定的生态风险，并且如果海洋升温或者海底地质变动，封存的二氧化碳就有可能重新逸出。目前虽然海洋封存理论上潜力巨大，但仍处于理论研究和模拟阶段，不仅封存成本很高，在技术可行性和对海洋生物的影响上还需要更进一步的研究。

4.6 CCUS 的政策支撑

4.6.1 政策支撑对发展 CCUS 的意义

发展 CCUS 技术对于实现碳减排，实现"双碳"目标具有重要意义。为了更好地推动 CCUS 项目示范和推广应用，除了需要攻克一系列技术难题外，还必须构建完善的政策体系框架，实现风险的合理分担，激励私营部门投资，支撑 CCUS 项目实现成本降低和可预期的收益，保障项目持续稳定运行，实现 CCUS 价值链高效运作[50, 51]。

当前，CCUS 项目发展所需投资仍然存在较大缺口。CCUS 项目面临建设周期长、运行成本高、产业链条广、项目风险大、商业模式不清晰等挑战[52]，CCUS 技术的发展需要全方位政策体系的支持，以补偿过高的增量投资和额外消耗。

政策在激励 CCUS 项目投资方面的作用如图 4.16 所示。

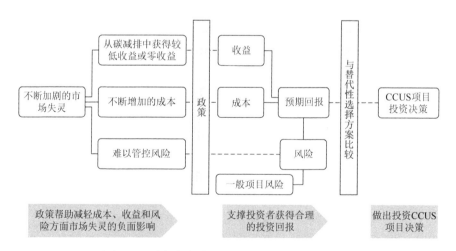

图 4.16 政策在激励 CCUS 项目投资方面的作用

例如，CCUS 项目金融支持措施主要有以下几个方面。

（1）财政资金支持。通过财政拨款在项目建设阶段给予支持，降低 CCUS 项目的整体开发成本。即使在项目开发决策之前，因为项目面临的成本和风险很高，资本支持也是非常有效的支持措施。

（2）可偿还的优惠融资。这一替代性的措施是一种可偿还的融资形式，如从政府或银行获得低于商业贷款利率的次级贷款。通过与优惠基金相结合，可以降低融资成本。同时，需要偿还贷款的压力可以激发开发人员对项目进行长期商业运作。

（3）税收优惠政策。通过降低企业所得税、免征增值税和退税等税收优惠政策，降低开发 CCUS 项目的税费负担并提高项目的现金流；符合某些条件的专用设备和其他基础设施资产可以进行加速折旧处理；基于二氧化碳注入技术的三次采油生产的石油和天然气等，可以给予增值税优惠。

（4）收入支持。通过收入支持政策，为 CCUS 项目开发人员提供稳定收入保障，提高他们对产品的信心，鼓励他们在面临风险时能够持续经营。

（5）运输基础设施专项支持。类似特高压基础设施建设，政府应该加大对早期二氧化碳运输基础设施建设的支持，在二氧化碳管道建设时预留一定的容量，以支撑后续发展和降低整体成本，而这又进一步增加了项目运营的不确定性，需要政府为管道建设提供财政资金支持。

4.6.2　国外 CCUS 发展的政策支撑

全球 CCS 研究所利用 CCS 政策指标数据库（https://co2re.co/Policies）建立了一个评价模型，评价指标的范围涵盖从直接支持 CCS 发展的政策到更广泛的应对气候变化和减排的政策，以此对世界各国支持 CCS 项目开发的政策进行评价。目前，得分较高的国家有挪威、英国、美国、中国、加拿大和日本等，这些国家为 CCS 项目开发和运营提供了很强的政策支持，目前均建有各种类型的 CCS/CCUS 示范项目。在提高投资者政策信任方面，这些国家开展了一系列工作。

全球范围内，包括美国、英国、德国、加拿大、澳大利亚等在内的很多国家先后制定和出台了 CCUS 相关政策法规，内容涵盖 CCUS 相关战略规划、技术路径、激励政策、立法标准、商业模式、工程示范、安全风险等方面。表 4.11 总结了现有部分国家提出的支持 CCUS 发展的政策法规。

表 4.11　现有部分国家提出的支持 CCUS 发展的政策法规

政策类型	具体内容
财政和金融支持政策法规	CCUS 激励方面：基金、专项研究、直接投资、可再生能源补贴、税收减免、碳税、公共信托基金等 融资方面：排放交易制度、奖金补贴、固定价格政策、贷款担保等 指令性措施：排放性能标准、配额、CCUS 认证系统

政策类型	具体内容
技术和环境政策法规	CCUS 及 CO_2-EOR 技术标准；封存地址的选择和管理标准；全过程监测机制；环境影响评估要求及标准；许可申请、认证和保险系统监管措施等
促进公众参与的政策法规	关于 CCUS 益处和风险的公众教育；来自政府和 CCUS 项目的基本信息的强制披露；有效的公众参与平台；差价合约等

国外最典型的政策体系是美国的 45Q 条款，其颁布和实施极大地促进了各方参与 CCUS 的积极性[53]。2021 年 1 月，美国财政部（United States Department of the Treasury）和美国国家税务局（Internal Revenue Service，IRS）发布了 CCS 税收优惠政策，即 45Q 条款最终法规，这是目前全球范围内最系统的 CCS 激励政策，其主要内容是按照捕集与封存的碳氧化物数量计算一个抵免额，允许纳税人从企业所得税应纳税额中进行抵免。45Q 条款于 2008 年首次颁布，根据不同封存方式，抵免额为 10 美元/吨或 20 美元/吨。2018 年美国对该条款进行部分修订，为纳税人资格的申请提供了更多灵活性。2021 年 1 月发布的 45Q 条款最终法规大幅提高了最高税收抵免额，抵免资格分配制度更加灵活。美国 45Q 条款最终法规具体规定包括以下几个方面[54]。

（1）抵免额度。如果将捕集的碳氧化物（包括一氧化碳和二氧化碳）作为油田三次开发的注入物，纳税人 2020 年可享受的税收抵免额为 20.22 美元/吨，到 2026 年提高至 35 美元/吨。如果将捕集的碳氧化物永久封存，2020 年的抵免额为 31.77 美元/吨，2026 年提高至 50 美元/吨。

（2）抵免期限。自碳捕集装置投入使用起，纳税人获得税收抵免的期限为 12 年。

（3）抵免收回期限。抵免收回期限为 3 年，如果期间发生碳氧化物泄露或重复使用，在某些情况下已抵免的税额将被收回；如果泄露发生在 3 年后，则获得的抵免不会被收回。

（4）年度最低 CCS 数量要求。为获得税收抵免，纳税人每年必须满足 CCS 的最低数量要求：①从大气中捕集与封存的碳氧化物至少 2.5 万吨/年；②除发电厂外每年捕集与封存碳氧化物不少于 10 万吨；③发电厂捕集与封存的碳氧化物不少于 50 万吨/年；④对于通过光合作用或化学合成等方式捕集与封存的碳氧化物，最低数量要求可降至 2.5 万吨/年。

（5）税收抵免资格的分配。纳税人可选择不同主体享受抵免资格，有利于吸引私人资本进入。具体方式包括两种：一是拥有碳捕集设备的纳税人可以进行税收抵免，与其签订合同进行 CCUS 的一方也可分得一定的税收抵免额；二是拥有碳捕集设备的纳税人还可以和总承包商签订合同，由总承包商雇佣分包商进行 CCUS，分包商获得一定的税收抵免额。

4.6.3　中国 CCUS 发展的政策支撑

中国一直积极从政策层面推动 CCUS 的研发、示范和应用，近十多年来在国家层面和生态环境、能源、科技、金融、国土、教育等部门出台了很多政策文件，其中涵盖 CCUS 不同环节相关内容的政策，包括 CCUS 战略规划、科技攻关、示范工程、风险评估和投融资等，对于支撑 CCUS 在中国的应用和发展发挥了重要作用。

近年来中国发布的部分 CCUS 相关政策文件如表 4.12 所示。

表 4.12　近年来中国发布的部分 CCUS 相关政策文件

政策文件名称	相关内容	发布机构	发布年份
《中国应对气候变化科技专项行动》	研发 CCUS 关键技术和措施；制定 CCUS 技术路线图，开展 CCUS 能力建设、工程技术示范	科技部、国家发展改革委、外交部、教育部、财政部等 14 个部门	2007
《中国应对气候变化国家方案》	大力开发 CCUS 技术	国务院	2007
《中国应对气候变化的政策与行动》白皮书	研究 CCS 技术，将 CCUS 技术作为科技研发重点领域之一	国务院新闻办公室	2008
《工业领域应对气候变化行动方案（2012—2020 年）》	在化工、水泥、钢铁等行业中实施 CCUS 一体化示范工程，加快推进拥有自主知识产权的 CCS 技术示范应用，研发二氧化碳资源化利用技术和方法，探索适合中国国情的 CCUS 路线图	工业和信息化部、国家发展改革委、科技部、财政部	2012
《"十二五"国家碳捕集利用与封存科技发展专项规划》	统筹协调、全面推进中国 CCUS 的研发与示范	科技部	2013
《国家重大科技基础设施建设中长期规划（2012—2030 年）》	探索预研 CCUS 研究设施建设，为应对全球气候变化提供技术支撑	国务院	2013
《关于推动碳捕集、利用和封存试验示范的通知》	从试验示范项目、基地建设、政策激励机制、战略研究与规划、标准规范制定等方面推动 CCUS 试验示范工作	国家发展改革委	2013
《关于加强碳捕集、利用和封存试验示范项目环境保护工作的通知》	从加强环境影响评价、积极推进环境影响监测、探索建立环境风险防控体系等方面，提出了有效降低和控制 CCUS 全过程可能出现的各类环境影响与风险的主要任务	环境保护部办公厅	2013
《国家应对气候变化规划（2014—2020 年）》	在火电、化工、油气开采、水泥、钢铁等行业中实施碳捕集试验示范项目，在地质条件适合的地区，开展封存试验项目，实施二氧化碳捕集、驱油、封存一体化示范工程。积极探索二氧化碳资源化利用的途径、技术和方法	国家发展改革委	2014

续表

政策文件名称	相关内容	发布机构	发布年份
《2014—2015 年节能减排低碳发展行动方案》	实施 CCUS 示范工程	国务院办公厅	2014
《煤炭清洁高效利用行动计划（2015—2020 年）》	积极开展 CCUS 技术研究和示范；鼓励现代煤化工企业与石油企业及相关行业合作，开展驱油、微藻吸收、地质封存等示范	国家能源局	2015
《能源技术创新"十三五"规划》	将百万吨级碳捕集利用和封存系统示范工程建设作为"十三五"时期中国能源产业发展重点任务之一	国家能源局	2016
《国土资源"十三五"科技创新发展规划》	开展地质（岩溶）碳循环过程及碳汇效应机制研究，二氧化碳深部地质封存关键技术研发、集成与资源化利用地质工程示范	国土资源部	2016
《国务院关于印发"十三五"控制温室气体排放工作方案的通知》	在煤基行业和油气开采行业开展 CCUS 的规模化产业示范；推进工业领域 CCUS 试点示范，并做好环境风险评价	国务院	2016
《二氧化碳捕集、利用与封存环境风险评估技术指南（试行）》	规定了一般性的原则、内容以及框架性程序、方法和要求，作为 CCUS 环境风险评估工作的指南	环境保护部办公厅	2016
《"十三五"国家科技创新规划》	重点加强燃煤 CCUS 等技术研发及应用，开展燃烧后二氧化碳捕集实现百万吨/年的规模化示范	国务院	2016
《能源技术革命创新行动计划（2016—2030 年）》	将 CCUS 技术创新作为重点任务之一；在二氧化碳封存利用领域，要重点发展驱油驱气、微藻制油等技术	国家发展改革委、国家能源局	2016
《"十三五"应对气候变化科技创新专项规划》	突破大规模、低成本 CCUS 关键技术，继续推进大规模、低成本 CCUS 技术与低碳减排技术研发与应用示范	科技部、环境保护部、中国气象局	2017
《中国应对气候变化的政策与行动 2019 年度报告》	加大对 CCUS 技术的支持力度	生态环境部	2019
《关于促进应对气候变化投融资的指导意见》	将开展 CCUS 试点示范列入气候投融资支持范围	生态环境部、国家发展改革委、中国人民银行、中国银行保险监督管理委员会、中国证券监督管理委员会	2020
《国务院关于加快建立健全绿色低碳循环发展经济体系的指导意见》	开展 CCUS 试验示范	国务院	2021
《绿色债券支持项目目录（2021 版）》	将 CCUS 工程建设和运营列入绿色债券支持项目目录	中国人民银行、国家发展改革委、中国证券监督管理委员会	2021

续表

政策文件名称	相关内容	发布机构	发布年份
《高等学校碳中和科技创新行动计划》	围绕 CCUS 关键技术创新需求，开展碳减排、碳零排、碳负排新技术原理研究；加强 CCUS 等关键技术开发；加强二氧化碳地质利用、二氧化碳高效转化燃料化学品、DAC、生物炭土壤改良等碳负排技术创新	教育部	2021
《关于统筹和加强应对气候变化与生态环境保护相关工作的指导意见》	有序推动规模化、全链条 CCUS 示范工程建设	生态环境部	2021
《关于加强高耗能、高排放建设项目生态环境源头防控的指导意见》	鼓励有条件的地区、企业探索实施减污降碳协同治理和碳捕集、封存、综合利用工程试点、示范	生态环境部	2021

4.7　CCUS 的发展趋势和面临挑战

4.7.1　成本约束方面

CCUS 是重要的减排技术，对应对气候变化和从源头减排具有重要意义，其未来的发展和应用对实现净零排放目标发挥着至关重要的作用。然而，受多方面因素的影响，当前很多 CCUS 示范项目规模仍然较小，其中成本是制约 CCUS 发展和应用的主要挑战之一[55-57]。CCUS 项目的成本主要包括经济成本和环境成本，经济成本又包括投资固定成本和运行维护成本，环境成本主要是环境风险和能耗排放[58,59]。

为了促进 CCUS 的持续健康发展，充分发挥其减排潜力，需要不断完善推动 CCUS 发展和应用的引导政策和激励机制，完善税收扶持政策，拓展资金来源渠道，鼓励企业自筹资金和多方面融资，逐步探索对企业投资 CCUS 示范项目在信贷、价格、土地使用等方面的配套支持[60]。加快形成政府鼓励引导、企业投入、多方面参与的 CCUS 项目资金保障体系，为带动相关产业发展提供有力支撑。

随着相关技术的日益成熟和相关政策的不断完善，CCUS 各环节成本将呈下降趋势。2025~2060 年中国 CCUS 各环节成本估计如表 4.13 所示[4]。

表 4.13　2025~2060 年中国 CCUS 各环节成本估计

CCUS 环节		2025 年	2030 年	2035 年	2040 年	2050 年	2060 年
捕集成本/（元/吨）	燃烧前捕集	100~180	90~130	70~80	50~70	30~50	20~40
	燃烧后捕集	230~310	190~280	160~220	100~180	80~150	70~120
	富氧燃烧	300~480	160~390	130~320	110~230	90~150	80~130

续表

CCUS 环节		2025 年	2030 年	2035 年	2040 年	2050 年	2060 年
运输成本/ （元/吨·公里）	管道运输	0.8	0.7	0.6	0.5	0.45	0.4
	罐车运输	0.9~1.4	0.8~1.3	0.7~1.2	0.6~1.1	0.5~1.1	0.5~1.0
封存成本/（元/吨）		50~60	40~50	35~40	30~35	25~30	20~25

4.7.2　环境风险方面

潜在环境风险也是 CCUS 面临的挑战之一。2016 年 6 月，环境保护部办公厅发布的《二氧化碳捕集、利用与封存环境风险评估技术指南（试行）》指出[61]，CCUS 涉及的环境风险包括但不限于："捕集环节由于额外能耗增加导致的大气污染物排放，吸附溶剂使用后残留废弃物造成的二次污染；运输和利用环节可能发生的突发性泄漏导致的局地生态环境破坏和对周边人群健康的威胁；封存环节如果工艺选择或封存场地选址不当，可能发生二氧化碳的突发性或缓慢性泄漏，从而引发地下水污染、土壤酸化、生态破坏等一系列环境问题。"

为了应对 CCUS 可能带来的环境风险，更好地推动 CCUS 的发展，需要健全 CCUS 潜在生态环境风险评价指标体系和评价方法，加强全过程、多阶段、跨领域 CCUS 环境风险监测，完善风险预警、风险识别、应急响应、过程控制和末端处置等 CCUS 风险防控体系，建立健全 CCUS 建设运行、过程管控、环境影响的标准规范和法律法规体系，创新 CCUS 环境监管的理论方法和关键技术。

《二氧化碳捕集、利用与封存环境风险评估技术指南（试行）》给出的 CCUS 项目环境风险防范措施如表 4.14 所示。

表 4.14　CCUS 项目环境风险防范措施

环节	主要防范措施
捕集环节	安装环境背景监测系统，连续监测环境风险物质的泄漏与排放
	做好与环境风险物质相关的运输、贮存、处置等相关设备防腐工作，制定防腐措施，定期检测腐蚀情况
	明确捕集的二氧化碳纯度，掌握含有的杂质成分和比例
运输环节	针对二氧化碳突发性和缓慢性泄漏，制定详细的工程补救措施和管理措施，并根据风险水平上报管理部门登记管理
	与人口密集区、资源开采区、环境敏感区等确定合理的环境防护距离，并确保运输的安全防护工作
	制定与运输相关设备的防腐措施，定期检测腐蚀情况
	制定管道压力监测计划

续表

环节	主要防范措施
地质利用与封存环节	根据二氧化碳长期地质封存的特点，制定严格的工程建设和设备选择标准
	制定环境监测计划（包括常规污染物监测、特征污染物监测和二氧化碳监测），环境监测包括环境本底值监测、注入运营期监测、场地关闭和关闭后的长期监测 4 个阶段，以此作为判断二氧化碳是否发生泄漏的依据，确保二氧化碳地质利用与封存长期、有效且安全
	针对二氧化碳突发性和缓慢性泄漏，制定详细的工程补救措施和管理措施，并根据风险水平上报管理部门登记管理
	与人口密集区、资源开采区、环境敏感区等保持合理的环境防护距离并采取必要的防护工程措施

4.7.3　法律法规和标准规范方面

目前，世界各国 CCUS 相关的法律法规体系和标准规范体系建设水平存在差异，已有一些与 CCUS 各环节相关的法律法规和标准规范，如关于采矿、石油和天然气开采、污染防治、废弃物处置、饮用水、高压气体处理和地下产权等的法律法规。但只有很少国家建立了专门的、完善的 CCUS 法律法规和标准规范体系，CCUS 各环节相关技术的发展和应用急需完备的法律法规和标准规范支撑，如海底二氧化碳封存注入条件和相关海域海洋管理，封存的二氧化碳向大气中泄露以及长期环境风险责任等。

4.8　本 章 小 结

CCSU 是一种新兴的碳减排技术，主要包括捕集、运输、利用和封存等环节。与发展可再生能源、提高能源利用效率、增加碳汇等方式相同，CCUS 也是未来实现碳减排的重要技术手段，对于支撑化石能源大规模清洁低碳开发利用具有重要意义。目前国内外围绕 CCUS 各环节和应用场景已经开展了一些理论研究和实践探索，但 CCUS 总体上仍处于研发和工程示范阶段，在经济成本、关键技术、政策法规、风险防控等方面仍存在诸多挑战。

首先，本章简要概述了 CCUS，包括 CCUS 各环节的基本含义和主要特点，以及 CCUS 在全球和中国的发展总体情况。其次，聚焦 CCUS 的主要环节，从捕集、运输、利用和封存等四个方面，分别介绍了各环节的基本含义和主要技术，关于二氧化碳捕集，主要介绍了燃烧前捕集、燃烧后捕集和富氧燃烧等主要捕集方式，以及物理法和化学法等主要分离技术；关于二氧化碳运输，主要介绍了管道运输、罐车运输和船舶运输等主要运输方式；关于二氧化碳利用，主要介绍了矿化利用、生物利用和化学利用等主要利用方式；关于二氧化碳封存，则主要介绍了地质封存和海洋封存等主要封存方式。在此基础上，分析了政策支撑对于 CCUS 发展的重要意义，以及国内外对发展 CCUS 的相关支持政策。最后，简要讨论了 CCUS 在成本约束、环境风险和法律法规与标准规范等方面面临的挑战。

本章参考文献

[1] 蔡博峰，李琦，林千果，等. 中国二氧化碳捕集，利用与封存（CCUS）报告（2019）[R]. 北京：生态环境部环境规划院气候变化与环境政府研究中心，2020.

[2] 韩义. 电力行业二氧化碳捕集、利用与封存现状与展望[J]. 中国资源综合利用，2020，38（2）：110-117.

[3] 魏一鸣，等. 气候工程管理：碳捕集与封存技术管理[M]. 北京：科学出版社，2020.

[4] 蔡博峰，李琦，张贤，等. 中国二氧化碳捕集利用与封存（CCUS）年度报告（2021）——中国 CCUS 路径研究[R]. 北京：生态环境部环境规划院，2021.

[5] 程耀华，杜尔顺，田旭，等. 电力系统中的碳捕集电厂：研究综述及发展新动向[J]. 全球能源互联网，2020，3（4）：339-350.

[6] 步学朋. 二氧化碳捕集技术及应用分析[J]. 洁净煤技术，2014，20（5）：9-13，19.

[7] 陈兵，肖红亮，李景明，等. 二氧化碳捕集、利用与封存研究进展[J]. 应用化工，2018，47（3）：589-592.

[8] Cole I S，Corrigan P，Sim S，et al. Corrosion of pipelines used for CO_2 transport in CCS：is it a real problem? [J]. International Journal of Greenhouse Gas Control，2011，5（4）：749-756.

[9] You J Y，Ampomah W，Sun Q. Development and application of a machine learning based multi-objective optimization workflow for CO_2-EOR projects[J]. Fuel，2020，264：116758.

[10] Bachu S. Review of CO_2 storage efficiency in deep saline aquifers[J]. International Journal of Greenhouse Gas Control，2015，40：188-202.

[11] Rani S，Padmanabhan E，Prusty B K. Review of gas adsorption in shales for enhanced methane recovery and CO_2 storage[J]. Journal of Petroleum Science and Engineering，2019，175：634-643.

[12] 李光，刘建军，刘强，等. 二氧化碳地质封存研究进展综述[J]. 湖南生态科学学报，2016，3（4）：41-48.

[13] Fridahl M，Lehtveer M. Bioenergy with carbon capture and storage（BECCS）：global potential，investment preferences，and deployment barriers[J]. Energy Research & Social Science，2018，42：155-165.

[14] 常世彦，郑丁乾，付萌. 2℃/1.5℃温控目标下生物质能结合碳捕集与封存技术（BECCS）[J]. 全球能源互联网，2019，2（3）：277-287.

[15] Realmonte G，Drouet L，Gambhir A，et al. An inter-model assessment of the role of direct air capture in deep mitigation pathways[J]. Nature Communications，2019，10（1）：1-12.

[16] Intergovernmental Panel on Climate Change. Climate change 2013：the physical science basis[R]. New York：Intergovernmental Panel on Climate Change，2013.

[17] Global CCS Institute. Global status of CCS 2020[EB/OL]. （2020-12-01）[2022-01-11]. https://www.globalccsinstitute.com/wp-content/uploads/2021/09/Global-Status-of-CCS-Report-Jan-28-1.pdf.

[18] 张贤. 碳中和目标下中国碳捕集利用与封存技术应用前景[J]. 可持续发展经济导刊，2020，（12）：22-24.

[19] 朱磊，范英. 中国燃煤电厂 CCS 改造投资建模和补贴政策评价[J]. 中国人口·资源与环境，2014，24（7）：99-105.

[20] 丁恋，宁树正，刘亢. 基于 SWOT 模型的 CCUS 技术分析及发展对策研究[J]. 中国煤炭地质，2021，33（S1）：87-91.

[21] 亚洲开发银行. 中国碳捕集与封存示范和推广路线图[M]. 曼达卢永：亚洲开发银行，2015.

[22]　秦积舜，李永亮，吴德斌，等. CCUS 全球进展与中国对策建议[J]. 油气地质与采收率，2020，27（1）：20-28.

[23]　安徽海螺水泥股份有限公司. 白马山水泥厂[EB/OL]. [2022-01-11]. http://www.conch.cn/anhui/list.aspx.

[24]　潘骞，傅张丽. 海螺水泥为啥能生产二氧化碳？[N]. 中国环境报，2020-07-23（7）.

[25]　王静，龚宇阳，宋维宁，等. 碳捕获、利用与封存（CCUS）技术发展现状及应用展望[EB/OL]. [2022-01-11]. http://www.craes.cn/xxgk/zhxw/202107/W020210715614159269764.pdf.

[26]　张杰，郭伟，张博，等. 空气中直接捕集 CO_2 技术研究进展[J]. 洁净煤技术，2021，27（2）：57-68.

[27]　Padurean A，Cormos C C，Agachi P S. Pre-combustion carbon dioxide capture by gas-liquid absorption for integrated gasification combined cycle power plants[J]. International Journal of Greenhouse Gas Control，2012，7：1-11.

[28]　陈新明，闫姝，方芳，等. 基于 IGCC 的燃烧前 CO_2 捕集抽蒸汽策略研究[J]. 中国电机工程学报，2015，35（22）：5794-5802.

[29]　陆诗建，黄凤敏，李清方，等. 燃烧后 CO_2 捕集技术与工程进展[J]. 现代化工，2015，35（6）：48-52.

[30]　郑楚光，赵永椿，郭欣. 中国富氧燃烧技术研发进展[J]. 中国电机工程学报，2014，34（23）：3856-3864.

[31]　Ding H，Zheng H R，Liang X，et al. Getting ready for carbon capture and storage in the iron and steel sector in China：assessing the value of capture readiness[J]. Journal of Cleaner Production，2020，244：118953.

[32]　王涛，刘飞，方梦祥，等. 两相吸收剂捕集二氧化碳技术研究进展[J]. 中国电机工程学报，2020，41（4）：1186-1196，1525.

[33]　陆诗建. 碳捕集、利用与封存技术[M]. 北京：中国石化出版社，2020.

[34]　Roussanaly S，Skaugen G，Aasen A，et al. Techno-economic evaluation of CO_2 transport from a lignite-fired IGCC plant in the Czech Republic[J]. International Journal of Greenhouse Gas Control，2017，65：235-250.

[35]　房鑫，车帅，王键，等. CO_2 利用技术研究进展及钢铁行业的机遇和挑战[J]. 冶金能源，2017，36（S2）：105-107.

[36]　Anwar M N，Fayyaz A，Sohail N F，et al. CO_2 utilization：turning greenhouse gas into fuels and valuable products[J]. Journal of Environmental Management，2020，260：110059.

[37]　Aresta M，Dibenedetto A，Angelini A. The changing paradigm in CO_2 utilization[J]. Journal of CO_2 Utilization，2013，3：65-73.

[38]　de Ras K，van de Vijver R，Galvita V V，et al. Carbon capture and utilization in the steel industry：challenges and opportunities for chemical engineering[J]. Current Opinion in Chemical Engineering，2019，26：81-87.

[39]　Zhang Z H，Huisingh D. Carbon dioxide storage schemes：technology，assessment and deployment[J]. Journal of Cleaner Production，2017，142：1055-1064.

[40]　Goodman A，Bromhal G，Strazisar B，et al. Comparison of methods for geologic storage of carbon dioxide in saline formations[J]. International Journal of Greenhouse Gas Control，2013，18：329-342.

[41]　Höller S，Viebahn P. Facing the uncertainty of CO_2 storage capacity in China by developing different storage scenarios[J]. Energy Policy，2016，89：64-73.

[42]　Vincent C J，Poulsen N E，Zeng R S，et al. Evaluation of carbon dioxide storage potential for the Bohai Basin，north-east China[J]. International Journal of Greenhouse Gas Control，2011，5（3）：598-603.

[43]　Wei N，Li X C，Fang Z M，et al. Regional resource distribution of onshore carbon geological utilization in China[J]. Journal of CO_2 Utilization，2015，11：20-30.

[44]　Deng H，Bielicki J M，Oppenheimer M，et al. Leakage risks of geologic CO_2 storage and the impacts on the global energy system and climate change mitigation[J]. Climatic Change，2017，144：151-163.

[45]　Liu L C，Li Q，Zhang J T，et al. Toward a framework of environmental risk management for CO_2 geological

storage in China: gaps and suggestions for future regulations[J]. Mitigation and Adaptation Strategies for Global Change, 2016, 21: 191-207.

[46] 中国二氧化碳地质封存环境风险研究组. 中国二氧化碳地质封存环境风险评估[M]. 北京: 化学工业出版社, 2018.

[47] Guyot F, Daval D, Dupraz S, et al. CO₂ geological storage: the environmental mineralogy perspective[J]. Comptes Rendus Geoscience, 2011, 343: 246-259.

[48] Ettehadtavakkol A, Lake L W, Bryant S L. CO₂-EOR and storage design optimization[J]. International Journal of Greenhouse Gas Control, 2014, 25: 79-92.

[49] 卓成刚, 刘秀慧. CO₂海洋封存技术国内外研究进展与启示[J]. 安全与环境工程, 2017, 24 (5): 84-89.

[50] Chen H D, Wang C, Ye M H. An uncertainty analysis of subsidy for carbon capture and storage (CCS) retrofitting investment in China's coal power plants using a real-options approach[J]. Journal of Cleaner Production, 2016, 137: 200-212.

[51] Yang L, Xu M, Yang Y T, et al. Comparison of subsidy schemes for carbon capture utilization and storage (CCUS) investment based on real option approach: evidence from China[J]. Applied Energy, 2019, 255: 113828.

[52] Yao X, Zhong P, Zhang X, et al. Business model design for the carbon capture utilization and storage (CCUS) project in China[J]. Energy Policy, 2018, 121: 519-533.

[53] Fan J L, Xu M, Wei S J, et al. Evaluating the effect of a subsidy policy on carbon capture and storage (CCS) investment decision-making in China—a perspective based on the 45Q tax credit[J]. Energy Procedia, 2018, 154: 22-28.

[54] 美国碳捕获与封存税收激励新政[EB/OL]. (2021-03-11) [2022-01-11]. https://huanbao.bjx.com.cn/news/20210311/1140996.shtml.

[55] Edwards R W J, Celia M A. Infrastructure to enable deployment of carbon capture, utilization, and storage in the United States[J]. Proceedings of the National Academy of Sciences of the United States of America, 2018, 115 (38): E8815-E8824.

[56] Fan J L, Xu M, Li F Y, et al. Carbon capture and storage (CCS) retrofit potential of coal-fired power plants in China: the technology lock-in and cost optimization perspective[J]. Applied Energy, 2018, 229: 326-334.

[57] Farabi-Asl H, Itaoka K, Chapman A, et al. Key factors for achieving emission reduction goals cognizant of CCS[J]. International Journal of Greenhouse Gas Control, 2020, 99: 103097.

[58] Man Y, Yang S Y, Xiang D, et al. Environmental impact and techno-economic analysis of the coal gasification process with/without CO₂ capture[J]. Journal of Cleaner Production, 2014, 71: 59-66.

[59] 魏宁, 姜大霖, 刘胜男, 等. 国家能源集团燃煤电厂 CCUS 改造的成本竞争力分析[J]. 中国电机工程学报, 2020, 40 (4): 1258-1265, 1416.

[60] 米剑锋, 马晓芳. 中国 CCUS 技术发展趋势分析[J]. 中国电机工程学报, 2019, 39 (9): 2537-2544.

[61] 环境保护部办公厅. 关于发布《二氧化碳捕集、利用与封存环境风险评估技术指南(试行)》的通知[EB/OL]. (2016-06-21) [2022-01-11]. http://www.mee.gov.cn/gkml/hbb/bgt/201606/t20160624_356016.htm.

第 5 章　碳达峰碳中和的国际比较

5.1　碳达峰碳中和全球概况

5.1.1　全球碳达峰概况

1990 年以来，全球实现碳达峰的国家数量不断增加。从 1990 年到 2000 年再到 2010 年，全球实现碳达峰的国家数量从 18 个增加到 31 个和 50 个，这些国家的碳排放总和占同年全球碳排放量的比例从 21%变为 18%和 36%[1]。截止到 2021 年，全球已有 54 个国家实现碳达峰，其碳排放总和大约占全球总碳排放的 40%。这些已经实现碳达峰的国家大多数属于发达国家，如美国、日本、德国、加拿大、英国和法国等。除此之外，全球还有很多国家提出了碳达峰的相关承诺。例如，中国、马绍尔群岛、墨西哥、新加坡等国家承诺在 2030 年以前实现达峰。届时全球将有 58 个国家实现碳排放达峰，预计其碳排放总量约占全球碳排放量的 60%[2]。

欧盟是国际上呼吁积极应对气候变化、减少温室气体排放的有力倡导者。欧盟一直推行严格的气候政策，早在 1990 年就整体实现了碳达峰。但是，不同的成员国实现碳达峰的时间跨度较大。德国等 9 个成员国在 1990 年实现碳达峰，其余 18 个成员国在 1991～2008 年分别实现了碳达峰。欧盟碳排放峰值为 48.54 亿吨二氧化碳当量，人均碳排放量为 10.28 吨二氧化碳当量。1990 年碳达峰时，欧盟能源活动产生的碳排放占碳排放总量的 76.94%。在整体碳达峰之后，欧盟工业生产过程和废物管理的碳排放量降幅相对较高，能源活动和农业的碳排放量占比略有升高[3]。

美国于 2007 年实现碳排放达峰，其达峰时间要比德国、英国和法国等欧洲国家晚十余年。美国的碳排放峰值为 74.16 亿吨二氧化碳当量，人均排放量为 24.46 吨二氧化碳当量，比欧盟人均水平高出 138%。碳排放达峰时，美国能源活动的碳排放量最高，占比超过 80%。美国的农业、工业生产过程和废物管理占比较低，占碳排放总量的 15.31%。在美国实现了碳达峰之后，天然气发电和清洁能源发电逐渐在取代燃煤发电。美国的能源活动和工业生产过程中的碳排放量占比也呈现逐步下降的趋势[4]。

日本于 2013 年实现碳排放达峰，碳排放峰值为 14.08 亿吨二氧化碳当量，人均碳排放量为 11.17 吨二氧化碳当量，高于欧盟人均水平的 8.66%。日本的碳排放源主要为能源活动。碳排放达峰时，能源活动产生的碳排放量占碳排放总量的比例接近 90%。日本的工业生产过程、农业和废物管理的碳排放量的综合占比在 10% 左右。日本实现碳达峰后，能源活动造成的碳排放量占比略有下降。同时，日本推行严格的垃圾回收政策，废物管理造成的碳排放量也持续降低[5]。

俄罗斯碳排放峰值为 31.88 亿吨二氧化碳当量，人均排放量为 21.58 吨二氧化碳当量。2010 年之后，随着俄罗斯经济逐渐复苏，其碳排放量有所回升，但仍然远低于 1990 年（苏联时期）水平。

巴西于 2012 年实现碳达峰，碳排放峰值为 10.28 亿吨二氧化碳当量，人均排放量仅 5.17 吨二氧化碳当量。2014 年和 2016 年，受巴西世界杯和里约奥运会影响，碳排放量有所回升，但总体仍低于 2012 年。

英国在 1991 年实现碳排放达峰，碳排放峰值为 8.07 亿吨二氧化碳当量，人均排放量为 14.05 吨二氧化碳当量，之后碳排放量持续降低，至 2018 年碳排放总量仅为 4.66 亿吨二氧化碳当量，相较于 1991 年下降了 42.26%。

印度尼西亚、加拿大、韩国分别在 2015 年、2007 年和 2013 年实现碳达峰，碳排放峰值分别为 9.07 亿吨、7.42 亿吨和 6.97 亿吨二氧化碳当量，人均排放量分别为 3.66 吨、22.56 吨和 13.82 吨二氧化碳当量，之后进入平台期[6]。

5.1.2   全球碳中和概况

发达国家在推进碳达峰的过程中对产业结构、能源结构、城市化等的影响较大，主要的达峰措施包括产业结构升级、低碳燃料替代、能效技术进步、碳密集制造业转移等。碳达峰可分为自然达峰、社会变动达峰和政策驱动达峰三类。自然达峰过程与一国产业结构及城市化率有密切关系。一般来说，服务业占比达到 70% 左右时碳排放就开始达峰并持续下降，城市化率达到 80% 左右时，碳排放也开始达峰并下降[7]。在此过程中，环境政策在客观上对碳达峰起到协同促进作用。全球已实现碳达峰的主要国家及其碳达峰年份如表 5.1 所示[6]。

表 5.1   全球已实现碳达峰的主要国家及其碳达峰年份

国家	碳达峰年份	国家	碳达峰年份
法国	1991	巴西	2012
立陶宛	1991	葡萄牙	2005
英国	1991	澳大利亚	2006
波兰	1992	加拿大	2007

续表

国家	碳达峰年份	国家	碳达峰年份
瑞典	1993	意大利	2007
芬兰	1994	西班牙	2007
比利时	1996	美国	2007
丹麦	1996	冰岛	2008
荷兰	1996	日本	2013
瑞士	2000	韩国	2013

2017 年 12 月，"同一个地球"峰会在巴黎召开，29 个国家签署了《碳中和联盟声明》，承诺到 21 世纪中叶实现零碳排放。2019 年 9 月，在联合国气候行动峰会上，66 个国家组成了"气候雄心联盟"，致力于建立国际上有力的应对气候变化的机制。截至 2021 年初，已有 127 个国家和地区提出碳中和目标。其中，英国、瑞典等 6 个国家已将碳中和目标法律化，西班牙等 6 个国家或地区提出了碳中和相关的法律草案[8]。总体而言，大部分国家均以 2050 年为碳中和目标年，少数国家把碳中和目标年提前到了 2035～2045 年，具体如表 5.2 所示。

表 5.2　全球已实现和规划碳中和的部分国家或地区

承诺类型	具体国家和地区（年份）
已实现	不丹、苏里南
已立法	瑞典（2045）、英国（2050）、法国（2050）、丹麦（2050）、新西兰（2050）、匈牙利（2050）
立法中	韩国（2050）、欧盟（2050）、西班牙（2050）、智利（2050）、斐济（2050）、加拿大（2050）
政策宣示	乌拉圭（2030）、芬兰（2035）、奥地利（2040）、冰岛（2040）、美国加利福尼亚州（2045）、德国（2050）、瑞士（2050）、挪威（2050）、爱尔兰（2050）、葡萄牙（2050）、哥斯达黎加（2050）、马绍尔群岛（2050）、斯洛文尼亚（2050）、南非（2050）、日本（2050）、中国（2060）

全球范围内的碳达峰和碳中和举措已取得积极进展[9]，主要体现在以下几个方面。

（1）可再生能源发电在全球的发电供应中占据越来越高的比重。尤其是近十年来，全球各个国家和地区都对可再生能源发电进行了大量的投资。到 2020 年底，全球可再生能源装机容量为 27 990 亿瓦，较 2019 年增长 10.3%。其中在新增可再生能源发电中，大约有 90% 来自风能发电和太阳能发电。

（2）全球电动汽车的生产量和销量都有大幅度增长，尤其是近几年来已经呈现指数级增长的态势。2020 年，全球的电动汽车销量达到了 324 万辆。虽然当下的电动汽车的销量在总的汽车销量中占比还很低，但是增长率很高。

（3）全球各个国家和地区都在积极地推进绿色金融市场和碳市场交易机制的建设。到 2020 年，全球的绿色债券交易规模已经达到了 2695 亿美元水平，超过了 2019 年的 2665 亿美元。

（4）全球推行碳定价机制和政策的国家和地区的数量明显增长。到 2020 年底，通过税收和碳排放交易系统对碳排放进行定价的国家和地区已经有 60 多个，其碳排放总量占据了全球五分之一的水平。截至 2020 年，全球共有 61 项已实施或者正在规划中的碳定价机制，包括 31 个碳排放交易体系和 30 个碳税计划，覆盖 46 个国家和 32 个次国家级司法管辖区。

全球主要的碳排放国家都在不断坚持应对气候变化，坚定推动世界经济绿色低碳发展。总体来看，目前全球主要国家和地区正在推行的碳达峰和碳中和解决方案主要关注能源领域，都在加快部署低碳能源，对化石能源进行淘汰和替代。煤炭正在逐步退出历史舞台，相对清洁的天然气作为过渡能源将会发展一段时间。在电力系统方面，零碳的可再生能源发电的装机容量不断扩张。电力的低碳化和清洁化是全球实现碳中和的典型举措。零碳能源的发展已经成为全球范围内关于碳中和建设的主要驱动力。在 2020 年 7 月的 IEA 清洁能源转型峰会上，多个新兴经济体和发达经济体的代表强调要让低碳清洁能源技术成为促进低碳经济发展的重要组成部分。国际相关组织也预测到 2035 年，全球可再生能源发电的比重将会大幅度提升[10]。

5.2　美国的碳达峰碳中和

5.2.1　发展历程

2019 年，美国温室气体排放量为 66 亿吨二氧化碳当量，位居全球第二位，占全球排放总量的 12.6%。美国碳排放总量的变化可以分为几个不同的阶段。第一个阶段是从 1962 年到 1969 年，碳排放总量达到 40 亿吨二氧化碳当量，这个时期是美国碳排放量增长比较迅速的时期；第二个阶段是从 1970 年到 1988 年，碳排放总量增长放缓，但在全球范围内仍然占据较高的比重；第三个阶段是从 1989 年到 2007 年，碳排放总量持续增长，并于 2007 年达到峰值——74.16 亿吨二氧化碳当量；第四个阶段是 2007 年之后，碳排放总量开始从峰值回落[11]。

从政策视角，美国推进碳达峰和碳中和的发展历程可以分为以下几个时期。

（1）第一个阶段可追溯到 1963 年，美国在联邦政府层面上通过了《清洁空气法案》（Clean Air Act，CAA）。该法案规定，通过美国环境保护署，根据温室气体和污染物的排放情况，制定出相应的排放标准和浓度限制。CAA 是美国历史上通过立法来控制温室气体排放的蓝本，具有非常重要的意义。

（2）第二个阶段是 2003 年之后，美国开始明确将二氧化碳排放按照空气污染物的标准和要求进行严格管理，并陆续制定了相关的气候行动法案。例如，先后签署了两项能源法案——《2005 年国家能源政策法案》（Energy Policy Act of 2005，EPAct 2005）和 2007 年的《能源独立和安全法案》（Energy Independence and Security Act），从而有效推进了清洁能源的推广和部署。在州政府层面，对碳达峰和碳中和也有更加完备的部署。例如，在 2006 年，加利福尼亚州政府出台了《全球变暖解决方案法》（Global Warming Solutions Act），该法案规定了到 2050 年将加利福尼亚州的碳排放量相比 1990 年水平削减 20%的目标。在 2007 年，加利福尼亚州政府又联合美国多个州，如亚利桑那州和华盛顿哥伦比亚特区等，推出了西部气候倡议计划。该行动明显地促进了美国不同区域间的碳排放权交易，目前已经推行到了美国的七个州。

（3）第三个阶段是在奥巴马上任之后，签署了两项非常关键的行动计划，分别是 2013 年签署的《总统气候行动计划》（The President's Climate Action Plan）和 2015 年签署的《清洁能源计划》（Clean Power Plan）。《总统气候行动计划》是一套行动命令，在这项计划中清晰地明确了美国未来碳减排的目标和计划。具体目标为美国需要在 2005 年碳排放的基础上，到 2020 年实现将碳排放总量削减 17%的目标。《清洁能源计划》则要求与 2005 年电力碳排放量相比，到 2030 年美国电力碳排放总量要削减 32%。美国碳排放的总量管控、碳排放标准的制定以及碳交易市场建设等主要是在州政府层面上独立推行的。碳达峰和碳中和的调整方向主要为规定相关的排放标准和上限、积极推进区域间的碳市场和碳交易以及落实相关技术策略的部署来减少碳排放和抵消碳排放影响[12]。

（4）第四个阶段起始于 2017 年 6 月 1 日，特朗普政府宣布美国退出《巴黎协定》，此后美国的气候行动方向以及碳中和行动方案不再清晰。直到 2021 年初，拜登继任美国总统后重新签署相关文件，并明确表示美国将会重返《巴黎协定》。此外，美国也对碳中和的目标做出了承诺，制定 2050 年之前实现碳中和的相关计划。此后，美国又在气候峰会上承诺，与 2005 年的温室气体排放总量相比，到 2030 年美国将会削减 50%以上的温室气体排放。在《应对国内外气候危机的行政命令》（Executive Order on Tackling the Climate Crisis at Home and Abroad）中，美国的碳中和目标也得到了重申，即美国要在 2050 年之前实现碳中和，并且在 2035 年之前完成电力部门脱碳。《应对国内外气候危机的行政命令》是美国首次以法律或行政文件的形式明确碳中和目标。紧接着，美国又采取了一系列的基建计划，积极进行能源转型和应对气候问题方面的资金投入，具体的投资领域主要包括清洁能源的推广、化石能源的有序退出以及电动汽车市场的开拓[13]。

整体而言，美国目前还没有建立起完备的实现碳中和的机制，在碳交易市场和其他相关技术层面的建设尚且不够完善。但是，美国的州政府层面对碳中和一直呈现积极的态度，是美国推进整体碳中和的关键保证。州政府层面，多数州已经出台了对于碳排放削减的规定以及鼓励能源改革和低碳改革的行动举措，多个州已经建立起了较为完整的减排制度和碳交易体系。但在整体层面上，美国尚且缺乏一致性的碳交易规定和体系。美国的基建行动以及相关的政策引导，将对温室气体减排和应对气候变化工作的进程有明显推进。

5.2.2　主要举措

美国在以往制订气候方案和行动计划时，一定程度上明确了美国国家层面的碳中和相关举措。例如，美国基于《总统气候行动计划》，在正式明确了碳减排计划的基础上，还为实现美国碳减排和碳中和的实施路径指明了方向。具体的措施为：①大力部署清洁能源，提高清洁能源的供能比重，在国家和州的层面上都要制定能源领域的碳排放污染相关的管理标准。②碳中和工作的重点是要推进交通行业的减排和脱碳，大力推广电动汽车的发展。③在各个层面落实节约能源和提高能效的行动举措，主要手段包括通过各州的联合协作，减少传统化石能源的使用，确保清洁能源的供能比重每年逐渐上升，并占据越来越重要的地位，从而降低碳排放水平[14]。

目前，从美国国家层面碳中和举措来看，美国政府为了实现碳中和目标，开始推动绿色复苏计划。绿色复苏计划中提出在未来几年内会投入 2 万亿美元，主要用于发展清洁能源和解决气候变化问题相关的基础设施建设。通过投资大力提升可再生能源发电和相关能源技术的创新能力，提升风能、太阳能和其他可再生能源技术的推广和利用水平。此外，相关的投资还包括交通领域，如高铁等的扩建和电动汽车生产。

美国联邦政府及多个州政府，也已经在碳中和以及节能减排方面实施了一系列措施，具体措施如下[15]。

（1）美国首先对能源、环境和气候相关的法律和制度进行了一定程度的完善。例如，美国连续修订了多部能源相关的法律，如《2005 年国家能源政策法案》和《能源独立和安全法案》，还修订了《国家环境政策法》（National Environmental Policy Act）等多部环境和气候相关的法律。通过这些立法文件，美国确定了其在能源环境领域的具体行动方向。首先是要推动多元的能源系统建设，其次是需要快速地部署清洁能源，最后是结合减排提效等辅助性手段来落实美国的低碳发展路径。

（2）美国通过市场相关措施来进一步推进碳中和进程。美国的碳排放市场化建设能够有效地推动节能减排的传播力。主要的建设手段包括：首先是需要政府在市场建设方面进行一定的投资调整和引导，其次是相关部门需要制定出全面有效的交易标准和机制，最后是鼓励相关企业率先抢占在市场上的竞争力制高点。

（3）美国的碳中和举措深入落实到具体行业。例如，首先，将传统行业和新兴产业都与智能电网相互结合，从而推进能源消费的信息化；其次，在能源相关的行业大力推广和提升其数字化技术和云端技术水平，通过供需两端结合的方式，基于数字信息化的能源消费和供应交互平台，实现美国经济社会发展与实现碳达峰碳中和的双赢。

（4）美国的碳中和相关举措落实到消费者层面。以美国的能源和碳排放交易市场机制为基础，通过对美国消费者的行为分析，设计有效的峰谷电价和实时电价等方案，从而有效地促进用户对用能习惯的调整。另外，还可以进一步推进分布式能源发展，结合相关的福利政策，加快分布式新能源发电的部署。最后要加强绿色新能源汽车的退管，以及加大对于基础设施的建设，为碳达峰碳中和提供新的基础。

（5）美国采取自上而下的碳中和顶层设计调整。具体地，美国在机构设立上新成立了一个气候办公室，负责制定气候相关的政策和规定。该办公室的成员由美国的气候问题方面的专家和顾问组成，主要完成协调美国领导者在气候问题议程方面的工作。在上层的领导下，美国的气候问题工作小组也因此成立。同时，为了进一步解决美国一直以来存在的环境不公的问题，通过环境保护局等具体部门的优化调整来加强执行力度。

（6）美国的碳中和举措还体现在其外交方面。在拜登上台之后的外交过程中，可以明显看出美国开始把气候和环境相关的议程不断地前置。同时，拜登也明确提出，气候和环境等相关问题和危机的解决是美国当前进行外交和维护国家安全的重点任务。具体地，美国也以此为中心，积极调整外交政策并初步开展了一系列相关的外交活动，如美国的电话气候外交等。美国也积极呼吁要通过国际范围内的合作增强应对气候问题的能力。

5.2.3　行业实践

碳中和进程的有效推进，需要将相关的碳中和目标和任务推行到具体的行业层面。后疫情时代，美国为了促进国内就业、经济和环境等方面的协调发展，在综合了以往碳排放计划的基础上，提出了一项具体的碳中和战略——《零碳排放行动计划》（Zero Carbon Action Plan，ZCAP）。该计划不仅有利于美国碳中和目标的实现，也将为全球温室气体排放控制做出一定的贡献。

美国以 ZCAP 为基础，进一步阐述了美国在碳中和目标下，各方面协调一致发展的综合效益、成本和具体举措。ZCAP 具体到行业的方方面面，其优势在于可以通过推动零碳事业的发展，进行技术和岗位的创新和升级，从而更好地解决美国的经济社会发展和稳定就业等一系列问题。也可以通过新型能源系统建设和相关经济发展政策相结合的方式,重新构建一个更有活力的经济体系。另外,ZCAP也为美国碳中和领域的深度变革指明了方向,其关键的改革要素包括加大低碳技术创新,以及促进区域间协调配合。在未来碳中和的推进过程中,美国国内的相关行业可以积极利用政府相关政策的影响力,进而有效促进碳中和高新技术行业的快速发展[16]。

ZCAP 重点关注与能源生产和能源消费相关的行业部门,其具体要求和措施如下。

1. 电力部门

美国已经多次提出了未来碳减排的具体目标计划和时间节点。在碳减排目标任务的要求下,美国的能源供应系统中,尤其是电力系统,能源结构和发电结构都要进行深度的变革。具体的改革方向:首先是加大风能发电和太阳能发电的供应能力;其次是在结合传统能源有序推进的基础上,继续保持水电和核电等其他清洁能源的生产和供应水平,作为能源供应的补充;最后是明确提出,为了保证电力供应系统的稳定性和可靠性,已有的化石能源发电装机将长时间保持,但会尽量降低其运行比率。

2. 工业部门

工业的能源消费和碳排放在美国占据着很高的比重。在美国,其工业部门碳排放大约占到美国碳排放总量的五分之一。不同工业行业的碳减排举措大不相同。在轻工业部门,如食品加工行业和耐用品制造业等机械化程度较高且碳排放相对较低的部门,主要通过电气化改造和提高生产效率等方式来实现节能减排。在重工业部门,如采矿业和金属制造业等能源消耗和碳排放相对较高的部门,一方面要提升其生产技术和节能技术水平,另一方面要快速提高负碳技术的部署水平,通过 CCUS 的方式降低其碳排放水平。

3. 材料部门

在美国,有大量的温室气体排放来自资源利用过程。资源利用的相关过程,一般包括材料运输供应链的整个环节,以及材料在制造过程中的最终处置。根据相关部门预测,美国到 2050 年的建筑存量依然很高,因此,建筑的整个过程必须将深度脱碳目标作为首要考虑的要素。ZCAP 里也推出了一项建筑能源法规,明确在 2025 年之后,美国的新建筑必须利用低碳材料以实现节能减排。在资源利用的领域,美国需要在很多方面进行跨部门的协调与规划,并且做出创新性的努力来促进碳减排。因此,美国需要建立在整个国家范围内有效的低碳材料管理的框架,并基于此构建一个完备的减排、利用和循环的低碳经济体系。

4. 交通运输部门

美国交通运输部门的碳中和路径主要是燃料脱碳。对于常见的汽车、铁路、公共交通工具，以及短途的航空运输等需要进行大规模的电气化升级改造。但是对于长途航空运输和海运运输，则需要将新兴的低碳生物燃料以及其他清洁能源相互结合作为主要调整方向[17]。除此之外，ZCAP 中还提出了其他与交通运输部门脱碳相关的要求和措施。首先，要落实碳排放标准以及相关的交通燃料标准。具体要针对不同的交通工具制定不同的标准，以此来平衡气候环境约束的压力以及保证国家交通运输需求和安全的协调性和公平性。其次，要通过区域合作的方式调整交通运输部门的运输需求，通过提升道路系统的利用效率、加强交通运输和土地资源利用的协调来减少碳排放。最后，要采取一定的投资引导等经济激励手段。例如，美国国会通过提供联邦税收抵免的方式鼓励消费者购买电动汽车以及混合动力汽车，出台公共交通的辅助补贴手段，以及在不同的区域推行车辆定期检查和保养测试，从而严格管控交通领域的碳排放水平。

5.2.4　主要挑战

长期来看，美国碳中和目标的实现也面临着多重困境，主要体现在以下几个方面[11, 18]。

（1）美国在相关的环境和气候政策的制定过程中，需要协调不同组织者的决策影响。在美国采用的是三权分立的制度，所以总统和国会分别掌握着国家的行政权以及立法权。三权分立的制度有效地限制了不同统治者的权力，可以避免总统的独断专行。但是，这也会造成在气候环境问题的决策方面，因为各方互相牵制，政策意见无法一致、无法落实。所以美国的环境和气候相关的政策通常主要以行政命令等方式推出。在这种情况下，气候和环境政策并不能得到立法保障。

例如，在特朗普的任期内，奥巴马时期一个非常重要的气候新政就被废除，而得不到继续的推行。目前，美国政府仍然面临着这样的历史性困境。美国政府当下气候相关的政策制定过程仍然会在推行和立法过程中受到一定程度的影响，进而阻碍美国参与全球的气候治理以及承担其应有的责任。

（2）美国还面临着一些传统能源行业中的大型集团和企业方面的压力。实现碳中和目标，核心手段是节能减排。在 2050 年之前如果要根本性地实现零碳社会这样宏大的气候目标，必然需要进行一场彻底的清洁能源革命。但是在清洁能源革命之下，传统能源行业和相关企业将会无立足之地，面临极为困难的处境。相比之下，特朗普任期时，在无视以往的新能源产业扶持和节能减排相关的气候政策的情况下，美国传统化石能源行业重新得到了很大的发展空间。

　　在繁荣的发展过后，美国政府要以牺牲传统化石能源行业的利益为代价来推行相关的碳中和目标，传统的化石能源企业、集团则会利用一切影响力投出反对的一票。随着美国政府宣布要重返《巴黎协定》以及一系列新能源政策的不断推行，利益得不到保护的代表人已经开始发出反对的声音，相关代表已经通过国会提议了多项议案。这些反对的声音将会限制美国政府进一步落实具体的碳中和目标。

　　（3）美国联邦政府和地方州政府之间意见的不一致也是美国碳中和过程中的一大挑战。美国是一个联邦制国家，联邦政府与州政府之间的权利关系并不是简单的纵向从属关系。在很大程度上，州政府拥有在具体事务和行动上的自主权，在气候和环境政策的制定和履行这一点上也不例外。具体来看，因为美国不同的州拥有不同的经济结构以及不同的地理环境和资源禀赋，甚至不同的选民和党派基础，所以不同的州政府在应对气候和碳减排的问题上，采取的态度和措施也具有较大差异。

　　例如，在 2017 年，美国政府宣布退出《巴黎协定》的几小时后，一个由多个州发起的"美国气候联盟"迅速成立，并吸引了更多州的相继加入。在美国不承认国家减排相关承诺的同时，很多州却在继续履行《巴黎协定》中的国际减排的承诺。相反，即便当下美国政府正在采取一些积极措施促进碳中和承诺的落实，也仍有一半的州政府对此提出反对，且很多对气候变化的科学性持怀疑态度，极力要求减少在法律法规中关于碳排放的约束和限制[19]。

5.3　日本的碳达峰碳中和

5.3.1　发展历程

　　日本在气候环境方面的政策和举措起步也相对较早。1997 年，日本为了减少在化石能源利用过程中产生的温室气体排放，正式颁布了《关于促进新能源利用措施法》，这是日本开始重视发展低碳能源的标志。2002 年，时隔五年，日本再次颁布了新能源相关的法律，即《新能源利用的措施法实施令》。这些新能源利用相关的法规和政策代表了日本近年来对于碳达峰和碳中和道路的前期探索，也是碳中和发展的前期阶段。在经过多年的积累和发展之后，日本政府开始逐步明确关于碳排放和低碳绿色发展的相关法律法规和政策文件。例如，在 2008 年的 5 月，日本出台了《面向低碳社会的十二大行动》的行动指令；2009 年 4 月，日本公布了《绿色经济与社会变革》政策草案[20]。这些举措反映了日本的碳达峰和碳中和目标逐渐进入了有序推进的时期。随后，在 2015 年，日本政府明确了到 2030 年的碳减排目标，即与 2013 年日本的碳排放水平相比要实现 26%的削减。

　　随着全球范围内多个国家陆续做出碳达峰和碳中和的相关承诺,日本碳中和进程也进入了快速推进时期。在 2020 年的 10 月 26 日,日本首相菅义伟承诺将在 2050 年之前完成国家的碳中和目标,进入脱碳的社会发展模式。在明确碳中和目标任务和时间节点之后,日本便开始采取一系列新兴经济增长和发展战略,在充分利用资源的同时,加快应对碳中和目标挑战的步伐。为了快速建立低碳循环发展模式,日本在 2020 年 12 月 25 日发布了《2050 年碳中和绿色增长战略》。日本的绿色增长战略不仅切实对 2050 年之前实现碳中和目标做出了承诺,战略中还明确表示将会尽最大努力去提高日本到 2030 年之前要实现的碳减排目标。另外,绿色增长战略中还详细规划了日本碳中和需要推行的产业层面的技术路线。在后疫情时代,日本政府希望通过绿色增长战略,在积极应对气候变化的同时,推动经济持续复苏和绿色转型。

　　目前,日本的碳中和进程进入了相对快速的推进时期。具体体现在,日本政府已经明确提出了新的碳减排目标,相较于之前的到 2030 年削减 26% 的目标,进一步承诺提升到削减 46% 的目标,在可能的情况下将逐步上调至 50%[21]。为了实现这一宏大的碳减排目标任务,日本政府还出台了一系列的监管、补贴和税收优惠等辅助性的手段推动碳减排。此外,日本还引导了 240 万亿日元的私营领域绿色投资。这些投资主要应用于包括日本的核电行业、氢能产业和海上风电等在内的十几个关键行业,促进新能源产业发展和经济增长。在投资支持的同时也提出了针对不同行业的具体的碳减排目标和重点发展的方向[22]。2021 年 5 月 26 日,日本国会参议院正式通过修订后的《全球变暖对策推进法》,这是日本首次将温室气体减排目标写进法律,以立法的形式明确了日本政府提出的到 2050 年实现碳中和的目标,以此促进日本的低碳发展,并进一步推动企业层面落实低碳和脱碳的目标任务。

　　日本碳达峰和碳中和相关战略部署体现了两个关键性原则:首先是将创新与技术作为日本应对碳排放和气候挑战的主要手段;其次是在碳中和相关的法律和政策文件中,针对长期碳减排方面的计划都有比较全面的策略部署和技术创新计划。总体而言,日本目前在碳中和方面做出了积极的努力,但自 2011 年福岛灾难以来,日本对化石能源的依赖性仍然很大,未来的碳中和发展依然离不开绿色金融和低碳技术创新的支持[23]。

5.3.2　主要举措

　　最能明确体现日本碳中和主要策略的代表性文件是由东京都政府发布的白皮书《零排放东京战略》。该项策略进一步明确了东京要在 2050 年之前实现碳中和的承诺,同时也设立了到 2030 年实现碳排放减半的激进目标。为了辅助碳减排目标的实现，战略中明确指出要大幅提升可再生能源在发电结构中的比重，争取达到总发电量的一半以上。以《零排放东京战略》为主要参考，日本在碳中和方面采取的关键性措施包括以下几点。

（1）多地政府提出建设零碳城市的战略目标。在日本明确了碳中和的具体目标任务之后，很多地方政府也陆续做出承诺。这些地方政府主要是依据本地经济社会发展情况和自然资源禀赋条件，分别制定其在 2050 年前的净零排放措施，其重要手段是在城市层面制定综合性和系统性的零碳循环系统。目前，日本已有多个地方政府宣布要进行碳中和城市建设，尽快进行碳减排的工作措施规划并努力推进和实施。

同时，日本气候环境相关的政府部门也为提出碳中和建设的城市提供资金支持、技术和规划支持，以及基础设施引进支持等综合性的激励政策。根据战略愿景，日本建立的碳中和城市，同时也是对气候问题具有较强抵御能力的城市。

（2）重视引导人们的生活方式向低碳和无碳转变。人们日常的衣食住行会排放大量的二氧化碳，从社会责任的角度来看，每个人都要通过自身行为的约束为碳中和目标的实现做出应有的贡献。在此背景下，日本政府鼓励人们努力在生活方式上做出低碳的改变。

例如，在产品和服务的选择和使用方面要首先选择有利于无碳社会建设的，建筑和交通领域碳排放比例相对较高，因此低碳的建筑和电动汽车等也都是低碳生活中常见的一部分。日本政府鼓励人们选择电动汽车或者公共交通工具出行，并明确要强化零排放交通工具的发展力度。

（3）通过鼓励发展绿色金融的方式完善碳中和市场建设。早在 2014 年，日本的银行就开始发行绿色债券，近年来绿色债券的发行量在日本国内也是一直持续性地增加。随着绿色债券的发行和相关市场的开拓，环境相关的部门也根据市场原则推出了日本绿色债券的指南文件。

未来，日本将继续通过建立绿色债券发行的相关项目和推进补贴的手段和制度等方式，大力推进绿色债券的进一步发行。同时，为了促进碳中和的实现，日本政府预计将会推出一些跨领域的工具和政策。

（4）通过完善不同领域的标准快速推进碳中和进程。相关的政策文件中指出要修改和完善与可再生能源发电、氢能发展、电力储能等相关的规章制度及标准[24]。在碳排放市场方面，制定和落实相关的碳排放交易信用机制，完善碳税和边境政策，更是推进碳减排的关键一步。在规章和标准的制定过程中，日本需要积极地开展国际合作。

例如，日本可以引入国际上成熟的碳价机制，从而稳步推行根据碳排放量向消费者收费的制度，明确排放的责任。日本在与绿色低碳发展水平高、起步早、经验丰富的国家进行重点领域的交流中，除了推进环境要素和生产技术标准化以外，在消除贸易壁垒方面也在积极建立良好的合作关系。

（5）日本需要持续加大绿色资本的投入。在相关的政策文件中，日本已经明确要增加相关绿色发展财政预算的立场。例如，目前日本计划在十年之内，创立一个大约 2 万亿日元的基金来辅助低碳绿色相关领域的发展。该项基金属于绿色发展的专项基金，可以有力地支持低碳技术研发和快速推广。

在具体领域，如推进化石能源的有序退出和鼓励各行业进行低碳创新发展方面，日本政府的总投资将超过 240 万亿日元。同时政府还鼓励和加强绿色金融的相关融资，从长期规划层面进行资金支持机制的建设。另外，政府也鼓励相关行业通过充分利用绿色发展相关的利息优惠制度来吸引民间资本[25]。

5.3.3　行业实践

日本要推进碳中和目标需要尽量加快不同行业和能源部门的升级和转型。要实现产业结构升级和社会经济发展的深度低碳化转型，主要的措施是通过政策和投资的引导，完善税收优惠政策，建立相关的经济体系，以及进行监管部门的改革和规章标准的制定。在具体的行业领域，需要大力推动企业层面的创新发展，加大低碳方面的技术创新力度和投资力度。

目前，最新的策略调整方向是对海上风电产业领域的碳中和方案进行扩展，将太阳能、地热产业、氢能产业和热能产业都融合在相关领域中进行碳中和发展的调控和指导[26]。

1. 海上风电、太阳能、地热产业

日本的海上风电产业在碳中和目标的约束下，更新了其发展目标。例如，到2030 年，日本海上风电机组计划扩充 100 亿瓦的容量。2040 年，日本海上风电机组计划达到 400 亿瓦左右。此外，日本还明确了海上风电成本需要在 2035 年之前完成一定幅度的削减。除了扩大装机之外，日本还计划在未来将国产风电设备的比例提升到一半以上。要实现上述目标，日本必须加大可再生能源产业相关的人才培养，进一步完善海上风电产业的监管制度，加强国际合作，以此提升相关技术的研发能力。最终，日本需要建立一条完备的具有竞争力的本土产业链以作支撑。

太阳能发电产业的发展目标，在碳中和目标的约束下也进行了更新。2030 年，日本计划能够将太阳能发电的成本大幅度降低，从而实现大规模太阳能发电部署。此外，日本还计划扩大全国范围内太阳能发电的普及率。因此，日本的家用型太阳能发电设施的安装成本和运行成本也需要在 2030 年之前完成较大幅度的削减。

另外，日本还计划开发创新型的新一代光伏电池，主要是通过对一些具有潜在价值的稀有金属等材料进行研究。在光伏发电的分布式部署和利用过程中，日本计划对荒废的耕地重新进行开发利用，加大农业、住宅建筑等领域的光伏发电扶植力度。

日本对于地热产业的建设已做出了初步规划。首先，计划到 2030 年，日本将通过实施钻井试验对地热开发技术和材料等进行深度检验。其次，到 2040 年，计划对地热发电供电系统进行初步运行和验证。最后，到 2050 年，预期完成新一代地热系统技术的完整开发和检验，对全球地热产业起到示范作用。实现这一目标的重点任务有：在地热利用层进行超高温和超高压的相关技术研究，包括对于相关材料的耐热与抗腐蚀等性质进行试验；需要政府提供足够的资金以及风险保障来保证相关研发的顺利进行；需要结合本土化的实际情况进行可持续的地热开发以及多元化的利用。

2. 氢能、氨燃料产业

日本的氢能产业在碳中和目标的约束下，计划到 2030 年实现氢能供应能力达到约 300 万吨/年。其中，清洁化生产的氢能，如通过碳捕集技术以及其他清洁能源生产产生的，计划其供应量要在全球起到引领作用，初步以德国每年大约 42 万吨的供应水平为目标。到 2050 年，日本计划了更高水平的供应量，大约会达到 2000 万吨/年，比 2030 年增长近 6 倍。为了实现上述的目标，日本需要努力降低燃料成本，尤其是在交通和发电应用等领域。目前，日本计划到 2050 年将氢能成本降低到大约 20 日元/立方米的水平。为了拓展氢能的应用范围，必须要大力研发氢能供能的汽车等交通工具，以及利用氢能进行发电的相关技术和基地。在氢能相关技术研发上，主要研究清洁氢能以及相关的燃料电池技术。除了技术层面，还要在氢能运输层面进行拓展研究和示范以及标准的制定，以此来保证氢能的规模化应用。

日本在氨燃料方面的计划主要体现在两个方面，一个是生产层面，另一个是燃料应用层面。到 2030 年，日本计划构建一个氨燃料供应相对稳定的系统。2030 年实现大约 300 万吨/年的燃料产量，到 2050 年产量增加 10 倍，同时与燃料生产国建立良好的合作关系。日本还计划加大研发力度，以提升氨燃料在火力发电厂中的应用。到 2050 年，火力发电中氨燃料混合发电的比重达到 50%以上。另外，日本还计划努力提高氨燃料混合发电技术在交通和工业生产中的应用。在投资方面，日本计划吸引 5000 亿日元投资用于氨燃料技术研发、基地和港口建设以及供应链构建等方面[27]。

3. 新一代热能产业

日本的热能产业在碳中和目标的约束下，也更新了其发展目标。日本初步计划到 2030 年，在热能产业的基础设施中将合成甲烷的增添比例提升到 1%；到 2050 年，供热设施中合成甲烷的增添比例进一步增加到 90%，在其他措施的辅助下实现气体供热燃料的脱碳。

为了实现上述目标，一方面，需要降低甲烷价格，达到天然气价格的同等水平；另一方面，要增加合成甲烷的产量，到 2050 年计划年产合成甲烷 2500 万吨。具体任务如下：首先，做好海外供应链建设，保证燃料供应安全；其次，要加强过渡期中的天然气建设，促进政府相关部门和天然气运营商之间的有效合作；最后，需要在已制定的各领域路线图的基础上，结合数字化和信息化技术，融合综合能源系统规划和控制以及相关基础设施的维护，在综合服务和脱碳技术的辅助下推进热能产业的脱碳目标。

4. 零碳汽车领域

考虑到交通领域碳排放的占比较高，且主要来源于机动车辆的化石燃料燃烧，日本将交通领域的供能燃料转型作为整体碳中和过程中的关键手段。为此，日本计划建立针对电动汽车发展的集车辆、技术、社会三位一体的发展战略[28]。在汽车领域的具体发展目标，包括电动汽车、燃料电池汽车和插电式混合动力汽车等。目前，日本东京的零碳车辆比例大约为 1.6%，计划到 2030 年，零碳车辆在所有汽车的供应销售中要占一半以上，并彻底淘汰汽油车辆；到 2050 年，东京范围内的所有车辆都将被零碳车辆代替。在推动零碳汽车发展方面的具体措施如下。

（1）日本计划通过多种策略相互结合的方式尽快促进零碳车辆的规模化使用。首先，政府相关部门需要发挥示范带头作用，对于政府行动车辆的计划都写进了相关的文件中，如教育、警务、消防等部门的公务用车，除特殊情况外都必须采用零碳车辆。在政府部门的带动下，提高市民和企业的零碳节能减排意识，提升大众的零碳车辆购买意愿，从而进一步提升日本交通领域的电动化和低碳化进程。此外，为了提升大众对于零碳汽车的购买意愿，日本政府还将通过国家层面和地方层面相结合的方式，为购买者提供一定的优惠政策、补助以及税收减免等。除了购买率提升之外，日本还强调降低零碳汽车制造的生产成本，提升研发能力，开拓更多的汽车车型来满足人们的多样化需求。最后，日本也明确要通过完善法律法规和建立新的市场机制等方式来促进零碳汽车的生产和使用。

（2）日本计划将零碳汽车的生产和推广与综合性服务紧密结合，建立一个全新的零碳汽车服务体系。对于碳排放减半以及实现碳中和目标，日本已经意识到技术创新作为关键的发展基础，也是未来规模化推广的关键。在日本零碳车辆推广的相关报告中，都强调了关键技术研发的重要性，如电动汽车的电池存储技术、充放电技术，尤其是无线充电技术、自动驾驶技术等，必须要进行深层次的创新。

规模化推广则需要与人们的日常购物、保险需求、旅行需求等多种日常生活环节紧密联系。只有通过打造和生活融为一体的全新车辆服务系统，才能真正地推动全社会出行方式的转变，从而在缓解交通拥堵和提升出行体验等多个目标落实的基础上，真正实现从高碳出行转变为低碳和零碳出行。

（3）日本计划通过加大资金支持以及强化基础设施保障等措施助力零碳汽车发展。日本目前已经建立了大约 3000 个公共充电桩，包括小比例的快速充电桩和大比例的慢充电桩。由于目前充电基础设施的规模尚且不够，充电设施之间的距离过远，或者充电时间太长等，日本电动汽车的推广面临较大挑战，公众对于购买电动汽车等低碳、零碳车辆还有诸多担心。日本为了提高电动汽车的规模化推广，规定了关于基础充电设施要充分提升汽车的充电效率等方面的要求。另外，日本计划到 2030 年将全国电动汽车充电桩数量增至 15 万个。相对于快速充电桩的大量建设，日本目前的加氢站数量还非常少。为了加快氢能交通工具的普及，日本计划到 2025 年建成 320 座加氢站，到 2030 年将加氢站增加至 900 座。

（4）日本还增加了推广低碳汽车的辅助性手段。为了增加市民对零碳汽车的了解程度和接受程度，政府计划开展一系列开放体验项目和相关汽车展览，通过现场体验、教学和培训等方式增加认知度。例如，东京政府鼓励相关企业和社会组织举办开放式体验和展览活动，旨在让市民充分感受到零碳汽车的易用性和便利性。另外，东京还建立了日本国内第一个氢能博物馆。在博物馆中，大众可以充分认识到燃料电池汽车从研发、生产到使用的相关知识，提升大众对低碳汽车的信任感。此外，东京还计划举办电动汽车展览，将零碳汽车展览与其他流行活动相结合，让零碳汽车融入市民的日常生活，从而提高整个社会对于零碳汽车的接受度。

5.3.4　主要挑战

从长远来看，日本碳中和目标的实现依旧面临多重困境，主要体现在以下几个方面[29, 30]。

（1）从地理上来看，日本是一个多山岛国，土地面积较小，因此大规模部署太阳能发电等的局限性很大。而且日本的大陆土地呈狭窄细长分布，海上风电的建设和利用也存在较大难度。因此，日本政府目前一直强调的是能源混合的发展战略。不依赖单一品种能源，将可再生能源、化石能源和其他新型清洁能源相结合具有非常重要的意义。近年来，日本十分重视氢能的发展，对氢能产业的发展目标做出了清晰的规划和承诺，而且日本企业的氢能利用和生产技术也一直处于世界领先地位。利用氢能取代传统化石能源将成为日本在能源领域中的关键战略，该战略除了需要技术层面的大幅提升之外，还需要充分稳定的国际市场，这对日本未来的能源外交提出了更高的要求。

（2）在如何妥善协调保持经济增长和实现碳减排以应对气候变化问题上，日本一直面临着很大的挑战。20 世纪 90 年代以来，纵观日本经济发展，大致可以分成几个阶段。首先是 20 世纪 90 年代初，日本的经济社会处于一个快速发展的阶段。到了 90 年代末，日本经济增长开始减缓，甚至出现了发展倒退的趋势。21 世纪初，日本经济增长开始缓慢恢复，呈现一定好转的趋势。但在 2008 年美国金融危机中，日本的股市和出口等方面遭遇了非常严重的间接性影响。而且近年来，日本国内需求的吸纳能力较弱，出口是其经济发展的重要支撑，日本在国际贸易方面做了很多努力。结合日本经济社会发展的需求，日本需要在国家经济社会发展和气候环境问题治理方面做好平衡。因此，在加大低碳领域投资和建设方面，日本面临着巨大压力。碳减排和碳中和目标承诺的提出，一方面反映出日本政府在推动低碳建设方面的决心，另一方面也将日本的发展推到了一个更加矛盾的处境之中。

全球主要国家都在集中力量建设发展低碳产业，日本也不可能错过零碳建设的黄金阶段。对于日本而言，抓住时机在国际市场上抢占碳减排份额和技术领先地位，将是未来中长期发展里需要面对的巨大挑战之一。因此，日本必须正面面对经济增速不断放缓甚至零增长的现实问题，同时也不能放松对于低碳产业建设的投资和支出。这种两难情况的突破，是日本亟须解决的问题。

目前，为了快速推进光伏发电行业的发展和市场拓展，日本政府推出了很多的优惠和鼓励政策。但可再生能源等项目的建设过程，通常需要在比较广泛的范围内经过较长时期形成规模化发展，建成相对完整的系统和有效的供应链条。在相对长周期的低碳发展中，日本政府在投入初期很可能会面临巨大的财政支出以及低碳行业资金难以回笼的局面。

（3）日本低碳技术研发主体的主导作用和政府的低碳引导作用之间存在比较大的矛盾点。日本的研发和创新能力十分依赖企业层面的资本投入。2008 年金融危机以来，日本政府对研发经费的支持力度有所下降，很多有实力和影响力的企业便通过资金投入的方式逐渐成长为技术创新领域的主力军。目前，日本在碳中和目标的推进过程中，依然是主要依靠企业层面的资金投入以及政府层面的小额资金支持和政策引导来推动低碳建设。较高的研发和创新投入比重给企业带来了很大压力，使得日本企业和政府之间存在一定的矛盾。尤其是当企业在低碳建设中的贡献提升了日本的国际竞争力，企业会在政府的发展政策框架下谋求保护其自身利益，这在一定程度上会影响政府宏观政策的制定。

日本政府的碳减排目标和传统行业之间一直存在利益冲突。长期以来，日本政府一直都在对碳减排目标和计划进行调整。日本政府前期也曾致力于设置严格的碳减排目标，如将碳排放量削减 60%以上，在中长期碳减排规划上要追赶欧盟等的先进水平，但这些目标受到了行业界的强烈反对。所以，日本最终选择了行业界能够接受的相对保守的碳减排方案。

当前，相比之前相对保守的碳减排目标，日本政府已经提出具有跃进性的碳减排目标和碳中和时间节点。实现碳减排目标是一个长期而缓慢的、不可一蹴而就的发展过程，日本也清楚地认识到了碳中和不仅仅是一个技术问题，它还涉及国家的政治格局、经济和社会发展等多方面的问题。因此，日本必须对相关矛盾进行深入挖掘并且制定出长期的科学部署和战略规划，解决变革对于既得利益集团的触动和各方阻力，是日本最终能够实现碳中和的必由之路。

5.4　欧盟的碳达峰碳中和

5.4.1　发展历程

全球范围内，欧盟是可持续发展尤其是气候环境问题方面的引领者。关于欧盟的碳达峰和碳中和的发展历程可以分为两个层面来分别阐述，一个是欧盟内部的发展情况，另一个是欧盟在推动全球气候谈判方面的发展情况。

（1）欧盟内部在持续推进碳减排和碳中和方面制定的政策和法规。2008 年，欧盟便清晰地计划了到 2020 年时要实现的节能减排和气候行动目标。欧盟委员会出台了《气候行动和可再生能源一揽子计划》（以下简称《一揽子计划》），在该项计划中明确规定了关于欧盟排放权交易的机制。另外，欧盟成员国也需要根据文件实施配套措施以及承担起分配的减排目标和任务。《一揽子计划》一直以来都是关于碳捕获和储存建设、可再生能源发展以及各行业碳排放相关政策和法规的一个综合性框架，是欧盟最早的具有法律约束力的碳减排计划，具有非常重要的地位。

先于《巴黎协定》，欧盟在 2014 年就提出到 2030 年时实现在 1990 年碳排放总量的基础上削减 40%的减排目标。2016 年，欧盟正式加入《巴黎协定》。2018 年，欧盟开始落实实现上述碳减排目标所需的各项任务，并将相关要求进行了立法设定。2019 年 12 月，欧盟委员会发布了《欧洲绿色协议》（European Green Deal），提出了欧盟迈向气候中立的行动路线图和七大转型路径，该协议涵盖了所有经济领域，特别关注交通、能源、农业、建筑、钢铁、水泥、信息通信、纺织和化工产业。2020 年 3 月，欧盟委员会提出了《欧洲气候法》，再次以立法的方式设定欧盟在碳中和方面的目标和努力方向。在相关法律约束下，欧盟各成员国也承诺了会遵循欧盟整体层面的目标和任务，并加强各国相互协调，进一步采取必要措施和政策引导，集体实现 2050 年碳中和的目标任务[31]。2020 年 9 月，欧盟委员会正式发布《2030 气候目标计划》，进一步明确了欧盟 2030 年的减排目标，该计划将欧盟 2030 年温室气体排放量目标调整为较 1990 年至少减少 55%，并将其作为实现 2050 年气候中和目标的基石。[32]。

目前，欧盟关于碳中和的文件已经非常丰富，欧盟委员会也将持续对现有的能源和可再生能源指令、碳减排和碳排放交易指令、减排目标分担的法规和税收指令，以及土地资源利用和碳汇方面的法规等做出不间断的评估和调整。欧盟委员会计划每五年进行一次大规模的政策更新，并对欧盟整体和各个成员国已完成和待完成的碳中和目标进行严格评估，分析并协调欧盟未来发展和碳减排轨迹的一致性[1]。

（2）欧盟在推动全球气候谈判方面一直都起到了领导性作用。欧盟的很多政策都被认为是全球各国解决气候变化问题的重要参考依据。目前，欧盟已经非常明确地将碳中和目标写入到相关的法律文件之中，通过气候相关政策措施的实施呼吁全球范围内的合作。欧盟在世界范围内，展现出了强烈的推动碳中和的意愿。

在欧盟的推动下，UNFCCC 作为关于气候变化问题最早的全球性公约获得正式通过。公约要求，发达国家在限制其国内温室气体排放的同时，也要为发展中国家提供应有的资金和技术支持，对发展中国家则充分理解其经济社会快速发展的需求。公约规定发展中国家可以在不承担相关法律约束的前提下履行缓和气候变化问题的义务，但并没有规定各个国家具体的减排任务和必须要采取的减排措施。之后在 1997 年通过的《京都议定书》则明确规定了发达国家的减排目标并且具有法律约束力，要求发达国家要早于发展中国家进行定量的减排工作。之后，全球范围内的贸易波动以及能源资源等相关问题导致了很多国家进行产业转移，在一定程度上丧失了竞争优势。美国和加拿大先后退出了该协议，俄罗斯和日本随后发出严厉反对协议第二期的声音，但欧盟比其他任何发达国家都更为积极地承担着协议中的责任和义务。2015 年，《巴黎协定》得以通过，欧盟在其中一直起着非常重要的推动作用。该协定回避了以往协议中碳减排任务分配的问题，主要采用的是短期内调整和长期明确目标的方式[33]。

5.4.2　主要举措

《欧洲绿色协议》的推出是欧盟建设公平且可持续的社会发展体系以及建设富有竞争力的现代经济的关键进程。该文件是欧盟实现碳中和战略目标的主要方式，也是引领其他国家进行绿色转型的基础[34]。

目前欧盟落实碳中和目标的关键性措施主要包括：①促进欧盟经济向可持续

发展方向进行转型；②承担起全球范围内在碳中和等气候问题解决方面的领导者角色，积极推动世界低碳和绿色发展进程；③通过出台相关公约的方式推动欧盟成员对碳中和发展的实际参与，兑现具体承诺。另外，欧盟在能源领域也出台了相关深化改革的政策和措施。例如，提供清洁安全且可负担的新能源，推动不同领域顺利向低碳循环经济模式进行转型。另外，在低碳建筑、低碳出行、低碳农场等方面，欧盟也在积极推动低碳综合服务体系的建设[35]。

欧盟通过建立健全法治保障，积极推动碳中和目标的实现，具体措施包括以下几点。

（1）欧盟将重要的碳中和落脚点放在了提升能源效率方面。早在 2006 年，欧盟的一次能源消耗水平就已经达到峰值。目前，欧盟计划在能源效率方面取得更大进步，确定其能源效率到 2030 年大约提升 30%的新能源效率目标。能源效率目标不仅为欧盟的低碳发展提供了重要动力和创新能力，同时也对全球范围内其他国家能源效率水平的提升产生了非常积极的影响。欧盟的电子电器等相关产品在全球进出口贸易中占据比较重要的地位，制造业的相关能源效率标准就成了很多贸易国的既定目标，促进了欧盟以外的生产商提高其各自能源效率的进程。

欧盟在能源效率提升方面所做的努力还体现在住宅建筑领域。目前建筑能耗在欧盟总体能耗中约占 40%，且既有建筑在能源效率标准方面相对比较落后。所以欧盟计划除了加大对新建建筑的能耗管控之外，对大部分既有建筑进行彻底翻新和低碳改造。具体工作包括将建筑材料更换为低碳环保材料，如用新能源进行取暖，更换能源效率水平更高的生活电器，利用效能更好的保温材料来减少冷热损失。另外，还要通过利用金融工具和培养适能劳动力等方式更好地推进能源效率改进[36]。

（2）欧盟计划增加可再生能源的部署能力和水平。目前，欧盟计划到 2030 年将可再生能源的供应比例提高到 30%以上。当下欧盟的能源进口依赖的程度相对较高，进口能源约占全部能源的一半。在欧盟碳中和的推进过程中，欧盟计划到 2050 年将能源进口的比例削减到 20%左右，这需要对可再生能源进行大规模部署才能够实现。到 2050 年，欧盟的最终能源需求中超过一半来自电力系统，按照欧盟具体的长期可再生能源供能规划，届时可再生能源发电比例将达到 80%。目前，欧盟很多的大规模企业，尤其是可再生能源企业，已经开始致力于在供暖和运输等行业领域内进行大规模的可再生能源的部署。

除了可再生能源发电之外，欧盟还通过增加生态燃料和其他新兴清洁能源来辅助实现碳中和目标。例如，氢燃料主要是通过清洁电力对水进行电解而生产出来的，可以作为未来的清洁供能选择之一。利用 CCUS 等相关技术对传统化石能源进行改良也是生产清洁能源的一种方式。清洁燃料可以在电力应用受到局限的运输领域和工业环节中替代传统化石能源，既能够保证行业生产又有助于实现碳减排目标[37]。

（3）欧盟计划推出清洁、安全和互联的低碳出行方式来辅助实现碳中和目标。同其他国家和地区一样，交通运输领域的碳排放大约占欧盟碳排放总量的四分之一。欧盟计划要求该领域内的所有出行方式都要承担碳减排的责任和义务，从而实现整个交通运输领域的碳中和目标。目前欧盟采取的主要措施是进行高效的动力系统替代，也就是低碳或者零碳车辆的大幅推广。对于长途运输中的重型车或者运输车，由于其短期内无法实现电力稳定持续的供能，所以可以考虑氢燃料等新兴清洁燃料作为替代。目前，铁路和航空是欧盟中长途运输中的关键运输方式，可以采用生物燃料和零碳燃料进行替换。而且推行燃料替代的前提是替代燃料的整个生产过程中也要保证无碳，才能在真正意义上实现该领域的碳中和。

同时，欧盟也提出要建设基于数据共享、信息共享和综合服务标准较高的零碳出行体系。未来，欧盟计划建成一个整体的运输与能源系统网络，增加以跨境服务为基础的交通充电和燃料补给站，同时改造和增加基础设施，促进整个欧盟范围内的出行零碳目标[38]。

（4）欧盟明确了要发展具有零碳竞争性的产业以及零碳循环经济体系，提高国际竞争力。这项措施针对的主要是钢铁等重化工业。首先，需要对于工业产品生产过程中的资源和能源的利用水平进行严格约束和标准化参考。通过资源利用率的提高有效降低碳排放水平。其次，除了要节约资源和材料之外，欧盟鼓励研发新的低碳或者零碳材料，主要可以用来对能源和碳排放密集型的材料进行替代，并且扩大新材料的应用范围。所以，用低碳但强效性能的材料取代目前市场上的产品，保证成本不会给行业发展和公众带来负担，是欧盟未来积极努力的方向[39]。

在能源生产行业，欧盟在积极提升零碳能源技术的竞争力。对于碳捕捉技术的研发和可再生能源成本的削减都是提升欧盟能源行业竞争力的有效方式。欧盟各成员国也必须协同各领域的行动，在解决欧盟成员国共同关注的问题并做好利益协调的基础上，共同建设一批零碳可行、多方供应的示范基地和商业基地[40]。

（5）欧盟碳税起步早，经过了多年的发展之后已经处于全球领先地位，丰富的经验是欧盟推动碳中和进程的重要支撑。在 20 世纪 90 年代，世界上各个国家开始不断推出碳税政策，来提高解决气候问题的意识和紧迫性。欧盟的碳税建设起步早，目前几乎所有的欧盟国家碳税机制都比较成熟，尤其是在碳排放量高的一些重点行业也已经实现了大规模的覆盖。欧盟各个成员国的碳税机制也具有一定的差异化，部分国家根据不同的能源，分别制定了不同的碳排放标准和税率水平。成熟的碳税机制对部分需要快速发展或有其他需求的关键行业可以降低碳税要求，以优先提升其国际竞争力为条件进行碳税豁免。欧盟的碳税政策对全球碳税机制的发展具有重要影响，在一定程度上加速了全球碳中和的进程。

2021 年，欧盟议会出台了碳边境调节机制。以欧盟碳排放交易体系为主要原则，对其他国家的进口商品征收碳税或者要求进口商购买相应份额的碳排放配额。欧盟目前已经开始大力发展和落实碳关税，以此来防止碳泄漏现象的产生。碳关税能够有效避免隐形的碳排放量的产生，如从发达国家到发展中国家排放量的转移。碳税虽然是欧盟实现碳中和目标的关键手段，但在实施过程中需要建设碳交易体系、设计碳定价和制定碳关税的相关政策[41]。

5.4.3　行业实践

欧盟为了实现碳中和发布了一系列指导政策，特别是针对绿色低碳行业发展的投资以及清洁能源的部署和技术创新方面，在各个行业细分的领域中也相继提出了针对碳中和的具体目标。

1. 电力行业

在电力供应端实现深度脱碳是欧盟推进碳中和进程的关键所在。因此，欧盟在电力行业的低碳发展方面制定了大量的政策。首先，欧盟的电力行业碳政策主要是以 2030 年的能源部署和碳减排计划为主要节点。欧盟计划到 2030 年其可再生能源发电的供应比例要大幅提高，在能源供应总量中要超过三分之一，其中，海上风电的装机容量至少要达到 60 000 兆瓦。作为辅助性手段，欧盟还计划建设智能电网，在可再生能源和储能相互协调的基础上完善低碳发电建设。欧盟规定，作为碳减排和碳交易都重点关注的领域，电力行业到 2030 年要实现相比 2005 年该行业碳排放量接近一半的碳排放削减。

除了政策发布和计划制订，欧盟实际的低碳电力建设已经取得了一定成效，其电力系统结构也在不断优化。2015~2019 年，欧盟核电的发电量不断减少，而可再生能源发电的比重呈现明显的增长态势。电力脱碳进程不断加快，欧盟的电力行业或许有希望成为欧盟最早实现碳中和的行业[42]。

2. 工业行业

工业是能源和碳排放相对密集的行业，欧盟将工业领域的脱碳作为推进碳减排和碳中和过程中的重点关注对象。工业领域脱碳的主要手段是提高能源利用过程中的脱碳以及整合行业范围内的碳排放交易机制等。欧盟在工业领域范围内的能源利用标准方面是比较严格的。目前，欧盟主要是通过规定工业行业的能源利用效率，倒逼相关企业进行能源基础设施的更新和节能技术的改造与利用。另外，欧盟的碳交易机制已经相对成熟，作为工业领域脱碳的有效市场工具，目前主要是针对工业终端用能进行严格的排放限制。通过有限的排放额度调整的方式，提升工业部门的碳排放成本，从而加速各个生产环节的脱碳进程。另外，欧盟也在大力推广工业生产的数字化,为大数据互联网时代下的脱碳提供更加便利的手段,同时也可以借此提升欧盟工业的国际竞争力[19]。

3. 交通运输行业

从能源利用脱碳的角度来看,欧盟的交通运输行业需要大幅度提升可再生能源的供能比重。具体计划是到 2030 年,交通运输行业可再生能源的利用水平要达到大约 24%的水平。此外,欧盟还设定了交通运输行业的减排目标,在不同的地区设定了零碳和低碳车辆渗透率的相关目标。

除了目标和计划,欧盟在政策方面也给予了交通运输行业脱碳极大的支持。在支持的举措中,资金投入的支持是最基本的手段。目前,欧盟已经通过推行补贴、税收和积分三者相结合的优惠策略为交通运输行业的脱碳提供支持。其中,对于交通脱碳的补贴范围既包括了个人购车补贴,也包含以企业为单位的公司补贴。在税收优惠方面的优惠力度也很大,同时优惠覆盖的范围也很广。税收优惠的类型既包括购置税和保有税,同时在部分成员国还包含了进口关税等。欧盟在交通运输行业的低碳积分政策是一个非常重要的创新举动,可以大大提高零碳和低碳车辆的生产和规模化推广。在汽车生产方面,欧盟议会提出了非常严格的碳减排目标约束。在激进的脱碳举措之下,欧盟的交通运输行业实现碳中和的进程将不断加快。

4. 建筑行业

欧盟将提升建筑能源效率作为建筑行业实现碳减排和碳中和目标的核心手段。统计数据显示,欧盟建筑领域的能源使用占整体能源消耗总量的约 40%,并且因为可再生能源的比重很低,所以建筑行业的碳排放量占欧盟碳排放总量比重相对较高。建筑领域的能源效率提升已不仅是欧盟整体的一个指导性的调整方向,而且在欧盟各成员国内也都得到了落实。

欧盟各国也都将能源效率提升作为建筑行业脱碳的主要措施。德国在建筑能源效率提升的基础上,对于建筑内的供暖和制冷以及其他能源利用方面都进行了可再生能源的替代。法国则主要通过大量的资金投入对既有建筑进行大规模能源效率改造来实现脱碳。欧盟还通过设计多层级的建筑能源效率标准,使得目前建筑领域的脱碳取得了明显的成效和进展。随着欧盟对建筑领域脱碳政策的进一步落实,欧盟的建筑行业脱碳进程将会取得明显进步[5]。

5. 农业

欧盟提出要通过森林碳汇等方式进行碳吸收,吸收量大约占碳排放总量的10%。为了充分发挥碳汇作用,欧盟开始对土地利用、森林碳汇等的碳排放吸收量进行核算,同时对农业生产过程中产生的碳排放和碳吸收量进行融合核算,构建了碳汇核算的框架体系。欧盟规定,每个成员国都有责任和义务进行碳汇核算,并部署相关土地利用和森林碳汇,进而有效抵消碳排放量。欧盟委员会计划在 2021～2025 年提出各个成员国具体要落实的森林水平的参考标准,以进一步发挥土地利用和森林碳汇在实现长期碳中和目标中的关键作用。

此外,欧盟还出台了关于森林碳汇管理方面的指导性文件,如《2030 年生物多样性战略》等。在政策的导引之下,欧盟将逐步恢复植树造林工作,将森林保护工作放在更加重要的位置。在以森林生命周期为核心的战略中,欧盟提议要在2030 年之前再种植至少 30 亿棵树,在通过增加森林碳汇的方式保护生物多样性的同时,实现碳中和目标并促进真正的可持续发展[34]。

5.4.4　主要挑战

长期来看,欧盟实现碳中和目标面临着多重困境,主要体现在以下几个方面。

(1)欧盟目前也面临着经济发展低迷与节能减排之间的矛盾。理论上,促进经济增长是欧盟当前的工作重点,经济社会发展是欧盟政策制定优先考虑的范畴。欧盟委员会认为,履行气候变化的目标任务同样可以提升自身的国际竞争力,同促进经济社会发展是相辅相成的。

然而,在关于能源效率提升的谈判中,仍有反对者强调,在经济发展缓慢的背景下,应将提升经济增长的目标放在碳减排等目标之前。而目前经济发展的实际状况也确实让部分成员国不得不承受低碳转型所带来的额外成本和经济压力。例如,德国一直是气候变化问题解决方面的先行者,在促进碳减排和可再生能源利用等领域发挥过非常重要的促进作用。但在欧盟委员会针对工业企业征收碳税的谈判过程中,德国明确强调必须采取必要措施来防止增加其国内的失业压力和经济倒退风险。

此外,欧盟对绿色投资的财政支持措施也给部分成员国进一步履行更为严格的碳减排承诺带来了一定压力。欧盟未来将持续加强对智能电网、电力脱碳及交通工业等领域的清洁化发展的投资和优惠支持,并不断扩充低碳能源系统和基础设施的相关建设。从长期来看,欧盟每年都要在这些领域增加大量资本投入,因此需要妥善解决应对气候变化问题所带来的经济压力和负担[43]。

(2)目前欧盟虽然提出了大量的低碳发展政策,但在整体的气候政策框架方面依然存在部分逻辑链条的断裂。欧盟一直强调要在短期内大幅降低可再生能源的生产和部署成本,从而提升零碳产业的竞争力。但因为气候变化政策的复杂性,以及碳交易、碳市场等方面的机制不够完善,欧盟的低碳发展政策对各行业竞争力的真实影响尚不明确。

欧盟在碳减排和碳中和的推进过程中，对一些能源和碳排放密集型的工业企业提出了更高的要求。但在工业企业仍然需要发展的时期，在工业领域的碳减排约束、能源价格上涨以及相关的税收政策，妨碍了工业企业的发展并削弱了工业企业的竞争力，甚至有可能成为欧盟经济增长过程中的不利因素。2008 年以来，欧盟的用电成本和相关的税费呈上升趋势，导致工业企业的生产成本成倍增长。所以，有利益损失者认为，高昂的能源价格和碳排放成本只是刺激了低碳投资以及那些一旦失去补贴就毫无竞争力和影响力的行业，这种发展模式对于欧盟的经济发展是得不偿失的。

如果欧盟未来不能提供良好的市场发展环境，那么新能源建设和碳中和目标的实现都有可能被搁置。正确认识经济发展与推进碳中和之间的矛盾，协调的可持续发展措施比激进的措施更有利于长期社会稳定和竞争力提升[44]。

（3）欧盟的碳排放交易体系目前也存在很多不足，加剧了内部成员国关于碳中和推进辩论议程中的冲突和矛盾。最初，欧盟建立碳交易体系的出发点是实现能源和碳排放市场的相互融合，做到技术层面可行、成本方面可控。但自欧盟成立碳交易体系以来，碳市场一直处于配额过剩的状态，碳交易价格也相对较低。多年来，欧盟一直在对碳市场交易进行调整，但都未能从根本上解决市场供需不匹配的问题。

除了经济发展与碳减排的矛盾，欧盟在气候政策中的某些冲突也将不可避免地妨碍碳市场建设。目前的碳交易框架中，能效提升和可再生能源的指标对于碳市场中交易指标有明显的折中效应，会削弱市场主体对碳排放配额的需求，进而影响其低碳创新能力和投资意向。因此，欧盟未来必须协调好应对气候变化领域的政策工具和市场工具，尽快完善碳排放交易体系的结构性改革[36]。

5.5　本 章 小 结

本章首先简要概述了世界主要经济体的碳达峰和碳中和情况，然后分别介绍了美国、日本和欧盟的碳达峰碳中和发展历程、主要举措、行业实践和主要挑战。

从全球来看，很多国家和地区都在为碳达峰和碳中和的目标而努力。欧盟等部分国家和地区已经在碳中和方面取得了明显成绩，美国和日本等大多数国家和地区在碳中和方面仍然面临着巨大挑战。各个国家和地区在制定碳减排和应对气候变化政策等方面，还面临着一些共性的难以克服的问题，在气候治理和经济发展之间存在较大矛盾。

长期来看，推进碳中和进程不仅要考虑技术层面的问题，还要合理设计政策机制，关注社会公平和经济发展需求等相关问题。从目前美国、日本和欧盟的情况来看，没有一个国家或地区可以在毫无压力和利益牺牲的情况下处理好碳中和目标。

从全球治理的角度来看，无论是广度还是深度，碳中和问题在各个国家和地区都存在一定的延展性。广度层面，如果忽视了碳中和推进过程中的全球合作，那么碳中和目标的实现必然会遇到更多的困难和阻碍；深度层面，碳中和对全球的生产方式、生活方式和社会经济发展模式都提出了根本性变革的需要。如何从上述两个角度实现全球范围内的碳中和目标，是各个国家和地区都必须要面对和解决的时代课题。

本章参考文献

[1]　薛亮. 各国推进实现碳中和的目标和进展[J]. 上海人大月刊，2021，（7）：53-54.

[2]　庄贵阳. 碳达峰、碳中和，这些国际经验可借鉴[EB/OL]. （2021-04-29）[2022-02-15]. http://news.youth.cn/jsxw/202104/t20210429_12900542.htm.

[3]　杨儒浦，冯相昭，赵梦雪，等. 欧洲碳中和实现路径探讨及其对中国的启示[J]. 环境与可持续发展，2021，46（3）：45-52.

[4]　苏小环. 走进碳达峰碳中和|碳达峰——世界各国在行动[EB/OL]. （2021-01-19）[2022-02-15]. https://mp.weixin.qq.com/s/KdRheaC5Vpla-tcWOr2LWA.

[5]　张磊. 全球各地区和国家碳达峰，碳中和实现路径及其对标准的需求分析[J]. 电器工业，2021，（8）：64-67.

[6]　Levin K，Rich D. Turning points：trends in countries' reaching peak greenhouse gas emissions over time[R]. Washington，D.C.：World Resources Institute，2017.

[7]　Gil L，Bernardo J. An approach to energy and climate issues aiming at carbon neutrality[J]. Renewable Energy Focus，2020，33：37-42.

[8]　邓明君，罗文兵，尹立娟. 国外碳中和理论研究与实践发展述评[J]. 资源科学，2013，35（5）：1084-1094.

[9]　文云峰，杨伟峰，汪荣华，等. 构建100%可再生能源电力系统述评与展望[J]. 中国电机工程学报，2020，40（6）：1843-1856.

[10]　张士宁，谭新，侯方心，等. 全球碳中和形势盘点与发展指数研究[J]. 全球能源互联网，2021，4（3）：264-272.

[11]　Yang H R，Shahzadi I，Hussain M. USA carbon neutrality target：evaluating the role of environmentally adjusted multifactor productivity growth in limiting carbon emissions[J]. Journal of Environmental Management，2021，298：113385.

[12]　褚天琦，李吕华. 美国航空公司的碳中和实践及其效果研究[J]. 现代经济信息，2016，（12）：353-354.

[13]　郝晓地，魏静，曹亚莉. 美国碳中和运行成功案例——Sheboygan污水处理厂[J]. 中国给水排水，2014，30（24）：1-6.

[14]　刘骊光，白云真. 解读美国《总统气候行动计划》的动因[J]. 气候变化研究进展，2014，10（4）：297-302.

[15]　Barron A R，Domeshek M，Metz L E，et al. Carbon neutrality should not be the end goal：lessons for institutional climate action from US higher education[J]. One Earth，2021，4（9）：1248-1258.

[16]　Chien F，Ananzeh M，Mirza F，et al. The effects of green growth，environmental-related tax，and eco-innovation towards carbon neutrality target in the US economy[J]. Journal of Environmental Management，2021，299：113633.

[17]　Chaudhry S M，Saeed A，Ahmed R. Carbon neutrality：the role of banks in optimal environmental management strategies[J]. Journal of Environmental Management，2021，299：113545.

[18]　赵若汀. 气候变化影响下美国环境法的"结构性"变化[J]. 世界环境，2020，（1）：88.

[19]　Sun Y，Yesilada F，Andlib Z，et al. The role of eco-innovation and globalization towards carbon neutrality in the USA[J]. Journal of Environment Management，2021，29：113568.

[20] 张丽娟，刘亚坤. 日本制定绿色发展战略 到 2050 年实现碳中和[J]. 科技中国，2021，(5)：21-23.

[21] Huang Y，Matsumoto K. Indirect carbon dioxide emissions from interregional trade in Japan under the target of carbon neutrality[EB/OL]. [2022-07-06]. http://dx.doi.org/10.2139/ssrn.3874289.

[22] Schreyer F，Luderer G，Rodrigues R，et al. Common but differentiated leadership：strategies and challenges for carbon neutrality by 2050 across industrialized economies[J]. Environmental Research Letters，2020，15（11）：114016.

[23] 浅野直人，林中举. 气候变化相关法的十年沿革与展望[J]. 海峡法学，2017，19（4）：108-113.

[24] 段烽军，顾阿伦，刘滨，等. 日本新的能源基本计划进展与展望[J]. 中国经贸导刊（中），2021，(12)：33-35.

[25] 李欢，崔志广. 日本绿色增长战略的要点与启示[J]. 电器工业，2021，(6)：52-55.

[26] Hara D.（Plenary）Introduction of national projects concerning fuel-cells in Japan[C]. 17th International Symposium on Solid Oxide Fuel Cells （SOFC-XVII），2021（digital meeting）.

[27] Emelyanova O. The problem of energy transition in Japan and its solution[J]. Problemy Dalnego Vostoka，2021，(4)：95-111.

[28] Abdullah A，Boulanger V. Ten years after Fukushima：which transition in Japan？[J]. Journal des Energies Renouvelables，2021，52（31）：14-17.

[29] 张益纲，朴英爱. 日本碳排放交易体系建设与启示[J]. 经济问题，2016，(7)：42-47.

[30] 任维彤. 日本碳排放交易机制的发展综述[J]. 现代日本经济，2017，36（2）：1-11.

[31] 兰莹，秦天宝. 《欧洲气候法》：以"气候中和"引领全球行动[J]. 环境保护，2020，48（9）：61-67.

[32] 董利苹，曾静静，曲建升，等. 欧盟碳中和政策体系评述及启示[J]. 中国科学院院刊，2021,36（12）:1463-1470.

[33] 蔡守秋，张文松. 演变与应对：气候治理语境下国际环境合作原则的新审视——以《巴黎协议》为中心的考察[J]. 吉首大学学报（社会科学版），2016，37（5）：27-36.

[34] 董一凡. 试析欧盟绿色新政[J]. 现代国际关系，2020，(9)：41-48，57.

[35] 庄贵阳，朱仙丽. 《欧洲绿色协议》：内涵、影响与借鉴意义[J]. 国际经济评论，2021，(1)：7，116-133.

[36] Marcu A，Mehling M，Cosbey A. Border carbon adjustments in the EU：issues and options[EB/OL]. [2022-07-06]. https://ssrn.com/abstract=3703387.

[37] Vogl V，Åhman M，Nilsson L J. The making of green steel in the EU：a policy evaluation for the early commercialization phase[J]. Climate Policy，2021，21（1）：78-92.

[38] Maya-Drysdale D，Jensen L K，Mathiesen B V. Energy vision strategies for the EU green new deal：a case study of European Cities[J]. Energies，2020，13（9）：1-20.

[39] Geden O，Schenuit F. Unconventional mitigation：carbon dioxide removal as a new approach in EU climate policy[R]. Berlin：Stiftung Wissenschaft und Politik，2020.

[40] Tanzer S E，Blok K，Ramírez A. Can bioenergy with carbon capture and storage result in carbon negative steel？[J]. International Journal of Greenhouse Gas Control，2020，100：103104.

[41] 杨成玉. 欧盟绿色复苏对中欧经贸关系的影响[J]. 国际贸易，2020，(9)：54-60.

[42] Elkerbout M，Egenhofer C，Núñez Ferrer J，et al. The European Green Deal after Corona：implications for EU climate policy[EB/OL]. [2022-07-06]. http://aei.pitt.edu/102671/.

[43] Salvia M，Reckien D，Pietrapertosa F，et al. Will climate mitigation ambitions lead to carbon neutrality？An analysis of the local-level plans of 327 cities in the EU[J]. Renewable and Sustainable Energy Reviews，2021，135：110253.

[44] Sikora A. European Green Deal-legal and financial challenges of the climate change[J]. ERA Forum，2021，21：681-697.

第二篇　能源与碳中和

第6章 能源转型与碳中和

6.1 能源生产与消费革命

6.1.1 国外能源转型概述

在人类共同应对全球气候变化大背景下,世界各国纷纷制定能源转型战略,提出更高的能效目标,采取更加积极的低碳政策,推动可再生能源发展,加大温室气体减排力度[1]。各国由于资源禀赋、科技水平等基础条件的差异,能源转型的道路各不相同[2]。

1. 美国

2007 年,美国能源部成立了先进能源研究计划署(Advanced Research Projects Agency-Energy,ARPA-E),2009 年以来资助了数百个研究项目,研究领域涉及太阳能、风能、生物燃料、储能技术、灵活输电技术、碳捕集技术、建筑节能技术等,其中多项技术已取得重大进展并走向商业化应用,为世界能源技术进步做出了突出贡献[3]。

随着可再生能源技术的提高和成本的降低,美国能源转型的焦点将开始集中到电力系统的可靠性、弹性和灵活性等方面,包括不同发电形式的协同组合、通过可靠的物理基础设施进行电力传输、通过经济安全的方式进行负荷管控。传感器和先进计量的大规模应用为能源大数据的获取提供了重要基础,推动了以人工智能和机器学习为主要改进途径的能源部门数字化,进而可以增强电力系统的管理能力、减少公共事业的损失并降低消费者的成本。

2. 德国

德国能源转型道路实际是一项长期的能源和气候战略,旨在建立一个包含发展可再生能源和提高能源效率的低碳能源系统。德国的能源转型主要包括四个目标:应对气候变化、避免核风险、改善能源安全以及保障经济增长和竞争力,具体还包括降低二氧化碳排放、发展可再生能源、提高能源效率、到 2022 年逐步淘汰核能等目标和政策措施[4]。在稳步推进能源转型的过程中,德国可再生能源发电量在总发电量中的比例从 2000 年的 7%提升到 2019 年的 45%, 已提前实现扩大可再生能源利用的相关目标。

3. 日本

2021 年日本政府发布"绿色成长战略", 计划在海上风电、电动车、氢能源、航空业、住宅建筑等 14 个重点领域推进低碳减排工作。据估算, 到 2030 年, 该战略将拉动日本经济增长 90 万亿日元; 到 2050 年, 将继续拉动经济增长 190 万亿日元。

根据"绿色成长战略"制定的目标, 到 2050 年日本发电量的 50%～60%将来自可再生能源。为此, 日本政府将继续引导火力发电的有序退出, 在最大限度利用核电的基础上, 加快引进可再生能源。该战略还提出, 日本政府将继续加大力度支持动力电池开发, 到 21 世纪 30 年代中期, 实现日本销售的新车全部为纯电动汽车和混合动力汽车的目标。

6.1.2　中国能源革命概述

在能源生产方面, 中国把推进能源绿色发展作为促进生态文明建设的重要举措, 坚持绿色发展导向, 大力推进化石能源清洁高效利用, 优先发展可再生能源, 安全有序发展核电, 加快提升非化石能源在能源供应中的比重, 建立多元的能源生产与供应体系, 推动能源低碳发展迈上新台阶。

在全面实现现代化目标愿景下, 中国人均能源消费水平将不断提高, 能源消费总量还将持续增长[5]。在能源消费方面, 中国一贯坚持节能优先方针, 完善能源消费总量管理, 强化能耗强度控制, 把节能贯穿于经济社会发展全过程和各领域, 加快形成能源节约型社会。

1. 能源革命的概念

能源革命战略的提出显示了我国在能源供给、能源消费、能源体制、能源技术、能源合作领域革故鼎新的决心。2014 年 6 月, 中央财经领导小组第六次会议上习近平提出, 面对能源供需格局新变化、国际能源发展新趋势, 保障国家能源安全, 必须推动能源生产和消费革命[6]。2016 年 12 月 29 日《能源生产和消费革命战略(2016—2030)》正式印发, 这既是中国中长期能源发展的基本路线图, 也是推动中国实现经济绿色低碳转型的实施规划和行动方案[7]。

能源革命战略统筹考虑了能源清洁低碳发展、能源安全、能源效率和经济性的平衡与协调, 提出了 13 项重大战略行动, 包括全民节能、能源消费总量和强度双控、近零碳排放示范、电力需求侧管理、煤炭清洁利用、天然气推广利用、非化石能源跨越发展、农村新能源、能源互联网推广、能源关键核心技术及装备突破、能源供给侧结构性改革、能源标准完善和升级、"一带一路"能源合作等行动。

2. "双碳"目标下的能源革命

能源革命战略以技术革命、体制革命和全方位加强国际合作为撬动因素和保障措施，促进能源消费和能源供给形成良性互动，促使现有能源体系向清洁低碳和安全高效的能源体系转变。碳中和要求最终构建近零碳排放的能源体系，与中国能源转型的既定战略在方向上是一致的，是一脉相承的。

制定能源革命战略既是出于保障能源安全的目的，也充分考虑到全球应对气候变化努力不断强化、能源清洁低碳技术突飞猛进和全球能源市场格局出现重大调整的发展趋势。能源革命战略提出的具体目标与中国在联合国应对气候变化《巴黎协定》前做出的碳达峰和碳中和承诺是相适应的。"双碳"目标的提出是能源革命战略的加速器，而能源革命战略的实施是实现"双碳"目标的推进器，贯彻好能源革命战略就是为实现"双碳"目标做贡献。

3. 能源革命的意义

推进能源生产与消费革命，有利于推动中国能源供给侧结构性改革，提升经济发展质量和效益，推动经济行稳致远，支撑中国迈入中等发达国家行列；有利于增强能源安全保障能力，有效应对各种风险和突发事件，提升整体国家安全水平；有利于优化能源结构，提高能源效率，破解资源环境约束，全面推进生态文明建设；有利于增强自主创新能力，实现科技、能源、经济紧密结合；有利于全面增强中国在国际能源领域的影响力，积极主动应对全球气候变化，彰显负责任大国形象；有利于实现"双碳"目标；有利于增加基本公共服务供给，促进能源发展成果更多惠及全体人民，对于全面建成小康社会和加快建设现代化国家具有重要现实意义和深远战略意义。

6.1.3　中国能源生产革命与碳中和

1. 能源生产现状

中国能源储量丰富，分布广泛，品样繁多，生产增长迅速，已建成相当规模的能源工业体系，为中国经济发展和人民生活水平提高提供了有力保证。中国能源生产和消费以煤炭、石油和天然气为主，"富煤、贫油、少气"是基本国情。目前中国是世界上能源生产第三大国、煤炭生产第二大国、煤炭消费第一大国。根据《BP 世界能源统计年鉴》，2020 年中国煤炭、石油、天然气和水电储量如表 6.1 所示。

表 6.1　中国一次能源的探明储量和居世界的位次

能源种类	探明储量	居世界位次
煤炭	1431.97 亿吨	4
石油	35.57 亿吨	8
天然气	8.4 万亿立方米	6
水电	1322.0 太瓦时	1

中国能源资源的地区分布及构成如表 6.2 所示。中国能源资源的地区分布不均衡，主要集中在华北、西南和西北地区，东中部地区偏少。从具体能源品种来看，煤炭主要集中在华北地区，水力在西南地区，油气资源则主要在东北地区。中国能源资源的构成中，煤炭资源占比较高，地区分布广泛但并不均衡，其中山西、内蒙古和陕西分别占全国的 28.2%、23% 和 18%，加上贵州、新疆、宁夏和安徽七个省区的资源储量占全国的 85.2%。总体来看，全国煤炭资源分布偏西北部，但经济发展重心偏东南部，东南部煤炭资源短缺、煤种单一，造成西煤东调、北煤南运的格局。

表 6.2　中国能源资源的地区分布及构成

地区	能源合计/%	能源资源占全国的比重/%			能源资源构成/%			能源丰度
		煤炭	水力	石油和天然气	煤炭	水力	石油和天然气	
华北	43.9	64.0	1.8	14.4	98.2	1.3	0.5	2680
东北	3.8	3.1	1.8	48.3	54.6	14.2	31.2	293
华东	6.0	6.5	4.4	18.2	72.9	22.5	4.6	141
中南	5.6	3.7	9.5	2.5	44.5	51.8	3.7	142
西南	28.6	10.7	70.0	2.5	25.2	74.7	0.1	1218
西北	12.1	12.0	12.5	14.1	66.7	31.3	2.0	1216

中国油气资源潜力较大但品质不高。2020 年，中国石油企业实施"七年行动计划"，在新冠肺炎疫情蔓延、国际油价低迷和勘查开采投资大幅减少的情况下仍然实现了增储上产。2020 年，中国石油新增探明地质储量 13.2 亿吨，同比增长 17.7%；天然气新增探明地质储量 13 106 亿立方米（含页岩气和煤层气），同比下降 17.0%；原油产量 1.95 亿吨，同比增长 1.6%；天然气产量 1925 亿立方米，同比增长 9.8%。

中国一次能源生产量和消费量规模巨大，均居世界首位。煤炭生产能够基本满足国内需求，石油、天然气资源相对短缺。近年来，原油产量基本维持在 2 亿吨左右，天然气产量增长较快，但仅靠国内油气生产难以满足需求的快速增长，对外依存度居高不下。核电和可再生能源发展迅速，2020 年二者合计已占到了一次能源生产和消费的 18.9% 和 16.1%。

2. 转型基础

中国发展水平与美国、欧盟、日本等后工业化国家及地区相比还存在较大差距。根据世界银行数据显示，2019 年中国人均 GDP 不及世界平均水平，约为美国的 1/6、欧盟的 1/3、日本的 1/4；城市化率为 60%，低于美国的 82%、欧盟的 75% 和日本的 92%。对中国来说，巨大的人口基数、持续攀升的城市化水平、人民生活的普遍改善所产生的巨大能源需求给短期内控碳、脱碳带来了严峻的挑战。目前，中国工业尤其是制造业占产业结构比例较大，2019 年分别达到 39% 和 27%，远高于美国的 19% 和 11%。中国作为世界工厂，除了满足国内的市场消费以外，还为世界其他地区提供了大量的工业产品。2019 年中国的工业规模和商品出口额均稳居世界首位，工业增加值占世界的 23.9%，以美元计价的商品出口额占世界的 13.1%。巨大的工业规模使中国碳中和目标的完成较发达国家更加艰巨。受资源禀赋影响，中国能源消费结构中煤炭消费占比较大，煤炭单位热值的含碳量是原油的 1.3 倍、天然气的近 2 倍，因此，中国现有的以煤炭为主的能源消费结构也不利于控碳、脱碳。

根据《BP 世界能源统计年鉴》，2021 年中国二氧化碳排放量为 105.23 亿吨，约占世界的 31.1%。从历史碳排放量和预期增长趋势看，欧盟、美国、日本已分别在 1990 年、2007 年和 2013 年实现碳达峰，要实现 2050 年碳中和，过渡期分别达 60 年、43 年和 37 年，且碳排放由增转降的平台期也都长达数十年。相比之下，中国碳排放总量更大且还处于较快上升期，要在 2030 年实现达峰，并继续用 30 年快速过渡到碳中和，无论是减排总量还是平台期和过渡期的压缩幅度都远大于这些国家及地区。

碳排放达峰过程与一国的产业结构和城市化率有密切关系。一般来说，服务业占比达到 70% 左右时，碳排放就开始达峰并持续下降；城市化率达到 80% 左右时，碳排放也开始达峰并下降。在此过程中，环境政策规制在客观上对碳达峰起到协同促进作用。从发达国家的经验来看，产业升级和能源转型过程中，相关政策措施不到位就极易引发社会矛盾甚至政治动荡。根据 WRI 的估计，到 2030 年，煤炭发电、石油开采和其他相关行业的 600 万个工作岗位可能消失，而新的绿色工作岗位则需要完全不同的技能，需要政府以公正公平的方式做好就业和社会经济发展等相关工作。中国区域发展不平衡，有必要根据区域发展特点的不同采取差异化的碳达峰行动方案，因地制宜制定碳达峰时间表和路线图，特别要关注高煤炭依赖地区低碳转型的公正性，寻求平稳的解决之道。

3. 转型路径

"双碳"目标下的能源生产要立足资源国情，实施能源供给侧结构性改革，推进煤炭转型发展，提高非常规油气规模化开发水平，大力发展非化石能源，完善输配网络和储备系统，优化能源供应结构，形成多轮驱动、安全可持续的能源供应体系。

实现碳中和目标，能源生产需要由化石能源主导向清洁能源主导转变，重点是通过清洁能源大规模开发、大范围配置和高效率使用，摆脱化石能源依赖，加快化石能源退出和零碳能源供应，建立清洁能源主导的能源体系。全球能源互联网发展合作组织（Global Energy Interconnection Development and Cooperation Organization，GEIDCO）发布《中国 2060 年前碳中和研究报告》，描绘了中国中长期能源转型路径及未来能源结构调整方案，报告指出中国要争取化石能源消费总量于 2028 年左右达峰，其中煤炭消费总量 2013 年后稳定在 28 亿吨左右，2025 年电煤达峰后开始下降；石油消费总量 2030 年前达峰后逐渐下降，峰值约 7.4 亿吨。清洁发电规模逐年扩大，电力生产新增清洁能源发电装机容量 17.3 亿千瓦，年均增长 1.6 亿千瓦；其中风电、太阳能发电（含光伏和光热发电）装机容量分别年均增长 5440 万千瓦、7500 万千瓦。2030 年清洁能源装机容量占比超过 67%，清洁能源占一次能源消费比重从 2019 年的 15.3% 提高到 31%。应以太阳能、风能、水能等清洁能源替代化石能源，加快形成以清洁能源为主导的能源供应结构。发展清洁能源，不但可以减少因化石能源燃烧带来的温室气体和污染物排放，带来显著的环境和健康效益，发挥清洁能源蕴藏的巨大潜力，而且可以发挥清洁能源边际成本低的优势，显著降低经济发展成本，加快形成以清洁能源为基础的产业体系，实现经济社会清洁可持续发展。

6.1.4　中国能源消费革命与碳中和

1. 能源消费现状

中国是能源生产和消费大国。根据国家统计数据，2000～2020 年中国一次能源消费总量稳步增长，2020 年能源消费总量达 49.8 亿吨标准煤，比 2019 年增长 2.2%。煤炭在中国一次能源消费当中的比重逐步降低，由 2000 年 68.5% 降至 2020 年的 56.9%，天然气由 2.2% 提高至 8.4%，核能和可再生能源由 1.6% 提升至 7.8%。虽然煤炭在能源消费结构中的占比逐渐降低，但在未来一段时期内，煤炭的主体能源地位难以改变。中国石油、核电、天然气对外依存度均很高，根据世界核协会，中国铀资源对外依存度常年维持在 70%以上，根据国家统计数据，中国原油进口依存度在 2020 年达到 77.5%，天然气进口依存度达 42.7%。可再生能源太阳能发电、风电的不稳定性问题还没有解决。可燃冰、干热岩、海洋能无法量产。综上，在今后相当长的时间里，煤炭都是中国能源的基石，其主体地位不可动摇。

近年来，中国经济的高速发展拉动了能源消费的快速增长，2000~2020 年，中国一次能源消费年均增长 6.3%，化石能源消费总量年均增加 5.8%。能源消费结构趋向合理，煤炭消费总量自"十二五"期间冲高回落以来低速增长，消费占比呈不断下降趋势，但仍是中国一次能源消费的主体。原油消费量增长较快，从 2000 年的 2.13 亿吨增长至 2020 年的 7.36 亿吨；天然气消费总量快速上升，由 2000 年的 245 亿立方米增长至 2020 年的 3277 亿立方米，增长十余倍；核电、风电、水电等非化石能源消费占比上升较快，不断压低能源矿产消费所占比例，中国能源消费结构向清洁低碳转变不断加快。

2. 转型基础

2019 年，全球总产值 87.65 万亿美元，中国 14.28 万亿美元，占比 16.3%。同年，全球一次能源消费量 137.8 亿吨标准油，中国能耗一次能源消费量 33.8 亿吨标准油，占比 24.5%。中国 1 亿美元 GDP 所消耗的能源，大约是德国的 2.95 倍、日本的 2.79 倍、美国的 2.25 倍、世界平均水平的 1.50 倍。按照世界平均水平计算，中国能源消耗过高，压降空间较大。

"双碳"目标的提出，对中国能源消费转型提出了新的要求。中国是经济大国和能源消费大国，能源对外依存度太高将影响到经济社会的可持续发展，需要在立足国内的基础上尽可能控制能源对外依存度的过快增长。综合考虑上述因素，中国在新时期的能源转型须在推进煤炭清洁化利用的基础上稳步推进，以稳油、增气和发展非化石能源为主线。

煤炭在一次能源消费中依然占据较高比例，中国实现碳排放控制目标必须兼顾能源国情，短期内不可能将煤炭的消费比重大幅降低。在此形势下，必须将煤炭的清洁化利用作为能源转型的基础，同时发展其他清洁能源。能源转型不能以牺牲经济增长为代价，这是由中国现实国情所决定的。国家能源局发布《煤炭清洁高效利用行动计划（2015—2020 年）》之后，国内加快发展超低排放燃煤发电，加大力度对现役燃煤机组进行升级改造，部分电厂增加相关设施投资以较低成本实现近零排放。

在非化石能源使用方面，非化石能源发电量及比重逐年增加，但面临的技术经济性问题依然突出。发电上网受限问题仍旧非常突出，2016 年约 1500 亿千瓦时的非化石能源电量无法有效利用，约占全国总发电量的 2.5%。即便考虑技术进步因素对成本的积极影响，非化石能源发电成本的竞争优势短期内还难以完全显现。预计到 2020 年，"三北"、东中部地区的风电和光伏发电成本依然要高于各自地区的煤电。到 2030 年，在技术进步和关键设备组件成本下降的情形之下，可以实现全国风电、光伏发电度电成本低于煤电。

3. 转型路径

"双碳"目标下的能源消费革命要以控制能源消费总量和强度为核心，完善措施、强化手段，建立健全用能权制度，形成全社会共同治理的能源总量管理体系。

持续提高能源利用效率有利于降低经济社会发展对能源和碳排放增长的依赖。能源是经济社会发展的重要物质支撑，要实现碳达峰，必须实现经济社会发展与碳排放增长逐步脱钩，提高能效正是实现脱钩的重要举措，IEA 也将节能和提高能效视为全球能源系统二氧化碳减排的最主要途径。

合理控制能源消费总量有利于推动"双碳"目标的实现。中国要如期实现"双碳"目标，也必须在保障经济社会发展和人民生活改善用能需求的前提下，持续提升能效水平，合理控制能源消费总量，以较低峰值水平实现碳达峰，并为实现碳中和愿景打下坚实基础。

"双碳"目标下的能源消费革命应大力推广以电代煤、以电代油、以电代气、以电代初级生物质能，摆脱化石能源依赖，实现现代能源普及。积极推广电能替代措施是实现能源转型和清洁发展的必然要求，是实现"双碳"目标的有效途径。未来随着清洁能源的发展，电能替代的环保优势将进一步显现。

6.2　传统能源绿色开发利用

6.2.1　煤炭

1. 发展现状

煤炭是世界上储量最多、用量最多的战略资源。2020 年全球煤炭探明储量达10 741.1 亿吨，较 2019 年增加了 44.7 亿吨，同比增长 0.42%。全球煤炭资源主要集中在北半球，具体分布在两条煤炭带，一条从西欧经北亚，一直延伸到中国华北地区，另一条自东向西横穿北美洲中部。南半球煤炭资源主要分布于温带地区，如澳大利亚、南非和博茨瓦纳[8, 9]。

电力行业是全球碳排放的主要来源之一[10, 11]，近年来，火力发电碳排放占能源活动碳排放的 41% 左右。中国电源结构以煤电为主[12]，截至 2020 年底，煤电装机容量、发电量分别达 10.8 亿千瓦、4.6 万亿千瓦时，占全国电源总装机容量、总发电量的 49%、61%[13]。除了总量庞大，中国新增煤电装机容量增长也较快，2010～2021 年年均新增装机容量超过 4000 万千瓦，占全球新增煤电装机容量的 80%以上[14]。

2. 转型基础

2020 年，落基山研究所（Rocky Mountain Institute）、碳追踪计划（Carbon Tracker Initiative）和塞拉俱乐部（Sierra Club）联合发布报告《如何尽早退役燃煤电厂：以公平可行的方式加速煤电产业的逐步缩减》。报告指出，目前在全球多数地区，可再生能源的新建成本已经低于在运营的燃煤电厂运维成本。另外，在所有国家和地区，包括储能在内的可再生能源装机成本已经低于新建燃煤电厂的成本。相关机构数据显示，2020 年英国温室气体排放量相比于 1990 年降低了 51%，其中最重要的原因就是电力供应去煤炭化。2020 年煤电仅占英国发电量的 1.6%[15]，过去 30 年，煤电退出贡献了英国整体碳减排量的 40%以上。

中国是煤炭消费大国，实现煤电尽早达峰和尽快下降是 2030 年前碳达峰的关键[16]。未来一段时间内，中国油气消费量还将持续上升，预计油气消费分别到 2030 年和 2035 年左右才能实现达峰。与工业、交通、建筑等终端能源消费领域减排相比，以清洁能源发电替代煤电技术成熟、经济性好、易于实施，是最高效、最经济的碳减排措施[17]。

由于煤电体量大、占据中国电力供应的主要地位，未来转型过程中需要多措并举保障煤电平稳退出、清洁能源为主导的电力系统安全稳定运行[18, 19]。华北电力大学与自然资源保护协会（Natural Resources Defense Council，NRDC）共同发布煤控研究项目报告《"十四五"电力行业煤炭消费控制政策研究》，指出为同时满足碳排放约束和用电需求，到 2025 年、2030 年末，煤电装机容量应分别控制在 11.5 亿千瓦、9.8 亿千瓦以内，2045 年实现完全退出。通过对煤电机组的灵活性改造，远期改造为燃氢、燃气和生物质等灵活调节性发电机组，大力发展抽水蓄能电站和电化学储能，并综合采用需求响应、电网互联互通等措施，能够保障碳达峰碳中和进程中电力系统安全稳定运行[20]。

3. 转型路径

实现煤炭转型是一个漫长的过程[21]。1990～2016 年，欧洲和美国的煤电比例分别从 40%和 50%大幅度降低至 21%和 30%[22]。2020 年德国能源转型智库（Agora Energiewende）发布的《欧洲电力部门 2019》报告指出，2019 年，煤炭发电量下降了 24%；可再生能源发电量占欧盟总发电量的 35%；其中，风能和太阳能的发电量首次超过了煤炭，占总发电量的 18%。随着可再生能源成本大幅下降，较

快降低煤电占比已经具备条件。部分国家煤电装机容量占比及弃煤时间如表 6.3
所示。

表 6.3　部分国家煤电装机容量占比及弃煤时间

国家	总发电装机容量/兆瓦	煤电装机容量/兆瓦	煤电占比/%	弃煤时间
比利时	18 835	0	0	2016 年
法国	126 229	3 286	3	2023 年
奥地利	22 150	635	3	2025 年
英国	89 402	13 100	15	2025 年
丹麦	10 662	2 837	27	2030 年
芬兰	18 441	2 119	11	2030 年
荷兰	25 660	5 860	23	2030 年
葡萄牙	19 113	1 878	10	2030 年
瑞典	38 598	231	1	2030 年

　　面对"双碳"目标，中国需要加快可再生能源开发和利用速度，如果当前煤电
装机容量继续增加 2 亿千瓦，峰值达到 13 亿千瓦，煤电碳排放量还将增长 10 亿吨，
2030 年前很难实现碳达峰，更会严重影响碳中和目标的实现。因此，需要加快
对现有燃煤电厂加装 CCS 设备，实现现有煤电机组低碳化[23]。在 2030 年前，
严控东中部煤电新增规模并淘汰落后产能，开展煤电灵活性改造，推动煤电从
基荷电源向调节电源转变，为清洁能源发展腾出空间。在快速减排阶段（2030～
2050 年）和全面中和阶段（2051～2060 年），煤电加快转型，逐步有序退出，
循序推进燃氢发电、燃气发电、生物质掺烧等形式替代煤电，并通过加装 CCS
设备，实现碳净零排放[24]。

　　中国存量煤电需要从"双碳"目标大局出发，积极融入区域经济社会和生态
文明发展，适应并助力新能源主体地位建设，实现与新能源协调发展，成为新型
电力系统的重要组成。煤电转型助力"双碳"目标可以从以下几方面入手。

　　（1）严控煤电总量。下决心坚决停建东中部已核准而未开工项目，合理安排在
建煤电机组的建设进度。"十四五"期间，逐步淘汰关停煤电装机容量 4000 万千瓦，
新建煤电装机容量 2400 万千瓦，新建特高压工程送端配套装机容量 3100 万千瓦，
全国净增煤电装机容量 1500 万千瓦。对"十四五"后各地区煤电退出方案进行
系统规划，明确中长期退煤时间表与路线图，加快煤电退出进程。实现煤电装
机容量 2025 年左右达峰，峰值控制在 11 亿千瓦以内，2030 年降至 10.5 亿千瓦左

右，2050 年进一步降至 3 亿千瓦左右。2050 年后，逐步用燃气、燃氢和生物质发电等形式替代煤电，2060 年煤电装机全部退出。

（2）优化煤电布局。严控东中部煤电装机规模，不再新建煤电机组，新增电力需求主要由区外受电和本地清洁能源满足。2025 年、2030 年前东中部地区分别退役煤电装机容量 3500 万千瓦、5000 万千瓦。2025 年、2030 年，东中部煤电装机容量占全国的比例从 2020 年的 56%逐次下降至 52%和 50%以下。

（3）转变煤电定位。在加快落后产能退役的同时，着力优化调整煤电功能定位，对煤电机组进行灵活性改造，挖掘其调峰价值，逐步推动煤电功能定位由基荷电源转变为调节电源，为清洁能源电源提供支撑。完善电力市场辅助服务补偿与交易机制，引导煤电充分发挥容量效应和灵活性优势。近中期，大容量、高参数、低能耗的超临界、超超临界机组仍主要提供系统基荷，对部分 60 万千瓦及以下机组进行灵活性改造，主要提供系统调峰；远期，绝大部分煤电转变为调节电源与应急备用电源。

（4）有序实施改建。减少煤炭消费总量，推动煤电有序转型改建，循序推进燃氢发电、气电、生物质能掺烧等措施逐步替代煤电，最大程度利用现有电力资产，降低煤电资产搁浅风险。2050 年煤电装机容量占比进一步下降至约 4%，燃氢发电装机容量 1 亿千瓦；2060 年煤电全部退出，燃氢发电装机容量增长至 2 亿千瓦。

（5）煤电的综合能源站改造。主要体现为风光水火储一体化和源网荷储一体化，充分利用存量火电灰场、热网等厂区布置，因地制宜，改造升级，新增布置风光可再生能源、储能、制氢、热泵等，为周边工业园区、产业园区等提供冷热电气水等综合能源服务，并结合技术改造，促进可再生能源融合消纳，提升火电机组市场竞争力，为火电机组供给侧结构性改革提供可行方案。

6.2.2　油气

油气是工业的血液。根据开采难易程度的不同，油气资源可分为常规油气与非常规油气。常规油气资源技术成熟，已经实现大规模的开采利用；而非常规油气资源，受技术条件限制，开发成本过高，不具经济开采价值[25]。但伴随着时间的迁移和勘探开采技术的改进，非常规油气可向常规油气转化。关于油气资源的定义与分类可见表 6.4 和表 6.5。

表 6.4　油气资源的定义

名称	定义
常规油气资源	在已经掌握的技术条件下可以开采出，并具有经济效益的石油和天然气资源
非常规油气资源	在目前技术条件下不能产出，或采出不具备经济效益的石油和天然气资源

表 6.5　油气资源的分类

分类	油气种类	油气名称	简介
常规油气	石油	油藏油	纯天然油藏产的原油
	天然气	气藏气	纯天然气藏产的天然气
		油田伴生气	与石油共存于油气藏中呈游离气顶状态的天然气
		凝析气田气	当地下温度、压力超过临界条件后，液态烃逆蒸发而生成的气体
非常规油气	石油	油砂	由地壳表层的沉积沙与沥青、黏土、水等物质形成的混合物
		重油	沥青质和胶质含量较高、黏度较大的原油
		页岩油	页岩层系中所含的石油资源
		油页岩	一种高灰分的含可燃有机质的沉积岩
	天然气	致密砂岩气	在致密的砂岩（碳酸盐、火山岩）中聚集的天然气
		煤层气	以吸附方式存在于煤表面和微裂隙中的天然气，俗称瓦斯气
		浅层生物气	富含有机质的沉积物在低温浅埋条件下，经微生物生化作用生成的富含甲烷的气体
		水溶气	高温高压地层水中溶解的天然气
		页岩气	以游离和吸附方式存在于页岩内部微小孔隙、裂缝和矿物、有机物表面的天然气
		天然气水合物	又称可燃冰，是天然气与水在低温高压条件下形成的固态结晶物

1. 发展现状

石油、天然气作为重要的能源资源，对于国家经济发展具有重要影响[26]。石油占世界能源消耗的三分之一，占所有能源类别中最大的份额。2019 年，全球每天消耗石油 9830 万桶。在过去的 35 年中，全球每天石油消耗量累计增加了 3900 万桶，平均每年增加 111 万桶/天。

表 6.6 给出了全球主要石油生产国的石油产量。石油产量最高的美国、俄罗斯和沙特阿拉伯三国合计生产了全球 40.5%的石油。另外，石油输出国组织（Organization of the Petroleum Exporting Countries，OPEC）的石油产量占全球石油产量的 38.2%。

表 6.6　2019 年全球十大石油生产国

国家	原油产量/（万桶/天）	占全球份额	增长率
美国	1220	14.7%	11.3%
俄罗斯	1130	13.6%	0.8%
沙特阿拉伯	1010	12.2%	−3.7%
伊拉克	470	5.7%	3.2%
加拿大	470	5.6%	2.0%

续表

国家	原油产量/（万桶/天）	占全球份额	增长率
中国	380	4.6%	1.0%
阿联酋	340	4.0%	1.6%
伊朗	300	3.6%	−30.0%
巴西	280	3.4%	7.8%
科威特	270	3.2%	−2.1%

2019 年全球十大石油消费国如表 6.7 所示。大多数发达国家的石油消费量呈现下降趋势，而大多数发展中国家的石油消费量仍不断上升。2020 年受全球新冠肺炎疫情影响，世界经济衰退，石油需求量出现下降。

表 6.7　2019 年全球十大石油消费国

国家	原油需求/（万桶/天）	占全球份额	增长率
美国	1940	19.7%	−0.1%
中国	1410	14.3%	5.1%
印度	530	5.4%	3.1%
日本	380	3.9%	−1.1%
沙特阿拉伯	380	3.9%	0.5%
俄罗斯	330	3.4%	1.1%
韩国	280	2.8%	−0.8%
加拿大	240	2.4%	−1.7%
巴西	240	2.4%	0.9%
德国	240	2.3%	0.9%

石油、天然气的储量对于国家能源安全与经济稳定发展的作用明显。根据美国《油气杂志》（*Oil & Gas Journal*）数据，2020 年全球石油储量达 17 790 亿桶，相比 2019 年上升了 2.6%。中国石油、天然气储量在国际竞争中不占优势[27]。根据《BP 世界能源统计年鉴》统计，2019 年中国石油探明储量为 261.9 亿桶，仅占全球 1.51%；天然气探明储量为 8.4 万亿立方米，较 2018 年增长明显，但仅占全球的 4.23%。

在天然气开发方面，2015～2019 年中国天然气产量逐年递增。根据国家统计局统计，2019 年中国天然气产量达 1761.7 亿立方米，同比增长 10%，主要分布在陕西省、四川省和新疆维吾尔自治区。

　　从产量与消费量的比例来看，中国石油产量与消费量比例从 2015 年的 39.2%下滑至 2019 年的 27.4%，天然气则从 2015 年的 69.7%下滑至 2019 年的 57.8%。二者比例均呈下滑趋势，且具有明显的供不应求的特点。

　　从长期需求来看，全球电气化与可再生能源的发展会进一步降低油气需求[28]。麦肯锡全球研究院（McKinsey Global Institute，MGI）的分析指出，在实现 1.5℃温控目标的情景下，油气需求在总能源需求中所占比例需要从目前的 55%降至 2050 年的 15%，这对油气行业影响极大[29]。中国的情景与之相仿，国家发展改革委能源研究所与 MGI 均指出，到 2050 年中国的石油需求预计将下降 70%~85%。

　　中国气电近年来发展较快，2010~2020 年，装机容量、发电量年均增速分别达到 14%、13%，在火电装机容量中的占比由 3.8%提升至 7.9%。截至 2020 年底，中国气电装机容量达 9802 万千瓦，年发电量达 2485 亿千瓦时，碳排放量约 4800 万吨，分别占全国总装机容量、总发电量、能源活动总排放量的约 4.5%、3.3%、0.5%。受天然气资源条件和地方经济发展水平的限制，中国气电机组分布主要集中在珠三角、长三角和京津冀地区。其中，广东省是气电装机容量最大的省份，华东地区是气电最集中的地区。相比煤电，气电碳排放和污染物排放水平较低。每吨标准煤当量的天然气燃烧排放约 1.6 吨二氧化碳，约为煤炭的 60%，二氧化硫、氮氧化物排放量分别为煤炭的 35%和 50%[30]。同时，气电运行稳定灵活，对电力系统动态调整需求的响应更加快速，单循环燃气轮机机组调峰能力可以达到 100%，联合循环机组调峰能力可以达到 70%~100%。随着波动性强的风光发电并网比例不断增加，建设一定比例的气电有利于提高电网灵活性，加强电力系统运行稳定性。

　　2. 转型基础

　　2021 年，IEA 发布《2050 年净零排放：全球能源行业路线图》，建议停止批准石油和天然气领域新的投资项目，以便实现 2050 年净零排放目标。报告呼吁全球针对化石燃料做出迅速而根本的转变，并分析探讨了能源转型对全球油气行业的影响，以及油气行业为加速能源转型需采取的行动。报告指出，整个油气行业都会受到能源转型的影响，油气公司应尽可能降低油气核心业务的碳排放，并加大对核心业务以外的低碳能源技术的投资。

　　海湾产油国、日本以及韩国将氢能作为实现碳中和的重要抓手。迪拜与西门子能源有限公司合作，启动了该地区第一个工业规模的绿色氢项目——太阳能绿色氢工厂[31]。阿曼宣布与中国香港、科威特联合投资 300 亿美元建设绿色氢工厂。沙特阿拉伯也于 2020 年签署了一项价值 50 亿美元的绿色氢基氨生产协议。2020 年，俄罗斯政府批准了《2020~2024 年俄罗斯氢能发展路线图》，计划在 2024 年前在俄罗斯境内建立全面的氢能产业链。俄罗斯的氢能产业链将由俄罗斯天然气工业股份公司和俄罗斯国家原子能公司主导，在上游使用天然气、核能等制取低碳氢，而非通过可再生能源制取绿氢。运输环节计划通过天然气管网掺氢、改造现有天然气管道建立氢气管网，出口至欧洲。

2019 年，中国能源消费结构中，石油和天然气占比分别达到 19.7% 和 7.8%。随着煤炭产能的逐渐退出，预计到 2040 年，天然气占比将提高至 14%，石油占比保持在 18%，油气仍将是中国未来一段时期内能源供给的主要形式[32]。

近年来，中国对油气资源的需求逐步扩大，对外依存度持续攀升，2020 年原油和天然气对外依存度分别高达 77.5% 和 42.7%。"十四五"时期，随着国民经济持续高质量发展，中国油气需求还有一定的发展空间，为聚焦油气上游产业高质量发展、高水平保障油气供给提供了难得的战略机遇。预计中国原油需求还有 5~10 年的增长期，将于 2030 年前达峰；天然气需求持续增加，但需求增长将由高速转为中速。为保障国家能源安全和满足经济发展需要，中国油气上游产业在"十四五"时期需要立足于国内油气勘探开发，抓住当前有利环境保持稳健上产；同时，利用低油价的国际形势，增加海外优质资产并购整合力度，利用海外油气权益保障国内能源供应安全。

从规模和基础来看，中国深层、超深层油气资源丰富，是寻找大油气田的重要领域。目前，中国石油勘探刚进入中期阶段，天然气勘探尚处于早期阶段，勘探开发潜力巨大[33]。

在技术层面，水平井和体积压裂、海洋深水勘探开发、深井-超深井钻采、大幅度提高采收率、二次三次驱油和数字化转型等领域技术进步迅速，为中国油气上游产业增储上产提供了技术支撑。

在理论层面，深水高温高压天然气成藏、陆相源内石油聚集、致密气成藏、"甜点勘探"和"体积开发"等一系列理论创新和突破，将传统理论上勘探开发的禁区变成了现实领域，推动油气资源实现战略接替。

在管理层面，"油公司"模式改革，"大井丛、多井型、多层系、工厂化"开发模式，勘探开发一体化、地质工程一体化的管理创新，为中国油气勘探开发建立大场面奠定了基础[34]。

从内外部环境来看，形势变化倒逼中国油气上游产业全面进入转型升级期。在全球金融危机以后，"页岩革命"导致油气供需形势逆转，油价波动中枢每十年左右下降一个台阶[35]。"双碳"目标已成为能源发展硬约束，能源供应侧正加速向清洁、低碳转变。绿色革命加速推动能源消费结构转型，第三次全球能源结构转型已从"量变"进入"质变"。在"管住中间、放开两头"的改革思路下，国内油气行业加快"市场化"变革步伐，油气勘查开采市场正式启动全面对内外资开放，未来竞争主体将更加多元。以大数据、万物互联为核心的信息技术助力油气上游产业实现"数智化"生产，不仅会改变生产方式，还会提高自动化水平和管理水平，提高全要素劳动生产率。

上述外部形势的快速变化倒逼中国庞大的油气上游产业必须实现质量变革、效率变革、动力变革，通过全面转型升级来聚焦油气主业、高水平保障油气供给。

3. 转型路径

目前全球各个国家都在积极开展油气能源资源转型，油气行业面临着平衡短期回报与长期运营许可的战略挑战[36]。当今社会对能源行业的要求是在提供能源服务的同时还要降低碳排放，因此油气行业需要在获得短期回报与长期经营许可间取得平衡。油气行业在能源供应方面已经有着成熟经验，当前面临的主要问题是能否为应对气候问题提供解决方案。

在全球减碳浪潮下，各大国际石油公司纷纷加快转型升级步伐。埃克森美孚公司、雪佛龙股份有限公司等美国石油公司致力于发展CCUS等负碳技术，同时剥离部分高碳、高排放资产。荷兰皇家壳牌集团、英国石油公司、法国道达尔能源公司等欧洲公司致力于研发储备风电、光伏发电、生物燃料等可再生能源技术，同时也在剥离部分油气资产，加快从油气公司向综合性能源公司转型。

对中国来说，应当立足国情和资源禀赋，科学适度发展气电。重点在部分调节资源不足地区适度发展气电作为调峰电源，充分利用燃气机组启停快、运行灵活等优势，平抑清洁能源与负荷波动[37]。同时，通过加装CCUS设备，降低燃气机组的碳排放强度。此外，需要将发展天然气作为低碳化能源转型的实施重点，加大深层、深海及非常规气勘探开发，实现快速增产[38]。中国天然气常规资源探明率仅为13%左右，页岩气、煤层气等非常规气更是处于勘探开发早期，资源潜力大。通过多层次技术攻关，建立与中国地质特点相适应的非常规气开发配套技术，推动非常规气规模效益上产。此外，要加强天然气水合物的技术储备，到2030年将天然气产量占比提高至50%以上。

油气企业应积极探索新能源产业布局，选择优势领域开展低碳能源转型。氢能、充电储能和CCUS技术是比较现实及优势的领域。氢能属于零碳排放能源，油气企业在天然气制氢、氢储运以及终端加氢站等方面优势明显，还可考虑发展可再生能源制氢、煤制氢和电解水制氢。新能源汽车发展快速，储能技术、充电基础设施前景广阔，可借鉴国际石油公司做法，收购充电公司发展储能技术，利用完善的加油站发展充电配套设施。建议在国家层面推动煤油合作，将煤电厂产生的二氧化碳引入老油田提高采收率，达到减排和增油目的。此外，在生物质能、海上风能及地热领域，按照地域特点，有选择性地进行介入发展。

6.2.3　水电

水力发电是利用水位落差，配合水轮发电机组产生电力，是将水的势能转化为机械能,再将机械能转化为电能的过程。一条河流或其一段流域所蕴含的能量大小取决于水量及落差,实际应用中,河流的水量无法人为控制,而落差则可以,所以在建水电站时可以选择筑坝、引水两种方式集中落差,提高水资源利用率[39]。

水力发电的优点主要包括环保可再生、高效灵活、维护成本低等几个方面。水力发电只利用了水中的能量,并不消耗水量,也不会造成污染[40]。水力发电主要动力设备为水轮发电机组,效率高,启动、操作灵活[41],可以短时间内完成增减负荷任务。水力发电不消耗燃料,对人力和设备投入要求较低,运行维修费用低,所以水电站的电能生产成本低廉,只有火电站的 1/5 到 1/8,且水电站的能源利用率可达 85%以上。

水力发电的缺点主要包括受气候影响大、受地理条件限制、前期投入大、建设过程破坏生态环境等。水电受降水影响大,依赖水电站所处地理位置的气候特征,并不能像火电一样提供稳定可靠的电力[42]。

1. 发展现状

地球上淡水量占总水量的 2.5%,参与全球水循环的动态水量仅为淡水量的 1.6%,其中降落在陆地上以径流为主要形式的水量,多年平均为 47 万亿立方米[43]。受地理环境和气候条件影响,全球水能资源分布很不均匀。从技术可开发量分布来看,亚洲占比 50%,南美洲 18%,北美洲 14%,非洲 9%,欧洲 8%,大洋洲 1%。国际水电协会(International Hydropower Association,IHA)2020 年报告显示,截至 2019 年底,全球水电装机容量 1308 吉瓦,全年发电量 4306 太瓦时,新增装机容量 15.6 吉瓦,新增发电量 106 太瓦时[44]。全球水电开发程度按照年均发电量计算,约占技术可开发量的 27.3%。总体而言,全球水能资源开发程度不高,未来还有很大的发展空间。

中国水力资源的技术可开发装机容量为 6.6 亿千瓦,年发电量 3 万亿千瓦时。待开发水能资源中,82%集中分布在西南地区的云、贵、川、渝、藏 5 省区市,适宜规模化集中开发。2020 年,中国常规水电装机容量达到 3.4 亿千瓦,抽水蓄能装机容量达到 0.31 亿千瓦,占总电源装机容量的 16.8%;水电发电量达到 1.36 万亿千瓦时,占总发电量的 17.8%。中国水力资源分布不均,西部 12 个省区市占据了全国 80%以上的水力资源[45]。金沙江、雅砻江、大渡河、澜沧江、乌江、长江上游、南盘江、红水河、黄河上游、湘西、闽浙赣、东北、黄河北干流以及怒江等水电能源基地总装机容量约 3 亿千瓦,占全国技术可开发量的 45.5%左右[46]。

水电是仅次于火电的第二大电源,是现阶段经济性最好的电源,全球水电平均度电成本在 0.25～0.5 元/千瓦时,低于火电、风电和光伏发电的平均水平。中国常规水电装机容量及分布和主要水电基地装机容量如表 6.8 和表 6.9 所示。

表 6.8　中国常规水电装机容量及分布（单位：万千瓦）

地区	2020 年	2030 年	2050 年	2060 年
华北地区	272	443	684	684
华东地区	2 054	2 100	2 100	2 100
华中地区	5 939	6 133	6 940	6 940
东北地区	808	823	1 242	1 242
西北地区	3 385	4 411	4 966	4 966
西南地区	8 873	15 639	24 816	25 815
南方地区	12 536	14 594	16 390	16 390
全国	33 867	44 143	57 138	58 137

表 6.9　中国主要水电基地装机容量（单位：万千瓦）

流域	2030 年	2050 年
金沙江	7 200	8 061
雅砻江	2 400	2 895
大渡河	2 600	2 681
澜沧江	3 100	3 157
怒江	1 800	3 687
雅鲁藏布江	0	5 815
帕隆藏布江（含易贡藏布）	0	1 347
合计	17 100	27 643

2. 发展路径

水电在实现"双碳"目标中起着举足轻重的作用[47]，水电作为重要的可再生能源，其装机规模不断扩大。在全球范围内，大约一半的水电经济潜力尚未开发，尤其是新兴经济体和发展中经济体的潜力特别大。据 IEA 预测，2021~2030 年，全球水力发电总量预计将增加近 850 太瓦时，其中，中国占 42%以上，印度、印度尼西亚、巴基斯坦、越南和巴西将共同贡献 21%[48]。随着水电开发程度的不断提高，水能资源开发利用程度将由目前的 30%提高到 2050 年的 90%以上，对保障能源安全、优化能源结构、实现"双碳"目标发挥更重要的作用[49]。

在当前全球能源治理体系加速重构和可再生能源蓬勃发展的关键历史时期，水电开发面临新的机遇和挑战。从水电技术水平、经济发展水平和电力需求等多因素角度分析，未来水电开发的重点区域涉及印度河、尼罗河、赞比西河、尼日尔河、刚果河、伊洛瓦底江、怒江-萨尔温江以及澜沧江-湄公河[50]。

对中国而言，水电资源开发必须坚持全面、协调、可持续的原则，加快西部水电开发步伐，要深入推进三江流域大型水电基地建设，稳步推动藏东南水电开发，优化开发西北黄河上游水电基地，促进"西电东送"工程的实施。预计到 2030 年，常规水电装机容量将达到 4.4 亿千瓦，新增装机容量主要分布在西南地区；抽水蓄能装机容量达到 1.1 亿千瓦，新增装机容量主要分布在东中部地区。到 2050 年和 2060 年，水电装机容量分别达到 5.7 亿千瓦和 5.8 亿千瓦；抽水蓄能装机容量分别达到 1.7 亿千瓦和 1.8 亿千瓦，且 73%以上分布在东中部地区。

6.3　新能源与零碳电力

发展清洁能源是改善能源结构、保障能源安全、推进生态文明建设的重要任务。风能、太阳能等清洁能源分布广泛，实现"双碳"目标必须加快清洁能源的开发与利用，使其成为能源供应主体，以清洁、绿色方式满足经济社会发展用能需求[51]。

6.3.1　太阳能

太阳能是可再生能源，光伏发电是零碳电力[52]，在发电过程中不会产生污染，不会排放温室气体[53]。同时，光伏发电的成本和日常维护费用相对较低。大力发展光伏产业，是实现"双碳"目标的有效途径之一[54]。

1. 现状

太阳能有清洁、安全、取之不尽、用之不竭等显著优势，近年来全球光伏发电产业快速发展，已成为发展最快的可再生能源。根据国际可再生能源机构（International Renewable Energy Agency，IRENA）数据显示，2010~2019 年全球光伏累计装机容量稳定上升，2019 年为 578.5 吉瓦，较 2018 年增长 20.3%。其中，亚洲累计光伏装机容量为 330.4 吉瓦，占比 57.1%；欧洲 138.5 吉瓦，占比 23.9%；北美 68.2 吉瓦，占比 11.8%。从国家来看，2019 年光伏累计装机容量前三的国家分别为中国、日本和美国，合计占比达到 56.6%，其中中国占全球比重为 35.5%[55]。

中国太阳能资源丰富，技术可开发装机容量超过 1172 亿千瓦，目前开发率仅为 0.2%，大规模开发完全能够满足中国能源需求。中国太阳能资源主要集中在西藏、青海、新疆中南部、内蒙古中西部、甘肃、宁夏等西部和北部地区，年平均辐照强度超过 1800 千瓦时/米^2，是东中部地区的 1.5 倍[56]。自 2010 年来，中国光伏装机容量增长超过 560 倍，年均增速 88%；"十三五"期间累计新增装机容量 2.1 亿千瓦，平均每年新增装机容量 4225 万千瓦。2020 年，中国光伏发电总装机容量为 2.5 亿千瓦，发电量达到 2611 亿千瓦时，分别占全国总装机容量和总发电量的 11.5% 和 3.4%，其中西部、北部地区装机容量占比 56.7%[57]。

2. 发展路径

20 世纪 70 年代以来，欧盟、日本以及许多传统能源匮乏的国家和地区利用太阳能发电的比重逐渐增加。根据欧洲光伏产业协会（Solar Power Europe，SPU）2020 年发布的《全球光伏市场展望 2020—2024》，2019 年全球光伏新增装机容量达到 116.9 吉瓦，同比增长 13%，占全球新增电力装机容量的 48%。德国自 1991 年推出"千屋顶计划"，政府为每位安装太阳能屋顶的住户提供补贴。日本自 1993 年开始实施"新阳光工程"，建立本土太阳能光伏产业和光伏市场。通过一系列的政府资助和相关研究、开发、示范和部署，日本在太阳能电池制造技术和降低成本方面取得了长足进步[58]。

对中国而言，光伏产业的高效有序发展有利于实现"双碳"目标。要坚持集中式和分布式开发并举，电源布局与市场需求相协调，持续扩大太阳能发电规模，不断提高太阳能发电在电源结构中的比重。充分利用太阳能资源和沙漠、戈壁土地资源优势，重点集中开发新疆、青海、内蒙古、西藏等西北部大型太阳能基地。同时，在东中部地区合理利用厂房屋顶、园林牧草和水塘滩涂，因地制宜发展分布式光伏。

在实施路径方面，以光伏产业促进碳达峰碳中和可以分为两个阶段。第一阶段为尽早达峰阶段，到 2030 年中国太阳能发电装机容量达到 10.3 亿千瓦，其中集中式光伏 7 亿千瓦，分布式光伏 3 亿千瓦，光热发电 0.3 亿千瓦。太阳能发电总量达到 1.4 万亿千瓦时，相当于替代 4.5 亿吨标准煤，占一次能源消费总量的 7%。第二阶段为快速减排和全面中和阶段，到 2050 年和 2060 年，中国光伏装机容量分别达到 32.7 亿千瓦和 35.5 亿千瓦，其中分布式光伏装机容量分别达到 10 亿千瓦和 11 亿千瓦，光热装机容量分别达到 1.8 亿千瓦和 2.5 亿千瓦；太阳能发电总量分别达到 5.5 万亿千瓦时和 6.2 万亿千瓦时，相当于替代 6.7 亿吨标准煤和 7.6 亿吨标准煤，占一次能源消费总量的 11% 和 13%。

6.3.2　风能

风能是一种洁净、无污染、可再生的绿色能源。风力发电技术的日趋成熟以及其较高的经济可行性，同时加之各国政府持续出台清洁能源的激励政策与法规，极大促进了风力发电行业向着更加广阔的前景发展。

1. 现状

地球上的风能资源十分丰富,每年来自外层空间的辐射能为 1.5×10^{18} 千瓦时,其中的 2.5%即 3.75×10^{16} 千瓦时的能量被大气吸收,产生大约 4.3×10^{12} 千瓦时的风能。全球风能理事会(Global Wind Energy Council,GWEC)统计显示,2020 年,全球风力发电新增装机设备超过 9000 万千瓦,合计装机容量达到 7.43 亿千瓦,相比 2019 年分别增长 53%和 14%。其中,新增风力发电装机容量最大的市场分别为中国、美国、巴西、新西兰和德国,合计占全球新增风力发电装机容量的 80.6%;装机总容量方面,中国排名世界第一,其次分别为美国、德国、印度和西班牙,合计占全球风力发电装机总容量的 73%[59]。

中国风能资源丰富,陆上风电的技术可开发装机容量超过 56 亿千瓦,主要集中在三北地区和东部沿海地区,年平均风功率密度超过 200 瓦/平方米。2020 年,中国风电装机容量和发电量分别达到 2.8 亿千瓦和 4665 亿千瓦时,新增并网装机 7167 万千瓦,近十年年均增速分别达到 24.6%和 25.2%。2020 年,中国风电平均利用率为 97%,较 2019 年提高 1 个百分点。风电平均利用小时数 2097 小时,风电平均利用小时数较高的省区中,福建 2880 小时、云南 2837 小时、广西 2745 小时、四川 2537 小时。

2. 发展路径

基于风电的环境友好性和适中的度电成本,其在减少化石能源消耗和实现碳达峰碳中和过程中发挥了重要作用,全球主要国家都在致力于风电开发,目前已基本实现大规模的产业化运营。GWEC 发布的《2021 年全球风能报告》显示,2021~2030 年全球累计新增将超过 235 吉瓦的海上风电装机,2030 年累计装机总容量将达到 270 吉瓦,其中 30%的新增装机将在 2021~2025 年完成吊装,预计新增装机容量将由 6.1 吉瓦增至 23.1 吉瓦,在全球风电新增装机容量中所占份额也将由 6.5%增至 20%。就不同区域而言,欧洲年新增装机容量预计在 2026 年达到 10 吉瓦,并一直保持到 2030 年。2021~2023 年,欧洲以外的大部分增长将来自亚洲,主要包括中国和越南等国家,日本与韩国的风电装机份额将从 2024 年开始提升[60]。

中国实现"双碳"目标任务艰巨,作为绿色低碳发展和生态文明建设的重要支撑,加快发展风电是应对气候变化和履行国际承诺的重要举措。在具体发展路线方面,以风电产业促进碳达峰碳中和可以分为两个阶段。第一阶段为尽早达峰阶段,到 2030 年,中国风电装机容量将达到 8 亿千瓦,其中陆上风电装机容量 7.4 亿千瓦,海上风电装机容量 5500 万千瓦。新增陆上风电装机容量 5.14 亿千瓦,其中约 2 亿千瓦布局在东中部地区,占新增装机容量的 39%;新增海上风电装机容量 4900 万千瓦，主要分布在江苏、浙江、福建、广东等省。第二阶段为快速减排阶段和全面中和阶段，到 2050 年和 2060 年，中国风电装机容量分别达到 22 亿千瓦和 25 亿千瓦，其中海上风电为 1.3 亿千瓦和 1.6 亿千瓦。随着储能技术的不断进步和储能成本的不断下降，风电与储能实现较好融合，风电将成为中国主力电源之一，并在工业等其他领域有广泛应用[61]。

6.3.3　核能

核能是安全、清洁、低碳的战略能源，具有能量密度高、单机容量大、占地规模小、长期运行成本低等特点，大力发展核电可有效提升能源自给率[62]。大力发展核电产业，是实现"双碳"目标的有效途径之一[63]。

1. 现状

核电是高效稳定的清洁电源。与化石能源发电相比，核电生产不排放二氧化硫、氮氧化物等大气污染物和二氧化碳等温室气体。与风电、光伏发电相比，核电单机容量大、运行稳定、利用小时数高，可以实现大功率稳定发电，更适合作为基荷电源。另外，核电还具备一定调峰能力，美国、德国、法国等国家的核电机组已适度参与调峰。

截至 2019 年底，全球共 30 个国家合计拥有 441 座核电站，装机容量 3.97 亿千瓦。20 世纪 70 年代石油危机期间，核电进入建设高潮，直至 90 年代，共投产 401 台机组，装机容量 3.26 亿千瓦。受 1986 年切尔诺贝利核事故影响，核电发展放缓[64]。1991~2010 年，核电净投产机组 25 台，装机容量 0.57 亿千瓦；2011 年日本福岛核事故后，共净投产机组 9 台[65]。全球核电发电量在 2006 年达到峰值 2.8 万亿千瓦时，2018 年为 2.7 万亿千瓦时；核电占总发电量比重于 1996 年达到峰值，约为 17.5%，2018 年下降为 10.2%。

2020 年，中国核电装机容量达到 4989 万千瓦，占总装机容量的 2.3%，平均利用小时数高达 7453 小时，设备平均利用率约 85%。目前，中国已储备一定规模的沿海核电厂址资源，主要分布在浙江、江苏、广东、山东、辽宁、福建、广西等省区，形成"三代为主、四代为辅"的发展格局。相比二代核电技术，三代核电部署了较为完备的预防和缓解严重事故后果的措施，设计安全性能有明显提高，但成本相应也有显著上升。目前，中国三代核电造价 1.5 万~1.8 万元/千瓦，度电成本 0.47~0.57 元/千瓦时。

2. 发展路径

根据国际原子能机构（International Atomic Energy Agency，IAEA）发布的《至

2050 年能源、电力和核电预测》报告显示，在未来一段时间内，全球核电装机总量仍将呈现增长趋势。相比 2015 年，到 2030 年全球核电装机总量预计将增加 56.2%，到 2050 年增加 134.7%[66]，其中北美、西欧等地区增长放缓，亚洲和东欧地区增速将加快。

在"双碳"目标约束下，中国核电行业要抓住机遇，实现新一轮高质量发展。总体来看，核电是替代化石能源、构建低碳能源体系的有益补充，但受经济性、社会环境等因素制约，可以在确保安全的前提下适度发展核电。未来随着高比例可再生能源接入电力系统，核电机组可为促进清洁能源消纳、保障电力系统安全稳定运行发挥一定作用。重点攻关方向包括快堆配套的燃料循环技术研发、解决核燃料增殖与高水平放射性废物问题，并积极发展模块化小堆，如小型模块化压水堆、高温气冷堆、铅冷快堆等堆型。"双碳"目标下的核电发展路径主要分为两个阶段，第一阶段为尽早达峰阶段，到 2030 年，中国核电装机容量将达到 1.08 亿千瓦；第二阶段为快速减排和全面中和阶段，统筹考虑设备制造和核燃料供应等条件，2050 年和 2060 年中国核电装机容量将分别达到 2 亿千瓦和 2.5 亿千瓦。

6.3.4　生物质燃料

生物质燃料是可再生能源，植物通过光合作用将二氧化碳和水合成生物质，生物质燃烧生成二氧化碳和水，形成二氧化碳的循环。因此，生物质燃料是全生命周期零碳排放能源[67]。现代生物质燃料是通过先进生物质转换技术生产出固体、液体、气体等高品位的燃料，利用方式多样。生物质可直接燃烧应用于炊事、室内取暖、工业过程、发电、热电联产等，也可通过热化学转换形成生物质可燃气、木炭、化工产品、液体燃料等，分别用于替换天然气、煤炭及交通燃油。生物质可通过生物转换，依靠微生物、酶的作用，生产出燃料乙醇、沼气等，燃料乙醇可与汽柴油混合使用，沼气广泛用于居民生活、发电以及农业供能。生物质的其他转换包括固体压缩成型，提高能源密度，可以高效直接利用，或进一步加工成生物炭替代煤炭。另外，BECCS 技术联合应用生物质燃料与 CCS 技术，具备二氧化碳负排放能力，将成为加速碳减排的重要技术方案。

1. 现状

2018 年，全球生物质产量达到 18.9 亿吨标准煤，占总能源生产量的 9.2%，其中居民生活、发电供热、工业生产、交通运输、商业服务、农业林业领域用生物质分别达 9.6 亿吨标准煤、3.0 亿吨标准煤、2.9 亿吨标准煤、1.3 亿吨标准煤、0.4 亿吨标准煤、0.2 亿吨标准煤。近年来，生物质利用规模加速增长，如交通领域 2010~2018 年生物质燃料利用规模年均增速超过 6%，全球已有超过 15 万次航班全部或部分采用生物质燃料，5 个大型机场配备了生物质燃料配给系统[68]。

从经济效益来看，生物质经济竞争力不强。生物质固体成型燃料经济性已经接近煤炭，单位热值固态燃料成本为煤炭的 1.0~1.4 倍[69]。生物质液体燃料竞争力仍低于化石燃油，生物乙醇和生物柴油成本分别约为 420 元/桶和 660 元/桶（以原油热值进行换算），高于原油价格。生物质气体燃料已在欧美发达地区的热电联产机组中广泛采用，度电成本约为 0.33 元/千瓦时，预计近中期经济性弱于水电，中长期弱于风光电源。生物甲烷已在欧洲等地区初步商业化应用，可以在各类交通利用场景下替代化石能源，未来生物甲烷将具备一定经济性，成为替代天然气的重要手段之一。

中国生物质资源总量有限。适用于能源利用的生物质主要包括林业资源、农业有机废水、城市固体废物和畜禽粪便等四大类[70]。中国年产各类有机废弃物保守估计有 3 亿~50 亿吨，其中，农业废弃物 9.8 亿吨、林业废弃物 1.6 亿吨、有机生活垃圾 1.5 亿吨、畜禽粪污 19 亿吨、污水污泥 4000 万吨、工业有机废渣废液 8 亿吨，每年可作为能源利用的生物质资源总量约 4.6 亿吨标准煤。

截至 2020 年底，中国生物质装机容量达到 2952 万千瓦，年发电量 1326 亿千瓦时，超额完成"十三五"规划目标。2019 年国家发展改革委等十部委联合下发的《关于促进生物天然气产业化发展的指导意见》提出，到 2025 年，生物天然气具备一定规模，形成绿色低碳清洁可再生燃气新兴产业，生物天然气年产量超过 100 亿立方米。到 2030 年，生物天然气实现稳步发展。规模位居世界前列，生物天然气年产量超过 200 亿立方米，占国内天然气产量一定比重[71]。

2. 发展路径

IRENA 发布的《2020 年可再生能源统计》（Renewable Capacity Statistics 2020）显示，2019 年全球可再生能源发电装机容量达到 25.37 亿千瓦，其中全球生物质能发电装机容量达到 1.24 亿千瓦，约占可再生能源发电装机总量的 4.9%。IEA 认为印度受益于制糖业的甘蔗渣热电联产，在生物质能方面存在一定优势；日本主要是通过上网电价进行项目支持，增加产能；在欧洲，英国和荷兰的生物质能将是持续增长点；土耳其的沼气利用以及墨西哥的废弃物发电市场也正成为富有活力的新兴市场[72]。

对中国市场而言，生物质燃料的经济性近期弱于化石能源，远期弱于风光发电，即便可开发资源全部利用，也仅能满足 2060 年中国一次能源需求的约 20%，不具备成为主体能源的条件。但生物质燃料可以在不改变现有能源基础设施的情况下，实现对部分化石能源的替代，并应用于航空航海、钢铁冶炼等难以直接以电能替代的领域，作为实现这些领域"双碳"目标的重要手段之一。

从近中期看，生物质热电联产替代煤炭，生物气替代天然气，生物燃油、燃料乙醇替代石油均是中国能源系统脱碳的重要选择。预计到 2025 年和 2030 年，生物质利用总量将分别达到 1.6 亿吨标准煤和 1.9 亿吨标准煤，其中生物质发电装机容量分别达 3000 万千瓦和 4000 万千瓦。

从长远看，生物质将是中国零碳能源系统的有益补充，是丰富能源供应多样性的重要手段。预计到 2060 年，生物质利用总量将达到 4.7 亿吨标准煤，其中约 45%用于工业制热需求，30%用于生物质发电，其余用于交通运输和建筑等领域分散式制热、制气等。

6.4　氢　　能

6.4.1　氢能概述与应用

1. 氢能概述

氢元素在地球上主要以化合物的形式存在于水和化石燃料中。氢气兼具燃料、储能、化工原料等多种属性，在电力、交通、建筑、化工等多个行业具有广阔的应用空间[73]。目前，对于氢气应用技术的理论探索与实践案例主要聚焦于储能领域、工业领域（氢能炼钢、氢能化工、天然气掺氢）、交通运输领域（燃料电池汽车、重型工程机械、船舶）、建筑领域（微型热电联供、管道掺氢）等。

氢能作为高效清洁的可再生能源，可为化工、冶炼、动力燃料等传统工业行业实现深度脱碳。但氢能作为一种二次能源，需要通过制氢技术进行提取。现有制氢技术大多依赖化石能源，无法避免碳排放。根据氢能生产来源和生产过程中的碳排放情况，氢能又有灰氢、蓝氢和绿氢的分别。灰氢是指利用化石燃料燃烧产生的电力制备的氢气，该类型的氢气约占当今全球氢气产量的 95%。蓝氢也由化石燃料（主要是天然气）燃烧产生，但其制备过程融合了 CCUS 技术，可以显著降低生产过程的碳排放，满足大多数国家的排放限制要求。绿氢是指利用可再生能源（太阳能、风能等）分解水得到氢气，不仅从生产源头上实现了二氧化碳零排放，而且其燃烧过程只产生水，通过替代传统化石能源还可以实现消费终端的零排放[74]，是真正意义上的清洁能源。但由于目前可再生能源电解制氢技术尚未大规模推广，氢能储运技术不成熟，配套设施不完善，绿氢的产能还比较小，利用方式也以就近消纳为主，应用领域主要局限于传统化工行业[75]。

2. 氢能应用

1）氢动力汽车

目前陆地交通运输系统主要依赖于汽油，交通运输领域产生的二氧化碳排放量，包括石油炼制过程中的排放在内，约占全球二氧化碳排放量的 30%。在传统液体或气体化石燃料驱动的活塞式发动机中，工作流体是由燃料和氧气燃烧产生的气体以及空气中的氮气组成的混合气体，用于将热能转换为机械功。使用氢气代替化石燃料参与内燃机工作的机理有部分不同。一方面，氢气在每次循环中占用体积较大，工作流体相对减少，使得输出功率降低 20%～25%；另一方面，氢气燃烧的高温能提高发动机的效率，但却会产生浓度较高的氮氧化物排放。

目前美国和日本已经生产出多种氢燃料和双燃料的发动机样机。氢动力汽车除了通过氢内燃机驱动外，还可以通过氢燃料电池发动机驱动。氢燃料电池发动机是一种将氢气和氧气通过电化学反应直接转化为电能的发电装置，其过程不涉及燃烧，无机械损耗，能量转化率高，产物仅为电、热和水，运行平稳，噪声小。据新能源汽车国家大数据联盟的报告显示，截至 2020 年底，新能源汽车国家监测和管理平台已累计接入 6002 辆氢燃料电池汽车，主要是氢燃料电池公交车和物流车，分别为 2222 辆和 3153 辆[76]。氢燃料电池汽车正处于产业化发展的初期，在全产业链中实现绿色制氢和规模化应用是推动氢燃料电池汽车产业发展的关键。

2）氢动力船舶

目前氢能燃料电池主要应用于车辆以及热电等陆用装置，船舶由于特殊的使用条件，对氢燃料电池的功率需求、储氢条件、安全、产品特性等要求均不同于汽车。目前，氢燃料电池动力船舶在应用上还存在几个主要问题：①船用氢燃料电池标准规范尚不完善，国际海事组织尚未制定氢燃料电池动力船舶适用的行业准则，国内的氢能船舶行业标准工作推进较快，中国海事局已正式发布《氢燃料电池动力船舶技术与检验暂行规则（2022）》，从氢燃料动力船舶的布置、燃料管系、燃料储存、燃料加注、电气设备、通风及惰化、消防、控制监测和安全系统等多个环节做出具体的标准规定；②船用氢燃料电池技术研究不足，相关研究主要集中在高校和部分科研院所，缺少工程化应用研究；③船用氢气存储及加注技术亟待突破，船舶具有续航时间长、氢气耗量大、环境因素复杂、安全要求高等特点，燃料补给限制条件多，需在储氢密度、安全性和成本三者之间寻找平衡；④氢燃料电池动力船舶安全性及管理技术滞后，氢燃料电池动力系统改变了传统船舶内燃机推进理念，其可行性、可靠性和安全性有待进一步验证。

3）氢能冶金

传统的高炉炼铁通过焦炭燃烧提供还原反应所需的热量并产生还原剂一氧化碳，将铁矿石还原得到铁，并产生大量的二氧化碳气体。而氢能炼钢则利用氢气替代一氧化碳做还原剂，其还原产物为水，没有二氧化碳排放，炼铁过程绿色无污染，是实现钢铁生产过程节能减排的最佳方案之一。

　　目前成熟的氢气炼钢工业生产方案主要有部分使用氢气和完全使用氢气两种设计。在部分使用氢气的设计方案中，氢气占到还原剂的 80%，其余气体原料为天然气，因此该设计方案下依然会产生部分二氧化碳排放。

　　截至 2020 年，中国钢铁企业平均吨钢碳排放量为 1.765 吨。采用基于天然气的冶炼工艺，可以将吨钢碳排放量降至 940 千克；使用 80% 的氢气和 20% 的天然气则可以降至 437 千克；如果完全使用氢气炼钢，则可以实现钢铁生产过程的净零排放。

6.4.2　氢能关键技术

1. 氢能制取

　　制氢技术一直是氢能行业研究的重点，当前主流的制氢方法主要有化石燃料制氢和电解水制氢等。同时，过程强化和 CCUS 等各种新技术也被广泛应用于制氢行业以提升制氢效率和减少过程碳排放[77]。

　　1）化石燃料制氢

　　（1）甲烷蒸汽重整制氢是应用较为广泛的制氢方法之一，全球产氢总量的近 50% 来自甲烷蒸汽重整制氢。传统的甲烷蒸汽重整工艺流程包括原料预热和预处理、重整、水蒸气置换、一氧化碳脱除和甲烷化。传统甲烷重整制氢技术应用已非常广泛，但还存在反应温度高、易积碳等局限性，近年来等离子体甲烷重整制氢技术也在研究发展之中。

　　（2）甲烷自热重整制氢是一种新型的制氢工艺，该工艺耦合了放热的甲烷部分氧化反应和强吸热的甲烷水蒸气重整反应，通过控制两个反应速率，实现反应本身自供热，降低系统能耗，控制反应温度，减少反应中的热点，避免积碳或者烧结。目前甲烷自热重整反应过程主要选用贵金属铂、钯等以及过渡金属镍、钴等作为催化剂，这些催化剂具有稳定性高、纯度高、比表面积大、耐积碳等优点。但是甲烷自热重整反应需要提供纯氧，因此这种制氢技术成本较高，短期内难以进行推广使用。

　　（3）气化制氢是一种能够将化石燃料、生物质和废弃物等转化为氢气的工艺。其中，煤化工制氢是指煤与气化剂在一定的温度、压力等条件下发生化学反应，得到以氢气和一氧化碳为主要成分的合成气体，然后通过一氧化碳的转化、分离和净化等处理，获得一定纯度的氢气，气化后的残渣仅为灰分。此外，生物质气化制氢工艺应用也比较广泛，但由于生物质气化质量较差、焦油含量多，同时生物质气化的效率还受到原料、温度和催化剂等多因素影响，其稳定性和效率还有待进一步提升。

2）电解水制氢

电解水制氢是一种比较方便的制氢方法,现阶段全球大约有4%的氢气通过该方法制成[78]。电解水制氢方法是指在充满电解质的电解装置上施加直流电,水分子在电极上发生电化学反应,分解为氢和氧。当前较为主流的电解水制氢主要有碱性水电解制氢、质子交换膜水电解制氢和固体氧化物电解制氢三种方法。

（1）碱性水电解制氢是当前比较成熟、经济和易于操作的制氢方法,已被广泛应用。碱性水电解制氢装置主要由电源、电解槽体、电解液、阴极、阳极和隔膜构成,其中电解槽基本结构又有单级电解槽和双级电解槽两种。在单级电池中,电极是并联的,而在双级电池中,电极是串联的。双级电解槽结构紧凑,可以减少电解液电阻造成的损耗,有利于提高电解槽效率,但同时也增加了设计复杂度,导致制造成本高于单级电池。

（2）质子交换膜水电解制氢也被称为固体聚合物电解制氢。其电解槽装置主要由质子交换膜、阴阳极催化层、阴阳极气体扩散层和阴阳极端板等组成,扩散层、催化层与质子交换膜组成膜电极,是整个水电解槽物料传输以及电化学反应的主场所。目前,质子交换膜水电解制氢技术已在加氢站现场制氢、风电等可再生能源电解水制氢、储能等领域得到示范应用并逐步推广,但由于该工艺的电极使用铂等贵金属,大规模使用还需进一步降低其催化剂与电解槽的材料成本。

（3）固体氧化物电解制氢仍处于试验阶段。该方法需要在 800～1000℃的高温条件下运行,固体氧化物电解反应产生的余热还可回收利用,电化学性能和效率相比其他两种方法更高。但由于工况温度较高,其材料和反应过程存在一定限制,因此现阶段其制氢成本要比碱性水电解制氢方法更高。

2. 氢能存储

高效利用氢能源的关键在于氢气的储运[79],储氢技术的关键在于安全、大容量、低成本以及取用方便[80]。目前,储氢方法主要分为高压气态储氢、低温液态储氢、有机液态储氢和固体材料储氢四种。表 6.10 给出了四种主要储氢方式对比。

表 6.10 主要储氢方式优缺点对比及应用

储氢方式	优点	缺点	应用
高压气态储氢	技术成熟、结构简单、充放氢速度快、成本及能耗低	密度低、安全性能较差	普通钢瓶、少量存储、轻质高压储氢罐、氢燃料电池
低温液态储氢	密度大,安全性相对较好	能耗大、储氢容器要求较高	大量、远距离储运、火箭低温推进剂
有机液态储氢	液氢纯度高、密度大	成本高、能耗大、操作条件严苛	无
固体材料储氢	密度大、能耗低、安全性好	技术不成熟、充放氢效率低	试验研究阶段

　　四种储氢技术中，高压气态储氢是目前应用最为成熟和广泛的储氢方式，但其在储氢密度和安全性方面存在瓶颈；低温/有机液态储氢由于成本和技术问题还未大规模商业化应用；固体材料储氢潜力巨大，但目前还处于研究阶段。

　　1）高压气态储氢

　　高压气态储氢是通过高压将氢气压缩到一个耐高压的容器中，以气态储存，氢气的储量与储罐内的压力成正比。实际应用中，储氢罐加压过程成本较大，且随着压力增大，储氢的安全性大大降低，存有泄露和爆炸等安全隐患，安全性能还有待提高。未来，高压气态储氢还需要向轻量化、高压化、低成本、质量稳定的方向发展，探索新型储氢罐材料以匹配更高压力下的储氢需求，提高储氢安全性和经济性。

　　2）低温/有机液态储氢

　　低温液态储氢是先将氢气液化，然后储存在低温绝热真空容器中。由于液氢密度为 70.78 千克/米^3，是标况下氢气密度的近 850 倍，即使将氢气压缩，气态氢单位体积的储存量也不及液态储存。虽然该方式储氢的体积能量很高，但液氢的沸点极低（−252.78℃），与环境温差极大，对储氢容器的绝热要求很高。有机液体储氢方法是借助某些烯烃、炔烃或芳香烃等储氢剂和氢气产生可逆反应，从而实现加氢和脱氢。该方法储氢可在常温常压下以液态输运，储运过程安全、高效，但还存在脱氢技术复杂、脱氢能耗大、脱氢催化剂技术亟待突破等技术瓶颈。

　　3）固体材料储氢

　　根据固体材料储氢机制的差异，主要可将储氢材料分为物理吸附型储氢材料和金属氢化物储氢材料（储氢合金）两类。储氢合金是指在一定温度和氢气压力下，能可逆地大量吸收、储存和释放氢气的某些金属或合金，是目前最有希望且发展较快的固体材料储氢方式。金属氢化物储氢具有储氢体积密度大、操作容易、运输方便、成本低、安全性高、可逆循环性好等优点，是四种方式中最为理想的储氢方式，也是储氢科研领域的前沿方向之一。

　　3. 氢能的运输

　　氢气的运输方式根据储氢状态和运输量的不同而不同，主要有气氢输送、液氢输送和固氢输送三种方式[77]。

　　（1）气氢输送，分为长管拖车和管道运输两种。长管拖车运输压力一般为 20 兆～50 兆帕，中国长管拖车运输设备产业较为成熟，但在长距离、大容量输送时，成本较高，整体落后于国际先进水平。管道运输是实现氢气大规模、长距离输送的重要方式。管道运输时，管道运输压力一般为 1.0 兆～4.0 兆帕，输氢量大、能耗低，但是建造管道一次性投资较大。

　　（2）液氢输送，适合远距离、大容量输送，可以采用液氢罐车或者专用液氢驳船运输。采用液氢输送可以提高加氢站单站供应能力。

（3）固氢输送。通过金属氢化物存储的氢能可以采取更加丰富的运输手段，驳船、大型槽车等运输工具均可以用来运输固态氢。

6.4.3　氢能与碳中和

随着全球气候压力增大及能源转型加速，氢能在实现各国碳中和目标上将发挥重大积极作用。美国、日本、韩国、欧盟等全球主要发达国家和地区与中国都高度重视氢能的发展，将氢能发展上升到能源战略高度。2020 年美国能源部发布了《氢能计划发展规划》，提出未来氢能研究、开发和示范的总体战略[81]。日本在 2017 年出台了《氢能源基本战略》，将氢能发展提升至国家战略高度。欧洲燃料电池和氢能联合组织作为欧洲积极推动氢能发展的重要团体，在 2019 年初发布了《欧洲氢能路线图：欧洲能源转型的可持续发展路径》。德国作为欧洲推动氢能发展的重要国家，在 2020 年 6 月通过了《国家氢能战略》[82]。

随着深度脱碳的需求增加和低碳清洁氢的经济性提升，氢能供给结构将从化石能源为主的非低碳氢逐步过渡到以可再生能源为主的低碳清洁氢，助力以新能源为主体的新型电力系统建设。基于"零碳排放"模式下的可再生能源制氢不仅可以解决环境污染问题，实现"双碳"目标，而且能有效解决可再生能源的消纳问题，使氢能在储能、交通、工业和建筑领域有广泛的应用场景[83]。

2030 年，中国非化石能源占一次能源消费比重将超过 25%，风电、太阳能发电总装机容量将达到 12 亿～20 亿千瓦。如果取中位数 16 亿千瓦，按照可再生能源电解水制氢 5%比例配制，装机规模有望达到 0.8 亿千瓦，绿氢产量达到 500 万吨/年。2035 年，考虑到电解槽渗透率和利用负荷的提升，中国绿氢产量有望达到 1500 万吨/年。与此同时，化石能源制氢将逐步配套 CCUS 技术，与绿氢共同成为中国氢能供应主体。2060 年，中国电解槽装机有望达到 5 亿千瓦，绿氢产量提升至 1 亿吨，占氢气年度总需求的 80%。

2060 年，通过低碳清洁氢供给体系的建立，可实现减少二氧化碳排放量约 17 亿吨，约占当前中国能源活动二氧化碳排放量的 17%。分部门来看，届时交通部门、建筑与发电部门用氢需求几乎全部由绿氢供给，交通部门可实现减排约 4.6 亿吨，超过当前交通部门碳排放量的 40%，建筑与发电部门减排约 1.4 亿吨，工业部门实现减排约 11 亿吨，占当前工业部门碳排放量的 28%。

6.5　本　章　小　结

本章首先基于"双碳"目标，从能源转型的角度分析了典型国家的能源转型道路和成果，再将"双碳"目标与中国能源生产和消费革命相结合，论述了能源革命战略与"双碳"目标的关系，并提出具体转型路径。

其次，针对全球煤炭、油气和水电三种传统能源的发展现状、转型基础以及转型路径进行了详细梳理和总结，将不同国家传统能源的发展现状和转型政策相结合，总结并展望了"双碳"目标下传统能源的转型道路，并着重针对中国在"双碳"目标下传统能源的绿色开发提出了相关建议。

最后，针对全球部分国家太阳能、风能、核能、生物质燃料的发展现状以及未来的发展路径进行了总结和展望，从应用、关键技术、与碳中和的关系三个角度出发，对氢能在不同国家的应用和发展路径进行了梳理和总结。

本章参考文献

[1] Vance J，Chung H，Hoeppner E. Clean energy and the need for effective transformation and continuous improvement[J]. Climate and Energy，2021，37（12）：20-25.

[2] Zysman J，Huberty M. Governments，markets，and green growth：energy systems transformation for sustainable prosperity[EB/OL]. [2022-01-25]. https://brie.berkeley.edu/sites/default/files/wp191.pdf.

[3] Dangerman A T C J，Schellnhuber H J. Energy systems transformation[J]. Proceedings of the National Academy of Sciences of the United States of America，2013，110（7）：E549-E558.

[4] Traber T，Hegner F S，Fell H J. An economically viable 100% renewable energy system for all energy sectors of Germany in 2030[J]. Energies，2021，14（17）：5230.

[5] Qiu S，Lei T，Wu J T，et al. Energy demand and supply planning of China through 2060[J]. Energy，2021，234：121193.

[6] 习近平：积极推动我国能源生产和消费革命[EB/OL]. （2014-06-13）[2022-07-11]. http://www.xinhuanet. com//politics/2014-06/13/c_1111139161.htm.

[7] 李眼，白俊：贯彻能源革命战略 助力实现双碳目标[EB/OL]. （2021-08-06）[2021-10-08]. https://m.thepaper. cn/newsDetail_forward_13916052.

[8] 谢锋斌. 全球煤炭供需格局简析[J]. 中国矿业，2013，22（10）：19-21.

[9] 邓明君，罗文兵，尹立娟. 国外碳中和理论研究与实践发展述评[J]. 资源科学，2013，35（5）：1084-1094.

[10] 费雷文 C，尹小健. 低碳能源：世界能源革命新战略[J]. 江西社会科学，2009，（7）：247-256.

[11] Chai J，Du M F，Liang T，et al. Coal consumption in China：how to bend down the curve？[J]. Energy Economics，2019，80：38-47.

[12] Wang Q，Song X X. Why do China and India burn 60% of the world's coal？A decomposition analysis from a global perspective[J]. Energy，2021，227：120389.

[13] 中国电力企业联合会. 中国电力统计年鉴 2021[M]. 北京：中国统计出版社，2021.

[14] 中电传媒·能源情报研究中心，中国能源大数据报告（2021）[R]. 北京：中电传媒·能源情报研究中心，2021.

[15] Wang Q，Song X X. How UK farewell to coal-insight from multi-regional input-output and logarithmic mean divisia index analysis[J]. Energy，2021，229：120655.

[16] Wang J L，Li Z H，Ye H K，et al. Do China's coal-to-gas policies improve regional environmental quality？A case of Beijing[J]. Environmental Science and Pollution Research，2021，28：57667-57685.

[17] Zhang H，Da Y B，Zhang X，et al. The impacts of climate change on coal-fired power plants：evidence from

China[J]. Energy & Environmental Science，2021，14（9）：4890-4902.

[18] 王圣，孙雪丽，徐静馨，等. 我国"十四五"电力发展规划中煤电环境保护要点分析[J]. 电力学报，2020，35（2）：143-148，165.

[19] Cui R Y，Hultman N，Cui D Y，et al. A plant-by-plant strategy for high-ambition coal power phaseout in China[J]. Nature Communications，2021，12：1468.

[20] 王树民. 关于中国发展清洁煤电的思考[J]. 中国煤炭，2017，43（12）：16-21，67.

[21] Agrawal M，Singh J. Impact of coal power plant emission on the foliar elemental concentrations in plants in a low rainfall tropical region[J]. Environmental Monitoring and Assessment，2000，60（3）：261-282.

[22] 陈迎. 全球"弃煤"进程前景与我国的应对策略[J]. 环境保护，2019，47（1）：20-26.

[23] 王志轩. 新常态下中国煤电清洁高效发展的思考[J]. 中国电力企业管理，2015，（11）：33-37.

[24] 袁家海教授团队，田梦媛，王杨. "30·60"双碳目标下"十四五"煤电发展目标与政策建议[J]. 世界环境，2021，（4）：29-32.

[25] 邹才能，何东博，贾成业，等. 世界能源转型内涵、路径及其对碳中和的意义[J]. 石油学报，2021，42（2）：233-247.

[26] Adnan M A，Hidayat A，Hossain M M，et al. Transformation of low-rank coal to clean syngas and power via thermochemical route[J]. Energy，2021，236：121505.

[27] Dong L，Miao G Y，Wen W G. China's carbon neutrality policy：objectives，impacts and paths[J]. East Asian Policy，2021，13（1）：5-18.

[28] Graf P，Jacobsen H. Institutional work in the transformation of the German energy sector[J]. Utilities Policy，2021，68：101107.

[29] Hedayati A，Lindgren R，Skoglund N，et al. Ash transformation during single-pellet combustion of agricultural biomass with a focus on potassium and phosphorus[J]. Energy & Fuels，2021，35（2）：1449-1464.

[30] 李金颖. 电力—经济—环境协调与监管研究[D]. 天津：天津大学，2005.

[31] 油气资源国转型为何"中意"氢能？[EB/OL].（2020-12-16）[2021-10-08]. http://www.sinopecnews.com/news/content/2020/12/16/content_1834458.htm.

[32] Li J J，Tian Y J，Yan X H，et al. Approach and potential of replacing oil and natural gas with coal in China[J]. Frontiers in Energy，2020，14：419-431.

[33] 胡素云，李建忠，王铜山，等. 中国石油油气资源潜力分析与勘探选区思考[J]. 石油实验地质，2020，42（5）：813-823.

[34] 徐东，崔宝琛，唐建军. 国内油气资源对外合作面临的新变化及对策建议[J]. 国际石油经济，2019，27（10）：44-51，70.

[35] 杨宇，何则. 中国海外油气依存的现状、地缘风险与应对策略[J]. 资源科学，2020，42（8）：1614-1629.

[36] Feng S H，Peng X J，Adams P，et al. Energy and economic implications of carbon neutrality in China—a dynamic general equilibrium analysis[EB/OL]. [2021-10-08]. https://papers.ssrn.com/sol3/papers.cfm?abstract_id=3985229.

[37] Fuhrman J，Clarens A F，McJeon H，et al. China's 2060 carbon neutrality goal will require up to 2.5 GtCO$_2$/year of negative emissions technology deployment[EB/OL]. [2022-10-08]. https://www.researchgate.net/publication/344662708_China%27s_2060_carbon_neutrality_goal_will_require_up_to_25_GtCO2year_of_negative_emissions_technology_deployment.

[38] 丁金林. 能源革命下我国天然气行业发展的思考与建议[J]. 北京石油管理干部学院学报，2020，27（1）：29-34.

[39] Huang Y S，Shi M S，Wang W Y，et al. A two-stage planning and optimization model for water-hydrogen integrated

energy system with isolated grid[J]. Journal of Cleaner Production，2021，313：127889.

[40] Levasseur A，Mercier-Blais S，Prairie Y T，et al. Improving the accuracy of electricity carbon footprint：estimation of hydroelectric reservoir greenhouse gas emissions[J]. Renewable and Sustainable Energy Reviews，2021，136：110433.

[41] 蒋兴明. 水力电能密集型工业发展论[J]. 经济问题探索，2012，（5）：149-154.

[42] Rizzi C. Hydroelectric power：architecture，water and landscape[J]. UPLanD-Journal of Urban Planning，Landscape & Environmental Design，2017，2（3）：87-100.

[43] 何大明，冯彦，胡金明，等. 中国西南国际河流水资源利用与生态保护[M]. 北京：科学出版社，2007.

[44] 贺春禄. 全球水电开发现状及未来发展[J]. 高科技与产业化，2020，（4）：33-35.

[45] 刘蔚. 以发展的眼光开发西部水电资源[J]. 电网与清洁能源，2009，25（1）：48-51.

[46] 晏志勇，钱钢粮. 水电中长期（2030、2050）发展战略研究[J]. 中国工程科学，2011，13（6）：108-112.

[47] 程春田. 碳中和下的水电角色重塑及其关键问题[J]. 电力系统自动化，2021，45（16）：29-36.

[48] 陈云华，吴世勇，马光文. 中国水电发展形势与展望[J]. 水力发电学报，2013，32（6）：1-4，10.

[49] 朱法华，王玉山，徐振，等. 中国电力行业碳达峰、碳中和的发展路径研究[J]. 电力科技与环保，2021，37（3）：9-16.

[50] 周建平，杜效鹄，周兴波. 全球水电开发现状及未来趋势[J]. 中国电业，2020，（7）：26-29.

[51] 徐韶峰. 拥抱碳中和，助力构建电网低碳可持续未来[J]. 电气技术，2020，21（12）：7-8.

[52] 王永真，张宁，关永刚，等. 当前能源互联网与智能电网研究选题的继承与拓展[J]. 电力系统自动化，2020，44（4）：1-7.

[53] Ahmed W，Sheikh J A，Ahmad S，et al. Impact of PV system orientation angle accuracy on greenhouse gases mitigation[J]. Case Studies in Thermal Engineering，2021，23：100815.

[54] Bartie N J，Cobos-Becerra Y L，Fröhling M，et al. The resources，exergetic and environmental footprint of the silicon photovoltaic circular economy：assessment and opportunities[J]. Resources，Conservation and Recycling，2021，169：105516.

[55] 前瞻产业研究院. 2020 年全球光伏发电行业市场现状及发展前景分析[EB/OL]. （2020-09-28）[2021-10-18]. https://www.sohu.com/a/421447525_473133.

[56] Erten B，Utlu Z. Photovoltaic system configurations：an occupational health and safety assessment[J]. Greenhouse Gases：Science and Technology，2020，10（4）：809-828.

[57] Antonanzas J，Quinn J C. Net environmental impact of the PV industry from 2000-2025[J]. Journal of Cleaner Production，2021，311：127791.

[58] 德国和日本光伏产业发展之路[EB/OL]. （2010-05-13）[2021-10-12]. https://guangfu.bjx.com.cn/news/20100513/248218.shtml.

[59] 2021 年全球风能报告：中国新增陆上、海上风电装机容量均位列全球第一[EB/OL]. （2021-03-26）[2021-10-12]. https://www.163.com/dy/article/G61HUTPL05199NPP.html.

[60] 赵靓. 2030 年全球海上风电市场展望[J]. 风能，2021，（10）：40-43.

[61] 中国风电发展路线图 2050[EB/OL]. （2018-03-13）[2021-10-12]. https://max.book118.com/html/2018/0311/156878907.shtm.

[62] Zou C N，Xiong B，Xue H Q，et al. The role of new energy in carbon neutral[J]. Petroleum Exploration and Development，2021，48（2）：480-491.

[63] Nathaniel S P，Alam M，Murshed M，et al. The roles of nuclear energy，renewable energy，and economic growth in the abatement of carbon dioxide emissions in the G7 countries[J]. Environmental Science and Pollution

Research，2021，28：47957-47972.

[64] Sithole H. The electricity generation infrastructure transition to 2050：a technical and economic assessment of the United Kingdom energy policy[D]. Sheffield：University of Sheffield，2016.

[65] Lim E. A comparative study of power mixes for green growth：how South Korea and Japan see nuclear energy differently[J]. Energies，2021，14（18）：5681.

[66] 刘春龙. 全球核电发展现状及趋势[J]. 全球科技经济瞭望，2017，32（5）：67-76.

[67] Briens C，Piskorz J，Berruti F. Biomass valorization for fuel and chemicals production—a review[EB/OL]. [2022-10-12]. https://www.researchgate.net/publication/204979000_Biomass_Valorization_for_Fuel_and_Chemicals_Production_--_A_Review.

[68] Mäkipää R，Linkosalo T，Komarov A，et al. Mitigation of climate change with biomass harvesting in Norway spruce stands：are harvesting practices carbon neutral？[J]. Canadian Journal of Forest Research，2015，45（2）：217-225.

[69] 刘建禹，翟国勋，陈荣耀. 生物质燃料直接燃烧过程特性的分析[J]. 东北农业大学学报，2001，（3）：290-294.

[70] 魏学峰，罗婕，田学达. 生物质燃料的开发利用现状与展望[J]. 冶金能源，2004，（6）：45-49.

[71] Guan Y N，Tai L Y，Cheng Z J，et al. Biomass molded fuel in China：current status，policies and suggestions[J]. Science of the Total Environment，2020，724：138345.

[72] IEA 高级专家 Pharoah Le Feuvre：亚洲是国际生物质能发展的重要引擎[EB/OL].（2019-11-06）[2021-10-12]. https://www.in-en.com/article/html/energy-2282976.shtml.

[73] 郭荣华. 氢能利用的现状及未来发展趋势[J]. 生态环境与保护，2020，3（8）：41-42.

[74] Cuevas F，Zhang J X，Latroche M. The vision of France，Germany，and the European Union on future hydrogen energy research and innovation[J]. Engineering，2021，7：715-718.

[75] Wischmeyer T，Stetter J R，Buttner W J，et al. Characterization of a selective，zero power sensor for distributed sensing of hydrogen in energy applications[J]. International Journal of Hydrogen Energy，2021，46（61）：31489-31500.

[76] 新能源汽车国家监管平台已累计接入氢燃料电池汽车超过 6000 辆[EB/OL].（2021-01-22）[2021-10-08]. http://www.cnenergynews.cn/csny/2021/01/22/detail_2021012289208.html.

[77] Kovač A，Paranos M，Marciuš D. Hydrogen in energy transition：a review[J]. International Journal of Hydrogen Energy，2021，46（16）：10016-10035.

[78] 俞红梅，邵志刚，侯明，等. 电解水制氢技术研究进展与发展建议[J].中国工程科学，2021，23（2）：146-152.

[79] Kweon D H，Jeon I Y，Baek J B. Electrochemical catalysts for green hydrogen energy[J]. Advanced Energy and Sustainability Research，2021，2（7）：2100019.

[80] Ma Y，Wang X R，Li T，et al. Hydrogen and ethanol：production，storage，and transportation[J]. International Journal of Hydrogen Energy，2021，46（54）：27330-27348.

[81] 魏凤，任小波，高林，等. 碳中和目标下美国氢能战略转型及特征分析[J]. 中国科学院院刊，2021，36（9）：1049-1057.

[82] 丁曼. 日本氢能战略的特征、动因与国际协调[J]. 现代日本经济，2021，（4）：28-41.

[83] 张全斌，周琼芳. 基于"碳中和"的氢能应用场景与发展趋势展望[J]. 中国能源，2021，43（7）：81-88.

第 7 章　储能与碳中和

7.1　储　能　概　述

7.1.1　储能的发展背景

能源危机和环境污染等全球性问题日益严峻，使得利用太阳能和风能等新能源进行发电的方式得到了快速发展[1]。新能源发电方式具有发电资源丰富、可持续利用等优点，这些优点使新能源发电的发展态势逐渐呈现出规模化的特征。20 世纪90 年代以来，全球新能源发展迅猛，装机规模逐年增大。截至 2020 年底，全球新能源装机总容量已经达到 2832.6 吉瓦，其中光伏和风电的总装机容量分别达到760 吉瓦和 743 吉瓦[2]。由于新能源的特性，大规模的新能源装机对大电网的稳定运行提出了新的挑战。不管是风电还是光伏，其出力都具有很强的不确定性。由于风速的变化是不可预测的，所以风机的发电情况也具有很强的随机性；当出现阴天雨雪等天气时，光伏发电系统同样会受到很大程度的影响。在极端情况下，若出现天晴无风或暴雨暴雪天气，风机或光伏的出力几乎变为 0。新能源这种不确定性和波动性的特点，使得与其相连的电网增加更多的旋转备用容量成为必需，这就大幅增加了电网运行成本。另外，其间歇性的特点由于改变了潮流分布和线路传输功率，还严重影响了全网的无功和有功潮流调度，这又使得电网的运行压力逐渐增大[3]。最后，当可再生能源装机与负荷需求呈现出逆向分布时，即所装载的风光远离负荷中心，新能源本身的季节性波动再加上地理位置上的局限性，大规模、远距离的外送容易出现电力阻塞，由于电力系统的特点，所发电量难以及时送出时就会导致弃风弃光[4]。

近年来由于用电最低负荷的增长速度远不及最高负荷的增长速度，造成了用电峰谷差逐年增大。然而若是根据最高电力需求建立发电体系，又会造成大量的发电资源在大多数时间都处于闲置状态，仅用于满足最高负荷部分的发电资源大幅增加了不必要的发电成本。储能是一种能临时存储能量、实现能量双向流动的系统，可以通过调峰、稳定电网波动、改善电能质量、延迟电网升级、储备能量等方式支持大规模新能源接入的能源系统安全稳定运行[5]。"发—输—配—用—储"的新型电力系统模式便是在"发—输—配—用"的传统电力系统模式的基础上增加一个储能环节。针对传统电力系统运行体系下各个环节的需求，储能系统可以实现不同的功能来为电力系统的安全稳定运行提供保障。

世界各国已经认识到了储能发展的重要性，我国也高度重视储能的发展，近年来，中央和地方先后出台了许多支持储能发展的政策，其中《发展改革委 能源局关于加快推动新型储能发展的指导意见》中提到，到 2025 年，实现新型储能从商业化初期向规模化发展转变，装机规模达 3000 万千瓦以上，在推动能源领域碳达峰碳中和过程中发挥显著作用[6]。

7.1.2 储能的发展现状

1. 全球储能发展现状

作为最早发展储能技术的国家之一，美国的储能发展相对成熟，不管是储能的示范项目还是商用项目，美国都占有将近一半的全球市场份额。美国在储能方面的发展离不开政府的政策和资金支持，美国曾颁布法案对电网中应用的储能设备的准入许可、采购条件、应用价格以及应用模式等做出规定。另外，由于美国能源部的支持，美国在铅酸电池的研究方面、储能系统的管理方面都具有领先优势。

欧盟以及其各成员国对储能的发展也十分重视。欧盟的《电池 2030＋》（Battery 2030＋）长期研究计划想要集合欧洲各国的力量来进行电池的研发，体现了欧盟对发展储能技术的重视。法国在锂电池方面的研究与应用都处于全球前列，其开发的大规模锂离子电池储能系统在平滑兆瓦级新能源电站并网方面得到了广泛应用。德国的光伏补贴政策支撑建成了其国内多个储能示范项目。

日本在电化学储能方面，如液流电池、钠硫电池以及对铅酸电池的改良等方面处于全球领先位置。三菱重工业有限公司作为日本国内具有代表性的储能技术发展企业，开发出了其国内第一个可移动的大容量储能模块。

从全球范围来看，世界各国的储能市场都在不断扩大，储能作为一个朝阳产业，正在以一个前所未有的速度向前发展迈进。各国政府和大型科技产业相关公司对储能技术的发展与应用都十分关注，也正因如此，全球范围内的储能总装机容量不断增加，各种示范和商用项目也不断开展，储能技术整体呈现出不断向好的发展态势。

1）储能的应用规模

由于电化学储能具有容量配置灵活、安装条件简单以及响应速度极快等优点，目前已经成为电力系统转型中的重要储能方式。电化学储能技术能够为电网提供各种辅助服务，在保证了电力系统的安全、经济以及灵活性的同时，还为电网的可靠性提供了充足的保障。

近年来，电化学储能在全球范围内的发展十分迅速。截至 2020 年底，全球抽水蓄能的累计装机容量占已投运储能项目的 90.3%，同比下降 2.3%；电化学储能的累计装机占比提升 2.3%至 7.5%，对应装机窄量为 14.2 吉瓦，且锂电池比重首次突破 90%，约 13.1 吉瓦[7]，如图 7.1 所示。各个类型的电化学储能项目的装机容量近年来都在不断增长，其中锂离子电池储能技术增长速度最快，被认为是电化学储能中最有发展前景的储能技术。

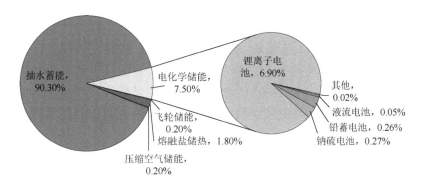

图 7.1　全球储能市场累计装机规模占比

2）储能的应用领域

电源侧、电网侧和用户侧是储能在电力系统中的三个应用环节，可再生能源并网、输配电、分布式发电及微电网、辅助服务、电动汽车梯次利用以及工商业储能是储能的六大应用场景，储能的其他应用方向还包括储热和储氢等。

全球范围内兆瓦级储能项目的应用场景方面，可再生能源并网、输配电、分布式发电及微网和辅助服务的应用占比分别是 39%、31%、18%和 12%。各领域的储能应用都处在快速增长阶段[4]，兆瓦级储能项目的各应用领域项目数占比如图 7.2 所示。

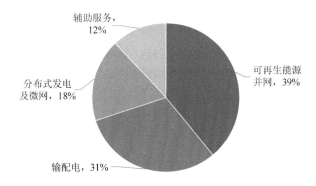

图 7.2　兆瓦级储能项目的各应用领域项目数占比

不管是用户侧还是涉及新能源发电的电源侧，储能技术的应用都已经十分广泛。由于各国政府的支持，储能技术的市场化进程持续推进，在储能技术不断提升的同时还保证了储能成本的不断降低，各种储能系统的示范性工程也不断落地。关于储能技术的应用将会在本章 7.4 节展开介绍。

2. 中国储能技术的发展现状

用户侧的装机比例高是中国国内储能发展的主要特点，用户侧的装机占总装机的比例能达到 50%以上。而储能的应用领域则主要集中在微电网、可再生能源并网以及电动汽车等领域，其中主要是分布式的微电网项目。与国际上的应用情况相似，中国国内储能的应用中，抽水蓄能也是装机容量最大、技术最成熟的储能方式，并且中国的大型抽水蓄能已经实现了技术与储能设备的国产化。在机械储能与电化学储能等方面，也取得了不同程度的进展。例如，中国在压缩空气储能技术建设的示范工程中突破了 1.5 千瓦超临界压缩空气储能。

截至 2020 年底，中国已经建成投运的储能项目占全球市场总规模的 18.6%，累计装机容量达 35.6 吉瓦，同比增长 9.8%。与全球装机比例相似，在中国的储能类型中也是抽水蓄能的累计装机容量最大，为 31.79 吉瓦，同比增长 4.9%；其次是电化学储能，为 3269.2 兆瓦，同比增长 91.2%；而在电化学储能当中，锂离子电池的累计装机规模以 2902.4 兆瓦位列首位[7]。图 7.3 和图 7.4 分别给出了中国储能市场累计装机规模占比和储能项目应用分类。将中国储能项目应用分类与全球的分类情况作对比可以发现，中国的储能应用在电网侧和用户侧的比例很高，而电网侧的储能比例较低，仍处于起步阶段。电网侧的储能要求面向电网对储能进行优化配置，这样会造成储能的配置成本上升，并且其应用价值还不够明确，参与市场的机制也不够健全，也正是因为这些问题，电网侧储能的应用才受到了限制。而随着国家和各地方的政府层面逐渐认识到了电网侧储能的重要性，不同层面都出台了许多政策来帮助储能的发展，激发了中国电网侧储能的市场活力。中国许多省份如湖南、河南及江苏等地的国家电网有限公司都开展了一些电网侧储能的投资建设。以湖南长沙为例，国网湖南省电力有限公司为了保证电网的供电安全性与稳定性，满足长沙地区在用电高峰时的用电需求，在长沙的延农、椰梨、芙蓉 3 个站点共建设了 60 兆瓦/120 兆瓦的电化学储能电站，帮助电网满足冬季激增的最高负荷需求。所建成的电网侧储能项目能为地区电网提供多种辅助服务，通过削峰填谷来平衡本地的用电需求，在极大程度上缓解了电网的供电压力。储能电站的建设不仅缓解了用电规模持续攀升给电网造成的压力，还为电网的高质量发展提供了一个绿色路径。以锂离子电池为代表的电化学储能技术发展十分迅速，目前的电池储能系统具有能量转换效率高、地理位置要求低、建设周期不断缩短、技术成熟等优势，经过近十年的不断开展电化学储能的示范性项目，中国的电化学储能逐渐得到了十分广泛的应用。

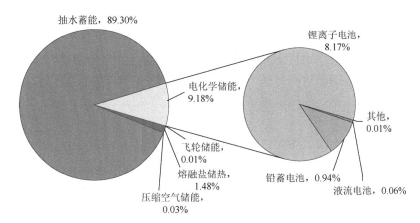

图 7.3 中国储能市场累计装机规模占比

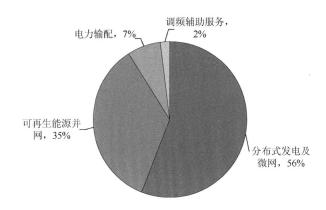

图 7.4 中国的储能项目应用分类

7.1.3 储能对于实现碳中和的意义

储能在近年来的发展是有目共睹的，而随着各国碳达峰与碳中和的进程逐步推进，储能整个产业具有了更加广阔的市场前景，同时也表现出了巨大的发展潜力，储能总装机规模的不断扩大及其与各种可再生能源发电的结合是实现碳达峰与碳中和必不可少的发展路径。

以中国的碳达峰与碳中和规划进程为例，从可再生能源的配置容量上来说，中国要在 2030 年前实现碳达峰，太阳能与风能发电的装机容量之和要达到 12 亿千瓦以上。按照过往的容量增长速度来看，从 2020 年底的 5.4 亿千瓦经过十年再增长 6.6 亿千瓦是非常有可能的。然而这只是在发电的装机容量上达到了要求，至于能否发挥所装载的所有发电装置的作用，很大程度上取决于输电端与负荷端能否匹配所装载的大量发电装置。而又由于风电及光伏的不确定性，要想在最大程度上发挥其作用，必须依靠储能的能量时空转移特性来将风光发电过剩时的能量储存起来，这样才能减小发电端的不确定性带来的不利影响。从这个角度来看，要想实现碳达峰与碳中和，除了快速发展可再生能源发电来取代传统的发电方式以外，储能的作用也不可忽视，储能是实现"双碳"目标进程中必不可少的一个元素。

在未来的很长一段时间内，储能技术作为各种能源有效利用的有力工具，将会百花齐放，在各种不同场景下，不同储能技术将会在能量密度、功率密度、储能容量、充放电时间等方面发挥最优效果。但不可否认的是储能在发展进程中仍存在诸多不确定性，目前的储能要想大规模地应用仍然离不开电力市场发挥积极作用，需要电价政策的支持。因此未来储能技术的发展仍需要充分考虑电力市场机制、成本、政策补贴、技术特点以及技术成熟度等多个要素。

7.2 储能基本类型

7.2.1 储能技术分类

电能具有生产和消费同时完成的特殊性，当大规模风电接入电网需要就地消纳时，储能系统发挥着至关重要的作用。储能系统不仅可以解决风电就地消纳的问题，而且还可以改善风电出力高峰期、热负荷需求高峰期和电负荷需求低谷期之间的矛盾[8]。一方面，储能可以通过存储多余电量或释放电量弥补发电不足来削减或者消除供需两端的不匹配，这对电网的安全运行具有十分重要的意义；另一方面，储能还是移峰填谷过程中必不可少的元件，这使得各类型储能在电网中具有极大的应用空间。储能技术按照存储形式分为化学储能、电化学储能、机械储能、电磁储能及储热等[9]，如图 7.5 所示。

1. 化学储能

1）燃料电池

燃料电池是一种发电装置，它通过电化学反应将燃料与氧化剂的化学能直接转换成电能[10]。燃料电池具有很高的经济性，其理论上的热效率更是可接近100%。

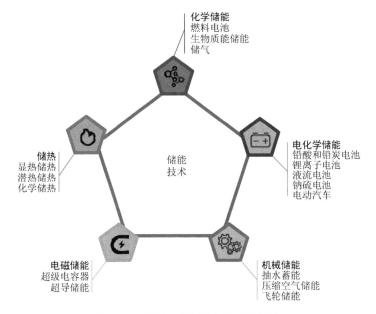

图 7.5　储能技术按照存储形式分类

然而由于技术因素的限制，现实生活中运行的各种燃料电池，在考虑整个装置系统的耗能后，转换效率仅在 45%～60% 范围内。若在燃料电池系统中加入排热利用装置，总体效率可达 80% 以上。一方面，由于燃料电池整个装置的内部含有较少的，甚至不含运动部件，所以燃料电池较少需要维修，工作比较可靠，整合发电过程也较传统发电机组更加安静。另一方面，由于燃料电池通过电化学反应来发电，其发电过程一般很少产生有害物质。燃料电池的这些优点使其成为一种很有发展潜力的能源动力装置。

　　由于燃料电池本质上是一种电化学装置，其结构组成与一般的电池组相同。单体燃料电池由电解质和电池的正负两极组成，电池的正极是氧化剂电极，负极是燃料电极。但与原电池不同的是，燃料电池中的反应物并非预先存储于电池内部，而是在发生反应时通入燃料气，和氧化气反应后排出生成物，因此，燃料电池并非能量存储装置而属于转化装置，在反应过程中其电极和电解质并未直接参与反应。

　　通常情况下，燃料电池可以分为磷酸燃料电池（phosphoric acid fuel cell，PAFC）、固体氧化物燃料电池（solid oxide fuel cell，SOFC）、碱性燃料电池（alkaline fuel cell，AFC）、质子交换膜燃料电池（proton exchange membrane fuel cell，PEMFC）、熔融碳酸盐燃料电池（molten carbonate fuel cell，MCFC）等，如表 7.1 所示[11-13]。近年来，随着对燃料电池研究的日益深入，逐渐诞生了直接碳燃料电池、微生物燃料电池、直接甲醇燃料电池、葡萄糖氧化酶燃料电池等。在上述种类中，最早被开发的燃料电池为 PAFC 和 AFC，也被称为第一代燃料电池，发展至今已经拥有较为成熟的技术。而第二代燃料电池为 MCFC，第三代燃料电池为 SOFC。

表 7.1　燃料电池分类

类型	电解质	燃料	氧化剂	效率	使用温度	优点
AFC	氢氧化钾溶液	纯氢	纯氧	60%～90%	60～120℃	效率高；可以使用非铂催化剂；可以采用镍板双极板；成本低
PEMFC	含氟质子交换膜	氢、甲醇、天然气	空气	43%～58%	80～100℃	工作温度低；可以在室温下快速启动；运行安静、污染排放低；功率密度高、机动性好
PAFC	磷酸	天然气、氢	空气	37%～42%	160～220℃	利用廉价的碳材料作为骨架；有可能直接利用甲醇、天然气、城市煤气等低价燃料；不需要二氧化碳处理设备
MCFC	碳酸钾	天然气、煤气、沼气	空气	50%～80%	600～1000℃	燃料适应性广；使用非贵金属催化剂；高品位余热可用于热电联产
SOFC	固体氧化物	天然气、煤气、沼气	空气	50%～65%	600～1000℃	燃料适应性广；使用非贵金属催化剂；高品位余热可用于热电联产；固体电解质；较高功率密度

　　目前燃料电池的研究正在向高性能、高效率和更高耐久性的方向努力。美国"自由汽车（Freedom Car）"计划提出的指标要求燃料电池堆的耐久性超过 5000 小时，可在-30℃启动，从启动到输出 50%额定功率用时 30 秒，该燃料电池堆的净输出功率密度能达到 2.5 千瓦/升，制造成本小于 30 美元/千瓦。降低成本也是燃料电池研究的目标，包括减少电催化剂、双极板、电解质膜等的材料费用，降低双极板加工、膜电极制作和系统装配等的加工费在内的多个手段对控制燃料电池的成本都有显著作用。然而使用交割较低的材料不可避免地会影响到燃料电池的性能，如何在系统性能与材料价格之间做出平衡，还需要不断研究。降低铂的使用量是研究人员一直努力的方向，然而提高膜电极负载量的优化效果还是有限的，如尽管铂担载量达到 1 毫克/厘米 ^{2}，其性能仍然不能满足车用功率的需求。催化剂方面，目前研究应该重点考虑如何更有效地利用电催化剂的活性成分，使活性成分保持更长期的高活性状态，延长催化剂使用寿命。

　　2）生物质能储能

　　一切可以生长的、有生命的有机物质都可以称为生物质[14]，它是指大气、水、土地等产生的各种有机体，包括动物、植物以及微生物。广义上的生物质不仅包括所有的植物、微生物，还包括以所述植物、微生物为食物的动物及其产生的废弃物。常见的代表性生物质包括木材及其废弃物、农作物及其废弃物以及动物粪便等。而狭义上的生物质则包括农产品加工剩余的下脚料、农林废弃物、林业农业生产过程中的树木、粮食秸秆等木质的纤维素以及畜牧业生产过程中的禽畜粪便和废弃物等物质。生物质能具有以下优势。

首先，生物质能属于可再生能源。由于生物质能是太阳能被植物的光合作用转化为化学能然后存储于生物质内部，所以生物质能来源于太阳能。它与风能、太阳能等能源都属于可再生能源。

其次，生物质能是一种清洁、低碳的能源。由于生物质能中含有较少的有害物质，所以它属于清洁能源。另外，生物质能的使用过程虽然会产生二氧化碳和水，但生物质能是通过植物的光合作用产生，该过程消耗二氧化碳，结合水产生生物质和氧气，整合生产和使用过程构成二氧化碳的循环。该能源对降低温室效应、降低二氧化碳的净排放量具有积极作用。

最后，生物质能分布十分广泛，资源也十分丰富。WWF 曾对全球生物质含量进行估计，其估计全球每年可利用的生物质含量达 3.5×10^{20} 焦，相当于82.12 亿吨的标准油。根据国家发展改革委发布的《可再生能源中长期发展规划》，中国目前可转化为能源的生物质资源的潜力约 5 亿吨标准煤。而随着经济社会不断发展，植树造林的面积不断扩大，这一数据仍在不断增长，未来生物质能潜力可达 10 亿吨标准煤。

3）储气

由于能量传输介质的可压缩性，天然气系统中往往不将能量转化为其他形式进行存储[15]。目前普遍采用的储气方式主要有地上罐储气、地下储气库和管道储气三种。在城市天然气生产和供应中，地上罐储气应用较为广泛。地下储气库是一种人工气田或气藏，它利用一些可以保存气体的地下空间来储气，通过将天然气田采出的气体注入这些空间而形成。为了保证天然气用户的调峰需求，地下储气库通常建设在更靠近下游天然气用户所在城市的位置。目前天然气主要的地下储气库类型包括含水层储气库、盐穴地下储气库、枯竭油气藏储气库以及岩洞与废弃矿井型储气库。其中含水层储气库的原理是将气体注入含水层的孔隙空间形成人造气田，气体通过驱替储层的水来填充岩石的孔隙。为避免注入气体漏失，孔隙储层需要被不渗透的盖层覆盖。为增大库容量，储层的孔隙度和渗透率必须达到相关标准。盐穴地下储气库的原理是，首先寻找地下较厚的盐层或盐丘，然后通过水溶在所找到的盐层或盐丘中形成洞穴，用形成的洞穴来存储天然气。

管道储气实质上是一种高压管线储气罐，是将一组或几组钢管埋在地下，对罐内存储的天然气进行加压。因管道较小能承受更大的压力，利用能量传输介质的可压缩性及高压下理想气体的偏差实现输气与储气的双重功能，可使储气量大大增加[16]。管道储气具有很大的储藏潜力，以德国为例，德国所有的抽水蓄能电站的容量之和为 40 亿瓦时，而德国的天然气管网的存储容量却超过 200 000 亿瓦时。

2. 电化学储能

化学反应能够实现电能到化学能的转化，而可逆的化学反应能实现两种能量形式的相互转化，电化学储能便是利用这一特性形成的能量存储技术。所述化学反应在电池内部进行，电池由正极、负极、隔膜和电解质组成，电池内部进行的氧化还原反应能够完成电池的充放电过程。充电过程中，电池与外电源连接，正极的活性物质失去电子被氧化，而负极的活性物质被还原，获得电子。充电过程中，由于电力场的作用，电解质的阴阳离子分别向正负极移动，电解质的浓度也会不断升高，可以以此来判断电池的充电程度。电池放电过程与充电过程相反。电化学储能具有很多优点，如能量密度大、建设周期短、选址简单以及转化效率高等。各种二次电池如铅酸和铅炭电池、锂离子电池、液流电池和钠硫电池等都属于电化学储能[17]。近年来，随着技术的进步，电化学储能已经成为一项成熟的储能技术[18]，也持续成为关注的重点。

1）铅酸和铅炭电池

铅酸电池是一种可充电电池，它通过铅在不同价态之间的固相反应来实现电池的充放电过程，至今已有 150 多年的历史，是最早规模化使用的二次电池。铅酸电池由于原材料价格低廉且来源丰富，性能优良，安全性好，废旧电池回收体系成熟等优点，已经成为目前产量最大和在工业制造、通信领域、交通电力领域应用最广的二次电池[19]。

普通铅酸电池的功率密度为 150 瓦/千克，能量密度为 30~40 瓦时/千克，在 80%的充放电深度下，铅酸电池的循环寿命为 1000 次左右，能量转换效率为 80%，电池价格为 1000 元/千瓦，在现有的电化学储能技术中，铅酸电池是最具成本效益的选择[20]。由于铅酸电池技术成熟、价格低廉、安全可靠、再生利用率高、工作温度范围宽、性能可靠、可制成密封结构以及适应性强等优点，其广泛应用于汽车启动电源、不间断电源以及应急电源等传统领域，铅酸电池在未来数年内仍将占据这些电池市场的主导地位，其他二次电池很难取代它。铅酸电池的缺点是充放电速度慢，一般需要 6~8 小时，而且能量密度低，过充电容易析气导致寿命下降等。在新能源储能领域需要电池重复充放电循环利用，传统固定式铅酸电池由于循环寿命低于 800 次，无法满足储能在可再生能源应用领域所需的 3000 次以上的循环寿命需求，其总体成本优势难以体现出来，于是新型的铅酸电池应运而生。目前，世界众多研究机构和公司均已重点关注长寿命铅酸电池和铅炭电池在储能领域的研究开发和应用。

铅炭电池在铅酸电池的负极中加入了活性炭，是从传统的铅酸电池演进出来的技术，它可以有效地抑制高倍率部分负荷状态下循环使用时负极活性物质发生硫酸盐化，能够显著增加其使用寿命[21]。目前铅炭电池的成本价格为 300 元/千瓦，功率密度为 500～600 瓦/千克，能量密度为 30～55 瓦时/千克，能量转换效率 90% 左右，在 100% 充放电深度下，循环寿命可达 2500～3000 次。

相较于传统铅酸电池，铅炭电池各方面的性能均有大幅改善，它兼具了传统超级电容器与铅酸电池的特点，循环寿命可达到普通铅酸电池的 2～3 倍，安全性好且充电倍率高，再生利用率也远高于其他化学电池，可达 97%。最后，铅炭电池原材料更加丰富，所以其成本较低，仅为传统铅酸电池的 1/3 左右。

不可否认，铅炭电池对铅酸电池各方面的性能都有较大提升，但目前我们对铅炭电池储能机理的认识还不够清晰，在电池中加入碳材料还会产生一些负面反应，如使负极易析氢、电池易失水等这些有待于研究解决的问题。所以就铅炭电池目前的综合性能而言，尽管电池寿命已经有大幅提升，但距离其在电网中的大规模应用还有一定距离[22]。

2）锂离子电池

在所有的实用二次电池中，锂离子电池是目前能量密度最高的，锂离子电池的充放电过程中的活性离子是锂离子，充电时中锂原子在正极材料失电子变成锂离子，然后通过电解质向负极迁移，负极外部存在的电子与之结合后嵌插存储于负极，以实现储能，放电时过程可逆。锂离子电池的结构主要包括正负极、正负极隔膜以及电池电解液，其材料种类丰富多样，电池的电化学性能主要取决于所用电极材料和电解质材料的结构和性能，负极材料主要为石墨、碳和碳酸锂等，正极材料主要为磷酸铁锂、钴酸锂、镍钴锰三元材料、锰酸锂以及镍钴铝三元材料等。

锂离子电池的寿命一般为 3500～5000 次，成本为 1600～2000 元/千瓦时，折合成使用成本为每次 0.3～0.6 元/千瓦时。目前商业化的锂离子电池能量密度已超过 200 瓦时/千克，功率密度可达到 3000 瓦/千克以上。与铅酸电池相比，锂离子电池大，电流放电能力强，循环次数多，储能效率可以达到 90% 以上。但锂离子电池不管是耐过充还是耐过放能力都较差，组合及保护电路复杂成本相对较高。锂离子电池已在消费类电子产品、电动汽车、军事装备、航空航天等领域广泛应用。在电力系统中，锂离子电池在电力系统调频、调峰、可再生能源消纳、微电网等领域具有广阔前景[23]。

锂离子电池具有应用范围广、关注度高、效率高、功率密度和能量密度高、技术进步快以及发展潜力大等优点。同时，其主要缺点体现在：一方面，锂离子电池由于采用有机电解液而对电池造成了较大安全隐患，其安全性有待提高；另一方面，锂离子电池的技术经济指标评价显示，目前的锂离子电池尚不能满足储能应用所期望的循环寿命≥15 000 次，成本≤4500 元/千瓦时，使用成本≤每次 0.3 元/千瓦时的要求[24]。

在目前世界各国的锂离子电池储能示范工程中,除了安全隐患问题,锂离子电池主要存在的仍然是锂离子电池的寿命和成本问题。归根结底,主要原因是目前应用于储能示范工程的锂离子电池仍是针对电动汽车应用的动力电池技术需求开发的,为动力电池本体的基础开发,而面向储能领域的应用包括储能电池成组技术以及监控技术等,并未涉及电池本体的针对性研发,因此电池本体性能与储能应用在寿命、成本及安全性方面的需求差距较为显著。2020 年以来,为实现电池的长寿命、低成本、高安全性,许多发达国家,如美国、日本等对于储能电池的发展路线进行了探索,取得了一定的进展。中国电力科学研究院有限公司基于近几年在储能领域的研究,提出为了实现锂离子电池在储能领域的大规模应用,必须舍弃以往专注于提高能量密度和功率密度的研发思路,转而专门开发以长寿命、低成本和高安全性为突出特征的储能电池的观点,该观点得到了国内外相关研究机构的普遍认同。

目前针对长寿命电池的研究,基于零应变材料的电池凭借其优异的长寿命性能成为现阶段电池储能领域最具应用潜力的锂离子电池。钛酸锂材料是目前零应变材料中最为典型的代表,基于钛酸锂负极材料的锂离子电池目前寿命能达到10 000 次以上,成本是磷酸铁锂电池的 3~5 倍。钛酸锂电池的主要优点是寿命长、功率密度高。主要缺点是成本较高,与储能应用要求的技术经济性指标差距较大。目前磷酸铁锂电池性能与储能应用指标差距最大的是寿命和成本因素,而钛酸锂电池性能与储能应用指标差距最大的是成本因素,已成为制约其在储能领域规模化应用的瓶颈。从大规模推广应用的角度来说,高性能、低成本是锂离子电池及其关键材料的发展方向,涉及关键材料/电池制造、关键装备开发、电池系统集成,以及电池梯级利用、废电池回收等多方面的技术开发和产业化。

3)液流电池

氧化还原液流电池简称液流电池,是一种高效大规模液流电池,最早由NASA 资助设计,1974 年由 Thaller 公开发表并申请了专利。发展至今,液流电池已经形成了多种类型和体系,当前液流电池有锂离子液流电池、多硫化钠-溴液流电池、全钒液流电池、锌-铈液流电池、铁-铬液流电池、锌-溴液流电池,以及锌-镍液流电池等多种研究体系[19]。液流电池作为一种重要的电化学储能技术,其研究也得到了全球各个国家学者的关注。并且,液流电池储能技术已经在中国、日本、美国和加拿大等国家得到了应用示范及商业化运行。其中,全钒液流电池体系是几种液流电池体系中发展比较成熟的,具备兆瓦级系统生产能力,并已建成多个兆瓦级工程示范项目。

液流电池单体主要由正负电极、隔膜、集流体、外部储液罐、密封圈、推送泵以及连接管道等构成。其中,隔膜主要用来隔绝两侧正负极活性物质和传导离子。外部储液罐主要存储正负极活性物质。推送泵主要用于将存储于外部储液罐中的正负极活性物质推送到电池中进行反应。液流电池通过推送泵将分别存储于正极和负极外部储液罐中的活性物质推送到液流电池或液流电池堆中,在液流电池隔膜两侧的正负极上发生可逆的氧化还原反应,由此实现电能和化学能的相互转换[25]。

目前,全钒液流电池成本为 3000~3200 元/千瓦,循环寿命为 10 000 次以上,使用寿命超过 10 年,能量效率 60%,运行环境 0~40℃,能量密度为 15~25 瓦时/升。全钒液流电池具有以下优点:在电池的充放电过程中,电极材料本身并不参与电池内部的反应,电池中的钒离子只是发生价态变化而不发生相变,电池寿命比较长;全钒液流电池的储能容量主要取决于电解液的浓度和储量,而输出功率则由电池堆的大小决定,所以其能量和功率是独立设计的;由于电池在常温常压下工作,爆炸和着火的可能性较低,故电池的安全性较好。就缺点而言,此类电池不管是能量效率还是能量密度都不高,电池运行温度时间窗也较窄;与其他的储能电池相比,全钒液流电池增加了更多的辅助部件,使得其结构相对更加复杂,由此也导致电池系统的可靠性有所减低。

全钒液流电池目前主要用来平滑输出、跟踪计划发电等,以此来帮助可再生能源接入电网,电池储能系统也多应用在对电池系统占地要求不高的大型可再生能源发电系统中。在全球全钒液流电池示范工程应用中,都存在能量效率低、成本高等问题。除此之外,就中国而言,提高系统的可靠性和加速关键材料国产化进程等问题也需要关注[26]。

锌-溴液流电池是另一种实现了商业化应用的液流电池技术,是基于溴化锌溶液的循环往复运动原理设计而成的电化学储能体系,反应基底为溴化锌电解液。锌-溴液流电池的能量密度和功率密度比全钒液流电池更高,成本更低,但也存在因电极反应产生络合物而引起自放电率高的问题[27]。

4)钠硫电池

钠硫电池是一种熔融盐二次电池,该电池以金属硫为正极,以钠为负极,将陶瓷管作为电解质隔膜。钠硫电池的理论能量密度为 760 瓦时/千克,实际已大于 150 瓦时/千克,是铅酸电池的 3~5 倍,可以大电流放电,其放电电流密度一般可达 200~300 毫安/厘米 ^{2},并瞬时间可放出其 3 倍的固有能量,并且充放电效率高[28]。由于采用固体电解质,所以不存在液体电解质电池的自放电及副作用。钠硫电池是早期电化学储能的主力军,因为它具有循环寿命长、功率特性好、能量密度高以及无自放电等优势。但钠硫电池工作时要求温度较高,一般为 300~350℃,核心反应元件陶瓷电极一旦损坏,会发生剧烈燃烧,而且电池工作在充电状态下需要一定的加热保温,在放电状态下还需要良好的放热设计,存在运行环境要求苛刻、散热要求高等问题。钠硫电池比较适用于大功率、大容量的储能应用场合,全球已经有超过 100 个兆瓦级以上的应用。

钠硫电池的成本低于 2000 元/千瓦时,循环寿命为 4500 次以上,由于采用固体电解质,不存在液体电解质二次电池的自放电副反应,放电效率几乎可达100%。由于钠硫电池已经经过了多年的商业化应用,在实际应用中积累了很多的工程经验,可根据应用需求模块级联而构成大规模的储能系统,其规模可达兆瓦级。另外,钠硫电池还具有无自放电、能量密度大、原材料钠易得以及不受场地限制的优点。但钠硫电池的充放电能力不对称,建造成本也比较高,寿命有限且倍率性能差。同时,由于电池在高温条件下运行,其运行也存在安全隐患。

虽然在大规模储能方面钠硫电池已经成功应用近20年,但其较高的工作温度所增加的安全隐患一直广受关注。因此,人们不断探索是否有常温下运行钠硫电池的可能性,目前已经开展了一系列研究工作。从钠硫电池目前的经济技术指标及国内外对这种电池技术的相关规划来看,其成本虽然有较大幅度的下降,但仍然高于锂离子电池,而且因为钠硫电池体系已经定型,高温运行以及液态金属钠、单质硫的化学活性决定了其安全隐患无法根本消除,而全固态锂离子电池则有望解决安全问题。所以,从经济性和安全性两方面来看,钠硫电池这种高温电化学储能技术并不适合作为主要攻关方向[29]。

5)电动汽车

电动汽车自从问世以来就广受人们关注,目前由于各国的政策支持与技术发展,电动汽车在交通领域已经得到了普及。截止到2020年底,全球范围内电动汽车的总保有量已经达到了1130万辆,而其中中国占比接近50%,累计达540万辆。由于电动汽车数量的持续增加,电动汽车充电桩的数量也在不断增长,为了满足其充电需求,在高速沿线和工商业居民楼宇周围部署了越来越多的充电设施。随着电动汽车以及其充电技术的不断发展,多种充电设施会被部署在各处,为不同类型的电动汽车提供能量补给。

由于电动汽车的能量存储特性,其理论上可以作为储能设备实现能量的双向流动,车辆到电网(vehicle to grid,V2G)就是实现了这种功能。车辆到电网是指在电动汽车不使用时将其所存储的电能反向输送到电网,这样可以缓解电网压力或使用户以此获得收益。电动汽车的可移动属性使其理论调峰能力优于一般的储能设备。在车辆到电网的场景下,电动汽车作为一个"可移动的储能单元"与电网进行互动,最大程度地发挥了电动汽车的调峰潜力。但由于电动汽车具有更灵活的时间和空间分布,对其进行充电时间和空间上的精准调控还是有很大难度。若利用电动汽车的灵活性结合传统储能瞬时调度的优势,可以更好地发挥二者的优势,将二者联立起来承担平滑配电网中分布式电源出力的任务[30, 31]。

电动汽车具有巨大的调控潜力,以电动汽车与智能楼宇的互动为例,智能楼宇中包含各种分布式电源以及不同的负荷种类,还有一些储能设备,楼宇内的能源资源管控通过能源管理系统来完成。能量管理系统采用管理软件结合计算机控制技术，能够有效提高楼宇内的能源分布以及用能效率[32]。当大量的电动汽车停放在智能楼宇的停车场时，如果利用智能充电桩来使电动汽车与智能楼宇之间进行能量的互动，则可以为二者提供极大的便利[33]。电动汽车接入楼宇（vehicle to building，V2B）技术为智能楼宇的能量管理系统提供了更低的可调度能源资源，可以通过减少楼宇与电网之间的交互来缓解配电网的压力。

3. 机械储能

机械储能的应用形式主要有抽水蓄能、压缩空气储能和飞轮储能。

1）抽水蓄能

抽水蓄能是一种特殊形式的水力发电系统，它通过势能和电能之间的能量转换，以液态的水作为能量载体为电力系统提供电能。一般的抽水蓄能电站都配备有两个水库，分别分布在水流的上下游。负荷低谷时，抽水储能电站利用富裕的电力将下游水库里的水抽到上游水库保存。而负荷高峰时，抽水蓄能电站则通过将上游水库中存储的水经过水轮机流到下游水库来推动水轮机发电。由于水只在上下游两个水库之间循环，在第一次蓄水完成后就可以不需要大量注水，只需补充少量因为蒸发、渗漏等引起的水分流失，抽水蓄能电站建造地点要求水头（上游蓄水的水平面至水轮机入口的垂直高度，代表了水的势能）高，发电库容大，渗漏小，压力输水管道短，距离负荷中心近[34, 35]。

抽水蓄能属于大规模、集中式能量储存，技术成熟度很高，多用于电网调峰与能量管理，其具有以下优点：效率高，一般为65%～75%，最高可达80%～85%；负荷响应速度快（10%负荷变化需10秒钟），从全停到满载发电约5分钟，从全停到满载抽水约1分钟；具有日调节能力，适合于配合核电站、大规模风力发电、超大规模太阳能光伏发电[36]。但其缺点也十分明显：需要上池和下池；厂址的选择依赖地理条件，有一定的难度和局限性；一般与负荷中心有一定距离，需长距离输电，不但存在输电损耗，而且当电力系统出现重大事故而不能正常工作时，它也将失去作用。

从发展方向来看，高水头、大容量的抽水蓄能机组往往具有较高的经济性，变速抽水、利用海水，甚至通过在平原地区修建地下水库的各种新型抽水蓄能电站也成为发展的主要方向。抽水蓄能是目前电力系统中唯一大规模应用的储能技术，其全球装机容量约占总放电装机容量的3%。截至2020年第一季度，全球抽水蓄能装机容量达到172.1吉瓦，占储能总装机容量的93.2%。进入"十三五"时期以来，抽水蓄能迅速发展，截至2020年底，中国抽水蓄能电站在运规模31.49吉瓦，在建规模52.43吉瓦，在运和在建容量均居世界第一[2]。同时，中国的抽水蓄能施工技术达到世界先进水平，大型机电设备原来依赖进口，经过近几年的技术引进、消化和吸收，基本具备了生产能力。

2）压缩空气储能

压缩空气储能的充电过程将空气压缩入储气室内存储起来，此时的电能转化为空气的内能被存储。放电过程需要与燃气轮机结合，利用所存储的高压空气释放入燃气轮机燃气室燃烧，驱动透平发电机进行发电。传统的压缩空气储能由于需要和燃气轮机结合使用，故一定程度上仍需要化石燃料的燃烧，储能效率相对较低[37-39]。另外，由于压缩空气储能需要足够的储气空间，它与抽水蓄能电站一样也需要特殊的地理环境，建站条件比较苛刻。

压缩空气储能相对于其他储能技术也具有独特优势和重要意义：①空气是多种可用的清洁能源中的最佳选择。太阳能、风能、核能等能源往往存在供需不同步、不均衡的问题，空气是唯一能够把各种形态能源转换、储存、取用的能源。②具有巨大的经济效益与社会效益。压缩空气储能作为一种成熟的储能手段，按其储能潜力发电量的1/3，每年的发电量相当于4亿吨标准煤，并且该电站在建成后每年都能使用，可以节约大量的能源资源，不管是经济效益还是社会效益都巨大。③环境污染小，安全系数高。即使所存储的空气发生泄漏，所泄露的空气既没有爆炸危险也不会造成环境污染，相较于其他储能技术更加安全清洁[40]。

近年来，国内外学者都在不断探索新型压缩空气储能系统，液态压缩空气储能系统、超临界压缩空气储能系统和回热式压缩空气储能系统等多种新技术相继出现，摆脱了对地下洞穴和必须结合化石燃料等条件的限制，不过目前还处于关键技术研究突破、实验室样机或小容量示范阶段。传统使用化石燃料并利用地下洞穴的压缩空气储能规模可以达到数百兆瓦，效率可达70%，建设成本10 000元/千瓦。不依赖化石燃料和地理资源条件的新型压缩空气储能系统可达到数兆瓦或数十兆瓦，但目前成本较高，效率也低于60%。

3）飞轮储能

飞轮储能是一种物理储能技术，主要是利用飞轮的机械能与电能相互转化来存储和释放电量。充电过程中，电机在外电源的作用下带动飞轮高速运转，将电能转化为机械能存储起来，放电过程利用飞轮的惯性带动电机进行发电。理论上飞轮的输出功率和存储量是相互独立的，可以独立地设计和控制。这是因为飞轮储能可以存储多少能量取决于飞轮转子的质量和转速，而其功率输出则由飞轮所带动的电机和配套的变流器的特征决定。飞轮储能技术主要分为两类：一是以接触式机械轴承为代表的低速飞轮，其主要特点是存储功率大，但支撑时间较短，一般用于高功率场合；二是以磁悬浮轴承为代表的高速飞轮，其主要特点是结构紧凑、效率高，但单体容量较小，可用于较长时间的功率支撑。

飞轮储能的一个突出优势是功率密度高，可达电池储能的5~10倍，还具有运行维护少，设备寿命长，对环境影响很小，具有优秀的循环使用以及负荷跟踪性能等优点[41, 42]。在工业不间断电源、轨道交通制动能量回收、电网调频、电能质量控制等场合具有较好的应用前景。电力电子转换器是提高飞轮储能可控性和灵活性的关键,这也导致了飞轮储能的成本和造价昂贵,对技术与材料要求偏高,这是飞轮储能发展的瓶颈之一。

4. 电磁储能

电磁储能主要包括超级电容器储能和超导储能,前者具有充放电效率高、寿命周期长、成本高、适应环境能力强等特点,后者具有响应快、能量损耗小、环保等特点[43],近些年来新兴的电动汽车也可以归为此类储能。

1)超级电容器

超级电容器是一种介于传统的蓄电池和电容器之间的储能器件,也被称为双电层电容器,它既具有电容器快速充放电的特性,同时又具有电池的储能特性。超级电容器的能量密度要比常规电容器高得多,但比蓄电池低。它也是一种新型储能,出现于 21 世纪初。由于具有很高的功率密度,适用于中、大功率的储能应用场合。

超级电容器的特性取决于生产商采用的工艺和方法。通过将碳粉末化可以显著增加电极的活性表面积。两个电极表面有许多离子,电极表面离子的数量决定了电容等效电解质的大小,而电解液则是离子可以从一个电极迁移到另一个电极的保证,这个距离一般为 $2 \times 10^{-10} \sim 10 \times 10^{-10}$ 米。

超级电容器的工作电压很低但电容值很大,其主要特性在于充放电过程中不发生电化学反应,因而理论上充放电是可逆的。因此,超级电容器的循环寿命或循环次数比电化学电池大得多,为 $10^5 \sim 10^6$ 次。由于超级电容器本身存储的能量形式就是电磁能,存放过程不涉及其他形式能的相互转化,保证了超级电容器的高效率和极快的响应速度,其寿命一般也较长,适用于提高电能质量等场合。

超级电容器储能近 20 年来技术进步很快,使它的电容量与传统电容相比大大增加,达到几千法拉的量级,而且功率密度可达到传统电容器的十倍。由于超级电容器的能量密度较低,在大多数的应用场合下都不会选择超级电容器作为系统的主电源。但是其高功率密度和长寿命的特点又使它非常适合与其他储能结合组成混合储能系统。超级电容器在很多应用中成为平抑主电源功率波动的缓冲器[44]。

2)超导储能

超导储能系统也是一种存储电磁能的电子设备,它的储能介质是超导线圈,所存储的电磁能可以在需要时释放至电网或用于满足其他负载,超导储能可以提供瞬态大功率的有功支撑,当电网出现谐波、电压凹陷等问题时,它也可以对这些问题进行灵活处理[45]。超导储能是通过将直流电流感应到由电阻几乎为零的超导电缆制成的线圈中来实现的，该线圈通常由铌钛细丝制成，工作在极低的环境温度下，一般在-270℃左右。充电时电流增加，放电时电流减小，必须转换以用于交流或直流电压应用。

这种存储系统的一个优点是其瞬时效率很高，充放电循环的效率接近95%。此外，与电池不同，超导储能几乎能够释放存储的全部能量，对于需要具有大量完整充放电循环的连续操作的应用非常有用。超导储能系统低于100毫秒的快速响应时间使其成为调节负载均衡以保证网络稳定性的理想选择。但其主要缺点是需要制冷系统，虽然制冷本身不是问题，但成本相当高并且使这种储能方式的操作更加复杂。

与超级电容器类似，超导储能系统直接存储电磁能，存放过程的损耗较小，并且线圈在超导状态下几乎没有焦耳热损耗，响应速度约为几毫秒至几十毫秒、转换效率≥95%、能量密度和功率密度分别为0.5～5瓦时/千克和500～2000瓦/千克，这些优点使得其成为电力系统能量和功率实时补偿的优选。

超导储能在改善电能质量以及提高电力系统稳定性方面具有明显优势，但由于其造价昂贵，经济价值与技术可行性成为制约其大规模市场应用的瓶颈。发展高温超导线材、制定新的控制策略和开发变流器技术、持续降低线圈损耗与构建成本以及加强失超保护等都是今后超导储能系统主要的研究方向[46]。由于低温运行条件是增加其成本的主要因素，发展高温超导材料势必将在提高性能的同时极大降低整个系统的成本，可以大幅简化其运行条件。超导储能技术将蓬勃发展，并有望成为电力系统中基础应用装备之一。

5. 储热

电能虽然是最便于传输的二次能源，但在人类的活动中，绝大多数能量需要以热能的形式和环节被转化和利用[47]。在热力系统中，储热的主要作用有：调节热能供给与负荷之间存在的不平衡；接入间歇式能源；平衡太阳能热发电系统中的辐射波动。储热主要包括显热储热、潜热储热和化学储热三类[48]，如图7.6所示。

1）显热储热

显热储热主要是利用材料的体积比热容，通过升高或降低材料的温度实现热能的存储或释放。显热储热原理简单，技术成熟，是目前使用最广泛且成本最低的储能技术[49]。固体显热储热和液体显热储热是显热储热的两种形式。固体显热储热的储热阶段会首先把热量传输给传热流体，而后高温的传热流体在嵌入固体材料中的热换管中流动，把热量传输到储热材料中。在放热阶段，冷流体在热换管中反向流动，把储热材料中的热能再传输到流体中，实现放热。而液体显热储热按照储能机理不同可分为单一流体储热、直接接触储热和间接接触储热三类。

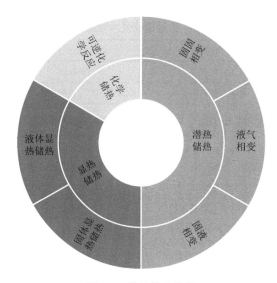

图 7.6　储热技术分类

2）潜热储热

和显热储热不同,潜热储热主要利用储热材料发生相变的热量变化来实现储热与放热。材料在发生状态变化时会吸收或放出热量,潜热储热就是把这部分热量传导给储热材料实现储热过程,相变过程中温度保持不变或变化很小,易于控制和管理。目前应用比较多的是以固液相变为主的高温相变储热。相变储热装置利用材料相变特征,储热时,相变材料发生固态液态转换,热能被转化为潜热存储起来。放热时,当储热材料放出部分热量后,液态的相变材料由于热量的释放逐渐凝固,随着放热的增加,相变材料逐渐转化为固态,因为潜热储热的优点是储能密度较高,所以利用其原理生产的设备体积较小,可以节约占地面积[50]。

3）化学储热

化学储热利用可逆化学反应通过热能和化学能的转换实现能量的存储与释放,具有储热密度高、能量可长期存储等特点,但是由于技术复杂,一次性投资较大,且整体效率偏低,目前仍处于实验室研究阶段。

7.2.2　不同储能技术的对比

1. 优缺点及应用对比

各种储能技术的优缺点及应用对比如表 7.2 所示。

表 7.2　各种储能技术对比表[51]

储能技术		优点	缺点	应用
化学储能		容量很大、时间可达几个月	效率较低	可用于发电、汽车等
电化学储能		技术成熟、寿命长	成本高、部分存在发热问题	应用非常广泛
机械储能	抽水蓄能	寿命周期长、经济、可靠、容量大、技术成熟、运用灵活	厂址的选择依赖地理条件，有一定的难度和局限性	广泛应用于电力系统调频、调相、调峰、填谷和事故备用等
	压缩空气储能	效率高	选址非常有限	适用于大规模风场调峰
	飞轮储能	效率高、体积小、重量轻、使用寿命长、易维护	能量密度不够高、具有一定的自放电损耗	适用于配电系统调频
电磁储能	超级电容器	寿命长、循环次数多；充放电时间快、响应速度快；效率高、少维护、运行温度范围广	能量密度低、投资成本高、自放电损耗	适合与其他储能手段联合使用
	超导储能	充放电时间快、响应速度极快、功率密度很高	能量密度低、具有一定的自放电损耗	在电网中应用很少，尚处在试验性阶段
储热		存储的热量可以很大	应用场合比较受限	可用于可再生能源利用

　　另外，电化学储能作为目前应用最为广泛的储能技术，不同类型的电化学储能电池的对比情况如表 7.3 所示。

表 7.3　电化学储能电池对比表

分类	优点	缺点	应用
铅酸电池	技术很成熟，结构简单，价格低廉，效率高	能量密度较低，寿命较短	世界上应用最广泛的电池之一，常用于备用电源或电力系统的事故电源
铅炭电池	相比铅酸电池，充电速度快、放电功率高、循环寿命提高至 2 500～3 000 次	低温状态效率低、生产和回收过程污染较严重	可用于风光发电储能系统，以及基站、太阳能路灯、家庭储能等小型独立储能系统
锂离子电池	能量密度最高、技术很成熟、循环寿命达 5 000 次、响应快速、放电时间长、效率高	价格较高，存在发热问题，存在安全隐患	在电动汽车、计算机、手机等移动式、便携式设备和电力系统上广泛应用，是目前应用范围最为广泛的电池
液流电池	容量大，技术比较成熟，寿命长，循环次数可超过 10 000 次，安全性高	效率低，对环境温度要求高，价格很高	用来改善电能质量、削峰填谷、调频，能够满足大规模电力储能要求
钠硫电池	能量密度高，效率高，循环寿命 4 500 次，可大电流、高功率放电，原材料丰富	高温运行情况下，金属钠有一定的风险；价格较高	已在多国建立约 200 多处此类储能电站，主要用于负荷调频、移峰、改善电能质量和可再生能源发电

　　结合表 7.2、表 7.3 及 7.2.1 节对各种储能技术的介绍，可以看出不同储能技术的适用性有所不同。

（1）大型能量型储能适用于全球能源互联网调峰填谷。对于大型的、可以长时间储存能量的设施，如抽水蓄能、压缩空气储能等，可用于大电网的调峰；而对于存储能量大、循环次数多、寿命长的电池，如液流电池等，可作为电网调峰储能装备的补充。

（2）大型功率型储能可用于平抑大规模清洁能源的波动性。以飞轮储能、超导储能及超级电容器为代表的功率型储能设备主要与可再生能源联合运行，由于其快速的反应能力，这类储能可以迅速对风电、光伏发电的出力带来的电量不平衡做出反应，平抑电网波动，实时保障电网运行安全。

（3）小型储能系统可用于电动汽车。对于一些能量密度和功率密度较高，但电池同一性较差的电池，如锂离子电池、新型铅酸电池等，难以组成大容量的电池组，不太适用于大型的储能电站，所以目前主要用于电动汽车。而随着电池储能寿命的延长以及成本的降低，储能电池将逐渐满足电动汽车大规模发展的需要。未来，电动汽车储能电池会逐渐接入全球能源互联网，通过合理安排充电时间，辅助电网调峰，实现低谷充电、高峰放电。

2. 技术特点及发展现状对比

储能技术多种多样，都具有不同的原理和特性，为了对不同的储能技术进行对比，下面列举了一些常用于表征储能特点的参数。

1）存储容量

储能系统的存储容量是指其充满电后所具有的有效能量。一方面，不管是何种类型的储能系统，其充电过程都会存在一定的损耗，所以其实际存储的能量一般小于充入的能量；另一方面，在储能系统放电的过程中，通常会受到放电深度的限制，加上系统本身的能量耗散，其实际释放出的能量也会低于存储能量。

2）能量密度与功率密度

能量密度指的是单位质量或单位体积空间的储能系统所具有的最大有效存储能量，包括质量能量密度以及体积能量密度，常用的单位是瓦时/千克和瓦时/升。

功率密度是指单位质量或单位体积空间的储能系统内所含有的最大有效储能功率，分别称为质量功率密度和体积功率密度，常用的单位是瓦/千克和瓦/升。

3）循环效率

储能系统的循环效率是指储能系统放电时释放出来的能量与充电时充入的能量的比值。循环效率关系到储能系统日常使用时的表现，具有较高循环效率的储能系统才能高效地运行。

4）响应时间

响应时间是指从能量需求侧发出请求到得到响应的时间长度。一般来说，功率型储能比能量型储能具有更快的响应时间。

5）使用寿命（循环次数）

不同类型的储能系统可能采用不同的寿命计算方式。对于抽水蓄能以及压缩空气储能等，通常以储能系统实际的工作年限作为其使用寿命。而对于以电池为例的其他储能系统而言，仅仅考虑储能系统的工作年限是不够的，还应该考虑其循环次数。一般把储能系统一次充电和一次放电的完整过程称为一次循环。为了保证储能系统能够经济可靠地运行，所建立的储能系统应该具有较长的使用寿命。

6）其他参数

除了已经提到的参数外，其他还有许多表征储能特性的参数，如单位能量成本、单位功率成本、运维成本等各种经济性指标、技术成熟度、自损耗率、环境影响、安全可靠性等。

目前，各种储能技术的发展水平不同，成本也有明显差异，在额定功率、持续放电时间、效率及寿命、功率/能量密度等方面具有不同的特点，如表 7.4 所示[52-55]。

7.2.3　混合储能系统

储能装置具有不同的能量方式，按照其功能我们把储能装置分为能量型储能和功率型储能两种。能量型储能一般具有较大的存储容量，能量密度较高，可满足长时间的放电需求，但此类储能的循环寿命一般不长，以压缩空气储能、蓄电池等为代表。而功率型储能更适用于瞬时、高功率、快响应速度的情况，由于这类储能一般具有较高的功率密度，虽然其放电时间不如能量型储能这么长，但其一般具有较长的循环寿命，此类储能以超导储能和超级电容器为代表[52]。混合储能系统结合了两种类型储能的优势，使二者结合成功能上互补的储能装置。混合储能系统一般比单独的储能系统具有更低的经济成本，在获得更高的经济效益的同时还能保证更优良的运行性能。

1. 混合储能系统的提出

供电系统或电源系统面临着越来越多的脉动性负载需求，如电动汽车、定向能武器、电力系统多种辅助服务以及移动数字设备等，其典型特征是具有较低的平均功率，然而峰值功率可能远高于平均功率。比如，一辆轻型客车在行驶中的平均功率约为 10 千瓦，但当客车加速时，所需的峰值功率约为 60 千瓦，是平均功率的 6 倍，但持续时间一般仅为几秒钟。

各类电化学电池作为广泛应用的储能技术，多是通过电化学反应来完成能量的存储过程，其反应过程涉及离子的转移与扩散，大功率输出不足。一方面，由于脉冲负载的特性，若仅通过蓄电池来满足脉冲负载，为了满足脉冲负载的峰值

表 7.4　部分储能系统技术特点及发展现状

储能系统	存储功能	储能周期	容量范围	能量密度/（瓦时/升）	功率密度/（瓦/升）	循环效率/%	响应时间量量级	寿命/年	单位能量成本/（美元/千瓦时）	单位功率成本/（美元/千瓦）	运维成本/[美元/(千瓦·年)]	发展阶段
超级电容器	功率型储能	秒~分	瓦时~千瓦时	10~30	100 000+	85~98	毫秒	15~20	30~2 000	100~360	5~6	示范—商业前
超导储能				0.2~2.5	1 000~5 000	80~90	毫秒	15~20	1 000~10 000	200~350	8~26	示范—商业前
飞轮储能				20~80	1 000~2 000	80~95	毫秒~秒	15~20	1 000~5 000	250~350	20	商业
抽水蓄能	能量型储能	小时~周	兆瓦时~亿瓦时	0.5~1.5	0.5~1.5	65~85	分钟	30~60	5~100	600~2 000	13.3	成熟
压缩空气储能				3~6	0.5~2	40~50	分钟	20~60	2~200	400~2 000	2~4	研发—示范
储热				120~500	80~120	50~90	—	5~40	8~100	6 000~15 000	0.005	研发—商业
铅酸和铅炭电池				50~100	10~400	63~90	毫秒	5~15	200~400	300~600	50	成熟
锂离子电池	能量型储能	小时~周	千瓦时~亿瓦时	200~500	1 500~10 000	90~97	毫秒	5~20	600~2 500	1 200~4 000	0.46	商业
钠硫电池				150~300	120~160	70~90	毫秒	10~15	300~500	1 000~3 000	80	商业
液流电池				16~60	0.5~2.5	60~85	毫秒	5~15	120~1 000	330~2 500	70	示范—商业
氢气		周~月	兆瓦时~亿千瓦时	500~3 000	—	30~50	秒~分钟	20~30	1~10	1 900~6 300	—	研发—商业前
甲烷				2 000~7 200	—	25~35	分钟	30	1~10	3 500~5 000	—	研发—示范

需求，需要非常大的蓄电池容量配置，造成了较大的能量浪费和成本增加，并导致电源系统庞大而笨重；另一方面，即使配置了足够的容量来满足峰值负载，由于蓄电池的特性，在满足大功率负载时，蓄电池内部会产生热量，内部损耗严重，可能会导致端电压的大幅跌落。极端情况下可能会触发蓄电池的过放保护，因突然停止供电而造成不必要的损失。而蓄电池在技术性能上的缺陷可以通过与超级电容器等功率型储能的结合来弥补，当二者结合使用时，蓄电池发挥能量密度优势，而功率型储能依靠自身的功率密度与放电速度优势来满足短时的脉冲负载，这将会给储能系统带来很大的性能提升[56, 57]。

研究证明混合储能系统能够有效减少蓄电池使用的损耗，大幅延长其使用寿命。混合储能概念自提出以来得到了快速发展，从工程机械、电动汽车等领域逐渐拓展到了光伏发电系统，因此被用在了微电网中，促进了风能、太阳能等新能源的消纳。对于混合储能系统的研究主要集中在两个方向：一方面，降低系统的投资成本，这可以通过不断优化储能类型的结合以及储能系统的容量配置来实现，多是借助优化算法；另一方面，不同储能元件的协调控制问题也是混合储能系统的一个重要研究方向，合适的控制策略能将混合储能系统的效用最大化地发挥。

2. 混合储能技术容量配置

以微电网为例，微电网是混合储能系统一个重要的应用场景，容量配置合理的混合储能系统不仅能进一步降低微电网中储能的建设成本，还能提高微电网中可再生能源的消纳以及微电网用电的可靠性。对于微电网来说，混合储能系统容量配置的优化主要包括三个方面，即母线功率需求、优化目标的选取以及模型求解算法。首先，不管是新能源发电还是负荷需求，都具有一定的不确定性，母线功率需求就是要分析新能源与负荷之间的不确定性造成的不平衡功率，通过功率型和能量型储能适当的容量区间选取来平抑源荷不确定性，为混合储能系统的容量配置奠定基础。在此阶段，为了保证所配置的混合储能容量能适应微电网运行可能出现的各种情况，要准确分析新能源发电以及负荷的功率特性。其次，在混合储能系统容量配置的过程中，一定要选取适当的优化目标，优化目标是混合储能系统建设的方向，在满足微电网功率及能量需求的基础上，所建设的储能系统的经济性、可靠性以及环境友好性都是需要考量的目标。经济性目标往往能保证所配置的储能系统的大小恰到好处，不会产生浪费，这是容量配置的首要目标。可靠性目标是实现储能配置后的微电网稳定可靠运行，保证源荷两端能量和功率平衡的基础。环境友好性目标则是指所配置的混合储能系统能够更好地配合新能源的出力特征，促进更多的新能源消纳，从而保证微电网对环境的污染最小化。最后，当混合储能系统母线功率需求以及优化目标确定以后，容量配置的模型便已完整建立，需要利用适当的规划方法处理所建立的模型，然后采用智能算法进行优化求解。

保证混合储能系统在微电网中的合理配置，需要对原微电网中的新能源出力和原有负荷需求的功率特征进行分析，使得混合储能系统的配置满足微电网的功率需求，从而更加可靠。确定性方法和不确定性方法是分析新能源随机性的两种方法。确定性方法是指在对当地的历史新能源数据以及负荷数据进行分析以后，采用一定的方法，如计算欧氏距离或相关系数等来选择最具有代表性的历史功率出力曲线，或者是根据一部分历史曲线拟合出另一条曲线，而后的容量配置便基于所选择或拟合出的曲线进行。而不确定性方法则是考虑了源荷两端的不确定性，利用概率统计方法建立微电网中各个元件的数学概率模型，之后利用抽样来模拟微电网中的功率差，以此求得可靠性指标和容量配置结果。不确定性方法能保证所配置的混合储能系统在微电网的发电功率有波动时保证微电网整体的安全稳定运行。

目标函数是否合理是微电网中混合储能系统配置的关键，在进行微电网混合储能系统容量配置时，大多是以系统的经济性为目标。未添加储能设备的微电网由于新能源出力的不确定性在运行时会有很强的不稳定性，尤其是当微电网孤岛运行时，储能设备的加入可以起到移峰填谷的作用，改善微电网的静态和动态特征，提高整个微电网的可靠性[58]。因此，尽管在配置混合储能系统时往往以经济性为主要目标，配置过程也应该考虑所设计的储能系统接入微电网后是否会对原系统的可靠性产生负面影响。

由于容量配置模型需要考虑经济性、可靠性以及环境友好性多个目标，模型往往不可直接求解。对于多目标问题，有两种方法对其进行求解，一是通过加权将多目标问题转化为单目标问题进行求解，二是依据不同目标的重要程度选取可接受解。由于模型的各个目标往往具有一定的相关性，可以在线性处理其目标函数后采用智能算法进行求解，以此来得到最佳的储能配置方案。随机优化、迭代法、图解法以及各种启发式算法等优化算法目前广泛应用于储能容量优化求解的过程中。其中各种启发式算法如蚁群算法、粒子群算法以及遗传算法等由于求解速度和适应性的优势目前被大量使用[59]。

3. 混合储能技术控制策略

储能的合理配置可以改善可再生能源输出功率的不确定性，然而在混合储能系统的容量配置好以后，其控制策略系统在日常运行过程中起到非常重要的作用，控制策略决定了混合储能的效用能不能最大化地发挥出来。混合储能系统一般由能量型和功率型两种元件组合而成，能量型元件的储存能量较多，保证了混合储能系统的容量，而功率型元件由于其良好的响应速度保证了混合储能系统对临时的冲击性功率的反应。混合储能系统的控制策略是混合储能系统运行的关键，目前有两个主要的研究方向。一是针对储能装置功率变换器的并离网控制。二是辨识如何选择合适的控制策略保证混合储能系统各元件的相互配合与协调运行，在发挥出混合储能效用的同时减少其损耗[60]。

微电网在孤岛模式运行时，主要涉及的元件包括新能源发电单元、微电网的日常负载以及所部署在微电网内的储能系统。微电网在孤岛运行时对各元件的协调配合提出了更高的要求，微电网的各元件要根据微电网母线电压的实际值来不断调整新能源发电单元和所部署的储能系统的工作模式，特别是储能系统，需要在不同的模式之间不断地切换来保证负荷功率与新能源发电机组输出功率的平衡，避免微电网系统的不良运行对各元件造成损害。对于混合储能系统而言，其控制策略多是对不同类型的储能元件进行合理的分工，让以蓄电池为代表的大容量型储能来承担低频分量，而以超级电容器为代表的高功率型储能来承担高频分量，不同控制下策略的区别在于应用的条件和控制方法不同。在典型的控制策略中，采用双向 DC-DC 变换器将混合储能系统中不同性质的储能单元串联起来，利用变换器来操作不同储能单元的动作，高频部分的目前空缺功率通过超级电容器群来补偿，而低频的母线功率空缺则由蓄电池向超级电容器束带功率来弥补，以此实现蓄电池平滑切换各个模式。

低通滤波法因算法简单可行以及计算速度上的优势已经成为目前最常用的混合储能系统控制策略方法，得到了广泛的应用。而目前所采用的低通滤波法按照时间常数是否固定可以分成固定时间常数法和变时间常数法两种。其中固定时间常数法固定了滤波常数，它在完成控制过程时多通过添加其他典型的反馈环节来完成。变时间常数法将滤波常数设置为可变的，要想达到一定的控制目标，需要为其设置一定的规则。举例来说，不管是超级电容器还是蓄电池，其工作时一般具有一个理想的荷电状态变化空间，这样能避免电池由过度的充放电行为造成的寿命损耗，而变时间常数法可以通过调整滤波常数来保证超级电容器和电池工作在所设定的荷电状态区间内，以此来提高混合储能系统的使用寿命。

7.3 共享储能

尽管储能在实际应用中具有很多优势，但消费者在储能的安装与使用中仍存在一些限制。一方面，对于单独的消费者来说，储能的投资成本可能会导致消费者无法承担满足其能量需求的储能容量，这就限制了储能的预期收益；另一方面，对于单独的消费者来说，即使已经选择了最优的储能容量进行安装和使用，但能源供给和需求的不确定性也会导致储能系统不能得到充分利用，这意味着单独消费者的储能系统花费了过多的初始投资成本。总之，对于一个配置合理的储能系统来说，它应当具有足够的容量，使消费者在充放电时在最大限度上发挥储能的优势。正因如此，人们对单独消费者之间共享储能越来越感兴趣，尤其是社区层面的共享储能。通过共享储能，多个消费者可以根据自己的需要通过对储能进行充电和放电来访问储能，在这种情况下，消费者可以通过分摊初始投资成本来减轻安装储能的负担[61]。此外，通过在具有不同需求模式的多个能源消费者之间的共享，储能系统也能得到更好的利用。相较于一般的储能，共享储能一般拥有更大的容量，这能够更好地满足消费者的用能需求，共享储能的特性还允许不同的消费者同时充电和放电，这提高了储能的利用率。共享储能的消费者可以使用其他消费者充入储能的能源作为额外的能源供应，这有助于降低消费者的电力成本。

7.3.1　共享储能的模式

目前的共享储能主要是指一种可供能源交易或共享的系统架构，所述系统架构允许用户间储存能量或储能容量共享，按照共享储能系统的所有权及能量联通方式把共享储能分为私有储能、互联储能、公用储能以及独立储能四种模式。

1. 私有储能

私有储能是指系统中的每个用户都拥有并独立操作自己的储能，这种模式的系统架构如图 7.7 所示，是一种间接的储能共享。这种结构只实现了用户间的能量共享，并未实现储能容量共享，储能仅用作支持用户之间能源交换的内部能源设施。互联微电网、能源市场中的点对点交易都属于此类模式[62, 63]。这种模式是目前能源交易和能源共享系统的主流框架。

由于投资成本、空间要求和维护费用等限制，为每个用户安装单独的储能系统效率低下。私有储能的结构要求每个用户在投资阶段确定储能的确切规模。然而，在不确定的能源价格和需求下，用户确定长期运行的储能规模具有挑战性。如果大小决定不正确，用户将浪费剩余的能量或留下一些未使用的容量。因此，私有储能结构通常不是促进现代能源系统有效利用储能的合适框架。

2. 互联储能

储能容量共享可以处理私有储能模式可能存在的低效率问题，因为它允许用户调整他们的储能容量。在私有储能的基础上，可以通过互联每个用户的储能来实现容量共享，这种互联储能的系统架构如图 7.8 所示。互联储能使用户通过在他们的储能中创建一个容量块来与其他人共享他们的储能容量以进行交易[64]。在实践中，互联储能已应用于基于储能的虚拟电厂项目。例如，美国马萨诸塞州的

Connected Solutions 项目对客户安装的特斯拉能量墙（Powerwall）进行集中管理，创建一个虚拟电厂，实现储能共享。

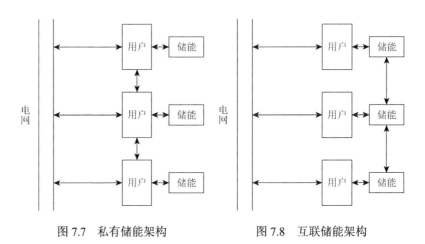

图 7.7　私有储能架构　　　　　　图 7.8　互联储能架构

这种结构通常需要开发一种激励机制，以促进用户共享其储能容量。尽管与私有储能相比，互联储能提高了储能共享的效率，但它也存在分布式框架的缺点，因为它仍然为每个用户安装储能，不同用户的储能间进行能量交互必然会导致能量的损耗。

3. 公用储能

在互联储能的基础上，公用储能是指安装了一个共享储能供所有用户共同使用[65,66]，其系统架构如图 7.9 所示。这种结构是目前储能共享的主流架构，其实际应用之一是社区储能。社区储能安装了一个公用储能为社区内许多家庭提供储能服务。

对于公用储能来说，一般有两种控制方式来实现其运营：第一种控制方式是首先确定公用储能中每个用户所分得的容量，然后用户独立操作自己所分得的储能块。这种方式把公用储能的运行视作一个资源分配问题，其实质并没有实现储能的共享。第二种控制方式是通过聚合器控制整个系统并协调容量分配和存储能量分配，以此管理共享储能。

4. 独立储能

若公用储能是由独立的运营商负责管理，则称为独立储能，如图 7.10 所示。在此模式下，独立运营商决定用户在共享储能中的容量或存取能量的价格。它根据用户对储能容量的请求来控制共享储能。与公用储能的聚合器相比，独立储能的独立运营商负责共享储能的初始投资并为用户提供存储服务。这种共享储能结构的典型应用是云储能，是一种在市场上服务众多用户的大规模储能[67]。

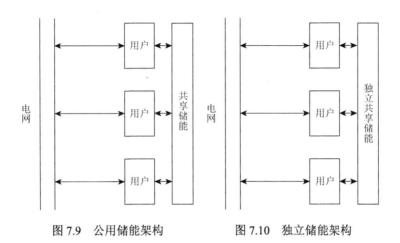

图 7.9   公用储能架构   图 7.10   独立储能架构

独立储能的优点是由独立运营商协调共享储能运营过程中的容量共享与存储能量共享，但其需要一个行之有效的处理独立储能与客户之间交互的市场机制。另外，独立储能运营的一个重大挑战是如何预先确定用户与共享储能间的容量价格或能源交易价格，还有如何将所存储的能量公平地分配给不同的用户。最后，由于运营商是市场上的营利性实体，那么共享储能市场的设计就应当平衡储能运营商与用户之间的利益冲突。

7.3.2   共享储能的实施

1. 共享储能的典型场景

共享经济模式是一种允许用户通过将其商品或服务的访问权交易给他人来获利的商业模式，这种商业模式在 2012 年以后，随着互联网的普及，经历了快速增长。共享经济模型的成功促使研究人员探索将该模型应用于储能共享的潜力。能源系统中共享储能的典型场景主要包括社区储能、云储能、虚拟储能工厂[68]。

1）社区储能

社区或邻里区域是共享储能应用的主要场景，在此场景下，所安装储能以社区储能模式为所在区域的多个家庭或建筑物提供储能服务。社区储能既可以通过为每个用户安装一个储能形成互联储能结构，也可以通过为社区安装一个公用储能而形成公用储能结构。在社区储能的场景下，不管是分离的储能还是公共的储能，社区储能总是由一个聚合器或是运营商负责运营，该聚合器或运营商从每个家庭收集信息并对社区储能的容量分配和用户交换存储能量进行调节。

2）云储能

共享储能还有一种云储能模式，这里的"云"采用了计算机科学当中的"云"的概念。云储能一般结合多种储能技术，如采用电化学储能和机械储能创建电网规模的云储能，在能源市场上可以为大量的客户提供储能服务。云储能由于其电网级的规模限制，只能在公用储能或独立储能的架构下实现。

与社区储能相比，云储能旨在服务于市场，二者主要有以下几点的区别：①云储能的规模一般要显著大于社区储能。②云储能可用于服务不同类型的用户，如家庭用户和商业建筑、公共事业和服务提供商等。但是社区储能一般仅用于服务社区或邻里区域的家庭用户。③由于规模经济，云储能可能以比社区储能更低的成本提供储能服务。

在云储能的商业模式下，客户首先获悉云储能的容量价格，然后根据自身的兴趣及需求租用云容量。租用后的用户可以独立操作所租用的产能，并需要在租用期结束时归还对应产能。从这个角度来说，云储能只是实现了用户间的容量共享，因为其只是向市场提供储能容量租用服务，云储能的用户并不能通过云储能交易自己所存储的能量而获得收益。

3）虚拟储能工厂

共享储能还可以通过虚拟储能工厂来实现，所谓虚拟储能工厂，可以理解为基于储能的虚拟电厂。虚拟电厂就是一系列分布式能源的聚合器，通过不断地协调和优化来实现高效的能源供应。类似地，虚拟储能工厂是利用分布在电网不同位置的储能单元的集成而构建的。虚拟储能工厂可以通过储能的容量进行虚拟化，通过将可分离虚拟存储能量分配给用户，可以帮助用户实现比实际安装的储能更大的储能容量，以此实现储能的共享。

2. 与其他能源技术的整合

共享储能可以与多种能源技术相结合，如可再生能源和电动汽车。与单独的共享储能相比，集成其他能源技术后的共享储能不管是充电阶段还是放电阶段都拥有了更多的选择。集成共享储能系统的核心策略是如何优化分配不同能源资源产生的能量用于当前使用或存储以用于将来使用。

1）与可再生能源的整合

与可再生能源的整合多是从电网或可再生能源投资运营商的角度对电力进行调度，旨在利用储能系统消耗更多的可再生能源。可再生能源具有极强的间歇性和不确定性，使其难以直接满足电力需求。大量的可再生能源并入电网还会引起电网的负荷波动，所以对可再生能源发电进行调节很有必要。储能系统通过平滑可再生能源产生的电力来消除它的间歇性。在可再生能源出力高峰期，电力供给远大于电力需求，多余的电力会用作储能系统的充电；对应地，在可再生能源出力的低谷期，不足的电力供应会被储能系统补充，以此实现电力的转移。良好的共享储能和可再生能源整合设计应该平衡储能的使用以共享和支持可再生能源供应。特别是，如果可再生能源也被共享，则需要一种高效的综合共享策略来管理可再生能源和储能的共享。

2）与电动汽车的整合

以分布式储能系统和电动汽车为代表的多种新型负荷逐渐接入到电力系统中，使得电力系统的结构不断复杂化。电动汽车的大规模接入加大了电网的峰谷差，如果不对电动汽车的充电时间与地点加以管控，会对电力系统产生很多负面影响。共享储能和电动汽车的整合可以通过两种方式实现：①采用电动汽车的电池作为共享储能；②让充电站共享储能。有研究探索将退役的电动汽车电池重新用作共享储能以支持充电站。在实际应用中，特斯拉提供了储能在电动汽车充电站中的应用。在此应用中，储能由多个充电器共享，其目标是在高峰时段更快地为汽车充电或减少对电网的依赖。

7.3.3　共享储能的优化

1. 共享储能的管理策略

一个好的管理策略应该能最大化共享储能的好处，同时公平地协调每个用户的利益分配。总的来说，保证储能共享项目的公平性是其成功不可或缺的一部分。有关共享储能的管理主要涉及以下几种方法。

1）博弈论模型

博弈论是指在多决策主体之间行为具有相互作用时，各主体根据所掌握信息及对自身能力的认知，做出有利于自己的决策的一种行为理论。它可以用来模拟共享储能用户之间的冲突。非合作博弈和合作博弈理论模型都可以应用于共享储能的管理。

在非合作博弈中，各决策主体的利益是相互影响的，每个决策者都要在局势中选择使自己收益最大的策略，要在不同的策略问题中进行决策。非合作模型用于研究用户独立决策的储能共享系统。使用基于博弈论的新框架研究多个地理分布的存储单元的相互作用和能源交易决策，在存储单元之间可以制定非合作博弈。其中，每个存储单元的所有者可以决定在当地市场上出售的最大能源量，从而使效用最大化，该效用反映了能源交易收入与伴随成本之间的权衡。然后在存储单元和智能电网元件之间的能量交换市场中，能量交易的价格通过拍卖机制确定。该博弈被证明允许至少一个纳什均衡。

在合作博弈中，当一方的利益有所增加时，另一方的利益并不受损害，甚至是博弈双方的利益都能有所增加，这样整个社会的利益就是增加的，所以合作博弈又被称作正和博弈。合作模型应用于储能共享系统，即公用储能架构或地理储能架构，其中用户作为联盟共同做出决策。

2）基于拍卖的模型

拍卖是另一种处理共享储能用户有前途的方法。基于拍卖的共享储能模型允许用户对存储的能量或储能容量进行竞标[64]。由于拍卖模型的规则，容量共享和存储的能量共享可以保证是公平的。利用双向通信技术，拍卖机制可以在用户和电力供应商之间交换信息，以较低的成本满足用户的需求，从而有助于智能电网的经济和环境效益。

3）容量分配模型

若共享储能的容量是可分离的，储能共享也可以作为资源分配问题来研究[69]。由于储能共享的容量分配模型只是将储能容量分配给各个用户，所以资源分配通常只实现容量共享。此类模型首先确定如何将共享储能的容量分配给每个用户，然后用户独立操作他们所分得的储能容量，而无须交换他们存储的能量。

4）基于定价的模型

定价模型可以通过为用户出售其储能容量和/或存储的能量提供足够的补偿来确保共享储能的公平性。一个合适的共享储能定价机制可以激励用户参与储能共享并通过交换储能容量和/或存储的能量来优化他们的收入。

2. 共享储能的配置与控制

共享储能在减少投资成本、发挥储能效益与价值以及方便服务用户等方面具有较高的发展潜力。储能的大小在储能系统的设计和操作中具有重要作用，合适的储能大小可以在满足用户存储需求的同时降低其投资成本。储能系统容量大小配置的准确性取决于所用电力负荷数据的可用性与适用性。

在共享储能的系统架构下，因为用户可以通过容量的重新分配或者是不同用户间的储存能量交互来扩展他们所访问的储能容量，所以与单个的分布式储能相比，共享储能能够降低所有用户所需的总体容量，进而降低储能的配置成本。对比各用户仅操作自己的储能而不参与共享，共享储能模式不仅增加了储能的利用率，还带来了更低的用户储能构建与使用成本。在对共享储能的容量进行配置时，既要考虑到所有用户总体负荷量的大小，还要考虑共享储能场景下用户间的容量共享或存储能量共享对储能配置的影响。

共享储能的控制策略也是一个值得关注的问题，鉴于实时/日前价格信息，共享储能系统可以通过在非高峰需求的低电价期间充电，并在用电高峰期的高电价时期放电，以此降低从主电网购买电力的总成本。然而，实现共享储能系统的主要挑战是如何管理用户以最优地向/从共享储能系统充电/放电。由于共享储能的设置，可以有多个用户对共享储能进行控制。在容量共享的场景下，一旦用户间容量的分配已经完成，在容量重新分配之前所有用户仅可控制自己所分得的储能容量，充放电不可同时进行，我们称之为静态分配。而在存储能量共享的场景下，即使用户所分得的容量已经充满或用尽，仍可以通过控制其他共享的储能单元来进行充放电操作。并且对同一储能单元来说，不同用户的充放电过程可以同时进行，这种场景被称为动态分配。相比之下，动态分配在现实世界中无法实际应用或难以控制，因为共享储能控制算法需要在动态控制储能的充放电功能的同时，不断了解所有用户和共享储能单元的状态。

3. 共享储能的不确定性处理

不确定性在管理共享储能系统中起着至关重要的作用，在对共享储能的管理优化过程中应该考虑到这一点。储能的管理高度依赖于预先确定的能源价格和政策以及可预测的能源负荷和用能需求。但能源价格、负荷需求等因素难以准确预测，需寻找处理能源系统不确定性的有效方法。现有研究主要从随机规划、鲁棒优化和模糊/不确定规划三个方面对能源系统不确定性进行分析处理，通常当需求或价格数据的概率分布可用时，使用随机规划。鲁棒优化通常用于分析系统在数据间隔或不确定性集上的最坏情况性能。最后，当没有历史数据可用时，使用模糊/不确定规划。在这种情况下，数据通过可能性或隶属函数进行建模，该函数指示某些值可能合理或可信的程度。但是作为新兴储能模式，共享储能的研究尚未对不确定性进行充分考虑。

7.4　储能的应用

一方面，能源转型的过程中，提高可再生能源的消纳水平只是储能技术的作用之一；另一方面，在原有基础设施的基础上，整合储能技术，改变交通、建筑、工商业等的能源系统结构，减少各行业碳排放也是一个十分重要的问题。在传统的电力系统中，不管是电源侧的可再生能源并网与参与辅助服务，还是电网侧的配电网规划，又或者是用户侧的用户用能结构优化，都少不了储能的参与。在全球可再生能源的装机容量不断增加的背景下，原有的集中式储能系统已经开始无法满足能源需求，现在的储能系统正在朝着分散化各分布式储能系统进行转变，这种分布式储能系统更为灵活高效，促进了储能技术的应用[70]。

7.4.1　储能系统的应用领域

目前，世界各国都在积极对电网进行改造，发—输—变—配—用—调作为传统电网的六大主要环节，都存在优化改造的空间。电网的改造过程少不了储能系统的参与，储能系统可以覆盖电网的各个主要环节，是未来电网的重要组成部分。首先，在风电、太阳能发电等新能源入网存在高度的间歇性与不确定性的背景下，储能技术在平抑其波动性的过程中发挥着不可替代的重要作用。其次，储能技术的发展具有削峰填谷、输配电投资延期、提高电能质量、提高电能稳定性等功能，保证了电力电网系统的安全性。这里介绍目前储能在电力系统中主要的四大应用领域。

1. 火力发电领域

即使是传统的火力发电，也会由于负荷的不确定性而不断产生输出波动。频繁的出力调节不利于火电机组的运行，而储能应用于火力发电领域可以通过储能的动态出力保证火电机组的平稳运行，这样就能使得火电机组持续在最经济的状态下运行，同时也保证了火电机组与储能的共同出力能够满足不断变化的负荷，储能在这个过程中呈现出优秀的一次调频能力[71]。

目前世界各国都在积极构建节能环保的绿色发展模式，火电厂作为各国节能减排的主要治理对象，在运行过程中要时刻注意节能环保问题。火电厂的运行结果分析显示，对于配置有储能的火电厂而言，其工作结果与储能的整体效果有很大的关系。传统的火电厂储能在运行过程中存在功率恒定的情况，这样不仅造成了能量的浪费，也大大限制了储能的效用，不利于火电厂的整体发展。利用火电厂的储能帮助火电厂实现对电网频率的科学调整，能在更大程度上发挥储能的作用，也有利于火电厂的节能环保运行。

2. 可再生能源领域

可再生能源发电输出功率的间歇性与随机性是其固有特点，当电网中接入了大规模的可再生能源时，电力系统的安全稳定性会受到很大的影响，包括系统的故障恢复能力、调频能力、传输能力以及电能稳定性在内的多个功能都会受到不同程度的影响。储能系统配置灵活，一方面它具有能够快速充放电的优势，另一方面储能的发电与用电的时间与空间属性均可分离，为可再生能源的调度提供了很大的便利，对于提升可再生能源的消纳、加强对可再生能源的调控具有重要作用[72]。

针对大规模可再生能源接入的电力系统而言，储能具有十分广泛的应用场景，如改善电能质量、减小系统峰谷差、平抑可再生能源输出波动、参与系统调频以及提高系统的传输能力等，这些应用场景都大幅提升了电力系统的安全性。而就储能本身的发展而言，装置研发、规划部署、运行优化以及运营模式等各个方面都是促进储能高效多样以及规模化应用的保障。由于储能能够实现存储的能量在时间和空间上的转移，还能够促进多种能源的相互转化与灵活利用，在能源交易的自由度方面也能发挥积极作用，其对于能源互联网的发展是不可或缺的一部分。

3. 电网辅助服务领域

辅助服务是电力市场必不可少的一种服务，它包括为了保证电厂的电能从产生到输送至终端用户整个过程的安全和质量所需要采取的所有辅助措施，涉及从发电到输配电过程中的各种突发事件。基本辅助服务和有偿辅助服务是电力辅助服务的两种基本形式[73]。其中，基本辅助服务是指机组必须提供的服务，不进行补偿，主要包括基本的无功调节、移峰填谷以及一次调频等。并网的发电厂除了提供基本辅助服务以外，所提供的其他辅助服务被称作有偿辅助服务。有偿辅助服务将结合辅助服务主体实际应用效果为参与者提供合理的价值补偿，包括帮助电力系统进行黑启动、进行有偿的调峰服务、作为备用容量、提供有偿无功调节以及自动发电控制等在内的多种辅助服务都属于这种类型。就储能而言，它所参与的辅助服务主要是调峰填谷、旋转备用、电压支持以及调频 4 种。

4. 微电网领域

微电网作为分布式发电高效接入和负荷供电可靠性提高的重要途径，在电力系统中广泛存在。几乎所有的微电网都会配备储能元件，储能在微电网的运行控制和能量管理中不可或缺。首先，对微电网而言，如何保证自身的稳定运行是其首要目标，这是其发展的基础；其次，保证微电网内用户高质量的用电需求能够得到满足的关键，就是要保障微电网内重要负荷的可靠性与电能质量；最后，当微电网并网运行时，为了适应微电网规模化地接入电网，微电网本身能够实现适度的可预测性与可调度性，即保证自身的容量可信度是必不可少的保障。

微电网要想实现对自身组件的稳定控制与能量管理，储能是必不可少的。储能在微电网中具有广泛的应用，可以从系统启动、稳定控制、电能质量改善以及适度的容量可信度等几个方面分析[74]，如图 7.11 所示。

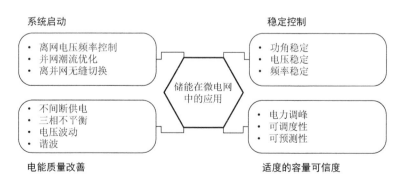

图 7.11　储能在微电网中的应用

7.4.2 储能系统的应用场景

1. 储能在电源侧的应用

随着电力系统的不断发展，传统的集中式发电资源已经逐渐转变为分布式发电装置。但是随着大规模的分布式电源接入电网，电网不能及时适应这种转变，调峰调频资源不足等问题正逐渐显现出来。储能在电源侧得到广泛应用，由于其极快的响应速度，在调节短时功率时能力较强等特点，当储能与常规的发电机组配合使用来调频调压时，可以起到很好的效果。将储能作为能量管理系统的一个可调度元件，结合自动发电控制以及风电、光伏等分布式发电资源，可以大幅提高电力系统的调节能力。此外，储能装置还可以在可再生能源并网点处电压短时间内迅速跌落时提供紧急的无功支撑，提高电网的低电压穿越能力。

可以看出，储能在电源侧，尤其是可再生能源发电并网的场景下，可以通过适当的调控策略帮助解决可再生能源的消纳问题，另外，其在提高传统电源和新能源的发电能力方面也能起到十分积极的作用[75]。

2. 储能在电网侧的应用

在电网侧，储能系统具有保持输电系统稳定性、输电电压调节、输配电设施延期建设等应用场合。①保持输电系统稳定性：保持输电线路上所有元件相互同步以及防止系统崩溃的能力。②输电电压调节：保持输电线路送端电压和受端电压相差不超过5%的能力。③输配电设施延期建设：利用其他资源补充现有设施以延迟建设新的输配电线路和变压器的能力。

为了保证系统功率平衡，提高电力系统运行的安全稳定性，可以利用储能为系统提供快速的无功和有功补偿。另外，储能系统还可以辅助风力发电进行调峰，主要是通过降低风电的电压波动实现电压暂降，稳定风电输出的电能质量来实现。由于储能极快的响应速度，它具有极佳的调峰调频能力，而且在储能系统结合智能能量管理系统的情况下调度也十分方便。储能的安装保证了电力系统的经济性，对于电网输电来说，适当的储能容量的参与减小了电网远距离传输所需的容量，降低了其建设成本。又由于储能电站的安装简单方便，较电网的建设大大缩短了工程的建设周期。大规模的储能与可再生能源的配套使用增加了可再生能源的利用率，减少了不必要的备用机组的安装，由此减少了电力系统对环境的污染，促进了电力系统的节能减排。

3. 储能在用户侧的应用

在用户侧，储能参与最多的模式便是削峰填谷以降低用户的用电成本。削峰填谷能够保证电力系统的供用电均衡，提高电力系统的稳定性，避免各种发电机组频繁的调节造成的不必要损耗，降低生产成本[76]。

由于分时电价、峰谷电价甚至实时电价的实施，许多地区的工业用电在不同的时刻电价差异很大。利用储能的能量时空平移优势，可以在电价较低时购买更多的电力存储起来，而在电价较高时将所存储的电力释放出来使用，这样就大幅降低了用电成本。随着储能成本不断降低，削峰填谷已经不再局限于工业用户，各种企业甚至社区都可以利用这种手段来降低其用电成本，目前其在用户侧的使用十分广泛。除了通过削峰填谷降低用户用电成本以外，储能系统还具有多重价值，在参与用户需求响应、提高用户电能质量以及通过旋转备用帮助用户降低停电风险等方面也发挥着重要作用。

储能目前的应用模式不断增多，"源—网—荷—储"的互动性不断增强，可以预见储能在用户侧的市场空间将以几何级速度扩张。此外，电力体制的改革让储能在增量配电网、微电网以及用户参与的辅助服务等领域有了更广阔的参与空间，用户侧储能必将成为最有潜力的储能发展领域。

7.4.3　储能系统的典型应用模式

1. 光储充一体化

随着可再生能源的发展，越来越多的分布式光伏系统出现在用户侧，这种发电系统的特征是发电容量不大，所发的电量一般以用户自用为主，不需要传输电量，属于就地消纳的发电设施。分布式光伏系统具有灵活经济的特点，对环境也比较友好，其发电功率介于几十瓦到数兆瓦之间，是一种绿色发电技术，目前发展十分成熟，应用也很广泛。分布式光伏发电系统可与低压配电网相连接，提高所连接的配电网的供电能力，延缓配电网的升级，并且具有减小电压波动偏差、降低网络损耗以及平抑负荷波动等功能，具有显著的实用价值。

外界环境因素如温度、光照强度等的变化都会引起光伏发电系统输出功率的变化，所以其发电功率和大规模的可再生能源发电系统一样具有间歇性、随机性和波动性的特点，同样属于不可控的发电单元。特别是当大规模的分布式光伏发电系统接入到配电网当中时，分布在不同位置的光伏系统的不规律输出有可能引发电网功率潮流分布的改变或电网电压波动的加剧，从而导致电网运行控制困难。

储能电池是稳定分布式光伏的发电功率、平抑其波动的良好选择，所以将储能电池接入分布式光伏发电系统可以构成光储充的一体化结构。

光储充一体化弥补了单独的分布式储能的缺陷，其快速发展为光伏渗透率的升高提供了有利条件，大量光伏储能的出现也改变了传统配电网的运行方式和系统结构[77]。在光储充一体化的结构下，电池数量的增加可以减少从公共电网获取的电量，从而削减电力支出，降低对电网的依赖性。

2. 电网调峰

储能作为一个能够实现能量双向流动的单元，由于其充放电特性，可以实现在电网不同时期作为负荷吸收多余的发电量或是作为备用电源调节不足的发电功率。储能的这种特性让它具有改善系统用电负荷特性，帮助参与系统调峰的功能[78]。

为了满足一些峰谷差较大的地区的调峰需求，可以在这些区域的电网选择一个合适的地点，在变电站的高压母线附近建立一个独立的储能电站。所建立的储能电站可以根据靠近母线的出力情况，即电压、频率及负荷曲线等信息进行调度，调度指令由所在地区电网或者省级电网直接发出，效率极高，调峰效果明显。这样建立储能电站有助于减小发电端的发电容量，不必根据峰值负荷部署发电机组，也保证了负荷较低时所发出的电量不会造成浪费，大大节约了电网的运行成本。

2020 年 1 月 15 日，福建晋江 100 兆瓦时级储能电站试点示范项目一次并网成功，标志着中国规模最大的电网侧站房式锂离子电池储能电站正式建成投运，该储能电站由福建省闽投配售电有限公司、中国电建集团福建省电力勘测设计院有限公司和宁德时代新能源科技股份有限公司共同投资建设，一期总投资金额达 2.68 亿元。该储能电站所装配电池容量 108.8 兆瓦时，额定功率 30 兆瓦，采用长寿命磷酸铁锂电池，可以为附近 3 个 220 千伏重负荷的变电站提供调峰调频服务，提高变电站的平均负载率，提升区域电网的利用效率。

7.5　本章小结

首先，本章对储能进行了概述。近年来随着世界各国不断开始构建清洁高效的能源系统，储能凭借其独特的优势得到了十分迅速的发展。从全球范围来看，世界各国的储能市场都在不断扩大，以美国为首的多个发达国家在不同领域具有全球领先优势，而以中国为代表的发展中国家也在不断发展自身的储能技术。储能技术的不断发展及其与各种可再生能源的结合是实现碳达峰与碳中和必不可少的发展路径。

其次，本章介绍了储能的几种基本类型。按照储能形式可以将储能系统分为化学储能、电化学储能、机械储能、电磁储能以及储热，而每种储能形式又包括许多不同的储能技术。可以根据不同储能技术的特性和发展阶段，结合能量型储能和功率型储能的优势形成混合储能系统。

再次，本章详细介绍了共享储能的相关内容。通过共享储能，多个消费者可以根据自己的需要通过对储能进行充电和放电来访问储能，按照共享储能系统的所有权及能量联通方式把共享储能分为私有储能、互联储能、公用储能以及独立储能四种模式。社区储能、云储能以及虚拟储能工厂是共享储能的典型应用场景，除此之外，共享储能优化问题也包括管理策略、配置与控制以及不确定性处理等方面。

最后，本章介绍了储能应用的相关内容。储能的四个典型应用领域包括火力发电领域、可再生能源领域、电网辅助服务领域以及微电网领域。还介绍了电源侧、电网侧及用户侧三大应用场景，还有光储充一体化、电网调峰等典型应用模式。

本章参考文献

[1] 艾欣，董春发. 储能技术在新能源电力系统中的研究综述[J]. 现代电力，2015，32（5）：1-9.

[2] van der Linden S. Bulk energy storage potential in the USA, current developments and future prospects[J]. Energy, 2006, 31（15）：3446-3457.

[3] Dunn B, Kamath H, Tarascon J M. Electrical energy storage for the grid: a battery of choices[J]. Science, 2011, 334（6058）：928-935.

[4] 郑雪媛. 综合考虑规划和运行的电网侧储能优化配置研究[D]. 郑州：郑州大学，2019.

[5] Akhavan-Hejazi H, Mohsenian-Rad H. Optimal operation of independent storage systems in energy and reserve markets with high wind penetration[J]. IEEE Transactions on Smart Grid, 2013, 5（2）：1088-1097.

[6] 发展改革委　能源局关于加快推动新型储能发展的指导意见[EB/OL]. （2021-07-15）[2022-01-20]. http://www.gov.cn/gongbao/content/2021/content_5636148.htm.

[7] Zhang Z F, da Silva F F, Guo Y F, et al. Double-layer stochastic model predictive voltage control in active distribution networks with high penetration of renewables[J]. Applied Energy, 2021, 302：117530.

[8] Xu G D, Cheng H Z, Fang S D, et al. Optimal configuration of battery energy storage system for peak-load regulation[C]. Brisbane：2015 IEEE PES Asia-Pacific Power and Energy Engineering Conference （APPEEC），2015.

[9] Ibrahim H, Ilinca A, Perron J. Energy storage systems—characteristics and comparisons[J]. Renewable and Sustainable Energy Reviews, 2008, 12（5）：1221-1250.

[10] 谭毅，李敬峰. 新材料概论[M]. 北京：冶金工业出版社，2004.

[11] 衣宝廉. 燃料电池的原理、技术状态与展望[J]. 电池工业，2003，（1）：16-22.

[12] Li Y, Song J, Yang J. Progress in research on the performance and service life of batteries membrane of new energy automotive[J]. Chinese Science Bulletin, 2012, 57：4153-4159.

[13] 吴刚强，郎中敏，王少青. 燃料电池的应用及研究进展[J]. 内蒙古石油化工，2008，34（21）：11-12.

[14] 何一鸣，钱显毅，刘龙春. 可再生能源及其发电技术[M]. 北京：北京交通大学出版社，2013.

[15] 艾小猛，方家琨，徐沈智，等. 一种考虑天然气系统动态过程的气电联合系统优化运行模型[J]. 电网技术，

2018，42（2）：409-416.

[16] 彭晓青，彭世尼. 小城镇 CNG 供气站储气新技术[C]. 重庆：中国土木工程学会城市燃气分会压缩天然气专业委员会暨第一次年会，2007.

[17] Zhang Z Y，Ding T，Zhou Q，et al. A review of technologies and applications on versatile energy storage systems[J]. Renewable and Sustainable Energy Reviews，2021，148：111263.

[18] 吴盛军，徐青山，袁晓冬，等. 规模化储能技术在电力系统中的需求与应用分析[J]. 电气工程学报，2017，12（8）：10-15.

[19] 张华民，周汉涛，赵平，等. 储能技术的研究开发现状及展望[J]. 能源工程，2005，（3）：1-7.

[20] 易江腾，陈浩，郭庆红. 大容量电池储能技术及其电网应用前景[J]. 大众用电，2018，32（8）：3-5.

[21] 仝鹏阳，赵瑞瑞，张荣博，等. 铅炭电池的研究进展[J]. 蓄电池，2015，52（5）：241-246.

[22] 李建林，徐少华，刘超群，等. 储能技术及应用[M]. 北京：机械工业出版社，2018.

[23] 吴宇平，袁翔云，董超，等. 锂离子电池：应用与实践[M]. 2 版. 北京：化学工业出版社，2011.

[24] 董艳艳，王万君. 纯电动汽车动力电池及管理系统设计[M]. 北京：北京理工大学出版社，2017.

[25] 贾志军，宋士强，王保国. 液流电池储能技术研究现状与展望[J]. 储能科学与技术，2012，1（1）：50-57.

[26] 张华民，王晓丽. 全钒液流电池技术最新研究进展[J]. 储能科学与技术，2013，2（3）：281-288.

[27] 饶中浩，汪双凤. 储能技术概论[M]. 徐州：中国矿业大学出版社，2017.

[28] 宋树丰，阴宛珊，卢苇. 钠硫电池研发关键问题[J]. 东方电气评论，2011，25（4）：28-33.

[29] 唐西胜，齐智平，孔力. 电力储能技术及应用[M]. 北京：机械工业出版社，2019.

[30] 于大洋，宋曙光，张波，等. 区域电网电动汽车充电与风电协同调度的分析[J]. 电力系统自动化，2011，35（14）：24-29.

[31] Kempton W，Letendre S E. Electric vehicles as a new power source for electric utilities[J]. Transportation Research Part D：Transport and Environment，1997，2（3）：157-175.

[32] 颜庆国，杨永标，高辉，等. 智能楼宇可调资源优化控制建模及仿真分析[J]. 电器与能效管理技术，2016，（10）：31-36.

[33] Pang C，Dutta P，Kezunovic M. BEVs/PHEVs as dispersed energy storage for V2B uses in the smart grid[J]. IEEE Transactions on Smart Grid，2012，3（1）：473-482.

[34] 张文亮，丘明，来小康. 储能技术在电力系统中的应用[J]. 电网技术，2008，（7）：1-9.

[35] 沈荣根. 抽水蓄能供水工程的设计与实践[J]. 中国给水排水，2003，（10）：87-89.

[36] 程时杰，李刚，孙海顺，等. 储能技术在电气工程领域中的应用与展望[J]. 电网与清洁能源，2009，25（2）：1-8.

[37] Swider D J. Compressed air energy storage in an electricity system with significant wind power generation[J]. IEEE Transactions on Energy Conversion，2007，22（1）：95-102.

[38] Calero I，Canizares C A，Bhattacharya K. Compressed air energy storage system modeling for power system studies[J]. IEEE Transactions on Power Systems，2019，34（5）：3359-3371.

[39] Lee S S，Kim Y M，Park J K，et al. Compressed air energy storage units for power generation and DSM in Korea[C]. Tampa：2007 IEEE Power Engineering Society General Meeting，2007.

[40] 肖定垚，王承民，衣涛，等. 压缩空气蓄能（CAES）系统综述[J]. 电网与清洁能源，2014，30（1）：75-80.

[41] 张维煜，朱熀秋. 飞轮储能关键技术及其发展现状[J]. 电工技术学报，2011，26（7）：141-146.

[42] 李德海，卫海岗，戴兴建. 飞轮储能技术原理、应用及其研究进展[J]. 机械工程师，2002，（4）：5-7.

[43] 陈沼宇，王丹，贾宏杰，等. 考虑 P2G 多源储能型微网日前最优经济调度策略研究[J]. 中国电机工程学报，2017，37（11）：3362，3067-3077.

[44] 布鲁内特 Y，等. 储能技术及应用[M]. 唐西胜，徐鲁宁，周龙，等译. 北京：机械工业出版社，2018.

[45] 邢恩辉，王培振，尚鑫波，等. 电动汽车制动能量回馈技术[J]. 科学技术与工程，2018，（25）：116-127.

[46] 许崇伟，贾明潇，耿传玉，等. 超导磁储能研究[J]. 集成电路应用，2018，（8）：25-29.

[47] 郭茶秀，魏新利. 热能存储技术与应用[M]. 北京：化学工业出版社，2005.

[48] Aydin D，Utlu Z，Kincay O. Thermal performance analysis of a solar energy sourced latent heat storage[J]. Renewable and Sustainable Energy Reviews，2015，50：1213-1225.

[49] 朱教群，李圆圆，周卫兵，等. 太阳能热发电储热材料研究进展[J]. 太阳能，2009，（6）：29-32.

[50] Sharma A，Tyagi V V，Chen C R，et al. Review on thermal energy storage with phase change materials and applications[J]. Renewable and Sustainable Energy Reviews，2009，13（2）：318-345.

[51] 王荣华，李振山. 应对气候变化科技读本[M]. 北京：科学技术文献出版社，2015.

[52] 刘畅，卓建坤，赵东明，等. 利用储能系统实现可再生能源微电网灵活安全运行的研究综述[J]. 中国电机工程学报，2020，40（1）：1-18，369.

[53] Luo X，Wang J H，Dooner M，et al. Overview of current development in electrical energy storage technologies and the application potential in power system operation[J]. Applied Energy，2015，137：511-536.

[54] Gallo A B，Simões-Moreira J R，Costa H K M，et al. Energy storage in the energy transition context：a technology review[J]. Renewable and Sustainable Energy Reviews，2016，65：800-822.

[55] Nazir H，Batool M，Osorio F J B，et al. Recent developments in phase change materials for energy storage applications：a review[J]. International Journal of Heat and Mass Transfer，2019，129：491-523.

[56] 唐西胜，武鑫，齐智平. 超级电容器蓄电池混合储能独立光伏系统研究[J]. 太阳能学报，2007，（2）：178-183.

[57] 唐西胜，齐智平. 独立光伏系统中超级电容器蓄电池有源混合储能方案的研究[J]. 电工电能新技术，2006，（3）：37-41，67.

[58] Xie H，Zheng S，Ni M. Microgrid development in China：a method for renewable energy and energy storage capacity configuration in a megawatt-level isolated microgrid[J]. IEEE Electrification Magazine，2017，5（2）：28-35.

[59] 李龙云，胡博，谢开贵，等. 基于离散傅里叶变换的孤岛型微电网混合储能优化配置[J]. 电力系统自动化，2016，40（12）：108-116.

[60] 石肖. 风光储直流微电网中混合储能系统容量配置研究[D]. 武汉：湖北工业大学，2019.

[61] Zhang W Y，Wei W，Chen L J，et al. Service pricing and load dispatch of residential shared energy storage unit[J]. Energy，2020，202：117543.

[62] Mediwaththe C P，Stephens E R，Smith D B，et al. A dynamic game for electricity load management in neighborhood area networks[J]. IEEE Transactions on Smart Grid，2015，7（3）：1329-1336.

[63] Tushar W，Chai B，Yuen C，et al. Energy storage sharing in smart grid：a modified auction-based approach[J]. IEEE Transactions on Smart Grid，2016，7（3）：1462-1475.

[64] Liu J K，Zhang N，Kang C Q，et al. Decision-making models for the participants in cloud energy storage[J]. IEEE Transactions on Smart Grid，2017，9（6）：5512-5521.

[65] Jin J L，Xu Y J. Optimal storage operation under demand charge[J]. IEEE Transactions on Power Systems，2016，32（1）：795-808.

[66] Wei W，Liu F，Mei S W. Energy pricing and dispatch for smart grid retailers under demand response and market price uncertainty[J]. IEEE transactions on Smart Grid，2014，6（3）：1364-1374.

[67] Cheng M，Sami S S，Wu J Z. Benefits of using virtual energy storage system for power system frequency response[J]. Applied Energy，2017，194：376-385.

[68]　Zhao D W，Wang H，Huang J W，et al. Virtual energy storage sharing and capacity allocation[J]. IEEE Transactions on Smart Grid，2019，11（2）：1112-1123.

[69]　Wang H，Huang J W. Incentivizing energy trading for interconnected microgrids[J]. IEEE Transactions on Smart Grid，2016，9（4）：2647-2657.

[70]　黄博文. 储能应用领域与场景综述[J]. 大众用电，2020，35（10）：19-20.

[71]　陈亮辉. 火电厂储能调频的应用前景综述[J]. 科技与创新，2021，（1）：109-110，113.

[72]　赵健，王奕凡，谢桦，等. 高渗透率可再生能源接入系统中储能应用综述[J]. 中国电力，2019，52（4）：167-177.

[73]　王辉，梁登香，韩晓娟. 储能参与泛在电力物联网辅助服务应用综述[J]. 发电技术，2021，42（2）：171-179.

[74]　唐西胜，齐智平. 应用于微电网的储能及其控制技术[J]. 太阳能学报，2012，33（3）：517-524.

[75]　刘志清，王春义，王飞，等. 储能在电力系统源网荷三侧应用及相关政策综述[J]. 山东电力技术，2020，47（7）：1-8，21.

[76]　王皓，张舒淳，李维展，等. 储能参与电力系统应用研究综述[J]. 电工技术，2020，（3）：21-24，27.

[77]　张雷. 分布式光伏储能系统并网研究[D]. 长沙：长沙理工大学，2016.

[78]　徐谦，孙轶恺，刘亮东，等. 储能电站功能及典型应用场景分析[J]. 浙江电力，2019，38（5）：3-10.

第8章 能源区块链与碳中和

8.1 区块链概述

8.1.1 区块链的基本概念

1. 区块链的概念

区块链是利用区块存储数据，利用链式数据结构存储区块，利用共识算法在分布式节点间达成共识、生成和更新数据，利用密码学原理保证数据传输和访问的安全，利用由自动化脚本代码，即智能合约来编程和操作数据的一种全新的分布式基础架构与计算范式[1]。其特点可以总结为以下几点。

（1）去中心化。区块链是由分布式节点共同构建的一个点对点信息网络，相比传统网络，其中并不存在中心化的管理机构和设备。网络中的每一个节点都具有相同的权利和义务，由于数据在较多的节点中互为备份，所以任意节点的数据损坏或异常都不会影响这个数据系统的运行，因此区块链的数据存储具有较高的鲁棒性。各分布式节点之间的通信是通过由非对称加密算法支持下的数字签名实现的，无须采取其他措施建立信任，只要按照智能合约中预设的规则运行即可。

（2）交易安全。在分布式网络中产生的数据通常具有不可逆性，数据校验的结果只能是成功与失败中的一种。区块头具有用来标记时间的时间戳，每经过十分钟区块链系统中的分布式节点就会发起一次共识，这保证了区块链系统中的总账本具有可追溯性，对区块链中的每一个区块的操作都会有记录，这也相当于会对整个分布式网络中所有账户的行为进行记录，因此它们的行为也都是可被完整追溯的，并且追溯操作不需要认证，各个区块互相监督以保证全网透明公平的市场秩序，给能源交易监管带来了便利。

（3）不可篡改。网络中的单个甚至多个节点对区块链上信息的修改无法影响其他分布式节点存储的信息，区块链网络中因为引入了 Merkle 树技术，能够对分布式账本中出现的恶意节点修改的坏数据进行快速查找，并且区块链系统可以只对 Merkle 树的 root 节点进行校验，从而验证交易是否合法，区块链中存储的每一条数据都使用密码学原理与相邻两个区块进行连接，得益于这种数据结构，链中的每一条数据都可以追溯其变化的过程。另外，区块链系统中的所有分布式节点对系统中新产生的数据、已有的数据进行审查，所产生的数据只要被预先选择的节点验证通过，在目前的技术背景下就变得难以更改，除非在整个分布式网络中有超过 50%的分布式节点都被想获得非法利益的恶意节点控制，否则恶意节点修改的少量分布式账本的数据无法获得区块链中其他节点的认可，也就无法获得额外收益。

（4）开放性。区块链的开放性是指它的运行规则和其中的数据是公开的，因此网络中的每一条信息都对所有分布式节点可见。由于网络中的分布式节点是去信任的，因此各分布式节点之间无须使用真实身份，可以使用一个与真实身份无关的匿名身份进行通信。在注册进入系统前所有的分布式系统参与者都会获得一个加密的身份，除这个加密身份的相关数据无法公开外，其他区块链中出现的数据都会保存在分布式网络中的账本中，网络中任何一个分布式节点都可通过技术人员开发的智能合约，对存储在本地的数据进行相关查询，因此整个系统高度透明，如每一次能源交易中对方参与者的机构名称、交易量、交易总额等细节都可以被查询。

2. 区块链的分类

根据区块链共识建立的范围、公共账本公开对象的不同，将区块链应用网络划分为私有链、联盟链和公有链 3 种不同类型，表 8.1 对此进行了相关说明。

表 8.1　区块链分类

类型	点对点共识节点	账本公开范围	应用范围
私有链	单一主体控制	不公开	内部/公众
联盟链	授权主体（联盟成员）	联盟范围内	联盟范围内/公众
公有链	开放/自由加入	公众	公众

私有链即区块链共识建立的范围及公共账本的公开对象为单一主体，单一主体对区块链的网络运行及数据处理、交换与存储具有随意处置的权力[2]。显然，除了利用区块链来增强数据的安全性与网络运行的可靠性外，私有链应用与传统的中心化技术相比并无特别优势，反而区块链技术自身固有的一些性能弱点，如同步时延较大、高并发处理能力不强等，使私有链的应用场景极其有限。

联盟链即区块链共识建立的范围及公共账本的公开对象为有限主体，如行业联盟成员之间，联盟成员平等参与区块链的点对点网络构建、公共账本创建与维护[2]。联盟链使参与主体的共识边界由原来主体私有范围扩展至整个联盟范围，由于共识边界扩大，联盟成员之间具有了共同的信任基础——联盟链公共账本，联盟链成员之间在无须第三方中介参与的条件下，相互的价值交互效率将获得极大的提升。联盟链可以根据应用场景来决定对公众的开放程度。由于参与共识的节点比较少，联盟链一般不采用工作量证明的"挖矿"机制，而是多采用权益证明或实用拜占庭容错（practical byzantine fault tolerance，PBFT）算法、Raft 等共识算法。联盟链对交易的确认时间、每秒交易数的要求都与公有链有较大的区别，对安全和性能的要求也比公有链高。公有链即区块链共识建立的范围是面向全社会，公共账本及软件代码完全公开，任何个体与组织均可在赞同公有链相关共识机制的条件下，自由参与公有链 P2P 网络的建设与运营，参与区块链数据的产生、传播与维护，以及各类区块链应用的开发、部署与服务运营[2]。公有链通常被认为是"完全去中心化"的，因为没有任何个人或者机构可以控制或篡改其中数据的读写。公有链由于完全开放，参与主体众多，特别是就具有应用开发支持能力，即支持智能合约的区块链而言，其具备了围绕相关主体，构建自治、闭环生态系统的能力，这对打破垄断型的互联网生态系统而言，具有特别重大的意义。

从链与链的关系来分，可以分为主链和侧链。区块链主链指正式上线的，可以独立运行的区块链网络，主链又叫主网，当一个区块链项目经过前期的技术开发后，最终都会走到主网的上线，这时候才会去逐步实现一系列应用功能，最终打造出成功的区块链生态场景。区块链侧链实质上不是特指某个区块链，而是指遵守侧链协议的所有区块链。例如，侧链协议是指可以让比特币安全地从比特币主链转移到其他区块链，又可以从其他区块链安全地返回比特币主链的一种协议，显然，只需符合侧链协议，所有现存的区块链，如以太坊、莱特币、暗网币等竞争区块链都可以成为侧链。侧链的优势有如下三点：①侧链可以提高交易速度，在小范围内达成共识，加快交易速度，降低交易成本，提升交易效率。②侧链是相对独立的，如果侧链上出现了代码漏洞和大量资金被盗等问题，主链的安全性和稳定性都不会受到影响。③侧链可以为主链拓展不同的功能。如智能合约、隐私性等，大部分情况下，生态的用户可以直接持有主链 Token 即可体验不同功能的侧链提供的服务，这样也就能够进一步扩展区块链技术的应用范围和创新空间。

3. 区块链的发展

当前，区块链技术已经给经济金融、人文政治、农业等行业带来了新的发展方向，这也表明了区块链是一种极具颠覆性的技术。在应用维度，区块链实则为一本全球账本，它记录着所有的可数字化的交易。据此，可将区块链现有的和潜在的活动划分为 3 类：区块链 1.0、区块链 2.0 和区块链 3.0。区块链 1.0 是"虚拟货币"的相关技术；区块链 2.0 是智能合约的相关技术；区块链 3.0 是将区块链技术广泛应用于非金融领域的时代。

1）区块链 1.0：可编程货币

2008 年中本聪发表名为"比特币：一种点对点的电子现金系统"论文，标志着区块链 1.0 时代的到来[3]。比特币作为"挖矿"活动（即利用机器进行数学运算来竞争记账权）的奖励而产生。从技术的角度，比特币系统中尚缺乏账户的概念，用户拥有的比特币由比特币地址进行确定。从比特币地址进行转账的能力是通过数字签名来控制的，其中包括对公钥（public key，PK）和私钥（private key，PA）的配对。每个比特币地址都被唯一的公共 ID 索引，这个公共 ID 索引是一个数字标识符，对应于公钥。与公钥对应的私钥控制着这个地址所持有的比特币。具体来说，任何涉及这个地址作为发送地址的转账必须用对应的私钥签名，这样才会被认为是有效的。简而言之，在一个给定的比特币地址中拥有比特币，就相当于拥有了与该地址的公共 ID（即公钥）相对应的私钥[4]。

比特币每一笔交易都会生成一条交易信息，信息包括发送者账户、交易比特币的数量、接收者地址等。很多单一的交易信息会组成一个交易信息簿（区块），而将交易信息簿串联起来便成了唯一的交易信息簿链（区块链）。

2）区块链 2.0：可编程资产

可以用来创建去中心化程序、自治组织和智能合约的以太坊的诞生掀起了区块链 2.0 的浪潮。区块链 2.0 的重要意义是在金融领域引入了智能合约、分布式应用等技术，区块链应用拓展至"虚拟货币"以外的其他领域，主要应用以以太坊平台为基础展开[5]。智能合约是一个当条件满足时，自动执行预先设定步骤的程序，如图 8.1 所示。以航班延误险为例，在传统模式下，如果乘客的飞机因为各种原因出现了延误，他首先需要联系保险公司，然后拿出相关证明，等待保险公司验证后才能获得相应的赔偿金额；如果在这个情境中引入智能合约，在航班出于各种原因出现延误的情况时，根据保险中相应的赔偿协议，规定的金额自动转账给乘客。

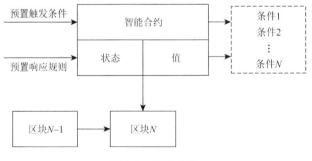

图 8.1　智能合约

对比以比特币为代表的"虚拟货币"实现单一固定功能的区块链技术构架，

以太坊在融入智能合约后允许用户编写并实施自定义的程序规则，构建比比特币系统更为复杂和完善的生态圈。程序设计、编写人员可以凭借以太坊提供的内置功能快速创建、设计、发布、部署和维护区块链中的各种分布式去中心化应用。他们在使用以太坊开发区块链中的智能合约时，并不需要了解太多密码学和分布式系统构架设计的知识，技术人员所需要的开发技术要求、学习成本要远远小于其他区块链系统。而除技术人员之外的人员可以直观而轻松地通过以太坊对自己公司的业务逻辑进行定制，然后交由技术人员通过编写智能合约实现，从而使自身业务得以快速升级迭代，这样其注意力可集中于商业逻辑，而不必花费过多精力用于业务的开发和实现。

3）区块链 3.0：可编程社会

目前区块链技术已经进入 3.0 时代。区块链 3.0 可以应用在医疗健康、物联网、农业、产权登记、行政管理等诸多领域，成为面向社会全行业的技术。例如，人们可以利用区块链来记录病人的医疗健康信息，不但不用担心病例的遗失，还可以实现医疗机构间的病历共享，提高对患者病情的诊断质量。还可以将区块链技术应用于物联网，通过去中心化的网络结构与共识机制保障终端数量庞大的物联网高效运行，破解物联网超高的维护成本及中心服务器带来的发展瓶颈[6]。区块链被称为传递价值的网络，在这个网络中，不同节点形成价值共识是其核心逻辑，而这个逻辑通常是由智能合约来提供的[7]。通过不断完善智能合约的使用，区块链上的节点可以像构成人类社会的各个机构和个人一样完成对应的行为与权益的确认，甚至比人类自身所能完成的工作更加高效、准确、公平和智能。在未来的可编程社会，网络中信息的流转将会是绑定资产价值的流转，而这种流转往往是通过可编程的智能合约自动完成的。这种流转的领域越多，业务越复杂，代表可编程社会的成熟度越高。

8.1.2　区块链的关键技术

1. 非对称加密

每个用户都有一对公钥和私钥，公钥对其他人公开，私钥自己保存。非对称加密过程中的加密和解密过程如图 8.2 所示。发送交易请求时，发送方 A 分别用自己的私钥和接收方的公钥对其进行加密，得到加密信息 2，将加密信息 2 进行全网广播。区块链上各用户接到广播分别用自己的私钥进行解密，只有 B 成功，B 确认该交易请求是发给自己的，然后用 A 的公钥进一步解密，成功后判定发送方是 A[8]。

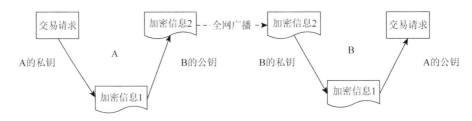

图 8.2 非对称加密

2. 哈希函数

哈希（Hash）是通过使用相应的哈希算法把各种长度的输入数据经过一系列规则的变化，转换成提前约定长度的输出字符串，这个固定长度的字符串就是哈希值。上述通过哈希函数的转换是一种压缩映射，即得到的固定长度的字符串空间多数情况下远小于给定输入数据所占的空间，绝大多数情况下给定的不同输入数据通过哈希函数得到的固定长度字符串都不相同，所以从输出得到的哈希值来反向确定输入数据是几乎不可能的。简而言之，所谓的哈希过程就是一种将任意长度的输入消息通过预定的规则、函数压缩到某一固定长度的消息摘要的过程[9]。

根据定义，哈希函数都会拥有这样一个基本的特性：如果两个数据使用哈希函数之后得到的哈希值是不相同的，那么可以确定输入的两个原始数据肯定也不会是一样的。这个特性是哈希函数具有确定性的结果。但反过来则结果不能确定[10]。如果两个数据使用哈希函数之后得到的哈希值是相同的，那么不能确定输入的两个原始数据是否相同，因为会有哈希碰撞的现象产生，即不同的数据拥有相同的哈希值。除此之外，如果对输入的数据进行部分改变，这个改动可能很小，但一个具有强混淆特性的哈希函数对这两个数据哈希之后的结果会完全不同。哈希加密过程如图 8.3 所示。

图 8.3 哈希加密

3. 智能合约

智能合约并不是一个新的概念，早在 1995 年就由跨领域法律学者 Szabo 提出，是对现实中的合约条款执行电子化的量化交易协议[11]。智能合约既可以将信息进行加密并让加密的信息在网络上安全传输，也可以保证交易被高效地执行，如允许区块链中的用户自动执行交易中的某些动作。区块链 2.0 以后提出的智能合约，让区块链应用更具便捷性和拓展性。主要优势体现如下。

（1）区块链中的开发人员提供的智能合约都是以代码的形式存在的，得益于区块链的链式存储、分布式存储的特性，数据将难以被恶意用户篡改，只能通过正常的流程新增数据，整个过程相关用户的动作、记录都是可以被追踪的，保证了过程的可追溯性。

（2）链式数据结构可以保证用户的行为会被长久记录在区块链中，对一些恶意用户的行为有极大的警告作用，从而减小他们对合约正常执行的干扰。

（3）分布式的存储会防止传统中心管理方式带来的不利影响，提高智能合约在成本效率方面的优势。

（4）智能合约中预置的规定内容满足时，智能合约将会有相应的代码驱动，自动执行相应的规则完成一系列任务，这样的过程既减少了人力劳动成本，同时也可以让交易的参与双方必须按照规定的合同交易。

（5）区块链中提供的多种多样的共识算法可以在不同场景下构建出一套状态机系统，保证智能合约能够高效地运行、处理任务[12]。

4. 分布式账本

区块链网络的核心是一个分布式账本，它会准确地记录这个分布式网络中参与者发起的所有交易。区块链系统中的账本会被认为是去中心化、分布式的，这是因为分布式网络中的账本会存储在许多参与者的数据库中，网络中的每个存储数据的参与者在保证数据库一致的过程中互相通信、协作，其他模式的数据库如图 8.4 所示。去中心化和协作是反映现实世界中企业交换商品和服务方式的强大属性[13]。

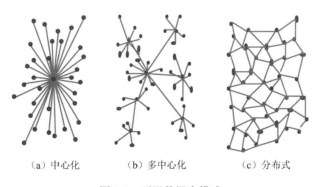

（a）中心化　　　（b）多中心化　　　（c）分布式

图 8.4　不同数据库模式

除了上述提到的两大特性外，如果想要将其他信息记录到已有的区块链账本中，只能在区块链的尾节点进行添加，使用密码学中的原理保证只要合法通过的数据被存储在区块链的尾节点后，任何节点都不能随意做出改动。区块链的不可篡改特性让获取数据的过程变得简单透明，让信息来源变得真实可靠，因为获取信息的人员完全可以相信自己从区块链中获得的信息是没有经过修改的。

5. 共识机制

保持区块链中账本数据在所有分布式节点都一致，从而保证只有满足预先选定的规则时整个区块链中的账本才能变动，并且该分布式网络中账本需要变动时，所有分布式节点账本的更新的所有信息仍然保持一致的过程称为共识。这里所提到的共识远不只要求区块链账本中所保存的数据顺序具有强一致性，如在联盟链Fabric中出现的所有过程要求保证强一致性，从新增数据提交、指定节点的背书，到排序节点将新数据排序、各分布式节点验证和更新账本。总之，共识被定义为对由一个区块组成的一组交易的正确性进行完整的验证。当区块链中新增区块的各种顺序和数据的运行结果满足构建区块链时提前规定的代码规则时，区块链中的各分布式节点最终会对所提交的信息达成共识。在区块提交的生命周期中的一些规定保证了其一致性，其中包括根据区块链使用场景选择不同的背书策略从而明确提交不同的数据类型需要哪些节点参与背书才能进行有效提交，除此之外区块链系统中智能合约可以保障上述的背书策略可以被准确无误地执行。在新区块提交到区块链之前，各分布式节点需要使用系统提供的智能合约检查预提交的区块中是否有足够的背书节点提供了背书，同时也会检查这些背书是否来自有效的背书节点[14]。此外，在将任何包含交易的区块追加到账本之前，各分布式节点还会调用智能合约对新区块进行版本检查。最后各分布式节点还需要检查所提交的区块中是否包含了其他威胁数据库安全的信息[15]。

1）权益证明

权益证明方法引入币龄的概念，币龄越长，权益越大，即假设网络中延迟很低，系统一轮一轮地重复运行。每一轮开始的时候，通过验证各分布节点的币龄是否满足权益证明的要求来选出代表，只有代表才可以发出新的区块的提案。满足要求的各代表在所有收到的区块链中选择长度最长的区块链，其后，添加自己的新提案并广播出去，等待其他代表节点的确认。下一轮开始时，上一次当选代表的币龄被清零，根据要求重新选取代表，对上一轮中生成的最长的区块链进行投票。如此循环，共同维护区块链。

2）拜占庭一致协议

一方面，在分布式计算领域中，试图在异步系统和不可靠的通道上达到一致性状态是不可能的，因此在对一致性的研究过程中，都往往假设信道是可靠的，而事实上，大多数系统都是部署在同一个局域网中的，因此消息被篡改的情况罕见；另一方面，由于机器硬件和网络原因导致的消息不完整问题，也仅仅只需要一套简单的校验算法即可避免。这类问题被称为拜占庭将军问题，即在缺少可信任的中央节点和可信任的通道的情况下，分布在不同地方的各个节点如何达成共识。针对区块链领域的拜占庭将军问题，提出了拜占庭一致协议，该机制实现了在有不诚实节点的区块链网络中，让其他诚实的节点对某个数据形成共识。与其他方法相比，该机制所需资源少、效率高、一致性强（不易产生分叉）[16]。以 PBFT 协议为例，协议要求在一共有 $3f+1$ 个分布式节点的区块链系统中，保证最多不诚实的节点数量为 f 个。PBFT 协议的每一次共识过程会包括 5 个阶段，即请求、预准备、准备、提交和回复结果。

8.1.3　区块链的应用

1. 区块链 + 金融

金融行业各业务场景的需求主要有安全性、稳定性、隐私性、可监管性。而区块链依靠其不易篡改、公开透明、可追溯等特性提供了信任机制，与金融行业的需求高度契合，因此具备改变金融基础架构的潜力，二者的契合度分析如表 8.2 所示。首先，区块链凭借其去中心化、可追溯的特点，在支付和清结算领域显著降低了成本，使金融交易更加高效[17]。其次，各类金融行业中的各种资产，如常见的股权、债券、基金份额等根据一定的规则也能够被转化到区块链中，成为分布式网络中安全的数字资产，当然其存储在区块链中后，当用户在交易中使用时得益于智能合约等技术可以实现自动高效的转移、变更。另外，由于区块链具有不可篡改的特点，保险领域引入区块链技术能充分提高理赔审核的效率，降低保险公司因审核各种证明材料所需的人力、时间成本，从而大大提高用户获得理赔的体验感[18]。

表 8.2　金融行业与区块链的契合度分析

行业痛点	区块链应用
传统的交易需要中央系统负责资金清算，存储交易信息。中央系统维护成本高，存在单点故障的风险	分布式系统的每个节点均存储完整的数据，即便多个节点受到攻击也很难影响整体系统的安全
信任是金融业的基础，为维持信任，传统的金融业发展催生了大量高成本、低效率、单点故障的中介机构	区块链使用非对称加密认证技术和去中心化共识机制去维护一个完整的、分布式的、不可篡改的账本，使参与者建立信任关系
在传统的金融行业中，用户在交易过程中需要提交繁杂的个人资料信息，然而这些信息很容易导致用户的隐私泄露	区块链的匿名性能够保证用户在交易过程中只提供交易所需的信息，其他信息可以受到隐私保护

2. 区块链+医疗

医疗行业涉及的企业十分广泛，如药品、医疗器械、常见保健用品、食品和常用健身工具的生产、销售和使用指导等。随着居民生活水平的不断提高，人们对养老、健康管理的需求不断提升，这就对医疗行业中的模式提出了新要求。随着整个医疗相关产业的不断整合，包含了医疗服务、医疗器械、医疗信息化、医药制造、保险等大量细分领域的医疗行业也变得更加复杂，管理难度越发增加。虽然近些年随着互联网的快速扩张，对医疗行业的信息化、数字化改造已经大部分完成，并产生了各种各样模式灵活、便捷高效的"互联网+医疗"商业模式，但由于医疗领域的特殊性，当前行业存在的许多问题或症结尚未解决，如医患信息不对称的问题[19]，二者的契合度分析如表8.3所示。

表8.3　医疗行业与区块链的契合度分析

行业痛点	区块链应用
医疗数据得不到良好的保护，患者不会把自己的医疗数据交给医疗机构、政府部门	使用区块链保存医疗数据，使用患者的私钥才能获取信息，可以不需要担心信息泄露或被篡改
医疗机构之间既没有合理的互信机制，也没有良好的分享机制，容易形成"信息孤岛"	区块链创造一个适用于医疗产业的新框架，将相关医疗平台的数据连接起来，实现信息共享
"问题疫苗""假冒止疼药"等问题频发，消费者难以辨别药品的真实性	将区块链技术与药品供应链相结合，制药商、批发商和医院的所有药品信息都在区块链上记录，保证患者的用药安全

3. 区块链+农业

随着人们生活水平的日益提高，消费者对食品质量和安全的要求也逐步提高。但中国农业产业长期面临农产品质量参差不齐、监督力度不足等问题，在转型升级的道路上障碍重重。而区块链提供的公开、透明、不可篡改的记录恰好可以解决农产品质量监管体系中的诸多痛点，最大限度地消除消费者和生产者的信息不对称，提高整个产业链的信息透明度，实现农业产业增值[20]，二者的契合度分析如表8.4所示。

表8.4　农业和区块链的契合度分析

行业痛点	区块链应用
传统农业的农作物种植过程中存在农药使用超标、运输不当造成的农产品腐坏等问题	利用区块链的溯源性，及时跟踪农作物信息，对问题农产品可实现快速召回，保障农产品治理的同时节省成本
农产品供应链中存在诸如不透明、买卖双方地位不平等问题	分布式记账有利于保证货物供应链的运行，从整体上确保供应链记录的真实性与正确性，让消费者能够知悉其他机构对农产品记录的访问情况

行业痛点	区块链应用
自然灾害发生后，农业保险理赔是通过人工方式进行的，存在效率低下等问题	将合约写入区块链，发生灾害后可以马上触发合约强制执行，提高理赔效率

4. 面临的挑战

1）处理性能

目前的区块链技术无法承担高频率的交易和调配要求。区块链的性能指标主要包括交易吞吐量和响应速度。交易吞吐量是指在给定的时间内所选定的系统能够完成的交易数额，响应速度是指所选定的系统对一定数量的交易共需要多少时间进行处理。在实践中对一个系统的评价往往会从这两个要素出发进行综合考虑，由于响应速度是用户能够直观感觉出来的，如果只考虑交易吞吐量，完全不考虑响应速度，长时间的交易响应会让用户获得糟糕的体验感，从而影响用户的参与度。如果只考虑响应速度，不考虑交易吞吐量，由于系统的处理能力下降，大量的交易无法被处理，最终可能会导致整个系统的崩溃[21]。

区块链的性能问题解决方案大致可以分为部分中心化方案和双层方案两种。部分中心化方案通过牺牲区块链的完全去中心化来换取更高的性能，是一种权衡的方案。在实际应用中，对区块链的去中心化往往要求不是非常严格，该方案在企业级应用场景中被广泛应用。双层方案解耦了区块链的安全性和性能，弱化了区块链的安全性，存在局部的不安全性，但区块链的性能提升非常明显。

2）安全性

区块链的现有技术还无法完全抵挡外来攻击，且被攻击时没有相应的应对手段。随着研究人员对区块链各种技术的不断研究，区块链中可能会出现的问题也被呈现在公众的眼前[22]。2016 年 6 月，众筹超过 1.5 亿美元的分布式自治组织 The DAO 受到黑客攻击，由于缺乏相应的资金和补救措施，最终导致整个项目失败。同年 8 月，香港比特币交易所 Bitfines 因为多重签名漏洞，大约价值 7000 万美元的比特币被盗。拥有众多高水平技术人员的交易所都无法抵御黑客的攻击，个人在使用区块链技术时的风险性可想而知。

区块链的去中心化特性和公开透明的数据给用户隐私带来了挑战。在不破坏区块链安全性的前提下完成去中心化的区块链隐私和安全保护成为区块链隐私安全的重要研究课题。目前，致力于解决区块链隐私安全的技术主要包括零知识证明、可信执行环境、安全多方计算。

3）监管问题

区块链合规问题在本节特指使区块链符合相关法律法规和衍生出的技术手

段。自比特币诞生,区块链因其匿名性、去中心化、金融属性而与黑色产业密切关联。区块链存在监管难的问题,具体体现在难以确认交易双方身份、难以追踪黑钱的轨迹等。区块链技术应用到供应链金融、司法存证、版权保护等领域时,存在着用户行为和数据隐私保护难等问题。区块链的智能合约技术带来的新型生产关系前景广阔,但使用智能合约构造的合同和约束仍没有明确的法律价值以及相关标准和法规定义。区块链的金融属性仍在快速发展,如美国的证券型通证发行(security token offering,STO)、首次交易发行(initial exchange offering,IEO)等新型融资模式,中国的海南区块链监管沙盒、中国人民银行发行的应用于电子支付的数字货币(digital currency electronic payment,DCEP)、美国纽约州金融服务局发行的双子星美元(gemini dollar,GUSD)等数字货币,新型金融工具带来的主权货币危机问题、价格稳定问题、反洗钱/反恐怖融资/充分了解你的客户(anti-money laundering/counter terrorist financing/know your customer,AML/CTF/KYC)责任不明确问题等,都阻碍了区块链合规的进程[23]。

8.2　能源区块链概述

8.2.1　能源区块链的发展

1. 能源区块链的发展背景

2011 年,美国著名学者杰里米·里夫金(Jeremy Rifkin)在其著作《第三次工业革命:新经济模式如何改变世界》(*The Third Industrial Revolution:How Lateral Power Transforming Energy,the Economy,and the World*)中将可再生能源与互联网连接在一起,强调以新能源技术和信息技术的融合为热点,会出现一种新的能源结构系统,并将其命名为能源互联网(energy Internet)。他认为,基于可再生能源的、分布式、开放共享的网络即能源互联网,强调以可再生分布式能源 + 互联网为核心,将实现分布式能源和各种储能、电动汽车广泛接入以及人人参与的公平交易。随后,多个国家及组织提出了相关能源互联网规划或项目[24]。但随着能源互联网的不断发展,能源互联网在发电端、输配端都出现了一些问题。例如,在发电端由于大量新能源随机大规模接入、国内发电装机区域布局不合理等,目前已经出现了新能源并网难、常规能源配合新能源消纳缺乏经济性等问题[25]。

区块链与能源互联网有内在一致性。从本质上来看,二者都必须基于万物互联的物联网。能源互联网中使用的数字设备允许能源的发输配变用等环节局域互联、智能互动,构成基于物联网的集群智能设备物联网络。而区块链技术同样强调价值网络参与主体的物联化和智能化。从具体特征来看,区块链技术和能源联网的特征也都一一对应，都拥有开放、共享、互联的特征。因此，区块链技术可以为能源互联网出现的问题提供新的解决思路。

表 8.5 为区块链技术与能源互联网的特点与理念对比。能源区块链会根据具体的情景选择最适合的共识机制、Merkle 树、安全散列算法、非对称加密等一系列技术组合，使得能源区块链中的交易、数据、用户信息等都具有去中心化、精准管理和高效等特点。

表 8.5　区块链技术与能源互联网的特点与理念对比

特点	区块链技术	能源互联网
去中心化	所有节点的权利和义务对等	各主体分散决策
协同自治	所有节点的数据共同维护	多能源协同高效运行
市场化	公平的市场机制	多元化能源市场
智能合约	能够自动正确地执行合约	自动化、智能化交易无处不在
可信度高	几乎不可篡改	保密机制要求高

2. 能源区块链的概念和特征

能源区块链是指区块链技术在能源领域的应用，其实现了不同区域、不同类型能源主体间的能量流、信息流、价值流的转换，并由此衍生出一系列解决现有能源互联网中棘手问题的新思路和技术支撑，被认为是解决现有能源互联网主要问题的一种有效手段。

在能源调度架构设计方面，能源区块链凭借其分布式的架构能够有效地解决现有能源生产、配送、使用中不同主体间的协调问题，将传统集中式调度的自上而下的调配方式转变为自下而上与自上而下混合的调配方式，在打破能源交易分级制度市场壁垒的同时，保护各主体隐私，可以满足用户对能源供应安全和分布式能源的庞大需求。在能源区块链中，参与用户、设备在点对点交互时，可以采用分布式决策过程，即由系统主动根据共识形成的时间、指令执行可行性等内部约束条件求得最优解决决策，分区内的节点形成局部共识，然后再基于一致性算法实现分区间的共识。这种方式可以快速、可靠地记录并验证金融和业务交易，无须通过中间人。

在能源数据处理方面，能源区块链中各节点间的每一条交易数据都被记录以防止被篡改，由此可以帮助能源区块链实现能源的数字化精准管理，记录每一度电的来源和用途。同时，以高级计量设备为基础，在能源区块链中，每一度电都有数字映射，从而有助于重构电力网络，实现能源的精确管理和结算。相较于集中式的能源调度计划，基于区块链的能源调度不必面临理解用户需求和设备状况的数据处理问题，各主体在市场机制中灵活地选择适合自身的能源调度计划，从而实现社会福利最大化。能源区块链还能将能源流、数据流与业务流有效组合，实现能源区块链的新模式。

在能源系统决策支持应用平台方面，能源区块链是面向能源行业提供跨区域、跨地域服务的可信公共服务平台。具体来说，能源区块链为电力、石油、天然气、供冷、供热等各能源子系统节点提供了一种分布式决策的方法，将各种数据按照时间顺序加密、验证连接成链，让用户参与分布式决策，维护全网数据的一致性，是一种利用智能合约代替中心管理机构自动执行任务的去中心化的应用平台构建机制[26]。能源区块链通过共识算法、智能合约等手段保障系统无须第三方信任担保和监督，也能完成系统的自动运行和运转。利用该特点可以实现不借助中心化清结算机构的点对点直接交易，尤其适用"隔墙售电"的应用场景。

8.2.2 能源区块链的应用

能源互联网中有成千上万台件设备能够实现自动的相互通信，这些资源的不断计入可能会建立一个零边际成本市场[27]。在这个市场中，单个发电单位将不再有显著的成本，批发价和毛利率也受能源资源的互相竞争影响。未来的能源市场呈现生产分布式化、交易复杂化、分布动态化、计量数字化和用户自由化等主要趋势。在这种背景下，能源区块链能够将能源互联网中的信息流与价值流深度融合，通过信息流的重组，深刻改变能源流，实现比特管理瓦特。

1. 信息流管理

未来的能源供给从集中式向分布式转变，热能、光能、电能、风能和核能等分布式能源正满足社会发展的需要，能源生产分布式化进一步增加了能源供应和价格的不确定性。区域性的能源供给可以提供越来越多的能源，这使得电网平衡成为一项具有挑战性的任务[28]。随着分布式可再生能源数量的持续增加，一个关键挑战是维护供应安全和提高网络弹性。能源区块链可以通过促进和加速物联网应用来实现更高效的灵活性交易，从而提高能源生产的网络弹性和供应的安全性。通过能源区块链加强在能源生产环节的计量、反馈等环节管理，解决传统能源生产环节中多能源主体形成的"数据孤岛"问题。利用能源区块链可以大幅降低进入门槛，允许政府、企业和个人参与能源生产环节，从而在此基础上实现形式多变、弹性良好的商业模式。能源区块链以全网共识为基础大幅提升数据的真实性和可靠性。

2. 价值流管理

随着数字基础设施和本地市场的逐渐建立，能源相关收益将变得更加平缓，而能源交易呈现复杂化的趋势。在能源区块链应用场景中，可以针对异构分布式电力系统引入智能合同进行结算。根据事件驱动和实时的电力结算规则，智能合同可以自动化执行，并具有不得篡改性。在保证安全可靠的同时参与主体之间的结算过程，可以有效简化执行环节和提高效率[29]。智能合约的自动执行过程，不仅是分布式节点之间能量流的交互过程，也是参与者之间能源信息传输的过程。智能化的电力合同变更，将根据控制逻辑流程实现能量流和信息流的同步。同时，家庭和企业越来越多地通过小规模的交互方式参与能源市场，这种数字化和分散化的趋势使得能源分布变得更加动态。能源区块链可以促进能源和数据的双向流动，用户和消费者因此受益于区块链技术。能源区块链具有最优化交易成本的能力，这意味着新层次的能源自由。例如，对于市场参与者的直接电力交易或"共享投资"。由此可以提高能源网络的利用率，以及灵活有效地管理各种规模的能源交易，这具有非常高的经济价值[29]。

总之，能源区块链凭借所提供的技术优势，从信息流和价值流两个方面帮助能源行业优化能源生产、提升能源安全。能源区块链通过优化能源流程来降低成本[30]，有利于可再生能源和低碳能源参与市场竞争，进而促进能源领域的可持续发展。能源区块链具有对价值链上几乎所有阶段的潜在优化能力，尤其是在复杂性快速增长的多分布式能源系统中[29]。能源区块链有助于构建能源互联网，从而促进能源系统对用户的有效整合，保障能源系统数据的安全有效分发。

8.2.3　能源区块链的挑战

1. 处理效率低

能源区块链采用分布式记账的方式，使其在服务时的延时、吞吐率及其响应速度方面有着先天的弱势。当前主流比特币系统，数据写入区块链，要等待十几分钟甚至几十分钟的时间，同时所有节点都同步数据，则需要更多的时间。比特币从交易到完成确认，大约需要一个小时的时间。企业级区块链平台 Hyperledger Fabirc 交易提供吞吐量约为 3500 次交易/秒（transactions per second，TPS），Corda 交易提供吞吐量约为 1000TPS，相比公有链平台比特币、以太坊有很大提升，但如果区块链要取代现有的交易系统，效率还有较大的提升空间。而且，区块链需要全面应用到各个行业之中，这意味着更为庞大的数据处理，需要更为高效的存储技术和更长的响应时间。

由于能源互联网规模庞大，涉及的智能设备海量增长，每个智能设备都安装有预置的智能合约，交易处理需要消耗较高的计算资源和时间成本，同时每个交易都需要整个网络确认，而且交易规模庞大，性能将成为瓶颈[31]。

2. 存储冗余

当前，比特币网络中所存储的数据量已经达到了 300 吉字节（gigabyte，GB），相比于这种规则简单的系统，能源区块链中发生交易的频率、每次交易所要存储的信息、预先设置的规则都更加复杂。分布式记账的交易信息需要系统的交叉验证，信息的增加不仅使交易信息量大幅增长，也使得认证时间越来越长，存储成本越来越高。应用一段时间后区块链网络中各分布式节点存储的数据将会迅速增长，其冗余备份存储和共识模式将带来较大的挑战，而能源区块链中的参与者或面向群体多为普通居民，他们难以负担大容量存储设备所带来的成本。

3. 共识机制适用性

作为区块链系统的核心引擎，共识机制目前仍是整个系统性能的关键瓶颈。能源区块链系统中一般采用去中心化或者为了减少规则的复杂度、增加系统可靠性而采用弱中心化的解决方案。在这种情况下，每个参与者只会关心自己的效益最大化，长此以往，短期内能源区块链的参与者会获得较高的收益，但长远来看能否保证整个电力系统收益也达到最优仍有待观察。这个问题也就转换为如何在局部最优和全局最优中寻找折中点，使供需订单即时匹配的同时，交易系统长期运行，适应能源互联网特性的企业级区块链共识机制，以及相关的前提假设，数学模型和形式化证明也是下一步研究重点。能源区块链的冷启动较难，在交易者数量较少时，不仅各交易者的平均成本较高，共识机制也容易受到算力强、价值高的参与者的攻击。此外，每个企业都有自己独特的经营模式和盈利模式，对区块链技术的应用和使用采用不同的标准，大范围推广区块链应用时，共识机制要求范围内的所有成员有相同的共识，共识难统一的问题对于区块链技术大范围推广是致命的。

4. 并发冲突

目前为了应用区块链而开发的手机应用中都存在相同的问题，即在现有技术下，区块链无法让大量用户同时提交自己的交易到区块链中，无法满足大规模集群应用的需求。在数据存储模式方面，采用企业级区块链平台，不同节点存储不同数据的模式，这导致了能源区块链数据集成间的数字鸿沟。在能源区块链中，绝大多数的分布式节点都是普通的交易者，他们的设备性能存在瓶颈，导致整个系统中的执行速度慢，最终影响到能源交易的速度和数据记录的及时性。同时，与简单的比特币系统不同，在能源互联网中无法通过使用"挖矿"机制保证绝大多数时间只有一个分布式节点能够写入区块链系统中的账本，在进行能源交易时需要多数分布式节点参与才能保证能源交易的良好效果。联盟区块链的每个分布式节点不会大量存储区块链中的信息，往往仅保存区块头从而保证数据量处于可接受的范围内，使其更易于支持可扩展性，但在大规模并发的情况下，如何保证数据的正确性和效率，也是下一步研究的重点。

5. 监管缺失

各国的监管体系并不健全，监管制度缺失，没有有效的监管制度，不能适应区块链行业的快速发展。这种现象将长期存在并导致这个行业受到掣肘，监管如何适应区块链的发展速度这个问题已经摆在眼前。另外，能源行业是国家强监管的基础性行业，与国家政策密切相关。虽然部分应用在技术上具有可行性，但仍需要国家政策的指引。国家电力体制改革及国家电网有限公司"泛在电力物联网"建设，给区块链在能源领域的应用带来了新的机会，但需要国家及主流公司的跟进和落实[32]。

8.3　能源区块链平台

8.3.1　超级账本

1. 超级账本起源

自比特币开源以来，无数技术人员对其进行研究，并且对其系统进行了无数次改进。超级账本（Hyperledger）项目最初是用来改善比特币的底层技术，后来由Linux 基金会组织发展起来。开放式账本项目（open ledger project）是超级账本的前身，是由 Linux 基金会于 2015 年发起的推进区块链数字技术和交易验证的开源项目。Linux 基金会在 2015 年底创建了超级账本项目，以推进跨行业区块链技术。它不是宣布一个单一的区块链标准，而是鼓励通过社区流程采用协作方法开发区块链技术，鼓励开放式开发的知识产权，并且随着时间的推移采用关键标准。项目发布后受到金融、科技和区块链行业的广泛关注。除了 IBM（International Business Machines Corporation，国际商业机器公司）以外，Intel（英特尔）、思科、摩根大通等国际大公司陆续加入，让超级账本项目更具影响力，也促进了超级账本的快速发展。2016 年 12 月 1 日，超级账本项目开源联盟技术指导委员会宣布成立中国技术工作组（technical working group China，TWG China），促进超级账本项目中各地区成员与中国贡献者和技术用户之间的交流，目前中国区成员有百度在线网络技术（北京）有限公司（以下简称百度）、小米科技有限责任公司（以下简称小米）、华为技术有限公司（以下简称华为）、招商银行股份有限公司（以下简称招商银行）。

2. 超级账本简介

超级账本是推动区块链跨行业应用的开源项目的总称，组织成员可以发起新的区块链项目，加入超级账本项目中，但需要遵循超级账本的生命周期。超级账本的生命周期分为 5 个阶段，分别为提案（proposal）、孵化（incubation）、活跃（active）、过时（deprecated）和结束（end of life）。成员发起新项目时，首先发起者撰写草案，草案内容包括实现的目标、开发过程、代码维护等信息，然后提交给技术指导委员会进行审核，该阶段为提案阶段；技术指导委员会有三分之二以上代表通过后，则进入孵化阶段，在孵化阶段将对项目进行开发测试，直到项目完成；项目参与者对该项目如果没有疑问，项目将进入活跃阶段；经过几年时间后随着技术的进步，该项目跟不上时代，将进入过时阶段；最后该项目被淘汰，整个生命周期结束。

超级账本生态下还包含了诸多专门化项目。不同于比特币网络的公链设计，超级账本采用了内外网隔离和业务准入的联盟链架构，在区块链 1.0 网络架构的基础上进一步形成了节点角色的分化。这一设计规避了企业内部数据外泄的风险，同时也尽可能排除了潜在的安全隐患。超级账本分为框架类和工具类两类，框架类有 Hyperledger Fabric、Hyperledger Burrow、Hyperledger Iroha、Hyperledger Sawtooth（以太坊拓展项目）、Hyperledger Indy（数字身份平台）5 个顶级项目；工具类有 Hyperledger Caliper、Hyperledger Cello、Hyperledger Composer、Hyperledger Explorer 和 Hyperledger Quilt 5 个项目。

1）框架类

（1）Hyperledger Fabric 是最早加入超级账本中的顶级项目，包括 Fabric、Fabric CA[①]、Fabric 软件开发工具包（software development kit，SDK）和 Fabric 应用程序编程接口（application programming interface，API）等，其目标是区块链的基础核心平台，支持 PBFT 等新的共识机制，支持权限管理。由 IBM 等企业于 2015 年底提交到社区。

（2）Hyperledger Burrow 提供以太坊虚拟的支持，实现支持高效交易的带权限的区块平台，由 Monax、Intel 等企业于 2017 年 4 月提交到社区。

（3）Hyperledger Iroha 是账本平台项目，基于 C＋＋实现，带有面向 web 和 mobile 的特性，由日本 Soramitsu 等企业于 2016 年 10 月提交至社区。

（4）Hyperledger Sawtooth 包括 arcade、core、dev-tools、validator、mktplace 等，是 Intel 主要发起和贡献的区块链平台，支持全新的基于硬件芯片的共识机制"proof of elapsed time"。

---

① CA 即 certificate authority，证书授权机构。

（5）Hyperledger Indy 致力于打造一个基于区块链和分布式账本技术的数字中心管理平台，由 Sovrin 基金会提交。

2）工具类

（1）Hyperledger Caliper 是一个区块链性能基准框架，旨在通过一组预定义用例来衡量特定区块链实施的性能。可以为 Hyperledger Fabric、Hyperledger Iroha、Hyperledger Sawtooth 平台提供支持。

（2）Hyperledger Cello 提供区块链平台部署和运行时的管理功能。使用 Hyperledger Cello，管理员可以轻松部署和管理多条区块链；应用开发者无须关心如何搭建和维护区块链。

（3）Hyperledger Composer 是一个广泛的、开放的开发工具和框架，可以使开发区块链应用程序变得容易，其目标是加快实现价值的时间，并使用户更容易将区块链应用程序与现有业务集成。Hyperledger Composer 是一个编程模型，其包含一种建模语言和一组 API，用于快速建网和编写应用程序，允许参与者发起交易、转移资产。

（4）Hyperledger Explorer 提供了 web 操作界面，通过界面可以快速地查看绑定区块链的交易状态（区块个数、交易历史）信息等。

（5）Hyperledger Quilt 定义了分布式账本与分布式账本之间、传统账本与分布式账本之间的交互过程。

8.3.2　Fabric

1. Fabric 简介

Fabric 是一个提供模块化分布式账本解决方案的框架，并具备保密性、可伸缩性、灵活性和可扩展性等特性。其基于谷歌的 gRPC 框架开发，实现了网络内任意节点的对等通信，同时使用 Docker 容器技术来托管构成基本交互逻辑的智能合约。简而言之，Hyperledger Fabric 是专门为企业和机构设计的通用型业务系统。

Hyperledger Fabric 是超级账本中的区块链项目之一。像其他区块链技术一样，它有一个账本，使用智能合约，是一个参与者管理其交易的系统。它与其他区块链系统最大的不同是使用联盟链。与允许未知身份的参与者加入网络的公有链不同，Fabric 通过成员资格服务提供者（membership service provider，MSP）来登记所有成员。Hyperledger Fabric 与其他区块链系统的区别在于它是私有的和被允许的。Hyperledger Fabric 网络的成员通过可信的 MSP 注册，它不是一个允许未知身份参与网络的、开放的无许可系统（需要工作证明等协议来验证交易和保护网络）[33]。

Fabric 具有高度模块化和可配置的架构，可为各行各业的业务提供创新性、多样性和优化，其中包括银行、保险、医疗保健、人力资源、供应链甚至数字音乐分发。Fabric 具有可直接插拔启用、相互独立、功能不同的模块，使得平台能够更有效地进行定制，以适应特定的业务场景和信任模型[34]。当部署在单个企业内或由可信任的权威机构管理时，完全拜占庭容错的共识可能是不必要的，并且大大降低了性能和吞吐量。在这种情况下，崩溃容错（crash fault-tolerant，CFT）共识协议可能就够了，而在去中心化的场景中，可能需要更传统的拜占庭容错共识协议。

　　Fabric 提供了建设通道的功能，允许参与者为交易新建一个单独的账本。只有在同一个通道中的参与者，才会拥有该通道中的账本，而其他不在此通道中的参与者则看不到这个账本，这种通道隔绝技术带来了更高的安全性，也是 Fabric 最主要的特点。Hyperledger Fabric 还提供了几个可插拔选项。账本数据可以以多种格式存储，可以实现共识机制的进出交换，支持不同的 MSP。Hyperledger Fabric 还提供了创建通道的能力，允许一组参与者创建单独的交易账本。对于网络来说，这是一个特别重要的选择，因为一些参与者可能是竞争对手，他们不希望做出的每笔交易都被每个参与者知晓。如果两个参与者组成一个通道，那么只有这两个参与者拥有该通道的账本副本，而其他参与者没有[15]。

　　Fabric 平台也是许可的，这意味着它与公共非许可网络不同，参与者彼此了解而不是匿名的或完全不信任的。也就是说，尽管参与者可能不会完全信任彼此，但网络可以在一个治理模式下运行，这个治理模式是建立在参与者之间确实存在的信任之上的，如处理纠纷的法律协议或框架。Fabric 可以利用不需要原生加密货币的共识协议来激励昂贵的"挖矿"或推动智能合约执行。不使用加密货币会降低系统的风险，并且没有"挖矿"操作意味着可以使用与任何其他分布式系统大致相同的运营成本来部署平台。

　　Fabric 是第一个支持通用编程语言（如 Java、Go 和 Node.js）编写智能合约的分布式账本平台，不受限于特定领域语言（domain-specific language，DSL）。这意味着大多数企业已经拥有开发智能合约所需的技能，并且不需要额外的培训来学习新的语言或特定领域语言。

2. Fabric 特点和架构

Hyperledger Fabric 是分布式账本技术（distributed ledger technology，DLT）的一种实现，在模块化的区块链架构中提供企业级的网络安全性、可伸缩性、保密性和性能[33]。Hyperledger Fabric 提供以下区块链网络功能。

1）身份管理

Hyperledger Fabric 提供了成员身份服务，成员身份确定了对资源的确切权限以及对参与者在区块链网络中拥有的信息的访问权限，服务管理成员 ID 将对区块链中的所有用户进行身份验证。访问控制列表可用于通过对特定网络操作的授权提供额外的权限层。例如，可以允许特定的用户 ID 调用智能合约应用程序，但禁止其部署新的智能合约。

MSP 是 Hyperledger Fabric 的一个组件，旨在提供抽象的成员操作。MSP 将颁发证书、验证证书和用户授权背后的所有加密机制和协议抽象出来。MSP 可以定义它们自己的身份概念，同样还可以定义管理（身份验证）和认证（签名生成和验证）这些身份的规则。一个 Hyperledger Fabric 区块链网络可以由一个或多个 MSP 管理。这提供了成员操作的模块化和不同成员标准和架构之间的互操作性。MSP 是定义管理该组织有效身份规则的组件。

公钥基础结构（public key infrastructure，PKI）证书和 MSP 提供了类似的功能组合。一方面，PKI 就像一个卡片提供商，它分配了许多不同类型的可验证身份；另一方面，MSP 类似于商店接受的卡片提供商列表，确定哪些身份是商店支付网络的可信成员（参与者）。MSP 将可验证的身份转变为区块链网络的成员。

2）隐私保护

Hyperledger Fabric 允许竞争的商业利益，以及任何需要私人的、机密的交易的团体在同一许可的网络上共存。私有通道是受限制的消息传递路径，可用于为通道内的成员提供私密、保密的通信环境。Hyperledger Fabric 通过其通道架构和私有数据特性实现保密。在通道方面，Fabric 网络中的成员组建了一个子网络，在子网络中的成员可以看到其所参与的交易。因此，参与通道的节点才有权访问智能合约（链码）和交易数据，以此保证了隐私性和保密性。私有数据通过在通道中的成员间使用集合，实现了和通道相同的隐私能力并且不用创建和维护独立的通道。通道上的所有数据，包括用户信息、交易信息对未授予该通道访问权的任何网络成员都是不可见和不可访问的[15]。此外，当该通道上的组织成员需要保持其数据的机密性时，将使用一个私有数据集合将该数据隔离在私有数据库中，从逻辑上与通道账本分离，仅供组织的授权子集访问。因此，通道使数据对更广泛的网络保持私有，而集合则使通道上组织子集之间的数据保持私有。为了进一步混淆数据，在将交易发送到订单服务并将区块附加到账本之前，可以使用加密算法对智能合约中的值进行加密，一旦加密的数据被写入账本，只有拥有生成密文的相应密钥的用户才能解密。

3）高效处理

Hyperledger Fabric 根据节点类型分配网络角色。为了向网络提供并发性和并行性，执行、排序和提交是分离的。在对区块排序之前执行交易可以使每个分布式节点同时处理多个事务。这种并发执行提高了每个对等点的处理效率，并加快了向排序服务交付的速度。除了支持并行处理之外，这种分工还将排序节点从执行和账本维护的需求中解放出来，而分布式节点则从排序（共识）工作负载中解放出来。这种方式还简化了授权和身份验证所需的处理，所有分布式节点不必信任所有排序节点，反之亦然，因此一个节点上的进程可以独立于另一个节点的验证而运行。

4）模块化设计

Hyperledger Fabric 实现了模块化架构，无论是可插拔的共识、可插拔的身份管理协议、密钥管理协议还是加密库，网络设计人员都可以通过多种方式进行配置，以满足不同行业应用需求和企业业务需求。例如，用于身份、排序（共识）和加密的特定算法可以插入任何 Hyperledger Fabric 网络。其结果是一个通用的区块链架构，任何行业或公共领域都可以采用，并保证其网络可跨市场、监管和地理边界进行互操作[35]。

Fabric 由以下模块化的组件组成：可插拔的排序服务对交易顺序建立共识，然后向节点广播区块；可插拔的成员服务提供者负责将网络中的实体与加密身份相关联；可选的点对点 gossip 服务通过排序服务将区块发送到其他节点，智能合约（"链码"）隔离运行在容器环境（如 Docker）中。它们可以用标准编程语言编写，但不能直接访问账本状态；账本可以通过配置支持多种数据库管理系统（database management system，DBMS）；可插拔的背书和验证策略，每个应用程序可以独立配置。

Fabric 总体架构分为网络层、核心层和接口层。核心层有成员服务、区块链服务和链码服务 3 部分。接口层通过接口及事件调用身份、账本、交易、智能合约等信息；网络层负责点对点网络的实现，保证区块链分布式存储的一致性。Fabric 总体架构如图 8.5 所示[15]。

3. Fabric 执行流程

区块链最主要的特性之一是去中心化，因此，想要区块链中的数据保持一致，就需要整个区块链网络的节点以某种方法参与共识机制，进行分布式决策，所以节点在区块链系统中的交易流程也就是共识的过程[36]。Fabric 应用于联盟链的场景，在处理每一笔交易时，每个环节都需要对交易信息进行权限校验。通道中的每个分布式节点都是提交的分布式节点。它接收生成的交易块，随后将这些交易块作为附加操作提交到分布式节点的总账副本之前进行验证。如果安装了智能合约，每个拥有智能合约的对等体都可以成为认可对等体。然而，要真正成为认可的对等体，客户机应用程序必须使用对等体上的智能合约来生成数字签名的事务响应。Fabric 执行流程如图 8.6 所示。

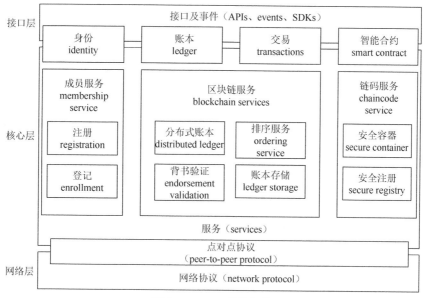

图 8.5　Fabric 总体架构

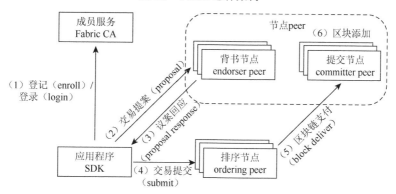

图 8.6　Fabric 执行流程

详细的执行流程如下。

（1）区块链中的分布式用户使用开发人员提供客户端调用 MSP，向 CA 提交相关的证明材料，等到 CA 审核通过后注册成功，从 CA 获取身份证书。

（2）区块链中的分布式用户在产生交易时使用开发人员提供的客户端，通过应用程序使用所支持的 SDK 中的 API 生成一个交易提案。SDK 的作用是将交易提案打包成合适的格式（gRPC 使用的 protocol buffer）以及根据用户的密钥对交易提案生成签名；提案是带有确定输入参数的调用链码方法的请求，该请求的作用是读取或者更新账本，如此次交易中可能会用到的合约标识，以及交易中商定的价格、数量等参数信息和用户使用私钥对以上信息进行的签名，最后将这条信息发送给背书节点。

（3）背书节点对一段时间内产生的所有交易提案进行判别，首先会根据 CA 提供的信息，比对信息的提交者是否都是合法用户，其次确定其中的参数是否满足交易规则，同时验证交易提案的格式完整、验证该交易提案之前没有被提交过（重放攻击保护）、验证签名是有效的（使用 MSP）、验证发起者是否有权在该通道上执行该操作。背书节点将交易提案输入作为调用的链码函数的参数。然后根据当前状态数据库执行链码，生成交易结果，包括响应值、读集和写集（即表示要创建或更新的资产的键值对）。若上述验证都没有问题，这些值以及背书节点的签名会一起作为"议案回应"返回到 SDK，SDK 会为应用程序解析该响应。

（4）分布式用户在客户端收到包含背书节点认证、签名的信息后，会统计自己提交的信息共收到了多少个背书节点的认可，然后判断该数量是否满足该 Fabric 系统中预设的背书策略，如果不满足则会继续向背书节点发送信息或修改提交的信息，若已经满足则发送给排序节点。

（5）排序节点从整个分布式网络中收集一段时间内满足背书策略的所有交易提案，然后按照开发人员预先设计的规则，通常以时间为顺序依次对提交的信息进行哈希，最终生成新的区块，发送给提交节点。

（6）提交节点收到排序节点发送的新区块后，会对其中的每条数据进行验证，检查区块中的数据是否与当前区块链中的账本冲突，若验证结果没有异常则更新自己的区块链信息，并修改世界状态。

4. Fabric 与能源交易

基于 Fabric 和能源行业的特点，一种基于区块链的点对点电力交易系统如图 8.7 所示。

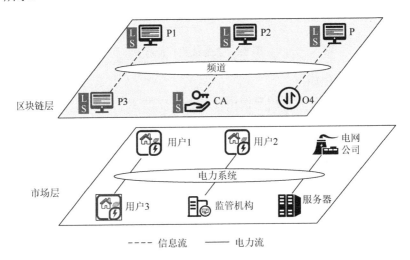

图 8.7　基于区块链的点对点电力交易框架

其中，用户是电力交易的主体，根据是否安装光伏发电设备和储能设备可以分为产消者和消费者。用户需要安装智能电表来统计电力传输量、消耗量等数据。监管机构是联盟链的 CA，负责身份注册、证书颁发和证书撤销。监管机构还负责制定调控政策、维护基础设备和处理突发事件以确保基于区块链的点对点电力交易的长期运行。

使用 JavaScript 编写用户发布订单、发送交易请求和达成交易的数据。如图 8.8 所示，用户 1 发布了一个编号为 00001，售电量为 0.900 千瓦时，价格为 0.160 澳元/千瓦时，在 11:30 执行的订单。用户 2 发送交易请求，请求内容为请求的订单编号 00001，订单发布者用户 1，请求发送者用户 2，购电量 0.900 千瓦时和购电价格 0.150 澳元/千瓦时。最终双方达成交易，签订交易合同，合同内容包括交易双方和交易量。合同执行后，执行结果核查的内容与交易合同的内容相同。通过客户端将交易信息提交至搭建的 Fabric 交易平台，订单生成、交易合同签署、执行结果核查三个过程达成共识后，平台反馈的结果如图 8.9 所示。

```javascript
// issue electricity request
console.log('Submit electricity issue transaction.');

const issueResponse = await contract.submitTransaction(
    'issue', 'user1', '00001', '0.900', '11:30', '0.160');
```

```javascript
// buy electricty request
console.log('Submit electricty buy transaction.');

const buyResponse = await contract.submitTransaction('buy',
    'user1', '00001', 'user1', 'user2', '0.150', '0.900');
```

```javascript
// redeem
console.log('Submit electricity redeem transaction.');

const redeemResponse = await contract.submitTransaction(
    'redeem', 'user1', '00001', 'user2', '0.900');
```

图 8.8　智能合约

```
Connect to Fabric gateway.
Use network channel: mychannel.
Use org.electicity.trade smart contract.
Submit electricity issue transaction.
user1 request : 00001 successfully issued
Transaction complete.
Disconnect from Fabric gateway.
Issue program complete.
```

```
Connect to Fabric gateway.
Use network channel: mychannel.
Use org.electricity.trade smart contract.
Submit electricty buy transaction.
Process buy transaction response.
user1 request : 00001 successfully purchased by user2
Transaction complete.
Disconnect from Fabric gateway.
Buy program complete.
Connect to Fabric gateway.
Use network channel: mychannel.
Use org.electricity.trade smart contract.
Submit electricity redeem transaction.
Process redeem transaction response.
user1 commercial paper : 00001 successfully redeemed with user1
Transaction complete.
Disconnect from Fabric gateway.
Redeem program complete.
```

图 8.9　执行结果

8.4　能源区块链应用实践

8.4.1　布鲁克林微网

为了应对飓风等恶劣天气,并根据太阳能等可再生能源发电情况调整局部用电需求,2016 年能源公司 LO3 Energy 和去中心化应用创业公司 ConsenSys 在布鲁克林区开展了一个名为 TransActive Grid 的微网项目[37],该项目是世界上最早投入实践的能源区块链项目。微网的设计利用了原有的电力基础设施,并由常规发电机、分布式能源储能电池组成。居民不论是否安装光伏系统,都可以在基于区块链的社区能源交易平台上相互购买和出售太阳能电力,其框架如图 8.10 所示。

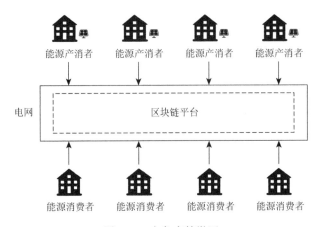

图 8.10　布鲁克林微网

最初该项目只涉及 10 个分布在美国布鲁克林总统大道两侧的家庭。道路一侧的 5 户家庭安装了屋顶光伏发电系统,产生的电能在完全满足家庭用电需求之余,还有大量剩余;另一侧的 5 户家庭没有安装发电系统,因此需要向另外 5 个家庭购买电力。在这种情况下,这 10 个家庭构成了一个微型的电力生态系统。即便没有第三方电力运营商,家庭之间也可以通过区块链网络,采用点对点模式直接进行能源交易。

智能电表底层应用集成了基于以太坊区块链智能合约功能,可对用户的发电、用电以及交易电量等信息进行采集,并将数据同步上传至公共区块链网络平台。能源生产数据由智能电表测量并转换为可在当地市场交易的等价能源代币。消费者购买能源后代币会通过区块链技术从生产者的智能电表钱包转移到消费者。在使用相应的能源后代币被消费者的智能计量设备删除。用户通过指定个人电价偏好与平台互动。该平台可以显示特定地点的实时能源价格。分布式账本记录了合同条款、交易双方、通过计量设备测量的传输和消耗的能源量,最重要的是交易的时间顺序。此外,支付由自动执行的智能合约负责。社区的每个成员都可以访问账本中的历史交易,并自己验证交易[26]。

未来,用户不仅可以根据价格偏好决定向谁购买/出售能源代币,还可以将反映环境或社会价值的标准纳入考虑因素。例如,消费者可以根据自己的意愿为可再生能源支付更高的价格。未来的市场出清机制类似于股票市场,平台将在账本上记录买家和卖家出价。生产的能源将首先分配给出价最高的消费者。最低出价代表每个时段的市场出清价格[38]。通过该项目,社区内的居民可以节省购电费用,而且配置屋顶光伏的居民用户可以将剩余电量直接出售给用户,获得收益。布鲁克林微网项目对美国以及全球的能源区块链项目起到了示范作用,推动了相关点对点分布式电力交易的发展。但是,布鲁克林微网项目的试验规模较小,总共只有 10 个参与用户,只是证明了小规模微电网进行分散电力交易的可实施性,但对于较大规模的微电网还需进行下一步验证。

智能代理与智能合约的应用,形成了区块链微电网独有的分布式能源交易体系。该项目的优势可以简述为以下几个方面。

(1)点对点交易。能源供应方与需求方可以在项目平台实现即时自主交易。

(2)微电网。交易双方通过微型电力系统连接,形成微型能源生态系统,实现能源实时实地地产生、交易和储存,社区将更高效、更弹性化、更可持续地利用能源。

(3)分布式系统。操作管理人员可以在分布式系统下访问各项消费者数据,运营商将以价格为调节代理指标,以协商价格方式管理能源的利用情况,达到负载均衡以及迅速响应需求的目的。

(4)去中心化。纽约市常受飓风天气的影响,电网常遭破坏,原有的"中心化"能源系统会因任何局部损坏而陷入瘫痪，分布式电网有效避免了这一情况的发生，并将损失降到最低。

即使布鲁克林微网项目显示出种种优势，但目前仍无法实现微电网项目的大规模推广。点对点的交易方式确实对交易双方具有很强的吸引力，但对于开发团队而言毫无利润可言，进而在未来的推广中会给公司带来严重的成本负担。资金上的顾虑阻碍了 LO3 Energy 和 ConsenSys 双方的进一步合作，因此该项目陷入停滞。此外，由于纽约市禁止个人直接参与电网市场，该项目也一度被叫停。尽管如此，TransActive Grid 依然是能源市场的一次重要革新，为后续区块链在能源领域的应用提供了范例，所遇问题也是未来需要改进的方面。

8.4.2　Quartierstrom

Quartierstrom（德语，意为地区电力）是由瑞士联邦能源办公室支持的试点项目。这是第一个在瑞士瓦伦施塔特的 37 户家庭中实施和评估去中心化本地点对点能源市场可行性的项目[39]。该项目的主要目的如下。

（1）评估区块链管理社区能源系统的技术可行性及其对当地太阳能利用、电网质量和能源效率的影响。

（2）寻找适合当地情况的市场机制和交易价格确定方法。

（3）设计一个合适的用户界面，随着时间的推移，记录用户的参与程度，以及用户对系统的整体接受程度。

该测试点由 37 个参与家庭组成，每个家庭都配备了智能电表，可以测量每个阶段的电流、电压和频率，并配有一个集成单板计算机，作为区块链系统的分布式节点。每户最多配备 3 个智能电表，分别测量净消耗量、生产量和电池电量[40]。

现有市场大多是批发市场，主要参与者为大型公司，没有市场面对像 Quartierstrom 这样的点对点私人家庭。目前在零售市场上仅仅是价格接受者的家庭转变为积极的生产者和影响自身电力供应的消费者。这个项目的独特之处在于，其在实地的分布式系统上实施电力交易市场，并有真正的参与者。市场设计的一个关键问题是创造一种拍卖机制，让所有参与者都有可能决定他们购买或出售电力的价格。工作人员认为具有区别定价的双重拍卖是最适合 Quartierstrom 市场的市场机制。对于产消者和消费者，智能电表发出的投标中包含了由个人家庭确定的价格上限和智能电表测量的电力需求或供应。订单簿在 15 分钟的时间内收集所有竞价，并按价格排序：低价卖出的竞价优先于高价买入的竞价。区别定价是指在每一笔交易中，价格是由买方和卖方各自出价的平均值得出的。这种拍卖每 15 分钟重复运行一次，交易价格变化到一定程度时，市场出清[41]。

考虑到建立本地点对点能源市场的目标，工作人员选择了一种基于区块链保证系统正常运行的方法，允许相互验证交易、计算和结算的正确性，而不需要一个中央权威机构。系统将用户分成三种类型的参与者从而保证系统能够扩展到更多的参与者。该平台的核心是由其验证节点构建的，验证节点由产消者和电力公司组成，直接由集成的单板机托管在智能电表上。用户群由消费者节点表示，消费者节点是消费者的客户端，它们自己不会提出新的区块。验证节点之间使用 Tendermint 共识协议[42]协商系统当前状态的共识。Tendermint 共识协议允许在任意数量的验证器之间保存复制的状态机。基于 Tendermint 共识协议，可以构建不需要大量电力需求进行区块验证的自主关系证明系统。同时，平台及其应用程序的可用性对其运行至关重要，集中式平台架构要求服务器始终可用（即在运行中），而 Quartierstrom 的去中心化平台要求 2/3 的非恶意节点可用，以执行平台操作验证。平台的拜占庭容错特性提高了系统的弹性，允许节点在离线或恶意节点不超过 2/3 的情况下继续安全运行。这种容错行为对于控制柔性资产的节点尤其有用，这些柔性资产可能在未来用于减少太阳能或需求峰值，以减少配电网的负载和过电压。

　　每个参与者运行一个全节点或轻节点来连接底层区块链，以及智能电表和代理模块。全节点和轻节点都直接托管在集成单板计算机的智能电表上。为了向最终用户提供服务，比如通过外部应用程序了解消费和生产的信息，区块资源管理器可用来查询系统的地址和交易。

　　Quartierstrom 平台的基本模块框架如图 8.11 所示。系统使用 Tendermint 来达成共识和建立网络。任何应用程序都可以托管在 Tendermint 之上。第一个实现的应用程序是点对点市场应用程序以及与区块链交互的模块。市场应用程序需要能够接收来自参与节点的投标数据，并在固定的时间间隔内执行清算和结算等功能。

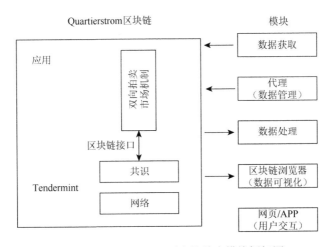

图 8.11　Quartierstrom 平台的基本模块框架图

该平台系统根据功能可以分为以下 4 个部分。

（1）数据获取，是指智能电表和读出应用。数据获取是信任链的一部分，因为在市场应用中，测量数据是结算的基础。智能电表不仅负责数据采集，还负责托管点对点市场应用（即市场应用运行在智能电表上）和数据平台的管理和处理功能。

（2）数据管理，是指处理获取数据、发布事务和管理签名的代理和客户端应用程序。操作的管理，如发送买卖订单或根据获得的数据更新价格偏好，是在每个终端用户的设备上处理的。此功能与验证器或系统订阅者是分离的。代理模块在系统的最终用户端执行协调操作。该模块包含有关用户偏好的信息，如卖出和买入价格，并根据收集到的信息执行策略。策略包含对代理目标的描述，并根据当前的消费和生产发出购买或销售订单。图 8.11 中的模块包含数据类型的方案以及组合和签署事务的方法。该交易方案包括发送方的公钥及发送方的地址，与大多数区块链交易中通常发现的值类似。该模块提供了用于生成新的私钥、从现有私钥派生公钥及从它们生成地址的方法，并使用与比特币相同的椭圆曲线加密算法。通过使用用户公钥的 SHA256 哈希作为地址，保证交易具有唯一的标识符，同时通过无法被跟踪来保护用户的隐私[43]。

（3）数据处理，是指全/轻节点执行和验证平台应用程序和订阅更新。该平台基于权益证明共识机制的拜占庭容错内的发行和签名授权被分发给公用事业公司和产消者。Tendermint 共识协议允许高适应性，因为它的应用程序区块链接口对任何编程语言都是通用的。此外，Tendermint 还提供了大量的灵活性和可定制性，以适应特定的应用需求，如减少通信、创建空块和块之间的时间延迟。在系统中信任生产用户的最初决定是基于这些参与者已经在系统中进行了投资（以光伏系统的形式）而做出的。在每个主动验证节点的当前投票权分布相等的情况下，平台未来的改进可能包括一个主动的股权分配机制，以纳入太阳能投资规模，同时保持节点之间的有效平衡。区块是定期创建的。通过 BlockHandler 检查所有区块，平台内的自触发机制允许市场应用程序所需的自动操作。传入事务由 TransactionHandler 根据其接收方和有效负载进行处理。在验证事务的有效性时，节点对其内容进行反序列化，从其包含的公钥获取地址，并将其与给定地址进行比较。如果地址匹配，客户端将散列交易的内容，并根据发送方的公钥验证交易签名。根据接收地址和事务的有效负载字段中包含的数据，事务处理程序将信息转发给应用模块的各个处理程序。在市场申请的情况下，包含买入指令的交易都会触发一个新的出价的添加。

（4）数据可视化，是指为应用程序和用户界面提供数据。为了向最终用户提供服务，如通过外部应用程序（用户界面等）提供关于消费和生产的可理解信息，区块资源管理器可用来提供对地址和事务的区块链数据的可查询访问。

8.4.3　Share&Charge

德国莱茵集团子公司 InnogySE 推出了一个基于区块链技术的充电交易平台 Share&Charge，该平台主要是在充电桩上安装简易型 Linux 操作系统装置，在手机上安装 Share&Charge 应用软件，按智能合约价格付款后手机应用软件将与充电桩区块链节点进行通信，执行充电指令[44]。目前该平台拥有 1000 多个注册用户，并且在德国各地设有大约 1250 个充电站。该应用程序使用户可以方便地在其所在区域找到充电桩，并通过区块链技术的特性轻松安全地进行充电。充电站所有者能够独立设置自己的价格（固定价格、基于时间或基于充电量的定价）并随时进行调整。当电动汽车需要充电时，车主通过手机软件搜索附近的共享充电桩并可查看相关电价信息。充电时，通过智能插座与共享充电桩进行连接并使用手机进行确认，同时，可查看充电数据、交易记录等信息。用户有一个电子钱包，可以访问网络内的实时价格和交易信息。该项目通过区块链技术的分布式记账实现交易双方的计费透明化，增进交易双方信任。网络中的任何成员都可以监视和跟踪所有交易。该平台实现了自动计费，并可以激励建设电动汽车充电基础设施，因为私人和商业充电站可以在 Share&Charge 平台上将充电桩进行共享出租来产生收入。该项目可激励私人充电桩进行共享，增加充电桩的使用率，解决电动汽车充电难的问题，促进电动汽车的发展，实现节能减排与能源转型。

由于用户在结算以及在点对点网络内连接电子汽车驱动程序时，都需要使用智能结算合同。因此，Share&Charge 区块链平台依靠以太坊网络来处理其运营。Share&Charge 部署了 LibManager，使合约之间互相存储参考信息，现有合约就可以在遇到漏洞的情况下进行升级。它还采用了 Mobility Token 智能合约保存余额，执行监管框架。最终它还利用 ChargingPoles 登记所有充电站，也采用了在充电站处理停车/起步操作的逻辑。在 Share&Charge 平台上，用户充电支付使用欧元支持的数字代币 MobilityToken，其可通过 Share&Charge 应用程序购买，适用于安卓和 iOS 手机用户。

8.4.4　能源区块链实验室

能源区块链实验室是全球第一家致力于在能源产业价值链全环节实现区块链技术应用的研发型企业，也是全球顶尖区块链开发组织超级账本项目唯一的能源行业成员。实验室以实现能源革命为使命，拥有比较完备的区块链技术开发团队和金融产品设计团队。实验室正携手合作伙伴同时开发多款基于区块链技术的能源互联网应用,覆盖能源生产、消费、交易、管理等多个环节[45]。

能源区块链实验室通过能源市场与金融市场应用场景的深度融合,打造了一款低成本、可靠的、服务于绿色资产数字化的区块链平台,产品以基于区块链的互联网服务(blockchain as a service,BaaS)作为表现形式,提供基于区块链的便利化绿色资产的数字化登记和管理功能。服务的绿色资产包括各类碳排放权和自愿减排额度、绿色电力证书和积分、用能权、节能积分、能源设备共享经济积分、绿色债券、绿色信贷、绿色资产支持证券等。服务的市场包括电动汽车、可再生能源、虚拟电厂、工商业节能、储能、绿色金融等领域。平台将绿色资产开发各环节的参与方(包括登记机构、交易机构、中介机构、征信机构、评级机构、监管机构、原始权益人、第三方管理机构等)纳入基于区块链的分布式账本,实现基于区块链的信息和数据传递,以及评审和开发过程中的多方协作和监管,通过过程重塑,打造各类绿色资产的数字化登记和管理平台。

实验室研发的区块链平台将大幅压缩各类绿色资产在开发、注册、管理、交易和清结算流程中的信任成本及时间成本,进而压缩各类绿色能源资产的融资成本和使用成本,尤其有利于各类小规模分布式能源资产,如加速电动汽车、分布式可再生能源、储能等绿色能源生产和消费模式的平价上网及平价利用。

能源区块链实验室的绿色资产数字化区块链平台的第一项应用是中国碳市场应用,所数字化的资产是 CCER,经测算,能源区块链实验室的区块链工具可以缩短 50%的 CCER 碳资产开发时间周期。

绿色资产数字化区块链平台完整的系统将由物联网系统和区块链系统两部分组成。物联网系统主要包括部署在用户侧的各类智能计量系统和模块(智能电表、智能水表、智能气表等)。区块链系统是指部署在相关参与方的多节点结构许可型区块链系统,节点可以根据行业要求和节点属性,布置在能源资产本地、第三方验证机构、质量认证机构、公用事业公司、能源或者金融交易所、能源监管机构等。通过部署在用户侧的智能计量系统实时采集发用电设备的生产和消费数据,通过物联网系统将数据推送到由监管机构、认证机构作为验证节点组成的许可型区块链系统,可实现对于原始发用电数据的共识验证和信任背书,以及不可篡改性加密。此外,平台还利用大数据分析工具,对脱敏后的区块链内数据进行数据挖掘,分析并标记出具有异常的数据,可以有针对性地判别出数据申报造假企业[46]。

8.4.5　RENeW Nexus 项目

作为 RENeW Nexus 项目的一部分,澳大利亚政府资助区块链公司 Power Ledger 在弗里曼特尔地区开展了一项名为 Freo48 的点对点电力交易试验。该试验包括两个阶段：第一阶段包括 18 名参与者，为期 7 个月——2018 年 11 月至 2019 年 6 月。第二阶段最初有 30 名参与者，从 2019 年 10 月持续到 2020 年 1 月。随后进行了一项名为 Loco 1 的试验，包括虚拟电厂模型，以更好地了解安装电池和参与虚拟电厂的消费者可以实现的经济效益，以及对能源系统的好处。Freo 48 试验提供了评估参与者使用能源交易技术感受的机会。它还提供了一个评估参与点对点电力交易的消费者的行为变化的机会[47]。

　　Freo 48 的电力点对点交易试验中，参与试验的家庭通过电网相互出售电力。Freo 48 分为两部分：第一阶段和第二阶段。Power Ledger 点对点能源交易平台允许用户之间进行能源交易，让产消者能够出售多余的能源，让消费者能够以双方商定的价格购买能源。参与者设定他们自己的价格，他们彼此之间购买和出售能源，在点对点电力交易中第一阶段引入了世界上第一个动态点对点定价。销售价格最低的产消者和购买价格最高的消费者优先以买方的价格进行交易。允许参与者动态设定价格具有实际效果，可以创建一个本地化的能源市场，利用定价激励来平衡能源供需。如果能源市场上有多余的能源可供购买，产消者就会降低价格以确保能源出售，而消费者的价格在买方市场将更加具有竞争力。反过来，当能源市场供应不足时，产消者相应会抬高价格，而消费者为满足各自需求也不得不提高其最优价格，定价过程与正常的市场一样。

　　如果在任何给定的时间间隔内点对点能源供应大于需求，价格最高的能源卖家只能以固定价格 4.0 美分/千瓦时出售能源。如果有更多的能源需求超过供应，买方只能从电网获得所需的额外电力。当由于缺少太阳辐射而无法进行光伏发电时，参与者可以查看他们交易的能源数量和从电网购买的能源。

　　为了给点对点电力交易提供便利，参与者家中安装了实时电能表，智能电表首先将其传输到 energy OS 平台。然后通过安全的 API 将数据传输到 Power Ledger 的系统中。交易是每 30 分钟进行一次，根据他们设定的买卖价格匹配产消者和消费者。但是这种实时数据不符合当地政府规定，不能用于向客户计费，因此零售商在每个月底生成一个数据文件，其中包含网络运营商安装在每个用户的智能电表的读数。这个月的所有交易都使用网络运营商的数据文件重新运行，并聚合成一个摘要文件，然后通过安全文件传输传递给零售商。这些数据被输入到零售商的客户账单系统中，用于为客户从电网和彼此之间购买和销售的能源开具发票。

　　第一阶段的参与者总共消耗了 35 795 千瓦时的电力。其中 6901 千瓦时（占 19.3%）是从其他参与者那里购买的，其余 28 894 千瓦时（80.7%）是从零售商那里购买的。请注意，电力消耗总额包括夜间消费，即不能点对点购买来自其他用户的电力时。当将范围缩小到白天（第一阶段从早上 5 点到晚上 7 点 30 分）时，来自其他参与者的能源比例将变为 34.1%，从而将当地市场对电网供电能源的需求减少到白天消耗的 65.9%。这突出表明，当地能源市场有能力从自身获取很大一部分的消费，并在这样做的过程中应对来自过剩太阳能的反向能量流带来的系统挑战。

8.5　本　章　小　结

本章首先介绍了区块链的基本概念，并通过介绍非对称加密、智能合约等关键技术分析了区块链拥有不可篡改、去中心化等众多优良特性的原因。同时针对金融、医疗等领域出现的新问题，分析了如何应用区块链技术为用户提供一个数据存储安全、保护隐私的环境，从而解决这些问题。

然后，介绍了能源区块链在能源互联网中出现的背景、应用场景和面临的挑战。区块链技术的去中心化、协同自治、市场化、智能合约、可信度高的特点与能源点对点交易有极高的契合度。能源区块链可以为参与交易的用户提供通信平台，还可以提供一个安全、高效的交易环。也就是说，能源区块链能够将能源互联网中的信息流与价值流深度融合，通过信息流的重组，深刻改变能源流，实现比特管理瓦特。

此外，还介绍了能源区块链开发平台 Hyperledger Fabric 的特点和执行流程，利用其隐私保护、高效处理的特点，本章提供了一种基于 Hyperledger Fabric 的能源交易思路。

最后介绍了目前已经开展的实践项目，如布鲁克林微网、Quartierstrom 等，通过分析这些项目的交易方法、基础架构展现了能源区块链的强大潜力，同时这些项目为日后能源区块链的大规模推广提供了经验。

本章参考文献

[1]　袁勇，王飞跃. 区块链技术发展现状与展望[J]. 自动化学报，2016，42（4）：481-494.

[2]　张亮，刘百祥，张如意，等. 区块链技术综述[J]. 计算机工程，2019，45（5）：1-12.

[3]　Nakamoto S. Bitcoin: a peer-to-peer electronic cash system[EB/OL]. [2022-06-20]. https://klausnordby.com/bitcoin/Bitcoin_Whitepaper_Document_HD.pdf.

[4]　喻辉，张宗洋，刘建伟. 比特币区块链扩容技术研究[J]. 计算机研究与发展，2017，54（10）：2390-2403.

[5]　李政道，任晓聪. 区块链对互联网金融的影响探析及未来展望[J]. 技术经济与管理研究，2016，（10）：75-78.

[6]　李奕，胡丹青. 区块链在社会公益领域的应用实践[J]. 信息技术与标准化，2017，（3）：25-27，30.

[7]　龚鸣. 区块链社会[M]. 北京：中信出版社，2016.

[8]　刘传领，范建华. RSA 非对称加密算法在数字签名中的应用研究[J]. 通信技术，2009，42（3）：192-193，196.

[9]　Christidis K，Sikeridis D，Wang Y，et al. A framework for designing and evaluating realistic blockchain-based local energy markets[J]. Applied Energy，2021，281：115963.

[10]　马如林，蒋华，张庆霞. 一种哈希表快速查找的改进方法[J]. 计算机工程与科学，2008，30（9）：66-68.

[11] 韩秋明，王革. 区块链技术国外研究述评[J]. 科技进步与对策，2018，35（2）：154-160.

[12] 贺海武，延安，陈泽华. 基于区块链的智能合约技术与应用综述[J]. 计算机研究与发展，2018，55（11）：2452-2466.

[13] 高政风，郑继来，汤舒扬，等. 基于 DAG 的分布式账本共识机制研究[J]. 软件学报，2020，31（4）：1124-1142.

[14] 闵新平，李庆忠，孔兰菊，等. 许可链多中心动态共识机制[J]. 计算机学报，2018，41（5）：1005-1020.

[15] Androulaki E，Barger A，Bortnikov V，et al. Hyperledger fabric：a distributed operating system for permissioned blockchains[EB/OL]. [2022-06-20]. https://ale.sopit.net/pdf/fabric.pdf.

[16] 黄秋波，安庆文，苏厚勤. 一种改进 PBFT 算法作为以太坊共识机制的研究与实现[J]. 计算机应用与软件，2017，34（10）：288-293，297.

[17] 张礼卿，吴桐. 区块链在金融领域的应用：理论依据、现实困境与破解策略[J]. 改革，2019，（12）：65-75.

[18] Mazzucato M，Semieniuk G. Financing renewable energy：who is financing what and why it matters[J]. Technological Forecasting and Social Change，2018，127：8-22.

[19] 张超，李强，陈子豪，等. Medical Chain：联盟式医疗区块链系统[J]. 自动化学报，2019，45（8）：1495-1510.

[20] 李乔宇，阮怀军，尚明华，等. 区块链在农业中的应用展望[J]. 农学学报，2018，（11）：78-81.

[21] 孟小峰，刘立新. 区块链与数据治理[J]. 中国科学基金，2020，34（1）：12-17.

[22] 王珍珍，陈婷. 区块链真的可以颠覆世界吗—内涵、应用场景、改革与挑战[J]. 中国科技论坛，2018，（2）：112-119.

[23] 洪学海，汪洋，廖方宇. 区块链安全监管技术研究综述[J]. 中国科学基金，2020，34（1）：18-24.

[24] 田世明，栾文鹏，张东霞，等. 能源互联网技术形态与关键技术[J]. 中国电机工程学报，2015，35（14）：3482-3494.

[25] Andoni M，Robu V，Flynn D，et al. Blockchain technology in the energy sector：a systematic review of challenges and opportunities[J]. Renewable and Sustainable Energy Reviews，2019，100：143-174.

[26] 张宁，王毅，康重庆，等. 能源互联网中的区块链技术：研究框架与典型应用初探[J]. 中国电机工程学报，2016，36（15）：4011-4023.

[27] 平健，陈思捷，严正. 适用于电力系统凸优化场景的能源区块链底层技术[J]. 中国电机工程学报，2020，（1）：108-116，378.

[28] 宁晓静，张毅，林湘宁，等. 基于物理-信息-价值的能源区块链分析[J]. 电网技术，2018，42（7）：2312-2323.

[29] 孙宏斌，等. 能源互联网[M]. 北京：科学出版社，2020.

[30] Foti M，Vavalis M. Blockchain based uniform price double auctions for energy markets[J]. Applied Energy，2019，254：113604.

[31] 邰雪，孙宏斌，郭庆来. 能源互联网区块链应用的交易效率分析[J]. 电网技术，2017，41（10）：3400-3406.

[32] 丁伟，王国成，许爱东，等. 能源区块链的关键技术及信息安全问题研究[J]. 中国电机工程学报，2018，38（4）：1026-1034，1279.

[33] Hyperledger. Hyperledger-fabricdocs documentation v2.4.0[EB/OL].（2021-11-30）[2021-12-08]. https://hyperledger-fabric.readthedocs.io/en/latest/.

[34] Brandenburger M，Cachin C，Kapitza R，et al. Blockchain and trusted computing：problems，pitfalls，and a solution for hyperledger fabric[EB/OL]. [2022-06-20]. https://ale.sopit.net/pdf/FabricSGX.pdf.

[35] Gorenflo C，Lee S，Golab L，et al. FastFabric：scaling hyperledger fabric to 20 000 transactions per second[J]. International Journal of Network Management，2020，30（5）：e2099.

[36] Lu N，Zhang Y X，Shi W B，et al. A secure and scalable data integrity auditing scheme based on hyperledger fabric[J]. Computers & Security，2020，92：101741.

[37] Forfia D，Knight M，Melton R. The view from the top of the mountain：building a community of practice with the gridwise transactive energy framework[J]. IEEE Power and Energy Magazine，2016，14（3）：25-33.

[38] Mengelkamp E，Gärttner J，Rock K，et al. Designing microgrid energy markets：a case study：the Brooklyn Microgrid[J]. Applied Energy，2018，210：870-880.

[39] Ableitner L，Meeuw A，Schopfer S，et al. Quartierstrom-Implementation of a real world prosumer centric local energy market in Walenstadt，Switzerland[EB/OL]. [2022-06-20]. https://cocoa.ethz.ch/downloads/2019/10/2487_1905.07242v2.pdf.

[40] 王安平，范金刚，郭艳来. 区块链在能源互联网中的应用[J]. 电力信息与通信技术，2016，14（9）：1-6.

[41] Wörner A，Meeuw A，Ableitner L，et al. Trading solar energy within the neighborhood：field implementation of a blockchain-based electricity market[J]. Energy Informatics，2019，2：11.

[42] Di Silvestre M L，Gallo P，Ippolito M G，et al. An energy blockchain，a use case on tendermint[C]. 2018 EEEIC/I&CPS Europe，2018：1-5.

[43] 沈翔宇，陈思捷，严正，等. 区块链在能源领域的价值、应用场景与适用性分析[J]. 电力系统自动化，2021，45（5）：18-29.

[44] Li Y C，Hu B J. An iterative two-layer optimization charging and discharging trading scheme for electric vehicle using consortium blockchain[J]. IEEE Transactions on Smart Grid，2019，11（3）：2627-2637.

[45] 栾相科. 区块链＋能源互联网：可解决现有弊端 但同时自身面临风险[J]. 中国战略新兴产业，2016，（19）：35-37.

[46] 曾鸣，程俊，王雨晴，等. 区块链框架下能源互联网多模块协同自治模式初探[J]. 中国电机工程学报，2017，37（13）：3672-3681.

[47] Green J，Newman P，Forse N. RENeW Nexus Project Report [EB/OL]. [2022-06-20]. https://uploads-ssl.webflow.com/5fc9b61246966c23f17d2601/607e724f8dfb1a2d5928bbc0_renew-nexus-project-report.pdf.

第 9 章　智慧能源管理与碳中和

9.1　能源互联网

9.1.1　能源互联网的概念

　　能源互联网是能源系统智能互联化发展的重要方向，是互联网、大数据、人工智能等新一代信息技术与能源系统深度融合形成的智慧能源系统形态。能源互联网作为一个跨领域的前沿概念，其内涵也在不断丰富和演化。一般可以认为，能源互联网是利用物联网传感技术、信息通信技术及智能管理技术等，实现电网、天然气网、氢能网和交通网络等深度耦合，形成能量流、信息流、业务流多流融合的多能集成互补、多元主体参与和供需交互响应的能源互联共享网络。能源互联网具有多种能源协同互补和源网荷储一体化的基本特征。能源互联网的技术特征如表 9.1 所示[1, 2]。

表 9.1　能源互联网的技术特征

技术特征	特征描述
泛在互联	（1）能够支持微能源网内各种分布式电源、分布式储能装置、电动汽车和负荷通过输配电网络实现互联 （2）支持不同微能源网、不同区域能源网，甚至不同国家和地区之间的广域能源网的互联互通
对等开放	（1）在供给侧，各种清洁能源可以自由接入能源互联网实现多能互补 （2）在需求侧，各类用户可以平等接入能源互联网获取所需能源，且用户可以通过多样化交易机制和需求响应等参与供需互动
低碳高效	（1）以可再生能源为代表的清洁能源是能源互联网中的主要能源形态 （2）可以通过供需互动、多能互补和协同优化调度来提高能源互联网系统运行效率
多源协同	（1）能源互联网系统包含电力网络、热力管网、天然气管网等多种类型网络 （2）能源互联网系统中电、气、冷、热等多种能源的高度耦合，可以实现不同形式能源之间的协同互补
安全可靠	（1）能源互联网与经济、社会、国防等领域都息息相关，是重要的公共基础设施 （2）能源互联网覆盖区域广、环境差异大、网络结构复杂，对能源的安全要求高，而能源互联网以更严格的技术和管理措施确保系统安全可靠是其重要特征之一

　　能源互联网发展的主要目标包括以下几点。

　　（1）市场化。能源互联网基于信息互联网，具有市场化的特点，能够为用户提供开放平台，降低准入成本，促进供需双方的对接，使设备、能量、服务的交易更加便捷、高效，促进能源的市场化，实现能源的最优配置，提高能源利用效率。

（2）高效化。布置在能源互联网中的分布式电源、分布式储能、需求侧资源等多种能量资源能够实现开放互联与协同优化，促进供需双侧资源的最优化配置，可以大大提高能源综合利用效率。

（3）绿色化。以可再生能源为代表的清洁能源是能源互联网中的主要能源形态，能源互联网可以通过供给侧电、气、冷、热等多种能源的耦合互补和需求侧的需求响应等技术实现高比例可再生能源的消纳。

9.1.2 能源互联网的基本架构

能源互联网是以互联网为基础的能源互联共享网络，能源互联网的基本架构如图 9.1 所示[3]。能源互联网以骨干电网为基础，可以实现以风能、太阳能为代表的分布式能量资源与骨干电网的能量交互，同时能够对天然气、石油和交通运输网络等能源节点进行互联，实现不同形式能源之间的输入、输出、转换、存储，

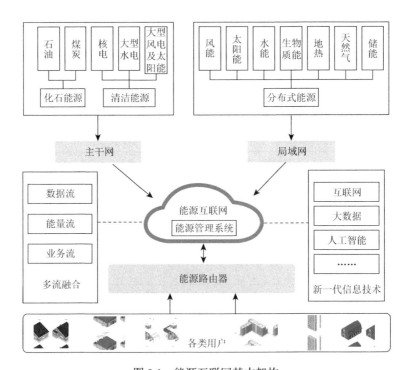

图 9.1 能源互联网基本架构

并通过能源路由器实现供需双侧能量资源的动态交互。同时，能源互联网以互联网、大数据、人工智能、区块链等新一代信息技术为纽带，实现数据流、能量流、业务流的高度融合。

9.1.3　能源互联网发展概述

1. 国外发展概述

随着新一代信息技术和能源系统的不断深入融合，智能电网和能源互联网的概念相继诞生，美国、欧洲、日本等国家和地区将智能电网和能源互联网的建设作为发展新兴产业的重点。由于各个国家和地区的电网发展状况、资源分布和经济水平不同，在智能电网的建设中的侧重有所不同。欧洲重点研究和解决分布式能源的并网、消纳和需求侧管理，美国、日本则侧重于改造和升级现有电网的基础设施。

1）美国

2003 年，为了建设国家骨干网，实现区域电网互联，并发展微电网，美国能源部公布了电网发展远景规划"Grid 2030"。2008 年，美国国家科学基金会为了推动配电系统能源互联网的研究启动了"未来可再生电能传输与管理系统"（future renewable electric energy delivery and management system，FREEDM system）项目。该项目旨在构建高效配电系统，具有以下典型特征[4, 5]：①具有即插即用接口，允许高渗透率分布式电源和分布式储能的灵活并网；②具有能量路由器，可以通过多种交直流端口，实现交直流负荷、分布式电源和储能设备的接入以及电能双向传输；③具有电网分布式智能单元，通过创新性的故障保护装置，用于配电网故障保障。

2011 年，美国学者 Jeremy Rifkin 所著《第三次工业革命：新经济模式如何改变世界》一书出版，书中指出信息技术和新能源技术的深入融合将催生能源互联网，并认为能源互联网将成为第三次工业革命的重要标志[6]。Rifkin 认为能源互联网的内涵主要是利用互联网技术实现源、网、荷、储之间的协同一体化，最终目的是实现由传统的集中式能源供给向分布式可再生能源利用的转变。2009 年，为了对智能电网的先进技术进行研究示范，美国制订了"能源部智能电网专项资助计划"，计划拨款 34 亿美元进行相关研究示范。2018 年，美国颁布第 841 号法案，该法案旨在推动储能参与到电力市场中。在州政策方面，通过制定储能采购目标和建立经济激励来促进储能产业的发展。

2）欧洲

2008 年，德国联邦经济和技术部启动了 E-Energy 计划，该计划将信息通信技术与能源系统深度融合，使电网从一种分布式结构转变为互联结构，旨在建立能够实现自我调控的智能化电力系统[7]。德国联邦经济和技术部选取了库克斯港的 E-Telligence、莱茵-鲁尔区的 E-DeMa、亚琛的 Smart Watts 等 6 个示范项目，分别由 6 个技术联盟负责项目研发和具体实施，为未来能源互联网的大规模建设提供了可靠的解决方案，奠定了实践基础。2016 年，德国联邦经济和能源部提出了"智慧能源展示计划"，计划在 5 个大型示范区域开启试点项目研究，项目旨在实现大规模可再生能源的安全高效并网、创新电网技术，以及在能源领域开发新的商业模式[8]。

瑞士联邦政府能源办公室和产业部门共同发起了"未来能源网络愿景（vision of future energy networks）"研究项目[9]，提出能源路由器和能源内部互联器（energy interconnector）是未来能源互联网的重要元素。其中能源路由器是能源生产、消费、传输基础设施的接口设备，可以实现不同能源载体的输入、输出、转换、存储；能源内部互联器则可以实现不同形式能源的组合传输。2011 年，欧洲启动了未来智能能源互联网（future Internet for smart energy）项目，该项目旨在构建能源互联网的信息通信技术平台来支撑配电系统的智能化，并开拓能源创新服务。

3）日本

日本计划逐步淘汰 500 亿瓦核电产能，并重点开发可再生能源。但可再生能源的出力受环境影响较大，具有随机性和波动性的特点，给中央电网的稳定性带来了很大挑战。为了减少大面积的连锁停电故障，实现可再生能源的最大化消纳，日本设想把中央电网转变成相互连接的独立数字电网。其核心是将同步电网分为几个异步和自主的子电网，不同子电网之间通过电能路由器连接，通过数字电网控制器直接控制潮流，子电网中的可再生能源的出力不会影响大电网运行的安全稳定性[10]。

2. 国内发展概述

中国近年来不断推进能源互联网的建设工作，政府部门、学术界和产业界共同合作，开展了一系列的前沿理论探索和工程应用示范。2009 年，国家电网有限公司提出"坚强智能电网"发展战略，该战略指出要在坚强网架的基础上，通过信息技术和智能控制方法实现电力流、业务流、信息流的高度融合，进而构建坚强可靠、绿色低碳、开放互动的现代电网。2015 年 3 月，中共中央、国务院发布了《关于进一步深化电力体制改革的若干意见》，指出要"管住中间、放开两头"，促进社会资本参与电力市场发电和售电。2015 年 7 月，国务院发布了《关于积极推进"互联网＋"行动的指导意见》，指出通过互联网促进能源系统扁平化，推进能源生产与消费模式革命，提高能源利用效率，推动节能减排[11]。2016 年，国家发展改革委、国家能源局、工业和信息化部联合出台了《关于推进"互联网＋"

智慧能源发展的指导意见》，明确了能源互联网的发展目标和重点任务，指出促进能源和信息深度融合，推动能源互联网新技术、新模式和新业态发展[12]。国家能源局于 2017 年 7 月正式公布首批 55 个"互联网＋"智慧能源（能源互联网）示范项目[13]。2018 年 12 月，国家能源局综合司发布了《关于开展"互联网＋"智慧能源（能源互联网）示范项目验收工作的通知》，通知指出按照"验收一批、推动一批、撤销一批"的思路推进相关验收和管理工作[14]。2020 年 6 月，国家能源局出台了《2020 年能源工作指导意见》，意见指出继续做好"互联网＋"智慧能源试点验收工作[15]。2021 年 3 月，国务院发布了《中华人民共和国国民经济和社会发展第十四个五年规划和 2035 年远景目标纲要》，明确了要"推进能源革命"[16]。

9.2　能源大数据

9.2.1　基本概念

1. 能源大数据的来源

能源互联网是能源和信息深度融合的复杂大系统，其在规划、建设、运行、管理等过程中产生大规模多模态的能源大数据，如能源的生产、传输、调配、存储和消费数据；同时，能源互联网的规划运行还受到地理位置、气象条件、交通状况等外部环境的影响，因此能源大数据还包括各类能源系统外部数据。因此，可将能源互联网看作一个由内部的生产、传输、存储和消费等数据以及外部的气象、经济、社会、政策等数据构成的大数据管理系统[17]。总的来说，能源大数据主要包括以下几类。

（1）用户特征数据。例如，居民用户的家庭人口特征、工商业用户的经营特征，以及各类用能主体内部用能单元的特征数据等，这些数据是支撑用户分类和精准营销的基础。

（2）用户行为数据。例如，用户参与需求响应、能源交易等的数据，以及电动汽车充电和驾驶行为数据等，这些数据对于用户行为建模和综合能源服务策略设计等具有重要意义。

（3）能源系统内部数据。包括各类用户的能源消费数据、各类能源的输出功率数据、能源系统各环节设备运行状态数据等，这些数据在能源生产规划、负荷优化分配、投资运营等过程中能够发挥关键作用。

（4）相关业务系统数据。例如，气象数据、地理位置数据、交通状况数据等，这些数据能够有力支撑负荷预测、故障诊断和能效服务等。

能源大数据不仅仅是某一类数据，更多的是多元异构数据的集成与融合，用户特征数据、用户行为数据、能源系统内部数据和相关业务系统数据虽然各自都有一定的应用价值，但这些数据的深度融合与综合集成，是发挥能源大数据在驱动智慧能源管理中最大效用的关键。

2. 能源大数据的特征

能源大数据也具有一般大数据的"4V"特征，主要体现在以下方面。

（1）数据规模（volume）大。能源互联网中部署了大量用于能源生产、输配和消费的感知、监测和数据采集设备，采集的数据体量巨大并不断集聚。同时，能源系统外部还包括可反映经济、社会、政策、天气、地理环境、用户特征等影响能源系统规划和运行的数据，因此能源大数据的规模庞大。

（2）数据结构复杂、种类（variety）繁多。能源互联网环境下，能源大数据不仅包含结构化的数据，还包含大量的半结构化和非结构化的数据，如变电站设备在线监测视频数据、客户服务语音交互数据和无人机输电线路巡检图像数据等。

（3）数据实时性要求高且增长速度（velocity）快。能源系统需要满足能源供给和能源消费的实时平衡，数据分析结果及其应用也具有很强的时效性要求，这使得能源大数据分析具有实时性要求高的特点。同时，能源互联网环境下，各类高维度数据实时高速采集，增长迅速。

（4）数据价值（value）潜力巨大。通过对能源大数据进行有效处理和分析，其在能源规划、能源服务、能源管控等领域有着广泛而重要的应用，对于促进能源系统的经济高效、绿色低碳和安全稳定运行具有重要价值。

3. 能源大数据的分析架构

随着能源互联网的深入发展，传统能源的生产、传输、消费、转换、交易等产生深刻变化，形成信息技术与能源系统深度融合、互联互通、互惠共享、透明开放的新型能源体系。面向能源互联网的能源大数据分析的基本架构由物理层、数据层、平台层和应用层组成，如图9.2所示[18]。

9.2.2 关键技术

1. 数据采集和存储技术

能源大数据种类多样，不仅包括能源供给侧的能源生产和设备运行数据，以及能源需求侧的消费和交易数据，还包括气象、地理和交通数据等。同时，能源

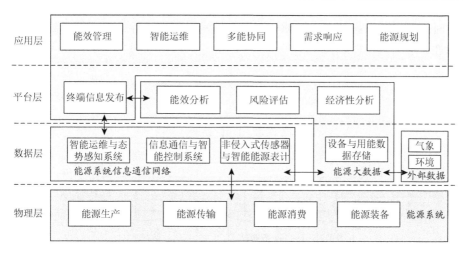

图 9.2　能源大数据分析的基本架构

大数据的结构复杂，包含结构化、半结构化及非结构化的海量数据，如智能电表数据属于结构化的数据，而无人机对输电设备进行巡查的视频数据属于非结构化的数据。如何高效采集能源大数据是实现能源大数据价值的基础，而物联网技术和通信技术的发展为能源大数据的高效采集提供了支撑，通过布置在能源系统中的大量数据采集设备，可以实时、准确地采集到海量的能源数据，并通过通信技术传输到存储端。

能源大数据的存储技术一方面要支持不同结构数据的存储，另一方面要支持历史和实时数据的存储。由于能源数据体量大，能源大数据的存储技术需支持高通量的大规模数据存储，为能源大数据应用提供动态、可伸缩、可虚拟化的存储能力、计算能力和交付能力。同时，大数据存储技术要能够实现底层硬件和支撑软件的集成和热点数据访问、数据索引，为此可选择采用大数据一体机等物理层存储管理技术。此外，对不同的能源应采取合适的数据存储架构，如非结构化数据可以采用分布式架构在实现经济高效的海量数据存储的基础上增强其可扩展性。

2. 数据集成管理技术

能源大数据来自系统内部和外部多个方面，能源的数据类型复杂，要想高效地处理能源数据，首先要对数据源的数据进行抽取和集成。数据集成是将来源、特点、格式、性质不同的数据有机地集中，为系统存储一系列面向主题的、集成的、相对稳定的、反映历史变化的数据集合，整合的方式可能是在逻辑上整合或是在物理上整合[19]。图 9.3 展示了数据集成的系统模型，数据集成系统将有关联的分布式异构数据整合起来，便于用户以透明的方式来对它们进行访问。在数据集成时需要采用数据抽取、过滤和清洗等技术对数据进行处理，保证数据质量及可靠性。

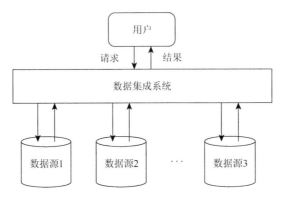

图 9.3　数据集成系统模型

3. 数据分析技术

管理决策者使用大数据技术的目的是从数据中提取信息，将信息转化为知识，从而用知识来辅助决策和行动。基于大数据分析技术，可以从海量能源数据中找出潜在的规律，为能源系统的规划与运行提供决策。源于计算机科学和统计学等学科的关键技术可用于大数据的分析，如时间序列预测模型、支持向量机、神经网络、遗传算法等。

能源大数据具有规模大，结构复杂，种类繁多，实时性要求高且增长速度快，价值潜力巨大等特点，传统小数据的数据挖掘技术不再适用，为了对能源大数据进行有效分析，应重点研究能源大数据的聚类、分类算法。在应对海量能源大数据处理时间长等问题上，可以将传统的数据挖掘方法并行化处理；同时可以从能源大数据的特征选择、治理与抽样的角度入手，将大数据小数据化，从而用传统的数据挖掘方法对其进行分析处理。

4. 数据可视化技术

能源大数据的可视化技术可以帮助管理者更直观、准确地了解能源系统的运行状态。可视化技术可以增强数据的表现力，让用户更容易以更直观的方式观察数据，实时掌握能源系统的运行状态。例如，可视化技术可以用于分布式电源与电网运行状态的监控以及能源的消耗情况等。未来，能源系统可视化还可以结合复杂网络中的相关理论，对电网的自动分层划分、点的自动分配等进行深入研究，探索更深层次的电网规律和联系。

9.2.3 应用领域

1. 能源供给侧管理决策

在能源供给侧，基于能源系统的生产、运行和相关的外部数据，可以从可再生能源出力预测、能源系统优化管理和能源系统检修运维等方面开展研究，具体如下。

（1）可再生能源出力预测。通过可再生能源的历史出力数据和相关的气象数据，可以预测可再生能源未来的出力，促进可再生能源的最大化消纳，同时实现能源系统的安全稳定运行。随着物联网和通信技术在能源供给侧的广泛应用，可以将区域内所有可再生能源出力数据进行整合，有利于实现预测信息的开放性和互动性，进一步提高可再生能源预报的服务质量。例如，可以构建结合小波包分解（wavelet packet decomposition，WPD）和长短时记忆（long short-term memory，LSTM）网络的混合深度学习模型来实现光伏功率预测，其中首先利用 WPD 将原始光伏电源系列分解为子系列，然后为这些子系列开发四个独立的 LSTM 网络。最后，对每个 LSTM 网络的预测结果进行重构，并采用线性加权方法得到最终的预测结果[20]。

（2）能源系统优化管理。通过能源生产、输送、消费数据分析，识别区域能源供需之间的平衡性，为能源系统中基础设施的改造和能源网络规划决策提供支撑。基于分布式电源的出力数据，识别高效率的分布式电源，实现高效率分布式电源之间的协同调度，促进能源生产系统的最优化运行。

（3）能源系统检修运维。基于收集的能源系统中设备的运行数据，评估设备运行的风险水平，从而对其采取检查、维修或更换等措施，如通过数据分析监测风能、太阳能电站各零件的磨损、疲劳情况，识别和预测发生故障的设备，从而对相关设备进行维修或更换，防范潜在的风险。此外，通过广域量测数据的态势感知技术可以对输配电站运行状态进行实时监测，实现智能电网输配电站的实时事件预警、故障定位、振荡检测等功能。

2. 能源需求侧管理决策

在能源需求侧，基于能源的消费和交易等数据，可以利用大数据技术在能源消费与负荷预测、用能行为分析、能源供需平衡控制和需求响应等方面开展研究，具体如下。

（1）能源消费与负荷预测。利用大数据技术预测能源消费变化趋势和负荷波动演化趋势，对局部能源消费与负荷进行精细预测，可以提高预测的准确性、实时性和精细化程度。通过分析用能数据、气象、经济、交通等多源数据之间的关联，建立基于多模数据融合的预测模型，支撑对能源消费需求变化的实时感知与智能决策。

（2）用能行为分析。在能耗数据的基础上结合能源价格数据、气象条件数据、企业生产运行数据，运用数据处理与分析技术，识别企业用户的用能特点。在收集居民消费者用电数据、固定收入数据、电价数据的基础上分析居民消费者的用能偏好。

（3）能源供需平衡控制。通过对能源生产、传输和消费等数据的收集、处理和分析，使能源管理与能源生产、使用的全过程有机结合起来，并结合不同地域与时段的能源价格和气象等数据，确定最优的负荷优化调度方案，实现能源供需平衡，促进能源系统的高效稳定运行。

（4）需求响应。基于能耗数据，对不同用户的能耗数据进行分析，了解影响用户参与需求侧响应的各种因素，找出最佳的需求响应对象，并结合能源生产数据制定相应的需求响应策略。

3. 政府管理决策

政府管理者可以借助能源大数据的分析技术从海量能源数据中提取信息，将信息转化为知识，从而用知识来辅助决策。例如，在能源规划方面，政府可以利用大数据技术，通过收集各种用户的能源消费数据，识别不同区域的用户的用能特点和能耗差异，为能源生产基础设施选址和能源网络规划布局提供重要支撑；此外，根据区域地理信息和气象数据等，能够识别该地区的可再生资源禀赋，为可再生能源发电站的建设提供指导；政府可以利用能源大数据分析区域内企业用户的能源消费水平和特点，结合企业类型和相关生产数据，可以研究产业布局，分析产业结构的合理性，为制定经济发展政策提供更科学的决策，同时为政府部门制定更加精准有效的能源环境政策提供依据。

4. 智慧能源产业创新

展望未来，能源企业可以通过海量的能源生产和消费数据来分析用户的能源消费行为，对用户进行画像和市场细分，从而进行精准营销，创新综合能源服务模式。通过分析能源生产和消费数据等能源系统内部数据与气象、环境、经济等能源系统外部数据之间的内在关联，更加深入全面地了解不同用户的能源消费模式特征和演化趋势特征，为管理者提供多样化的能源系统预测、决策、优化、评价等支撑，从而推动形成智慧能源新模式、新业态、新产业。

能源大数据技术在能源供给、传输、存储和消费等环节的应用可以为能源市场交易提供支撑，全面和精确的能源数据可以为能源行业提供开放共享的能源信息平台，促进能源独立和灵活交易，使能源价格信息能够直接反映供求关系，引导资源优化配置，促进公平、公开、共享的能源市场环境的形成。此外，能源大数据技术可以根据需求和技术特点，有效引导各种高效能源技术的优化组合，形成如能源市场交易及其他增值服务等新型综合能源服务模式。

9.3 能源系统智能优化

9.3.1 能源系统规划

能源系统的经济性与低碳化受到很多因素影响，包括系统运行策略和设备容量配置等。能源系统中如果设备容量配置过小，会导致高负荷时段能源供应不足的情形发生，影响系统的安全稳定运行；而设备容量配置过大会导致一些设备长期不运行，导致不必要的投资和折旧成本。此外，以风能、太阳能为代表的可再生能源在规划建设中不仅要考虑设备容量配置，还要对选址进行规划，才能实现可再生能源效益的最大化。目前，关于能源系统规划优化面临的主要问题有以下几个方面。

1. 充电桩容量配置

大力发展以电动汽车为代表的新能源汽车是实现"双碳"目标的重要手段之一。为了应对电动汽车充电难的问题，需大力推进充电基础设施建设，不断优化和完善充电基础设施网络。充电设施规划应充分考虑现有电网的布局、交通规划和电动汽车保有量等因素，合理进行容量配置。一般地，充电桩容量配置的目标可以描述为[21]

$$\min C = \min(C_a + C_b) \tag{9.1}$$

$$C_a = \sum_{i=1}^{k}\sum_{j=1}^{N_i}\left\{ F(p_{ij})_{ij}\left[\frac{r_0(1+r_0)^{y_{ij}}}{(1+r_0)^{y_{ij}}-1}\right]\right\} \tag{9.2}$$

$$C_b = \sum_{i=1}^{k}\sum_{j=1}^{N_i}W(p_{ij})_{ij} \tag{9.3}$$

式中，C_a 为投资成本；C_b 为运行维护成本；p_{ij} 为第 j 个充电方式是 i 的充电设施的建设容量；$F(p_{ij})_{ij}$ 为第 j 个充电方式是 i 的充电设施建设成本；y_{ij} 为第 j 个充电方式是 i 的充电设施的折旧年限；r_0 为贴现率；N_i 为充电方式是 i 的充电设施的个数；k 为充电方式的总数，充电方式包含充电站快充、充电站慢充、充电桩慢充等；$W(p_{ij})_{ij}$ 为第 j 个充电方式是 i 的充电设施的运行维护成本。

2. 储能系统容量配置

能源互联网中，可再生能源的间歇性和随机性给能源系统的稳定运行带来了不利的影响，因此，合理配置各类储能资源，可以在提高能源系统运行稳定性的基础上，促进可再生能源的消纳。储能系统需要在考虑可再生能源出力的基础上合理配置容量，其优化配置需综合考虑各相关主体利益。一般地，综合考虑储能系统规划和运行的双层决策模型的目标描述为[22]

$$\begin{cases} \max_{x} F(x,y) & \text{s.t. } G(x,y) \leqslant 0 \\ \min_{y} f(x,y) & \text{s.t. } g(x,y) \leqslant 0 \end{cases} \tag{9.4}$$

式中，F 为外层规划函数目标，外层规划以常规机组侧运行收益、储能侧综合收益、电网侧网损收益以及新能源侧附加并网收益等最大化为目标；x 为外层规划的决策变量；G 为外层规划的约束条件，外层规划的约束条件包含充放电状态约束、储能功率和容量约束、潮流约束等；f 为内层规划目标函数，内层以储能、常规机组和新能源的协调运行成本最小化为目标；y 为内层规划的决策变量；g 为内层规划的约束条件，内层规划的约束包含机组组合约束、弃风弃光量约束等。

3. 可再生能源选址优化

以风能、太阳能为代表的可再生能源的选址的优劣不仅影响项目经济性，同时还会对机组运行和电网安全造成影响，因此风力电站、太阳能电站在投资建设前要进行可再生能源选址的重点研究。可再生能源的选址需综合考虑气象资源特征和经济、交通以及社会等多种因素。

对可再生能源电站的选址进行综合评价分析的方法主要有层次分析法、模糊综合评判法、灰色聚类法、专家系统法和地理信息系统等。可再生能源选址优化的主要评价指标如表 9.2 所示[23]。

表 9.2 可再生能源选址优化的主要评价指标

一级指标	二级指标
风和光资源条件	风速 年有效风速累计小时数 风功率密度 湍流强度 太阳辐射总量 日照时数
经济因素	地区生产总值 电力负荷需求量 平均建设成本 平均经营成本

续表

一级指标	二级指标
交通条件	交通便利程度及交通方式 输电线路长度
环境因素	污染（光、噪声、气动污染） 节能减排效果
社会因素	当地居民认同度 用地政策
自然地理条件	地质、地形条件 距负荷中心远近

4. 综合能源系统优化配置

传统的能源系统规划和运行没有考虑到不同形式能源之间的协同互补，导致能源利用效率低，同时制约了可再生能源消纳和节能减排的效果。基于此，多能互补综合能源系统的概念被提出，并产生了相关研究。根据能源系统的大小范围，综合能源系统可分为用户级、区域级和跨区域级。用户级综合能源系统是小型的综合能源系统，主要的存在形式有商业建筑、工业园区和居民小区等。区域级能源系统是将区域内不同形式的能源系统互联互通起来，实现不同能源系统之间多种形式能源的交互，能够促进资源在区域内的最优化配置。跨区域综合能源系统以大型输电、气等系统为骨干网架，主要实现远距离能源输送。区域综合能源系统规划要从以往电、气、热、冷生产、供应的独立规划模式转变为多种形式的能源联合规划。不仅要实现技术突破，而且要打破政策和区域的界限，其规划的难点见表 9.3。

表 9.3　区域综合能源系统规划难点

难点	具体描述
多能耦合建模	电、气、热、冷等不同能源形式之间的耦合关系复杂，并广泛存在于源网荷储等各个环节，在满足能源的动态和时延特性的基础上实现多能耦合资源的高效建模是支撑综合能源系统规划的关键
多元负荷预测	以往单一形式负荷的预测不能满足含多种负荷需求的综合能源系统的规划和运行的需要，需在分析电、气、热、冷等类型负荷及其相互耦合特性的基础上重点探究多元负荷预测
技术经济性评估	区域综合能源系统是由多种能源的转化、传输、存储设备以及用户等组成的有机整体，需重新评估系统的整体技术经济性。另外，区域综合能源系统运营模式的多元化也会使技术经济性评估更加复杂
规划优化模型建模与求解	区域综合能源系统规划具有高维、非线性的特点，且往往是多目标的规划问题，建模与求解复杂

9.3.2　能源系统负荷优化调度

负荷优化调度是指在满足系统运行约束的条件下，实现多种能源资源的协同优化调度，旨在提高能源系统的经济性、绿色化、稳定性、可靠性和可持续性等。负荷优化调度是支撑能源系统经济高效运行的重要优化问题方式，对于推动能源互联网环境下能源系统供需资源协同高效运行，促进供需平衡和供需交互响应具有重要意义。目前，关于负荷优化调度的研究领域主要包含以下几个方面。

1. 机组组合

机组组合又称启停计划，是电力系统优化运行的重要内容。机组组合是在满足相关运行约束条件下，确定各机组在调度周期内的运行时间和输出，以实现发电成本最小化的目标。由于机组组合可以给发电方带来显著的经济效益，它已经成为现代电力系统日常运行计划的主要任务。实施机组组合的主要目标是使发电成本最小化，可以定义为[24]

$$\min TC = \sum_{t=1}^{T}\sum_{m=1}^{M}(FC_m(t) + SC_m(1 - I_m(t-1))) \cdot I_m(t) \tag{9.5}$$

式中，TC 为机组发电总成本；t 为时刻编号；T 为在一个调度周期的总时段数；m 为机组的标号；M 为机组的总数；$FC_m(t)$ 为第 m 个机组在第 t 个时刻的燃料成本；SC_m 为第 m 个机组单位开机成本；$I_m(t)$ 为第 m 个机组在第 t 个时刻的启停状态，$I_m(t)=1$ 表示开启，$I_m(t)=0$ 表示关闭；$I_m(t-1)$ 为第 m 个机组在第 $t-1$ 个时刻的启停状态，$I_m(t-1)=1$ 表示开启，$I_m(t-1)=0$ 表示关闭。

2. 微电网负荷优化调度

传统的集中式发电存在排放高、能耗高、生产率低等问题。智能电网的快速发展促进了微电网概念的提出。分布式电源作为微电网的组成部分，具有高效、低污染、安装灵活等优点，可以通过在需求侧安装分布式电源来解决传统的集中式电网的缺点。分布式电源包括光伏发电单元、风力发电单元、柴油发动机、微型燃气轮机、燃料电池、储能电池等。其中电池不仅可以向电网反馈电能，还可以从电网吸收电能。因此，可以通过峰时放电、谷时充电来实现调峰填谷，从而提高电网的稳定性。同时，电池可以在不同的电价时间段通过合理地充放电为消费者降低用电成本。因此，微电网对减少用户用能成本和提高能源系统的稳定性具有重要意义。

1）微电网经济调度

微电网经济调度是指在满足系统各种约束条件和负荷需求的前提下，通过合理安排不同分布式电源的出力以及主电网与微电网之间交互的电量来最小化微电网的总成本。经济调度可以给微电网带来显著的经济效益，因此已经有很多研究关注这一问题。微电网一般经济调度模型的目标函数可以定义为

$$\min C_1 = \sum_{t=1}^{T}\left[\sum_{i=1}^{N}(F_i(P_{i,t}) + \mathrm{OM}_i(P_{i,t})) + \mathrm{pp}_t \cdot E_{p,t} - \mathrm{ps}_t \cdot E_{s,t}\right] \quad (9.6)$$

式中，C_1 为微电网总的运行费用；t 为时段编号；T 为微电网的调度周期的总时段数；i 为分布式电源的编号；N 为微电网中分布式电源的总数；$P_{i,t}$ 为第 i 个分布式电源在第 t 个时段内的输出功率；$F_i(P_{i,t})$ 和 $\mathrm{OM}_i(P_{i,t})$ 分别为第 i 个分布式电源在第 t 个时段内的燃料成本和运行维护成本；pp_t 为第 t 个时刻的购电价格；ps_t 为第 t 个时刻售电价格；$E_{p,t}$ 和 $E_{s,t}$ 分别为第 t 个时刻的购电量和售电量。

2）微电网经济排放调度

经济和社会的发展使环境问题越来越严重。这使得只考虑经济效益的负荷优化调度不符合建设环境友好型社会的需要[25]。因此，综合考虑经济性和污染排放的微电网负荷优化调度近年来备受关注。微电网经济排放调度模型的目标函数可以定义为

$$\min C = \min\{C_1, C_2\} \quad (9.7)$$

$$C_2 = \sum_{t=1}^{T}\sum_{i=1}^{N}\sum_{h=1}^{H}(C_h u_{i,h})P_{i,t} + \sum_{t=1}^{T}\sum_{h=1}^{H}(C_h u_{\mathrm{grid},h})P_{\mathrm{grid},t} \quad (9.8)$$

式中，C_2 为微电网的污染排放治理成本；h 为污染物的编号；H 为污染物排放种类的总数；$u_{i,h}$ 和 $u_{\mathrm{grid},h}$ 分别为第 i 个分布式电源和主电网输出单位电能时的第 h 类污染物的排放系数；C_h 为处理每千克第 h 类污染物的费用。对于包含光伏发电单元、风力发电单元、柴油发电机、微型燃气轮机和电动汽车等不同的分布式能量资源的微电网，可以在式（9.7）和式（9.8）的目标函数的基础上，考虑微电网的电力供需平衡约束、分布式电源的发电容量约束和爬坡率限制、微电网与主电网之间的线路传输容量等约束，进而构建综合考虑了微电网系统的运行成本和环境保护成本的负荷优化调度模型，从而可以有效地降低微电网的能源成本和减少环境污染排放[26]。

3）考虑其他因素的微电网负荷优化调度

目前，人们提出了许多策略和政策来实施微电网的经济调度或经济排放调度。然而，微电网负荷优化调度是一个多目标优化问题，除了成本和排放，还需要考虑其他一些目标，包括可靠性、电能质量、线损、发电效率等。

也有一些研究从其他角度考虑微电网的负荷优化调度问题。El-Ela 等[27]提出了一种确定分布式电源最佳地址和尺寸的优化方法，以达到改善电压分布、增加总旋转备用、降低潮流和降低总线损等多目标。结果表明，分布式电源地址和尺寸的选择对实现这些目标具有重要意义。其模型的目标函数定义为

$$\max \text{MBDG} = w_1 \cdot \text{VPI\%} + w_2 \cdot \text{SRI\%} + w_3 \cdot \text{PFR\%} + w_4 \cdot \text{LLR\%} \quad (9.9)$$

式中，MBDG 为微电网的综合效益；VPI%、SRI%、PFR% 和 LLR% 分别为电压曲线改善百分比、总旋转备用增加百分比、功率流减少百分比和线损减少百分比；w_1、w_2、w_3 和 w_4 为目标权重。

Ross 等[28]提出了一种微电网多目标优化模型，该模型不仅有利于微电网内的用户，而且有利于当地的公共电网，模型的目标可以定义为

$$\min \sum_{t=0}^{T} \{\omega_C \cdot v_C(t) + \omega_R \cdot v_R(t) + \omega_D \cdot v_D(t) + \omega_P \cdot v_P(t) + \omega_G \cdot v_G(t)\} \quad (9.10)$$

式中，$v_C(t)$、$v_R(t)$、$v_D(t)$、$v_P(t)$ 和 $v_G(t)$ 分别为第 t 个时段的能源成本、服务可靠性、电压波动、峰值负荷和温室气体排放；ω_C、ω_R、ω_D、ω_P 和 ω_G 为目标权重。

如今，电动汽车越来越受到人们的关注。基于 V2G 技术[26, 29]，电动汽车电池可以作为移动式储能单元参与微电网的运行和控制，目前已有关于含电动汽车微电网负荷优化调度的研究[30-34]。电动汽车可以作为一种移动分布式储能装置参与到微电网的削峰填谷中，但大规模电动汽车充放电会影响主电网的稳定与安全[35, 36]，因此含大量电动汽车微电网的调度问题还有待进一步研究。

3. 能量枢纽负荷优化调度

能源互联网的发展使得传统的能源系统向电、气、冷、热等多种能源集成的综合能源系统发展，如何实现多能源系统的经济高效运行成为一项日益紧迫的任务。能量枢纽概念的提出为多能源系统高效建模提供了思路[37, 38]。能量枢纽可以定义为多载体能源系统，其中不同的能源资源进行生产、传输、转换和储存以满足不同类型的负荷需求[39, 40]。

能量枢纽主要由能量转换装置、能量传输装置和能量存储装置组成。能量转换装置能够实现电、气、冷、热等不同形式的能量之间的转换，如实现天然气到热能转换的燃气锅炉；能量传输装置能够实现能量的直接传输，如燃气管道、电缆等；能量存储装置是进行能量的存储，包括电能、热能、冷能存储装置等。典型的能量枢纽模型结构如图 9.4 所示。

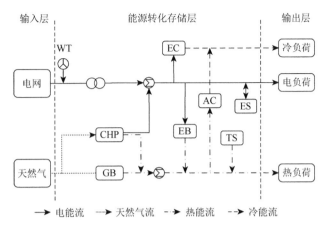

WT：风力发电机　　ES/TS：电/热储能设备　　AC：吸收式制冷设备

CHP：热电联产设备　　EC：电制冷设备　　EB：电锅炉　　GB：燃气锅炉

图 9.4　典型能量枢纽模型结构

为了对能量枢纽进行数学建模，可以用耦合矩阵来描述能量枢纽中输入与输出能源之间的转化关系：

$$\begin{bmatrix} F_1 \\ F_2 \\ \vdots \\ F_n \end{bmatrix} = \begin{bmatrix} C_{11} & C_{12} & \cdots & C_{1m} \\ C_{21} & C_{22} & \cdots & C_{2m} \\ \vdots & \vdots & & \vdots \\ C_{n1} & C_{n2} & \cdots & C_{nm} \end{bmatrix} \begin{bmatrix} I_1 \\ I_2 \\ \vdots \\ I_m \end{bmatrix} \qquad (9.11)$$

将其简记为

$$F = CI \qquad (9.12)$$

式（9.12）中，向量 I 和向量 F 分别表示输入和输出能量。C 是耦合矩阵，矩阵中的元素 C_{ij} 表示第 j 种形式能源输出与第 i 种形式能源输入的比值。

能量枢纽负荷优化调度是促进能量枢纽经济高效运行的重要方式，旨在在满足各类负荷需求和相关运行约束的基础上，通过不同形式能源的分配及转化来实现可再生能源消纳最大、经济性最优、稳定性最优和排碳量最少等目标。常见的能量枢纽主要有居民电、气、热、冷供能系统[41,42]和工商业多能系统[43]等，其主要收益方式包括提供辅助服务、进行需求侧响应得到能源差价和响应激励等。能量枢纽最显著的特点之一是能够促进新能源消纳[44,45]，并且随着能源互联网的发展，综合考虑分布式发电、需求响应、电动汽车参与的能量枢纽运行优化更加贴近实际[46,47]。例如，对于一个包含热电联产设备、燃气锅炉、蓄热设备、光伏发电设备、风力发电设备和电动汽车的社区能量枢纽，可以构建考虑需求响应的能量枢纽负荷优化调度模型。调度模型以能量枢纽的最小成本为目标，包括系统的运行维护成本、二氧化碳排放处理成本和需求响应给用户带来的不方便性成本，约束条件包括多种能量的平衡约束、需求响应约束、电动汽车充放电约束、储热单元的储放热约束、能量传输约束等；对于电动汽车的不确定性，可以利用蒙特卡罗仿真方法对其进行建模，并采用鲁棒优化方法处理未来电价的不确定性，从而实现电动汽车接入和电价不确定性的环境下的能量枢纽最优化运行[40]。

9.4　需求侧管理与需求响应

9.4.1　基本概念

以往只能通过扩大发电能力来满足日益增长的电力需求，而需求侧管理概念的提出改变了这一观念。20 世纪 80 年代，美国电力科学研究院提出了需求侧管理的概念，它是指能源服务商或电力企业根据消费者的用能特点和方式，通过规划和制定具体措施来削减或转移用户的负荷需求，以实现能源管理目标。

需求响应是需求侧管理的重要形式，它是指消费者主动改变原有用电模式来响应市场价格信号或激励措施[48-50]。例如，消费者为了响应尖峰电价将高电价时段的用电负荷转移到低电价时段，从而在降低自己用电成本的基础上提高了电网运行的稳定性[51, 52]。因此，消费者通过参与需求响应可以调节能源市场供需平衡[53, 54]。

需求响应可以从电价机制和激励设计的角度分为基于价格和基于激励的需求响应。基于价格的需求响应包括阶梯电价、分时电价、尖峰电价和实时电价等[55, 56]；基于激励的需求响应主要包括可中断负荷、直接负荷控制、紧急项目和需求报价等[54, 57]。不同类型的需求响应适应于不同的时间尺度，所获得的需求响应资源可分为快速响应资源、短期资源、中期资源和长期资源等[58, 59]，可根据实际需要在不同时间尺度上灵活部署需求响应资源来参与能源系统调度管理，优化能源系统运行。

9.4.2　关键技术

1. 需求侧资源信息流和能量流的双向互动

能源互联网的发展使得能源系统日渐呈现电、气、冷、热多种资源高度耦合和供需资源协调互动的特点。区别于中心化的调度与管理，能源互联网下需求侧能源的互动，不局限于供需侧之间，还广泛存在于用户之间。

电力系统中，需求侧资源互动包含能量流和信息流互动。需求侧资源互动不仅指一次系统间通过输配电网络实现的物理互联，更强调广域海量分布式设备、用能设备之间的信息交互与协调。通过进一步扩大各区域间的信息互联，可以充分利用区域内不同分布式电源的出力特性和储能的柔性调节能力来进一步提高系统的经济性和安全性。能源互联网将以广域多能源系统为基础，通过信息互联网实现能源供需的按需传输和友好互动。能源互联网的延伸在于物理与信息的融合，真正实现能源与信息基础设施的融合。未来，能源互联网中的基础设施，通过高速通信网络连接，支持物联网和移动互联网接入，从而实现数据的实时采集和控制策略的及时部署。此外，能源互联网的发展对信息化、智能化的要求越来越高，迫切需要新一代信息技术的支撑。

2. 多种需求侧资源的优化协调

需求侧资源开发注重长效机制，通过采用新技术、新工艺、新产品、新设备等方式达到降低能耗、提高能效、节能减排、保护环境的目的。

在能源互联网中，需求侧资源可以有效弥补常规能源供应调节能力的不足，并可用于参与能源系统的稳定或节能控制。需求侧资源通常需要比集中控制模型更复杂的协同控制技术。该领域的技术研究主要集中在两个方面。首先是单一需求侧资源控制策略的设计，控制目标包括应对能源波动和提高能源系统的经济性或稳定性，分析主要包括需求侧潜力分析和综合效益分析，调控策略主要通过行政手段、经济手段、技术手段和引导手段实现。其次是多种需求侧资源的协调，该方面关注不同类型需求侧资源的潜在效益和互补性。

3. 需求响应运作机制设计

需求响应运作机制设计的目的是通过经济手段使得需求响应项目的整体效益和各参与方的个体效益均衡分配，有效激发用户参与需求响应的意愿，充分挖掘需求侧资源的潜力。

电力需求响应项目现阶段运作较为成熟，从激励对象上，可以将需求响应的激励机制分为针对电力消费者的激励机制和针对电力公司的激励机制。针对电力消费者的激励机制现阶段主要从电价的设计展开，包括阶梯电价、尖峰电价、分时电价和实时电价等，辅以合理的补贴激励。对于电力公司，主要是根据需求响应实施种类、规模和数量等提供奖励的机制，以及售电量和售电收入分离的机制。

4. 需求响应运作模式设计

用户参与需求响应项目的积极性可以通过合理的需求响应运作模式激发。因此，能源互联网下，针对需求响应发展的新需求，研究其运作模式对于推进需求响应的进程具有重要意义。

合理运作模式应考虑多方的利益，实现用户、电力公司和社会的利益平衡，配合必要的法律和政策，各实体应发挥各自的职能，积极参与需求响应，实现能源系统的经济高效、绿色低碳和安全稳定运行。典型的需求响应运作模式主要包括以下三种。

（1）中介机构主导的运作模式。由非政府、非营利的节能投资中介服务机构主导，进行项目的规划、资金分配、评估和验收。通常它与电力监管部门签订协议，接受政府监督和定期审计检查。

（2）政府主导的运作模式。一方面，政府部门制定和调整有关激励机制，对电力公司、电力用户和中介机构都给予考虑；另一方面，政府直接从财政划拨出专项资金，对参与需求响应的各方实体采取一定的激励措施。

（3）电力公司主导的运作模式。该模式通过系统效益收费等方式筹集项目资金、减少需求响应实施障碍。

9.4.3 应用实践

1. 国外应用实践

欧洲是较早开展需求响应应用实践的地区。20 世纪 90 年代初，英国选取英格兰和威尔士电力市场作为需求响应应用实践地区，英格兰和威尔士地区的用户可以通过削减负荷的方式参与电力市场，和发电商一同竞价。芬兰选取高负荷的工业用户来签订双边协议，将工业用户的需求侧资源作为调频备用和快速备用。挪威积极推进基于激励的需求响应项目，包括有需求侧竞价和可中断负荷项目；此外，为了实现电力的供需平衡，挪威允许需求侧资源与发电机组一同竞价。法国积极推进基于价格的需求响应项目，对高负荷用户实施分时电价，高负荷用户可以根据分时电价信息进行削峰填谷来减少高峰时段电力消费。

美国也是积极进行需求响应实践的国家。为了整合需求响应设备，推动电网现代化，实现智能电网技术，美国发布了《2009 年美国复苏与再投资法案》，明确提出 2009 年后两三年内向能源部所属电力传输与能源可靠性办公室拨款 45 亿美元。目前，美国中西部、宾夕法尼亚、新英格兰、纽约、加利福尼亚等地已开始实施需求响应。以新英格兰电力市场为例，主要提供日前负荷响应和实时价格响应等需求响应方案。

2. 国内应用实践

中国在需求响应实践方面起步较晚，相关实践主要集中在基于价格的需求响应方面，包括阶梯电价、尖峰电价和分时电价；同时在可中断负荷领域也开展了应用实践。为了做好全国电力需求侧管理，保证电力需求侧管理工作规范、有效、持续地开展，国家发展改革委、国家电监会于 2004 年 5 月印发《加强电力需求侧管理工作的指导意见》[60]。为提高电能利用效率，促进电力资源优化配置，保障用电秩序，2011 年 11 月，国家发展改革委、工业和信息化部等六部门联合印发了《电力需求侧管理办法》，以进一步推进需求侧管理工作的实施。面对能源绿色低碳转型和经济高质量发展的新形势和新挑战，2017 年 9 月，国家发展改革委等六部门联合印发了《关于深入推进供给侧结构性改革 做好新形势下电力需求侧管理工作的通知》，对 2011 年发布的《电力需求侧管理办法》进行了修订，发布《电力需求侧管理办法（修订版）》，针对电网企业、电能服务机构、售电企业、电力用户等电力需求侧管理的重要实施主体，从节约用电、环保用电、绿色用电、智能用电和有序用电等五个方面，阐述了电力需求侧管理的具体任务和目标。

在地方层面，自 2004 年起，浙江省、四川省、福建省等地开始实施阶梯电价。2012 年起，阶梯电价陆续在全国范围内实施。2014 年，上海市采取经济补偿等措施开展需求响应试点，对减少峰负荷的用户提高补偿，实现峰值负荷减少 5.5 万千瓦。2015 年 8 月 12 日 11～12 时，北京市实施了首次全市范围内的电力需求响应工作，组织 17 家负荷集成商、74 家用户参与，提前 24 小时发布需求，实际削减电力负荷约 7 万千瓦，并临时组织大用户实施"提前 30 分钟通知"的需求响应，在 12～13 时累计削减负荷近 3 万千瓦。2015 年 8 月 13 日 13 时，北京市再次执行需求响应，削减负荷约 6.6 万千瓦。2016 年 7 月 26 日，江苏省成功实施了全省范围的电力需求响应，参与用户达 3154 户，约定响应负荷为 331 万千瓦、实时响应负荷为 21 万千瓦，合计 352 万千瓦。这意味着，一旦预测电力供应出现不超过 350 万千瓦的缺口，江苏省可以依靠市场化的电力需求响应实现供求平衡，保障正常生产生活。

9.5 虚 拟 电 厂

9.5.1 虚拟电厂概述

分布式电源通常容量较小，且以可再生能源为代表的分布式电源出力具有随机性和间歇性，很难直接加入电力市场运营。虚拟电厂概念的提出，为分布式电源的并网提供了新的思路。2005 年，欧盟的 FENIX 项目（Flexible Electricity Network to Integrate the Expected "energy solution" project）首次提出一种创新的能源系统运行理念，即虚拟电厂。它是将分布式电源、分布式储能、可控负荷等分布式能源资源聚合在一起，通过系统控制技术、信息通信技术等实现对各类分布式能源资源整合调控的载体[61]。虚拟电厂还能与控制中心、云中心、电力交易中心等进行信息通信，并与主电网进行能量交互。虚拟电厂的基本结构框架如图 9.5 所示。

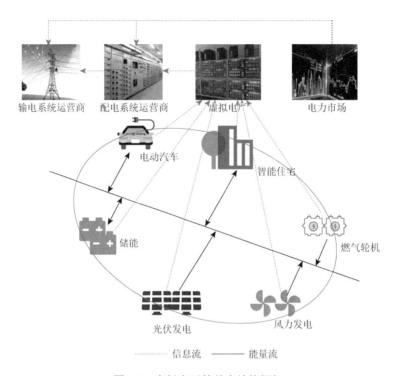

图 9.5 虚拟电厂的基本结构框架

虚拟电厂是分布式能源加入电力市场的有效方法，它无须对电网进行改造，也不改变每个分布式电源并网的方式，就能聚合不同的分布式能源，降低了分布式能源独自运行的风险，可以获得规模效益。同时，虚拟电厂可以对区域内的分布式电源和分布式储能进行协调控制，能够减少分布式能源并网对大电网造成的冲击，提高了电网运行的安全稳定性[62, 63]。与传统电厂相比，虚拟电厂的主要特征如下[64, 65]。

（1）资源的多样性。虚拟电厂既可通过风电、光伏、卫星燃气发电机组、小型水电机组等多种分布式电源来发电，又可以通过分时电价、可调负荷等需求响应等方式来调度需求侧资源。

（2）资源的低碳性。一方面，虚拟电厂有效聚合了分散的清洁能源机组，并与传统发电机组实现了互补协调调度，实现了系统的经济高效与绿色低碳运行；另一方面，虚拟电厂通过节能技术或负荷调度，可以进一步降低排放。

（3）运行过程的协同性。虚拟电厂可以通过系统控制中心把不同区域中不同特性的分布式能源聚集起来，实现区域内可控负荷资源和多种形态的电源资源、储能资源的高效协同控制。同时，不同的运营机构下的虚拟电厂需要协同配合，才能有效参与电力市场。

（4）电力市场中的竞争性。虚拟电厂能够实现区域内分布式电源的安全调度，而分布式电源产生的电能可以参与到辅助服务市场和备用容量市场中，减少电厂及电网中备用容量资源的浪费，同时能够在电力现货市场中与传统电厂展开竞争。

（5）管理控制智能化。基于新一代的信息技术，虚拟电厂中各构成单元实现互联互通和实时并网，虚拟电厂的管理者可以实时采集到负荷数据、设备运行数据等相关的能源大数据，并结合天气预报信息、市场电价等外部数据进行运行策略的智能优化，并可实现对系统发电功率和负荷需求的预测。

虚拟电厂可以为配电系统运营机构提供潮流控制和电压控制等技术支撑服务，也可以为输电系统运营机构提供频率控制和电压控制等方面的服务。根据外部电力市场环境的不同，虚拟电厂可以分为商业型虚拟电厂（commercial virtual power plant，CVPP）和技术型虚拟电厂（technical virtual power plant，TVPP）[66]。商业型虚拟电厂是从商业收益角度考虑的虚拟电厂，其基本功能是在预测用户需求、负荷和发电潜力的基础上制订最优发电计划，并参与市场竞标。商业型虚拟电厂以与传统发电厂相同的方式将分布式能源资源加入电力市场，没有考虑到虚拟电厂对配电网的影响，其主要功能包括聚合分布式发电容量、发电和负荷预测、优化投资组合收益、制订发电计划以及向电力市场投标等。图 9.6 具体说明了商业

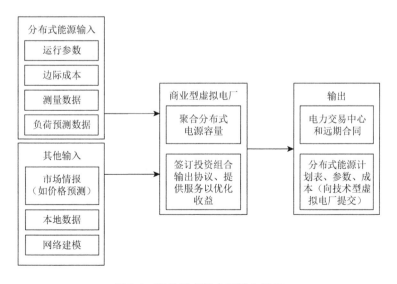

图 9.6　商业型虚拟电厂输入输出

型虚拟电厂活动的输入与输出。技术型虚拟电厂是从系统管理角度考虑的虚拟电厂，其主要目的是为所在地区的配电系统运营机构和输电系统运营机构提供平衡服务和其他配套服务，运营方往往需要掌握本地电网的详细信息，其主要功能包括本地网络管理、状态监测、故障定位、优化分布式能量资源运行和根据当地电网的运行约束提供配套服务等[61]。图 9.7 概括了技术型虚拟电厂活动的输入和输出。

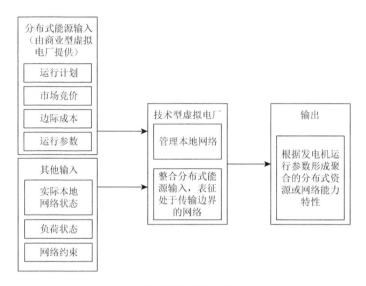

图 9.7　技术型虚拟电厂输入输出

9.5.2　虚拟电厂的关键技术

1. 协调控制技术

虚拟电厂的控制对象包括分布式电源、分布式储能、可控负荷、充电桩等不同类型的分布式能量资源，其中分布式可再生能源的出力具有间歇性和随机性的特点，给虚拟电厂的供需平衡和安全稳定运行带来了巨大的挑战。因此，要实现可再生能源的消纳和虚拟电厂的稳定运行需要实现不同分布式能量资源的协同控制。为此，控制中心需要在收集负荷数据、设备运行数据、气象数据和能源价格数据等相关的能源大数据的基础上，建立完善的数学模型及优化算法。

2. 智能计量技术

虚拟电厂包含电、气、热、冷不同能量资源的消耗量或生产量，只有精确地计量用户侧负荷和能源生产量才能建立精准的能源网络供需平衡，为虚拟电厂的生产与调度提供依据。对于用户而言，所有的计量数据都能够实时采集和存储，用户可以通过终端的应用软件准确了解自己的能源消费和生产情况，以及相应费用等信息，以此采取合理的调节措施。

3. 信息通信技术

虚拟电厂控制中心首先要接收各区域内不同分布式电源的运行状态信息、电力市场价格信息、用户侧负荷信息等，然后才能根据这些信息进行决策优化和调度控制，因此虚拟电厂采用双向通信技术。虚拟电厂中的通信技术主要基于互联网的技术，如基于互联网协议的服务、电力线路载波技术、虚拟专用网络和无线技术。

4. 信息安全防护技术

虚拟电厂与各个分布式能源站的电网的调度信息系统、营销信息系统、面向用户的用电信息系统和工业控制系统都存在接口，它是一个综合了多个子系统的大型信息系统，为此要提高系统安全防护能力，保证信息系统运行的安全性和稳定性。应在当前信息安全防护技术（如电信息系统防护技术和工业控制系统的安全防护技术）的基础上，发展大型综合用电信息系统安全技术来保障虚拟电厂的信息与网络安全[67, 68]。

9.5.3　虚拟电厂的应用实践

1. 国外示范项目

国外积极开展了虚拟电厂的研究和应用示范项目。2005 年至 2009 年，为了实现欧盟供电系统的经济高效和安全稳定运行，来自欧盟 8 个国家的 20 个研究机构和组织在欧盟第 6 框架计划下合作实施和开展了 FENIX 项目，旨在将大量的分布式电源聚合成虚拟电厂。2009 年至 2012 年，德国、丹麦等国家的 7 个公司和组织开展了 Edison 虚拟电厂试点项目，该项目主要是为了降低分布式电源的接入对电网运行的不利影响，实现大规模电动汽车安全可靠并网。2012 年至 2015 年，为了实现热电联产、分布式电源和负荷的智能管理，德国、法国、英国、比利时、丹麦等国家在欧盟第 7 框架计划下联合开展了 Twenties 项目。2015 年，德国、波兰等欧盟国家在欧盟第 7 框架计划下开展了 Web2Energy 项目，该项目旨在验证和实施"智能配电"中智能计量技术、智能配电自动化和智能能量管理三大技术。2016 年，美国开展了 Con Edison 虚拟电厂工程项目，该项目利用储能系统提高电网调峰、调频能力，用于发电容量市场和电力批发市场，并基于云计算实现实时设备聚合与控制。2016 年，日本开展了关西虚拟电厂项目，该项目利用物联网连接电网的终端设备，平衡电力供给与需求，提高能源的利用率和综合能源效益。

2. 国内示范项目

中国对于虚拟电厂工程示范的建设处于快速发展阶段。2015 年，为了促进上海锅炉清洁能源的替代，上海首个能源互联网试点项目投产，该项目为莘庄工业园区的客户提供供暖和供冷服务，该项目利用"互联网＋"建设强大的虚拟电厂，完成清洁替代，实现区域冷、热、电三联供。2016 年，上海黄浦区开展需求响应型虚拟电厂项目，基于互联网及大数据技术，实现智能化、资源多元化的商业建筑规模需求响应，并促进可再生能源消纳及电力的调峰/调频。2019 年，国网冀北电力有限公司泛在电力物联网虚拟电厂示范工程投入运行，该项目充分运用互联网思维，依托泛在电力物联网技术，通过先进的物联网传感技术、信息通信技术及智能管理技术等，聚合包含分布式电源、可控负荷、充电桩等在内的多种分布式能源资源，并通过更高层面的软件架构实现多个分布式能源的协调优化运行，把能源互联网从"概念"推向"落地"，实现了以电为中心，热、气、水等能源互联互通。

9.6　本 章 小 结

首先，本章简要介绍了能源互联网的概念及其基本架构，并对能源互联网的国内外发展现状进行了概述；阐述了能源大数据的来源、特征和分析架构，并介绍了能源大数据的采集和存储、数据集成管理、数据分析和数据可视化关键技术，以及能源大数据在能源供给侧管理决策、能源需求侧管理决策、政府管理决策和智慧能源产业创新等方面的应用。

其次，从能源系统规划和能源系统负荷优化调度两个方面阐述了能源系统的智能优化，能源系统规划中的应用主要在充电桩容量配置、储能系统容量配置、可再生能源选址优化和综合能源系统优化配置等方面，能源系统负荷优化调度方面的应用主要包括机组组合、微电网负荷优化调度、能量枢纽负荷优化调度等。

最后，分别对需求侧管理与需求响应以及虚拟电厂的基本概念、关键技术和国内外发展现状进行了简要概述。

本章参考文献

[1]　查亚兵，张涛，黄卓，等. 能源互联网关键技术分析[J]. 中国科学：信息科学，2014，44（6）：702-713.

[2]　孙宏斌，郭庆来，潘昭光. 能源互联网：理念、架构与前沿展望[J]. 电力系统自动化，2015，35（19）：1-8.

[3]　马钊，周孝信，尚宇炜，等. 能源互联网概念，关键技术及发展模式探索[J]. 电网技术，2015，39（11）：3014-3022.

[4]　Huang A Q，Crow M L，Heydt G T，et al. The future renewable electric energy delivery and management（FREEDM）system：the energy internet[J]. Proceedings of the IEEE，2010，99（1）：133-148.

[5]　Huang A Q. FREEDM system-a vision for the future grid[C]. Minneapolis：IEEE PES General Meeting，2010.

[6]　Rifkin J. The Third Industrial Revolution：How Lateral Power Is Transforming Energy，the Economy，and the World[M]. London：St. Martin's Publishing Group，2011.

[7]　田世明，栾文鹏，张东霞，等. 能源互联网技术形态与关键技术[J]. 中国电机工程学报，2015，35（14）：3482-3494.

[8]　张翼燕，吴善略. 德国以"现实实验室"推动能源数字化创新[J]. 科技中国，2019，（6）：97-99.

[9]　Geidl M，Favre-Perrod P，Klöckl B，et al. A greenfield approach for future power systems[C]. Paris：41st International Conference on Large High Voltage Electric Systems（CIGRE），2006.

[10]　邓雪梅. 日本数字电网计划[J]. 世界科学，2013，（7）：9，19.

[11]　国务院. 国务院关于积极推进"互联网+"行动的指导意见[EB/OL].（2015-07-04）[2017-07-08]. http://www.gov.cn/zhengce/content/2015/07/04/content_10002.htm.

[12]　国家发展改革委，国家能源局，工业和信息化部. 关于推进"互联网+"智慧能源发展的指导意见[EB/OL].（2016-02-29）[2018-09-01]. http://www.nea.gov.cn/2016-02/29/c_135141026.htm.

[13]　国家能源局. 国家能源局关于公布首批"互联网+"智慧能源（能源互联网）示范项目的通知[EB/OL].（2017-06-28）[2018-05-07]. http://zfxxgk.nea.gov.cn/auto83/201707/t20170706_2825.htm.

[14]　国家能源局综合司. 国家能源局综合司关于开展"互联网+"智慧能源（能源互联网）示范项目验收工作的通知[EB/OL].（2019-01-02）[2021-08-20]. http://www.nea.gov.cn/2019-01/02/c_137714727.htm.

[15]　国家能源局. 国家能源局关于印发《2020 年能源工作指导意见》的通知[EB/OL].（2020-06-22）[2021-08-20]. http://www.nea.gov.cn/2020-06/22/c_139158412.htm.

[16]　中华人民共和国国民经济和社会发展第十四个五年规划和 2035 年远景目标纲要[EB/OL].（2021-03-13）[2021-08-20]. http://www.gov.cn/xinwen/2021-03/13/content_5592681.htm.

[17]　刘世成，张东霞，朱朝阳，等. 能源互联网中大数据技术思考[J]. 电力系统自动化，2016，40（8）：14-21，56.

[18]　蔡泽祥，李立涅，刘平，等. 能源大数据技术的应用与发展[J]. 中国工程科学，2018，20（2）：72-78.

[19]　陈跃国，王京春. 数据集成综述[J]. 计算机科学，2004，（5）：48-51.

[20]　Li P T，Zhou K L，Lu X H，et al. A hybrid deep learning model for short-term PV power forecasting[J]. Applied Energy，2020，259：114216.

[21]　吴春阳，黎灿兵，杜力，等. 电动汽车充电设施规划方法[J]. 电力系统自动化，2010，34（24）：36-39，45.

[22]　姜欣，郑雪媛，胡国宝，等. 市场机制下面向电网的储能系统优化配置[J]. 电工技术学报，2019，34（21）：4601-4610.

[23]　乌云娜，杨益晟，冯天天，等. 风光互补电站宏观选址研究[J]. 电网技术，2013，37（2）：319-326.

[24]　Norouzi M，Ahmadi A，Nezhad A E，et al. Mixed integer programming of multi-objective security-constrained hydro/thermal unit commitment[J]. Renewable and Sustainable Energy Reviews，2014，29：911-923.

[25]　Lu X H，Zhou K L，Yang S L，et al. Multi-objective optimal load dispatch of microgrid with stochastic access of electric vehicles[J]. Journal of Cleaner Production，2018，195：187-199.

[26]　Lu X H，Zhou K L，Yang S L. Multi-objective optimal dispatch of microgrid containing electric vehicles[J]. Journal of Cleaner Production，2017，165：1572-1581.

[27]　Abou El-Ela A A，Allam S M，Shatla M M. Maximal optimal benefits of distributed generation using genetic

algorithms[J]. Electric Power Systems Research，2010，80（7）：869-877.

[28] Ross M，Abbey C，Bouffard F，et al. Multiobjective optimization dispatch for microgrids with a high penetration of renewable generation[J]. IEEE Transactions on Sustainable Energy，2015，6（4）：1306-1314.

[29] Guille C，Gross G. A conceptual framework for the vehicle-to-grid（V2G）implementation[J]. Energy Policy，2009，37（11）：4379-4390.

[30] Kavousi-Fard A，Abunasri A，Zare A，et al. Impact of plug-in hybrid electric vehicles charging demand on the optimal energy management of renewable micro-grids[J]. Energy，2014，78：904-915.

[31] Liu H T，Ji Y，Zhuang H D，et al. Multi-objective dynamic economic dispatch of microgrid systems including vehicle-to-grid[J]. Energies，2015，8（5）：4476-4495.

[32] Kamankesh H，Agelidis V G，Kavousi-Fard A. Optimal scheduling of renewable micro-grids considering plug-in hybrid electric vehicle charging demand[J]. Energy，2016，100：285-297.

[33] Coelho V N，Coelho I M，Coelho B N，et al. Multi-objective energy storage power dispatching using plug-in vehicles in a smart-microgrid[J]. Renewable Energy，2016，89：730-742.

[34] Jian L N，Zhu X Y，Shao Z Y，et al. A scenario of vehicle-to-grid implementation and its double-layer optimal charging strategy for minimizing load variance within regional smart grids[J]. Energy Conversion and Management，2014，78：508-517.

[35] Li X，Lopes L A C，Williamson S S. On the suitability of plug-in hybrid electric vehicle（PHEV）charging infrastructures based on wind and solar energy[C]. Calgary：2009 IEEE Power & Energy Society General Meeting，2009.

[36] Zhou K L，Cheng L X，Wen L L，et al. A coordinated charging scheduling method for electric vehicles considering different charging demands[J]. Energy，2020，213：118882.

[37] 王毅，张宁，康重庆. 能源互联网中能量枢纽的优化规划与运行研究综述及展望[J]. 中国电机工程学报，2015，35（22）：5669-5681.

[38] Geidl M，Koeppel G，Favre-Perrod P，et al. Energy hubs for the future[J]. IEEE Power and Energy Magazine，2006，5（1）：24-30.

[39] Mohammadi M，Noorollahi Y，Mohammadi-Ivatloo B，et al. Energy hub：from a model to a concept-a review[J]. Renewable and Sustainable Energy Reviews，2017，80：1512-1527.

[40] Lu X H，Liu Z X，Ma L，et al. A robust optimization approach for optimal load dispatch of community energy hub[J]. Applied Energy，2020，259：114195.

[41] Bozchalui M C，Hashmi S A，Hassen H，et al. Optimal operation of residential energy hubs in smart grids[J]. IEEE Transactions on Smart Grid，2012，3（4）：1755-1766.

[42] Le Blond S，Li R，Li F，et al. Cost and emission savings from the deployment of variable electricity tariffs and advanced domestic energy hub storage management[C]. National Harbor：2014 IEEE PES General Meeting Conference & Exposition，2014.

[43] Chicco G，Mancarella P. Matrix modelling of small-scale trigeneration systems and application to operational optimization[J]. Energy，2009，34（3）：261-273.

[44] 顾泽鹏，康重庆，陈新宇，等. 考虑热网约束的电热能源集成系统运行优化及其风电消纳效益分析[J]. 中国电机工程学报，2015，35（14）：3596-3604.

[45] Soroudi A，Mohammadi-Ivatloo B，Rabiee A. Energy hub management with intermittent wind power[EB/OL]. [2022-10-02]. https://www.researchgate.net/publication/259901244_Energy_Hub_Management_with_Intermittent_Wind_Power.

[46] Rastegar M，Fotuhi-Firuzabada M，Lehtonen M. Home load management in a residential energy hub[J]. Electric

Power Systems Research，2015，119：322-328.

[47]　Pazouki S，Haghifam M R，Moser A. Uncertainty modeling in optimal operation of energy hub in presence of wind，storage and demand response[J]. International Journal of Electrical Power & Energy Systems，2014，61：335-345.

[48]　Lu X H，Zhou K L，Zhang C，et al. Optimal load dispatch for industrial manufacturing process based on demand response in a smart grid[J]. Journal of Renewable and Sustainable Energy，2018，10（3）：10.1063/1.5023772.

[49]　Imani M H，Ghadi M J，Ghavidel S，et al. Demand response modeling in microgrid operation：a review and application for incentive-based and time-based programs[J]. Renewable and Sustainable Energy Reviews，2018，94：486-499.

[50]　Paterakis N G，Erdinç O，Catalão J P S. An overview of demand response：key-elements and international experience[J]. Renewable and Sustainable Energy Reviews，2017，69：871-891.

[51]　Moghaddam M P，Abdollahi A，Rashidinejad M. Flexible demand response programs modeling in competitive electricity markets[J]. Applied Energy，2011，88（9）：3257-3269.

[52]　Tsui K M，Chan S C. Demand response optimization for smart home scheduling under real-time pricing[J]. IEEE Transactions on Smart Grid，2012，3（4）：1812-1821.

[53]　Heydarian-Forushani E，Golshan M E H，Moghaddam M P，et al. Robust scheduling of variable wind generation by coordination of bulk energy storages and demand response[J]. Energy Conversion and Management，2015，106：941-950.

[54]　Zhou K L，Yang S L. Demand side management in China：the context of China's power industry reform[J]. Renewable and Sustainable Energy Reviews，2015，47：954-965.

[55]　Aalami H A，Moghaddam M P，Yousefi G R. Modeling and prioritizing demand response programs in power markets[J]. Electric Power Systems Research，2010，80（4）：426-435.

[56]　Gyamfi S，Krumdieck S，Urmee T. Residential peak electricity demand response—highlights of some behavioural issues[J]. Renewable and Sustainable Energy Reviews，2013，25：71-77.

[57]　Palensky P，Dietrich D. Demand side management：demand response，intelligent energy systems，and smart loads[J]. IEEE Transactions on Industrial Informatics，2011，7（3）：381-388.

[58]　张钦，王锡凡，王建学，等. 电力市场下需求响应研究综述[J]. 电力系统自动化，2008，（3）：97-106.

[59]　杨旭英，周明，李庚银. 智能电网下需求响应机理分析与建模综述[J]. 电网技术，2016，40（1）：220-226.

[60]　国家发展改革委，国家电监会. 加强电力需求侧管理工作的指导意见[EB/OL]．（2004-05-27）[2021-08-20]. http://www.nea.gov.cn/2011-08/16/c_131052771.htm.

[61]　陈春武，李娜，钟朋园，等. 虚拟电厂发展的国际经验及启示[J]. 电网技术，2013，（8）：2258-2263.

[62]　Asmus P. Microgrids，virtual power plants and our distributed energy future[J]. The Electricity Journal，2010，23（10）：72-82.

[63]　Pudjianto D，Ramsay C，Strbac G. Virtual power plant and system integration of distributed energy resources[J]. IET Renewable Power Generation，2007，1：10-16.

[64]　Xin H H，Gan D Q，Li N H，et al. Virtual power plant-based distributed control strategy for multiple distributed generators[J]. IET Control Theory & Applications，2013，7（1）：90-98.

[65]　袁昕，陈巍. 能效电厂的实施模式及面临的主要问题[J]. 节能与环保，2011，（7）：54-56.

[66]　卫志农，余爽，孙国强，等. 虚拟电厂的概念与发展[J]. 电力系统自动化，2013，37（13）：1-9.

[67]　Robu V，Chalkiadakis G，Kota R，et al. Rewarding cooperative virtual power plant formation using scoring rules[J]. Energy，2016，117：19-28.

[68]　杨晓巳，陶新磊，韩立. 虚拟电厂技术现状及展望[J]. 华电技术，2020，42（5）：73-78.

第10章 综合能源服务与碳中和

10.1 综合能源服务概述

10.1.1 基本概念

1. 综合能源服务的定义与内涵

综合能源服务是一种新型能源服务方式,包括工程投资建设、能源规划设计、多能源运营服务和投资融资服务等方面,能够满足终端客户的多元化能源生产与消费需求[1]。其以电、气、热、冷等传统综合供能为基础,通过整合氢能等可再生资源、储能设施及电气化交通等,借助分布式能源和智能微网等方式,并结合互联网、云计算、大数据、人工智能等新一代信息技术,实现多能协同供应、能源综合梯级利用,从而提高能源系统效率,最终降低用能成本[2]。

综合能源服务包含两层含义,即综合能源供应和综合服务[3, 4]。其一,综合能源供应是指传统能源供应商向多联供方向转变,实现电、气、冷、热等多种能源相互转化、分配、存储及消费和多元化能源供应与使用的新能源体系。其二,综合服务是指能源供应商发展为综合能源服务商(integrated energy service provider, IESP),产生一种新的能源服务商业模式,具体包括工程投资建设、能源规划设计、多能源运营服务、投资融资服务、购售电业务、数据交互业务、设备诊断、能效检测等方面,能够满足终端客户的多元化能源生产与消费。

目前国外尚无综合能源服务定义,使用较多的相关概念包含多能源系统[5, 6]、综合能源系统[7, 8]和能源互联网[9-11]。

2. 综合能源服务对象

综合能源服务对象可分为三大类:能源终端用户,能源输配、储存、购销企业和能源生产、加工转换企业,这三类对象有不同的综合能源服务需求。

1)能源终端用户

能源终端用户,包括居民用户、工业企业、商业建筑和公共机构等,这类对象的综合能源服务需求主要有综合供能服务、综合用能服务和用户侧分布式能源资源综合开发利用服务。

其中,综合供能服务包括煤、电、气、热、冷、氢等多种能源的外部功能服务;综合用能服务包括与用能相关的安全、质量、高效、环保、低碳、智能化等服务;用户侧分布式能源资源综合开发利用服务包括太阳能、风能、生物质能等分布式能源资源的开发利用服务。

2)能源输配、储存、购销企业

这类服务对象的综合能源服务需求主要包括能源输配、储存、购销设施建设相关的规划、设计、工程、投融资、咨询等服务;能源输配、储存、购销设施运营相关的安全、质量、高效、环保、低碳、智能化等服务。

3)能源生产、加工转换企业

这类服务对象的综合能源服务需求主要有能源生产、加工转换设施建设相关的规划、设计、工程、投融资、咨询等服务;能源生产、加工转换设施运营相关的安全、质量、高效、环保、低碳、智能化等服务。

3. 综合能源服务的特点

综合能源服务市场需求巨大,综合能源服务公司针对不同客户提供多样化的能源服务,其业务活动大致有以下几个特点[12, 13]。

(1)能源性。综合能源服务的宗旨和初衷均围绕"能源"二字展开,主要在能源生产、加工转换、输配、储存、终端使用等环节开展综合能源服务业务。与传统能源服务相比,综合能源服务业务范围广泛,但始终以能源为中心展开。

(2)综合性。鉴于客户能源服务需求的多样性,综合能源服务的供能服务品种日益多样,具体涉及为客户提供用能相关的安全、质量、高效、环保、低碳、智能化等多样化服务,服务形式包括但不限于规划、设计、工程、投融资、运维、咨询等。

(3)服务性。综合能源服务公司的业务一般有别于能源生产、加工转换、输配、储存、终端使用相关产品的简单生产和销售,综合能源服务公司不仅提供产品、技术等"硬件",还为客户提供多样化的"软性"增值服务。

(4)网络性。综合能源服务公司在能源生产、加工转换、输配、储存和终端使用中的多环节或全环节开展能源服务,形成了能源服务业务链。同时,综合能源服务公司需要依托电网、燃气管网、热力管网等网络基础设施。

10.1.2 典型商业模式

综合能源服务是为客户提供能源规划设计、项目投资建设、多类型能源建设运营以及投融资等服务的新兴业务,随着国家政策不断完善、技术更新迭代,其服务内涵将不断完善,服务范围和业务种类也将不断拓展。随着综合能源服务业务的兴起，综合能源投资建设往往涉及大规模的节能改造或工程建设，其商业模式可分为合同能源管理模式和工程投资建设模式，如图10.1所示。

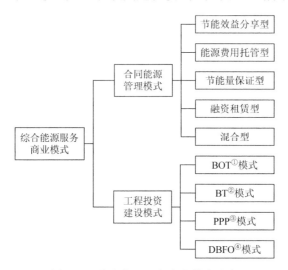

图 10.1　综合能源服务商业模式分类

①BOT（build-operate-transfer，建设-运营-移交）。
②BT（build-transfer，建设-移交）。
③PPP（public private partnership，公共私营合作制）。
④DBFO（design-build-finance-operate，设计-施工-融资-运行）

1. 合同能源管理模式

合同能源管理模式是指节能服务公司（energy services company，ESCO）与节能客户签订能源服务合同，然后由节能服务公司提供包含设计、融资、采购和施工等环节的节能服务，客户则根据合同共同分享节能效益以支付节能服务公司的投资及利润费用的模式。合同能源管理模式一般可按照分享节能效益的不同方式分为节能效益分享型、能源费用托管型、节能量保证型、融资租赁型和混合型5类，具体内容于本章第四节介绍。

2. 工程投资建设模式

随着综合能源服务业务的发展，为顺利推进大型工程项目建设实施、降低融资成本、缓解短期资金压力，综合考虑投资主体多元化的方式，在传统工程投资模式中引入了综合能源服务，包括 BOT 模式、BT 模式、PPP 模式以及 DBFO 模式等[14]。

1）BOT 模式

BOT 模式是指政府向综合能源服务商授予特许经营权，允许其融资、建设和运行某一基础能源设施，在运行期内，综合能源服务商可以向使用者收取费用，特许运行期满后，综合能源服务商需无偿把该设施移交给政府[15]。

2）BT 模式

BT 模式是指政府将基础能源设施建设项目授予综合能源服务商，由其负责项目的运行，项目融资、建设验收合格后移交给政府，综合能源服务商向政府收取费用，包括项目的总投资和综合能源服务商的合理回报[16]。

相较 BOT 模式，BT 模式是其在非经营性基础设施建设领域的拓展[17]。

3）PPP 模式

PPP 模式是指政府与综合能源服务商合作，基于特许协议就能源领域基础设施建设与服务方面构建密切协作联系，同时建立共同分担风险、共同分享收益的商业合作体系。与 BOT 模式相似，综合能源服务商得到政府授予的特许经营权，并负责项目的投资、建设和运行[18]。PPP 模式可以有效促进资源和资金的高效利用，减轻政府财政负担，减小综合能源服务商的投资风险。

4）DBFO 模式

DBFO 模式是指综合能源服务商根据政府制定的相关服务标准进行相应设施的设计、施工、融资、运行。运行期满后，政府部门支付相应费用并获得设施所有权。

10.1.3　发展现状

1. 国外综合能源服务发展现状

能源系统的数字化和智能化转型促进了可再生能源的规模化利用和能源利用效率的提升，进而催生了综合能源服务。世界各国对综合能源服务积极探索，制定了适合的综合能源发展战略，带动了一批具有影响力的综合能源服务商的创立和发展。下面对美国、欧洲部分国家和日本的综合能源服务发展情况进行介绍。

1）美国

在历史发展方面，传统能源服务起源于 20 世纪中叶的美国，主要以节能减排为目的，对已有项目或设备进行节能改造、推广节能设备，并开发了合同能源管理模式作为当时的主要商业模式。20 世纪下半叶，分布式能源服务开始兴起，随着风电、光伏和生物质能发电等技术的发展，各类可再生能源在美国得到了大力推广。综合能源服务由美国提出，相关研究工作于 2006 年底上升至美国国家战略高度。

在管理机制方面，美国能源部负责能源战略、能源政策的制定与执行，各州政府设立的能源监管部门负责各州节能工作的落实和国家能源政策的实行。良好的管理机制使美国能源系统更加协调配合，综合能源服务商快速发展，典型综合能源服务商包括南加州爱迪生电力公司（Southern California Edison Company）、美国家庭能源数据分析公司 Opower 等。

在政策及资金支持方面，美国于 2007 年底颁布了《能源独立和安全法案》，要求综合能源规划落实在社会各供能和用能环节,并在 2007~2012 年追加 6.5 亿美元专项经费用以支持综合能源规划的研究和实施。在奥巴马和特朗普任期内,尽管能源政策各有侧重,但对于未来综合能源系统,特别是传统能源与可再生能源的融合发展以及通过加强需求侧管理提高电力系统的可靠性和灵活性,美国政府依然投入了大量的人力物力开展研究。2018 年,美国政府出台《美国重建基础设施立法纲要》,提出设立 200 亿美元的创新转型项目计划,以综合能源服务为代表的融合基础设施得到了飞速发展,产生了丰富多样的创新模式。

2)欧洲部分国家

英国因其地理位置缘故,能源长期依赖于欧洲大陆,其能源供给易受天气因素和管道传输的影响[19]。鉴于此,英国至上而下地致力于构建一个稳定且可持续的能源系统,国家层面重视电力和燃气的集成系统的研究和应用,社会层面则注重研究分布式的综合能源系统。英国政府相关部门和企业联合赞助了大量综合能源系统,如 2015 年在伯明翰发起的名为“能源系统弹射器”的项目,每年投入 3000 万英镑,专注于集成能源系统的研发。

德国的企业重点研究信息通信技术与能源系统的深度融合,于 2008 年启动了 E-Energy 项目[20]。该项目由联邦经济和技术部及环境部发起,总投资额达 1.4 亿欧元,在 6 个试点地区开展了 4 期技术创新促进活动。该项目旨在开发与新型通信技术系统深度融合的高效能源系统,目标为通过数字网络实现发电的安全供给、高效率和气候保护,使用现代的信息通信技术实现能源供应系统优化,促进能源市场的自由化和分散化。

丹麦则更注重不同能源系统的互补整合,以更好地消纳可再生能源,提升能源利用率[21]。目前,热电联产、储热、电热、热泵等技术的发展应用,促进了丹麦电力系统、燃气系统和供暖系统的紧密联系。此外,丹麦开始转用生物质燃料替代化石燃料,包含木材、稻草、可再生垃圾及少量沼气。

3)日本

日本作为岛国,其能源严重依赖于进口,为实现国家能源结构的改善和能源供应的安全与稳定,日本最早于亚洲范围内开展综合能源系统的研究,发展路线具有较强的特殊性。

在能源发展战略上,能源政策及计划由经济产业省下设的资源能源厅的石油部、煤炭新能源部和公益事业部负责制定。资源能源厅还下设综合资源能源调查会,包含各分科省议会,负责能源战略制定的审议及能源市场的调查监督等。此外,日本制定了《节约能源法》等法规,旨在能源利用效率的提升及可再生能源的规模开发。

行政与立法的双重监督推动了日本主要的能源机构对综合能源系统的大力研究,并形成了不同的研究方案。例如,2010 年 4 月以后,随着国内外智能电网和智能社区进入实证阶段,日本新能源产业技术综合开发机构为把握智能电网发展机遇,成立了日本智能社区联盟,专注于智能社区的研究及示范。2014 年,东京瓦斯株式会社则提出在传统电、气、冷、热综合供能系统的基础上,通过构建氢能供应网络以实现整合可再生能源、储能设备、能源转换单元、能源使用设备的综合能源系统。氢能在日本的综合能源战略布局中占据非常重要的地位,继 2017 年 12 月出台《氢能基本战略》后,日本政府在 2019 年 3 月又公布《氢能利用进度表》,旨在明确至 2030 年氢能在日本综合能源系统中应用的关键目标。

国外综合能源服务商及典型项目的具体对比如表 10.1 及表 10.2 所示。

表 10.1 国外综合能源服务商

综合能源服务商	所属国家	运营业务
Opower	美国	依靠大数据分析技术,提供面向电力用户的节能方案
奥尔堡 CSP	丹麦	依靠新能源与综合能源系统技术降低全球工业和发电厂的能源成本
HelioPower	美国	为不同类型的用户提供差异化的综合能源解决方案
ENGIE	法国	提供满足用户需求的有竞争力的综合能源效益解决方案
意昂集团	德国	为客户提出更具创新性的综合能源解决方案
东京电力公司	日本	根据客户需求制订差异化的综合能源服务组合方案
Brookfield Utilities	英国	依靠子公司分工协作,同时是独立运营配电商和新型的节能服务公司

表 10.2 国外综合能源服务项目

项目名称	实施方	实施地区	项目内容及成效
RegModHarz 项目	德国联邦经济和技术部	德国中北部哈茨	(1)建立家庭能源管理系统。根据电价决策家电运行状态 (2)10 个电源管理单元,定位电网的薄弱环节 (3)多种可再生能源构成虚拟电厂,参与电力市场交易
面向家庭消费者的节能服务	Opower	美国印第安纳州	(1)提供个性化的账单服务,清晰显示电量情况 (2)基于大数据与云平台,提供节能方案 (3)构建 B2B(business to business,企业对企业)共赢的商业模式
综合能源服务改革	创新英国(Innovate UK)	英国	(1)大幅度降低系统成本 (2)将服务对象转化为用户 (3)提高整个系统的效率、生产能力和恢复能力 (4)降低碳排放量
eTelligence	德国联邦经济和技术部	库斯克港	(1)实现了面向用电的发电和面向发电的用电深度融合 (2)减小因风电出力不稳定而产生的功率不平衡问题 (3)节约家庭电能 (4)虚拟电厂参与售电交易,降低成本
日本电力自由化	东京电力公司	日本	(1)根据不同的用户类型进行差异化服务策略 (2)通过分析客户用电情况和引导用户行为,实现用户家庭用电结构的智能优化调控和平衡 (3)注重技术研发,提高能源效率

2. 国内综合能源服务发展现状

中国综合能源服务起步较晚，但近些年发展速度较快。在政府层面，出台了一系列支持综合能源服务发展的政策规范，着力构建清洁、安全、高效、可持续的综合能源供应系统和服务体系，提升国内等多种能源利用效率。目前，中国开展能源服务的企业类型包括售电公司、服务公司和技术公司等，除了国家电网有限公司各省级综合能源公司、南方电网综合能源股份有限公司（以下简称南方电网综合能源公司）、广东电网能源投资有限公司外，远景能源有限公司（以下简称远景能源）、天合光能股份有限公司（以下简称天合光能）、新奥数能科技有限公司、阿里云计算有限公司（以下简称阿里云）等能源或互联网企业均在积极拓展综合能源服务业务。

1）国家电网有限公司各省级综合能源公司

2017 年，国家电网有限公司就其各省级公司开展综合能源服务提出了相关指导意见，这标志着国家电网有限公司正式进军综合能源服务行业。2018～2020 年，国家电网有限公司相继印发了相关文件，以推动综合能源服务行业的发展，加快综合能源服务市场的拓展，并在综合能源服务业务上进行了重点布局，关注综合能效服务、清洁能源服务、多能服务、专属电动汽车服务四大板块。综合能效服务旨在实现客户能效提升、用能成本降低，不同于传统节能方式只进行设备级节能，综合能效服务往往基于电力物联网技术实现系统级、平台级的综合能效提升，具体细分业务包括建筑节能、空调系统业务控制、电力需求响应和能效检测分析等。清洁能源服务即开展清洁能源集中式或分布式项目的规划设计、投资建设及项目运营的一体化服务。多能服务包含供冷、供热、供电等不同能源需求的能源服务，主要是冷热电三联供技术的应用，从供应侧实现对冷热电等能源类型的整合利用。专属电动汽车服务包括电动汽车租赁、充电桩建设和运维等内容。

2）南方电网综合能源公司

南方电网综合能源公司是中国南方电网有限责任公司的子公司，于 2010 年底挂牌成立，是国内成立较早的综合能源公司。其主要业务为节能服务，自 2010 年设立以来，在工业节能、建筑节能、城市照明节能等领域完成多项示范性节能服务项目。除了节能服务，其业务还包含新能源业务、城市能源环保、分布式能源及能源综合利用。

3）广东电网能源投资有限公司

2017 年 2 月，广东电网有限责任公司成立了广东电网能源投资有限公司，该公司在南方电网综合能源公司的主营业务基础上，增加了电动汽车投资与运营、市场化售电等经营业务。2019 年 4 月，南方电网综合能源公司准备上市，广东电网能源投资有限公司为与其避免同业竞争、实现错位发展，进行了产业布局调整，主要经营电动汽车及充电设施、储能、市场化售电、综合能源电子商务平台和金融这五大业务。

4）远景能源

远景能源是一家智能风电技术公司，其业务涵盖智能风机的设计与制造、智慧风场软件业务、智能化的远程诊断和技术服务、集成项目管理服务、资产管理服务和能源投资服务等。

基于在风电领域深厚的技术积累与 EnOS™智能物联操作系统，远景能源打造了智慧风场产品，提供了风电场全生命周期整体解决方案。覆盖风场选型选址、资源评估、工程设计、工程建设、资产运营等环节，建立全生命期风场数据闭环验证体系，实现风场投资的误差量化与风险规避，不断提升和改进风场投资收益率。

基于大数据，通过应用及集成先进算法和云信息技术，远景能源自主研发了格林威治风电场设计产品，其具备集中式及分布式业务的风资源评估、排布选址、风机基础设计、道路与平台优化、集电线路优化、概算与经济评价等的一体化设计能力，服务于风电场规划、设计、建设、运行闭环，以"精准""降本""增效"为目标，致力于实现风电投资的风险管控与增值优化。

5）天合光能

天合光能创立于 1997 年，是全球领先的光伏智慧能源整体解决方案提供商。2018 年，天合光能率先提出了能源物联网的概念，结合智能应用，实现全面自主研发，依托在光伏组件制造及光伏电站开发运维等方面的优势，率先打造能源物联网品牌 TrinaIOT，致力于成为全球智慧能源领域的引领者。

天合能源物联网 TrinaIOT 是天合光能推出的"发储配用云"能源物联网一体化解决方案，以能源物联平台为基础，打造 MOTA 综合能源管理、变配电站监控、光伏云、售电云等应用，以独特的理念搭建智慧能源物联网系统，全面打通能源发电、储能、配网、用能，让能源流、信息流、价值流相互连接，实现"三位一体"的能源物联网新体系，其具体业务如表 10.3 所示。

表 10.3　天合能源物联网新体系

应用	服务内容
天合智能优配 TrinaPro	提供大型电站的智能光伏一站式解决方案
天合蓝天 Trinablue	提供原装工商业光伏系统整体解决方案
天合富家 Trinahome	提供家用原装光伏系统解决方案
天合储能 Trina Storage	提供全球性储能集成产品及系统解决方案
综合能源管理平台 MOTA	提供能源调控管理、运维检修、能源交易、优化运营等专业服务
智慧物联网云平台 Trina Aurora	提供能源互联网及工商业物联网解决方案

截至 2018 年，天合光能已成功布局合肥新站区智慧能源国家示范项目、天合常州工厂智慧能源项目、马尔代夫微电网项目等智慧能源项目。

6）新奥数能科技有限公司

新奥数能科技有限公司将多种能源融合起来，开发冷热电联产项目，将燃气、冷、热、电一起销售给用户。1992 年，新奥集团股份有限公司开始从事城市燃气业务，目前已形成能源化工、太阳能源、智慧能源、技术工程等相关多元化产业。2012 年，新奥提出泛能网概念，其主要投资来源于燃气发电机组、溴化锂余热利用机组等设备投资。例如，青岛胶东国际机场项目作为新奥参与规划并落地的第二个机场泛能网项目，新奥集团共投资 7000 万元。

7）阿里云

阿里能源云是阿里云为新能源行业提供的综合能源服务平台解决方案，以"内外协同互联，数据标准共享"为基础集成多个工业应用，通过物联网和数据计算实现企业对内与对外业务的高效协同。

目前阿里云综合能源服务云方案已经运营上线，其业务模式通过大数据云计算，制订综合能源服务的解决方案，以"厚平台、微应用"方式，快速构建节电节能、电力需求侧、微网一体化、能源交易等生态化应用。阿里云业务包括：①迅速构建数字化的光伏电站；②新能源电场规划/投资收益预测；③快速构建电动汽车分时租赁系统；④按规模精益建成电动汽车联网；⑤利用大数据做精准能效管理；⑥构建轻量级运营数据大屏。

10.2　综合能源供应

综合能源服务产业涉及行业领域广泛、涵盖专业技术门类众多，基于国内外目前主要开展的业务，综合能源服务关键技术主要集中在综合能源供应方面。综合能源供应聚焦多能转换、多能供应等关键环节，主要包括了电转气（power to gas，P2G）技术、冷热电联供（combined cooling，heating and power，CCHP）技术、V2G 技术、生物质转化技术等能源供应技术。

10.2.1　P2G 技术

1. P2G 技术简介

P2G 技术是指将电能转换为氢气或天然气，从而实现电能的间接大规模、长时间存储，同时拓展新能源消纳的技术。P2G 技术在可再生能源高峰或电力负荷低点时，利用风力发电、太阳能发电等可再生能源发电的多余电力进行电解水，然后将生成的氢气或天然气存储在氢气存储设备或天然气管道中。在电力负荷高峰时，则将存储的氢气和天然气转化为电能或热能提供给用户，从而提高系统的可再生能源消纳能力，增强系统的电气耦合性和供能稳定性[22]。

2. P2G 技术原理

P2G 在实际应用中主要包括电转氢和电转天然气技术，其过程及用途描述如图 10.2 所示。其中电转氢是电转天然气的前置反应，电转氢的基本反应原理为电解水产生氢气与氧气，现阶段其能量转换效率可达 75%~85%。电转天然气则是在此基础上进行甲烷化反应，利用二氧化碳和氢气在高温高压环境下反应生成天然气，即在催化剂的作用下将电转氢制取的氢气与二氧化碳反应生成甲烷和水，此过程的能量转换效率约为 75%~80%，通过以上两个阶段的化学反应，电转天然气的综合能源转换效率约为 45%~60%[23]。

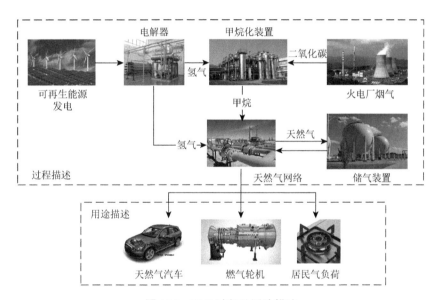

图 10.2　P2G 过程及用途描述

虽然电转氢相比电转天然气技术避免了甲烷化反应的能量损失，能源转换效率也相对较高，但是通过甲烷化反应生成的天然气，其单位能量密度约为氢气的 4 倍，即具有相同能量的氢气体积要比天然气大得多，不易于运输及存储，同时氢气还会引起天然气管道管材方面诸如氢脆和渗透等的危险[24]。此外，电转天然气的甲烷化过程中还可以消耗二氧化碳，提高碳利用，实现碳减排。因此，相比电转氢，电转天然气具有更加广阔的应用前景。

P2G 技术中，电转氢产生的氢气除了进行甲烷化反应，也可进行工业化应用或作为氢燃料电池的原料；电转天然气产生的甲烷是天然气的主要组成成分，其性质与普通天然气相似，可注入天然气管道以减少化石能源的使用。此外，P2G 技术可以将电力部门与工业和建筑业的供冷供热、交通运输业等主要终端用能部门进行衔接，是实现异质能源网络深度耦合的关键。同时，具备可再生能源消纳和碳捕集能力的 P2G 技术也是推进整个能源系统脱碳的重要支撑技术[25]。

10.2.2　CCHP 技术

1. CCHP 技术简介

CCHP 技术是一种建立在能源梯级利用基础上将发电、供热和制冷过程一体化的综合能源供应技术。

传统的能源利用方式严重依赖煤炭及石油等化石能源，借助燃烧等方式将能量以热能形式释放，再通过热力循环方式实现热功转换以输出机械能[26]，从而转化为电能。根据热力学卡诺循环效率，发电系统的热功转化效率主要取决于汽轮机入口蒸汽温度，但即使煤炭燃烧在锅炉内的燃烧温度能达到 1200℃，所生产的蒸汽温度也往往不超过 650℃，两者之间存在巨大的温度差。

由热力学第二定律可知，不同温度的热能品位存在巨大的差异，热能的温度越高则表明品位越高。不同区域、不同行业、不同功能的建筑有不同形式的冷、热、电需求，其中往往电能的品位最高，而冷热的品位则取决于用户的具体需求[27]。因此，燃料燃烧产生的高品位能量并没有得到充分利用，未真正实现能量的"温度对口，梯级利用"。

2. CCHP 技术原理

针对不同品位的热能，CCHP 技术基于能源梯级利用方法，根据"温度对口，梯级利用"原则，对其进行了合理分配、对口供应，使其各得其所，即根据不同品位能量输入选择不同的利用技术，从而产生对应的能量输出，如图 10.3[27]所示。

以某 CCHP 系统为例，如图 10.4 所示，燃料燃烧释放出来的高温热能（900～1200℃）通过先进的微、小型动力设备发电，中温动力排烟余热（300～500℃）可以利用吸收式制冷机等方式进行制冷，低温排烟余热（100～300℃）可以利用换热器进行转换和利用，用于采暖和生活热水[28]，实现高品位能源发电、中品位能源制冷和低品位能源制热，并在靠近用户侧构建 CCHP 体系。CCHP 技术具有综合利用资源、环保性能高、冷热电负荷灵活分配等多重优势，在能源利用领域有广阔的发展前景。

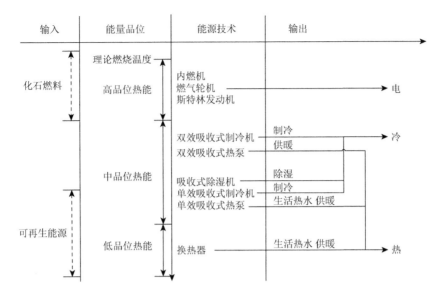

图 10.3　CCHP 热能梯级利用

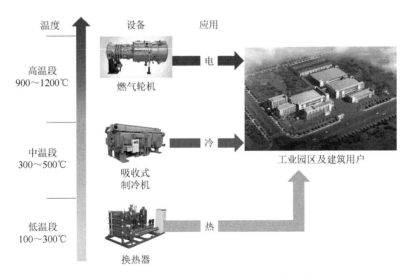

图 10.4　某 CCHP 系统的热能利用温度示意图

10.2.3　V2G 技术

1. V2G 技术简介

随着以风力发电为首的可再生能源发电技术迅速发展，电力系统正大量引入可再生能源。但包含风电和光电在内的可再生能源具有显著的不确定性，其随机性和间歇性特征容易导致弃风、弃光等能源浪费现象，这大大降低了可再生能源的经济价值和环保意义。对此，电力系统需要快速响应的备用电源或储能设备进行电力补偿，从而缓解可再生能源波动性对电网的冲击，既解决可再生能源发电量消纳问题，也提升了电力系统的稳定性[29]。

V2G 技术是缓和可再生能源出力波动、协调电网和可再生能源的有效手段之一，本质上就是将大量电动汽车的储能电池作为电网的移动储能系统，缓和可再生出力波动问题、提升电网平衡能力。V2G 技术的核心是电动汽车与电网的双向互动，通过利用电动汽车储能和电网电能之间灵活的能量转换，提升电网的经济性与安全性。

在电动汽车和电网的双向互动中，电动汽车起到了两个不同的作用。一方面，电动汽车作为代步工具，必然需要频繁充能以达到用户的出行目的，因此电动汽车是电网负荷的组成部分。另一方面，大量处于闲置状态的电动汽车可以接入电网，凭借其巨大的储能能力，更好地实现电网的灵活调度[30]。当电网负荷处于高峰时段时，电网可以控制电动汽车向电网输送自身存储的能量；当电网负荷处于低谷时段，电网则将多余的电能输送给电动汽车以存储。在这种模式下，电网可以通过控制电动汽车的充放能时间来缓解负荷高峰的用电压力，提升电网的稳定性；电动汽车用户也可以通过参与电网调度实现高峰售电、低价购电，从中获得经济收益。

2. V2G 技术流程

V2G 技术是一项较为前瞻的科技，是电力电子、通信、调度、计量和负荷需求管理等多方面技术的高端综合应用[31]，从结构框架上大致分为四个层面：电网层、站控层（本地监控层）、智能充放电装置层和车辆层。V2G 技术的系统工作流程如图 10.5 所示。

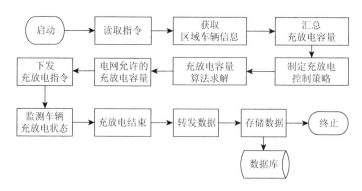

图 10.5　V2G 技术的系统工作流程

（1）参与电网调度的电动汽车与电网连接，电网设有双向智能控制装置可以实现电动汽车信息的采集反馈和实时控制，具体信息包括该电动汽车的实时充电状态和储能容量等。

（2）V2G 工作模式启动，后台管理系统通过双向智能装置对管理范围内的所有电动汽车信息进行采集、汇总，根据既定的充放电策略和采集信息，通过充放电容量算法，计算得出充放电容量。

（3）后台管理系统下发充放电指令，并对电动汽车的充放电状态进行实时监测，等到充放电结束后进行相关数据的转发和存储。

10.2.4　生物质转化技术

1. 生物质转化技术简介

生物质是一种绿色植物通过光合作用产生的可再生和可循环的有机物质，包括动植物、微生物及其生命代谢所产生的有机物质等。绿色植物通过光合作用将太阳能转化为化学能而储存在植物内部，动物又以植物为生，因此，生物质能实际上是太阳能的一种[32]。《生物质能发展"十三五"规划》指出，生物质能是重要的可再生能源[33]。不论是动植物自身排放二氧化碳，还是燃烧抑或微生物分解产生二氧化碳，从周期上与化石燃料燃烧排放二氧化碳相比都更短。这使得生物质所排放的二氧化碳在自然界完成碳循环，即净排放二氧化碳为零，因此生物质可以称为碳中性燃料。在当前经济增长和环境保护的双重压力下，开发利用生物质能对于建立可持续发展的能源系统，促进社会经济发展和生态环境改善有重大意义[34]。

生物质能除了可以在改善世界一次能源结构、降低化石能源需求量方面做出重要贡献以外，还可在减少温室气体排放、保障能源供应安全、改善贸易平衡、促进农村发展和改进城市废弃物处理方式等方面发挥作用。

2. 生物质转化技术原理

生物质转化技术通常是指采取一定的方法和手段将生物质转化成各种载能物质的技术，载能物质包括热能、电能、燃料和化工原料等，如图 10.6 所示。生物质转化技术总体上可以分为热化学转化和生物化学转化。

1）热化学转化

热化学转化是指通过热化学手段，在加热条件下将生物质转化为气、液、固三种形态的产物，主要分为直接燃烧、气化、热裂解和加压液化四种技术。

（1）直接燃烧。生物质的直接燃烧是最普通的生物质能转化技术，其主要目的是获取热量。直接燃烧就是指生物质中的可燃成分与氧气或空气进行的化合反应，以火焰形式出现，释放大量热量。

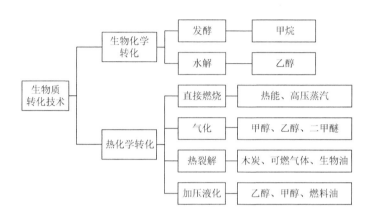

图 10.6　生物质转化技术

（2）气化。生物质的气化是在加热条件下，利用空气或其他含氧物质，使生物质发生氧化、还原等反应，将生物质中的碳、氢转化为一氧化碳、氢气和烃类等可燃气体。在原理上，气化与燃烧相似，本质上都是生物质中的有机物与氧气发生反应，但燃烧的目的是将生物质的化学能转化为热能，因此生物质中的有机物与充足提供的氧气充分燃烧生成二氧化碳和水，释放大量反应热。而气化的目的是将生物质化学能的载体形态转化为气态，因此生物质中的有机物与有限提供的氧气发生不完全燃烧，生成了一氧化碳、烃类气体，释放少量热量。

（3）热裂解。生物质热裂解是指生物质在无氧或缺氧及加热条件下进行热降解的过程，即利用热能切断生物质大分子中的化学键，使之转化为低分子物质，最终生成木炭、可燃气体、生物油。

（4）加压液化。生物质加压液化是指生物质在高压和低温条件下进行热化学反应生成燃料液体的过程。该方法始于 20 世纪 60 年代著名的 PERC（Pittsburgh Energy Research Center，匹兹堡能源研究中心）方法——通过将木屑及木片加入碳酸钠溶液中，在 28 兆帕高压及 350℃ 的温度下反应生成液体产物。

2）生物化学转化

生物化学转化技术是指生物质利用生活活性发生化学变化生成二次能源的过程，所利用的生物一般是微生物。常见的生物化学转化技术有生物质发酵制取甲烷（沼气）技术和生物质水解制乙醇技术。前者是指厌氧微生物在没有空气的条件下，将有机物分解为甲烷和水，后者是指微生物降解木质纤维素后，再将糖类水解为乙醇和二氧化碳。相较热化学转化，生物化学转化由于生物反应的缘故，其转化过程存在反应时间过长的问题。但生物化学转化的反应条件较为简单，一般是常温、常压条件，有些反应甚至只要条件合适就可以自发进行。

10.3　节　能　改　造

在碳达峰、碳中和背景下，节能成为实现"双碳"目标的重要手段。推广应用优秀的节能技术，为高耗能企业寻找节能改造方案，是实现"双碳"目标的重要途径。本节重点关注工业通用机械，对余热回收利用技术、电机系统节能技术、配电网节能技术进行介绍。

10.3.1　余热回收利用技术

1. 工业余热资源一般性特点

工业余热资源主要是指工业企业的用能设备在生产过程中，通过一次能源完成工艺生产过程后排放的废热、废水和废气等低品位的二次能源。工业领域一般将温度在 600℃以上的余热归为高温余热，温度介于 300～600℃的余热归为中温余热，温度在 300℃以下的余热则归为低温余热。业余热资源来源主要包括：烟气余热，冷却介质余热，废水、废气余热，化学反应余热，高温产品和炉渣余热以及可燃废气、废料余热[35]。

具体来说，工业余热资源来源广泛、形式多样，表 10.4 为不同类型余热来源及其占工业余热总量的比例。

表 10.4　工业余热类型、来源及比例

余热类型	余热来源	占工业余热总量的比例
烟气余热	冶炼炉、加热炉、内燃机和锅炉的排气排烟	50%以上
冷却介质余热	空气、水和油等冷却介质带走的余热	20%
废水、废气余热	蒸汽或凝结水余热	10%～16%
化学反应余热	化工反应产生余热	10%以下
高温产品和炉渣余热	坯料、焦炭、熔渣、油、气产品等的显热	10%以下
可燃废气、废料余热	排气、排液和排渣中含有可燃成分	10%以下

在余热回收利用过程中，余热资源的利用难度主要体现在三个方面。首先，部分余热资源含有腐蚀性物质或含尘量大，不利于回收设备的长期安全运行；其

次，工艺生产过程一般具有周期性或波动性，余热资源会因此具有间接性；最后，余热的回收利用受场地限制。

余热资源的回收利用应当遵循按质回收、温度对口和梯级利用的原则，依据余热资源的数量、品位和用户需求进行回收。具体来说，热用户直接利用余热资源最为经济，高温余热资源应采用发电或热电联产的动力回收方式，中温余热资源可采用动力回收或热回收方式，在低温余热不能直接热利用的情况下，应将它作为热泵系统的低温热源，提高其温度水平后再加以利用。

2. 工业余热回收利用技术分类

工业余热资源形式多样、温度广泛，回收利用受工艺场地的限制，且工业生产需求各异，因而余热回收利用设备类型多样。但总的来说，工业余热回收利用技术可以分为热交换技术、热功转换技术、余热制冷制热技术。

1）热交换技术

热交换技术，是利用余热而不改变余热能量形式的余热利用技术，其通过换热设备将回收余热直接用于自身系统的设备或自身工艺的耗能流程，减少能量转换次数，降低一次能源消耗。热交换技术是工业余热回收的最直接、高效的经济方法，相关回收余热设备包括空气预热器和回热器等，工业中往往通过此类设备回收余热以加热助燃燃料、工件等，降低能源消耗，提升炉窑效率，减少烟气排放，或通过余热锅炉等设备利用高温烟气产生蒸汽，用于自身流程。

工业生产中，热交换器按照其操作过程分为间壁式、蓄热式（回热式）和混合式三类。其中，间壁式热交换器在所需采热容器的外壁安装夹套制成，结构较为简单，广泛应用于反应过程的加热和冷却。蓄热式热交换器是通过内装的固体填充物蓄热的交换器，广泛应用于介质混合要求较低的场合。混合式热交换器则是依靠冷、热流体直接接触而进行传热的，适合于允许流体相互混合的场合。

2）热功转换技术

热交换技术通过换热回收余热的方式保持了余热形式，避免了能量形式转换导致的能量损失。但同时，热交换技术会降低温度品位，属于降级利用，而工艺流程和企业运行所需电力的生产往往需要高品位热量，热交换技术无法满足这一需求。此外，对于回收余热资源中存在的大量中低温余热能量，热交换技术经济性差或效益不显著。因此能够提升余热品位的热功转换技术在余热回收利用中具有重要意义。

热功转换技术，是将中低品位余热资源转换为机械能或电能，从而提升能量品位加以利用的余热回收利用技术。热功转换技术按工质可分为以水为工质的蒸汽透平发电技术和采用低沸点工质的机工质发电技术，其对应系统和设备组成与工质特性密切相关，因此各有特点。

工业应用中，目前主要以水为工质，由余热锅炉和蒸汽透平或者膨胀机组成低温汽轮机发电系统[36]。与普通电力发电的技术参数相比，低温汽轮机发电系统利用的余热温度低、参数低、功率小，因此业内多称其为低温余热发电技术[37]。

3）余热制冷制热技术

余热制冷制热技术，是指利用制冷机组或热泵，将中低品位余热资源转换为冷热资源的余热回收利用技术。制冷技术上，传统的压缩制冷技术流程往往是压缩机将蒸发器内产生的低压低温的制冷剂气体吸入汽缸内，经压缩产生压力，温度较高的气体进入冷凝器并冷凝成液体，再经调压阀节流降压进入蒸发器，此时低压制冷剂气体汽化吸收蒸发器内的热量而降温。因为压缩过程需要消耗大量电能，制冷过程本质上是电能转换的过程。

与传统压缩制冷相比，吸收式和吸附式制冷方式通过使用廉价能源与低品位热能避免了电力消耗，同时，通过采用天然制冷剂，避免使用氟利昂类对臭氧层有害的物质。基于其显著的节点能力和环保效益，吸收式和吸附式余热制冷技术在 20 世纪末得到了广泛推广和应用。

在原理上，吸收式和吸附式制冷技术的热力循环特性相似，均遵循"发生（解析）—冷凝—蒸发—吸收（吸附）"的循环过程。不同点在于吸收式制冷吸收物质通常是由两种不同沸点溶液组成的二元溶液，其中低沸点为制冷剂，高沸点为吸收剂，二者统称为工质对。常见制冷工质对包括氨—水、溴化锂水溶液等，其发生和吸收过程通过发生器和吸收器实现。吸附式制冷吸附剂一般为固体介质，吸附方式分为物理吸附和化学吸附，常使用分子筛—水、氯化钙—氨等工质对，解析和吸附过程通过吸附器实现。

制热技术上，对于工业生产中大量存在的温度低但余热量大的低温废热（略高于环境温度，30～60℃），如低温烟气、冷却废水、火电厂循环水等，热泵技术是余热回收制热的重要技术之一。热泵以消耗部分高质能为代价，通过制冷剂的热力循环，将低温热能转变为高温热媒，如 50℃及以上的热水，可满足工农商业的蒸馏浓缩、干燥制热或建筑物采暖等对热水的需求。

10.3.2　电机系统节能技术

在整体电机装机量组成成分中，风机与水泵配套电机系统是工业领域最主要的耗能设备之一。以中国为例，其占据装机总量的 60%左右，其耗电量约占全国总发电量的 40%[38]。当前，风机、水泵依然有很大的节能改造空间，节能实施方法包括风机水泵优化设计、系统节能及调速技术等。

1. 风机水泵优化设计

风机水泵是依靠输入的机械能,提高气体(水)压力并排送气体(水)的机械,主要由叶轮、机壳、支架、电机、传动件、进出口等部件构成。通过应用先进的三元流体理论[39]、流场优化、高效稳流等技术,可提升 5%~12%的设计效率。

2. 系统节能

过去的节能往往只关注风机和水泵本身的性能和效率,而忽视了系统节能技术的节能潜力。开展工程设计应注重系统各组成部分的匹配而非片面追求效率指标,包括对风机或水泵、发电机及其连接方式、管网相关附件等的选择,从而在系统运行效率、安全可靠性和生命周期上取得最优效果。

风机或水泵的容量选择不当是导致系统节能效率不高的主要原因之一[40]。容量泛指风机与水泵的流量以及对应的压力和输出功率等参数,为保证系统的正常运转,各参数通常需要适应最极限的情况并保持一定的安全系数。但过高估计极限情况和保持过大安全系数往往会导致"大马拉小车"现象,即负载设计裕度偏高,工作负荷远小于额定负荷。对此,应当精确计算或估算实际工况,掌握管道负载和风机或水泵的性能这两方面的数据。此外,风机及水泵的种类、型号,应考虑其用途和比转数,依据惯例和经验选择。

3. 调速技术

风机及水泵调节流量通常有两种方式,其一是通过阀门或分风挡来调节流量,而转速保持不变即变阀控制,另一种则是通过改变电机转速来调节流量即变速控制[41]。

目前,大约 70%的风机和水泵依旧采用传统阀门或挡板的方式进行流量调节与控制。这种调节方式虽然简单,但阀门或挡板控制的能量消耗很大,是以高运行成本换取简单控制的方式。而且随着流量降低,其工作效率会发生十分明显的下降,导致电机负荷长时间处于较低水平甚至空载,从而浪费大量电能。

利用变速控制时,风机及水泵的工作效率则始终保持最优状态,因此使用调速技术是实现电机系统节能的重要手段,尤其是负荷波动较大、需要频繁进行流量调节的情景。常见的调速器一般包括变频调速器、液力耦合器和永磁调速器[42],其具体的特性如表 10.5 所示。

表 10.5　常见调速器特性对比

内容	变频调速器	液力耦合器	永磁调速器
基本原理	电子变频率	液力传递扭矩	磁力传递扭矩
节能效率	高,约 92%~95%	低,约 70%~85%	与变频相当,低速时较低

续表

内容	变频调速器	液力耦合器	永磁调速器
启动特性	低频带载启动，冲击电流小	电机空载启动	电机空载启动
调节精度	高	低	低
调节可靠性	较高	较低	高
使用寿命	10 年左右	15~20 年	25 年左右
改造方式	增加变频柜	变更电机位置	变更电机位置
安装费用	较高	较低	高

综合分析，液力耦合器虽然价格便宜，但由于节能效率低、调速精度低和调节可靠性较低等缘故，随着变频器的发展成熟而逐渐被替代淘汰。永磁调速器通过磁力传递扭矩，是液力耦合器的升级版，但由于转速较低时节能效率较低、改造时需要变更电机位置、改造费用过高等原因并未得到广泛应用。变频调速器节能效率高、调速精度高、调节可靠性高且通过低频带载启动，不会对电网造成冲击，目前发展较为成熟且应用较为广泛。

10.3.3　配电网节能技术

随着智能电网建设的深入，配电网的建设得到高度重视。通过不断加大配网建设投资，配电网网架结构进一步增强，高耗能设备逐步淘汰，配网电力设备日益完善，智能化水平稳步提升，各国形成了配电能力强、运行稳定性高且调度灵活性较好的配电网。与此同时，降低线损依然是配电网可持续发展的重点。以中国为例，据中国电力企业联合会发布的《中国电力行业年度发展报告 2021》，2020 年中国社会用电量 75 214 亿千瓦时，全国线损率由 2019 年的 5.93%降至 5.60%，线损电量由 3724 亿千瓦时降至 3651 亿千瓦时[43]。而韩国、德国、日本等国家的线损率早在 2012 年就降至 3.39%、4.36%和 4.62%的水平，中国线损率仍有较大的下降空间[44]。降低线损率是提高输配电能力、减少输配电成本的必然举措，可通过配网运行全局优化控制、无功补偿应用、非晶合金/有载调容/调压变压器应用、新型节能导线应用、三相不平衡调整以及电能质量综合治理等方法来提升配网电能质量、降低线损，从而实现节能。

1. 无功补偿技术

电气设备功率可分为有功功率、无功功率和视在功率[45]。其中，有功功率是电气设备维持正常工作所需的功率，无功功率则是用于建立和维持磁场的功率，视在功率指电机总功率，是有功功率和无功功率的矢量和。

从功率的作用可知，用电设备的运行不仅依赖于维持其正常工作的有功功率，还需要获得一定的无功功率。电网中存在大量感性负载，包括变压器、电动机等设备，其运行时会吸收大量无功功率。如果电网的无功功率过低，用电设备则无法建立和维持磁场，用电设备也就无法正常运行。考虑到电网的稳定性和安全性，电网需要设置一些无功补偿设备来补充无功功率，合理地选择无功补偿设备可以实现电网质量的提升与电网损耗的降低。因此无功补偿是电网运行中最常用、最有效的降损节能技术措施之一。

无功补偿技术的原理是通过将感性负载和容性负载并联，使感性负载释放的能量可以由并联电容器吸收储存，直到感性负载需要能量时再释放，从而实现能量的相互交换。目前无功补偿设备主要包括投切电容器、静止无功补偿器（static var compensator，SVC）、静止无功发生器（static var generator，SVG）三种。SVC一般是通过晶闸管来实现快速投切并联电容器或电抗器来运行；SVG利用可关断晶闸管、绝缘栅双极型晶体管（insulated gate bipolar transistor，IGBT）、集成门极换流晶闸管（integrated gate-commutated thyristor，IGCT）等大功率电力电子器件组成电压源逆变器，将逆变器经过电抗器或者变压器并联接入电网，通过调节逆变器交流侧输出电压或者电流的幅值和相位，迅速吸收或者发出所需的无功功率，实现快速动态调节无功的目的。不同无功补偿设备的性能分析如表10.6所示。

表 10.6　不同无功补偿设备的性能分析

补偿设备	响应速度	低电压特性	谐波特性	过载能力	系统电压控制能力
投切电容器	无	低电压特性差，补偿效果受系统电压影响	不产生谐波	不具备过载能力	无
SVC	20~40毫秒	低电压特性差，补偿效果受系统电压影响	补偿效果受系统谐波影响大；补偿产生大量谐波，运行时需配置滤波器	不具备过载能力	有
SVG	≤5毫秒	低电压特性好	不受系统谐波影响，补偿产生谐波少；可通过算法实现系统滤波功能	具备很强的过载能力	有

2. 配网谐波治理技术

随着电力电子技术的不断发展和更新，相关电子设备日渐多样化和复杂化，传统电力设备进化为大量变频调压设备等感性、非线性负载，这些设备的非线性特性产生许多谐波电流。对于电网，谐波降低了电网电压，提高了输电线路损耗，浪费了大量电能资源。对于电网内的其他电力设施，谐波会干扰其正常工作甚至影响其使用寿命，导致诸如电容器过流损坏、变压器的铁损和铜损增加、电动机的运行效率降低等严重问题。

目前配网谐波治理措施主要分为主动治理和被动治理两种。其中，主动治理从谐波源入手，通过优化升级以减少或避免谐波产生，被动治理则通过谐波补偿装置防止谐波进入电网或负载端。被动治理方式的应用相对广泛，分别是无源滤波方式和有源滤波方式。

无源滤波方式所采用的无源电力滤波器（passive power filter，PPF），是由电感、电容和电阻组合设计而成的滤波电路，PPF 凭借电容和电阻的阻抗特性，对所需滤除的特定频率的谐波呈低阻抗，为其提供较低的阻抗通道，使大部分该频率的谐波流入滤波器，而不流入电网实现滤波。

有源滤波方式所采用的有源电力滤波器（active power filter，APF），是由电力电子元件和数字信号处理器组合构成的电力谐波治理设备。APF 可以实时监视线路中的电流并实现各次谐波和基波的分离，从而主动生成与谐波电流极性相反的相同幅值的电流，以抵消谐波电流，实现配网的谐波治理。相较于 PPF 只能滤除固定频率范围内的谐波，APF 可以动态滤除特定频率的谐波。PPF 与 APF 的优缺点比较如表 10.7 所示。

表 10.7　PPF 与 APF 的优缺点比较

滤波器类型	优点	缺点
PPF	设备组成简单； 整体成本较低； 制作容量不受限	只能消除特定频率的谐波； 某些谐波会产生放大作用； 谐波电流增大易造成滤波器过载进而损坏； 滤波特性受系统阻抗的影响较大
APF	可动态滤除各次谐波； 滤波器不受负载及谐波量增大的影响； 滤波效果不受系统频率影响； 不受系统阻抗影响； 不存在谐波放大和共振的危险	价格相对较贵； 制作容量受限于电力电子元件

3. 配电变压器节能技术

配电变压器是配电网的常见设备，在电力系统的各个环节中覆盖广、数量大，其在电力发、输、变、配、用的整个过程中产生的各种损耗是配网节电的重要改造部分。额定电压、额定容量、空载损耗、负载损耗、空载电流、短路阻抗是配电变压器的重要技术指标，各国家、地区对于配电变压器的能效标准各不相同，下文以中国为例。

2011 年，国家电网有限公司发布《国家电网公司第一批重点推广新技术目录》，要求推动节能型配电变压器[46]。《国家电网公司第一批重点推广新技术目录》指出节能配电变压器主要包括："S13 及以上型号的系列配电变压器、非晶合金铁心变压器和调容变压器。"表 10.8 为这三类节能配电变压器的对比分析。

表 10.8 节能配电变压器优点及适用场景分析

节能配电变压器类型	优点	适用场景
S13 及以上型号的系列配电变压器	采用高导磁、低损耗的优质高性能硅钢片，空载损耗和负载损耗低	新建和改造的城乡配电网
非晶合金铁心变压器	铁心采用非晶合金带材，空载损耗低	新建和改造的城乡配电网
调容变压器	根据实际负荷大小自动调节容量	季节性负荷或其他周期性变化大的负荷

2020 年，国家市场监督管理总局和国家标准化管理委员会共同发布了国家标准《电力变压器能效限定值及能效等级》(GB 20052—2020)，并于 2021 年 6 月 1 日开始实施。《电力变压器能效限定值及能效等级》针对不同类型配电变压器，依据额定电压、额定容量，特别是空载损耗和负载损耗的技术指标，划分了 1 级、2 级、3 级的能效等级。其中，1 级为能效最高，损耗最低。这一标准已优于美国和欧盟的相关标准要求，对于提升变压器能效，促进配网节能有重要意义。

10.4　合同能源管理

10.4.1　基本概念

合同能源管理是综合能源管理的典型商业模式之一。在该模式下，节能服务公司先和节能客户双方签订能源管理合同，然后节能服务公司依据合同为节能客户提供包含设计、融资、采购和施工等环节的节能服务，以达到能源管理合同约定的节能目标，最后通过与客户共享节能效益的方式回收投资费用并获得合理利润[47]。其中，节能服务公司与节能客户分享节能效益的形式包括节能服务费、能源托管费、设备租赁费用等，因而可将合同能源管理按照节能效益分享的不同形式分为节能效益分享型、能源费用托管型、节能量保证型、融资租赁型和混合型。

不同于直接销售节能设备或技术，合同能源管理是一种通过减少节能客户用能费用以抵偿节能服务公司的节能改造成本及应得利润的模式。该模式使节能用户无须为节能技术投入资金或少量投入成为可能，使节能用户规避了自行进行节能改造项目的技术及财务等方面的风险。节能客户通过合同能源管理模式，在节能服务公司的帮助下解决了实行节能改造的技术不成熟、资金不足和业务不专业的问题。合同能源管理模式适合资金量小但能源消耗大的用能单位，如钢铁、冶金等工业用户。

10.4.2　发展现状

能源领域第一个采用合同能源管理机制的是发明蒸汽机的瓦特（Watt）[48]。

瓦特将蒸汽机提供给客户并安装调试,提供长达五年的服务,设备本身不收取任何费用,唯一报酬是客户通过使用蒸汽机替代马匹后节省下的费用的三分之一。这一模式通过客户后期的节能收益来支付瓦特的节能成本,使客户规避了蒸汽机这一新兴技术可能存在的风险,使得蒸汽机得到了迅速推广。

1. 国外合同能源管理发展状况

20 世纪 70 年代爆发的石油危机使世界能源价格不断上涨,促进了世界许多国家对能源节约的重视。面对能源危机对经济和环境的重大影响,美国率先提出了一种依赖于市场机制来促进节约能源的新机制——合同能源管理,随后这一先进的节能服务机制在西方发达国家中迅速兴起。经过长时间的发展,欧美等发达国家在节能服务公司发展和合同能源管理模式等多个领域积累了丰富的研究经验和相关成果。

作为合同能源管理的诞生国,美国拥有世界上最发达和成熟的合同能源管理行业。1992 年,美国通过制订管理计划,强制性要求政府与节能服务公司合作楼宇节能改造,此外,各州政府通过颁布法案,要求州政府与节能服务公司合作,进行州政府的合同能源管理模式的节能改造,并以法律形式明确了合同能源管理的能源效益分享周期。此外,美国还在各州设立了节能办公室对节能服务行业进行监管,同时也通过减税等财政政策对节能服务行业从业者进行激励,推动了合同能源管理的快速发展。

在德国,政府对采用合同能源管理生产节能产品和设备的企业,采取减免税政策提高企业采用节能措施的积极性。2014 年,德国政府通过“国家能效行动计划”,在此计划的引导下,德国联邦经济和能源部以及担保银行为推广合同能源管理模式提供相关支持和资助,持续推动德国的节能服务和合同能源管理市场不断发展。

日本是亚洲范围内合同能源管理做得最好的国家,其政府部门早在 1996 年就开始重视合同能源管理模式及节能服务行业并向日本国内引进。2002 年,日本政府修订《节约能源法》,强制要求政府、大中型企业及高能耗单位开展合同能源管理项目,进行节能改造,以实现《京都议定书》的节能减排目标。此外,日本政府通过提供低息贷款等方式吸引更多的就业人员从事节能服务行业。

2. 国内合同能源管理发展状况

20 世纪 90 年代,中国同世界银行及全球环境基金会合作,开展了节能促进项目,旨在推动合同能源管理模式在中国的发展,促成中国节能服务公司的产业化。

该项目一期在北京、辽宁、山东建立了三家示范性节能服务公司,是合同能源管理模式在中国的首个试点项目。从 1997 年到 2006 年,这三家公司的节能服务项目的净收益达到 4.2 亿元人民币,节能客户的净收益更是达到了这些示范企业净收益的 8 倍至 10 倍。这三家示范性节能服务公司既得到了较好的内部收益,也受到了用能企业的广泛欢迎，它们的显著成绩意味着合同能源管理模式在中国市场具有巨大的发展潜力和发展空间。

该项目一期以示范和推广合同能源管理模式为目的，项目二期的主要任务则是实现节能服务公司产业化。在世界银行、全球环境基金会的大力支持下，中国成立了中国节能协会节能服务产业委员会，用以沟通联结政府和各节能服务公司，并为节能服务公司提供技术支持，开拓节能项目，实现节能服务公司的产业化。此外，世界银行专门设立了项目部、投资担保公司，来为中小企业的贷款提供担保，为节能服务公司的可持续发展创造条件。

2009年，中国和世界银行合作展开了项目三期，由三家中国转贷银行利用世界银行贷款向中国的大型工业企业节能技术改造项目提供贷款，有效解决了大中型企业节能改造项目资金不足的难题。

2010年4月，《关于加快推行合同能源管理促进节能服务产业发展的意见》出台，通过对开展合同能源管理的项目实施财政补贴、税收优惠、融资服务和政策支持等相关措施，促进我国节能服务产业加快发展。2010年5月，《合同能源管理技术通则》发布，有力促进了合同能源管理机制的发展。2020年10月，《合同能源管理技术通则》修订实施，该标准的更新意味着国家将继续支持和帮助节能服务公司在政策指引下更有方向性地探索合同能源管理的创新商业模式，并在新形势下更好地开展合同能源管理项目。

10.4.3　项目要素与流程

1. 合同能源管理项目要素

合同能源管理项目的要素包括用能状况诊断、能源基准确定、节能措施的选择、节能目标的量化、节能效益分享方式、节能量测量和验证等[47]。

用能状况诊断作为合同能源管理项目开展的前提，为此后的能源基准确定、节能措施的选择以及节能目标的量化提供了支撑[49]。经过用能状况诊断和能源审计，根据项目实施前用能单位能源利用的相关数据，经双方确定形成能源基准，用作计算项目节能量的定量参考依据。基于用能状况诊断和能源基准，可以确定具体的项目节能措施，如对现有设备进行改造或更换等，形成具体的项目方案和量化的节能目标。项目竣工后，由用能单位方进行验收，对节能量进行测量和验证。

这就要求节能服务企业进一步完善业务流程，一方面要使业务流程完整，不要遗漏或忽视某一要素；另一方面要使各环节协调统一，防止出现矛盾引起纠纷。

2. 合同能源管理项目流程

合同能源管理项目的流程如图10.7所示。

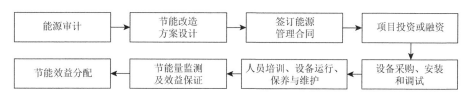

图 10.7　合同能源管理项目的流程

（1）能源审计。节能服务公司对用能单位的所有耗能设备进行数据采集及能耗评价，并对具有重大节能潜力的环节进行排查。节能服务公司会对能耗相关数据进行整理加工和综合分析，确定现行能耗水平，计算潜在节能量。

（2）节能改造方案设计。基于前期的调研工作和能源审计，节能服务公司根据审计的分析计算提出具体的节能改造设计方案，包含所建议节能改造方案的概况、节能效果和估计节能量等，供用能单位参考。

（3）签订能源管理合同。节能改造设计方案满足用能单位需求后，双方进行能源管理合同的签订。所签订合同包含项目具体内容，明确了项目的节能量、节能量测定方法、双方责任及双方效益的分配等。

（4）项目投资或融资。签订能源管理合同后，节能服务公司进入节能改造项目的实际实施阶段。在节能改造项目的实施过程中，项目的全部投资由节能服务公司负责。

（5）设备采购、安装和调试。节能服务公司负责项目中设备的采购、安装和调试，根据项目方案进行项目实施，而用能单位需要为节能服务公司提供必要的便利条件。

（6）人员培训、设备运行、保养与维护。在完成设备采购、安装和调试后，系统进入试运行阶段。节能服务公司会负责用能单位相关人员的培训和指导，使相关人员能对项目的改造设备、系统进行正常的运行、保养与维护。

（7）节能量监测及效益保证。在系统试运行阶段，节能服务公司按照能源管理合同约定方式对系统的节能量进行监测，确定所提供的节能改造项目的节能效益，并根据合同约定进行方案调整，并作为节能效益分享的依据。

（8）节能效益分配。节能改造项目的全部投资均由节能服务公司负责，包含能源审计、设备采购、安装和调试、人员培训、设备运行和维护等过程，因而节能服务公司在合同期内对项目拥有所有权。用能单位应当以合同约定比例，将当期的项目节能效益分享给节能服务公司。

10.4.4　主要模式

经过实践总结，合同能源管理形成了多种发展模式，目前主要分为节能效益分享型、能源费用托管型、节能量保证型、融资租赁型和以上四种类型组成的混合型。实际实施中，节能改造项目可以依据具体情况来选择合适的合同能源管理模式，不同合同能源管理模式的效益对比如图 10.8 所示。

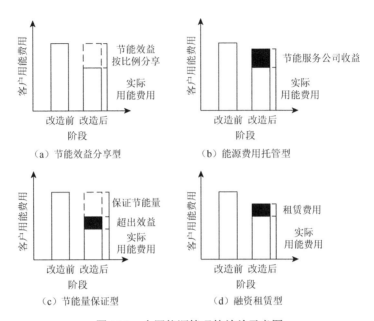

图 10.8　合同能源管理的效益示意图

1. 节能效益分享型模式

节能效益是指节能服务公司实施节能项目后一个能源消耗周期内（通常为一年）所产生的节能量的市场价值，主要体现为节能用户节能改造后节省的能源费用[47]。

在节能效益分享型模式中，节能服务公司提供节能项目的资金和全过程服务，在用户的配合下实施节能项目，并在约定期限内，与客户按比例分享节能效益。节能服务公司通过分享项目节能效益的形式回收节能项目的设备购买、安装、调试费用，技术服务费用以及适当的利润。该模式下，节能服务公司承担的支付风险较大，因此项目关键在于节能效益的分享，节能用户应尽可能地提供各方面的节能效益支付保证。

2. 能源费用托管型模式

在能源费用托管型模式中，节能服务公司受用户委托自筹资金对能源系统进行节能改造、运行管理和维护等工作，用户则根据双方合同约定的能源系统的运行管理和维护费用,向节能服务公司支付相应资金作为托管费用。当质量不达标时,节能服务公司需按合同给予相应赔偿[50, 51]。该模式中,节能服务公司和客户的收益均来自对旧能源系统进行技术改造和科学化管理带来的能源费用减少。

3. 节能量保证型模式

在节能量保证型模式中,节能服务公司为客户提供节能服务的同时承诺项目的节能效果,节能效果以节能量形式约定于能源管理合同[52, 53]。如果系统的节能量没有达到承诺值,节能服务公司自行承担节能量差额部分的损失;如果系统的节能量达到或超过承诺值,节能服务公司与客户双方按约定比例共享超出部分的节能效益。

4. 融资租赁型模式

在融资租赁型模式中,融资公司投资购买节能服务公司的节能设备和服务,并租赁给节能用户使用,根据协议定期向节能用户收取租赁费用[54]。

10.5　本 章 小 结

本章首先对综合能源服务进行了概述,介绍了综合能源服务的概念,阐述了综合能源服务的典型商业模式,分析了综合能源服务的发展现状。概念部分,解释了综合能源服务的定义与内涵、综合能源服务对象和综合能源服务的特点。主要模式部分将其分为合同能源管理和工程投资建设两种模式,并着重介绍了工程投资建设模式。在发展现状方面,对国外的综合能源服务战略、服务商及项目进行了分析,同时对中国的综合能源服务商的发展现状进行了梳理和总结。

其次对包含 P2G、CCHP、V2G 和生物质转化在内的综合能源供应技术进行了技术简介和技术原理介绍,还介绍了余热回收利用技术、电机系统节能技术和配电网节能技术等节能改造技术。余热回收利用技术部分,分析了工业余热资源的一般性特点和常见技术类型。电机系统节能技术部分,从风机水泵优化设计、系统节能和调速技术三个方面进行了分析和梳理。配网节能技术部分,分别介绍了无功补偿技术、配网谐波治理技术和配电变压器节能技术。

最后,梳理和总结了合同能源管理的基本概念、发展现状、项目要素与流程和主要模式。在发展现状部分,分别对国外和国内的能源服务公司及合同能源管理模式的发展现状进行了总结。在项目要素与流程部分,对合同能源管理的要素和要素的相关关系进行了分析,并总结了合同能源管理项目的流程。之后,对合同能源管理的不同模式类型进行了对比分析。

本章参考文献

[1] 北极星售电网. 综合能源服务市场潜力分析[EB/OL]. (2018-03-26)[2021-08-15]. https://news.bjx.com.cn/html/20180326/887626.shtml.

[2] 徐辉，祁晓敏，郑博文，等. 综合供能发展现状，挑战及展望[J]. 中国电业，2019，（11）：92-94.

[3] 封红丽. 国内外综合能源服务发展现状及商业模式研究[J]. 电器工业，2017，（6）：34-42.

[4] 张治新，陆青，张世翔. 国内综合能源服务发展趋势与策略研究[J]. 浙江电力，2019，38（2）：1-6.

[5] 李洋，吴鸣，周海明，等. 基于全能流模型的区域多能源系统若干问题探讨[J]. 电网技术，2015，39（8）：2230-2237.

[6] 杨经纬，张宁，王毅，等. 面向可再生能源消纳的多能源系统：述评与展望[J]. 电力系统自动化，2018，42（4）：11-24.

[7] 吴建中. 欧洲综合能源系统发展的驱动与现状[J]. 电力系统自动化，2016，40（5）：1-7.

[8] 贾宏杰，王丹，徐宪东，等. 区域综合能源系统若干问题研究[J]. 电力系统自动化，2015，39（7）：198-207.

[9] 孙宏斌，郭庆来，潘昭光. 能源互联网：理念、架构与前沿展望[J]. 电力系统自动化，2015，39（19）：1-8.

[10] 田世明，栾文鹏，张东霞，等. 能源互联网技术形态与关键技术[J]. 中国电机工程学报，2015，35（14）：3482-3494.

[11] 戚艳，刘敦楠，徐尔丰，等. 面向园区能源互联网的综合能源服务关键问题及展望[J]. 电力建设，2019，40（1）：123-132.

[12] 周伏秋，邓良辰，冯升波，等. 综合能源服务发展前景与趋势[J]. 中国能源，2019，41（1）：4-7，14.

[13] 何鑫，尹璐，涂彬，等. 我国综合能源服务的现状与发展趋势[J]. 中国电力企业管理，2020，（31）：51-53.

[14] 代琼丹，邓昕，吴雪妍，等. 能源互联网下综合能源服务商业模式综述[J]. 高压电器，2021，57（2）：135-144.

[15] 纪岚. 公路工程项目运营中 PPP 与 BOT 两种投融资模式比较分析[J]. 中国乡镇企业会计，2021，（9）：24-25.

[16] 曾文峰. 浅析工程项目中 BT、BOT 两种融资模式[J]. 才智，2012，（36）：26.

[17] 贺霞. 基础设施建设项目 BOT 与 BT 模式的比较研究[J]. 湖南财政经济学院学报，2013，29（5）：59-64.

[18] 徐可，何立华. PPP 模式中 BT、BOT 与 TOT 的比较分析——基于模式结构、风险分担、所有权三个视角[J]. 工程经济，2016，26（1）：61-64.

[19] 杨宇，宋天琦. 英国综合能源服务发展与创新模式案例研究[J]. 上海节能，2020，（2）：98-100.

[20] 杨宇，宋天琦. 德国综合能源服务模式与案例研究[J]. 上海节能，2020，（2）：101-103.

[21] 颜玉林，李斯吾，连伟红，等. 丹麦综合能源服务实践经验及对我国的启示[J]. 中国电力企业管理，2019，（34）：54-59.

[22] 陈沼宇. 考虑 P2G 多源储能型微网日前最优经济调度策略研究[D]. 天津：天津大学，2016.

[23] 陈沼宇，王丹，贾宏杰，等. 考虑 P2G 多源储能型微网日前最优经济调度策略研究[J]. 中国电机工程学报，2017，37（11）：3067-3077，3362.

[24] 黄明，吴勇，文习之，等. 利用天然气管道掺混输送氢气的可行性分析[J]. 煤气与热力，2013，33（4）：39-42.

[25] 张运洲，代红才，吴潇雨，等. 中国综合能源服务发展趋势与关键问题[J]. 中国电力，2021，54（2）：1-10.

[26] 金红光，刘启斌，隋军. 多能互补的分布式能源系统理论和技术的研究进展总结及发展趋势探讨[J]. 中国科学基金，2020，34（3）：289-296.

[27] 冯志兵. 燃气轮机冷热电联产系统集成理论与特性规律[D]. 北京：中国科学院研究生院（工程热物理研究所），2006.

[28] 金红光，隋军，徐聪，等. 多能源互补的分布式冷热电联产系统理论与方法研究[J]. 中国电机工程学报，2016，

36（12）：3150-3161.

[29]　刘晓飞，张千帆，崔淑梅. 电动汽车 V2G 技术综述[J]. 电工技术学报，2012，27（2）：121-127.

[30]　刘振亚. 智能电网技术[M]. 北京：中国电力出版社，2010.

[31]　李瑾，杜成刚，张华. 智能电网与电动汽车双向互动技术综述[J]. 供用电，2010，27（3）：12-14.

[32]　张晓烽. 生物质与太阳能、地热能耦合建筑 CCHP 系统集成研究[D]. 长沙：湖南大学，2018.

[33]　赵巧良. 生物质发电发展现状及前景[J]. 农村电气化，2018，（3）：60-63.

[34]　孙永明，袁振宏，孙振钧. 中国生物质能源与生物质利用现状与展望[J]. 可再生能源，2006，（2）：78-82.

[35]　连红奎，李艳，束光阳子，等. 我国工业余热回收利用技术综述[J]. 节能技术，2011，29（2）：123-128，
　　　133.

[36]　张轶. 中外水泥窑纯低温余热发电对比[J]. 中国建材，2005，（6）：43-46.

[37]　张富，张福滨. 水泥行业纯低温余热发电技术及现状[J]. 建材发展导向，2007，（1）：40-47.

[38]　王瑜瑜，刘少军. 基于变频技术的水泵节能控制系统的研究[J]. 现代电子技术，2013，36（15）：166-167，
　　　170.

[39]　张阳. 循环水泵的节能改造技术及应用[J]. 化学工程与装备，2013，（12）：118-121.

[40]　王振羽. 风机水泵节能的重要途径[J]. 华电技术，2008，（7）：1-5.

[41]　相玲. 变频调速技术在风机、水泵节能改造中的应用[D]. 北京：华北电力大学，2012.

[42]　刘杰，李强，李贺昌. 钢铁企业风机水泵节能工作实践 [J]. 冶金动力，2020，（10）：11-12.

[43]　中国核能行业协会. 中电联发布《中国电力行业年度发展报告 2021》[EB/OL].（2021-07-09）[2021-09-15].
　　　http://www.china-nea.cn/site/content/39416.html.

[44]　未来智库. 碳中和主题投资策略：碳中和四大主题与十二赛道分析[EB/OL].（2021-03-23）[2021-06-21].
　　　https://www.vzkoo.com/document/d4fc97c07dc46524986422bebbcca77a.html.

[45]　任万英，马锐. 浅析 10kV 配电网无功功率补偿[J]. 电力设备管理，2021，（7）：63-64，92.

[46]　北极星智能电网在线. 国家电网公司 2011 年重点推广新技术目录[EB/OL].（2012-11-12）[2021-07-16].
　　　http://www.chinasmartgrid.com.cn/news/20121112/401069.shtml.

[47]　中华人民共和国国家质量监督检验检疫总局，中国国家标准化管理委员会.合同能源管理技术通则：GB/T
　　　24915-2020[S]. 北京：中国标准出版社，2022.

[48]　董十弓. 电信企业合同能源管理模式问题研究[D]. 北京：北京邮电大学，2010.

[49]　张志勤. 执行技术规范 用好业务指南——节能服务企业适用《合同能源管理技术通则》的建议[J]. 建设科
　　　技，2012，（4）：28-30.

[50]　杨丹. 能源托管型合同能源管理实施模式研究[J]. 价值工程，2019，38（31）：107-108.

[51]　姚秋萍，施红. 能源托管型合同能源管理模式实施路径的研究[J]. 科技创新导报，2015，12（6）：33-35.

[52]　于凤光，周君，翟春安. 节能量保证型模式下 ESCO 承诺节约成本估算[J]. 土木工程与管理学报，2016，
　　　33（2）：36-42.

[53]　尚天成，刘培红，李欣欣，等. 节能量保证型合同能源管理项目的收益分配[J]. 天津大学学报（社会科学版），
　　　2013，15（4）：298-301.

[54]　周鲜华，贾丹. 基于合同能源管理的项目融资租赁模式创新研究[J]. 建筑经济，2011，（9）：80-83.

第三篇　面向领域的能源碳中和

第 11 章　工业领域能源碳中和

11.1　工业用能与碳排放

11.1.1　工业领域用能概述

工业是能源消耗和污染物排放的主要领域。工业生产是物质资源形态转化的过程，即自然资源通过加工处理，转化为可用于消费或再加工过程的产品，需要利用能源资源作为加工制造过程的动力。工业生产在消耗自然资源和能源的同时，也会产生废弃物，包括废水、废气、废渣等，如果管理不善，会对生态环境造成严重的负面影响[1, 2]。

工业用能是指工业企业在生产过程和非工业生产中所消耗的各种能源，不论其能源种类，只要用作燃料、动力、原材料、辅助材料等，均纳入工业能耗统计，包括生产系统、辅助生产系统以及附属生产系统等的能源消耗。生产系统用能是指企业生产车间的能耗。辅助生产系统用能是指动力、供电、机械修理、供水、供气、加热、制冷以及仪器仪表等辅助设施的能耗。附属生产系统用能是指生产指挥系统和工厂内为生产服务的部门和单位，如车间浴室、开水站、食堂、卫生站等所产生的能耗。工业用能主要包括以下内容。

（1）工业生产过程中作为原材料使用，直接构成产品实体的能耗。

（2）工业生产过程中作为辅助材料使用所消耗的能源。

（3）工业生产过程中作为燃料、动力使用产生的能耗。

（4）用于已有技术更新改造、新技术研究、新产品开发制造、科学实验等活动使用的能源。

（5）为工业生产活动而进行的经营、维修企业机电设备，交通运输车辆及建筑物等运行维护产生的能耗。

（6）工业企业所属的科研单位、车队、医院、食堂、施工队等消耗的不直接用于工业生产活动的能源。

11.1.2　工业领域用能主要特征

工业是国民经济中最重要的物质生产部门之一，其具有能耗总量大和能耗种类多的特点，因此工业领域能源效率的高低对整个社会的能源消耗和污染物排放具有重要影响。总的来说，工业领域的用能特征如下。

1. 能耗总量大

随着工业化进程的不断推进和城市化水平的不断提高，经济规模迅速壮大，能源的消费量也是急速增加[3]。工业领域中，钢铁、煤炭、电力、石油、化工、建材、纺织、造纸等重点耗能行业总能耗巨大[4]。例如，钢铁行业是国民经济体系中重要的基础工业部门，钢铁生产过程需要消耗大量能源，包括烧结工序、焦炉炼焦工序、高炉炼铁工序、转炉炼钢工序、连续铸造工序、轧钢工序等。电力行业是国民经济发展的基础工业和先行工业，目前电力生产方式主要包括火力发电、风力发电、水力发电、核能发电和光伏发电等，但是我国长期保持着以火力发电为主的电力生产结构，将煤炭、石油等一次能源经发电设施转换成电能。

以中国为例，根据国家统计局公布数据[5]核算，2000~2019年，中国工业增加值（按当年价格计算）由40 258.5亿元增加到317 108.7亿元，复合增长率为11.5%；工业增加值在GDP中的比例由40.1%降低到32.0%。2000~2019年工业能源消费量由103 014万吨标准煤增加到322 503万吨标准煤，年均增长率为6.2%，工业能源消费量在能源消费总量中所占比例由70.1%降低到66.2%。虽然工业部门能源消费量在能源消费总量中的比例呈现下降趋势，但依然接近70%，说明中国工业领域能耗总量依然较大。

2. 能耗种类多

工业产品的生产需要消耗不同种类的能源，可能是一次能源（如原煤、原油、天然气等），也可能是二次能源（如电力、蒸汽、煤气等），还可能是耗能工质（如冷却水、压缩空气、电石等），或是同时需要上述多种能源。工业活动所消耗的能源主要包括煤炭、焦炭、原油、汽油、煤油、柴油、燃料油、天然气和电力等。下面介绍工业最常用的几种能源。

（1）煤炭。煤炭是最主要的工业用能来源，用途十分广泛，可以根据使用目的分为动力煤和炼焦煤。从世界范围来看，动力煤产量占煤炭总产量的80%以上。动力煤的主要分类如下。①发电用煤。据统计，中国消耗的全部煤炭中，有1/3以上用于火力发电。发电厂利用煤的热值，把热能转化为电能。②蒸汽机车用煤。蒸汽机车用煤主要用于铁路蒸汽机车锅炉燃烧，为铁路提供牵引动力。③建材用煤。建材用煤是指生产建筑材料消耗的煤炭，主要用于制造水泥、玻璃、砖和瓦等。④普通工业锅炉用煤。除发电厂及大型采暖用锅炉外，一般工业企业所用锅炉机型种类多，数量大，煤耗量不容忽视。⑤冶金用动力煤。冶金用动力煤主要用于烧结和高炉喷吹。炼焦煤主要用于冶炼焦炭。焦炭由焦煤或混合煤在高温下冶炼而成，多用于炼钢，是钢铁行业的主要原材料。

（2）原油。原油消费主要集中在工业部门，其次是交通运输业、农业、商业和生活消费等其他部门。首先，原油产品提供的能源能够用作汽车、飞机、轮船、锅炉等的燃料；其次，原油也是许多化学工业产品，如合成树脂、合成橡胶、合成纤维、溶剂、化肥、杀虫剂和塑料等的原料。

（3）电力。工业供电要求安全、可靠、优质、经济。电力为工业生产的基本动力，可以用来转化为热能（供热和制冷）、转化为光能（照明）、转化为机械能（驱动电机设备）、转化为化学能（电解和电镀）、进行远距离自动化控制和静电复印、除尘等。

3. 能源利用效率与工业化发展阶段有关

在工业化发展的早期和中期阶段，能源密集型加工工业快速发展，能效技术缺乏，煤炭等低质量的化石燃料占主导地位，工业能源利用效率较低。

在工业化的后期发展阶段，工业结构由能源密集型原材料工业为主过渡到一个能源效率较高的阶段，即由"灰色"工业转向"绿色"工业，能效技术和燃料质量得到了综合改善，总的能源效率也得到了提升[6]。

在工业化发展的最高级阶段，生产和节能技术进一步提高，能源结构进一步优化，生产重心向技术密集型工业转移，气和电等更高质量燃料广泛使用，使得工业能源效率大幅上升。

11.1.3　工业节能与碳中和

要想实现碳中和目标，能源是根本，工业是重点。作为国家节能工作的重要领域，工业节能不仅仅是简单地压缩能源的使用量，而是在工业生产和发展各个方面，降低能源浪费，提高能源使用效率，以实现更高的经济效益和环境效益。

通过明晰工业生产部门的能源利用和浪费现状，利用合适的节能技术和节能设备，有效降低工业领域能耗，从而达到节能降碳、减少污染的目的[7]。从生产流程视角来看，工业节能可以分为生产工艺节能、生产设备节能、生产流程的过程节能和生产流程的末端节能。具体特点如下。①生产工艺节能。生产工艺节能是最高端的节能方式，难度最大，但节能效率最高。生产工艺节能涉及整个工艺系统，一般很难单独进行，常常需要与设备节能和过程节能相配合。②生产设备节能。生产设备节能是相对来说较容易实现的节能措施。通过对能耗设备的维修、改造、更新、替换，采用新材料、新技术以及加强管理等，机械设备的能耗得以降低，能量回收设备的回收率也提高了。③生产流程的过程节能。对于生产流程的过程节能来说，生产系统规模越大、结构越复杂，系统的稳定性就越好，节能效率就越高。生产流程的过程节能就是综合考虑整个生产过程，对车间、工厂、设备的能源进行集中监测、管理、调度和控制等。④生产流程的末端节能。生产流程的末端节能是节能公司实施节能项目的重要手段，如余压发电、余热发电等。

从工业节能手段来看，工业节能可分为技术节能、结构节能、管理节能。①技术节能。技术节能是指利用新工艺、新设备、新技术等综合方法，提高能源利用效率，如提高能源的一次利用率和回收利用率等。技术节能实施难度较大、资金投入较多，但其节能效果最显著。②结构节能。结构节能一方面是指在保证经济平稳增长的同时，通过调整优化产业结构，抑制高耗能产业过快增长，从而达到节能减排目的；另一方面是指优化能耗结构，降低化石能源消耗量，提高可再生能源在一次能源中的占比，如发展风能、水能、光伏等新能源。③管理节能。管理节能是指在不改变现有技术、设备、工艺等硬件措施的情况下，通过相关管理手段降低能源漏损率等，达到能源利用效率提升的目的[8]。管理节能工作主要涉及能源管理体系、计量仪表、管理制度等，管理节能工作的好坏也会影响工艺节能、设备节能等的成效。

要想实现工业碳中和目标，需要分领域、分阶段地推进。近期来看，需要控制重点工业行业碳排放，推动部分行业尽快实现碳达峰，促进新一代信息技术在工业领域的应用，实现可再生能源、储能、氢能等绿色低碳技术的推广，从财政、税收、人才、金融、政策等方面提供支持。加快形成市场和政府相结合的激励约束机制，推进碳排放交易体系的构建，探索特定行业征收碳税的可行性。远期来看，就是要推动工业全行业实现碳排放达峰，进一步推进工业脱碳的进程，构建能源、资源、生态等多要素协同的全面系统减碳机制，建立绿色低碳工业体系。

11.2　重点能耗设备

11.2.1　重点能耗设备的分类

设备是工业企业进行生产的基础和工具，是工人从事生产的劳动手段。重点能耗设备是工业部门能源消耗的主要部分，保证重点能耗设备的合理运行可以有效提高能源使用效率，降低能源的消耗[9]。工业重点能耗设备主要包括电动机、供配电系统、工业燃煤锅炉等，这些在工业领域中广泛应用的机电设备，支撑着企业的运行，同时也肩负着节能减排的重担。

1. 电动机

电动机以电磁感应为理论基础，通过磁场对电流的作用，使电机转动，从而将电能转换成机械能。根据工作电源种类,电动机可以分为直流电机和交流电机。电动机具有功率范围大、效率高、使用方便、运行可靠、适用范围广的特点[10]。电动机用电占工业领域总用电的 70%,但平均使用效率却不到 75%。电动机的能耗主要表现在四个方面:电机负载率低、电源电压不对称或电压过低、老旧型电机仍在使用、维修管理不善。提高电动机的效率主要通过两种方式:一是使用频率转换器提高运作效率,二是使用高效电机。

2. 供配电系统

工业企业电能来自电力系统。先将电压由 380 伏升压到 660 伏,从而使输电距离加长、输电能力提高、变压器数量减少、供电可靠性提高、电缆截面积缩小、输电损耗降低,然后通过降压,将电能分配到各车间和大型用电设备[11]。工业企业内部有自己管理的供配电系统,由高低压配电线路、变电所(包括降压变压器和配电器)及用电设备(包括动力、工艺、电热、实验和照明用电设备等)构成。供配电系统的能耗主要来源于变压器及其相关高低压配电线路,如变压器容量选择不合理、负载率低,配电线路规划不合理、不规范,都会导致线路损耗加快、能耗过量等问题。

3. 工业燃煤锅炉

工业燃煤锅炉是指以煤炭为燃料,通过燃烧释放热量,将热媒水或其他有机热载体加热到一定温度或压力的热能动力设备,在纺织、印染、制药、化工、炼油和造纸等行业中广泛使用[12]。中国电器工业协会工业锅炉分会的报告指出,中国燃煤工业锅炉每年消耗约 4 亿吨标准煤,占全国煤炭消耗总量的 25%。工业燃煤锅炉主要由锅、炉和辅助设备构成。锅部分是指盛装水和蒸汽并承受压力的部分,包括锅筒、废水管、过热器等。炉部分是指燃料发生化学反应并产生高温的部分,包括炉膛、炉墙、烟道等。辅助设备包括煤粉制备系统、送风系统等。根据使用途径,可以将工业燃煤锅炉分为热水锅炉、蒸汽锅炉和导油锅炉等。由于燃料的不充分燃烧,燃煤锅炉的能耗无法全部有效转化成热量,存在无功消耗。而大型的锅炉效率相对较高,可以达到 60%~80%。

4. 风机

风机是一种将原动机的机械能转化为气体能力的器械,利用高低压来控制气体流量和流向,实现气体的压缩和输送。风机主要由叶轮、机壳、进口集流器、导流片、电动机等部件组成,用于冶金、化工、建材、汽车等行业的通风换气、高温排烟和燃烧气体抽出等[13]。根据工作原理,风机可以分为离心式风机和轴流式风机。根据用途,风机主要分为锅炉用风机、通风换气用风机、工业炉用风机、矿井用风机和煤粉风机。风机运行能耗高、效率低主要是由于风机产品技术落后、设计裕量大、机型选择不合理以及管理维修不到位等。

5. 空压机

空压机指空气压缩机,能够将电能转化为压缩空气的内能和热能,是工业企业常见的功能动力设备。空压机是将原动机的机械能转化成气体压力能的装置,通过为工业生产活动提供压缩空气,实现压缩、冷凝、膨胀到蒸发吸热的制冷循环[14]。空压机主要由壳体、电动机、缸体、活塞、控制设备(启动器和热保护器)及冷却系统构成,按工作原理可以分为容积式压缩、往复式压缩机和离心式压缩机。据统计,空压机能源利用率仅为15%左右,其余85%的热能通过冷却方式排放到空气中,产生巨大的能源浪费。中国的空压机组存在压缩系统供气不稳定、压缩机产气与用气之间供需不平衡、设备更新换代无法满足、多机组之间协调匹配不合理等问题,会造成能源浪费。

6. 泵

泵是指能够进行流体传输或流体增压的机械,原理是将原动机的机械能或其他外部能量输送给液体,从而达到增加液体能量的目的[15]。工业企业的泵机组主要用来传输水、油、酸碱液、乳化液、悬乳液和液态金属等液体。根据工作原理,工业泵可以分为容积泵(如活塞泵、隔膜泵)和叶片泵(如离心泵、轴流泵)等类型。容积泵是利用泵缸内的容积变化来传递能量和输送液体,具有流量均匀、结构简单、造价低、体积小、重量轻等优势,适用于黏度较低的各种介质。叶片泵是利用转子槽内叶片与泵壳的相互作用来传递能量,均匀性相对较差,但稳定性较强,适用于清洁介质和黏性较高的介质。工业泵的类型应该根据装置的工艺参数、输送介质的物理和化学性质、操作周期等因素合理选择。

11.2.2　高耗能设备

高耗能设备是指在工业企业生产过程中能源消耗量或转换量过大的终端能耗设备,一般以大功率锅炉、高压设备等为主[16, 17]。这些设备在实际运行过程中效率低、管理粗放、浪费严重,大多数设备无法达到满负荷运行状态,会消耗大量的能源资源,具有巨大的节能潜力。因此,对高能耗设备进行监管以及淘汰落后的高能耗设备是实现工业节能减排的重要方式。

1. 高耗能设备的监管

为了完善高能耗设备的监管,兼顾高能耗设备发展的优质性、安全性、节约性和清洁性，必须建立安全监督与节能监管相结合的管理体系，保障高能耗设备的安全发展与可持续发展的有机统一[18]。

1）高能耗设备的节能审查和管理现状

（1）相比于安全监管，目前高能耗设备的节能监管相对较弱，存在及时性不够的问题。同时，缺失一些必要的节能规程、标准，不能满足实际需要。例如，中国尚未出台有关换热压力容器的国家标准或规范，无法正确统一评价和检测其能耗状况；要求高能耗设备遵循相关规范和标准，却缺乏具体参照管理指标。

（2）现有规章和标准不规范、不完整、不全面，可操作性差，缺乏指导性。例如，锅炉的安全性可以通过定期检查得以有效保障，但是却忽略了其节能状况的重要性。《锅炉节能技术监督管理规程》中规定锅炉能效测试机构发现在用锅炉能耗严重超标时，应当告知使用单位及时进行整改，并报告所在地的质量技术监督部门，但是却没有对超标的标准进行量化与折算。

（3）节能监察和管理能力的欠缺。一方面，工业企业盲目追求高收益，对高耗能设备节能管理的监督检查力度不足，或过于形式化；另一方面，缺少相关技术人员对高耗能设备进行安装维修、节能操作和审查管理，不重视知识和技能的培训。

2）中国相关法律法规和规章制度

为了推动全社会节约能源，提高能源利用效率，《中华人民共和国节约能源法》自 1998 年 1 月开始施行，该法指出"对高耗能的特种设备，按照国务院的规定实行节能审查和监管"。2009 年 1 月，《特种设备安全监察条例》修订发布，将高耗能特种设备的节能监管明确纳入依法行政范围，同时对高耗能设备的设计、生产制造、安装改造、使用和检验维护等流程都设定了一系列的节能要求。2009 年 5 月，国家质量监督检验检疫总局审议通过《高耗能特种设备节能监督管理办法》，该办法对节能监管的具体内容进行了进一步的明确，对高耗能设备的生产、使用等过程的节能要求和措施做出了详细规定。2014 年 1 月，《中华人民共和国特种设备安全法》开始施行，明确提出"特种设备生产、经营、使用单位应当遵守本法和其他有关法律、法规，建立、健全特种设备安全和节能责任制度，加强特种设备安全和节能管理"。

2010 年，《锅炉节能技术监督管理规程》和《工业锅炉能效测试与评价规则》两项节能技术规范相继实施，对规范锅炉节能工作具有重要意义。此外，中国还制定了更多的工业锅炉相关标准和节能规范，包括《工业锅炉系统能效评价导则》（NB/T 47035—2013）、《工业锅炉热工性能试验规程》（GB/T 10180—2017）、《燃煤工业锅炉节能监测》（GB/T 15317—2009）、《工业锅炉经济运行》（GB/T 17954—2007）、《工业锅炉能效限定值及能效等级》（GB 24500—2020）和《电站锅炉性能试验规程》（GB/T 10184—2015）等，完善了锅炉设备的规范标准体系。

3）高耗能设备的监管对策

通过对中国高耗能设备管理现状和已有相关法律法规和规章制度的分析发

现，未来高耗能设备监督管理体系的构建，需要注意以下几点。

（1）划分监管范围，加强监管力度。对工业企业进行项目类别划分，根据企业运行的环境，选择合适的监管方式。对于传统高耗能重点企业，高耗能设备应当遵循"部门—集中—授权审批"的节能审查模式，实现审查管理信息的逐层汇报，确保审查监管部门的互相监督，提高工作效率。

（2）明确监管主体，完善节能规范。制定重点能耗设备的设计、制造、安装、使用、燃料管理和操作维护标准，对高耗能设备严格执行准入制度，落实安全、节能、环保监督管理体系"三合一"。落实相关法律法规文件的修订工作，按照相关规定和标准，对高耗能设备制造的单位产品进行能效测试和节能检验，对运行管理进行达标考核。

（3）健全工作机制，推进政策落实。工业企业内部应当设立高耗能设备管理部门，建立健全经济运行、能效计量监控与统计、能效考核等的节能管理制度和岗位责任制度。开展节能教育和培训，提高作业人员的节能意识和操作水平，确保高耗能设备安全、经济运行。明确高耗能设备超标惩罚机制，提高处罚标准，加大执法力度。

2. 高耗能落后设备的淘汰

高耗能落后设备主要是指不符合相关法律法规及标准规定的需要淘汰的设备，具有不具备安全生产条件、严重浪费原材料和能源、污染环境等特点。推进工业企业能耗设备的更新换代，加快高耗能落后设备的淘汰工作，对于推动工业转型升级、助力工业部门能源碳中和目标的实现意义重大。基于《中华人民共和国节约能源法》，工业和信息化部结合工业系统节能减排的形势和任务，先后制定了一系列高耗能落后设备淘汰目录。

2009 年 12 月，参考国务院《关于印发节能减排综合性工作方案的通知》和国务院办公厅《关于印发 2009 年节能减排工作安排的通知》的相关要求，工业和信息化部发布《高耗能落后机电设备（产品）淘汰目录（第一批）》。这一目录公布了共 9 大类 272 项设备（产品），包括电动机 27 项，电焊机和电阻炉 13 项，变压器和调压器 4 项，锅炉 50 项，风机 15 项，泵 123 项，压缩机 33 项，柴油机 5 项，其他设备 2 项。

2012 年 10 月，根据《中华人民共和国节约能源法》《"十二五"节能减排综合性工作方案》《工业转型升级规划（2011—2015 年）》的相关要求，工业和信息化部发布《高耗能落后机电设备（产品）淘汰目录（第二批）》。这一目录公布了共 12 大类 135 项设备（产品），包括电动机 1 项，工业锅炉 8 项，电器 61 项，变压器 1 项，电焊机 1 项，机床 34 项，锻压设备 20 项，热处理设备 2 项，制冷设备 1 项，阀 1 项，泵 2 项，其他设备 3 项。

2014 年 2 月，参考《"十二五"节能减排综合性工作方案》和《工业和信息化部 国家质量监督检验检疫总局关于组织实施电机能效提升计划（2013—2015 年）的通知》的相关要求，工业和信息化部发布《高耗能落后机电设备（产品）淘汰目录（第三批）》。这一目录公布了共 2 大类 337 项设备（产品），包括电动机 300 项、风机 37 项。

2016 年 3 月，参考工业和信息化部等部门《关于印发〈配电变压器能效提升计划（2015—2017 年）〉的通知》《关于组织实施电机能效提升计划（2013—2015 年）的通知》的相关要求，发布《高耗能落后机电设备（产品）淘汰目录（第四批）》，目录涉及 3 大类 127 项设备（产品），包括三相配电变压器 52 项、电动机 58 项、电弧焊机 17 项。

上述四批淘汰目录中，均详细列出了高耗能落后设备的具体产品名称、型号规格及淘汰理由等，同时以备注形式注明了相关设备与相应标准的相悖之处。设备生产单位应停止生产所列高耗能落后设备，同时工业企业应尽快更换高效节能的设备。工业和信息化部还要求各级节能监察机构应加强对淘汰目录中所列设备停止生产和淘汰情况的监督检查工作。

11.2.3　重点能耗设备的管理

1. 重点能耗设备的管理内容

工业能耗设备是保证工业企业进行大规模现代化生产、向社会提供高质量产品的重要工具，重点能耗设备的管理是保证工业企业清洁高效发展的保障，也是现代生产管理的重要组成部分。

重点能耗设备管理在内容上大致可以分为五个方面。

（1）设备配置指工业企业按实际生产需求，配备必要的设备，包括对设备进行评价、测试和选择。

（2）设备使用包括对已有设备的布局、选址、安装、调试及使用。

（3）设备保养和维修包括设备检查、诊断、保养、维修。

（4）设备更新和改造指从本企业实际需求和能力出发，用更经济、更先进的设备，取代从技术上衡量不宜继续使用的设备。

（5）设备日常管理包括对设备进行分类、编号、登记注册、报废及事故处理等方面的事务性工作。

2. 重点能耗设备的更新与改造

1）更新改造的内容

工业企业重点能耗设备的更新改造是对原有设备进行技术上的革新或结构上

的改进，目的是改善设备性能、延长使用寿命，从而提高生产率、降低能耗水平。其工作内容一般包括：提高或最大限度发挥设备能力、提高设备精度和耐磨性、提高设备的专业化程度、扩大工艺范围、提高机械化和自动化水平、降低能耗水平和运行效率等方面的革新和改进。

重点能耗设备的更新与改造主要涉及三个工作步骤：首先基于一定的指标，从技术上和经济上评价原有设备是否确实不宜继续使用；其次是选择和评价新设备；最后筹措资金，编制更新规划和处理原有设备。

重点能耗设备的更新与改造需要考虑以下四个方面。

（1）设备的生产能力。在评价和选择通用设备时，要从企业的实际运行状况出发，选择适应企业生产能力需求的设备，避免浪费和能力不足的情况。

（2）工业企业的技术现状。要考虑企业的技术现状，包括现有设备、现有技术力量、工人水平和技术素质等方面，切不可单纯追求设备的先进性，避免出现无法发挥效力、与原有设备不配套等问题。

（3）设备的性能。充分考虑设备的可靠性、机动性、通用性，选择易于保养和维修，能源和原材料消耗量相对较低，对环境污染尽可能小的能耗设备。

（4）经济效果。选择设备时要考虑设备投产之后能带来的经济效益，以提高劳动生产率为前提择优购置。

2）重点耗能设备的技术改造

2016年6月，工业和信息化部发布《工业绿色发展规划（2016—2020年）》指出，要"继续推进锅炉、电机、变压器等通用设备能效提升工程，组织实施空压机系统能效提升计划"，重点围绕高耗能行业及其相关企业的重点能耗设备，实施系统的节能改造[19]。

（1）电机改造。在电机系统使用调压调速器、变级电动机、电磁耦合调速器、变频调速装置等，实现高压变频调速技术改造，降低电机的转速，减少机械磨损，从而实现节能。实施永磁化改造技术，通过采用转子磁钢防止飞出结构设计有效解决磁钢脱离的问题，降低电机定子绕组中的电流，减少电力消耗、提升电机能效水平。应用特制电机技术，优化设计风扇、通风系统、电机线圈绕组等可以降低定子铜耗、转子损耗、铁耗、机械损耗、杂散耗等损耗，综合提升电机效率[20]。

（2）锅炉改造。从炉拱设计搭配、二次风调整、炉排片设计、配风均匀性四个方面进行优化设计，减少机械不完全燃烧损失。采用趋零积灰、趋零结露、变功率智能技术和活动列管式空气预热器，控制烟气与受热面的交换大小来实现恒定排烟温度和变功率，实现工业燃煤锅炉的节能改造。采用电极加热技术，实现以水为介质的电极加热，直接将电能转换成热能，使核电、火电行业的启动锅炉的热效率达到99%以上。另外，推进原煤清洁替代，优化煤炭质量，同时推广燃气锅炉、真空热水锅炉、生物质锅炉等。

（3）水泵改造。使用精密压力表和流量计测量用户实际需要的循环水压力和流量，采用流体分析方法分析相关数据并给出具体方案，通过优化水泵的叶轮和流道设计提升水泵效率，通过优化管网和尾水余能回收等方式实现整个循环水系统的效率最大化。

此外，在配电变压器系统对非晶合金变压器、有载调容调压变压器等实施技术改造，推广应用新型电力电子器件等信息技术，实施工程机械、农机、内河船舶用柴油机能效提升改造。

为了推动高效节能设备的生产、更新和推广应用，工业和信息化部进一步编制了一系列《节能机电设备（产品）推荐目录》和《"能效之星"产品目录》，加快推进先进适用的节能技术设备，引导工业领域绿色生产，促进工业节能与绿色发展。

11.3　绿色技术体系

11.3.1　绿色技术

1. 绿色技术的概念

绿色制造又称现代化制造，作为绿色发展重要组成部分，它是一种考虑资源效益、面向环境的工业制造模式。绿色制造采用各种绿色技术和方法，使工业产品在从设计、生产、包装、运输、使用到报废处理的整个生命周期中，做到资源利用效率最大化，生态环境影响最小化[21, 22]。影响绿色制造系统的因素是多种多样的，因此实施绿色制造所涉及的问题和途径是多方面的。在绿色制造的实施过程中，绿色技术是关键[23]。

绿色制造要靠绿色技术来实现[24]。20 世纪 70 年代，西方国家在社会生态运动中，首先提出绿色技术的概念。绿色技术是指根据环境价值并利用现代技术的全部潜力，实现减少污染、降低能耗和改善生态等目标的无污染技术。绿色技术概念的产生来源于对现代科学技术造成的生态环境破坏和人类生存状况恶化的深刻认识，是生态哲学、生态文化乃至生态文明产生的标志之一。

工业绿色技术的实施主体是企业，在政策法规、市场约束和公众监督综合作用的背景下，越来越多的工业企业主动制定绿色战略，实施绿色生产方针，积极寻求绿色技术创新。绿色技术所包含的经济价值可以分为三个部分。

（1）内部价值，指绿色技术研发者或绿色产品生产者所获得的效益，如绿色技术转让费、清洁生产设备的市场占有率等。

（2）直接外部价值，指绿色技术使用者或消费者所获得的效益，如利用高技术设备降低能源消耗。

（3）间接外部价值，指未使用绿色技术或产品的人所获得的效益，即所有社会成员都能获得的价值（如干净的水、清新的空气），这也是绿色技术所带来的最高经济价值。

2. 绿色技术的主要内容

绿色技术是一个系统工程，主要包括绿色设计、绿色材料选择、绿色工艺、绿色包装、绿色回收处理五个方面[25]。

1）绿色设计

绿色设计又称面向环境的设计、可持续设计，是指在工业产品生产全生命周期过程的规划中，在综合考虑产品性能、质量和成本的前提下，优化相关设计因素，采用合理的方案，尽可能降低产品制造过程中的资源消耗和对环境的负面影响[26]。绿色设计的目标包括：可拆卸性、可回收性、可维护性、可重复利用性。

2）绿色材料选择

绿色材料是指在生产、制备流程中耗能量较少、产生噪声较小、对环境污染较低、无毒性的材料。工业绿色制造中的绿色材料多是强调在保证相关功能要求的同时，兼具环境友好性的生产材料[27]。作为实现绿色制造的关键之一，绿色材料的选择应遵循以下原则：①优先选择可再生材料，提高资源利用率；②优先选择能耗较低、污染较少的材料；③选择易于再利用、再回收或易于降解的材料，避免选择有毒、有害和辐射性的材料。

3）绿色工艺

绿色工艺，又称绿色生产或清洁工艺，是指在产品制造过程中采用先进制造工艺或持续改进传统工艺，在兼顾提高经济效益、改善劳动条件的同时，又能节约原材料和能源，减少污染物和废物的排放，从而改善产品制造过程中环境污染的状况。

4）绿色包装

绿色包装是指基于环境保护的前提，优化产品包装的设计方案，最小化资源消耗量和废弃物产生量[28]。产品的包装应简化，并尽量选择无毒、无公害、可回收或易于降解的材料，同时优化产品结构，减少包装材料需求，降低包装费用，强化包装材料的回收利用。作为传统包装材料的代表，塑料具有质量轻、性能好的特点，但同时存在回收再利用、降解困难的问题，更重要的是塑料废弃后的处置对环境造成了严重影响。目前，世界公认的发展绿色包装的原则为（3R1D）：减量化（reduction）、再利用（reuse）、再循环（recycle）和可降解（degradable）。

5）绿色回收处理

产品的绿色回收处理是产品生命周期中的重要一环，是指利用各种绿色回收策略，使得产品的生命周期最终完成一个闭合循环。产品生命周期结束后，若不及时回收处理，将导致资源浪费，最终引发环境污染。绿色处理的方案包括：重新使用（reusing）、继续使用（using on）、重新利用（reutilization）和继续利用（utilization on）。绿色回收处理技术，就是在产品回收处理时，确定最佳方案，最终实现效益最大化、重新利用的零部件尽可能多以及废弃部分尽可能少。

11.3.2　绿色工艺

1. 绿色工艺的内涵

工业生产加工过程是一个将原材料、毛坯转化成产品的过程，包括物料形状尺寸的改变（如切削加工、铸造、焊接）、机械性质的改变（如热处理）、表面性能的改变（如电镀、涂漆）等，整个过程涉及物理化学反应、能量转化和资源消耗。其中制造出的合格产品是对物资能源的有效利用，对于具体产品来说，有效利用量是一个常量。因此，生产过程需要的资源种类和数量越少，资源利用率就越高，产生的废弃物就越少，对环境的影响就越小[29]。

工艺过程主要消耗的资源包括原材料、辅助物料和能量等；主要环境污染排放包括大气污染排放、废液污染排放、固体废弃物污染排放和物理性污染物排放等。工业企业生产工艺直接影响生产加工过程中的生产效率、资源利用率和环境影响，所以提高加工技术水平，优化加工工艺是工业企业实现绿色生产的关键[30]。

绿色工艺是指基于传统工艺技术，结合材料科学、表面技术、控制技术等新技术，在产品生产、加工过程中综合利用资源、尽量降低能源消耗，最大限度地减少环境污染，促进企业经济效益和社会效益共同提高的工艺。

按照实际目标的不同，可以将绿色工艺划分为以下三类。

（1）节约资源的绿色工艺是指在生产工艺中简化加工系统构成、降低原材料消耗的工艺技术。一方面，绿色工艺着眼于设计规划，通过减少零部件数量、减轻零部件重量、优化生产流程等方法使原材料的利用率最大化；另一方面着眼于制造工艺，通过改进毛坯锻造加工技术、优化下料技术、采用新型特种加工技术等方法使原材料的消耗量最小化。

（2）节约能源的绿色工艺是指在生产加工过程中减少能源消耗种类、降低能源损耗率的工艺技术。工业企业可以通过改造工艺、引入先进设备，提升能源利用率。

（3）环保型绿色工艺是指能够尽量减少或完全消除生产过程中产生的"三废"

（一般指工业污染源产生的废水、废气和固体废弃物）、对操作者以及生态环境有危害的排放物的工艺技术。目前广泛推广的有效方法是在工艺设计规划阶段综合考虑预防污染的产生，加强生产过程监督和技术推广，同时增加末端治理技术的使用。

2. 绿色工艺的选择原则

在进行零件制造、产品装配、产品包装等方面的绿色技术选择时，工业企业不仅要强调经济传统的制造技术，也要考虑工艺的环境影响[31]。绿色工艺的选择应遵循以下原则。

（1）技术先进性原则。技术先进性是工业产品生产的前提。绿色技术是指在产品生产过程中利用先进的技术，以达到安全、环保、经济地实现产品相关功能的目的。绿色技术是在满足其加工对象特征属性要求下的最优技术，这里所指的特征包括生产对象的材料特征、形状特征、质量要求特征、生产批量特征、交货时间特征等。

（2）环境协调性原则。环境协调性包括节能、降耗、环保和可持续四个方面。要实现环境协调，应考虑以下几点：①资源最优化利用；②能源消耗最低；③环境污染最小；④对人类健康的损害最低。

（3）经济性原则。经济性作为产品生产过程中必须考虑的因素之一，是企业经济效益的代表因素。一个产品如果不控制成本、不具备合理的价格，就不可能在市场上有立足之地。因此在进行工业产品绿色工艺的选择时，必须要衡量该技术能否降低生产成本、提高产品经济价值，能否有效提高企业经济效益和社会效益，能否实现生产制造过程的整体优化，从而有利于生产和社会的可持续发展。

3. 绿色工艺的实施动力

工业企业实施绿色工艺的原因主要有以下几种。

（1）来自工业企业内部的微观动力。①绿色效益。一方面，绿色工艺的创新能够提升产品质量、节约生产要素、降低生产成本，从而实现效益最大化；另一方面，绿色工艺的创新能够促使能源使用量降低，从而降低企业污染，改善企业形象，提升社会效益。②绿色战略。从思想观念上来看，工业企业的创新管理制度能为绿色工艺提供动力，引导员工为实现个人效用，积极探索绿色工艺、技术、设备和流程。

（2）来自工业企业之间的中观动力。①工业企业间的沟通。工业企业之间的相互交流沟通是绿色工艺资源流动转移的最有效、最直接和最重要的形式，主要包括绿色工艺许可转让、绿色工艺技术学习引进、绿色工艺设备和软件购买与置换、科学研究与开发项目的合作、创新人员调动、知识和信息的交流传播等。

②工业企业间的竞争。工业企业之间的利润、原料、成本和人才等竞争压力，促使制造业提升绿色工艺创新能力，并有可能进一步垄断绿色工艺方面的技术和设备，以不断寻求和满足潜在的市场。

（3）来自工业企业外部的宏观动力。①市场需求。绿色工艺的创新和实施，是工业企业针对碳税、碳壁垒以及技术壁垒的有效手段。②科技进步。全球绿色低碳的科技进步为工业企业绿色工艺创新提供了技术支持。③政府支持。政府运用政策、法规调节工业企业绿色工艺创新相关主体的行为，发挥调控、导向和服务功能。④平台支撑。工业企业绿色工艺创新离不开高等院校、科研机构和中介机构的动力作用。高等院校承担着培育科技、管理人才的责任，科研机构提供相关技术咨询和绿色工艺研究，中介机构开展信息交流、工艺评估，促进资源优化配置。

4. 重点行业先进绿色工艺

1）钢铁行业

钢铁行业的空气污染物主要来自加工过程，包括气态污染物（如氮氧化物、二氧化硫等）、烟灰和烟尘颗粒等；废水污染物主要包括悬浮物、重金属、油脂等；固体废弃物是煤的衍生物，包括焦炭粉尘、渣、石灰石等。针对上述污染物，钢铁行业的先进绿色工艺分为以下几种。

（1）焦化工序绿色工艺。炼焦是将炼焦煤在焦炉中经过高温干馏生成焦炭，用于高炉炼铁，是钢铁行业的前期工序。利用大容量环保封闭技术来优化煤炭存储、减少扬尘，利用袋式除尘净化装置收集煤运输、破碎、筛分等过程产生的粉尘。焦化工序的绿色工艺还包括大容积焦炉工艺技术、余热回收利用技术、产业链延伸技术，其中余热回收利用技术利用焦化余热来发电，提高余热利用率[32]。

（2）烧结工序绿色工艺。烧结过程产生大量烟气，其工序的绿色化是钢铁行业节能减排的重要内容。首先，在源头采取绿色措施，利用厚料层烧结技术处理固体燃料，降低固体燃料的耗能，提高成品率。其次，在末端处理方面，采用烟气脱硫技术、低温氧化脱硝技术、活性焦脱硫脱硝一体化技术等，实现脱除烟气中有害物的目的。

（3）炼铁工序绿色工艺。炼铁工序绿色工艺主要包括：高炉煤气干法布袋除尘技术、高炉炉顶均压煤气回收技术、高炉冲渣水余热高效回收技术、高炉水渣微粉处理技术等。高炉煤气干法布袋除尘技术指利用各种高孔隙率的织布或滤袋过滤并剥离含尘气体中尘粒的高效除尘技术，适用于缺水地区。高炉冲渣水余热高效回收技术能够解决换热系统设备阻塞的问题，实现炼铁余热资源的集中回收并利用于城市供热，从而减少二氧化碳等温室气体的排放。

（4）炼钢工序绿色工艺。炼钢工序绿色工艺主要包括：转炉煤气回收技术（干法和湿法）、蓄热式钢包烘烤技术、热光伏回收技术、废钢分拣预处理技术等。转炉煤气回收技术可以对转炉炼钢过程中产生的高温烟气进行冷却、净化处理，实现一氧化碳气体的有效回收。热光伏回收技术能够有效回收利用炼钢过程产生的热辐射，实现节能减排。

（5）轧钢工序绿色工艺。轧钢工序绿色工艺主要包括：连铸坯热送热装技术、蓄热式燃烧技术、在线热处理技术等。连铸坯热送热装技术是指将连铸机在生产过程中所产生的热铸坯直接热轧，并送到轧钢厂，这样不仅可以节省能源，还可以提高成材率，节约金属消耗。蓄热式加热技术则利用蓄热式余热回收装置，不断切换加热炉中空气和煤气，使空气和煤气获得高温预热，实现高温烟气的热量回收。

2）石油化工行业

石油化工行业是材料工业的支柱之一，是以石油和天然气为原料的化学工业，可以通过裂解、重整和分离等过程，提供基础原料，生产多种基本有机原料[33]。石油化工行业的绿色工艺主要包括以下几种。

（1）能量转换过程绿色工艺。能量转换过程绿色工艺可以提高转换设备能量效率，包括蒸汽逐级利用工艺和机泵调速技术等。例如，机泵调速技术是通过调节管路系统或阀门，改变机泵转速，从而达到调节流量、降低机泵节流控制带来的能力损失的目的。

（2）生产过程绿色工艺。生产过程绿色工艺通过改进产品生产的工艺过程，降低过程使用中的能耗量、提高可回收能源质量，一般包括工艺流程改进，采用新溶剂、新催化剂、新填料等。例如，催化裂化干气预提升技术，采用过热蒸汽作为催化裂化装置提升管的提升介质，保证了再生催化剂与油的接触保持良好的起始流化和输送状态，既能节能，又能降低干气和焦炭产率；重整装置芳烃抽提采用新溶剂，可以节约投资费用，降低能耗。

（3）能量回收绿色工艺。能量回收绿色工艺是指优化换热回收系统、提高回收利用效率的低温热回收系统及相应技术。例如，低温热回收技术主要通过热泵、低温制冷（包括溴化锂制冷技术和余热氨水吸收制冷技术等）、低温发电（包括低温热水扩容发电、非循环工质膨胀透平技术热工转换等）等方式实现。

3）机械制造行业

机械制造行业是指生产各种动力器械、运输器械、仪器仪表等机械设备的生产行业，为国民经济提供技术装备支撑，是国家工业化程度的重要标志之一[34]。机械制造行业的绿色工艺主要包括以下几种。

（1）干式切削加工工艺。干式切削加工工艺不需要切削液，可以有效减少环境污染，同时能够精简设备结构，达到提高生产效率、降低成本的目的。相关研究发现，干式切削的热量利用率能达到95%，有效提高了材料加工的精度，有利于节约材料和能源。干式切削包括车削和铣削，其中车削广泛应用于有色金属和合金等材料的加工生产。

（2）低温切削工艺。低温切削工艺主要应用于加工难度较大的材料生产，如高锰钢、钛合金等。应用低温切削工艺时，要配备合适的冷却装置和技术，常用的冷却方式包括：液氮冷却、静电冷却和气体射流冷却。液氮冷却是将液氮直接喷射到工具表面或加工区域内，液氮会自然挥发，对环境无污染。静电冷却和气体流射冷却，分别是向加工区域注入绝缘的空气和以射流冲击的方式注入带有压力的气体，来达到降温冷却的效果。

（3）机床技术。机械制造过程中，切削处会产生大量热量，在机床的优化过程中，应注重消减热变形。工业机床要配备冷却系统，以达到隔热效果，还要及时分散切削热量。要借助误差补偿系统，抵消由于热变形产生的误差，保证切削加工质量。另外，还要在机床上装备过滤装置，保证灰尘和垃圾能够得到及时清理，从而有效保护机床重要部件。

11.3.3 绿色产品

1. 绿色产品的概念和内涵

早在 20 世纪 70 年代，美国政府在环境法规中首次提出"绿色产品"的概念。联合国在 1978 年提出"蓝色天使"计划，1986 年该计划体系转交给了德国环保部。该计划要求产品在生产和使用过程中都要符合环境保护相关规定，并对符合标准的产品授予环境标识，这是最早出现的绿色产品。随后日本、美国、加拿大等国家也相继建立环境标志认证制度，鼓励企业生产绿色产品。

绿色产品是相对于传统产品而言的。早期有人将绿色产品定义为旨在减少部件、合理使用原材料并且能够回收利用的产品，还有人将绿色产品定义为从生产到使用、最后到废弃回收的整个生命周期都符合环境保护要求，对生态环境无害或危害极少的产品[35, 36]。

目前，国内外关于绿色产品的内涵，主要体现在以下几个方面：首先基于消费者人体健康，保证产品无毒无害或低毒低害，同时满足消费者对产品品质的需求；其次在产品的生产制造过程中实现物资和能源的节约；最后在产品的使用和废弃处理阶段提高回收率的同时，兼顾生态环境的保护，尽可能降低对环境的影响。

虽然上述定义表述的侧重点有所不同，但其实质基本一致。为了明确绿色产品概念和统一绿色产品评价方法和指标体系，中国于 2017 年 5 月开始实施《绿色产品评价通则》（GB/T 33761—2017）。该标准明确了什么是绿色产品，绿色产品是指在全生命周期过程中，符合环境保护要求，对生态环境和人体健康无害或危害小、资源能源消耗少、品质高的产品。绿色产品具体内涵主要体现在以下几点。

（1）产品能够符合消费者的主要需求。其基本前提是产品能够满足用户的使用要求和消费升级需求。

（2）节约资源和能源。尽量削减原材料使用量和种类，特别是昂贵、稀有材料和有毒、有害材料。这就要求在保证产品产量和质量的基础上，在产品设计过程中，优化产品结构、高效合理利用材料，最大限度地再利用产品的零件和原材料等。此外，在产品整个生产流程以及生命周期中，应力求各个环节所消耗的能源量最少化。

（3）优良的环境友好性。绿色产品从设计、生产制造、运输、使用到废弃、回收处理的各个环节都对环境无影响或影响极小。因此，工业企业在生产过程中优先使用清洁的原料、清洁的工艺过程，生产出清洁的产品；消费者在使用产品时，不产生污染或只产生微量污染；工业产品在报废处理、回收利用时，产生较少的废弃物，对环境的影响较小。

（4）具有安全、健康的特点。保护消费者人体健康，要求产品无毒无害或低毒低害。

2. 绿色产品的类别

绿色产品是无污染、无公害的产品，具有生产过程对环境污染较小、使用过程不损害消费者身体健康、废弃处理过程易于回收的特点。为了对绿色产品的生产和消费进行鼓励、保护和监督，很多国家制定了"绿色标志"制度。1990 年 5 月，中华人民共和国农业部首次命名并宣布发展"绿色食品"。1990～1993 年，"绿色食品"的数量由 127 种增至 217 种。1994 年，中国开始在工业领域推广实施"绿色标志"工作，至今已有低氟家用制冷器、无铅汽油等多种产品获得"绿色标志"。

绿色产品根据其环保特性分为以下几类。

（1）国际履约类。为了约束全球各国环境污染，不少国家相继出台了一系列环境保护协议，中国也积极履行相关协定。中国政府分别于 1989 年和 1991 年加入《保护臭氧层维也纳公约》和《关于消耗臭氧层物质的蒙特利尔议定书》，并计划于 2000 年和 2010 年分两步替代氟氯烃制品。此外，无氟冰箱、卫生杀虫气雾剂就是符合国际公约要求的绿色产品。

（2）再生、回收利用类。通过回收废弃产品，进一步进行再生产和利用，在节约资源能源的同时也能有效减少垃圾的排放。同时，以废品为原料与使用原材料相比，具有更低能耗、更少污染排放的优势。这类绿色产品包括再生纸、再生塑料等。

（3）改善区域环境质量类。有些产品会导致严重的区域性环境污染，如一次性餐盒、含磷洗衣粉等。缓解环境质量类绿色产品包括可降解塑料、无磷洗衣粉、无汞电池等。

（4）改善居室环境质量类。居室环境不是固定不变的，通过通风换气、采光日照、遮阳防尘、防噪隔音等能够保证居室内舒适的环境。此类绿色产品如低噪声洗衣机、低甲醛复合木地板等能够有效改善居室环境质量。

（5）保护人体健康类。保护消费者身体健康，为消费者提供安全、优质的消费体验，如绿色食品、低辐射的电子产品等。

（6）提高资源、能源利用类。产品在使用过程中节约能源意味着环境负担的减轻，如节能电脑、节能电灯等。

3. 代表性工业绿色产品

1）绿色纺织品

绿色纺织品是指不含有害物质的纺织品，在生产、使用和处理过程中，对人体绝对安全，可再生利用，并且不会对环境造成不利影响[37]。纺织品的绿色化体现在纤维原料的绿色化和印染工艺的绿色化。绿色纺织品包括以下几种。

（1）纤维绿色纺织品是在生产中选用天然原材料，不对环境造成破坏，并且在生产加工过程中不产生污染，对人体健康没有损害的、安全健康的纺织品。例如，用天然彩棉纺织生产出的产品是世界公认的纯天然"零污染"绿色生态纺织品；用溶解性纤维制成的成衣和家纺，具有优良的导湿性能和天然防霉性；从原竹中提炼出的竹纤维是一种绿色环保材料，用其制作的纺织品有天然的抗菌和产生负离子的特性。类似的绿色纤维还包括蛋白纤维、光致变色纤维、芦荟纤维等。

（2）加工绿色纺织品。在采用绿色原料的基础上，纺、织、染等加工过程也要进一步采用"绿色"的染料、助剂和相关化学品。首先，纺织品的浆料要使用天然浆料，包括淀粉、植物胶和动物胶等。其次，要选用环保染料，包括天然染料、天然色素、新型环保性染料。再次，纺织品的染整工序需要施加各类助剂，生态型表面活性剂能够在保护产品性能的同时具备高效的生物降解性，在废水中能安全分解。最后，在对纺织品进行整理时，使用以天然动植物为原料的环保型整理剂，能够使织物获得优良自然的效果。此外，绿色纺织在要求原料绿色环保的同时，还要求生产工艺清洁高效。

2）绿色建材

绿色建材是指基于清洁高效生产技术，利用少量天然资源和能源，对大量工业或城市固态废物进行加工处理，生产出的无毒害、无污染、无放射性、不会对环境和人类健康造成损害的建筑材料[38]，如纤维强化石膏板、陶瓷、玻璃、管材、复合地板、地毯、涂料、壁纸等。

工业固体废弃物主要产生于化工、冶金和煤炭等工业生产中，具有产量大、种类多、热值高、稳定性强以及成本低等特点。将工业固体废弃物加工成绿色建材，能够实现对资源的有效节约与循环利用，变废为宝，缓解环境污染问题。绿色建材包括：利用电厂产生的粉煤灰、脱硫石膏等生产的新型绿色建材，利用工业废渣冶炼生产出的新型建筑材料，通过煤矸石生产出的烧结型新型墙体材料等。2019 年 10 月，国家市场监督管理总局办公厅、住房和城乡建设部办公厅、工业和信息化部办公厅三部门联合发布了《绿色建材产品认证实施方案》，为绿色建材产业的发展指明了方向。

3）绿色电器

绿色电器又可称为"环保电器"，是指有关指标控制符合环保标准的一类电器。首先，绿色电器在优化设计时应尽量节省原材料，提高性价比。其次，绿色电器在制造、运行过程中的能耗应尽可能地降低，对环境所造成的污染应在国家规定范围之内。最后，绿色电器在生命周期终止后要进行可回收利用。代表性的绿色电器包括：绿色电脑、绿色电冰箱等。

（1）绿色电脑是一种安全、节能、环保的电脑，与普通电脑相比有三大特点：首先，绿色电脑能够大幅度节能，有部分电脑能够实现太阳能充电；其次，绿色电脑机身使用再生塑料制成，在报废处置时，回收方法简单，回收利用率高；最后，绿色电脑在生产过程中，采用液晶、等离子等新兴显示技术，避免产生电磁辐射，同时各种元器件的制作对环境无污染或有较少污染。

（2）绿色电冰箱指不再使用氟利昂等破坏臭氧层的化学气体作为制冷剂的电冰箱。绿色冰箱的节能技术改进可以考虑以下几个方面：首先，制冷技术的提升，要求压缩机效率的提高、冷凝效率的改进以及冷气环路的优化。其次，隔热技术的提升，可以通过使用高效绝热保温材料以及改进隔热结构得以实现。最后，可以通过设计开发高精准温度补偿加热器、采用变频技术等提高控制技术水平[39]。例如，半导体制冷器具有制冷快、体积小、没有机械和管道以及噪声低等优点，不会对环境造成严重破坏。

11.4　绿色工厂和绿色园区

11.4.1　绿色工厂

1. 绿色工厂的概念与内涵

工厂是生产货物的综合区域，是进行产品制造、推进工业发展的主体。绿色工厂的创建是构建工业绿色制造体系的关键，对于推进工业提质增效，绿色可持续发展具有重要意义。作为具备绿色生产综合属性的工厂，绿色工厂能够实现经济利益、环境效益和社会效益的共赢[40, 41]。

在绿色工厂的建设过程中，应充分考虑可再生能源的适用性和负荷设计，合理规划工业企业厂区内的物质流、能量流，推广绿色设计和绿色采购，优先采用先进实用的清洁生产工艺技术和高效环保的末端治理工艺技术，及时更新改造重点能耗设备、淘汰落后设施和装备，建立健全资源回收利用体系，优化制造流程和能耗结构，减少资源消耗和环境污染，最终实现工业工厂的绿色可持续发展。

2015 年 5 月，国务院印发《中国制造 2025》，这是中国第一个正式提出"绿色工厂"概念的国家正式文件。文件指出，作为推进制造强国的战略重点之一，"绿色工厂"的创建要遵循"厂房集约化、原料无害化、生产洁净化、废物资源化、能源低碳化"的原则。

2016 年 6 月，《工业绿色发展规划（2016—2020 年）》发布，沿用了《中国制造 2025》提出的有关绿色工厂"五化"的创建原则。在随后发布的《绿色制造工程实施指南（2016—2020 年）》和《工业和信息化部办公厅关于开展绿色制造体系建设的通知》中则将"五化"删改为"四化"。不仅删除了"原料无害化"，还用"用地集约化"替代了"厂房集约化"。这些定义的变化体现了中国在探索绿色工厂模式中的实践与思考。

2. 绿色工厂的评价体系

作为绿色生产的主体，工厂的绿色建设需要引导和规范，这就需要对绿色工厂进行科学评价，从而在行业内树立标杆和准则。《工业和信息化部办公厅关于开展绿色制造体系建设的通知》的附件 1《绿色工厂评价要求》详细阐述了有关绿色工厂评价指标框架、评价依据、评价方式和评价指标等。此外，2018 年 12 月，《绿色工厂评价通则》实施，对绿色工厂评价的指标体系及通用要求进行了详细的规范，适用于涉及加工、制造、组装等实际生产的工业工厂，是中国绿色工厂领域首项国家标准。

绿色工厂评价指标分为一级指标和二级指标，进一步分为基本要求和预期性要求。其中，基本要求是指绿色工厂创建的必选评价要求，满足指标体系中的所有基本要求才可以进行绿色工厂项目申报，否则一票否决。例如，大气污染排放、水体污染排放、噪声等，属于必须满足的指标。预期性要求是指入选绿色工厂试点的参考目标，鼓励地方行业基于自身发展水平、结合预期性指标提出更高、更具特色的要求。例如，社会责任、碳足迹等指标，属于预期性要求，不需强制完成。

地方行业主管部门应当细化、落实当地工业企业绿色工厂创建的工作内容，明确评价指标体系，并交由第三方组织实施绿色工厂试点示范评价。只有满足所有基本要求，同时达到地方规定的评价分数的工厂，才可被纳入绿色工厂名单。

具体来说，绿色工厂的评价重点应在基础设施、管理体系、资源与能源投入、产品、环境排放和绩效六个方面，绿色工厂评价体系框架如图 11.1 所示。

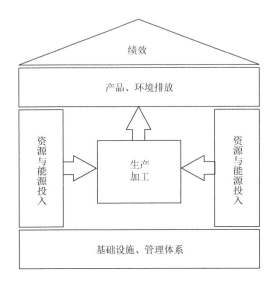

图 11.1　绿色工厂评价体系框架

1）基础设施

基础设施主要包括建筑、设备设施和照明等方面。

（1）建筑。建筑作为绿色工厂的基础，要求重点包括但不限于：建筑及其相关装修材料应符合国家和地方相关法律法规及标准；充分利用自然通风，采用保温、隔热、遮阳等结构，采用生物质建材等绿色建材，通过优化围护结构和相关架构，降低厂房内部能耗；基于采购特点采用综合统一规划、多次实施、厂房建设分期推进、设备采购分期实施、产品资金分期投入的方案满足生产和企业发展的要求，新建、改建和扩建厂房的总体工艺和投资要充分实现技术经济相结合、资源能源高效利用；提前设计可再生能源应用负荷，规划预留应用场地，考虑与现有工厂的优化耦合，合理有效利用工厂配套设施。

（2）设备设施。充分保证机械设备运行的能效性、管理设备的完善性以及环保处理设备的匹配性等，按照相关标准配备、使用和管理相关设备设施。

（3）照明。照明要求尽量利用自然采光，同时优先使用节能型照明设备。厂房设计上应优化窗户和墙面积比重、屋顶透明部分面积比。不同场所的照明应分级设计，公共场所照明应采用分区、分组与定时自动调光等措施。

2）管理体系

工厂应建立、实施并保持满足相应国家标准要求的管理体系，包括质量、能

源、环境、职业健康安全等，每年通过网站、公众号等方式向社会发布社会责任
报告。

3）资源与能源投入

（1）资源投入。工厂优先使用回收材料而非新材料，优先使用可回收材料而
非不可回收材料，应减少或替代高碳能源以及增温潜力较大的温室气体的使用，
采购需求应严格载入有害物质使用、可回收材料使用、能效等级等环保要求，应
建立并有效策划、组织和控制供应链管理体系，改善供应链系统环境。将生产者
责任理念融入业务流程，实现经济效益、环境效益和社会效益的和谐统一。

（2）能源投入。工厂应提前做好能源规划，通过建立光伏、光热、地源热泵
和智能微电网，优先利用可再生能源和清洁能源，实现多能源互补供能，优化能
源结构。通过提升生产工艺，采用多功能余热回收利用系统，采取高低温分区控
制、排热风回收、供电系统节能等措施，提高能源利用率。工厂应合理规划、分
步建设工厂的生产设施，保证已有设备的使用率，降低空载时间。综合考虑生产
流程、物料搬运、信息控制、结构系统等因素，确定相关生产设备在厂房内的布
置规划，避免设备、水电管道的交错铺设。优先使用国家认可的先进生产工艺和
机械设备，识别并避免采购国家明令禁止的生产工艺和机械设备，对即将淘汰的
落后产能，应制订明确的淘汰计划。鼓励支持利用物联网、云计算等新兴技术，
开展智能制造，提高工厂生产效率。

4）产品

产品指标评价包括生态设计、产品节能、碳足迹、有害物质限制使用和可回
收利用率五个方面。

（1）生态设计。工厂应减少原材料的种类，便于产品废弃回收。减轻原材料
重量，提高实用率，减少制造流程中耗损品的品种与数量。提高易回收以及可再
生原料使用率，优先使用易拆解和再循环的设计，减少使用零部件涂层、难分离
材料，以便回收再利用。在设计与服务过程中，注重通用性、模块化、可审计性
和可维修性。对于较大的零部件、材料及包装进行材料的标识。

（2）产品节能。要求工厂或其所属机构进行自我声明，公开产品的情况。利
用第三方认证机构，对符合要求的产品颁发相关认证证书。

（3）碳足迹。企业参考相关国内外标准，对产品碳足迹进行量化与核查，减
少产品设计、生产、消费等生命周期内的温室气体排放。将产品碳足迹明确标示
在包装或说明书中，向社会公众普及商品碳属性的概念。在环境目标中设定相关
碳足迹的改善目标，并制订相关提升计划。

（4）有害物质限制使用。按照相关国家要求和行业标准，开展有害物质限制
使用的检测、标识和管理等工作。通过自我声明、获取国家认证证书等方式证明
产品中有害物质的含量。

（5）可回收利用率。在保证产品性能、安全的情况下，提高可再生材料使用率。制订相关提升计划，促进可回收利用率的改善。

5）环境排放

环境排放为绿色工厂评价中的硬性指标之一，包括工业"三废"排放控制、噪声排放控制、温室气体排放控制等，国家、各地及各行业均制定有详细的排放指标。购置废气、废水、粉尘、固体废弃物、噪声等的处理设施，环保技术装备和环境检测仪器，采用清洁回收处理技术，实现环境排放的一般要求。工厂可以将污染物处理外包给有资质的污染物处理企业，以实现排放达标。工厂也可通过使用再生能源和植树造林等方式，降低温室效应，帮助实现碳中和。

6）绩效

绩效打分主要涉及用地集约化、生产洁净化、废物资源化和能源低碳化四项硬性指标。具体指标包括：工厂容积率、单位用地面积产值、单位产品主要污染物产量、单位产品废气产生量、单位产品废水产生量、单位产品主要原材料消耗量、工业固体废弃物和废水回收处理利用率、单位产品综合能耗和单位产品碳排放量。

基于相关国家标准，部分特殊工业行业颁布了行业绿色工厂评价要求，如《丝绸行业绿色工厂评价要求》（FZ/T 07006—2020）、《化学制药行业绿色工厂评价要求》（HG/T 5902—2021）等，细化了行业的评价标准。部分省份也相继发布了绿色工厂评价管理暂行办法，如《安徽省绿色工厂评价管理暂行办法》《西藏自治区绿色工厂评价管理暂行办法》等，规定了申请省级绿色工厂示范项目的工业企业应具备的基本条件，以及评价标准和评价程序。

3. 绿色工厂的实践经验

申报绿色工厂的工业企业可以优先申请国家工业转型升级资金、专项建设基金、金融信用贷款，获得政府优先采购等相关政策扶持，还可以享受便捷、优惠的担保服务和信贷支持。此外，对于企业自身而言，可以提升品牌知名度、增强市场竞争力，最终促进全行业乃至整个地区的绿色可持续发展[42]。

工业和信息化部作为绿色制造的主导部门，积极引领创新，已组织多批绿色工厂的申报工作，涉及汽车、电子、纺织、钢铁、机械、化工等多个重点耗能行业。获批绿色工厂的相关企业覆盖地域广、涉及行业全、示范作用显著，有效引导了工业企业绿色转型，促进了行业绿色升级，支撑了国家绿色发展。

中国各地方政务也一直不断推动绿色工厂的建设。例如，2014 年，浙江省人民政府确认衢州市为浙江省绿色金融综合改革试点市，以点带面推动全省传统制造业转型升级，探索金融支持传统产业绿色改造的有效途径和方式。2015 年，江苏省无锡市针对全市 329 家重点用能企业开展中央空调、工业窑炉、余热余压、绿色照明、电机五大节能改造潜力进行调研,梳理出新一批合同能源管理项目,助力无锡"绿色制造"的转型升级。2017 年,湖南为深入推进工业绿色发展,抓好绿色制造体系创建,对部分企业进行参评,具备"绿色基因"的企业可获得政策扶持和资金支持。

11.4.2　绿色园区

1. 绿色园区的概念与内涵

园区是指政府统一规划的指定区域,中国是园区数量最多的国家。作为工业企业生产活动聚集的区域,工业园区在推动中国工业化进程、促进地区经济发展方面发挥了关键作用。随着工业园区数量的不断增多,工业园区的环境污染问题也日益凸显,工业园区的绿色转型迫在眉睫[43, 44]。为了适应经济新常态以及工业绿色制造体系建设,绿色园区应运而生。作为绿色经济发展的关键载体,绿色园区的建立是实现区域绿色可持续发展的重点所在。

绿色工业园区模式重点在于绿色创新,既强调节约资源,又强调保护环境,是产业集群园区绿色创新的代表与模板[45]。对于工业园区内部的企业来说,绿色发展不仅能够有效提升经济效益,而且能够产生可观的环境效益。2015 年 5 月,《中国制造 2025》首次强调"发展绿色园区,推进工业园区产业耦合,实现近零排放",并提出到 2020 年,建成百家绿色示范园区。2016 年 6 月,《工业绿色发展规划(2016—2020 年)》发布,指出要以企业集聚化发展、产业生态链接、服务平台建设为重点,推进绿色工业园区建设。2016 年 8 月,工业和信息化部等四部门发布《绿色制造工程实施指南(2016—2020 年)》,提出要选择一批基础条件好、代表性强的工业园区,推进绿色工业园区创建示范。2021 年 11 月,《"十四五"工业绿色发展规划》总结了"十三五"以来建设了 171 家绿色工业园区的显著成效,并进一步明确围绕重点行业和重要领域持续推进绿色工业园区建设、通过强化绿色制造标杆引领完善绿色制造支撑体系的主要任务。

绿色园区实质是一个产业聚集区,具有企业制造绿色化、园区管理智慧化、环境宜业宜居的特点,综合反映能效提升、节能减排、循环再利用、产业链耦合等绿色管理要求,是绿色发展理念在工业产业领域的直接体现。工业园区要依据国家相关要求,按规定程序通过评审,才能被授予国家绿色园区相应称号。

绿色园区内涵广泛,是践行绿色发展、循环发展和低碳发展在园区层面的具体体现,是将绿色发展理念贯穿于园区规划、空间布局、产业发展、能源利用、资源利用、基础设施建设、生态环境保护、运行管理等各个方面的一种可持续园区发展方式[46]。具体包括以下重点内容。

（1）园区规划绿色化。全面系统分析园区发展条件和制约因素，综合考虑园区整体的协调关系，对园区进行合理布局和空间整合，优化路网结构，加强功能区、空间环境的有机联系，形成整体性强、联系紧密、生态宜居的园区。

（2）空间布局合理化。合理设定工业用地、居住用地和绿化用地的安全和卫生防护距离。考虑到企业协作、生产原料互补、废弃物交换利用的原则，依据空间布局安排和园区准入标准规范企业入园流程，将业务相近、关系密切的企业集中布局，最大限度实现资源的综合利用，实现土地的节约、集约、高效利用。

（3）产业设计绿色化。基于产业链纵向延伸、产业间横向耦合的原则，深入分析现有产业链的特征和性质，识别劣势链条和重点补链项目，有针对性地实行招商。积极发展节能、环保、资源循环利用、新能源等绿色产业，以绿色产业拉动传统产业转型升级。

（4）能源资源利用绿色化。积极推行工业清洁生产，推广应用节能、节水、节材、新能源、低碳、循环经济、环保先进适用工艺。实施电机系统、锅炉、风机、水泵等高耗能设备更新改造，照明、公共建筑设施和环保设备节能改造；实施热电联产以及余热余压回收利用技术，推进热网工程建设，实行集中供热。在工业企业间，发展串联用水系统、废水回收再利用等项目。支持企业开展太阳能热能利用、光伏发电、生物质利用和分布式能源及泛能微网等，积极发展新能源。

（5）基础设施绿色化。遵循基础设施先行和适度超前原则，统筹推进园区内道路、管廊、供水、供电、供气、照明、通信等建筑和环保设施设备的绿色化改造，实现基础设施的共建共享和智能高效利用。以"建筑工业化"方式减少现场施工，使用可回收循环利用的建筑材料，利用太阳能发电、建设风循环系统以降低建筑能耗。

（6）生态环境绿色化。推进污水集中处理设施的建设和升级改造、污水收集管网的优化布局，实现工业废水和生活污水的分流，提高污水收集率，实现污水的全收集、全处理和达标排放。对园区外垃圾处理厂、危险废物处理厂及再生资源回收网络进行改造、建设和利用，促进最优化的固体废弃物处理率。积极推行环境污染第三方监督与治理，利用环境服务公司集中式、专业化开展园区污染治理。合理搭建园区"绿道"，设置工业区与生活区防护林带，形成带状绿化与独立绿化点、线、面相结合的绿化体系。在停车场、人行道和广场种植高大乔木，保证遮阳效果。实现绿化立体化、复层化设计，合理规划植物配置、涉水地面，优化水景设计。

（7）园区监管智能化。参考国家和地方相关政策和准入条件，结合节能、环保、安全、质量标准，制定并推行企业绿色准入和退出管理规范，实行绿色招商，淘汰落后产能。充分利用信息化手段,建立可视化监控系统和重大风险应急指挥平台,实现主要污染源、危险化学品存储点的全覆盖,进一步健全环境安全风险单位信息库;建立废弃物交换平台,为园区企业提供废弃物交换信息。编制落实园区综合环境应急预案,构建及时、高效的环境应急响应体系。

2. 绿色园区的创建原则

绿色园区的核心是园区的建设和改造绿色化,通过利用投资、项目、技术、标准、金融、税收、信息公开等手段,充分发挥市场化手段和第三方机构的作用,在园区规划、空间布局、产业准入、基础设施建设、能源利用、污染物控制、运行管理等各个环节实现绿色化、服务化和高端化,全面提升园区绿色化水平。绿色园区的创建应遵循以下原则。

(1)市场主导与政府引导相结合。明确工业园区的主体责任,充分发挥第三方机构对绿色园区的支持和评价作用;政府通过多种手段激励、引导园区开展绿色化建设。

(2)静态评估与持续改进相结合。建立相关政策标准,系统科学评估园区当前的绿色指数;积极实施持续监管,定期评估园区绿色指数变化。

(3)科技创新与管理提升相结合。兼顾绿色技术创新和能源环境管理体系建设,充分发挥创新管理和运营管理的作用。

(4)绿色产业发展与绿色化改造相结合。积极发展绿色技术、产品和服务相关产业,推动园区内传统产业的转型升级和基础设施的绿色化改造。

3. 绿色园区的评价体系

绿色园区不仅包含了节约、低碳、循环和生态环保的理念,还涵盖了人与自然和谐相处的文化内涵和制度体系。相比于循环园区、生态园区和低碳园区,绿色园区具有更丰富的内涵和更深刻的创建内容。《工业和信息化部办公厅关于开展绿色制造体系建设的通知》的附件 2《绿色园区评价要求》详细阐述了基本要求、绿色园区评价指标体系和评价方法等。

1)绿色园区评价要求框架

绿色园区评价要求框架包括基本要求和绿色园区评价指标体系。其中,基本要求有 8 项,主要涉及应符合的法律法规、污染物排放标准、环境质量、园区管理和设施等要求。除了 2 项"鼓励型"要求,剩余 6 项均为一票否决项,必须满足才能参与判定是否为绿色园区。

绿色园区评价指标体系包括:能源利用绿色化指标、资源利用绿色化指标、基础设施绿色化指标、产业绿色化指标、生态环境绿色化指标、运行管理绿色化指标,6 个方面共 31 项指标,如图 11.2 所示。

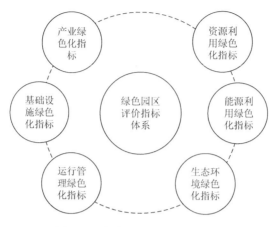

图 11.2 绿色园区评价指标体系

绿色园区评价指标体系中的 31 项具体指标，可以分为 18 项必选指标和 13 项可选指标，见表 11.1。必选指标是指必须参与绿色指数计算的指标，可选指标是指可选择性参与绿色指数计算的备选指标（具体指标介绍及计算参考《绿色园区评价要求》）。

表 11.1　绿色园区评价指标体系

一级指标	序号	二级指标	指标单位	引领值	指标类型
能源利用绿色化指标	1	能源产出率	万元/吨标准煤	3	必选
	2	可再生能源使用比例	%	15	必选
	3	清洁能源使用率	%	75	必选
资源利用绿色化指标	4	水资源产出率	元/立方米	1500	必选
	5	土地资源产出率	亿元/平方千米	15	必选
	6	工业固体废弃物综合利用率	%	95	必选
	7	工业用水重复利用率	%	90	必选
	8	中水回用率	%	30	4 项指标选 2 项
	9	余热资源回收利用率	%	60	
	10	废气资源回收利用率	%	90	
	11	再生资源回收利用率	%	80	
基础设施绿色化指标	12	污水集中处理设施	—	具备	必选
	13	新建工业建筑中绿色建筑的比例	%	30	2 项指标选 1 项
	14	新建公共建筑中绿色建筑的比例	%	60	
	15	500 米公交站点覆盖率	%	90	2 项指标选 1 项
	16	节能与新能源公交车比例	%	30	

续表

一级指标	序号	二级指标	指标单位	引领值	指标类型
产业绿色化指标	17	高新技术产业产值占园区工业总产值比例	%	30	必选
	18	绿色产业增加值占园区工业增加值比例	%	30	必选
	19	人均工业增加值	万元/人	15	2 项指标选 1 项
	20	现代服务业比例	%	30	
生态环境绿色化指标	21	工业固体废弃物（含危废）处置利用率	%	100	必选
	22	万元工业增加值碳排放量消减率	%	3	必选
	23	单位工业增加值废水排放量	吨/万元	5	必选
	24	主要污染物弹性系数	—	0.3	必选
	25	园区空气质量优良率	%	80	必选
	26	绿化覆盖率	%	30	3 项指标选 1 项
	27	道路遮阴比例	%	80	
	28	露天停车场遮阴比例	%	80	
运行管理绿色化指标	29	绿色园区标准体系完善程度	—	完善	必选
	30	编制绿色园区发展规划	—	是	必选
	31	绿色园区信息平台完善程度	—	完善	必选

2）绿色园区的评价方法

工业园区绿色指数的计算方法为

$$GI = \frac{1}{24}\left[\sum_{i=1}^{3}\frac{EG_i}{EG_{b,i}} + \sum_{j=1}^{6}\frac{RG_j}{RG_{b,j}} + \sum_{k=1}^{3}\frac{IG_k}{IG_{b,k}} + \sum_{f=1}^{3}\frac{CG_f}{CG_{b,f}}\right.$$
$$\left. + \sum_{l=1}^{6}\frac{HG_l}{HG_{b,l}}\left(or\ \frac{HG_{b,l}}{HG_l}\right) + \sum_{p=1}^{3}\frac{MG_p}{MG_{b,p}}\right]\times100 \tag{11.1}$$

式中，GI 为工业园区绿色指数；EG_i 为第 i 项能源利用绿色化指标值，$EG_{b,i}$ 为第 i 项能源利用绿色化指标引领值；RG_j 为第 j 项资源利用绿色化指标值，$RG_{b,j}$ 为第 j 项资源利用绿色化指标引领值；IG_k 为第 k 项基础设施绿色化指标值，$IG_{b,k}$ 为第 k 项基础设施绿色化指标引领值；CG_f 为第 f 项产业绿色化指标值，$CG_{b,f}$ 为第 f 项产业绿色化指标引领值；HG_l 为第 l 项生态环境绿色化指标值，$HG_{b,l}$ 为第 l 项生态环境绿色化指标引领值；MG_p 为第 p 项运行管理绿色化指标值，$MG_{b,p}$ 为第 p 项运行管理绿色化指标引领值。

正向指标和逆向指标的无量纲化分别采用指数值/引领值、引领值/指数值来处理。在全部指标中，单位工业增加值废水排放量和主要污染物弹性系数属于逆向指标。

基于相关国家标准，部分省份相继印发绿色工业园区评价标准，以推进省份绿色工业园区建设，促进地区工业绿色低碳转型。例如，2020 年 2 月，甘肃省工业和信息化厅印发《甘肃省绿色制造体系建设评价管理实施细则》；2022 年 1 月，浙江省经济和信息化厅发布《浙江省绿色低碳工业园区建设评价导则（2022 版）》等。地方工业和信息化主管部门可以根据地方园区实际发展情况，合理划分省级绿色园区的等级。

4. 发展现状

绿色园区是实践工业绿色发展理念的主要空间载体，是工业绿色转型的重要内容，能够破解中国工业发展的资源环境瓶颈，重塑中国工业竞争新优势。对于工业企业来说，绿色园区的建立促使企业间形成资源共享、互利互惠、共生共存的产业生态链，有利于资源的闭环循环和能源的多级开发利用，最终实现经济效益和社会效益的共赢。

2016 年 9 月，《工业和信息化部办公厅关于开展绿色制造体系建设的通知》发布，标志着国家绿色园区创建工作的正式启动。经过自我评价、第三方评价及申报审核等流程，工业和信息化部先后公布了多批绿色工业园区试点名单。打造绿色园区，不仅可降低园区成本，谋求产业发展与资源环境和谐统一，还能实现产业、园区、城市的共同发展。

以国家级绿色园区——天津经济技术开发区为例，总结其在绿色园区创建过程中的新理念、新举措和新模式。

天津经济技术开发区创立于 1984 年 12 月 6 日，是中国首批 14 个国家级经济技术开发区之一。经过 30 多年的建设，施耐德电气有限公司、摩托罗拉公司、三星电机、维斯塔斯风力技术（中国）有限公司（以下简称维斯塔斯）、纬湃汽车电子（天津）有限公司、丰田汽车（中国）投资有限公司和飞搏来复合材料（天津）有限公司等一大批著名跨国公司、上千家工业企业先后进驻天津经济技术开发区。目前天津经济技术开发区已经成为中国具有影响力的国际化工业园区和综合性工业城区。

2000 年以来，天津经济技术开发区先后成为"ISO 14000 国家示范区"、"中欧环境合作首批生态工业试点园区"、首批"国家循环经济试点园区"、首批"国家生态工业示范园区"、"国家循环化改造示范试点园区"及"气候友好型环境管理试点园区"，现已成为中国经济规模最大、外向型程度最高、综合投资环境最优的国家级开发区。2017 年，天津经济技术开发区入选成为首批国家级绿色园区。天津经济技术开发区绿色发展的战略与举措包括以下几点。

（1）优化空间布局，塑造集群发展的空间支撑体系。注重与周边地区的耦合协调发展，成为承接北京产业转移的重要阵地，并借助北京科技发展能力提升高新技术水平。同时与滨海新区其他功能区域积极协同合作，共享垃圾焚烧、工业污泥再生处理等基础设施，提高公共资源配置和运行效率。积极推进劣势产能退出和置换发展高端产业。例如，2016 年天津东邦铅资源再生有限公司异地升级改造项目，搬迁后实现生产能力增长近 7 倍；2018 年 8 月，一汽-大众汽车有限公司华北生产基地项目建成投产，并致力于成为中国汽车产业绿色制造的标杆企业，为天津汽车产业能级提升提供强有力的支撑。

（2）调整产业结构，打造清洁高效的绿色产业体系。实施以"点、线、面"同时优化、"产业链、产品链、废物链"共同构建、"集团化、基地化、链条化"同步实施为特色的全方位、系统化的产业绿色化发展战略，探索打造清洁高效的绿色产业体系。积极发展电子产业、汽车产业、石化产业等，同时培训新兴清洁技术产业，建立了由维斯塔斯、京瓷（天津）太阳能有限公司为代表的风电装备、锂电池、太阳能电池等新能源产业基地。重视新一代信息基础设施建设，"十三五"期间，落地投产了腾讯天津高新云数据中心、太平洋电信天津数据中心、华录光存储大数据中心等一系列项目，并有空港数据中心等 4 个数据中心入选首批国家绿色数据中心。

（3）促进企业生态化发展，提升能源资源利用效率。在绿色园区创建期间，天津经济技术开发区通过提高清洁能源利用比例来优化能源结构。同时，以企业签署节能目标责任书为抓手，以节能项目为依托，积极推进工业企业节能工作。推进建筑节能工作，建设低碳示范楼宇，利用在线监控系统对公共建筑能耗进行实时监控。

（4）加强污染集中防治，保障区域环境安全。①开展"清新空气"行动，截至 2017 年已督促 7 家企业完成了挥发性有机物综合治理工程，完成区域热源厂实施脱硫脱硝除尘设施改造，完成天津金耀生物科技有限公司、天津市金桥焊材集团股份有限公司等企业自备锅炉改燃或并网以及加油站油气治理设施改造。②开展"清水河道"行动，排查企业污水管网、各类窨井，完成相关企业污水处理设施整改。③全面实施大气污染治理网格化管理模式，建立网格化的管理信息平台。④认真落实四项污染物总量控制目标。⑤加强环境监测监控能力建设，建立区域环境监控预警系统。

（5）加强基础设施建设，提升共享与集约化运行水平。①推进区域污水再生利用项目，包括再生水网管建设、污水深度处理及人工湿地、南港工业区污水深海排放工程等。②企业能源共享设施项目，包括可燃尾气综合利用项目，实现企业余热与园区共享；金耀生物园锅炉尾气综合利用项目等。③废弃物综合利用项目，包括一般工业固体废弃物分拣中心项目，与周边垃圾焚烧厂、污泥综合利用公司签署合作协议，实现污泥的 100% 利用及餐厨垃圾的综合利用。

（6）打造全新管理体系，形成循环经济长效机制。创新循环经济管理机制，借鉴欧盟、日本固体废弃物管理的模式，试行"区域产业共生网络建设""一般工业固体废物联单管理制度""工业固体废物生态管理标识活动"等做法,积极寻求企业实施循环经济建设的动因。同时,开展相关科学研究工作,对园区物质流进行分析,合理规划综合型园区循环经济建设过程中关键资源能源等要素的分配和使用。在此基础上,建立区域产业共生网络平台,解决企业之间供需信息不对称的问题,有效实现资源有效利用。

11.5　绿色供应链

11.5.1　绿色供应链的内涵

1. 发展背景

传统供应链是指围绕核心企业,将供应商、制造商、分销商、零售商、消费者整合成一个具有功能网络的整体结构模式,该模式能够控制从原材料采购,到产品制造、产品销售,最后到用户消费整个流程中的信息流、物质流和资金流。传统供应链管理仅强调供应链整体的优化和协调,追求企业内部效益,并不考虑其给环境带来的负面影响。

在经济高质量发展以及企业可持续发展的背景下,传统供应链逐渐暴露出一些环节弊端,在管理理念和技术措施上经常忽视环境和社会的可持续发展。随着人类对生态环境和可持续发展问题研究的不断深入,绿色供应链对传统供应链提出了更高的资源和环境效益要求。

1994 年,Webb 首次提出绿色采购的理念,在此基础上,绿色供应链概念应运而生[47]。1996 年,"绿色供应链"的概念由美国密歇根州立大学的制造研究协会首次正式提出,其在实施"环境负责制造"的科学项目中指出,绿色供应链是指在供应链中的产品设计、采购、制造、组装、包装、物流和分配等各个环节都融入环境管理因素。Beamon 提出扩展型供应链,通过在传统供应链中加入再制造、回收和再利用这些活动流,对绿色供应链进行明确[48]。Srivastava 认为,绿色供应链管理是在供应链管理中的产品设计、采购、制造、分销和末端处理等各个流程中综合考虑环境管理因素[49]。

相比较国外,绿色供应链在中国的研究起步较晚,比较常用的是但斌和刘飞提出的概念[50]。他们认为,绿色供应链是一种在供应链的各个环节中综合考虑资源效率和环境影响的现代管理模式,它的基础是绿色制造理论和供应链管理技术,涉及供应商、工业企业、销售商和消费者,最终实现产品在原材料获取、生产加工、包装、存储、运输、消费到报废回收的整个流程中,做到资源能源利用效率最大化,环境的影响最小化。

供应链节点上相关企业的协作，是绿色供应链构建的关键[51, 52]。构建绿色供应链，企业应建立资源节约型和环境友好型的采购、生产、营销、回收及物流结构，促进上下游企业共同提高资源利用效率，提升环境绩效，实现链上企业资源高效利用、环境影响最小化，发展绿色化的目标。

2. 绿色供应链与传统供应链的区别

基于绿色供应链的定义，其与传统供应链的区别主要体现为以下几点。

（1）绿色供应链的建立要实现资源的最优配置、福利的增进以及与环境的相容。三者是互相协调，互相关联的。如果资源配置效率低下，就无法保障供应链中的供应商、制造商、分销商等生产系统的利益，其收益率必然低于传统供应链内企业的收益率，从而失去进行环保活动的动力。如果在消费期间和消费后，福利得不到改善，供应链提供的产品就不能体现其价值，供应链活动就会被破坏。环境兼容性是所有活动可持续进行的基础。

（2）从系统的构成来看，绿色供应链的成员较传统供应链要多。除了传统供应链中的成员，绿色供应链还包括生态环境系统、地方和政府的规范制度、国际法规条例以及社会文化环境、价值观等领域的成员。基于此，绿色供应链通常包含生产系统、消费系统、环境系统以及社会系统。

（3）绿色供应链的运作是基于物质流、信息流、资金流、知识流的运动。与传统供应链不同，知识流已经成为绿色供应链的重要组成部分，其根本原因是，没有相应的技术和知识支持，就不可能实现供应链成员的运营目标和环境友好性。因此相对于传统的供应链来说，链内的知识流是绿色供应链的关键。

3. 绿色供应链的体系结构

绿色供应链过程包括规划、采购、制造、交付、回收。在供应链规划中，绿色理念贯穿于产品生命周期的整个供应链过程，从供应商到采购物流、生产过程中的物料搬运和交付以及客户服务。在采购和供应过程中，实施绿色采购、共享绿色计划。在制造过程中，采用基于环境的设计、绿色生产方式、精益管理方法。在交付过程中，通过优化网络设计、低碳运输和仓储、优化库存管理等方法，促进绿色交付。在客户服务过程中，利用绿色营销、产品生命周期管理和逆向物流管理，实现循环利用。

通过管理效率的提高和绿色技术的利用，绿色供应链可以最大限度地减少资源消耗、降低环境负面影响，最终达到系统环境最优的目标。绿色供应链的结构如图 11.3 所示。

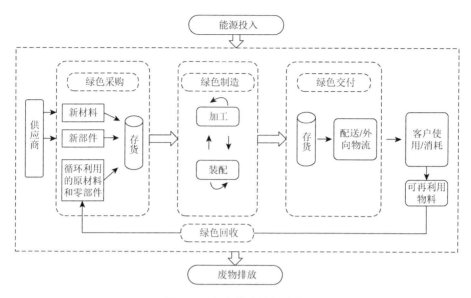

图 11.3　绿色供应链的结构

根据绿色供应链结构，供应链环境中主要包括以下流程。

（1）绿色计划流程：在供应链的全流程设计中，遵循能耗最小、排放最低、绩效最优的原则，最终实现生态效益最大化。比如，合理规划库存存储计划，实施回收再利用原材料计划。绿色计划还要整合供应链的低碳化目标，并将其贯穿供应链的所有环节，包括采购、包装设计、订单量、规格重量、交付方法、交付时间、配送网络设计、物料处理等。

（2）绿色采购流程：规划采购战略，优先选用绿色供应商；选用产品时，认准绿色环保标识；选用原材料、零部件时，要注重可回收利用性；内部运输和物料处理等环节，同样需要保证绿色性。

（3）绿色制造流程：在产品设计阶段充分考虑环境兼容性，将产品生命周期的绿色设计理念贯穿在整个开发阶段，考虑产品的可拆解、可回收性。优先使用绿色节能减排的先进生产设备和设施，最大可能地降低能耗、减少浪费，实现精益制造。

（4）绿色交付流程：将低碳和绿色环保的理念融入管理手段和技术手段，优化订单接收、订单处理、收货、验货、仓储、分拣、包装、发货、运输组织、网络设计等环节。低碳交付是通过增加单位交通运输量或降低单位燃料消耗来实现单位产出排放量最小的目标。低碳交付的主要环节包括运输低碳化、仓储低碳化。

（5）绿色回收流程：运用绿色管理和技术手段，并使其贯穿回收计划、回收授权、渠道回收、直接回收、拆解和循环利用、逆向物流等环节。

11.5.2　绿色供应链的管理

1. 绿色供应链管理的动因

要成功地实施绿色供应链管理，使之成为企业有力的武器，就要分析工业企业实施绿色供应链管理的原因。事实上，工业企业实施绿色供应链管理与企业所处的环境和竞争态势的变化有着密切关系[53]。

1）外部动因

（1）政策法规的压力与支持。为了实现经济和环境的协调发展，国际许多国家和组织先后签署了与环境保护相关的协议与法规，如《关于消耗臭氧层物质的蒙特利尔议定书》《里约环境与发展宣言》等。中国也颁布了相关政策与法律，如《中华人民共和国环境保护法》《中华人民共和国固体废物污染环境防治法》等。这些法律规定企业必须对自己制造的产品造成的环境影响负相应的责任，并且积极实施相应的应对方针，如若不然将会遭受严厉惩罚。强制性措施促使企业进行绿色生产活动，对于不符合规定的企业进行淘汰。此外，政府部门也会借助财政以及税收优惠等激励性政策，鼓励企业绿色生产，越来越多的企业开始通过更新技术和工艺强化绿色供应链管理，以此确保其发展的持续性。

（2）国际贸易的限制。传统关税的取消意味着"绿色壁垒"的挑战日益严峻。国际贸易中更多地运用环境保护的名义，采取更加隐蔽的环境管制措施来抵制外国商品的进口，这将对传统出口产品领域产生越发严重的影响。在这种情况下，实现工业生产的"绿色化"十分重要。只有实现整条供应链的"绿色化"，通过对原材料供应、产品生产、销售和回收利用处置整个过程进行环境相关性管理，才能真正提高产品在国际市场的竞争力，逐渐消除"绿色壁垒"。

（3）企业形象树立的需要。为了提高社会美誉度，越来越多的公司已经通过绿色供应链来应对环境问题并提升环保形象。一些大型的制造企业在确保遵守法规的基础上，也认识到不断增强的环境责任，并转化为对供应商环境绩效的要求。绿色供应链管理不但能提升企业声誉、树立品牌绿色形象，而且可以扩大产品的市场。

2）内部动因

（1）提高产品价值。通过绿色设计计划，产品质量和功能得以提高，进一步提升了产品的客户价值。工业企业通常的做法是大量减少资源使用或者清除有问题的产品和物质，如持久的有害物。客户压力通常可以成为企业提高环境绩效的动力，促使其不断增加产品价值，而且可能吸引更多的消费者。

（2）降低环境成本。企业的环境成本是指生产者和消费者在提供生产和服务的过程中，为防止和消除对环境的负面影响而实际支付的环境保护成本，以及所造成的资源消耗和环境恶化的虚拟环境成本。当绿色供应链管理成为企业的系统行为时，其降低成本的效果就显而易见了。特别是通过先进的生态设计来减少能源和物资的使用，为企业节约了生产成本。同时降低了企业排污、废弃物处理成本等环境治理的相关费用。

（3）获取竞争优势的需要。追求企业物流活动、社会和生态效益的可持续发展，是绿色供应链的核心理念。环境问题日益成为重要的民生问题、环境保护法律法规日益严格，在此背景下，企业在经济活动中必须积极解决环境问题，放弃威胁企业生存发展的生产方式，建立绿色供应链体系，追求相对于竞争对手的比较优势，进一步实现可持续发展。绿色供应链把绿色理念融入传统供应链，为了实现绿色制造，充分利用外部优势企业的绿色资源，并和具有绿色竞争力的企业组成战略联盟，使每个企业能够专注于自身绿色制造核心能力和业务的巩固和提高。企业通过改进生产技术和工艺实现绿色化生产，从源头上确保绿色供应链管理的科学性和合理性，借助生产系统更加有效地抢占市场，在市场竞争中获取相应的优势，为企业发展贡献更大的力量。

（4）经营风险管理。风险管理是大部分工业企业进行绿色供应链管理的根本原因，企业一般会考虑以下几种特殊风险：①断供风险，特别是供应商的生产因法律法规受阻甚至无法进行。②废弃物释放和处置的未来责任，长期来看，废弃物释放和处置可能对人体健康或生态环境造成损害。③失去竞争优势的风险，即其他竞争对手实施绿色供应链，实现流程效率的提高或产品的创新给企业带来的风险。

2. 绿色供应链管理的实施

工业企业实施绿色供应链管理，要先明晰企业发展的规律，详细规划实施路径，并提出能促进绿色供应链管理的有效对策。接下来，通过对绿色供应链管理相关理论的分析，基于管理基础准备和技术可适性，制定具体的绿色供应链管理实施路径，明确企业有待改进的方面，为工业企业制定促进绿色供应链管理对策措施提供切实有效的建议。绿色供应链管理的实施，包括以下几个重要阶段。

（1）绿色供应链核心竞争力分析。越来越多的工业企业积极探寻绿色供应链管理的路径，但是还有部分传统企业对绿色供应链的实施仍存在顾虑，究其原因主要是企业不能结合自身发展情况，明确实施绿色供应链的核心竞争力，对绿色供应链管理的发展前景信心不足。

（2）绿色供应链管理实施压力、动力与障碍分析。在正确认识绿色供应链管理所赋予的竞争优势的基础上，全面分析工业企业实施绿色供应链管理的内外部压力、动机和障碍，为促进绿色供应链的发展制定针对性的对策。

（3）绿色供应链就绪。绿色供应链就绪是指工业企业对相关企业的资源和因素进行协同优化，为绿色管理战略和计划的成功实施奠定基础，是企业实施绿色供应链管理战略需要面对的首要问题。企业应积极解决绿色供应链实施的困难，并构建科学、合理、可操作的绿色供应链就绪评价指标体系，对工业企业绿色供应链就绪能力进行评估，并制定相关措施对企业内部的各项资源优势进行整合和优化，最终实现企业就绪水平的提高。

（4）绿色供应链管理接受与采纳。接受与采纳绿色供应链管理，涉及组织层面上的技术采纳决策，需要大量的前期工作，包括绿色供应链管理的方案交流、效益共识和技术培训等。现有的供应链体系与企业资源的兼容性和扩展性，是工业企业在实施绿色供应链管理时需要考虑的重点之一。在企业中，高级管理人员可能是最早接受绿色供应链理念的人。通过绿色供应链管理方案的交流沟通，绿色供应链的概念从高层管理者向其他人员传递，最终达成绿色供应链管理的价值共识。

（5）绿色供应链运作管理。在绿色制造、供应链管理的理论和技术的基础上，绿色供应链在供应商、生产商、销售商和消费者构成的供应链中，注重资源效率和环境影响，是一种绿色的现代管理模式。绿色供应链运作管理应始终秉持绿色性原则，充分考虑产品从概念设计到报废处置的全生命周期中的所有方面，包括质量保证、成本控制、进度安排、需求优化以及废弃物的再回收等。企业绿色供应链运作管理需要开发一种能够与企业环境融合、协同的一体化运作管理模式。

（6）绿色供应链风险管理。作为一个风险型战略，绿色供应链管理要求工业企业对风险具备认知、管理及控制的能力。绿色供应链管理涉及企业内外部众多影响因素，如资金实力、管理水平、绿色技术创新、企业绩效、文化环境、政府支持等，是一项复杂的系统工程。以增强企业竞争力为前提，绿色供应链风险管理应分析和识别管理战略的实行障碍、动力、压力等各项内外部情况，并依此对风险管理进行具有针对性和有效性的决策制定。

（7）绿色供应链绩效评价。绿色供应链管理需要企业投入大量的人力、物力和资源，因此有必要建立全面、科学、可持续的绩效评价体系，对绿色供应链整体绩效进行客观的评价，促进绿色供应链的健康发展。从生产源头到废弃物回收处理，协调和控制整个供应链的绿色性，实现经济效益、社会效益和环境效益的"多赢"目标[54]。绿色供应链的绩效评价应同时兼顾工业企业的经济绩效、环境绩效、当前绩效和可持续发展，结合定性和定量分析方法，提高绿色供应链综合评价的客观性和准确性，为绿色供应链管理的可持续发展提供科学、有效的指导。

（8）绿色供应链技术创新扩展。技术创新扩展是指技术创新基于特定的渠道，在潜在使用者之间传递和利用的过程。通过技术创新扩展，潜在的使用者逐渐利用了相关创新技术，进一步提升了企业的技术水平，增加了经济效益。技术创新本身对经济发展的影响非常有限，其影响主要通过技术扩散来实现。绿色供应链管理技术的扩展，不仅是一个技术过程，更代表了一个系统工程。

11.5.3　绿色供应链的发展

1. 美国

作为首先提出绿色供应链概念的国家，美国在推行绿色供应链方面取得了可观的进展。经过多年的探索与实践，美国政府构建了一套完善健全的管理办法和法律法规体系，在不同领域、不同环节为美国绿色供应链的推行进行了科学系统的引导。相关法律法规发展进程可以分为三个阶段。

（1）初期萌芽阶段。20 世纪 60 年代，美国绿色供应链管理体系初步建立。1969 年，美国总统尼克松制定发布了《国家环境政策法》（National Environmental Policy Act，HEPA），标志着美国环境管理体系开始建立。1970 年，美国国家环境保护局（Environmental Protection Agency，EPA）正式成立，为美国绿色供应链管理的进一步发展奠定了坚实的基础。

（2）中期发展阶段。20 世纪 70 年代到 90 年代末，美国绿色供应链管理体系进一步完善。1976 年，美国政府签署《资源保护与回收法案》（Resource Conservation and Recovery Act，RCRA），并先后在 1980 年、1984 年、1988 年和 1996 年进行了多次修订，标志着绿色供应链开始启动发展。值得一提的是该法案明确"减少包装材料的消耗量，并对包装废弃物进行回收再利用"，这一规定促进了美国废物循环利用 4R 原则——再回收（recovery）、再循环（recycle）、再利用（reuse）和减量化（reduction）的建立。1986 年，《应急计划和社区知情权法案》（Emergency Planning and Community Right-to-Know Act，EPCRA）颁布，明确了美国危险化学品事故的处理要求。

（3）后期成熟阶段。进入 21 世纪，美国各州和各行业开始推广实施绿色供应链管理，逐步完善管理体系。2003 年，美国加利福尼亚州签署《电子废弃物回收法案》（The Electronic Waste Recycling Act of 2003，EWRA），要求该州企业在销售电子设备时加收处理报废电子产品的费用。2004 年，《包装物中的毒物》（Toxics in Packaging）颁布，对包装物中的重金属最低含量值进行了规定。2008 年，《雷斯法案修正案》重新修订，通过禁止在美国市场上进行非法采伐木材贸易来保护林业的可持续发展，以应对绿色木材需求扩大的消费市场。

为了进一步加快绿色供应链的推广实施，美国政府相继出台了多项市场激励政策，对企业投资和决策产生了影响，引导工业企业加强对供应链的绿色管理，保证产品质量和安全，鼓励企业优先利用清洁能源、提高生产效率、严控污染的管理和排放。市场激励举措包括政府加强财政拨款和补贴力度，用于节能技术研发、绿色科技研究等；为节能设备利用和新技术开发项目等提供低息或无息贷款，加大风能、太阳能等新能源利用方面的投资；税收政策向节能项目倾斜，如对节能投资给予税收优惠、实施分时电价等。

20 世纪 90 年代以来，美国企业通过自愿签署项目组成合作伙伴，在供应链的整个环节实现承诺的节能减排量，而政府会为企业提供适当的财政支持和政策倾斜。自愿签署项目强调了绿色供应链管理的鼓励性模式，极大地给予企业选择和改变的空间。此外，一些美国企业积极主动与环保界、研究机构、高校、供应商和消费者共同组成绿色供应链联盟，推进绿色供应链的高效管理。1999 年，美国 Saturn 公司与其供应商、田纳西大学和 EPA 共同组建成铝供应链管理合作伙伴，对美国绿色供应链管理的发展起到了极大的促进作用。

2. 德国

在探索工业化进程的过程中，德国政府也逐渐意识到环境污染与资源缺乏的问题越来越严重，开始逐渐关注产品在其全生命周期各阶段对生态环境的负面影响。德国企业意识到，推行绿色供应链的管理不仅能提高企业经济效益，还能为企业创造巨大社会利益和环境利益。德国政府制定了一系列法律和制度，为从设计、原料采购以及加工生产、运输到最后的回收处理的产品的整个供应链提供"绿色"保障。

（1）法律法规。1996 年，德国颁布《循环经济与废弃物管理法》，作为世界上第一部关于循环经济的法律，它要求企业要对产品的全生命周期负责，包括生产、运输、消费、回收处理，强调了要以闭合的方式管理废弃物。此外，德国还基于不同行业的实际发展情况和特点，制定了监管各行业废物回收利用、促进经济循环发展的多项法规，强调要从源头解决废弃物排放的问题，并明确了生产商和企业对废弃物回收再利用的责任。

同时，身为欧盟成员国，德国也积极遵守和响应欧盟有关绿色供应链管理的法律政策。2012 年，欧洲议会颁布了《报废电子电气设备指令》的修订版，德国政府立即对指令条文灵活运用，转换为适合德国国内实施的《电子和电气设备法》，并加以推广。该法规定，大型电器零售商卖出电子电气设备时，应负责免费回收相应的报废设备。此外，德国将欧盟颁布的《电子电气设备中限制使用某些有害物质指令》转换成国内法，对电子电气设备中的六类有害物质进行分类和限制使用，将欧盟制定的《欧盟采购指令》转化为适用德国的采购法，强调不能忽视采购过程中的环境影响，鼓励企业实施绿色采购。

（2）制度引导。①环境标志认证。德国建立了世界上第一个环境标志认证系统，"蓝色天使"标志通过评价产品全生命周期，从而鼓励大众绿色消费，监督企业遵循可持续发展的理念。从 1978 年推行至 2016 年，已有 1500 家企业超过 12 000 个环保产品与服务获得了"蓝色天使"标志。据德国联邦环境署统计，一台拥有"蓝色天使"标志的多功能打印机比普通打印机减少的温室气体排放量约为 1150 千克二氧化碳当量。此外，德国还推出了世界上第一个废弃物回收利用系统——"绿点"标识、OEKO-TEX Standard 100 纺织品生态标签等。②信息公开制度。2011 年，在全球报告倡议组织发布的《可持续发展报告指南》基础上，为履行欧盟通过的"企业社会责任"战略，德国可持续发展委员会建立实施了《德国可持续发展准则》。该准则为德国企业尤其是中小企业提供了一个权威的可持续发展绩效报告框架，提高可持续发展绩效报告的可比性和透明度。企业参照《德国可持续发展准则》，向社会公众全方位地公开年度社会责任表现，其中环境方面包括整个供应链上的能源消耗、资源利用、温室气体及其他有毒气体排放等相关指标。③设立政府奖项。面对日益严峻的环境挑战，2012 年开始，德国联邦环境署特别设立"联邦生态设计奖"，每年举办一次。政府通过这种奖项，鼓励和表彰企业走可持续发展道路，加快市场中环保产品的进入。该奖项涉及领域包括汽车制造业、建筑行业、纺织业等。活动自举办以来，每年吸引申请参与的企业约 300 家。通过生态设计，企业建立了完善的产品与服务体系，将产品在全生命周期内对环境产生的副作用降到最低。

3. 中国

相比于西方发达国家，中国绿色供应链管理发展虽然起步较晚，但在各相关方的共同努力下，取得了前所未有的发展。2014 年第 11 届 APEC（亚太经济合作组织，Asia-Pacific Economic Cooperation）能源部长会议中，《北京宣言》提出建设绿色供应链合作网络，随后有关促进绿色供应链发展的政策文件陆续出台。目前，中国已经成为绿色供应链管理理论和制度的引领者，为全球各国传递绿色供应链实践经验。

（1）政策发展。在绿色供应链的管理中，政府扮演着规制者、推进者和监督者的角色。经过多年努力，中国已经建立并逐步完善了绿色供应链管理政策体系，推动了供应链上节点企业的协调与合作。2014 年，商务部等三部门联合发布《企业绿色采购指南（试行）》，自此以后，国家发展改革委、工业和信息化部、环境部等诸多部委相继出台多项推进绿色供应链发展的规章文件。

2016 年，工业和信息化部印发《工业绿色发展规划（2016—2020 年）》，提出构建以资源节约、环境友好为导向，涵盖采购、生产、营销、回收、物流等环节的绿色供应链的主要任务。基于此，工业和信息化部进一步制定《绿色制造工程实施指南（2016—2020 年）》《绿色制造 2016 专项行动实施方案》《工业和信息化部办公厅关于开展绿色制造体系建设的通知》等系列政策法规。2017 年，国务院办公厅印发《关于积极推进供应链创新与应用的指导意见》，提出大力倡导绿色制造、积极推行绿色流通、建立逆向物流体系等积极倡导绿色供应链的重点任务。2018 年,《商务部等 8 部门关于开展供应链创新与应用试点的通知》印发,这一通知将构建绿色供应链列为重点任务,引导地方和企业坚持绿色理论思想,发展绿色生产,打造绿色供应链,促进生态环境的改善。

（2）地方试点。2010 年 12 月,中国环境与发展国际合作委员会发起的绿色供应链专项政策研究项目正式启动,并于次年向国务院提交了有关促进中国绿色供应链发展政策建议。2013 年,上海成为绿色供应链试点,吸引在沪企业参与企业绿色链动项目,参与绿色供应链合作网络。上海还举行绿色供应链优秀案例的选拔和点评活动,积极开展绿色供应链培训、服务平台开放等工作。2014 年,天津市被批准成为首个 APEC 绿色供应链合作网络示范中心。2016 年,天津市制定了"百项绿色供应链标准工程工作方案",同年实施《绿色供应链管理体系要求》（DB12/T 632-2016）和《绿色供应链管理体系实施指南》（DB12/T 662—2016）等地方标准。天津市在绿色供应链领域先行先试,探索创新,为中国绿色供应链的推进发挥引领和示范作用。

（3）产业实践。"十三五"期间,中国积极在汽车、航空航天、电子电器、通信、大型成套装备机械、服装纺织、建材等行业开展绿色供应链示范。2017 年以来,中国已经开展了多批国家级绿色供应链管理示范企业创建名单推进工作,截至2021 年共 296 家国家级绿色供应链管理示范企业获批,涵盖汽车、航空航天等行业,分布在内蒙古、上海、江苏、浙江等省（区、市）,覆盖地域广、涉及行业全。

2018 年,中国绿色供应链联盟在北京成立,该联盟是由 150 多家相关企业、高校、科研机构、金融机构及行业协会等发起成立的非营利合作组织。该联盟旨在加强合作、凝聚各方力量、整合资源,积极开展绿色供应链管理和技术创新、理论和制度研究、绿色供应链评价与服务,探索绿色供应链发展新模式以及与国际的交流合作,推动中国绿色供应链管理更上一层楼。

11.6　本章小结

本章介绍了工业领域用能的基本情况,描述了工业领域用能的特征,进一步对工业节能措施及其与碳中和的关系进行了总结。

本章对重点能耗设备的相关内容进行了整理和总结,介绍了重点能耗设备的分类、高耗能设备的定义,对高耗能设备的监管现状、相关政策进行了概述,并提出了相应的监管对策,还对高耗能设备的淘汰情况进行了梳理。此外,还对重点能耗设备的管理内容以及更新改造相关内容进行了总结。

本章对绿色技术、绿色工艺和绿色产品的相关内容进行了整理和总结,介绍了绿色技术的概念和主要内容,重点梳理了绿色工艺的内涵、选择原则和实施动力,并详细介绍了钢铁、石油化工和机械制造等重点行业先进绿色工艺的应用。从概念和内涵、类别以及代表性产品三个方面,对绿色产品的内涵和发展进行了总结。

本章对绿色工厂和绿色园区的相关内容进行了整理和总结,介绍了绿色工厂和绿色园区的概念与内涵、评价体系等内容,通过引入相关实践案例,对绿色工厂和绿色园区的经验进行了深入分析。

本章对绿色供应链的相关内容进行了整理和总结。该部分聚焦绿色供应链的内涵,介绍了绿色供应链的发展背景、其与传统供应链的区别以及体系结构,同时深入解析了绿色供应链管理的动因和实施。在绿色供应链的发展部分,重点对美国、德国和中国的绿色供应链应用和发展情况进行了梳理和总结。

本章参考文献

[1] 王皓良. 我国工业企业能源消耗研究[D]. 镇江:江苏大学, 2009.

[2] 曾婧婧, 童文思. 能源政策如何作用工业绿色经济发展[J]. 中国人口·资源与环境, 2018, 28 (12):19-28.

[3] 金碚. 中国工业的转型升级[J]. 中国工业经济, 2011, (7):5-14, 25.

[4] 刘玮. 中国工业节能减排效率研究[D]. 武汉:武汉大学, 2010.

[5] 国家统计局. 中国统计年鉴 2020[EB/OL]. (2021-01-25) [2021-10-10]. http://www.stats.gov.cn/tjsj/ndsj/2020/indexch.htm.

[6] 谢利平. 能源消费与城镇化、工业化[J]. 工业技术经济, 2015, 34 (5):95-100.

[7] 马玉荣. 工业节能降耗分析及对策建议[J]. 资源节约与环保, 2020, (9):3-4.

[8] 黄荣. 浅析工业企业节能环保管理工作的改革[J]. 化工设计通讯, 2017, 43 (6):185.

[9] 韩亮. 工业重点耗能设备节能监测软件开发及综合评价[D]. 青岛:中国海洋大学, 2015.

[10] 陈伟华, 李秀英, 姚鹏. 电机及其系统节能技术发展综述[J]. 电气技术, 2008, (9):13-22.

[11] 雍静. 供配电系统[M]. 2 版. 北京:机械工业出版社, 2011.

[12] 观研报告网. 2021 年中国工业锅炉市场分析报告[EB/OL]. (2021-03-01) [2021-11-10]. http://baogao.chinabaogao.com/zhuanyongshebei/424070424070.html.

[13] 李大江. 国内主要行业风机能耗现状以及节能措施的分析研究[J]. 风机技术, 2019, 61 (S1):1-6.

[14] 宋韧, 刘淑婷. 空压机节能改造新技术应用研究[J]. 资源节约与环保, 2012, (6):19-20.

[15] 汪家铭. 工业冷却循环水系统节能优化技术及应用[J]. 石油化工技术与经济, 2014, 30 (1):50-52.

[16] 丛艳辉. 高耗能设备节能审查及监管体系构建[J]. 节能, 2019, 38 (7):167-168.

[17] 樊户伟, 裴涛, 王维斌, 等. 高耗能特种设备使用现状浅析[J]. 科技信息, 2014, (12):133.

[18] 尹淑梅, 叶向荣. 高耗能特种设备节能标准体系现状与对策[J]. 特种设备安全技术, 2016, (1):49-51.

[19] 中华人民共和国工业和信息化部. 工业和信息化部关于印发工业绿色发展规划(2016—2020 年)的通知[EB/OL]. (2016-07-18) [2021-01-18]. https://www.miit.gov.cn/jgsj/jns/gzdt/art/2020/art_4290757b7785460795-cc49f4fc3ecba4.html.

[20] 中华人民共和国工业和信息化部. 《国家工业节能技术应用指南与案例(2020)》[EB/OL]. (2020-12-21) [2022-01-10]. http://gxj.pds.gov.cn/contents/13476/384238.html.

[21] 国家制造强国建设战略咨询委员会, 中国工程院战略咨询中心. 绿色制造[M]. 北京:电子工业出版社, 2016.

[22] 曹华军, 李洪丞, 曾丹, 等. 绿色制造研究现状及未来发展策略[J]. 中国机械工程, 2020, 31 (2):135-144.

[23] 张新民，段雄. 绿色制造技术的概念、内涵及其哲学意义[J]. 科学技术与辩证法，2002，（1）：47-50.

[24] 罗良文，梁圣蓉. 中国区域工业企业绿色技术创新效率及因素分解[J]. 中国人口·资源与环境，2016，26（9）：149-157.

[25] 刘飞，曹华军，张华，等. 绿色制造的理论与技术[M]. 北京：科学出版社，2005.

[26] 任新宇，王倩. 论绿色产品设计的特征及策略[J]. 设计，2018，（8）：108-110.

[27] 李守泽，李晓松，余建军. 绿色材料研究综述[J]. 中国制造业信息化，2010，39（11）：1-5.

[28] 李洁，王勇. 绿色生态设计在包装设计中的应用[J]. 包装工程，2014，35（4）：5-8，16.

[29] 顾海英. 绿色制造环境下的机械制造工艺探析[J]. 内燃机与配件，2021，（15）：176-177.

[30] 毕克新，杨朝均，黄平. 中国绿色工艺创新绩效的地区差异及影响因素研究[J]. 中国工业经济，2013，（10）：57-69.

[31] 解学梅，朱琪玮. 企业绿色创新实践如何破解"和谐共生"难题？[J]. 管理世界，2021，37（1）：128-149，9.

[32] 张向国. 绿色制造流程工艺在钢铁行业的应用[J]. 冶金与材料，2019，39（4）：187，189.

[33] 蒋家超，李明，赵由才，等. 工业领域温室气体减排与控制技术[M]. 北京：化学工业出版社，2009.

[34] 肖兴文. 面向机械加工工艺规划的绿色制造技术研究[J]. 科技创新与应用，2021，11（13）：147-149.

[35] 殷萍. 绿色产品的特点及其发展战略[J]. 网络财富，2007，（7）：62.

[36] 卢春阳. 浅谈绿色设计产品评价[J]. 上海节能，2020，（3）：199-202.

[37] 张秀，王欢. 绿色纺织品的发展与商机[J]. 科技创新导报，2019，16（29）：227-228.

[38] 张晓然，赵霄龙，何更新. 我国绿色建材技术及其标准化概述[J]. 施工技术，2018，47（6）：94-97.

[39] 周丽丽，张平宽，王慧霖. 家用电冰箱绿色设计探析[J]. 机电产品开发与创新，2010，23（1）：48-49，57.

[40] 杨檬，刘哲. 绿色工厂评价方法[J]. 信息技术与标准化，2017，（Z1）：25-27.

[41] 马强，单臣玉，程志，等. 绿色工厂评价技术体系与指标核算方法研究[J]. 再生资源与循环经济，2018，11（3）：11-14.

[42] 郭新. 浅谈"绿色工厂"的创建[J]. 天津冶金，2019，（S1）：87-90.

[43] 赵若楠，马中，乔琦，等. 中国工业园区绿色发展政策对比分析及对策研究[J]. 环境科学研究，2020，33（2）：511-518.

[44] 董涵思. "绿色智慧园区"——工业园区绿色发展新方向[J]. 世界环境，2018，（4）：74-75.

[45] 张玥，乔琦，姚扬，等. 国家级经济技术开发区绿色发展绩效评估[J]. 中国人口·资源与环境，2015，25（6）：12-16.

[46] 禹湘，付允. 绿色园区发展报告（2018）[M]. 北京：中国社会科学出版社，2018.

[47] 朱庆华，阎洪. 绿色供应链管理：理论与实践[M]. 北京：科学出版社，2013.

[48] Beamon B M. Designing the green supply chain[J]. Logistics Information Management，1999，12（4）：332-342.

[49] Srivastava S K. Green supply-chain management：a state-of-the-art literature review[J]. International Journal of Management Reviews，2007，9（1）：53-80.

[50] 但斌，刘飞. 绿色供应链及其体系结构研究[J]. 北京：中国机械工程，2000，（11）：1232-1234.

[51] 王能民，孙林岩，汪应洛. 绿色供应链管理[M]. 北京：清华大学出版社，2005.

[52] 张曙红. 可持续供应链管理理论、方法与应用——基于绿色供应链与再制造供应链的研究[M]. 武汉：武汉大学出版社，2012.

[53] 顾志斌，钱燕云. 绿色供应链国内外研究综述[J]. 中国人口·资源与环境，2012，22（S2）：204-207.

[54] 周强，张勇. 基于突变级数法的绿色供应链绩效评价研究[J]. 中国人口·资源与环境，2008，（5）：108-111.

第 12 章　交通领域能源碳中和

12.1　交通领域用能特点

12.1.1　交通运输业用能概述

交通运输业是指通过运输工具把旅客或货物送至目的地，使其在空间位置发生移动的业务活动。现代化交通运输业包括铁路、公路、水运、航空和管道五种基本的运输方式[1]。

中国交通运输发展自改革开放以来取得了巨大成就，高速铁路、公路、桥梁、港口、机场等基础设施规模、客货运输量及周转量均已位居世界前列。"五纵五横"综合运输大通道全面贯通，基本形成了由铁路、公路、水路、民航、管道等多种运输方式构成的综合交通基础设施网络。截至 2019 年底，中国高速铁路、高速公路里程均居世界第一，港口数量居世界首位，全国私家车达 2.07 亿辆，近 5 年年均增长 1966 万辆，其中新能源汽车保有量达 381 万辆，占汽车总量的 1.46%。

随着中国城镇化和工业化进程的加快，交通运输是继工业领域之后，能源需求、二氧化碳排放和污染物排放迅速增长的重要领域[2]。2000 年至 2020 年，中国交通运输业（含仓储和邮政业）能源消耗增长 2.60 倍，从 11 447 万吨标准煤增长到 41 309 万吨标准煤，在能源消费总量中的份额从 7.6%上升到 8.3%。能源消费是主要的碳排放源，交通运输业能源消费量的快速增长带来了严重的碳排放问题[3]。截至 2021 年底，中国交通运输业碳排放量约占所有行业的 10.4%，其中公路运输占交通运输 85%以上的碳排放量，是减排重点对象。随着交通运输业的能耗不断上升，其二氧化碳排放峰值出现的年份和峰值排放水平已成为影响中国能否实现 2030 年国家自主决定贡献目标的要素之一。交通运输业的低碳发展势在必行而又任重道远。

《中国能源统计年鉴》数据显示，交通运输业（含仓储和邮政业）的煤炭消耗量逐年减少，由 2005 年的 811 万吨减少到 2020 年的 241 万吨，占全国煤消费量的比例由 0.33%减少到 0.06%，交通运输业煤炭消费量下降明显。2005~2020 年中国交通运输业煤炭消耗情况如图 12.1 所示。

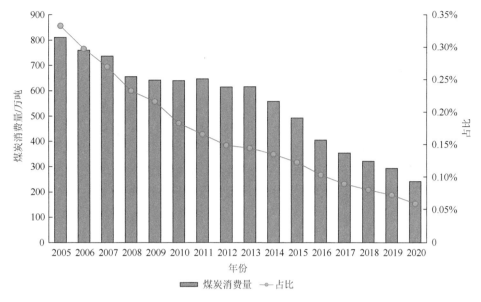

图 12.1　2005～2020 年中国交通运输业煤炭消耗情况

2000 年以来，交通运输业对石油消耗量持续增长，由 2000 年的 5509.4 万吨增长至 2018 年的 22 739 万吨，增长了 312.7%。交通运输用油在石油消耗中所占的比例也持续上升，由 2000 年的 17.6% 上升至 2018 年的 22.4%，上升了 4.8 个百分点，具体如图 12.2 所示。随着中国机动车保有量的持续增加，石油需求量也将越来越大。

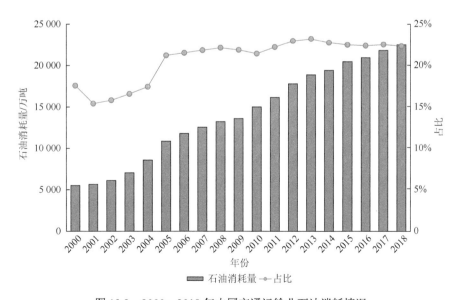

图 12.2　2000～2018 年中国交通运输业石油消耗情况

从能源消费结构看,交通运输业的能源消费结构以石油产品为主,自2000年以来占交通运输业终端能源消费量的比重一直在90%以上。根据IEA统计,1990~2012年,中国交通运输业终端能源消费年均增长9.97%,其中石油消费量平均增速达到11.45%,增长速度也很快[4]。

2000~2018年,交通运输业的电力消费量总体呈现逐年增长的趋势,由2000年的281亿千瓦时增加到2018年的1608亿千瓦时,增长率达到472.24%。占全国电力消费总量的比重由2000年的2.09%减少到2006年的1.63%,再由2007年的1.63%增长到2018年的2.25%,交通运输业的电力消费比重呈现增长趋势。2000~2018年中国交通运输业的电力消费情况如图12.3所示。

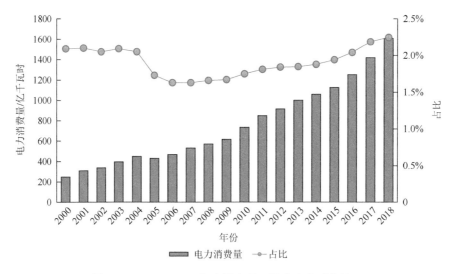

图12.3　2000~2018年中国交通运输业电力消费情况

12.1.2　交通运输业脱碳路径

交通运输业是国民经济和社会发展重要的产业和服务性行业,也是中国能源消费和温室气体排放的重要领域之一。与其他国家相比,中国是交通运输业二氧化碳排放增长速度最快的国家之一,交通运输业碳减排和碳中和的问题迫在眉睫。针对中国交通运输业脱碳的难点和面临的挑战,交通领域的脱碳路径主要如下。

(1) 优化交通运输结构。①调整交通运输结构,提高绿色交通分担率,探索在碳达峰目标下适合中国国情的综合交通运输体系;优化货运结构,提高铁路运输和铁水联运比重;建立以高铁和铁路为骨架的城际客运运输体系,减少民航与私家车出行；鼓励采用公共出行，完善城市轨道和公交系统建设；打造旅客联程运输便捷顺畅、货物多式联运高效的综合交通运输体系[2]。②完善基础设施建设。提升货运铁路运输能力，提升沿海及内河港口大宗货物铁路集输港比例。开展交通基础设施绿色化提升改造，统筹利用综合运输通道线位、土地、空域等资源，加大对岸线、锚地等的资源整合力度，提高利用效率。积极构建融合式一体化多式联运，推进以港口为枢纽的铁水联运等先进运输组织方式，充分挖掘铁路运输潜力，达到公铁水无缝衔接的效果。③构建多层次城市出行系统。推动轨道交通、公共交通逐步成为大中型城市公共交通的主要方式，推动以共享单车为代表的慢性交通系统建设。

（2）发展电气化交通。①优化电动汽车产业链与产业集群发展。推动电动汽车整车、动力电池等零部件企业优化重组，提高产业集聚度。在产业基础好、创新要素集聚的地区，发挥龙头企业带动作用，培育上下游协同创新、大中小企业融通发展、具有国际竞争力的新能源汽车产业集群。②推动充电基础设施网络建设。整体规划电动汽车充换电基础设施布局，构建开放合作的产业生态，加大充电桩建设力度，加强地产、物业、停车场、充电运营商间的协同合作，形成适度超前、布局合理、功能完善的充换电基础设施体系。③完善报废电池处置体系。政府相关部门加快制定有关锂离子电池报废的指导方针与法律法规，推动锂离子电池在回收之前作为固定存储系统重复使用，通过回收与循环再利用有价值的阴极材料，有效降低电池生命周期的碳强度，减轻报废电池对社会和环境造成的负担。④电动汽车与电网智能交互。随着电动汽车快速发展，电动汽车集群将成为不可忽视的储能电池设备，应利用电动汽车电池与电网进行智能交互，统筹电动汽车充放电与电力调度需求，通过优化管理降低电动汽车用电成本，提高电网调峰能力，加快电动汽车与气象、清洁能源电力预测预报系统之间的信息共享与融合，提高电动汽车与清洁能源的协同调动能力。⑤加快港口岸电与机场廊桥岸电发展。港口岸电与机场廊桥岸电可极大降低水路和航空运输的二氧化碳及污染物排放。截至 2019 年底，中国港口岸电设施覆盖泊位比例达到约 81%，但是由于经济性不足，使用率总体较低；机场廊桥岸电建设发展相对较慢，仅浙江省等少数省（区、市）实现全覆盖。应持续扩大港口岸电与机场廊桥岸电工程覆盖范围，建立完善的港口与机场智能用电服务平台，实现载具与电网双向互动，推动岸电"以电带油"的新模式发展，对岸电使用方制定有力度、有针对性的激励措施，在 2030 年前实现港口岸电与机场廊桥岸电全覆盖，大幅度提高岸电使用率。

（3）发展智能化交通。充分利用互联网、大数据、人工智能和区块链等新一代信息技术，使其与交通运输业深度融合，提高交通领域智能化水平。①利用车路协同技术优化生态驾驶，降低机动车能耗排放。集中攻克关键技术、效能评估、应用模式等关键核心问题，完成机动车运行过程中能耗排放单车最优向群体协同最优转型升级，从而进一步降低机动车总体二氧化碳排放。②大力发展智慧交通的建设。利用第五代移动通信技术（5th generation mobile communication technology，5G）为车联网提供支撑，协助处理车载和路侧感应端的交通数据信息，并将结果返还给车辆和交通部门进行交通情况的优化[5]。③大力发展智慧物流，探索地下物流发展。智慧物流可实现物流各环节精细化、动态化、可视化管理，提升物流运作效率。地下物流是通过地下管道、隧道等运输通路，对货物实行运输及分拣配送的全新概念物流系统。智慧物流和地下物流系统可有效解决城市交通拥堵和排放污染等问题，是城市交通可持续发展的必要选择。④推广智慧交通方式。积极发展网约车、"自动驾驶＋共享汽车"、顺风车等共享交通方式，重点推进新能源汽车的共享使用，完善新能源汽车的分时租赁、网约车、综合出行服务等商业模式发展，满足个性化出行需求，形成低碳出行新模式。

（4）发展氢能交通。①加强中国燃料电池汽车产业发展战略顶层设计。氢燃料电池以电制氢能代替化石能源作为燃料，载能量大、续航里程长、清洁低碳、低温性能好，是交通运输业低碳化高质量发展的重要方向。2025年前是中国燃料电池从技术研发转向大范围应用和市场培育的关键窗口期，应尽早从国家层面开展中国氢能产业发展战略研究，制定中长期氢能产业发展规划，明确发展路线图和里程碑，指引燃料电池行业良性有序发展，形成布局合理、各有侧重、协同推进的燃料汽车发展格局。②突破氢能及燃料电池关键核心技术。通过产学研联合的方式，大力扶持氢能及氢燃料电池的技术研发，开展电堆、膜电极、质子交换膜等关键零部件、相关基础材料和整车核心技术研发创新，为中国燃料电池汽车产业高起点、高质量发展提供强有力的科技支撑。③构建市场化激励机制，加快示范应用。将可再生能源制氢及加氢站项目纳入碳减排项目范畴，可以提升氢燃料电池汽车经济性，提高项目的投资吸引力；鼓励先行先试，以公交车、团体客车和城市物流车为重点，进行氢燃料电池汽车示范应用，形成燃料电池汽车产业国内循环[6]。

（5）完善政策法规和相关标准体系。行政管理需要建立严格的规章制度，包括合理的规划标准、严格的机动车出入制度、尾气排放标准和监管制度。通过加强交通能源管理、完善相关交通能源标准、建立和完善能源效率评价体系，规范和引导交通领域碳减排工作持续开展。采用牌照拍卖制度控制机动车数量，鼓励旅客放弃低效的私家车出行，改用高效的公共交通，提高车辆能源消耗和排放标准，制定和执行强制性燃油效率规范。通过行政管理，有效加强各部门之间的协同调度，严格保证尾气检测标准和规范，淘汰尾气排放检测不合格的车辆，积极推进节能减排。

12.2　交通工具电气化

12.2.1　电动汽车

1. 电动汽车概述

电动汽车是指全部或部分由电能驱动电机作为动力系统的汽车,具有起步快、噪声小、能耗低、污染物零排放、基本满足城市出行需要等优点。按照目前技术的发展方向或驱动方式,电动汽车可以划分为纯电动汽车、混合动力电动汽车和燃料电池电动汽车三种类型[7, 8]。

1)纯电动汽车

纯电动汽车是完全采用电能作为能量来源的电动汽车,由电动机驱动车辆行驶,车载可充电蓄电池为电动机提供驱动电能。由于电动机具有良好的牵引特性,纯电动汽车的传动系统不需要离合器和变速器。车速控制由控制器通过调速系统改变电动机的转速即可实现。

纯电动汽车的优点包括:①降低对石油资源的依赖。电力获取方式多样,如化石能源、核能、水力、风能、光能、热能等,可以减轻人们对日渐枯竭的石油资源的忧虑;②环境污染小,无噪声;③高效率、经久耐用、维修方便。但是,目前蓄电池能量密度小,续航里程短,且电动汽车的电池制造尚未形成经济规模,购买价格较高。

2)混合动力电动汽车

混合动力电动汽车是一种内燃机汽车向电动汽车“过渡”的车辆。在内燃机的功率不足时,通过电池来补给;负荷少时,多余的功率可以通过发电为电池充电。混合动力电动汽车可继续利用现有的燃油供应系统工程,可节约对燃料供应系统工程的资金投入。

与纯电动汽车相比,混合动力电动汽车的优势包括:①续驶里程长;②使电池维持在较好的工作状态,避免发生过充或过放;③发动机能够更好地解决空调耗能大、除霜等难题;④充分利用内燃机汽车的成熟技术,技术难点较少。

3)燃料电池电动汽车

燃料电池电动汽车以燃料电池作为动力电源,目前多以液态氢气或者压缩氢气作为基本燃料。燃料电池车的工作原理:作为燃料的氢气在汽车搭载的燃料电池中与空气中的氧气发生化学反应,产生电能,进而驱动汽车行驶。

与传统汽车、纯电动汽车相比,燃料电池电动汽车的优势包括:①零排放或近零排放;②氢燃料来源多样,优化了能源消耗结构;③续驶里程长,性能优于纯电动汽车；④燃料电池能量转换效率高，可达 60%～80%，为内燃机的 2～3 倍。但是，燃料电池汽车的生产成本过高，而且对于氢燃料的获取还存在大量技术难点。

三种类型电动汽车的对比如表 12.1 所示。

表 12.1　三种类型电动汽车的对比

比较项目	纯电动汽车	混合动力电动汽车	燃料电池电动汽车
能源形式	电能	燃油（汽、柴油）；电能（插电式）	氢气、甲醇等
储能装置	动力蓄电池、超级电容器、飞轮电池及其组合	动力蓄电池、超级电容器	燃料电池及燃料电池和其他车载储能装置组合
驱动方式	电机驱动	内燃机驱动；电机驱动	电机驱动
主要特点	零排放；续航里程短	低排放、低油耗；续驶里程长；结构复杂	零排放或近似零排放；效率高；成本高

2. 电动汽车的技术原理

以纯电动汽车技术研发为例，对电动汽车的原理和特点作如下介绍。

纯电动汽车的基本原理是采用蓄电池取代传统的发动机，通过一系列反应将电池的能量转变为电能，通过电动机与控制器，将电能转化为驱动动能。纯电动汽车的结构在各类电动汽车中最为简单，基本组成可分为三个子系统：能源子系统、电力驱动子系统和辅助控制子系统，如图 12.4 所示。其中，能源子系统是由

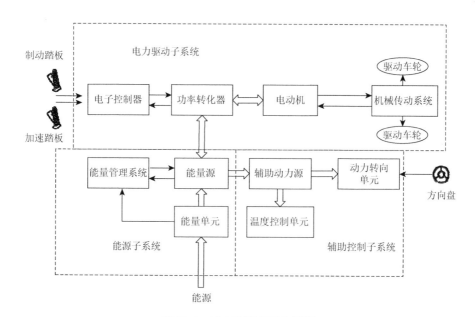

图 12.4　纯电动汽车工作原理

能量单元、能量源和能量管理系统构成，能够实现对能源的监控、能量再生与控制协调；电力驱动子系统包括电子控制器、功率转化器、电动机、机械传动系统和驱动车轮等部分；辅助控制子系统主要由辅助动力源、温度控制单元和动力转向单元等构成，主要功能包括为车辆提供辅助电源、给电池充电、控制动力转向等[9]。

3. 电动汽车的特点

电动汽车作为汽车领域的重要发展方向，具有的主要特点如下。

（1）电动汽车无污染，噪声低。电动汽车基本不产生排气污染，产生的废热也较少，非常有利于节能减排。电动汽车产生的噪声低，驱动电机工作时产生的噪声明显小于内燃机产生的噪声，能够为车主带来更好的驾驶体验。

（2）电动汽车能源转换效率高。研究表明，电动汽车的能源利用效率已超过燃油汽车。电动汽车可以在停车时关停发动机，由电池单独驱动，适合城市运行。

（3）电动汽车可以作为可调节负荷。电动汽车通过利用晚间用电低谷时充足的电力进行充电，在用电高峰时间段给电网放电，从而调节电网峰谷差，大大提高发电企业、电网运行的效益。

（4）电动汽车能实现能源利用多元化。电动汽车不依赖石油资源，靠电力驱动。而电力可以从常规能源获得，也可以从可再生能源获得，有利于节约能源和减少二氧化碳的排放。

（5）目前电动汽车整体技术水平还不如内燃机汽车成熟。电动汽车受电池容量限制，续驶里程较短，且充电等待时间较长，当下主流的锂离子电池在低温环境下客观存在的充放电性能衰减等问题，是目前电动汽车缺乏市场竞争力的主要缺陷。电池快充技术目前处于研究开发阶段，有待进一步发展，以使得电池可以高倍率充电。此外，动力电池的使用寿命较短，不同类型的电池在其性能方面也各有优缺点。

12.2.2　电动船舶

1. 电动船舶概述

19 世纪 80 年代"哥伦比亚"号船上的直流电系统，是最早的商业化船载电气系统记录。20 世纪初，电动船舶具有代表性的发展是 1908 年建成的采用涡轮电动推进器的消防船"约瑟夫·麦迪尔"号、1912 年建成的采用涡轮电力推进系统的美国海军军舰以及 1919 年采用涡轮电力推进系统重建的"古巴"号客轮[10]。20 世纪中后期，由电子元件固态技术引发的电力电子技术革命进一步推动了船舶电气化进程,该时期的电动船舶主要采用柴电综合推进系统。直到 2015 年,世界第一艘大型纯电力推进的汽车客运渡轮"安培"号在挪威正式投入使用,开启了全电动船时代[11]。目前,全电动船舶在商业和军事中的应用都非常成功,如柴电游轮、核动力航空母舰、柴电或核动力潜艇[12]等。

2. 现代船舶的电力推进模式

船舶电力推进是指由电动机带动船舶推进器或螺旋桨进行船舶推进,而不是由原动机或动力装置直接带动推进器的技术模式,即以电动机作为船舶推进主机,依靠电力带动推进器的模式。原动机是指利用热能、水力和风力产生动力的机械。现代船舶的电力推进模式较多,实际应用中由推进系统与供电电源组成的总体方案主要有四种模式:发电机带电动机交-交、交-直-交模式;蓄电池加风、光、电充电的直-交模式;蓄电池加发电机供电,即电油混合充电交-直-交模式;蓄电池加风、光、电、油、气的综合能源充电的交-直-交电力推进模式。

第一类为现代发电机电动机模式,不采用蓄电池。这种模式可简称为发电机模式,目前应用广泛,主要用于大型船舶或动力强劲的船舶,如破冰船可选择核动力汽轮机发电或者燃气轮机发电。这种模式的环保效果不如其他三种模式,但是优于传统热力机直接推进的船舶。交-交模式无直流环节,其电路控制技术一般采用普通晶闸管利用电网换相进行换流和利用电压过零进行换组的相控方法,或者利用高速开关元器件的脉冲宽度调制(pulse width modulation,PWM)方法。交-直-交模式有直流环节,电路控制一般采用 PWM 方法。

第二、三、四类模式带有蓄电池。第二类以风、光能发电或岸电为蓄电池充电并供给直流电;第三类以交流发电机发电,经过交-直整流为蓄电池充电并供给直流电;第四类以交流发电机发电并配合多种综合能源,经过交-直整流为蓄电池充电并供给直流电。第三、四类主要采用发电机供给交流电,但都与蓄电池配套,经过整流、充电或直接用于推进,后者增加了风、光能发电电源,相当于第二类与第三类的组合。第二类即风、光电模式,以风、光能发电和岸电对蓄电池充电并以蓄电池进行推进。三类模式都采用变频器、交流电动机和永磁电动机配套,采用直-交变频控制策略和 PWM 方法。第四类模式的推进方案如图 12.5所示。

按照续航力水平,电动船又可分为短途和长途两种。在上述四种模式中,没有采用高能燃料的第二类模式属于短途电动船。鉴于目前的技术水平,风、光能与燃油相比属于低能能量源,而且风、光能不稳定,发电装置低效,所以不得不以岸电充电为主而依赖于港口码头。所以蓄电池风光电模式只能应用于短途小型船舶,相当于蓄电池电动车,其他三种模式都可以应用于中长途。

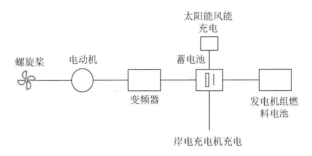

图 12.5　蓄电池加风、光、电、油、气的综合能源充电的交-直-交电力推进模式的推进方案

蓄电池电动船舶应用于长途运输有两种方案，即第三类模式和第四类模式，两者可简称为电油混合充电模式和综合能源充电模式，前者相当于当前的电油混合型电动汽车。两者差异在于后者充分利用了太阳能和风能等综合能源，在节能方面更加先进，但在主要结构和重点技术上是类似的。这两类模式的环保节能效果、航速、续航力等指标介于第一类和第二类之间。

上述四类电力推进模式在推进系统的机械传动结构上类似，就推进而言，可以作为一个类型，区别于传统热力机直接式推进和机械电力混合推进模式，可称为全电力推进模式。在控制策略和实施方式上，后二类区别于第一类，因为存在蓄电池，没有交-交模式，只有直-交模式和交-直-交模式，采用直-交变频控制策略和 PWM 方法。在采用电动机方面，四者基本相同，只是风、光、电模式小型船舶可采用电动汽车用的磁阻电动机。

3. 电动船舶的特点

电动船舶与传统柴油机船舶相比，具有操纵性能高、舒适性好、环保节能等特点，其主要的优势体现在以下几个方面。

1）船舶操纵性能

柴油机的复杂性导致柴油机船舶系统和控制程序十分复杂，造成船舶响应速度低、控制精度低、测量参数多、故障多、维护工作量大、难以实现全自动控制的结果。柴油机船舶的遥控系统复杂而可靠性低，难以完全脱离机舱操纵设施和通信传令装置，难以全程脱离轮机人员，无法在驾驶室直接集中地进行主机和船舶遥控。电动船舶正好相反，电机简单可控，可实现全自动电气化，可轻易、方便地在驾驶室进行集中遥控，可取消传统机舱和轮机人员，且具有运行成本低、操纵性能好、船舶的机动灵活性强、反应快、控制精度高等特点。两者最重要差异是由主机自身的控制性能决定的船舶操纵控制性能的差异；柴油机直接推进是一种粗放或粗糙的方式；电力推进是一种精确或精细的方式，具有精确控制、无级调速、快速逆转和低速性能等显著优势[13]。

2）船体

柴油机船舶必须设置机舱，机舱因轴系关系必须占据船舶最重要的中心位置，从而影响空间布局。电动船舶可优化船舶布局，增加和扩大船舶利用空间。例如，蓄电池电动船舶可取消机舱，利用船舶底部舱室及通常难以利用的空间，采用单层布局方式将蓄电池安放于船舶底板上的格子空间中，从而增大船舱利用面积和人员活动空间；发电机供电的电动船可采用多台小型发电机组并联运行方案，将多台小型发电机组分别安置于边角舱室，既可降低噪声，还可经济运行。空间布局优化和船舶空间增加可减小舱室和船舶规模，减轻重量，提高航速，降低造价、能耗和运行费用。同时，蓄电池集中于船舶底部，有利于降低重心，提高船舶稳定性和安全性，这对于频繁上下客人的渡轮船舶来说是重大的安全措施。与传统柴油机船舶相比，电动船舶具有载客量多、活动空间大、舒适性好、环保节能、可同比缩小规模的特点[14]。

3）轮机系统

柴油机船舶轮机系统复杂，轴系长而难以采用轴承，必须配备换向器、离合器、制动器和减速齿轮箱，惯性大、机械效率低、占用空间大，且维护工作量大、可靠性低。电动船舶把水、电、气、油系统简化为单一电气系统，以优良的电气无级调速取代机械调速，可不设置换向器、离合器、减速器等，因电机惯性小、轴系短而具有效率高、占用空间少、安装维护保养工作量小、自动化标准化可靠性高、故障少等特点。

4）原动机

对于采用发电机组的电动船舶，由于没有轴系安装要求而可将原动机安装于边角，且可采用多台中高速原动机，以减小体积重量，实现节能运行提高效率，实现统一化、标准化而便于安装更换，并能够方便实现自动化、并网运行、电力传递和负荷调节。多台机组并联有利于合理配备和使用动力装置，提高船舶运行时的利用系数以优化运行方案、提高效率。原动机带动推进电机发电，再由推进电机驱动螺旋桨，可不受原动机制约而合理选择螺旋桨，有利于原动机和螺旋桨都保持在最佳效率状态。原动机与螺旋桨无机械连接，不会传递破浪冲击。原动机系统可由主机模式改变为辅机模式工作，不需要频繁反转和变速，可减少操作频度和工作强度，降低磨损和频率加速导致的动能损耗、减少维护、提高寿命。主机模式即频繁正反转和变速，而辅机模式即定向恒速运行，两者的惯性和能耗差异极大[15]。

5）环保节能效果

柴油机船舶污染高，效率低，排放烟尘、废气和废工业油水，烟尘中碳粉多于汽油机，排放的冷却水中难免有润滑油和柴油，存在较大震动和噪声，这是冲击式工作的必然结果，而且排放物难以回收和综合利用。此外，柴油机自身效率低，且船舶难以像陆上那样采用供电、供热等综合利用方案来进行余热回收利用和污染处理，再加上复杂笨重的轴系，所以总体效率偏低。相比之下，电动船舶的节能环保效果较好[16]。单纯蓄电池或风、光、电模式电动船舶具有零排放、低噪声、高效率的特点[17]。而电油结合充电式和柴油发电机组供电的电动船舶，由于采用多台小型发电机组并联模式，柴油机以辅机模式工作及电力推进效率较高等原因，也可以在一定时间和一定程度上有效降低污染，提高总体能量效率。

12.2.3　电气化轨道

1. 电气化轨道交通概述

电气化轨道交通是利用电能作为牵引原动力的轨道运输的总称，包括电气化铁路、城市轨道及磁浮交通。近年来，全世界发展电气化轨道交通的积极性日益增强，城市轨道交通技术、磁浮列车技术等新技术取得了突破性进展。

2. 电气化轨道交通的技术原理

1）电气化铁路

电气化铁路上除了电力机车牵引要消耗电能外，还存在大量非牵引用电负荷，这些非牵引用电负荷在非电气化区段也照样存在。铁路上，通常把向这些非牵引用电负荷供应电能的供电网络称为铁路电力供电系统。电气化铁路的供电方式是在铁路沿线建造多个牵引变电站，电力系统使用双电源提供电能，通过牵引变压器将电压降到 27.5 千伏，之后再经牵引网向机车供电。电力机车采用 25 千伏单相工频交流电压，在架空接触导线和钢轨之间行驶。电气化铁路供电系统如图 12.6 所示。

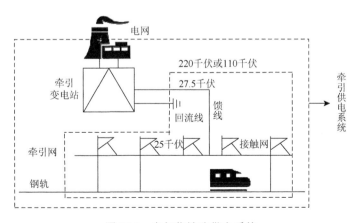

图 12.6　电气化铁路供电系统

2）城市轨道交通

城市轨道交通供电系统由城市电网经高压输电网、主变电所降压、配电网络和牵引变电所降压、换流（转换为直流电）等环节，向城市轨道交通动车组及沿线用电设备提供动力能源。高压电源系统、直流牵引供电系统和动力照明系统是供电系统的主要组成部分。高压电源系统作为城市轨道交通供电系统与城市电网的接口，将电能从城市电网引入供电系统；直流牵引供电系统一般包括直流牵引变电所和直流牵引网两大部分，主要负责给行驶中的电动车辆提供电能；动力照明系统一般为包括通信、信号、事故照明和计算机系统等除轨道车辆以外的其他用电负荷提供电能，如图12.7所示。

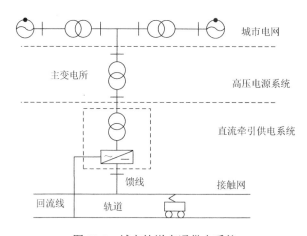

图 12.7　城市轨道交通供电系统

3. 电气化轨道交通的特点

大力推动轨道交通的电气化是实现交通领域"双碳"目标的重要手段之一，电气化轨道交通的主要特点如下。

（1）电力机车的能量来源于地面的发电装置，电力机车不需要自带动力装置且功率不受能源供给装置的限制，而只受到线路承载能力和黏着条件的制约，因此电力机车牵引具有功率大、持续速度较高、过载能力强、爬坡性能好的特点。

（2）节约能源，降低运输成本。电气化轨道交通借助城市电网，能够综合利用各种清洁能源及其发电技术，有效降低对石油的依赖，提高热效率[18]。检修电力机车的工作量较小，而且电力机车的维修周期长，在两次大修之间的运行公里数几乎是内燃机车的2倍。电力机车运输能力的增加，能够有效弥补电气化初期较高的投资成本。

（3）电力机车在运行过程中不会排放燃料燃烧而产生的废气，对空气无污染，而且在通过长隧道时，噪声较小的优点尤为明显，这不仅有利于改善乘务人员的工作条件和提高旅客乘车的舒适度，还大大提高了列车运行的安全性[19]。

（4）电力机车的缺点在于其本身没有动力源，电能来自外部的电缆或电轨，如遇特殊情况引发断电将无法运行，导致运输瘫痪，甚至发生事故。混合动力是一种折中方案，即在电力机车上额外配备有应急柴油发电机或增挂柴油发电机车厢，以应对突发的断电状况，但会增加运输成本。

（5）电力机车的研制、生产和维修及其所需电气化铁路的建设、运营和维护，都需要高昂的费用和高端的技术，这使得整条铁路系统的施工难度和维护成本比非电气化铁路高很多。若在经济落后、人口稀少、地势险峻、气候恶劣等环境下修建电气化铁路，会对国家或地方的财政压力和科技水平提出严格要求。

（6）大量的电网和电轨设施会存在一定的安全隐患。一方面，车站内人流量较大，如果有人肆意进入铁路、翻爬车顶或者携带危险物品，极易引发安全事故。电气化铁路的高压电网易受恶劣天气影响，发生意外倒塌后会造成触电事故。另一方面，站内机械设备的不当操作或者未能及时检修同样存在安全隐患。

12.3 V2G 技术

12.3.1 V2G 技术概述

1. V2G 概念介绍

V2G 技术体现的是能量双向、实时、可控、高速地在车辆和电网之间流动，电动车在停驶状态时可以将剩余电能回馈到电网，对电力系统起到降低峰谷差的作用，从而减少电网所需电力装机[20]。此外，V2G 技术利用峰谷电价差可以在停车时为车主提供额外的经济收益，实现政府、电动汽车用户、电网企业的共赢[21]。V2G 技术的大规模应用，将显著提高电力系统发电效率和发电小时数，有效降低电力系统的碳排放量，并缓解空气污染以及气候变化等环境问题。

由于存在负荷需求波动造成的浪费以及进行电压和频率调节的需要，目前的电网效率还有提升空间。另外，由于电网本身不具备充足的电能存储，当电网自身需求大于基本负荷发电厂的容量时，就需要投入运行调峰电厂，有时候旋转备用也会参与其中。而当电网需求较低时，基本负荷发电厂的输出高于用电量，那么那些未被使用的能量将被浪费掉。此外，电网运营成本也会由于进行电压和频率调节而大大增加[22, 23]。

电动汽车与电网互动系统如图 12.8 所示，主要由外部支持系统、互动协调控制系统和智能充放电设施三个部分构成。互动协调控制系统根据电网的实时信息以及电动汽车的状态和用户需求信息进行决策，制定优化的协调控制策略；智能充放电设施根据电网信息和控制指令优化电动汽车的充放电过程，从而实现电动汽车与电网能量和信息的双向互动。电动汽车既可以通过使用电能而降低石油消耗，也可以作为储能装置向电网提供能量。如果电动汽车具备 V2G 功能，车辆和电网间的能量就可以实现双向流动：充电模式时，电动汽车是柔性负载；放电模式时，电动汽车是储能装置。对电动汽车来说，满足用户的日常驾驶需求是最为重要的，其次才是为电网提供辅助服务。但在电网负荷较大时，大规模电动汽车的随意接入对于电网无疑是雪上加霜，因此，需要对电动汽车进行采取有效的充放电管理。合理引导电动汽车进行充放电，协调好电动汽车与电网之间的连接策略，在不影响电动汽车正常使用的前提下实现电动汽车车主和电力系统的双赢[24]。

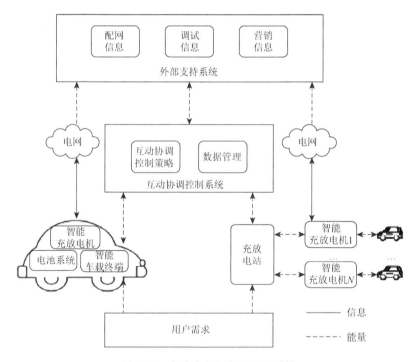

图 12.8　电动汽车与电网互动系统

2. V2G 技术的发展现状

2002 年，美国 AC Propulsion 公司对一辆电动汽车进行改装，使其具有与电网互动的功能。福特汽车公司与 Xcel Energy 公司携手最先对电动汽车与电网互动的控制方法进行了研究。美国特拉华大学 V2G 项目组对电动汽车参与电网调频方面进行了研究，并验证了利用 V2G 技术参与电网调频的可行性及经济性。根据特拉华大学 V2G 项目组的研究报告，在 V2G 项目中，100 辆 Think City 电动汽车一年可产生 0.7 万~7 万美元的收益，而 252 辆丰田 RAV4 电动汽车一年可带来 2.4 万~26 万美元的盈利。2014 年，美国第一代 V2G 集中管控系统由西南研究院推广，并对大批量电动汽车的充电操作进行管理控制。2016 年，美国出台《促进电动汽车和充电基础设施指导原则》，旨在鼓励创新 V2G 应用模式[25]。

日本出台多项政策及举措支持 V2G 技术发展，已实现 V2G 技术小范围应用示范。2009 年，三菱汽车在东京车展上演示了 V2G 技术，旨在减少二氧化碳排放以应对全球气候变化。2010 年 4 月 26 日，日产汽车公司与通用电气公司宣布共同研发 V2G 技术，研究方向是将电动汽车的蓄电池用于向住宅供电的 V2H（vehicle to home）技术。2019 年，日本三菱汽车公司、日立系统电力服务有限公司以及东京电力能源合作伙伴公司等六家公司相继在日本国内实施以电动汽车作为虚拟电厂的"V2G 整合项目"，以求平衡可再生能源及电网稳定之间的关系。

2016 年，丹麦开展了为电网提供频率和电压控制等辅助服务的"Parker"项目，这是世界上第一个完全商业化运行的 V2G 项目。英国里卡多公司加入了一个大型研究项目，用于评估插电式电动汽车在战略规划、日常操作和时长运作等方面对欧盟电力系统的影响。该研究项目旨在充分利用在欧盟乡镇和城市显著增长的电动汽车应用，研究欧盟成员国中由风能、太阳能和潮汐能等构成的可再生资源电力结构的比例增长。2017 年 7 月，英国政府计划投资 2000 万英镑，用于促进 V2G 技术的发展，推动电动汽车在平抑电网负荷方面发挥积极作用[26]。

中国在电动汽车与电网互动方面的研究也开展了多方面的工作。2010 年 10 月，科学技术部针对支撑电动汽车发展的电网技术，在国家高技术研究发展计划先进能源技术领域"智能电网关键技术研发（一期）"中，设立了三个课题，分别是"电动汽车与电网互动技术研究"、"电动汽车智能充放储一体化电站系统及工程示范"和"电动汽车充电对电网的影响及有序充电研究"，对电动汽车与电网互动的内容、互动的设备进行了研究[27]。2010 年，上海世博会国家电网馆中进行了电动汽车与电网双向互动的展示，演示使用的车辆是上海汽车集团股份有限公司开发的荣威350EV，该车的系统具有定时、顶峰、削峰填谷等充放电策略，可根据电网调度指令，完成不同模式下的充放电功能。2017 年，工业和信息化部、国家发展改革委、科学技术部联合发布的《汽车产业中长期发展规划》指出，"加强与汽车产业相关国际机构、组织的交流与合作，鼓励行业中介机构积极组织重点企业、高等院校等会同国际组织申请全球环境基金等绿色发展应用示范项目，建设新能源汽车分布式利用可再生能源的智能示范区，探索新能源汽车与可再生能源、智能电网的深度融合和协同发展的商业化推广模式，形成可在全球复制推广的经验和样本"。

12.3.2　V2G 实现方式

电动汽车的种类繁多，且存在接入电网方式、能源补给模式以及用户使用习惯等多方面的差异，这使得电动汽车参与电网的互动方式有所不同。目前 V2G 互动方式可依据应用对象和充放电场景的不同，分为分散式 V2G、集中式 V2G、基于微电网的 V2G 和基于更换电池组的 V2G 四种[28]，见表 12.2。

表 12.2　V2G 互动方式

互动方式	互动对象	互动方式描述
分散式 V2G	私家车、单位用车等	通过车载智能充放电装置与电网进行信息交互，由分散式智能充放电桩实施充放电控制
集中式 V2G	公交车、出租车、公务车、单位用车等	通过集中式充放电站内监控系统与电网进行信息交互，由充放电站内监控系统协调控制每个充放电机的工作状态
基于微电网的 V2G	私家车、单位用车等	通过家庭或单位接入微电网的智能充放电桩实施有序充放电控制，并且作为储能单元为分布式电源提供支撑
基于更换电池组的 V2G	公交车、出租车、专用车辆等	通过电池更换站内监控管理系统与电网进行信息交互，由电池更换站内监控管理系统控制站内每个电池组的充放电状态

1. 分散式 V2G

分散式 V2G 方式主要针对私家车、单位用车等散落在不同地点的各台电动汽车，将其视作独立的节点。每台电动汽车因不受统一管理，在时间和空间上具有很强的不确定性及分散性，难以实施集中调度管理，所以一般采用车载智能充放电装置作为连接电网的接口。车主可以根据车辆本身的充电需求以及电网的实时运行状态、电网电价等信息自主选择充放电。

虽然分散式 V2G 方式充分考虑到了电动汽车用户本身的随机性及不确定性，并通过车载智能充放电装置为用户提供了方便、灵活参与电网互动的渠道，但是以这种方式接入的电动汽车对电网来说具有很强的不确定性，其是否能够保证电动汽车参与电网互动的整体最优，还有待进一步研究。而且，车载智能充放电装置还会导致电动汽车的成本增加，不利于推动电动汽车大规模发展。

2. 集中式 V2G

集中式 V2G 是指将某一区域内的电动汽车集中在一起，根据电网的指令对此区域内电动汽车进行统一的调度，并通过特定的管理策略对每台汽车的充放电过程进行控制，以达到整体效益最优。例如，修建供 V2G 使用的停车场。

采用这种方式接入的电动汽车一般以智能充放电机为电网接口,通过集中控制系统的统一调度和管理以兼顾电网及用户最优为目标参与互动。对于土地资源相对充裕的区域可以考虑建设平面型充放电站,在人口密集、土地资源稀缺的地区则可建设电动汽车立体充放电站。

3. 基于微电网的 V2G

基于微电网的 V2G 实现方法,实际上是将电动汽车移动储能的特性集成到微电网中,使其参与微电网的协调优化控制。这种方式,一方面可以使用分布式可再生能源为分布电源提供支持,并为相关负载供电,实现电动汽车的真正"零排放";另一方面,当微电网需要平抑分布式电源波动,尤其当微电网处于离网状态时,电动汽车的动力电池能够为微电网提供紧急的电力支撑,维持微电网的稳定运行。将电动汽车集成到家庭住宅区微电网中,并与外部大电网相连接,利用电动汽车 V2G 功能一方面可消纳可再生能源,另一方面可作为储能向微电网用户供电。

4. 基于更换电池组的 V2G

基于更换电池组的 V2G 实现方法源于电动汽车换电思想。电动汽车换电服务是指电动汽车与电池分离,用户通过租赁的方式获得电池的使用权,而动力电池则集中在换电站进行统一充电配送。此方法需要设立专门的电池更换站,而站内配备大量的储能电池同样可以与电网互联,通过利用电池组以实现 V2G。

此方法的原理与集中式 V2G 类似,但是在管理策略上是有所区别的,因为最终仍是需要更换电池的,所以保证一定比例电池的电量处于充满的状态是十分有必要的。该方法集成了常规充电与快速充电的优点,在一定程度上弥补了电动汽车续驶里程不足的缺陷,但目前迫在眉睫的工作是建立换电电池及充电接口等部件的统一标准,将来基于更换电池组的 V2G 是重要的发展趋势。

12.3.3　V2G 技术的应用

V2G 技术实现了电网与车辆的双向互动,是智能电网的重要组成部分。电动汽车参与电网互动不仅可以降低电动汽车随机接入对电网造成的影响,还能协同调度大量电动汽车有序充放电,发挥其作为移动储能的作用,用于参与分布式可再生能源互补消纳,有利于在保证电网安全可靠的基础上进一步提升可再生能源入网水平。

根据现有研究,电动汽车 V2G 可为电网在削峰填谷、调频和旋转备用等方面提供支持[29]。电动汽车一般从配电网接入,因此具有调峰响应速度快、电能传输距离短、综合效率高的优势[30]。在调频方面,电动汽车能够在受控状态下对频率波动做出响应，能够有效维持电网频率的稳定性，同时其可以不受限制地实现上调和下调交替，调频成本也相对较低。规模化电动汽车接入电网后，其移动储能的特性将给电力系统带来可观的储能容量[31]。

　　作为综合应用技术，V2G 技术可提高可再生能源的渗透率，提高电网综合运行效率。考虑到 V2G 技术应用的难易程度，本书将其从易至难划分为三个层次，见表 12.3。

表 12.3　V2G 技术的应用

应用目标	电网侧信息	电网侧充放电控制指令	用户端反馈	应用结果	应用效益
削峰填谷	电网负荷预测与电价	调整电价，引导电动汽车充放电自主控制	优化充放电时间和过程	降低负荷曲线，平滑负荷曲线	提高设备利用率和电网运行成本
备用服务	电网备用功率和持续时间	中断或继续充放电指令	根据控制指令，中断或继续充放电过程	电动汽车在电网需要的时候提供备用支撑	减少电网对发电机的备用容量需求和支付的备用成本
调频服务	电网调频需求	调整或改变充放状态指令	根据控制指令，调整或改变充放电状态	电动汽车在电网需要时提供调频服务	减少电网对发电机组的调频容量需求和支付的调频成本

　　（1）第一个层次为削峰填谷。根据电网状态信息、电动汽车充放电负荷信息、电网发布的电价信息，对电动汽车充放电行为进行调节。利用电动汽车在高峰负荷时段向电网供电，以减少高峰负荷，在电网低谷时进行充电，达到削峰填谷的目的。对于电动汽车用户而言，可以在低电价时给车辆充电，在高电价时将电动汽车储存能量出售给电力公司，获得现金补贴，降低电动汽车的使用成本。

　　（2）第二个层次为备用服务。V2G 技术提供的备用服务包括：提供高峰电力，提供一级、二级和三级控制（用于频率调节和平衡），负载均衡和电压调节。电动汽车在电网峰荷或故障时可中断充放电，即采用可中断负荷的形式，提高电网充裕度。这样一来，电网公司不但可以减少由电动汽车大力发展而带来的用电压力，缓解电网建设投资，而且可将电动汽车作为储能装置，用于调控负荷，提高电网运行效率和可靠性。

　　（3）第三层为调频服务。大规模电动汽车储能能力是非常可观的。快速改变电动汽车的充放电状态，使得向电网提供调峰调频服务的潜力最大化[32]。

12.3.4　V2G 技术的优势与挑战

　　V2G 技术是一项尚未成熟的新技术，大规模采用该技术，还需克服经济、技术和社会层面的众多挑战。下面将从环境、技术和经济三个方面详细讨论 V2G 技术的优势与挑战。

1. 环境方面

传统内燃机工作效率不高,浪费大量能源,而且这种传统汽车的温室气体排放率很高。如前所述,交通部门是空气污染物和温室气体排放的最大来源之一,每天有数百万吨二氧化碳和其他有害气体进入大气层,因此,从传统的车辆转向电动汽车,进而实施 V2G 技术是消除温室气体对地球的负面影响的一个重要步骤[33]。通过 V2G 技术可使具有不可预测性、波动性和间歇性的风能和太阳能在不影响电网稳定性的前提下直接入网。电动汽车可用于储存风能和太阳能发出的电能,再将其稳定地输入电网[29]。V2G 技术在低碳交通推行的背景下将成为新能源汽车中最具发展前景的技术。

对于电池而言,锂的提取对环境有害,而且早期的电动汽车中使用的镍金属氢化物也是如此。因此,电池必须循环再利用,以此减轻镍金属造成的空气酸化程度。只要电池可以不断地回收再利用,电动汽车的酸化影响就会比混合动力电动汽车和传统汽车小,但是电池如果没有回收再利用,影响就会大大增加。在电池寿命的最后阶段,电池不能回收再利用的混合动力电动汽车将会比传统汽车带来更大的污染[34, 35]。

2. 技术方面

大量电动汽车进入市场对电网来说是一个巨大的挑战,会引起电压和频率的波动。电动汽车动力电池的充放电在 V2G 技术的应用下将被统一部署,根据既定的充放电策略,将剩余电能双向可控地回馈到电网而不影响用户正常的行驶需求,可以起到平抑负荷峰谷和提高电网安全性的作用,还能延缓电网建设投资[26]。充放电控制装置既有与电网的交互,又有与车辆的交互,交互的内容包括能量转换、客户需求信息、电网状态、车辆信息、计量计费信息等。因此 V2G 技术是融合了电力电子技术、通信技术、调度技术、计量技术、需求侧管理等的高端综合应用。

由于化石燃料不可再生及会产生严重的生态环境影响,应用太阳能和风能等可再生能源发电是普遍趋势。V2G 技术使得车载电池能够平衡间歇性可再生能源、提升电网稳定性和降低高峰时段电网的电力需求[36]。当可再生能源发电不足时,电动汽车作为后备能源,可提供必要的电力。同时,它们还充当了能量存储的角色,吸收可再生能源产生的过剩电能。V2G 技术可以视为太阳能和风能等可再生能源的备用系统,在非高峰期积累额外的电力并在需要的时候提供支持[37]。

电池内部的不可逆化学反应会增加内阻，降低电池可用容量[38]。电池的老化速率取决于许多因素，包括充放电速率、电压、放电深度（depth of discharge，DOD）和温度。电动汽车参与 V2G 技术需要更多的电池充放电周期，这可能导致更快的电池退化[39]。此外，参与 V2G 技术需要车主与电网共享电动汽车的电池能量，这会造成电动汽车车主的里程焦虑[40]。

3. 经济方面

V2G 技术的经济效益也是不可否认的。在传统的调节系统中，在紧急或电力短缺时大型发电机会开始运行并进入电路以满足需求；该系统的运营和维护成本很高，而且不盈利。而电动汽车在 V2G 系统中，可以在非高峰需求期间存储未使用的能量并将其释放到电网中。换句话说，V2G 有助于减少生产过剩并降低高峰期对电网的依赖。定价模块是 V2G 系统的一个激励计划，在该计划中，通过调整价格引导电动汽车在用电低谷时进行充电，在用电高峰时进行放电，如此，既可以保证电网的供电需求，还为电动汽车用户带来额外的收益[28]。

V2G 实施的一个挑战是升级电力系统所需的高投资成本。V2G 实施需要改进硬件和软件基础设施。每辆参与 V2G 系统的电动汽车都需要一个双向电池充电器，该器件是由复杂的控制器和具有严格安全要求的高压电缆组成的硬件。此外，V2G 实施需要频繁的充电和放电循环，这些过程涉及能量转换，有可能导致更多的转换损失。

12.4　共享出行模式

12.4.1　共享出行概述

社交网络、基于位置信息的技术服务、互联网以及移动科技的进步，使人们的消费观念发生转变，以互联网平台为依托、通过共享自己闲置资源使用权获得额外收入的共享经济飞速发展。共享经济是基于租赁的借用商品服务的一种经济现象。共享可以发生在个人之间（如社区驾驶员、共享汽车、共享自行车等）或者通过运营企业（如共享汽车运营商）直接提供。发展共享经济的益处包括提高效率、降低交易成本、充分利用未充分发掘的资源、提高社会和环境效益等[41]。过去 50 年全球汽车保有量不断增加，私家车的普及提高了出行的效率，但也造成了城市交通的拥堵、停车资源的浪费和空气质量的恶化。基于这些大型城市存在的通病，共享出行应运而生。其中，分时租赁模式可以通过共享车辆减少汽车数量，提高汽车使用率，改善城市拥堵和尾气排放问题。根据实际运营数据测算，一辆分时租赁车辆可以取代 3.6～13 辆私家车。

共享出行作为共享经济的一个方面，使得用户能够按需获得短期运输服务，且无须获得所有权。共享出行一般包括共享汽车、共享自行车、共享摩托车、合乘出行、网约车、快递网络服务或自由送货服务等模式。共享出行也可以包括替代性交通运输服务，如辅助客运、班车和私人化公交服务（微型客运），形成对固定路线的公共汽车和轨道交通服务的有效补充。随着出行选择的进一步多样化，能够整合这些出行方式并为出行者优化路线的智能手机应用程序也在快速发展。除了这些创新性出行方式外，新型货运交通方式也正在出现。这些快递网络服务很可能改变包装行业、食品运输行业和广义交通运输网络的性质。共享出行通过增强交通运输可达性、同时减少私人汽车的使用量和存量，正在许多城市产生变革性影响。

近年来，在很多城市的大小交通枢纽周边都可以看到被广泛使用的共享单车，共享出行的意识不断深入人心。除了能够解决公共交通"最后一公里"问题的共享单车，现在市面上还出现了共享汽车。共享汽车在欧美国家非常普及，美国某著名分时租赁互联网汽车共享平台以共享为目的，将车辆大范围投放在居民区内，居民可以通过电话或者软件随时选择自己需要用车的时间，并在规定区域内归还。数据显示，2018 年美国共享汽车市场规模超过 100 亿美元，并逐年递增。全球范围内对拼车行业的投资热度不断升温，在高收入城市的消费群体中，合乘现象也越来越普遍。共享出行是共享经济时代最为普及且最具有发展潜力的市场。

12.4.2　共享出行的分类

共享出行已经成为城市交通运输网络的重要组成部分，共享出行的具体形式多样，常见的共享出行方式有共享汽车、共享自行车、共享摩托车、合乘出行、网约车和快递网络服务等[42]。

1. 共享汽车

共享汽车的概念就是开车人按需获得车辆的使用权，而没有所有权。在共享汽车模式下，个人可以临时存取车辆，而无须承担所有权成本和相关责任。通常情况下，个人通过加入相应的组织来存取车辆，该组织负责维护部署在社区、公共交通站点、就业中心、高等院校内的汽车和轻型货车。通常情况下，共享汽车运营商负责保险、汽油、停放和维护等费用。一般地说，用户每次使用车辆时应支付一笔使用费[43]。

共享汽车包括企业对消费者（business to customer，B2C）汽车共享和用户对用户（customer to customer，C2C）汽车共享两种模式。B2C 汽车共享模式是指由车企或租赁公司将专门车辆租给需要的出行者。通常情况下，共享汽车运营商负责保险、汽油、停放以及维护费用。而 C2C 汽车共享模式是指车主将私人使用的车辆租给需要的出行者，因车辆拥有者无须购买新的车辆而降低了投入成本。

2. 共享自行车

共享自行车的本质仍是"自行车"，最大创新在于"共享"。相比公共自行车，使用共享自行车的手续大大简化，不用办卡，只要通过手机下载应用程序即可借车。共享自行车用户可根据需要来存取自行车。出行可以是点对点单程或往返，即允许用户单程运输或作为出行方式整体中的一环（起始一公里和最后一公里行程、远途行程）。基于站点的自行车共享出租点通常无人看守，集中在城市，并提供基于站点的单程出行服务，可以将自行车返还到任何停靠位置。无桩共享自行车为用户提供获取自行车并将自行车返还到预定地理区域内任何位置的服务。除了向大部分公众提供公共自行车系统外，封闭的服务系统则越来越多地部署在大学校园和办公所在地，仅对特定的用户群体服务。与共享自行车类似的还有共享电动车。电动车具有电动机，可以减少乘客体力的消耗。这些电动车面向踩蹬传统自行车有困难的个人以及穿着正装避免出汗的个人等群体。电动车还可以延长行驶距离，在陡峭地形等区域内实现共享。用户还可以通过办理年卡、月卡或者次卡出行的方式加入并享受会员服务[44]。

3. 共享摩托车

共享摩托车的用户可以获得私家摩托车或者社区电动车（neighborhood electric vehicle，NEV）提供的优质服务，而无须承担获得所有权所需的费用和相关责任。通常情况下，个人通过加入当地的摩托车或电动车组织来存取摩托车和电动车，租车服务包括往返、单程两类。车辆一般由运营商负责提供充电或燃油供给、停放和维护。租车人每次使用摩托车或电动车时通常都要支付一笔费用。

4. 合乘出行

合乘也称拼车或者顺风车，是较为普遍且具有一定市场影响力的共享出行模式。合乘服务最突出的优点就是充分利用车辆内部闲置的座位资源，可实现具有相似起点和目的地的司机和乘客之间的共享乘坐。拼车借助互联网技术已经发展形成了较为成熟的商业模式。注册用户依照平台提供的服务，发送自己的出行路径即可智能匹配具有相似行程的车主或乘客进行达到合乘出行的目的[45]。多名乘客分担乘车费用，使得拼车价格明显低于通常的在线乘车和出租车价格，这也是乘客选择这种出行方式的主要原因。

合乘可分为轿车合乘和客车合乘。轿车合乘一般规定乘客应在 3 人以上，客车合乘一般为 7～15 人。客车合乘参与者分担了轻型客车运营的成本，并可能分担驾驶的责任。轿车合乘和客车合乘均可降低用车成本，有利于减轻拥堵压力和污染排放。

5. 网约车

网约车公司并不拥有车辆而是通过提供预订和按需交通服务，将私人汽车驾驶员与乘客联系起来。智能手机移动软件可以方便用户查询、规划、预订、服务评价（对驾驶员和乘客）和电子支付。网约车服务还包括合乘出行服务等，用户拼车出行并分摊费用。对于用户而言，将被动等车转为主动叫车，不仅提高了打车的方便程度，还满足了用户的个性化和多元化的出行需求。

6. 快递网络服务

快递网络服务也被称作灵活货物配送。它们通过在线应用程序或平台提供出租配送服务，通过使用私人小汽车、自行车或摩托车将快递员与货物联系起来。虽然这个领域的商业模式仍在发展中，但是有两种模式已经出现，即点对点送货服务以及配对按需乘坐和快递服务。

12.4.3　共享出行的产生和发展

1. 国际共享出行的产生和发展

共享出行最初是自发的私家车的分享，包括不带司机的私人汽车共享和带司机的合乘出行，一般在熟人和团体等小范围内进行。20 世纪 40 年代，欧洲国家就开展共享汽车的试验以提升汽车的使用效率。1948 年，瑞士苏黎世进行了汽车共享计划的试验并由此诞生了全球首例共享汽车，它吸引了那些买不起车但觉得合用一辆车很有吸引力的人。20 世纪 70 年代，英国、法国、德国和荷兰等国家纷纷对共享汽车进行了不同形式的尝试。20 世纪 90 年代，欧洲其他城市陆续出现了私人汽车共享，大多是非营利组织实施的，规模不大。受限于私人汽车共享的局限性，其规模难以扩充。但是这些尝试为后来共享出行带了宝贵的商业经验[46]。

　　美国共享汽车的真正繁荣是在 21 世纪, 共享汽车实现了规模化快速发展, 共享汽车 Zipcar 公司、Flexcar 公司等都是在 2000 年创办的[47]。Zipcar 以 "汽车共享" 为理念, 通过接受会员并发放会员卡来运营。经过十年发展, Zipcar 公司于 2011 年上市, 2012 年 1 月, 其累积会员数量达到 76.7 万名, 车辆数量超过 1.1 万辆。2010 年, 以 Uber 为代表的点对点汽车共享系统问世, 其主推的网约车模式再次把共享出行推向高潮。截至 2014 年 12 月, Uber 公司估值达 412 亿美元。在 2012 年中到 2014 年底, 该公司就发展到拥有 16 万名以上的网约车驾驶员。

　　20 世纪 70 年代, 第一代共享自行车起源于荷兰阿姆斯特丹, 采用的是普通自行车, 属于政府公益项目, 免费且不设站点。此后, 法国拉罗谢尔和英国剑桥也进行了试验, 由于存在自行车偷窃问题, 试验均以失败告终。1995 年, 第二代共享自行车出现在丹麦哥本哈根, 为了保证监管, 这次设置了固定桩式站点并配有锁具, 在租车时需要交付一定的押金, 目的是防止出现车辆损坏和偷盗。但是这一模式仍不能解决大量自行车失窃和损毁的问题。直到 20 世纪 90 年代末, 在欧洲利用现代科技手段, 如互联网技术、无线通信和智能卡等技术, 实现了有桩公共自行车系统互联和数字化管理和运营。2007 年, 第一家真正意义上的现代商业化的共享自行车公司 Vélib′在巴黎诞生, 首次即投放了 6000 辆自行车。Vélib′的出现让共享自行车领域开始迅速发展, 第一年就拥有了 2750 万用户, 2011 年平均每天有 85 811 人使用 Vélib′, 至 2015 年在巴黎的共享单车数量就超过了 2 万辆。目前 Vélib′已经成为世界上最为成熟的共享单车服务系统之一。

2. 中国共享出行的产生和发展

　　共享经济自从被引入中国市场后, 作为一个新兴的经济模式, 其发展势头相当迅速。成立于 2014 年的 ofo 小黄车是中国首家共享自行车公司, 这也是世界上第一个的无桩共享自行车项目。共享自行车项目旨在提高闲置自行车使用效率, 为城市节省更多的空间。根据艾媒咨询发布的《2017—2018 中国共享出行年度发展报告》, 2017 年中国移动出行用户数量达到 4.35 亿人, 从 2014 年至 2017 年, 移动出行的用户数量翻倍, 如图 12.9 所示。报告分析表明, 移动出行用户规模的持续扩大、用户出行需求持续升级, 为共享出行各领域提供了发展空间。中国共享出行行业快速崛起, 是全球共享出行走向成熟的重要标志。尽管起步较晚, 但由于中国的技术起点高且直接引入了相对成熟的商业模式, 加上共享出行公司投入巨资实施双边补贴, 中国的共享出行市场吸引了大量的注册用户, 其市场规模是世界上最大的。

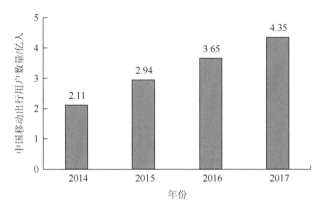

图 12.9　2014～2017 年中国移动出行用户数量统计

　　过去的几年时间，共享自行车无论是在融资速度、资本参与度还是业务扩张速度方面都是罕见的，这种成倍速增长的方式对于创始团队来说难以良性运作。2014 年 2 月，Uber 进入中国市场，中国共享出行市场竞争激烈，各平台纷纷采取价格战抢占市场份额，中小平台的共享出行运营商在竞争中逐渐被淘汰。滴滴出行科技有限公司（以下简称滴滴）于 2015 年与杭州快智科技有限公司（快的打车的研发公司）宣布实现战略合并，并于 2016 年收购 Uber 中国，滴滴逐渐成为共享出行的佼佼者[48]。根据《网约车的这一年：2018 年 2 月网约车 app 行业研究报告》，截至 2017 年末，中国的网约车市场规模超过 1.4 亿人，其中滴滴出行的市场占有率较高，在中国移动网民中的渗透率达到 12.0%。与此同时，中国共享出行企业也在积极开拓海外市场。滴滴于 2018 年 1 月收购了巴西最大的车平台"99"，同年 4 月，首次以自由品牌服务落地墨西哥市场，随后又在澳大利亚和日本开拓了市场。2019 年 6 月，滴滴又将业务拓展到了智利与哥伦比亚。截至 2020 年初，开展物流车辆共享的深圳货拉拉科技有限公司及其平台 Lalamove（货拉拉海外版）已经将业务拓展到了东南亚、印度、巴西、墨西哥等国家的 18 座城市。如今，中国正积极拓宽海外市场，共享出行已经发展到了一个新的阶段。

12.5　综合能源站

12.5.1　综合能源站概述

　　综合能源站是基于变电站、数据中心和储能站"三站融合"概念的进一步延伸和扩展。除了上述三个站之外，其功能子站还可能涉及冷热电联合站、充电站、分布式光伏电站、北斗基站、5G 基站等。一方面综合能源站通过资源的就近融合和运行上的协调互补，能够降低建设和运行方面的成本；另一方面将传统变电站升级为信息能源枢纽，可以更好地支撑信息通信技术及新能源发电技术在配电网领域的发展[49]。综合能源站功能如图 12.10 所示。

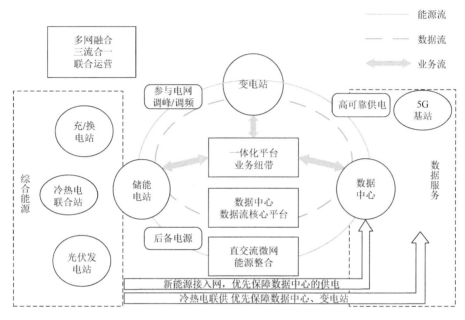

图 12.10　综合能源站功能图

综合能源站包括变电站模块、储能电站模块、光伏发电站模块、充电模块和数据中心模块 5 个典型模块。综合能源站的建设目标是依托变电站实现资源整合与共享，促进五站的友好互动，实现能源流、数据流、业务流"三流合一"。综合能源站采用模块化设计思路，实现各模块功能解耦、接口标准、按需互联，可结合变电站地区资源差异，周边用户的用能需求、用户特点、站址条件等实际情况进行"多能合一"的模块化组合[50]。

1. 变电站模块

变电站模块主要围绕一次设备智能化、二次设备就地化、设施施工模块化展开工作，最终实现一次设备质量和智能化提升、二次设备运维便利化和智能化、设施施工方案优选，实现高预制装配率，减少占地面积，降低工程建设难度。变电站模块将状态全面感知、信息高效处理、应用便捷灵活的泛在电力物联网与现有变电站设计建造技术相结合，旨在打造高效可靠、高安全、建设周期短、绿色、环保的能源站[51]。

变电站模块是综合能源站的电力输送枢纽，是电力系统中进行电压变化、电能集中和分配、电能流向控制及电压调整的重要场所。变电站模块是综合能源站各种能源服务交互的核心，能够实现储能电站模块、光伏发电站模块及充电站模块间的能源互联及平衡。变电站模块是综合能源站信息服务的信息源和中继站，一方面提供各类型的重要信息，另一方面通过电力线路的延伸将区域内收集的信息向综合能源站中转。变电站模块主要由主变压器、配电装置、保护及控制系统、智能感知设备等组成。

2. 储能电站模块

储能电站主要由电池组、电池管理系统（battery management system，BMS）、储能变流器、监控及能量管理系统、升压变压器、10 千伏或 35 千伏高压并网柜组成。储能拓扑结构如图 12.11 所示。通过软件系统，储能系统可以对充放电实施控制，既能实现总量控制也能进行单点控制。储能系统根据调度指令进行控制，发出功率在储能变流器的额定工作范围内可以按需调节；系统采用一键式控制，各储能单元根据总指令需求再进行子系统控制；电池的充放电速率按照国标执行，充放电速率在 0～0.33 库伦内可调。

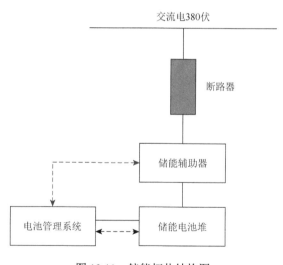

图 12.11　储能拓扑结构图

在发生故障，数据中心失去外部电源的情况下，储能系统将用备用电源为数据中心供电，这样可降低数据中心的投资运维成本并保证数据中心的稳定供电。结合虚拟电厂技术与变电站，数据中心一体化建设能够消除电网侧的峰谷差，优化变电站负荷曲线，降低变电站负载率，从而实现能量的互补协调和最优控制[52]。此外，储能站可以通过参与电力辅助市场交易，帮助储能服务提供商获得经济效益[53]，还可以提供调频、调峰等辅助服务，同时可以促进可再生能源的应用并降低数据中心的运行成本[54]。

3. 光伏发电站模块

光伏发电站的建设是利用综合能源站的屋顶、舱顶等空间来布置光伏发电板[51]。光伏发电站可为综合能源站的运行、照明和降温提供电力，从而降低变电站独立运行所造成的能量和成本损失。光伏发电站系统组成如图 12.12 所示。

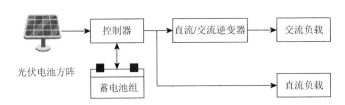

图 12.12　光伏发电站系统组成示意图

基本的光伏发电站系统一般由光伏电池方阵、控制器、直流/支流逆变器和蓄电池组构成。作为光伏发电系统的核心部分，光伏电池方阵的作用是将太阳能转化成电能，直接供负载使用或存于蓄电池组中。太阳能控制器是光伏发电系统的核心控制部分，能够为蓄电池组提供最佳的充电电流和电压，对降低充电过程中的损耗并避免蓄电池组过早失效起到了重要作用，另外对蓄电池组的充放电加以约束也可以避免过充和过放。逆变器的作用是将光伏电池方阵和蓄电池组提供的直流电转变成交流电以供交流负载使用。蓄电池组的作用就是将光伏电池方阵发出的直流电储存起来，供负载使用。在光伏发电系统中，蓄电池组处于浮动充放电状态，当日照量大时，多余的电量用于对蓄电池进行充电以减少浪费；当需要放电时再将存储的能量逐渐放出。

与传统的火力发电系统相比，光伏发电站系统的优点主要体现于：直接利用吸收的太能辐射产生的能量，通过一个简单的固态设备将光直接转化为电，没有活动部件，能够在无人看管的情况下长时间工作，维护成本低，有效寿命长，可靠性高，输出对输入辐射变化响应快速，易于现场安装[55]。

4. 充电站模块

在综合能源站建设以大容量、大电流充电为主的充电站，不仅能够扩大充电服务市场，还能通过收取充电服务费、停车费等保证服务站的合理收益。目前，电动汽车充电模式主要分为直流充电模式、交流充电模式和更换电池模式，三种充电模式比较见表 12.4。

表 12.4　不同充电模式比较

充电模式	充电速度	建设成本	适合场景
直流充电	较慢	低	私家车库、停车场、路边车位等
交流充电	快	最高	高速公路、市中心、公共充电站等
更换电池	最快	较高	高速公路、市中心、交通枢纽等

采用充电站与变电站、储能、光伏发电合建的模式，能够充分整合各功能模块，拓展综合能源业务方位，实现一站多能，形成全新商业新模式。建设综合能源站充电站模块的主要优势包括：①提供快充服务。利用变电站优异的电源接入条件，建设直流充电装置，可为电动汽车提供大功率超级快充服务，大大缩短车辆充电时间，提升充电桩利用率。②提供电动汽车充电和租赁服务，拓展充电服务市场，增加用户黏性。③降低配电网压力。大量电动汽车的无序并网充电，尤其是负荷高峰时接入充电，进一步加剧了负荷的峰谷差，给区域电网带来了压力。通过充电站和变电站合建，可以有效缓解大量电动汽车接入配电网带来的不利影响。④减少占地面积。快速充电站能够实现车辆的即充即走，可有效减少车辆停留时间，从而降低成本。⑤加快构建智慧城市。在城市快充网的格局形成后，基于电动汽车充电大数据，有助于优化拓扑结构逐步完善城市快充网，支撑智慧城市建设。⑥实现能源优化配置。采用充电站与储能、光伏发电合建的模式，直接构建三者相互关联的发-储-用系统，实现光伏能源的就地消纳利用与电动汽车多余能量存储，提高能源利用率[56]。

5. 数据中心模块

数据中心模块主要围绕数据汇聚、微模块架构展开工作。一方面可以汇集站内全部信息，另一方面可以汇集供区内输配电以及分布式能源的用电相关信息。基于数据中心可以开展用户能效监测、智能分析，最终实现能源的互补、优化控制和全景展示，将综合能源站打造为"能源流 + 数据流 + 业务流"三流协控中心，通过大数据分析为用户提供用能建议，制订节能方案。

综合能源站数据中心的应用功能需求包括了本地应用服务器、电力系统分布式云中心、对外数据中心租赁服务等几方面内容。需要对不同的硬件、网络等基础资源进行合理划分、部署不同的安全策略，满足不同区域的差异化需求。根据不同功能区的业务需求，对数据中心的基础网络的网络资源、互联网技术（internet technology，IT）资源进行整合，并实现动态分配和管理，满足数据中心多变的各类业务需求。通过多种高可用技术和良好网络设计，实现数据中心可靠运行。数据中心云平台利用云计算和虚拟化技术，构建共享的资源池，实现对网络资源、计算和存储资源进行分配和管理，提高设备资源利用率，优化业务流程，降低维护成本[57]。

12.5.2　综合能源站融合技术

为保障综合能源站的经济高效和安全稳定运行，需实现综合能源站的空间融合、设备融合、系统融合和安全融合，具体内容如下。

1. 空间融合

综合能源站通过综合考虑土地利用、多站融合对外提供服务等因素进行科学选址，并考虑噪声、防火等要求对空间布置的制约，优化储能、数据中心等模块化技术，提升空间利用率[5]。

1）站址选择研究

综合能源站依照能源互联网综合服务的发展规划，综合考虑土地利用、出线走廊、便利性等各个方面进行站址选择研究，具体如下。

（1）站址选择充分考虑用地节约，要通过可行性研究和经济方案比较。要合理规划土地，尽量利用荒地和劣地，不占或少占经济效益高的土地和农田水利设施，并注意尽量减少土石方工程量。

（2）站址选择根据电力系统及数据服务的远期规划，综合考虑电力通道及数据服务通道的出线走廊，避免或减少走廊交叉跨越。

（3）站址选择在交通运输方便区域，以方便大件设备运输、便利提供能源及数据服务。

（4）站址选择注意避让地震断裂带或滑坡、沼泽、坍塌区等不良工程地质，无法避让时需要采取可靠的防护工程措施。

（5）选择站址时充分考虑生产和生活用水的可靠水源，靠近公路。

（6）选择站址时充分考虑与邻近设施、周围环境的相互影响和协调，选择适合的地址和地形条件且尽量减少对自然环境的破坏。

2）综合布置

在充分考虑综合能源站各功能模块的工艺技术、运行、施工、扩建需要的基础上，综合能源站站区需要符合城镇规划或工业区规划，对就近的生活、文教、卫生、交通、消防、给排水及防洪等公用设施进行充分利用。据此原则，对站区、生活区、水源地、给排水设施、排防洪设施、道路、进出线走廊等进行统筹安排、合理布局[58]，具体如下。

（1）综合能源站各建（构）筑物的火灾危险类别及其最低耐火等级满足国家相关规定。

（2）在综合能源站建筑物平面、空间的组合上，根据工艺要求，合理利用自然地形。各模块要充分融合、功能清晰、分区独立、紧凑得当、便于扩建。

（3）因地制宜进行设备选择，充分考虑各类设备对空间的需求。

（4）各子模块的位置布置，应在充分考虑电气、消防等安全的基础上，尽量使场内道路、电力电缆及控制电缆的长度最短。

（5）综合能源站整体布置兼顾对周边环境的影响，如噪声、电磁干扰等。

（6）站区标高根据当地环境条件，参照相关规范进行选择。合理利用地形，综合考虑工艺要求、交通运输、土方平衡，因地制宜进行站区布置，使市场地排水顺畅，并根据站区地形、降水量、土质类别及站区布置，选择合理的排水方式[59]。

（7）依据综合能源站的最终规模统筹规划进行管、沟布置，管、沟之间及其建筑物、构筑物之间在平面与竖向上应合理布置、近远结合、便于扩建。

（8）综合能源站中道路的布置除满足运行、检修、设备安装等要求外，还要符合节约用地、安全和消防的相关规定[60]。

（9）综合能源站四周设置实体围墙，围墙同周围环境协调。

2. 设备融合

通过研究综合能源站设备融合方案，研究储能系统替代数据中心 UPS（uninterruptible power supply，不间断电源）、变电站一体化的相关技术和设备，研究视频、环境等辅控系统融合共享方案，研究整体组网方式，研究共用数据中心 IT 设备等，降低设备投资成本。

1）储能设备扩展运用

储能电池是综合能源站的重要电能存储资源。综合考虑综合能源站的电源需求，通过合理拓扑设计，充分利用储能系统替代 UPS、一体化电源，构建混合交直流辅助电源系统，确保电源供电的高效、可靠。混合交直流辅助电源的设计原则如下。

（1）设置两台连接于不同 10 千伏母线的站用变压器，站用低压母线采用单母分段接线方式，为综合能源站内变电站、储能电站、数据中心等各子模块提供 220/380 伏交流电源。

（2）根据数据中心的负荷需求，设置多段 240 伏直流母线，用作数据中心的紧急备用电源。240 伏直流母线不设置直流电池，通过直流变换器同储能电池组连接。充分考虑 240 伏直流的可靠性，采用"$N+2$"原则配置直流交换器。

（3）根据变电站的负荷需求，设置两段 220 伏直流母线，用作变电站控制系统直流电源。220 伏直流母线布置直流电池，通过直流变换器同 240 伏直流母线连接。240/220 伏直流变换器按照 220 伏直流母线容量要求配置，采用"$N+1$"原则。

（4）根据变电站的负荷需求，设置两段 48 伏直流母线，用作变电站通信系统直流电源。48 伏直流母线布置直流电池，通过直流变换器同 48 伏直流母线连接。240/48 伏直流变换器按照 48 伏直流母线容量要求配置，采用"$N+1$"原则。

（5）互联网技术设备采用一路市电电源、一路 240 伏直流电源的双路供电形式。该供电方式消除了系统的单点故障瓶颈，提高了供电的可靠性，且在每个机架内提供了交直流两路电源，市电回路无须电能转换，可最大限度地提高系统效率。

2）辅控设备共用

综合能源站的关键设备、电气设备的安装地点以及对周围环境需要通过辅助设备进行监视，观察其运行状态，既可以满足综合能源站安全警卫的要求，同时满足安全生产所需的监视设备关键部位的要求。将采集和监控到的环境信息、警卫信息、人员流动信息以及火灾警报信息上传到监控中心。

在视频监控功能模块中应整合智能可视化读表技术、红外热成像分析、远程自动化控制等多种维度。通过后台巡检预案进行自动远程变电站巡检；利用智能视频分析技术分析并上传现场特定监视对象的状态信息；对于各种非法入侵以及越界的行为则是通过设定警戒区域并配以安防装置予以警戒和告警[61]。

3. 系统融合

综合能源站系统融合方案，通过采用一体化数据采集、一体化通信、统一数据存储、统一数据处理、全面设备监控、综合数据分析、全景安全技术等技术，实现综合能源站一体化综合监控与运营，提高综合能源站对内对外服务能力。

（1）一体化数据采集，实现全面感知。综合能源站以统一的方式全面一体化采集各类业务数据，为各类应用提供全面的信息支撑。以灵活的分布式数据采集技术实现全面采集变电站、储能电站、光伏发电站、充电站、数据中心以及输电线路、综合管廊、建筑本体的各类信息，包括电气量、设备状态、环境、行为等，实现泛在智联，从而实现综合能源站的全面信息感知，通过统一的服务总线为上层应用提供数据支撑。

综合能源站统一采集采用分布式扩展设计，可以根据数据特点和规模为不同系统接入建工独立前置采集应用，前置采集框架内可配置为不同的通道组，启动多个通信进程同时工作。与单通道单进程的通信方式相比，能够有效地降低系统能源消耗，从而在相同的硬件配置下可以支持更多的通信负载。

（2）一体化通信，实现网络全覆盖。从数据传输的发送端和输出端布局，建设健全统一协调的全方位一体化通信架构，满足数据传输过程中的以变电站、储能电站、光伏发电站、充电站、数据中心为代表的数据源头的数据通信接入，并能够稳定可靠地与各种远方主站进行交互式通信。在满足互联网大区下的内部数据传输同时实现移动终端设备的无线访问。

遵循因地制宜、物尽其用的建设原则，充分利用调度数据网、无线专网、无线公网、窄带物联网（narrowband internet of things，NB-IoT）、电力线载波等新型通信技术，促进综合能源站相关终端服务设备的通信接入，打破终端服务设备数据孤岛，为综合能源站提供安全、稳定、可靠的数据接入服务，为泛在电力物联网落地实施提供有力支撑，落实以"三型两网、世界一流"为战略目标的电网建设核心任务。

4. 安全融合

根据综合能源站的业务需求，建立综合能源站多维度、多层次、全方位的全景安全体系，包括人身安全、设备安全、网络安全以及安全管理体系等。

设备安全主要是防火消防的安全。在现有消防系统的基础上，优化站端消防信息采集功能，使综合能源站具备消防报警、紧急控制、消防设备运维管理、安全巡检、风险管控、电子预案等功能。

梳理能源服务各个应用功能的业务边界、数据交互接口，通过数据通信网络安全隔离技术，形成既满足数据融合、便捷访问，又能有效划分安全边界，保证系统安全的网络安全方案。

安全管理体系是全景安全的重要组成部分，安全管理的完整体系是全时空泛在覆盖的，涉及人身、设备、网络等各个空间环节，各种安全角色和设备的设计、开发、生产、供应、运行、退役的全生命周期。

12.5.3 综合能源站工程实例

1. 大连盛港综合能源服务站

2021 年 1 月，中国（辽宁）自由贸易试验区大连片区中石化北方能源（大连）有限公司"五位一体"综合能源服务站项目——盛港综合能源服务站进入试运行。该站作为能源供给及连锁便利服务新型网点，成功集汽柴油、氢气、充电、液化天然气、跨境电商等五位于一体[62]。

盛港综合能源服务站是第一个在辽宁省建成并取得试运行的氢能产业项目，其是在原有的盛港油气站基础上扩建而成的，占地面积 1.5 万平方米。站内设有加油作业区、氢能作业区、液化天然气作业区、汽车充电区和易捷跨境综合服务区等五大功能区域。加氢区域设有加氢设备 1 套，储氢瓶组 1 组（9 立方米），双枪加氢机 2 座，加注能力达 500 千克/12 小时，为氢能公交车上线提供服务保障。液化天然气区域设有液化天然气撬装设备 1 套，单枪加液机 2 台，提供液化天然气加注服务。公交车停靠场站可满足区内公交车的停靠和运营需求，同时留有空间以供未来的发展。

盛港综合能源服务站将充分发挥中国（辽宁）自由贸易试验区大连片区在氢能及燃料电池领域的产业引领带动作用，加快实施金普新区"一地一极三区"战略，助力氢能综合利用示范工程在大连市的建设，推动氢能在东北地区的产业化发展。

2. 苏州 110 千伏香山综合能源站

2021 年 2 月，作为江苏电网首批综合能源示范站项目之一的苏州 110 千伏香山综合能源站建成通过验收并正式投运。

苏州 110 千伏香山综合能源站是苏州市首个集风、光、充、变电站为一体的综合能源站，位于苏州太湖国家旅游度假区，占地面积约 4000 平方米。该站由 1 座 110 千伏新建变电站，以及 34.32 千瓦屋顶光伏发电系统、3 台 1 千瓦风力发电系统、120 千瓦一体双枪直流充电桩系统、2 台智慧路灯及多功能气象站等组成，可最大化立体式利用香山场地资源，构建综合能源体系。此外，通过调度数据网，设备运行及控制信息都被传输至国网苏州供电公司调度系统，实施远端监视管理控制。同时，它还设置了一个微型气象站用于监测太阳辐照度、风速风向、环境温度等数值以控制风力和光伏的发电量。

该站投运后，光伏和风机年发电量预计达到为 42.53 兆瓦时，与传统燃煤发电相比，相当于减少 11.56 吨的碳排放，可提高清洁能源利用比例。站内充电桩系统使得绿色出行极为便利，并提供多项辅助服务，实现站内设备自治运行及远方控制管理的模式[63]。

3. 福州晋安东二环岳峰悦享超级充电站

2021 年 6 月，福建省首座"多站融合"超级充电站——福州晋安东二环岳峰悦享超级充电站正式投运。该超级充电站毗邻核心商区泰禾广场及福州站，成功将超级快充、电池检测、换电、5G 微机、停车场站、配电站、休闲驿站等多种功能集成于一体，充分体现了绿色低碳、智慧赋能。

超级充电站总占地面积约 5600 平方米，共有 46 个可充电停车位。站内建有超级快速充电桩，单桩最大充电功率可达 180 千瓦，配备光伏雨棚、智慧路灯和储能电池等设备，并引入电池检测、换电、云存储等国内先进技术。同时建立了蔚来汽车二代换电站，在 4.5 分钟内完成换电且用户无须下车。

超级充电站还配备 2 台 V2G 充电桩，搭载 V2G 功能的电动汽车可实现车辆与电网的互动。具体来说，搭载 V2G 功能的电动汽车就如同一个小型的充电宝，可在电网负荷低的时候插上充电枪自动储能，而当电网负荷高的时候，可将电池中电能反馈到电网中，赚取差价[64]。

4. 六盘水双红油氢电综合能源站

2021 年 9 月，中国石油化工集团有限公司在贵州省六盘水市首座油氢电综合能源站——双红油氢电综合能源站正式为进站车辆和公交车加注油、氢、电，标志着中国石油化工集团有限公司在贵州省建成的首座集加油、加氢、加电的一站式综合能源站正式运营，助力六盘水市氢能源产业发展取得实质性突破。

双红油氢电综合能源站是贵州首个集油、氢、电、服为一体的综合能源新型网点，分为五大功能区域：卸氢气区、加氢区、加油区、充电区、易捷综合服务区。该站占地面积 6661.79 平方米，日供氢能力可达 500 公斤。双红油氢电综合能源站设置储氢压力 45 兆帕的 9 立方米储氢瓶组一套，总容量为 210 千克，设置 3 具 30 立方米钢制强化塑料制双层油罐，总罐容 90 立方米，设置三台 10 枪加油机，后期将根据实际情况增设四级充电站。

双红油氢电综合能源站的投入使用，为实现传统能源与新能源的相互补充和替代走出了坚实的一步。加氢站相对于加油、加气的传统能源来说，在环保方面真正地实现了零排放，可以为打赢蓝天保卫战做出积极贡献。

12.6　本 章 小 结

首先，本章介绍了交通用能特点，从不同方面对交通运输业的用能情况进行了详细的分析，并在此基础上整理归纳优化交通运输结构、发展电气化交通、发展智能化交通、积极发展氢能交通和完善政策法规和相关标准体系等实现交通领域脱碳的途径。

其次，本章概述了交通工具电气化、V2G 技术和共享出行模式三种典型的绿色交通技术。本章第二节介绍了交通工具电气化，针对电动汽车、电动船舶和电气化轨道，阐述了它们的概念、技术原理和特点。本章第三节介绍了 V2G 技术的概念、实现方式、应用层次以及优势与挑战。本章第四节介绍了共享出行模式的概念和分类，并对国内外共享出行的产生与发展进行了比较。

最后，对综合能源站进行了详细介绍。综合能源站包括变电站模块、储能模块、光伏发电模块、充电站模块和数据中心模块这五个关键模块，涉及空间融合、设备融合、系统融合和安全融合这四个融合技术，此外还列举了国内几个综合能源站的工程实例。

本章参考文献

[1]　刘南. 交通运输学[M]. 杭州：浙江大学出版社，2009.
[2]　刘建国，朱跃中，田智宇. "碳中和"目标下我国交通脱碳路径研究[J]. 中国能源，2021，43（5）：6-12，37.

[3]　Mi Z F，Meng J，Guan D B，et al. Pattern changes in determinants of Chinese emissions[J]. Environmental Research Letters，2017，12（7）：074003.

[4]　柴建，邢丽敏，卢全莹，等. 中国交通能耗核心影响因素提取及预测[J]. 管理评论，2018，30（3）：201-214.

[5]　浙江华云电力工程设计咨询有限公司. 智慧综合能源站融合技术及运营模式[M]. 北京：中国电力出版社，2019.

[6]　徐硕，余碧莹. 中国氢能技术发展现状与未来展望[J]. 北京理工大学学报（社会科学版），2021，23（6）：1-12.

[7]　鲁君伟，侯赛因 J. V2G 技术：电动汽车接入智能电网[M]. 李建林，马会萌，谢志佳，等译. 北京：机械工业出版社，2018.

[8]　中国电力科学研究院，丁孝华. 智能电网与电动汽车[M]. 北京：中国电力出版社，2015.

[9]　李建，梁刚，刘巍. 纯电动汽车的结构原理与应用探讨[J]. 装备制造技术，2011，（1）：108-109，117.

[10]　张子实. 世界上第一艘柴油机船是什么时候造的？[J]. 渔业机械仪器，1982，（3）：61.

[11]　Skjong E，Volden R，Rodskar E，et al. Past，present，and future challenges of the marine vessel's electrical power system[J]. IEEE Transactions on Transportation Electrification，2016，2：522-537.

[12]　Nuchturee C，Li T，Xia H P. Energy efficiency of integrated electric propulsion for ships—a review[J]. Renewable and Sustainable Energy Reviews，2020，134：110145.

[13]　庞志森，庞明. 现代蓄电池电动船舶的电力推进技术[M]. 北京：化学工业出版社，2011.

[14]　伍赛特. 蓄电池电动船舶的应用前景展望[J]. 机电技术，2018，（5）：117-120.

[15]　Geertsma R D，Negenborn R R，Visser K，et al. Design and control of hybrid power and propulsion systems for smart ships：a review of developments[J]. Applied Energy，2017，194：30-54.

[16]　Lan H，Wen S L，Hong Y Y，et al. Optimal sizing of hybrid PV/diesel/battery in ship power system[J]. Applied Energy，2015，158：26-34.

[17]　秦琦，王宥臻. 全球新能源（清洁）船舶及相关智能技术发展[J]. 船舶，2018，29（S1）：29-41.

[18]　Yang X，Li X，Ning B，et al. A survey on energy-efficient train operation for urban rail transit[J]. IEEE Transactions on Intelligent Transportation Systems，2016，17（1）：2-13.

[19]　Roskilly A P，Palacin R，Yan J. Novel technologies and strategies for clean transport systems[J]. Applied Energy，2015，157：563-566.

[20]　Kempton W，Tomić J. Vehicle-to-grid power fundamentals：calculating capacity and net revenue[J]. Journal of Power Sources，2005，144（1）：268-279.

[21]　梁夏，陈文颖. 电动车参与调峰的碳减排潜力[J]. 北京理工大学学报（社会科学版），2016，18（4）：42-48.

[22]　欧雯雯，叶瑞克，鲍健强. 电动汽车（V2G 技术）的节能减碳价值研究[J]. 未来与发展，2012，35（5）：36-40.

[23]　蔡黎，高乐，徐青山，等. 电动汽车 V2G 关键技术研究及应用进展[J]. 电池，2020，50（1）：87-89.

[24]　Krueger H，Fletcher D，Cruden A. Vehicle-to-Grid（V2G）as line-side energy storage for support of DC-powered electric railway systems[J]. Journal of Rail Transport Planning & Management，2021，19：100263.

[25]　赵世佳. 我国应加快布局 V2G 技术[J]. 电器工业，2017，（12）：30-31.

[26]　赵世佳，刘宗巍，郝瀚，等. 中国 V2G 关键技术及其发展对策研究[J]. 汽车技术，2018，（9）：1-5.

[27]　许晓慧，徐石明. 电动汽车及充换电技术[M]. 北京：中国电力出版社，2012.

[28]　刘晓飞，张千帆，崔淑梅. 电动汽车 V2G 技术综述[J]. 电工技术学报，2012，27（2）：121-127.

[29]　Ustun T S，Ozansoy C R，Zayegh A. Implementing vehicle-to-grid（V2G）technology with IEC 61850-7-420[J]. IEEE Transactions on Smart Grid，2013，4（2）：1180-1187.

[30] Clement-Nyns K, Haesen E, Driesen J. The impact of vehicle-to-grid on the distribution grid[J]. Electric Power Systems Research, 2011, 81 (1): 185-192.

[31] Zhang P, Qian K J, Zhou C K, et al. A methodology for optimization of power systems demand due to electric vehicle charging load[J]. IEEE Transactions on Power Systems, 2012, 27 (3): 1628-1636.

[32] 许晓慧, 陈丽娟, 张浩, 等. 规模化电动汽车与电网互动的方案设想[J]. 江苏电机工程, 2012, 31 (2): 53-55, 58.

[33] Sioshansi R, Denholm P. Emissions impacts and benefits of plug-in hybrid electric vehicles and vehicle-to-grid services[J]. Environmental Science & Technology, 2009, 43 (4): 1199-1204.

[34] Goebel C, Callaway D S. Using ICT-controlled plug-in electric vehicles to supply grid regulation in California at different renewable integration levels[J]. IEEE Transactions on Smart Grid, 2013, 4 (2): 729-740.

[35] Raslavičius L, Azzopardi B, Keršys A, et al. Electric vehicles challenges and opportunities: Lithuanian review[J]. Renewable and Sustainable Energy Reviews, 2015, 42: 786-800.

[36] Lund H, Kempton W. Integration of renewable energy into the transport and electricity sectors through V2G[J]. Energy Policy, 2008, 36 (9): 3578-3587.

[37] Tan K M, Ramachandaramurthy V K, Yong J Y. Integration of electric vehicles in smart grid: a review on vehicle to grid technologies and optimization techniques[J]. Renewable and Sustainable Energy Reviews, 2016, 53: 720-732.

[38] Dogger J D, Roossien B, Nieuwenhout F. Characterization of Li-ion batteries for intelligent management of distributed grid-connected storage[J]. IEEE Transactions on Energy Conversion, 2011, 26 (1): 256-263.

[39] Peterson S B, Apt J, Whitacre J F. Lithium-ion battery cell degradation resulting from realistic vehicle and vehicle-to-grid utilization[J]. Journal of Power Sources, 2010, 195 (8): 2385-2392.

[40] Yuan X L, Liu X, Zuo J. The development of new energy vehicles for a sustainable future: a review[J]. Renewable and Sustainable Energy Reviews, 2015, 42: 298-305.

[41] Tirachini A. Ride-hailing, travel behaviour and sustainable mobility: an international review[J]. Transportation, 2020, 47 (4): 2011-2047.

[42] 美国交通部, 联邦高速公路管理局. 共享出行: 原则与实践[M]. 路熙, 陈徐梅, 杨新征, 译. 北京: 人民交通出版社, 2018.

[43] 樊根耀, 高原君, 鲁利川. 共享出行的演化与创新[J]. 长安大学学报 (社会科学版), 2020, 22 (2): 38-47.

[44] Machado C S, de Salles Hue N, Berssaneti F T, et al. An overview of shared mobility[J]. Sustainability, 2018, 10 (12): 4342.

[45] 李金发. 汽车共享的拼车合乘模式——以嘀嗒拼车为例[J]. 交通与港航, 2016, 3 (5): 30-32.

[46] 刘彬彬. 共享汽车租赁点运营特性分析与车辆调度研究[D]. 北京: 北京交通大学, 2020.

[47] 张敏. 国外发展共享汽车的经验做法及启示[J]. 对外经贸实务, 2018, (7): 36-39.

[48] 王菲菲. 共享经济下的移动出行[J]. 时代金融, 2017, (18): 187-188.

[49] Zhang Q, Zhu X J, Li Z S, et al. Research on the operation mode of energy integrated service station under multi-station integration[C]. Chongqing: 2021 6th Asia Conference on Power and Electrical Engineering (ACPEE), 2021.

[50] Chen Y R, Li J, Lu Q Y, et al. Cyber security for multi-station integrated smart energy stations: architecture and solutions[J]. Energies, 2021, 14 (14): 4287.

[51] 马会萌, 李相俊, 贾学翠. 多站融合场景下的系统配置及协调运行策略[J]. 电力建设, 2021, 42 (1): 96-104.

[52] 郑明正, 盛文玥. "多站融合"在泛在电力物联网中的应用与实践[J]. 自动化应用, 2020, (9): 73-75.

[53] Kandil S M，Farag H E Z，Shaaban M F，et al. A combined resource allocation framework for PEVs charging stations，renewable energy resources and distributed energy storage systems[J]. Energy，2018，143：961-972.

[54] Wu Y L，Liu Z B，Liu J Y，et al. Optimal battery capacity of grid-connected PV-battery systems considering battery degradation[J]. Renewable Energy，2022，181：10-23.

[55] Singh G K. Solar power generation by PV（photo voltaic）technology：a review[J]. Energy，2013，53：1-13.

[56] 王珏莹，胡志坚，谢仕炜. 计及交通流量调度的智慧综合能源系统规划[J]. 中国电机工程学报，2020，40（23）：7539-7555.

[57] 吕佳炜，张沈习，程浩忠，等. 集成数据中心的综合能源系统能量流-数据流协同规划综述及展望[J]. 中国电机工程学报，2021，41（16）：5500-5521.

[58] 周春艳. 针对变电站土建设计中的相关问题探讨[J]. 城市建设理论研究（电子版），2011，（24）：1-5.

[59] 张军肖，李建刚. 220kV 变电所土建的实用环保设计[J]. 中小企业管理与科技（下旬刊），2010，（5）：189.

[60] 田孝伯. 城市室内变电站与周边建筑的防火间距[J]. 电力建设，1999，（11）：42-44.

[61] 董迪. 变电站智能辅助控制系统的优化与设计[J]. 数字通信世界，2015，（12）：305，307.

[62] 本刊讯. 东北首座"五位一体"综合能源服务站在大连投入运营[J]. 电器工业，2021，（3）：4.

[63] 苏州日报. 苏州市首个综合能源站投运[EB/OL].（2021-02-21）[2021-12-10]. https://www.suzhou.gov.cn/szsrmzf/szyw/202102/8c2639e0c0864cbb8d4fca37d395c056.shtml.

[64] 福州市晋安区人民政府. 福建省首座"多站融合"超级充电站——福州晋安东二环岳峰悦享超级充电站正式投运[EB/OL].（2021-06-04）[2021-12-10]. http://www.fzja.gov.cn/xjwz/zwgk/gzdt/jadt/202106/t20210607_4115734.htm.

第 13 章　建筑领域能源碳中和

13.1　建筑领域用能特点

13.1.1　建筑领域用能现状

建筑物的生命周期包括建筑材料生产运输、建筑施工、建筑运行使用、建筑拆除及废弃物处理这四个阶段[1]。建筑领域的能耗不是只包含建筑产品某个单一阶段的能耗，而是涵盖了建筑的建造和运行全生命周期各个阶段的能耗。

建筑领域能耗可以分为两大类，即建筑建造阶段能耗和建筑运行阶段能耗[2]。在发达国家，不同的建筑功能造成建筑运行阶段能耗的差异。因此，IEA、EIA 和日本能源经济研究所（Institute of Energy Economics Japan，IEEJ）进一步将建筑运行阶段能耗划分为住宅能耗和公共建筑能耗。

中国作为发展中国家，其建筑运行阶段能耗的差异主要取决于建筑功能、城乡建设和采暖方式等方面[3]。因此，通常将建筑运行阶段能耗分为农村住宅能耗、城镇住宅能耗、公共建筑能耗和北方采暖能耗四类，如图 13.1 所示。

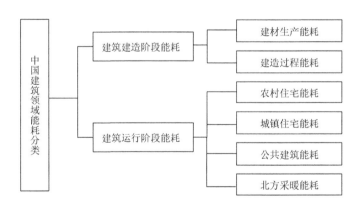

图 13.1　中国建筑领域能耗分类[2]

根据 IEA 的核算数据，2018 年全球总能耗的 36% 来自建筑建造（含房屋建造和基础设施建设）和建筑运行相关的终端用能，其中建筑建造的能耗占到了全球总能耗的 6%，建筑运行阶段能耗占全球总能耗的 30%。2018 年全球碳排放量的

11%来自与建筑建造（含房屋建造和基础设施建设）相关的碳排放，与建筑运行相关的碳排放量占全球碳排放量的28%[4]，这表明建筑领域的能耗与碳排放量成正相关关系。建筑领域不仅是能源消耗的主要领域，还是造成碳排放的主要责任领域之一。

　　根据清华大学建筑节能研究中心核算的2019年中国建筑领域用能及碳排放数据（图13.2），从能耗的角度分析，2019年中国建筑建造能耗和运行能耗占中国全社会总能耗的33%，与全球比例接近[4]。中国建筑建造阶段能耗和建筑运行阶段能耗分别占中国全社会能耗的比例为11%和22%[4]。与全球数据相比，中国建筑建造阶段能耗占比较高，而建筑运行阶段能耗占比较低。从碳排放的角度分析，2019年中国建筑建造和运行相关碳排放占中国全社会碳总排放量的比例约为38%，其中，建筑建造占比为16%，高于全球比例；建筑运行占比为22%，低于全球比例[4]。

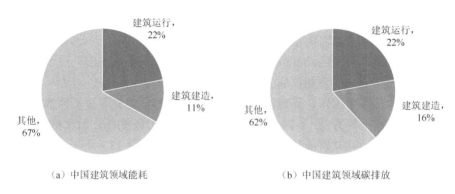

（a）中国建筑领域能耗　　　　　　　　　（b）中国建筑领域碳排放

图13.2　2019年中国建筑领域能耗及碳排放

　　建筑领域作为能源与资源的终端消费方，是减少运行碳排放和隐含碳排放主要责任领域，因此建筑领域要综合考虑建筑的直接、间接和隐含碳排放。按照排放源的特点可以将建筑领域碳排放分为四种[5]。

　　（1）建筑运行过程中的直接碳排放是指建筑在运行阶段通过直接燃烧煤、油和天然气等化石能源所排放的二氧化碳，主要由炊事、生活热水、燃气热水锅炉、蒸汽锅炉、燃气型吸收式制冷机等的燃烧活动造成。由于建筑消耗的电力、热力是从外界输入到建筑内的，不在建筑内产生排放，因此建筑用电力、热力不属于建筑的直接碳排放。

　　（2）建筑运行过程中的间接碳排放是指建筑运行过程中由于建筑的供电和供热需求而产生的间接碳排放，如采暖锅炉的燃煤和燃气产生的碳排放以及与建筑物用电相对应的间接碳排放。

（3）建材在生产和运输中造成的碳排放，包含建材生产、运输和施工过程产生的碳排放和建造使用能源相关的间接碳排放。

（4）建筑运行过程中的非二氧化碳类排放，包括空调采用气体压缩方式进行制冷时使用的氢氟烃、氢氯氟烃类制冷剂等非二氧化碳类温室气体。

有限的碳汇指标要被用于那些无法实现零碳的工业过程，所以建筑领域实现"双碳"目标的根本要求是零碳。在零碳目标的要求下，建筑要从能源消费者的单一角色转变为集能源生产者、调节者和消费者于一体的多重角色。这将给建筑的建造、改造、运行和维护等各个环节都带来巨大的变化和挑战。

13.1.2　建筑建造阶段能耗

建筑建造阶段能耗是指在建筑的建造过程中，原材料开采、建材生产、运输以及现场施工等环节所产生的能源消耗，可以分为建材生产能耗和建造过程能耗[2]。例如，钢铁、水泥、砖瓦、玻璃等这些都是高能耗建材。在建筑现场使用的建造设备、施工装置等产生的能耗也都属于建筑建造能耗的范畴。在一般的统计中，民用建筑建造能耗与生产用建筑（非民用建筑）建造能耗、基础设施建造能耗都统称为建筑建造阶段能耗[2]。

根据《中国能源统计年鉴 2020》，2019 年中国建筑业能源消费量达到 9142 万吨标准煤，在 2011～2019 年呈上升趋势，年均增长 5.3%[6]，2011～2019 年中国建筑业能源消费量如图 13.3 所示。

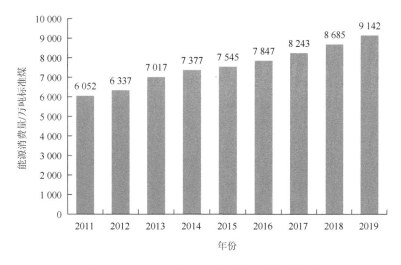

图 13.3　2011～2019 年中国建筑业能源消费量

　　自 2004 年到 2019 年，中国民用建筑建造能耗从 2.4 亿吨标准煤增长到了 5.4 亿吨标准煤。自 2016 年起，民用建筑的总竣工面积逐渐平稳并呈下降趋势，中国民用建筑建造能耗也因此逐渐稳定并缓慢下降；到 2019 年，中国城市住宅、农村住宅、公共建筑分别占民用建筑建造能耗的 69%、7% 和 23%。中国民用建筑建造能耗规模较大的主要原因在于，建筑建造过程所包含的建材生产能耗涉及钢铁、建材、化工等传统重化工业，这些行业能源资源投入规模巨大，大量的能源消耗通过建材产品转移到建筑领域[4]。

13.1.3　建筑运行阶段能耗

　　建筑运行阶段能耗是指在建筑的使用过程中从建筑外部输入的能源消耗，包括供暖、制冷、通风、空调和照明等用于维持建筑环境的用能，以及办公、家电、电梯、生活热水等各类建筑内活动的用能[2]。建筑在使用过程中消耗的能源形式主要是煤、燃气、电力三种[7]。以中国为例，对于建筑运行阶段能耗的分类具体界定如下。

　　（1）北方城镇供暖能耗是指采取集中供暖方式的地区冬季采暖能耗，涵盖各种形式的集中供暖和分散采暖。北部城区的供暖多为集中供暖，包括大量的城市一级热网和居民一级热网，因此北部城镇供暖部分的能耗应单独作为一类[4]。

　　（2）城市住宅能耗（不包括北方城镇供暖能耗）是指除北方城镇供暖能耗外，城市住宅建筑所需的能耗[8,9]。电力、煤炭、天然气、液化石油气和城市燃气等是这一类能耗的主要用能种类。在夏热冬冷地区，冬季的供暖形式大多分散，热源方式包括建筑空间的供暖方式和局部供暖方式，针对建筑空间的供暖方式有空气源热泵、直接电采暖等，局部供暖方式有木炭火盆、电热毯、电手炉等，这些能耗也都要归入城市住宅能耗[9]。

　　（3）商业及公共建筑能耗是指在商业及公共建筑内进行各种活动而产生的能耗。上述"商业及公共建筑"包含城镇地区和农村地区的商业建筑、办公建筑、旅游建筑、通信建筑、交通运输类建筑以及科教文卫建筑等人们进行各种公共活动的建筑[2]。公共建筑使用的能源种类主要有电力、燃气、燃油和燃煤等。

　　（4）农村住宅能耗是指农村家庭生活造成的能源消耗，如炊事、采暖、制冷、照明、热水、家电等能耗[10]。农村住宅使用的主要能源类型为电力、煤炭、液化石油气、天然气和生物质能源（秸秆、薪柴等）[2,11]。

　　2019 年中国各类建筑运行能耗如表 13.1 所示，中国建筑运行的总能耗达到 10.19 亿吨标准煤，约占全国能源消费总量的 22%。四类用能分项中，城镇住宅面积和农村住宅面积相对较大，其次是北方城镇供暖面积，商业及公共建筑面积最小。但由于北方城镇供暖和公共建筑的能耗强度相对较高，因此这四类能耗共占中国建筑运行总能耗的四分之一左右[4]。

表 13.1　2019 年中国各类建筑运行能耗

用能分类单位	面积/亿平方米	用电量/亿千瓦时	能耗/亿吨标准煤	一次能耗强度/(千克标准煤/米²)
北方城镇供暖	152	611	2.13	14.1
城镇住宅（不含北方城镇供暖）	282	5 374	2.42	8.6
商业及公共建筑（不含北方城镇供暖）	134	9 932	3.42	25.6
农村住宅	228	3 054	2.22	9.7
合计	796	18 971	10.19	12.8

以中国为例，建筑运行阶段各类建筑能耗强度有以下特点[4]。

第一，北方城镇供暖能耗总量依然较大，但得益于建筑围护结构的保温水平和高效热源使用比例的提高，供暖系统用能效率整体显著提高，北方城镇供暖能耗强度呈下降趋势。

第二，商业及公共建筑的单位面积能耗强度仍在增长，这主要是由于各种公共建筑（如电器、空调、照明等）终端能源需求的增长。特别是近年来，一些配备大规模集中用能系统的大体量建筑，这些建筑的能耗强度远高于同类建筑。商业及公共建筑规模与平均能耗强度的增长，使商业及公共建筑的能耗成为目前中国建筑能耗中占比最大的一部分。

第三，城镇住宅户均能耗强度增长缓慢，主要是因为空调、家电以及生活热水等能源需求的增加，带来了能耗强度的上升，但由于推广使用节能灯具，住宅中照明环节的能耗没有明显增长，炊事能耗强度也基本维持不变，所以这类能耗强度整体上升缓慢。

第四，农村住宅户均商品能缓慢增加，这主要是因为农村居民人口和户数缓慢减少、各类家用电器在农村得到了大规模普及、北方采用"煤改电"措施倡导清洁取暖，农村住宅用电量显著提升，但生物质能的使用正在不断减少，所以近年来农村房屋的总能耗呈缓慢下降趋势。

13.1.4　建筑领域节能减排

在建筑领域进行节能减排，往往需要兼顾降低能耗和提高居住适度，若仅仅为了降低能耗而采用封闭的建筑空间，那么建筑的热环境、视觉条件以及室内空气质量都可能会受到影响。建筑领域节能减排要在保证建筑相关功能的前提下，在建材的开采、建筑设备的生产运输到建筑销毁的全生命周期中按照有关法律法规、技术标准的要求，降低能源消耗、减少二氧化碳排放。在建筑领域可以通过使用节能型的建材、产品和设备以及对所有设备加强运行管理、执行节能标准和增强维护结构性能等手段提高建筑的用能效率。

与建筑领域能耗分类相对应,建筑节能技术主要运用于建筑的建造和运行两个阶段[12]。建筑节能主要体现在以下三个方面。

(1)对建筑进行合理的规划与设计。结合建筑所在区域的气候特点,创造良好的光环境、热环境、风环境、水环境和洁净环境。在选择建筑朝向、门窗位置、植被体系以及利用水体和山体等过程中,要能够合理地应用自然环境来降低建筑能耗、提高建筑的舒适度和健康水平[12]。

(2)对建筑实体墙部分采用的节能技术。建筑围护结构采用保温技术,以减少采暖季节建筑的热损失和空调季节的冷损失。在建筑物透明结构部分,通过设计窗户结构、采用遮阳技术以及控制太阳能的热流方向等手段充分利用可再生能源,还可以充分利用自然通风来调节室内环境,在保证室内环境舒适的同时达到节能的目的[13]。

(3)对建筑能耗设备与系统的节能技术。主要从能源控制管理和综合节能技术两个方面着手,针对建筑的热水供应系统、照明系统、空调系统和电梯系统等不同的负荷特性,通过自动或手动调节相关设备与系统,以达到节能目的[14]。

就建筑自身角度而言,实现"双碳"目标要通过发展近零能耗建筑、建筑电气化、可再生能源利用、北方供热系统零碳化等技术手段降低能耗、提升能效[15]。除了关注建筑自身运行的碳排放外,还应宣传引导人们培养更多绿色生活习惯,以降低建筑领域能耗。

13.1.5　近零能耗建筑

1. 近零能耗建筑概念

随着太阳能光电技术的发展,"零能耗建筑"最先在德国被详细定义:"自身可发电,通过与公共电网相连,既可以将建筑物的发电上网也可以使用电网为建筑物供电,在以年为单位的情况下,一次能源产生和消耗可以达到平衡的建筑物。"[16]欧盟在《建筑能效 2010 指令》中定义零能耗建筑为能效高于国家现行标准30%的建筑。比利时规定以建筑物供暖、供冷面积为计算基准,全年供暖、供冷能耗小于 15 千瓦时/米²,且所有能耗都可使用现场可再生能源产生的能量满足的建筑为零能耗(居住)建筑[17]。美国、加拿大、澳大利亚等国家对零能耗建筑的定义侧重于通过可再生能源的获取以保障用能需求,进而达到净零平衡[18]。2015 年,美国能源部定义零能耗建筑为以一次能源为计量单位,其全年能源消耗小于或者等于现场可再生能源系统产生的节能建筑[19]。后有学者指出应从建材制造、建筑物设计、建造、运行到拆除的全过程来定义零能耗建筑，即以建筑全生命周期为平衡计算范围[20, 21]。此外，零能耗建筑的形式还包括被动房、无源建筑、迷你能耗房以及气候房等[22]。从零能耗建筑的定义可以看出，零能耗建筑并不是要求建筑不耗能，而是要求建筑本身对于不可再生能源的消耗为零，最大化利用可再生能源。从全球范围看，虽然零能耗建筑概念范畴尚未完全统一，但减少化石能源消耗的出发点和加大可再生能源利用率的思路基本一致。

中国对于零能耗建筑的定义、政策标准等内容采用与国情特点相契合的概念，将其划分为近零能耗建筑、超低能耗建筑和零能耗建筑三个阶段，并在《近零能耗建筑技术标准》（GB/T 51350—2019）中进行了划分[23-25]。

（1）近零能耗建筑要能够适应建筑所处环境的气候特点和场地条件。一方面是通过被动式建筑设计，尽可能地降低建筑供暖、空调、照明用能需求，另一方面是通过主动式技术措施，提高能源设备和系统效率，充分利用可再生能源，在能耗最小的前提下，提供舒适的室内环境[26]。中国以《近零能耗建筑技术标准》对近零能耗建筑的室内环境参数和能效指标进行了规范。

（2）超低能耗建筑要满足对近零能耗建筑所规定的室内环境参数，但能效指标略低于近零能耗建筑，是近零能耗建筑的初级表现形式[26]。

（3）零能耗建筑要求建筑在满足对近零能耗建筑所规定的室内环境参数的同时，能够充分发挥建筑本体和周围可再生能源优势，使可再生能源全年产能不小于建筑全部用能，是近零能耗建筑的高级表现形式[26]。

传统建筑不节能的主要原因之一是房子的密封性不强、室内外的热量交换快，需要用外在的热量，如集中供暖或用空调进行温度调节。传统建筑在有一定气压的情况下，每小时换气次数为 2～3 次。而近零能耗建筑采用的新风系统每小时换气次数小于 0.6 次，大大提高了建筑保温性能。

近零能耗建筑采取被动式建筑设计，建筑外立面保温材料厚度是普通住宅厚度的 2～3 倍、窗户采用三层双中空的玻璃、室内外设置透气膜和隔汽膜，从而保证了建筑的气密性，最大限度地减少热量散失，使建筑的隔热防寒效果显著提升。在此基础上，近零能耗建筑还利用高效能的新风系统进行温度调节，进一步减低了建筑能耗。此外，无热桥设计也是近零能耗建筑节约能耗的一个重要因素。近零能耗建筑通过适当添加绝热层阻断不同材料连接处的热桥，避免了不必要的热量流失。

与传统建筑相比，近零能耗建筑在设计、建筑、材料工艺上都有更高的要求，因此建筑的成本也更高，这也是制约近零能耗建筑推广的主要原因之一。除了技术和市场之外，还需要借助宣传引导、政策支持等手段，引导人们了解和关注近零能耗建筑，鼓励近零能耗建筑建设，提高建筑节能水平。

2. 近零能耗建筑评价体系

近零能耗建筑在发达国家发展迅速，也形成了各自的评价体系[27]。

（1）德国的被动房标准将被动房等级划分为普通级（classic）、优级（plus）和特级（premium），其中，优级和特级必须配备可再生能源系统，可以理解为近零能耗建筑和零能耗建筑。

（2）美国的近零能耗建筑评价体系，包括由美国被动房协会（Passive House Institute U.S.，PHIUS）组织的北美被动房认证、国际未来生活研究院（International Living Future Institute，ILFI）发起的零能耗认证和美国绿色建筑委员会（U.S. Green Building Council，USGBC）推出的绿色建筑评估体系——开发能源及环境设计先导计划（Leadership in Energy and Environmental Design，LEED）。

（3）瑞士的 Minergie 近零能耗建筑评价标准，以未来建筑的能耗为标准进行评价。Minergie 标识包括 3 个标准：Minergie、Minergie-P 和 Minergie-A，并以生态标识和材料质量体系（material quality system，MQS）标识作为补充。

（4）韩国的《建筑节能等级和零能耗建筑认证标准》，对零能耗建筑认证的定义为超过 20%的能源自给率和超过建筑能源等级 1＋＋的建筑。随着可再生能源产量从 20%依次增加至 40%、60%、80%和 100%，零能耗等级由 ZEB5 提升至 ZEB4、ZEB3、ZEB2 和 ZEB1 等[1]。

（5）日本采用基准建筑相对节能率的方式，以基准建筑能耗为基础，实现建筑一次能源消费降低 50%以上，在积极引入可再生能源的基础上实现节能 50%～75%的过程为超低能耗建筑阶段；从 75%节能到 100%节能的过程为近零能耗建筑阶段；当建筑全年产能大于建筑耗能，则为零能耗建筑阶段[28]。

汇总见表 13.2。

表 13.2 发达国家近零能耗建筑评价体系[27]

德国	美国	瑞士	韩国	日本
普通级（classic）	PHIUS ZERH	Minergie	ZEB5 ZEB4	超低能耗建筑阶段
优级（plus）	—	Minergie-P	ZEB3 ZEB2	近零能耗建筑阶段
特级（premium）	LBC ZE LEED Zero	Minergie-A	ZEB1	零能耗建筑阶段

注：ZERH（zero energy ready home，零能耗就绪家庭）；LBC ZE（living building challenge zero energy，生命建筑挑战：零能耗）

---

① ZEB（zero energy building，零能耗建筑）。

上述国家对近零能耗建筑的评价指标和方法具有一定的相似性，都是通过各个阶段的建筑节能标准升级，最终实现建筑零能耗的目标。

中国《近零能耗建筑技术标准》根据建筑综合节能率、可再生能源利用率和建筑本体性能指标对建筑等级进行划分，量化指标采用绝对能耗数值和相对节能率，能耗统计的计量单位以一次能源消耗为主，具体如表 13.3 所示。《近零能耗建筑技术标准》要求超低能耗建筑能耗水平应较相关国家标准和行业标准降低 50%以上[29]，近零能耗建筑应减少 60%～75%的能耗，零能耗建筑通过有效运用建筑本体及所处环境的可再生能源，使可再生能源的年供能不少于建筑的全年能耗[26]。

表 13.3　《近零能耗建筑技术标准》

建筑类型	特点	建筑综合节能率
超低能耗建筑	不借助可再生能源，利用气候条件和被动式技术手段，进行日常供能	50%
近零能耗建筑	利用可再生能源、自然气候条件、被动式技术手段，进行日常供能	60%～75%
零能耗建筑	可再生能源供能大于或等于建筑物自身用能	100%

建筑领域实现"双碳"目标的核心是要减少建筑运行阶段能源消耗引起的碳排放。因此未来的城市规划和建筑设计，应该从各个方面统筹考虑减碳策略，实现建筑领域的零碳排放。世界各个国家也都在制定近零能耗建筑发展的路线图和各阶段目标，积极推进近零能耗建筑实践。欧盟要求其各成员国于 2020 年基本达到建筑零能耗的目标。美国、韩国、日本、意大利及澳大利亚也都制定了相关的节能目标。

中国也在积极探索符合国情的近零能耗建筑发展路线，提升绿色建筑技术水平，构建完整的设计、施工、检测和评价体系，以促进建筑领域"双碳"目标的实现。

13.2　绿　色　建　筑

13.2.1　绿色建筑概念及发展

绿色低碳建筑是低碳经济、可持续发展、绿色发展理念在建筑领域的具体体现。绿色低碳建筑的概念是一个综合概念，生态建筑、绿色建筑、可持续建筑和低碳建筑可统称为绿色低碳建筑[10]。早在 1973 年能源危机时，西方发达国家出于节约能源的目的就率先提出了遵循环境保护、节约资源、确保人居环境等一系列建筑理念[30]。20 世纪 80 年代，联合国通过相关提案，提出要建造有利于居民健康的开放式通风建筑，并提出"健康住宅"的概念[30]。1992 年，在联合国环境与发展大会上，与会者首次明确提出了"绿色建筑"的概念。随着可持续发展思想在全球推广，绿色建筑逐渐成为建筑发展方向。美国加利福尼亚州环境保护局定义的绿色建筑是一种在设计、修建、装修方面或在生态和资源方面有回收利用价值的建筑形式[31]。

　　中国以国家标准的形式，在《绿色建筑评价标准》（GB/T 50378—2019）中明确定义绿色建筑是指在全生命周期内，节约资源、保护环境、减少污染，为人们提供健康、适用、高效的使用空间，最大限度地实现人与自然和谐共生的高质量建筑[32]。近年来，中国逐步将建筑领域绿色节能纳入国民经济和社会发展规划及能源资源、节能减排专项规划，使其成为国家生态文明建设和可持续发展战略的重要组成部分。绿色建筑在中国的发展过程可分为四个阶段，如表 13.4 所示。

表 13.4　绿色建筑在中国的发展历程

发展阶段	重要举措
理论探索阶段	1986 年，第一部建筑节能标准《民用建筑节能设计标准（采暖居住建筑部分）》（JGJ26—86）颁布实施
试点示范与推广阶段	2005 年，第一部部门规章《民用建筑节能管理规定》发布，首次把建筑节能工作纳入到政府监管当中
转型阶段	2006 年，《绿色建筑评价标准》给出了中国对于绿色建筑的官方定义，不仅学习了国外绿色建筑的先进发展思路，也确立了中国的绿色建筑发展政策思路
全面开展阶段	2020 年，《绿色建筑创建行动方案》明确指出中国绿色建筑创建的目标

　　发展绿色建筑对于中国推进绿色城镇化建设、实现"双碳"目标来说刻不容缓。目前来看，中国绿色建筑发展将主要通过新建建筑绿色设计和既有建筑绿色改造这两种途径来实现。

　　相较于传统建筑耗费大量能源的建造方式，绿色建筑则是更加完整地涵盖了建筑规划、设计和运行管理的全生命过程，更侧重于减少建筑对环境的影响和危害，注重节约资源、人与自然和谐共生等理念，因此发展绿色建筑要遵循以下原则。

　　（1）绿色建筑是适用技术的。绿色建筑要尽可能采用技术适用且能够降低能耗的构造。目前绿色建筑应用了许多低成本、简单适用的技术，如安装遮阳构件、自然通风、建筑墙体保温、建筑外立面绿化和屋顶绿化等。绿色建筑要根据建筑所处的自然环境，有意识地对风能和太阳能合理利用，因地制宜地进行设计和建造，以达到建筑节能、环保的目的[33]。

　　（2）实行全生命周期评测。建筑的"绿色"不仅体现在建筑全生命周期内，还体现在建筑生命结束后的回收利用环节。绿色建筑从建材的生产到建筑的拆除都要充分考虑"节能、节地、节水、节材和环境保护"的基本要求，这也是绿色建筑评价与传统建筑评价的明显区别之一[33]。

（3）营造健康环保的室内环境。发展绿色建筑不仅能减轻环境的负荷、节约能源、减少碳排放，还能提供更加安全、健康且舒适性良好的生活空间，营造健康、环保的室内环境[34]。当人们处于绿色建筑中时，能够保持身心健康、调动工作积极性，进而在生产、生活中发挥更大的创造力。

（4）充分利用可再生能源。绿色建筑可以采用现代技术将太阳能、地热能、风能、势能等可再生能源都收集起来，使建筑成为一个能源的生产者，以达到节能减排的目的[33]。

绿色建筑不是指一般意义上的建筑立体绿化、屋顶花园等，而是强调充分利用环境资源，在不危害环境、不破坏生态环境平衡的前提下构建的建筑[11]。随着绿色建筑的不断发展，其内涵又从节能、生态、低碳、可持续发展等多个维度提出了新的要求，使建筑能够在更加健康、舒适和安全的同时提高用能效率、节约资源，从而降低建筑领域对环境的影响。

近零能耗建筑与绿色建筑有所不同。绿色建筑的目标是在建筑全生命周期内高效利用资源、减少对环境的影响，从建筑舒适度与绿色减排相结合的整体角度对建筑提出了综合性要求。而近零能耗建筑更侧重于节能，从能源消耗的角度对建筑提出了要求，在减少废弃物、使用回收建材等环节未作要求。

13.2.2　绿色建筑评价体系

1. 国际绿色建筑评价体系

目前，国际上的绿色建筑认证体系主要有：英国建筑研究院绿色建筑评估体系（building research establishment environmental assessment method，BREEAM）、美国 LEED 绿色建筑评估体系、日本建筑物综合环境性能评价体系（comprehensive assessment system for building environmental efficiency，CASBEE）、澳大利亚绿色建筑评估体系（Australian building greenhouse rating scheme，ABGRS）、德国可持续建筑评估体系（German sustainable building certificate，DGNB）等[35]。

（1）英国建筑研究院绿色建筑评估体系，是由英国建筑研究院制定的世界上第一个绿色建筑评估体系。该体系以减少建筑物对环境的影响为目标，涵盖从建筑物的主要能源到场地的生态价值，包括社会和经济可持续发展等多个方面[36]。该评价体系的要求高于建筑规范，可以有效降低建筑对环境的影响。

（2）美国 LEED 绿色建筑评估体系，以完整、规范、准确的绿色建筑理念以及防止建筑过度绿化为目标，促进绿色建筑一体化技术发展，保障绿色建筑的建设有一整套可实施的技术路线[37]。美国 LEED 绿色建筑评估体系很少设置影响指标，主要强调建筑在整体性能和综合性能上要达到"绿化"的要求。在这套评估体系下，用户可以通过在各指标间进行调整相互补充，根据该地区实际条件建造绿色建筑。美国 LEED 绿色建筑评估体系及其技术框架主要从可持续建筑场地、水资源利用、建筑节能与大气、资源与材料、室内空气质量等五个方面评价建筑对环境的影响并进行综合打分[38]，根据得分以白金、金、银、铜四个等级反映建筑的绿色化水平[38]。

（3）日本建筑物综合环境性能评价体系，采用 5 分评估系统，从环境效率的角度对各种用途和规模的建筑进行评估，其主要是评估建筑物在环境性能限制下减轻环境负荷的效果[39]。

（4）澳大利亚绿色建筑评估体系，是澳大利亚第一个比较全面的绿色建筑评估系统，主要关注能源消耗和温室气体排放，并以此确定建筑的"星值"，用以评估建筑对环境的影响，反映建筑的绿色水平[36]。

（5）德国可持续建筑评估体系，是由德国可持续性建筑委员会和德国建筑行业的专业人士共同开发的，该体系覆盖了建筑行业的整个产业链，同时还致力于为建筑行业的未来发展指明方向[40]。

2. 中国绿色建筑评价体系

中国现行的《绿色建筑评价标准》以节能、节地、节水、节材、环保为主要依据对建筑进行系统性综合评价，对建筑设计、施工、生态环境影响范围等诸多方面进行节能控制[32]，具体评价指标如图 13.4 所示。

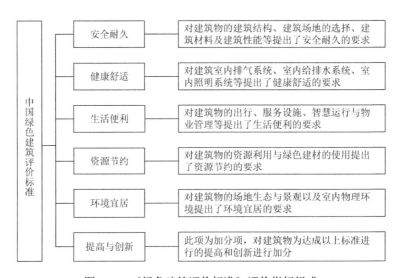

图 13.4　《绿色建筑评价标准》评价指标组成

该标准通过从安全耐久、健康舒适、生活便利、资源节约、环境宜居、提高与创新六个方面对建筑进行打分，将绿色建筑分为三个等级进行评价[32]，具体评分值如表 13.5 所示。

表 13.5　《绿色建筑评价标准》评价分值

分值	控制项基础分值	评价指标评分项满分值					提高与创新加分项满分值
		安全耐久	健康舒适	生活便利	资源节约	环境宜居	
预计评分值	400	100	100	70	200	100	100
评价分值	400	100	100	100	200	100	100

绿色建筑评价的总得分计算公式为

$$Q = (Q_0 + Q_1 + Q_2 + Q_3 + Q_4 + Q_5 + Q_A) / 10 \tag{13.1}$$

式中，Q 为总得分；Q_0 为控制项基础分值，当满足所有控制项要求时取 400 分；$Q_1 \sim Q_5$ 分别为评价指标体系五类指标评分得分；Q_A 为提高与创新加分项得分[32]。

在中国绿色建筑发展历程中，《绿色建筑评价标准》几经修订，2019 版《绿色建筑评价标准》从重构评价指标体系、重新设定评价阶段、增加绿色建筑基本级、提升建筑性能、拓展绿色建材内涵、调整绿色建筑评价时间节点、加强耐久性、停车场标配充电设施、新增绿色金融说明等方面，对绿色建筑提出了更多要求[41]。

对比《绿色建筑评价标准》早期版本，现行版本主要从管理者、使用者角度出发，更加直接地让使用者感到益处、提高建筑的价值；在评价体系上更加完善，要求建筑从使用者角度出发考虑，注重人的安全、健康；进一步推行建筑市场化、属地化管理，加强建筑运营过程监管和后续监管；更加有利于建筑运营者管理并降低管理成本；更加与国际接轨，使用新的四等级划分标准更便于对标国际标准，有利于绿色建筑的理解和宣传；增加的"绿色金融"评价有助于开发商和运营者以更低的成本获得收益。三个版本的《绿色建筑评价标准》比较如表 13.6 所示。

表 13.6　《绿色建筑评价标准》不同版本的比较

对比项	2006 版	2014 版	2019 版
评价类型	公共建筑和住宅建筑	各类民用建筑	各类民用建筑
评价阶段	投入使用一年后	设计评价：施工图设计文件审查通过后 运行评价：竣工验收并投入使用一年后	预评价：施工图设计完成后 评价：建筑工程竣工后

续表

对比项	2006 版	2014 版	2019 版
指标体系	节地与室外环境、节能与能源利用、节水与水资源利用、节材与材料资源利用、室内环境质量、运营管理	节地与室外环境、节能与能源利用、节水与水资源利用、节材与材料资源利用、室内环境质量、施工管理、运营管理、提高与创新	安全耐久、健康舒适、生活便利、资源节约、环境宜居、提高与创新
指标性质	控制项、一般项和优选项	控制项、评分项和加分项	控制项、评分项和加分项
指标权重	无	控制项：无 评分项：权重值均<1 加分项：权重值为1	控制项：无 评分项：权重值均<1 加分项：权重值均<1
评定结果	控制项：满足或不满足 一般项：满足或不满足 优选项：满足或不满足	控制项：满足或不满足 评分项：分值 加分项：分值	控制项：达标或不达标 评分项：分值 加分项：分值
评价等级	一星级、二星级、三星级	一星级、二星级、三星级	基本级、一星级、二星级、三星级
等级确定方法	满足所有控制项的要求，按满足一般项数和优选项数的程度确定星级	满足所有控制项的要求且每类指标的评分大于等于40分，按总得分确定星级	满足控制项的要求即为基本级；星级的确定除考虑总得分外，还要满足所有控制项的要求、每类指标的评分项得分不应小于其评分项满分值的30%、符合国家现行有关标准的规定进行全装修
评价前置条件	无	无	全装修、围护结构热工性能提升、节水器具等级、住宅建筑隔声性能、室内主要空气污染物浓度降低比例

2019 版的《绿色建筑评价标准》更加关注人和建筑环境的整体平衡，不仅注重环境的资源节约、环境友好，也注重人使用空间的健康、高效和适用。

13.2.3　绿色建筑主要技术

绿色建筑不仅要节约资源、保护环境，还要提供高效健康的使用空间、维持人与自然和谐共生的关系。其与非绿色建筑的本质区别在于，绿色建筑整体考虑人与环境的平衡，适应自然条件、融入环境、降低能耗。"绿色"的建筑是用恰当的方式使建筑呼应环境，从而使资源消耗减少，空间性能提高的建筑。在工业革命之前，传统建筑缺乏空调、电力等创造人工环境的条件，但那时的建筑却是最为绿色的建筑。例如，人们充分发挥自然优势、就地取材建造的窑洞、天井、竹筒屋等。

绿色建筑对建筑全生命周期都提出了绿化要求。因此应用于绿色建筑的技术也不同于传统建筑技术，其"绿色"的要求应贯穿从建材生产到建筑拆除回收的各个阶段。

（1）绿色建材技术。绿色建材具有安全、健康、节能、减排、便利以及可循环等特征[42]。绿色建材技术从建材的原材料选用、生产技术、生产过程、使用过程和废弃过程五个方面要求建材尽可能回收废弃物、减少能源的消耗、减轻对生态环境的影响、降低环境污染、提高用能效率[43,44]。

（2）绿色建筑信息化技术。建筑信息模型（building information modeling，BIM）技术是一种通过数字技术对建筑建造过程中涉及的各个环节、流程进行仿真计算、模拟建筑信息的模型。BIM 技术具有可视化、仿真化和多维信息挂接等技术特点，完全符合绿色建筑的发展理念。利用 BIM 软件，可以在建筑的设计、建造和运行全生命周期，更加详细地获取建筑工程中的信息，BIM 可以作为建造模拟分析与管理手段，判断建筑本身对于周遭环境可能造成的影响，还可以获得所处环境可能对建筑带来的影响，有利于在建筑设计中采用更加节能减排的方案，得到更具生态化的建筑设计[45]。

（3）绿色建筑装配技术。其是指将传统施工方法中需要进行的大量现场工作提前在工厂完成的一种技术方法，主要步骤是先将楼板、墙板、楼梯、阳台等这些建筑所需的构件、配件在工厂加工制造，再运到施工现场组装，通过可靠的连接使之组合形成完整的建筑物[46]。从特点上来讲，该技术有生产速度快、效率高、节约劳动力资源、绿色环保等优点；从类别上来讲，该技术主要包括预制装配式混凝土结构、钢结构、现代木结构建筑等[47]。随着 BIM 等信息技术的发展，装配式建筑技术逐渐成为促进绿色建筑进程的一种重要手段。

（4）绿色建筑被动式节能技术。其是指通过非机械电气设备介入的方式降低建筑能耗的节能技术。利用建筑朝向的合理布局、遮阳构件的设置、建筑围护结构保温性能的增强、建筑自然通风开口设计等手段，降低建筑采暖、空调、通风等需要的能耗[48]。真空玻璃节能门窗、真空绝热板保温技术、新风空调一体机技术，构成了被动式超低能耗建筑的三个关键要素[49]。

推动绿色建筑技术的发展可以合理控制建筑规模、避免大拆大建、延长建筑寿命、构建百年建筑，助力建筑领域"双碳"目标实现。

13.2.4　既有建筑绿色改造

既有建筑绿色改造以改善人居环境、节约能源资源和提升使用功能等为目标，对既有建筑进行维护、更新、加固等。既有建筑绿色改造包括建筑物预防性维护，以延长使用寿命、减少建筑故障、提高建筑可靠性；定期对施工设备和系统的运行情况进行调查分析，以保证施工设备和系统的高效运行；对未达到预期效果的环节提出跟踪评估，以进一步完善[50]。

目前，全球既有建筑绿色改造所采用的技术指标以场地、能源、用水效率、材料和资源、室内环境质量五类为主。这五类技术指标对既有建筑绿色改造起到了指导性作用[51]。

中国也参照上述五类技术指标，从建筑规划与建造、结构与材料、暖通空调、给水排水、电气、施工管理、运营管理等方面对既有建筑绿色改造设置了评价标准，对改造后的建筑进行综合评价[52]。中国明确了既有建筑应遵循因地制宜的原则，结合建筑类型和使用功能及其所在地域的气候、环境、资源、经济、文化等特点进行绿色改造。

既有建筑绿色改造技术能降低建筑能耗、优化室内空间、提高建筑舒适性，主要包括建筑围护结构改造、能源系统改造、能源管理和运行控制等。

（1）建筑围护结构改造。建筑围护结构散热是形成建筑冷热负荷的主要原因，也是建筑结构和改造的重要环节。在既有建筑外墙上采用保温隔热技术，采用气密性好、传热系数低的低辐射中控玻璃窗、双层窗等建筑外窗可以增强建筑物保温性能；在既有建筑屋面增加保温层、屋顶通风和绿化，可以减少建筑运行能耗，提高屋顶隔热和防水性能[53]。

（2）能源系统改造。既有建筑一般包括采暖通风空调、照明、办公设备、电梯等能源系统，其中，能耗比重最大的是采暖通风空调系统。建筑供暖系统改造包括室内系统、室外供热网络和分户控制与计量[53]。

（3）能源管理和运行控制。既有绿色改造主要以保障设备的正常安全运行、降低设备的运行费用、延长设备的使用寿命为目的，对用能设备进行管理[53]。例如，通过将太阳能供热制冷系统与外墙维护改造结合，以满足建筑采暖需求；对于建筑节水系统，采用回收雨水、更换节水型生活用水器具等有效的"节流"措施，以减少自来水的用量；利用光伏发电，以满足设备的用电需求；在地下水丰富的地区采用地源热泵技术，以调节建筑温度等[54]。

对于既有建筑在通风、隔音、采光等方面的缺陷，也可以通过建筑空间改造和建筑功能腔体植入进行绿色改造。例如，对建筑内外空间整合等方式进行绿色改造，可以减少建筑能耗，获得更舒适的室内通风和照明条件；通过增加边庭、中庭和采光井等功能空间，可以改善建筑的声、光、热和风环境等[54]。这些绿色改造技术都可以大幅降低既有建筑的运行成本，提高节能节水性能，改善使用功能，提高室内环境质量和建筑的安全性能，并改善人们的工作和生活环境[52]。

13.3　可再生能源建筑一体化

13.3.1　可再生能源在建筑中的应用

在建筑中，运用可再生能源一体化技术，可以将可再生能源设备一次性安装到位，避免后期建筑改造的成本和能耗[55]。可再生能源建筑一体化技术涵盖了太阳能热水、太阳能采暖、地源热泵和太阳能设备组合等多种形式，产生了具有多种功能的建筑构件[55]。

随着绿色建筑和零能耗建筑的不断发展，全球对可再生能源建筑一体化重要性的认识不断提高，太阳能光热转换、光伏建筑一体化（building integrated photovoltaic，BIPV）、地源热泵等可再生能源利用技术在建筑领域得到了广泛应用[55]。目前在绿色建筑中使用太阳能光伏发电、太阳能热水和地源热泵等可再生能源应用技术的比例较大。利用太阳能、浅层地热能等可再生能源替代常规能源，可以满足建筑的采暖空调、热水供应、照明等需求，改善能源结构，降低建筑能耗[55]。太阳能光热转换技术是目前最为成熟、产品最多、应用范围最广的技术。随着光伏发电技术日渐精进、光伏发电板的成本降低，光伏发电将会成为建筑领域能源供给的主力。

13.3.2　光伏建筑一体化

太阳能具有取之不尽、用之不竭的优点，是能够替代化石能源的清洁能源，是应用最广泛、效率最高的可再生能源之一。目前，中国光伏发电元件的制造成本已经降到了非常低的水平，利用光伏建筑一体化帮助实现建筑领域"双碳"目标具有显著优势。

1. 光伏建筑一体化的形式

光伏建筑一体化的形式可以按照光伏发电技术在建筑中的应用方式进行如下分类。

（1）建筑附加光伏。其是指以既有建筑作为基础，在建筑表面增加光伏发电设备。这种形式在光伏建筑一体化的早期阶段比较常见，其优点是投资小、施工方便、易改造[56]。但这种形式容易破坏既有建筑的设计风格和视觉美观。

（2）建筑集成光伏。其是指光伏组件与建筑物互相集成的形式，光伏组件在具备发电功能的同时还能承担建筑构建的基本功能[57]。在建筑工程的设计阶段就将光伏组件作为建筑物的一部分，从功能性、美观性、环保性等多方面进行设计。建筑施工和光伏组件安装同步进行，实现光伏组件与建筑的集成，使建筑在建造完成时就具有发电和建筑构建的功能。

建筑集成光伏是光伏建筑一体化的一种高级形式，主要有如下三种形式。

光伏采光顶。其是指在建筑屋面采用具有良好的透光性、发电性的光伏组件[56]。利用建筑屋面日照条件好、不易被遮挡等优点，将光伏组件安装在靠近建筑屋面结构的位置，使其能够充分接收太阳辐射[56]。综合采用大面积光伏组件和建筑屋面一体化材料替代隔热层对屋面进行阻隔，有效利用建筑屋面的复合功能，降低单位面积太阳能转换设施的成本[56]。

光伏幕墙。其是指将具有发电功能的光电玻璃作为建筑的玻璃幕墙，采用这种形式使建筑幕墙本身产能。光伏幕墙的构造方式与传统玻璃幕墙基本相同。根据采用光伏幕墙的玻璃组件类型，可以将其分为透明光伏幕墙和不透明光伏幕墙两种[57]。光伏幕墙不仅保持了传统建筑幕墙的围护功能，还突破了传统建筑幕墙的局限性，是集建筑幕墙、通风采光、外部维护、透明度、力学、美学等功能于一体的围护结构[56]。

光伏构件。其是指将光伏组件作为建筑构件使用，使光伏板成为多功能建筑构件，一物多用，有效地利用建筑空间、提供能源，使建筑物在美学与功能两方面达到统一[56]。例如，将光伏板作为建筑遮阳装置安装在阳台上等。

光伏建筑一体化有独立运行和并网运行两种模式。在并网使用时，如果光伏发电量超过本地负荷，则将多余的电能输送到电网，还可以通过储能装置存储电能，以备光伏发电不足时使用，实现自给自足；反之，当发电量不足时，则使用电网中的电能以满足本地负荷[56, 57]。

2. 光伏建筑一体化的特点

从光伏建筑一体化的概念和形式可以看出其具有如下特点。

（1）从外观上，光伏建筑一体化可以将光伏组件应用于建筑屋顶，安装在平屋顶时采用覆盖式，安装在斜屋顶时采用镶嵌式，还可以将光伏组件直接作为建筑构件，部分或完全取代建筑的覆盖层，无须占用额外的土地，减少了建材使用，使得建筑的成本降低[58]。

（2）从功能上，光伏组件能够将吸收的太阳能有效转化为电能，降低建筑墙体吸收的热量，发挥了可再生能源资源充足、绿色环保的优势，减少了城市热岛效应，降低了室内空调的负荷。

（3）从适用性上，该技术能够原地发电、就地使用，无须架设输电线路，就能够为建筑提供电能，减少了电能损耗，避免了噪声、共振等问题，也不存在冬夏气候平衡、环境选择等问题。光伏建筑一体化不仅适用于偏远山区、海岛、沙漠、边境和其他没有电力的地区，还适用于城市[59]。但太阳能光伏发电受天气影响而形成的波动性问题和多余电能存储问题目前亟待解决。

13.3.3　其他可再生能源建筑一体化

1. 地源热泵建筑一体化

地热能来自地球内部的熔岩，是地下能源中最丰富的非传统能源，具有温度稳定、环保等特点。建筑集成热能可以发挥建筑在采暖、制冷、热水等环节的节能潜力，主要形式为地源热泵系统[60]。地源热泵系统的热泵机组可以吸收地源（浅层水体或岩土体）中的热量满足冬季取暖需求，也可以吸收房间内的热量并转移释放到地源中以满足夏季制冷的需求[60]。根据不同的地热交换系统形式，可以将地源热泵系统分为地耦合热泵（ground coupled heat pump，GCHP）系统、地下水热泵（ground water heat pump，GWHP）系统、地表水热泵（surface water heat pump，SWHP）系统[61]。

（1）GCHP 系统是利用地热能的主要形式。该系统利用换热器对建筑和大地进行冷热交换。系统主机一般采用"水—水"热泵机或"水—气"热泵机组。根据地下埋管的布置方式可将 GCHP 分为垂直埋管、水平埋管和蛇形埋管三种形式[61]。

（2）GWHP 系统，通常采用"水—水"板式换热器，其中第一个"水"是指地下水，第二个"水"为热泵机组冷却水。GWHP 系统具有造价低、不占场地且技术较为成熟的特点，主要应用于商业建筑中[61]。

（3）SWHP 系统从江、河、湖、海或水井中抽水与建筑进行热量交换，分为开路和闭路两种。SWHP 系统具有运费低、维修率低的特点，但受温度影响较大，会有冻结机组的问题[55]。

地源热泵项目所处的自然环境会影响地源热泵技术类型的选择，水源条件、土质条件都会影响地源热泵技术的应用[61]，具体如表 13.7 所示。

表 13.7　地源热泵技术类型和环境分析

地源热泵技术类型	环境分析		
地表水地源热泵	气候条件、水源、水质、水量等	社会环境	经济环境
地下水地源热泵	气候条件、水源、水质、水量等	政策条件、社会接受程度	地区经济水平等
表土壤源地源热泵	气候条件、地质条件	政策条件、社会接受程度	地区经济水平等

地源热泵系统在北美、欧洲和中国的建筑中应用广泛。在中国寒冷地区以 GCHP 系统和 GWHP 系统为主，夏热冬冷地区以应用 GCHP 系统和 SWHP 系统为主[55]。

2. 太阳能光热建筑一体化

为实现建筑领域"双碳"目标，太阳能光热建筑一体化技术发挥了重要作用。目前，太阳能光热技术的应用主要包括太阳能热水器、太阳能采暖、太阳能热泵等，其中太阳能热水器技术相对成熟，应用最为普遍。

太阳能光热建筑一体化技术利用温室效应原理收集太阳辐射热能从而获得热

水。但受气候条件影响，太阳能光热建筑一体化技术的性能在太阳辐射时间较短的地区和阴雨天气，难以达到用热指标。太阳能光热设备的安装还会影响建筑物的外观[62-64]。目前在建筑领域通常采用太阳能光热与光伏相结合的方式来提高太阳能的利用效率。

（1）光伏/光热（photovoltaic/thermal，PV/T）一体化组件。光伏电池表面接收的 80%以上的太阳能被转换成热量，使光伏电池温度升高，降低了发电效率。因而要对光伏电池进行冷却，回收尚未有效利用的余热，这样就产生了 PV/T 一体化组件[65]。利用 PV/T 一体化组件，通过在光伏电池中增加冷却通道，以降低光伏电池温度，并回收太阳能电池的余热。这种方式提高了光伏电池的光电效率和热效益，使太阳能综合利用效率也得到提高。按照循环工质，可以将 PV/T 一体化组件类型分为空冷型和水冷型。空冷型 PV/T 一体化组件结构简单、价格低廉，但传热效果不理想，存在热、电效率较低的缺陷；与空冷型 PV/T 一体化组件相比，水冷型 PV/T 一体化组件的热、电效率相对较高，且热水可以被直接利用[65]。

（2）光伏/光热建筑一体化（building integrated photovoltaic/thermal，BIPV/T）系统。BIPV/T 系统由 PV/T 一体化组件集成于建筑中发展而来，在冷却光伏电池的同时，实现发电供热功能。BIPV/T 系统有助于减少建筑外围护结构的热散失、降低室内空调的运行负荷、增强建筑节能效果[65]。BIPV/T 系统的核心部件依然是PV/T 一体化组件，系统的综合性能主要还是由 PV/T 一体化组件决定。

3. 风机建筑一体化

风能是一种可再生、无污染而且储量巨大的能源。大气运动时的动能可以转化为其他形式的能量，能量大小主要取决于风的速度与强度[66]。随着全球气候变暖和能源危机，各国都在加紧对风力的开发和利用，尽量减少二氧化碳等温室气体的排放，保护我们赖以生存的地球。风力发电在沿岸岛屿、草地和山区等环境下，具有比在能源丰富、煤炭运输便利的平原地区更广阔的应用前景。在中国海拔较高的西北高原和广袤的草原地区使用风力发电就更为普遍[60]。

在绿色建筑中，风能主要应用于发电。风机是风能资源采集系统的核心装置，也是决定风能发电功率和效率的关键。利用风能昼夜持续发电的特性，可以弥补太阳能发电系统只能在阳光充足的条件下才能发挥显著作用的缺陷。风力发电可以与太阳能发电系统配合使用，以风光互补的模式为建筑供电，也可以在具备充分自然条件的情况下，作为独立的发电系统为建筑供电[67]。

建筑高层具有非常大的风电应用潜力[60]。从设备与建筑设计相结合的思路出发，风机建筑一体化、风机光伏建筑一体化等风能技术理论得以发展，并在全球超高层建筑设计实践中取得了良好的节能效果[68]。

（1）风机建筑一体化。在保证建筑功能完整性和造型美观性的同时，建筑的各方面设计都考虑了对风能的捕捉，从而提高了风能发电效率[68]。根据建筑的风环境特点和建筑本身的条件，该技术主要是在建筑物屋顶、两栋建筑物之间或在建筑物空洞处安装风机：在建筑物屋顶，风阻较小，可以安装风机；在两栋建筑物之间的空隙，容易产生的峡谷风，适合安装垂直轴或水平轴风力发电机；在建筑物空洞处容易汇聚风力较强的穿堂风，适合安装定向式风机[68, 69]。

（2）风机光伏建筑一体化。虽然光伏建筑一体化技术适应性强、造型美观，是目前太阳能与建筑设计结合主要的发展方向之一，但光伏建筑一体化发电效率较低，无法完全满足建筑的用能需求。因此在超高层建筑设计中，常常将风力发电与太阳能发电联合起来，形成风机光伏建筑一体化，最大限度地发挥太阳能和风能资源利用的优势，以达到风光互补发电的效果。

13.4　智能家居能源管理

13.4.1　智能家居概述

早在 20 世纪就已经提出了智能家居概念，但受到成本、技术等各种因素的限制，智能家居一度被认为是一种奢侈的产品，没有被广泛应用于实际的家庭生活中[70]。直到 1984 年在美国康涅狄格州建造了世界上第一座智能建筑后，智能家居才逐渐在世界范围内以各种形式大量出现[70]。随着智能家居行业的兴起，人们开始认识到智能家居在节能、低碳、便捷等方面的优势。利用智能家居平台将物联网、云计算等多种新兴理念和技术融合在一起，可以实现更加绿色、低碳、舒适的家庭生活。

中国的智能家居发展始于 20 世纪 90 年代，但那时仅处于概念阶段。改革开放以后，随着中国经济和科学技术的飞速发展，智能家居得到了快速发展，渐渐进入人们的视野。2014 年起，中国的一些企业开始发布智能家居产品，试图构建智能家居生态体系。2016 年 2 月，国家发展改革委、国家能源局、工业和信息化部联合发布的《关于推进“互联网 ＋”智慧能源发展的指导意见》中提出要“鼓励建设以智能终端和能源灵活交易为主要特征的智能家居、智能楼宇、智能小区和智能工厂，支撑智慧城市建设”[71]。

从狭义上来说，智能家居一般仅限于家居及楼宇自动化系统[72]。但从广义上来说，智能家居通过与智能电网融合，形成智能家居系统，用户可以根据自身需求以及阶梯电价对电能使用进行主动控制[72, 73]。随着信息技术的不断发展和渗透，智能家居的能耗问题成为人们关注的焦点。

1. 智能家居与智能家电

通过将微处理器、传感器技术、网络通信技术引入家电设备，形成了具有自动感知住宅空间状态、家电自身状态和家电服务状态的智能家电。智能家电能够自动控制其运行状态，也能接收用户在住宅内或远程发送的控制指令[74]。

智能家居以住宅为平台，利用网络通信、自动控制、综合布线、安全防范、音视频等多种技术将家庭生活中的设备集成。智能家居通过对家庭电子产品的集成控制，形成智能管理系统，提升家居安全性、舒适性、艺术性、便利性，为人民提供节能、环保的居住环境[73]。

将人工智能技术应用于智能家居平台后，智能家居就可以通过功能渗透的形式进入并影响人们的生活，如智能电视、智能音响、智能桌椅、智能服务型机器人等新型数字家居产品。人们还可以将设计思想传达给设计师定制智能家居产品，设计师根据消费者提出的家居需求进行针对性的设计和创作。近年来，新型智能家电已具备联网功能，传统家电也可以借助智能插座实现联网，美的集团股份有限公司、小米、华为等企业的智能家居平台（smart home platform, SHP）均已形成了巨大的用户群体，智能家居融入居民的日常生活，为用户负荷参与需求侧响应提供了新的解决方案[75]。如今的智能家居行业已经有了单品节能、场景联动节能、多模态节能的产品和技术储备，并形成了行业共识和标准。

2. 智能家居与传统家居

传统的家庭用能管理体系主要是家庭用户从电网取电供给家电设备，通过计量电表统计用电量，供电公司通过查表收取电费。

与传统的家庭能源使用不同，智能家居可以在能量流动和通信方面实现双向互通，并且将可再生能源引入家庭用电结构。智能家居可以实现分布式电源和电网的共同供电，也可以将分布式电源的发电反馈给电网，从而实现电能的双向流动，增加家庭用电的保障。智能家居与传统家居的区别如表 13.8 所示。

表 13.8　智能家居与传统家居的区别

家居形式	供电电源	负荷种类	电能传输方向	通信
传统家居	电网单一供电	传统家用电器	单向传输	单向/无通信
智能家居	电网和分布式电源协调供电	智能家电 电动汽车	双向传输	双向通信

13.4.2　智能家居与智能电网

智能电网通过在用户端将楼宇节能服务、家庭能效管理服务和需求响应、互动补贴三种方式统筹协调推进，从而在用户端实现节能目标；通过在家电企业端提升用户激活率，提供节能认证服务，从而推动家电行业升级；通过在电网公司提供可调负荷资源，从而提升电网调节互动能力。

作为智能电网的延伸，智能家居可以将分布式电源安全接入，从根本上改变家庭用电结构，具有很高的自动化程度。智能电网依靠先进技术和设备实现电网的服务功能。

智能家居作为家庭用能的终端单元，也成为智能电网的重要组成部分。智能家居与智能电网的融合使得家庭能源从传统的被动调节转变为能源调节的主体，智能化、人性化用电得以实现，这种融合体现在以下三个方面[73]。

（1）能源生产利用方面。智能电网的开放性决定了家庭用户具有电能消费者和生产者的双重角色。社区和家庭通过安装分布式智能家居设备，利用微电网技术进行柔性控制，形成对电网的有效补充，实现电网和用户的双赢。在用户获利的同时，增强了电网的安全性，提高了效率[73]。

（2）能源消费方面。智能家居通过对用户能源测量的精细化需求侧管理，实现家庭能源和家庭信息的同步管理。智能家居通过构建负荷在线平台，支持电网开展电力需求响应；通过清洁能源负荷匹配、互动，改变原有的调控和固定合同规则，以提高电网调控能力。点对点组织沟通和控制的方式，有助于智能家居了解用户详细的用能情况，引导用户用能行为智能化升级，也有助于电网企业通过大数据分析建立不同客户的用电行为模型，为电网的科学规划和发展提供数据支撑[73]。

（3）能源服务方面。智能家居通过实现电网与家庭的实时双向互动，引导用户积极参与智能电网的建设和管理，为用户提供更好的服务[73]。

智能家居发挥了远程控制和大数据控制的优势，对建筑、居民用能进行智慧化管理，提高了能源总利用率，促使家电企业从单品到智能能源管理系统等方向转型。通过与智能电网的融合，智能家居实现了城市、小区、单体建筑对波峰波谷能源的综合利用，可以响应大电网"峰谷"调节措施。智能家居的逐步普及为需求响应的实施积累了技术基础。智能家居不仅能为用户提供便捷的互动操作，还可以实现家庭内部的用能管理，同时可以参与自动需求响应，进一步提高用户效益。

13.4.3　智能家居能源管理系统

随着智能电网和智能家居的发展，通过智能家居系统就可以对家居设备进行调度管理，营造更加智能舒适的家居环境。但随之而来的整个家庭能耗、生活成本增加的问题，也给环境和生活造成较大的压力[76]。为了更好地降低家庭整体能耗、满足用户需求，智能家居能源管理系统应运而生[76]。随着太阳能、风能、地热能等可再生能源在家庭环境中的使用，家用分布式电源将逐步进入千家万户。一些国家甚至已经意识到家用分布式电源不仅可以自用，还可以向电网反向供电，以获得相应的收益。

家用分布式电源主要是光伏发电和风力发电。分布式电源可向直流系统、交流系统和混合系统供电[70, 77]。

在直流系统中，分布式电源供出直流电，向直流负载、储能蓄电池和直流充电桩电动汽车供电。

在交流系统中，将分布式电源转换为交流电，向交流负载和电网供电。

混合系统中，分布式电源向直流负载和交流负载供电。

在智能家居能源管理系统中，可以将分布式电源作为优先供电的电源。分布式电源依据发电量分为以下几种工作模式。①当所发电量过剩且储能满电量时，工作于自发自用，余量上网的工作模式。②当所发电量充足，优先给负载供电，剩余电量储存到储能系统中。③若所发电量欠少，则与储能协同给负载供电。

智能家居能源管理还要能够实现需求响应，通过响应电网公司发出的信号错开用电高峰。家庭用户也可以通过对电网公司发布的实时电价的响应，对用电设备进行优化调度，降低生活用电成本[70, 77]。

智能家居能源管理系统可以实现对家用电器能耗的实时监控。一方面可以优化家庭能耗的构成，另一方面也可以达到节能减排的目的[70, 77]。智能家居能源管理主要从三个方面实现节能减排。①节约型管理。要及时关闭不必要的负荷。②设备改善管理。将一些用能设备换成节能设备，如节能灯具和变频空调。③优化调度型管理。优化调度型管理的调度目标主要分为成本目标和能耗目标，通过优化调度设备用能情况来实现消费的最小成本[77]。能耗目标又可分为以最小用电量为目标和以最大效率使用分布式电源为目标的优化调度。

在智能家居能源管理系统中增加了智能监控、自动控制、远程通信等功能，实现了通信网络的双向交互。在用电负载方面，加入了电动汽车这一可被调度、也可用作电源的特殊负载。智能家居能源管理系统采用智能电表进行设备监测，对各用电设备的测量点实现信息采集全覆盖，为用户主体和用电设备、用户主体和电网公司之间的互动通信奠定基础[70, 77]。

1. 智能家居用电结构

分布式电源是智能电网的显著标志，也是改变电网结构、形成新的电能流动网络的根本原因。新能源接入家庭用电网络，使家庭用电由原来的单向电转变为电能双向流动的新格局，为电能的再分配提供了很大的空间。因此智能家居能源管理系统要为分布式电源合理利用提供合理分配的机制，提高新能源的利用率[77]。

　　智能家居的电源主要包括电网、分布式电源和储能电源，如表 13.9 所示。这三种电源之间的能量可以实现双向流动，电网的电能可以存储在储能电源中，分布式电源和储能电源的电能也可以反馈给电网[77]。

表 13.9　智能家居的电源对比

电源种类	优点	缺点
电网	稳定性强、容量大，能够满足所有负载的用电需求	使用化石能源发电，不环保
分布式电源	清洁、灵活、可满足部分复杂的用电需求	具有间歇性和不稳定性
储能电源	把多余的电能储存起来，可供系统电能不足时使用	储能技术尚不成熟

　　智能家居用电负荷可以分为不可控负荷、可控负荷和电动汽车三类。其中不可控负荷和可控负荷都是传统负荷，主要根据是否能够接受能源管理系统的调度进行划分，而电动汽车则是一种特殊的负荷，行驶时才是负荷，停泊时则是储能装置，具有储能和用电两种状态[77]。

　　智能家居平台中的能量流动，主要是在负载、电网、可再生能源、储能系统和电动汽车这几个部分之间流动。智能家居能源管理系统要对各部分间的能量流动进行调整分配，以达到最优效果。

2. 智能家居能源管理系统框架

　　智能家居能源管理系统利用智能化技术，能够在用户使用家居产品过程中启动智能节能功能。智能节能的原则是以人为中心，在满足用户需求的情况下，利用大数据、机器学习、知识图谱等技术，实现智能节能。目前比较成熟的智能家居能源管理系统的构架主要包含四个部分[77]，具体如图 13.5 所示。

　　（1）家居设备，指家庭中具体的家电设备，如冰箱、空调、热水器等。这些家居设备作为家庭用能网络的终端设备，不仅会根据智能家居能源管理系统的控制信息自动启停、调整运行模式，还可以将自身功耗、运行情况等设备状态信息上传至网络，使智能家居能源管理系统进行更优的设备调度决策[76]。

　　（2）家庭网络是智能家居能源管理系统的基础，能够将家居环境中的智能家居设备合为一体，实时收集设备功耗、运行模式、工作时间等信息，并将控制指令传输到每一个智能家居设备[76]。

　　（3）家庭网关是智能家居能源管理系统的核心，包含能耗管理、监测、控制和服务定制。能耗管理是针对家庭网络中的每一个家居设备的能耗进行管理；能耗监测是监测每一个智能家居设备和整个智能家居系统的能耗使用；能耗控制是根据每一个设备的能耗情况，进行节能控制；服务定制是依据用户需求定制一系列个性化服务[76]。

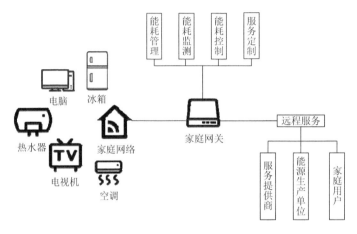

图 13.5　智能家居能源管理系统构架

（4）远程服务。随着智能家居产业持续发展，智能家居能源管理系统远程服务内容也在逐渐增多，包含远程查看家居设备能耗情况、使用情况、安全监控等[76]。

13.5　本 章 小 结

本章围绕建筑领域碳中和分析了建筑领域用能特点和趋势，阐述了在建筑领域碳中和面临的挑战、困难，说明了建筑领域要通过发展近零能耗建筑、绿色建筑、智慧建筑，从建筑全生命周期的角度节能降碳，以实现建筑领域的"双碳"目标。

首先，本章基于建筑全生命周期的概念，介绍了对建筑领域能耗种类的划分；以中国为例分析了建筑领域各类能耗的特点；描述了建筑领域节能减排的思路，说明建筑领域节能减排要从对建筑进行合理的规划与设计、对建筑实体墙部分采用的节能技术、对建筑能耗设备与系统的节能技术三个方面着手，以减少建筑对于化石能源的消耗；介绍了近零能耗建筑对于建筑节能减排的有益效果。

其次，通过介绍绿色建筑的概念及发展、全球绿色建筑的评价体系，阐述了在碳中和目标下发展绿色建筑的重要意义，从新建建筑设计和既有建筑改造两个角度介绍了发展绿色建筑的相关技术。

再次，在绿色建筑、近零能耗建筑理念下，阐述了建筑领域可再生能源利用的现状和意义，重点介绍了在建筑中应用太阳能、地热能和风能的主要方式。

最后，基于智能家居的发展历程和相关概念，比较了智能家居与传统家居的用能结构，阐述了智能家居融合智能电网的优势，分析了智能家居的用电结构、智能家居能源管理的目标，并介绍了智能家居能源管理系统的基本构架。

本章参考文献

[1]　林立身，江亿，燕达，等. 我国建筑业广义建造能耗及 CO_2 排放分析[J]. 中国能源，2015，37（3）：5-10.

[2]　胡姗，张洋，燕达，等. 中国建筑领域能耗与碳排放的界定与核算[J]. 建筑科学，2020，36（S2）：288-297.

[3]　彭琛，江亿. 中国建筑节能路线图[M]. 北京：中国建筑工业出版社，2015.

[4]　清华大学建筑节能研究中心. 中国建筑节能年度发展研究报告 2020（农村住宅专题）[M]. 北京：中国建筑工业出版社，2020.

[5]　江亿，胡姗. 中国建筑部门实现碳中和的路径[J]. 暖通空调，2021，51（5）：1-13.

[6]　国家统计局能源统计司. 中国能源统计年鉴 2020[M]. 北京：中国统计出版社，2021.

[7]　中国城市科学研究会. 中国城市科学系列报告：绿色建筑（2010）[M]. 北京：中国建筑工业出版社，2010.

[8]　刘俊跃，夏建军，刘刚. 民用建筑能耗指标体系确定研究[J]. 建设科技，2015，（14）：36-40.

[9]　江亿，彭琛，燕达. 中国建筑节能的技术路线图[J]. 建设科技，2012，（17）：12-19.

[10]　江亿，彭琛，胡姗. 中国建筑能耗的分类[J]. 建设科技，2015，（14）：22-26.

[11]　刘俊伶，项启昕，王克，等. 中国建筑部门中长期低碳发展路径[J]. 资源科学，2019，41（3）：509-520.

[12]　张鹏远. 我国的建筑节能设计探讨[J]. 工程建设与设计，2021，（16）：16-18.

[13]　袁大鹏. 论绿色建筑设计与绿色节能建筑的关系[J]. 住宅与房地产，2019，（28）：74.

[14]　杜建勋，陈菲. 浅谈实现建筑节能的设计途径[J]. 能源与节能，2011，（11）：18-19，23.

[15]　任军. 探寻建筑领域的零碳路径[EB/OL].（2021-06-08）[2021-12-12]. http://www.chinajsb.cn/html/202106/06/20625.html.

[16]　张时聪，徐伟，姜益强，等. "零能耗建筑" 定义发展历程及内涵研究[J]. 建筑科学，2013，29（10）：114-120.

[17]　李本强，苑翔. 超低能耗建筑定义初探[J]. 建设科技，2015，（19）：26-29.

[18]　Sartori I，Napolitano A，Voss K. Net zero energy buildings: a consistent definition framework[J]. Energy and Buildings，2012，48：220-232.

[19]　石永桂. 超低/近零能耗建筑发展综述[J]. 北方建筑，2019，4（2）：50-53.

[20]　陈平，孙澄. 近零能耗建筑概念演进、总体策略与技术框架[J]. 科技导报，2021，39（13）：108-116.

[21]　Hernandez P，Kenny P. From net energy to zero energy buildings: defining life cycle zero energy buildings（LC-ZEB）[J]. Energy and Buildings，2010，42（6）：815-821.

[22]　徐伟，刘志坚，陈曦，等. 关于我国 "近零能耗建筑" 发展的思考[J]. 建筑科学，2016，32（4）：1-5.

[23]　Liu Z J，Liu Y W，He B-J，et al. Application and suitability analysis of the key technologies in nearly zero energy buildings in China[J]. Renewable and Sustainable Energy Reviews，2019，101：329-345.

[24]　Liu Z J，Zhou Q X，Tian Z Y，et al. A comprehensive analysis on definitions, development, and policies of nearly zero energy buildings in China[J]. Renewable and Sustainable Energy Reviews，2019，114：109314.

[25]　Li D H W，Yang L，Lam J C. Zero energy buildings and sustainable development implications—a review[J]. Energy，2013，54：1-10.

[26] 陈发明. 近零能耗建筑技术国家标准正式实施[EB/OL]. (2019-09-11) [2021-12-10]. http://industry.people.com. cn/n1/2019/0911/c413883-31348087.html.

[27] 张时聪, 王珂, 吕燕捷, 等. 近零能耗建筑评价的研究与实践[J]. 城市建筑, 2020, 17 (35): 61-67.

[28] 李怀, 张时聪, 奥宫正哉, 等. 日本零能耗建筑发展现状[J]. 建筑科学, 2017, 33 (8): 142-148.

[29] 《建筑节能》期刊编辑部, 徐伟. 吹响建筑节能迈向超低、近零能耗的冲锋号——我国首部建筑节能引领性国家标准《近零能耗建筑技术标准》主编徐伟院长专访[J]. 建筑节能, 2019, 47 (3): 1-4.

[30] 仇保兴. 从绿色建筑到低碳生态城[J]. 城市发展研究, 2009, 16 (7): 1-11.

[31] 陈康安. 建筑施工企业如何开展绿色施工[J]. 陕西建筑, 2009, (11): 39-41.

[32] 中华人民共和国住房和城乡建设部, 国家市场监督管理总局. 中华人民共和国国家标准绿色建筑评价标准 GB/T50378—2019[S]. 北京: 中国建筑工业出版社, 2019.

[33] 仇保兴. 我国绿色建筑发展前景及对策建议[J]. 建设科技, 2011, (6): 10-12.

[34] 刘巍. 绿色建筑的发展趋势及设计理念探究[J]. 城市建设理论研究 (电子版), 2016, (7): 1321.

[35] 荀志远, 徐瑛莲, 张丽敏, 等. 国内外既有居住建筑绿色改造评价体系对比研究[J]. 建筑经济, 2021, 42 (5): 90-94.

[36] 朱磊. 绿色建筑评估体系的发展历程与思考[J]. 墙材革新与建筑节能, 2014, (4): 56-58.

[37] 王艳丽, 孟冲, 杨春华, 等. 既有建筑绿色评估体系对比分析[J]. 住宅产业, 2012, (11): 54-56.

[38] 陈柳钦. 国外主要绿色建筑评价体系解析[J]. 绿色建筑, 2011, 3 (5): 54-57.

[39] 干靓, 丁宇新. 从绿色建筑到低碳城市: 日本"CASBEE-城市"评估体系初探[C]//中国城市科学研究会. 第 8 届国际绿色建筑与建筑节能大会论文集. 北京: 城市发展研究编辑部, 2012: 1037-1046.

[40] 顾泰昌, 郭景. 我国建筑可持续发展标准编制的可行性分析[J]. 工程建设标准化, 2013, (12): 19-26.

[41] 刘天龙. 住房和城乡建设部标准定额司相关负责人解读新版《绿色建筑评价标准》[J]. 城市道桥与防洪, 2019, (10): 216-218.

[42] 中国城市科学研究会. 中国绿色建筑 2020[M]. 北京: 中国城市出版社, 2020.

[43] 罗梦醒, 刘艳涛, 刘军. 绿色建材现状及发展趋势[J]. 中国建材科技, 2009, 18 (4): 80-83.

[44] 艾辉军, 江民书. 浅论绿色建材在我国的发展及应用[J]. 硅谷, 2010, (10): 137.

[45] 刘宇, 祝捷, 张大昕, 等. 基于 BIM 的绿色建筑设计方法研究[J]. 绿色建筑, 2016, 8 (6): 9-13, 20.

[46] 张蕾. 装配式建筑结构设计中 BIM 技术的应用研究[J]. 砖瓦世界, 2021, (8): 82.

[47] 廖礼平. 绿色装配式建筑发展现状及策略[J]. 企业经济, 2019, 38 (12): 139-146.

[48] 涂全. 湘北小城镇大进深联排住宅被动式节能设计研究[D]. 长沙: 湖南大学, 2019.

[49] 赵亚敏, 金伟, 徐斌. 零能耗住宅主动式与被动式节能技术的结合——以绿色建筑十项全能竞赛作品 Sunny Inside 为例[C]//中国城市科学研究会. 2018 国际绿色建筑与建筑节能大会论文集. 北京: 中国城市出版社, 2018: 9-12.

[50] 中华人民共和国住房和城乡建设部, 中华人民共和国国家质量监督检验检疫总局. 既有建筑绿色改造评价标准[M]. 北京: 中国建筑工业出版社, 2015.

[51] 王婷, 冯柯. 既有建筑绿色改造技术优选刍议[J]. 建筑技艺, 2020, (S2): 58-60.

[52] 王清勤. 王清勤: 既有建筑绿色改造——政策、科研、标准和案例[J]. 建筑节能, 2019, 47 (8): 5-9.

[53] 白雪莲, 吴利均, 苏芬仙. 既有建筑节能改造技术与实践[J]. 建筑节能, 2009, 37 (1): 8-12.

[54] 稽晓雷, 杨国平. 绿色建筑技术在既有建筑改造中的应用研究[J]. 现代城市研究, 2020, (8): 104-107.

[55] 王沁芳, 蒋桂庆, 周雪涵. 可再生能源建筑一体化技术应用国内外研究现状[J]. 洁净与空调技术, 2019, (4): 88-89.

[56] 毕凯, 宋明中, 林玉杰, 等. 光伏建筑一体化技术及应用[J]. 中国科技信息, 2021, (11): 41-42.

[57] 何涛，李博佳，杨灵艳，等. 可再生能源建筑应用技术发展与展望[J]. 建筑科学，2018，34（9）：135-142.

[58] 王志刚，祝秀娟. 太阳能光伏发电技术在绿色建筑中的应用及其节能研究[J].建设科技，2020，（23）：98-102，106.

[59] 李红波，陈鸣波. 重要能源的巧妙利用——光伏建筑[J]. 中国住宅设施，2011，（6）：14-23.

[60] 郭建峰. 可再生能源技术在我国绿色建筑中的应用[J]. 北京工业职业技术学院学报，2021，20（1）：24-27.

[61] 赵雨桐，唐澜，余思言，等. 绿色建筑可再生能源发展综述[J]. 四川建材，2021，47（2）：20-22，28.

[62] 于志. 多种太阳能新技术在示范建筑中的应用研究[D]. 合肥：中国科学技术大学，2014.

[63] Ralegaonkar R V，Gupta R. Review of intelligent building construction：a passive solar architecture approach[J]. Renewable and Sustainable Energy Reviews，2010，14（8）：2238-2242.

[64] Atikol U，Abbasoglu S，Nowzari R. A feasibility integrated approach in the promotion of solar house design[J]. International Journal of Energy Research，2013，37（5）：378-388.

[65] 袁云. 新型光伏光热建筑一体化组件及系统性能研究[D]. 哈尔滨：哈尔滨工业大学，2020.

[66] 熊克兴. 浅谈可再生能源技术在绿色建筑中的应用[J]. 低碳世界，2017，（7）：138-139.

[67] 刘蕾. 超高层建筑的绿色设计策略研究[D]. 天津：天津大学，2013.

[68] 李思言. "风能——建筑一体化"技术在超高层建筑设计上的应用[J]. 科技经济导刊，2017，（19）：59.

[69] 王鹏. 探析城市中风力发电与建筑一体化设计[J]. 中国新技术新产品，2017，（3）：105-106.

[70] 佘玉龙. 智能家居系统能效优化管理的研究[D]. 淮南：安徽理工大学，2020.

[71] 中国国家发展和改革委员会，国家能源局，工业和信息化部. 关于推进"互联网＋"智慧能源发展的指导意见[EB/OL].（2016-03-01）[2021-12-10]. http://www.nea.gov.cn/2016-02/29/c_135141026.htm.

[72] 李子旭，张铁峰，顾建炜. 智能家居及其关键技术研究[J]. 电力信息与通信技术，2015，13（1）：67-71.

[73] 杨少华，张麑，赵晓波. "互联网＋"背景下智能电网及智能家居融合研究[J]. 电力信息与通信技术，2016，14（4）：35-38.

[74] 郭颖妍，梁峥，陈力. 中国电信如何应对智能家电浪潮[J]. 通信企业管理，2014，（12）：32-35.

[75] 黄晓明，史守圆，余涛. 考虑智能家居平台自动需求响应的微电网运行优化策略[J]. 电力信息与通信技术，2021，19（8）：1-9.

[76] 蒋自国. 面向家居设备的智慧化控制管理技术研究[D]. 成都：电子科技大学，2016.

[77] 李大兴，夏革非，李文龙，等. 智能家居能源管理系统[J]. 电力系统及其自动化学报，2016，28（S1）：186-193.

第 14 章　信息通信行业能源碳中和

14.1　信息通信行业用能特点

当前，物联网、云计算、人工智能等新一代信息技术快速发展，信息技术与传统产业和社会生产加速融合，数字经济蓬勃发展。一方面，数字技术的融合发展可以促进产业进行全方位和全链条的升级改造，实现生产效率和碳效率的双提升；另一方面，数字基础设施的快速扩张将不可避免导致能源需求和碳排放的持续增长，为实现"双碳"目标带来挑战。以数据中心和通信基站为主要物理载体的信息通信行业，已成为经济社会运行不可或缺的关键基础设施，在数字经济发展中扮演着至关重要的角色。在迈向碳中和的过程上，率先实现信息通信行业的绿色可持续发展至关重要，在此基础上再推动信息通信行业最大化，服务于全球绿色经济增长和碳中和转型，实现数字化与低碳化相协同，助力全球应对气候变化。

14.1.1　信息通信行业用能概述

近年来，数字经济成为提振全球经济的核心力量，支持相关信息技术实现的信息基础设施建设所引起的能源需求与碳排放问题备受社会关注。

1. 信息通信行业节能减排挑战

信息通信行业是数字经济重要的基础设施，相关研究显示，该行业的能源消耗和碳排放在未来一段时期内将保持快速增长的趋势。目前，信息通信行业已经成为全世界第五大耗能行业[1]。2020 年，全球信息通信行业能耗约为 2.0 万亿千瓦时，预计到 2030 年最高将增长至 3.2 万亿千瓦时[2]。2020 年，信息通信行业的温室气体排放量约占全球总排放量的 3%～3.6%，在无干预情况下，到 2040 年信息通信行业的温室气体排放量将达到 51 亿～53 亿吨，相当于 2016 年全球总排放量的 14%[3]。信息通信行业能耗和碳排放增加的来源主要有三个[4]：一是信息基础设施的设备生产制造阶段与建设过程中所消耗的能源与产生的碳排放，二是信息基础设施运行运营阶段所产生的能耗与碳排放，三是信息基础设施刺激消费新需求所产生的能耗和碳排放。

在数字经济时代全面到来之际，面对信息通信行业的能耗与碳排放挑战，各国政府、信息通信行业以及行业领军企业已经开始筹备应对措施。

（1）政府方面。2020 年，欧盟委员会提出支持绿色和数字化转型战略，以及 2030 年前实现数据中心和信息通信行业的"气候中性"目标。2021 年，工业和信息化部等相继出台《5G 应用"扬帆"行动计划（2021—2023 年）》《"双千兆"网络协同发展行动计划（2021—2023 年）》《新型数据中心发展三年行动计划（2021—2023 年）》等政策文件，统筹信息通信行业绿色发展。

（2）信息通信行业方面。2020 年，国际电信联盟（International Telecommunication Union，ITU）、全球移动通信系统协会（Global System for Mobile Communications Association，GSMA）、科学碳目标倡议（Science-Based Targets initiative，SBTi）组织和全球电子可持续性倡议（Global e-Sustainability Initiative，GeSI）组织共同发布了信息通信行业的减排目标，要求信息通信行业在 2020 年到 2030 年减少 45%的温室气体排放量。

（3）行业领军企业方面。截至 2021 年 1 月，全球包括苹果公司、谷歌在内的 41 家科技企业已经率先在企业发展规划中提出 100%利用可再生能源的目标，其中大约有 20%的科技企业已经实现了 100%可再生能源的目标，另外大约有 50%的企业承诺将在 2030 年前达到这一目标。2021 年 9 月，中国移动通信集团有限公司（以下简称中国移动）联合产业链合作伙伴共同发布"C^2三能——中国移动碳达峰碳中和行动计划"。该计划指出，到"十四五"期末，中国移动单位电信业务总量综合能耗、单位电信业务总量碳排放下降率均不低于 20%，企业自身节电量超过 400 亿千瓦时，自身碳排放量控制在 5600 万吨以内。

2. 信息通信行业助力节能减排

作为数字经济基础设施，信息通信行业的发展能够赋能其他行业的数字化转型，推动相关行业全方位全链条实现升级改造，提升生产效率、能源利用效率和碳效率，进而减少其能源消耗和二氧化碳排放，助力实现"双碳"目标。信息通信行业助力其他行业节能减排主要体现在三个方面：①信息通信技术进步所带来的能效提升。例如，5G 相比于 4G（4th generation mobile communication technology，第四代移动通信技术）拥有更低的单位数据传输能耗，有利于减少智能手机等终端设备的能源消耗。②新一代信息技术优化产业链结构，进而减少传统行业的能耗与碳排放。人工智能、物联网等技术对工业、交通、能源、建筑及其上下游产业的改造大大强化了产业链中各个环节的协同增效，使得传统行业在垂直领域下的反应更加智能、整体更加高效，物耗和能耗大幅减少。③新一代信息技术使人们的生产消费方式发生转变。例如，远程会议可以代替国际差旅，部分在线教育取代线下教育，减少了人们非必要的出行需求，从而使得交通领域的碳排放大大降低。

GeSI 报告显示，到 2030 年，信息通信技术有可能使全球二氧化碳排放量减少 20%，从而将排放量控制在 2015 年的水平，并有效促进经济增长与碳排放增长的脱钩[5]。近年来，在建设数字中国的政策引导下，中国加快数字化发展，协同推进数字产业化和产业数字化转型，赋能传统制造业转型升级。信息通信技术的发展可以帮助中国在电力、交通、工业和农业等领域每年减少二氧化碳排放 14 亿吨。

（1）电力。借助先进的信息通信技术、计算和控制技术等，传统电网正向智能电网转型升级[6]。智能电网可以提高电力系统中的电能利用效率，以及通过供需双侧的能源管理平抑可再生能源的波动性，提高可再生能源利用率[7]。

（2）交通。智能交通系统是依靠多种信息通信技术收集、实时处理和传输交通信息，最终形成的安全高效、清洁绿色的交通运输服务体系[8]。智能交通系统的目的是提供与交通管理和多种交通方式有关的服务，如公共交通信息预测、实时交通流量管理等，从而使用户更好地了解情况，使运输网络更安全、更协调、更智能，实现人员交通和货物运输方式的低碳化[9]。

（3）工业。借助射频识别（radio frequency identification，RFID）和各种传感器等无线和智能设备，可以高质量地监控和控制工业工厂和设备，形成工业互联网。此外，收集、分析和处理工业业务流程所产生的数据，为分析解决业务流程中的问题提供新的解决思路，有助于提升工业制造流程的效率，减少工业制造的资源消耗和碳排放量[10]。

（4）农业。利用新一代信息技术，基于农业生产现场部署的各种传感节点和无线通信网络可以实现精准农业[11]，如提供农业环境调控、动植物本体感知、畜禽定量饲喂、水肥一体化喷滴灌等数字化解决方案，以减少农业生产的碳排放。

14.1.2　信息通信行业新型负荷

新一代信息技术正在加速创新和突破，数字化发展逐步加快。信息通信行业作为数字基础设施，行业自身发展将带来能源需求和碳排放的持续增长。数据中心和 5G 基站等新型信息基础设施作为支撑数字经济发展的战略资源和公共基础设施，也是关系新型基础设施节能减排的关键环节。

1. 数据中心

当前，云计算、大数据、工业互联网、人工智能、区块链、车联网、增强现实（augmented reality，AR）/虚拟现实（virtual reality，VR）等应用蓬勃发展，对数据的处理、存储和交换的需求急剧增加，并对网络带宽、传输时延、网络安全、节能减耗提出更高的要求。作为数据的承载体，数据中心的建设体量和建设规模不断扩大。数据中心建设规模一般按照机架数量来统计测算，根据中国信息通信研究院的数据，2019 年全球数据中心机架数量达到 750.3 万架，安装服务器 6300 万台，预计未来几年总体规模仍将平稳增长，具体如图 14.1 所示。

图 14.1　全球数据中心机架数量及增速

　　随着数据中心数量和规模的快速增长，数据中心总体耗电较高，2018 年全球数据中心总耗电达到 2050 亿千瓦时，占当年全球总用电量的 1%[12]。国际环保组织绿色和平与华北电力大学联合发布的报告显示，2018 年中国数据中心总用电量为 1609 亿千瓦时，约占中国全社会用电量的 2%，碳排放达到 9855 万吨。预计到 2023 年，中国数据中心总用电量将增长 66%，碳排放将达到 1.63 亿吨。与此同时，数据中心在建设和运营过程中产生的大量温室气体排放、消耗的大量水资源及其产生的废弃设备都为环境保护带来了严峻挑战。数据中心高能耗和高碳排的特征不仅给信息通信行业带来沉重负担，也给全社会能源供应带来巨大压力。

　　当前，世界相继发布政策措施规范和引导数据中心的绿色发展。美国通过提出数据中心优化倡议、联邦数据中心整合计划，推出《美国联邦信息技术采购改革法案》等一系列举措促进数据中心的绿色发展；日本发布"绿色增长战略"，计划在 2030 年实现所有新建数据中心节能 30% 和部分使用可再生能源电力的目标；中国也陆续出台了一系列政策措施引导数据中心集约化、规模化、绿色化发展，"十三五"以来的相关政策汇总如表 14.1 所示。

表 14.1　中国数据中心发展相关政策

发布日期	发布机构	文件名称	相关内容
2016 年 12 月	国务院	《"十三五"国家信息化规划》	到 2020 年，形成具有国际竞争力的云计算和物联网产业体系，新建大型云计算数据中心电能使用效率值不高于 1.4。优化大型、超大型数据中心布局……加快推动现有数据中心的节能设计和改造，有序推进绿色数据中心建设

续表

发布日期	发布机构	文件名称	相关内容
2017 年 4 月	工业和信息化部	《关于加强"十三五"信息通信业节能减排工作的指导意见》	推广绿色智能服务器、自然冷源、余热利用、分布式供能等先进技术和产品的应用，以及现有老旧数据中心节能改造典型应用，加快绿色数据中心建设；认真执行绿色数据中心相关标准，优化机房的油机配备、冷热气流布局，从机房建设、主设备选型等方面进一步降低能耗
2017 年 7 月	工业和信息化部办公厅	《关于组织申报2017年度国家新型工业化产业示范基地的通知》	大力支持新兴产业领域示范基地培育和创建。本年度优先支持工业互联网、数据中心、大数据、云计算、产业转移合作等新增领域集聚区积极创建国家示范基地
2019 年 1 月	工业和信息化部、国家机关事务管理局、国家能源局	《关于加强绿色数据中心建设的指导意见》	到 2022 年，数据中心平均能耗基本达到国际先进水平，新建大型、超大型数据中心的电能使用效率值达到 1.4 以下，高能耗老旧设备基本淘汰，水资源利用效率和清洁能源应用比例大幅提升，废旧电器电子产品得到有效回收利用
2020 年 12 月	国家发展改革委、中共中央网络安全和信息化委员会办公室、工业和信息化部、国家能源局	《关于加快构建全国一体化大数据中心协同创新体系的指导意见》	到 2025 年……东西部数据中心实现结构性平衡，大型、超大型数据中心运行电能利用效率降到 1.3 以下。数据中心集约化、规模化、绿色化水平显著提高，使用率明显提升。根据能源结构、产业布局、市场发展、气候环境等，在京津冀、长三角、粤港澳大湾区、成渝等重点区域，以及部分能源丰富、气候适宜的地区布局大数据中心国家枢纽节点
2021 年 7 月	工业和信息化部	《新型数据中心发展三年行动计划（2021—2023 年）》	用 3 年时间，基本形成布局合理、技术先进、绿色低碳、算力规模与数字经济增长相适应的新型数据中心发展格局。能效水平稳步提升，电能利用效率逐步降低，可再生能源利用率逐步提高
2021 年 11 月	国家发展改革委、中共中央网络安全和信息化委员会办公室、工业和信息化部、国家能源局	《贯彻落实碳达峰碳中和目标要求推动数据中心和5G等新型基础设施绿色高质量发展实施方案》	到 2025 年，数据中心和 5G 基本形成绿色集约的一体化运行格局……全国新建大型、超大型数据中心平均电能利用效率降到 1.3 以下，国家枢纽节点进一步降到 1.25 以下……西部数据中心利用率由 30% 提高到 50% 以上，东西部算力供需更为均衡

此外，随着 2020 年 5G 商用规模部署的开展，依靠计算资源集中化的传统云计算技术已经无法满足"大连接、低时延、大带宽"的应用部署需求。近年来，为应对"5G＋"业务对于高实时性、大计算量的业务能力要求，旨在推动云计算能力下沉，提供端到端云服务的边缘计算成为行业发展的新趋势[13]。从本质上看，这种新的计算方式改变了传统算力的分布模式，通过强化边缘节点，将"端、云"协同的计算模式改变为"端、边、云"三点协同，并借助智能化的弹性网络管道实现了高效算力的有机结合，如图 14.2 所示。

2019 年，MarketsandMarkets 开展了一项市场调研，报告预测，到 2024 年全球边缘计算市场规模将达到 90 亿美元。随着全球边缘计算市场规模的扩大，边缘数据中心的建设加速。边缘数据中心是指规模较小，部署在网络边缘、靠近用户侧，实现边缘数据计算、存储和转发等功能的数据中心，支撑具有极低时延需求的业务应用，单体规模不超过 100 个标准机架。随着机柜数量、功率密度的增长，边缘数据中心的用电量和碳排放量也将持续增加[14]。

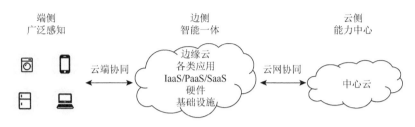

图 14.2　"端、边、云"三点协同结构图

IaaS（infrastructure as a service，基础设施即服务）；PaaS（platform as a service，平台即服务）；SaaS（software as a service，软件即服务）

2. 通信基站

5G 已成为驱动信息通信行业和社会经济发展的重要引擎，将带动传统行业的数字化、网络化和智能化发展，成为世界各国提振实体经济、加快经济发展的战略选择[15]。5G 移动通信具有广泛的应用场景，截至 2021 年 5 月底，已有超过 70 个国家和地区实现了 5G 商用。据 2021 年 11 月《爱立信移动市场报告》预测，到 2027 年，全球 5G 签约用户数将达到 44 亿。研究显示，到 2025 年，蜂窝物联网连接总数将从 2019 年的 13 亿个增加到 50 亿个，年均复合增长率为 25%；全球 5G 服务市场将从 2020 年的 539.3 亿美元增长至 1232.7 亿美元，预测期内复合年增长率达 18%。

中国从 2013 年开始，历经七年时间，4G 基站建设进度基本完成。截至 2020 年底，4G 基站建成数量达 575 万个，具体进展如表 14.2 所示。2019 年 6 月，中国发放 5G 商用牌照，5G 发展进入全面提速阶段。随着 5G 的大规模部署，人与人的连接逐步向万物互联发展。截至 2020 年底，中国已建成全球最大规模的 5G 网络，5G 基站的数量超 70 万个。为满足 5G 快速发展需求，截至 2022 年 3 月，中国 5G 基站总数已超过 142.5 万个。从发展规律看，中国 5G 基站建设数量将在 2021～2025 年稳步上涨，在 2025 年前后基本布局完成。到 2030 年，中国 5G 基站数目可能达到 1500 万个。据中国信息通信研究院测算，预计 2020～2025 年，中国 5G 商用将直接带动经济总产出 10.6 万亿元，直接创造经济增加值 3.3 万亿元，间接带动经济总产出 24.8 万亿元，间接带动经济增加值达 8.4 万亿元。为保障 5G 基站建设行动有序实施，中国各地政府相继提出了 5G 建设的规划方案。例如，《广东省 5G 基站和数据中心总体布局规划（2021—2025 年）》指出，广东省规划到 2022 年底 5G 基站累计达 22 万个，到 2025 年底 5G 基站累计达 29 万个;《浙江省信息通信业发展"十四五"规划》指出,浙江省将在"十四五"期间新建 5G 基站 6.26 万个,到 2025 年底基站累计数量达到 20 万个。

表 14.2　全国 4G 基站发展情况

年份	基站总量/万个	增量/万个
2015	177	92
2016	263	86
2017	328	65
2018	372	44
2019	544	172
2020	575	31

注:数据来源于工业和信息化部发布的《2020 年通信业统计公报》

　　5G 通信拥有高带宽、高密度连接、高可靠性、低延时等特性,为实现这些特性,室外 5G 基站配备了较高复杂度的 64/32 通道大规模天线设备,以提升其收发通道数、带宽及流量。此外,5G 小区带宽是 4G 的 5 倍以上,这使得 5G 基站的功耗远远超过 4G 基站,据估计其额定满载功耗为 4G 基站的 3~4 倍。作为 5G 通信网络中的主要耗能部分,5G 基站的能耗将可能达到整个通信网络设备能耗的 80%左右。为应对全球能源短缺与环境保护所面临的挑战,对基站进行能源管理必然成为信息通信行业不可忽视的需求[16]。

14.2　数据中心能源管理

14.2.1　数据中心能源系统

　　数据中心是为集中放置的具有存储、计算和传输能力的电子信息设备提供稳定运行环境的建筑场所,可以是一栋或几栋建筑物,也可以是一栋建筑物的一部分,是由计算机场地、基础设施、信息系统软硬件、信息资源等组成的实体。数据中心按照服务对象可划分为互联网数据中心和企业级数据中心;按机架规模可分为超大型、大型、中型、小型和微型数据中心,具体分类标准如表 14.3 所示;按管理模式可分为自管式数据中心和托管式数据中心。

表 14.3　数据中心的分类(按机架规模)

类型	机架规模/架
超大型数据中心	≥10 000
大型数据中心	3 000~9 999

续表

类型	机架规模/架
中型数据中心	500~2 999
小型数据中心	100~499
微型数据中心	<100

数据中心的能源系统主要包括 IT 设备、供电系统、冷却系统和其他辅助系统[17]，如图 14.3 所示。数据中心可以利用电力、燃油、燃气等多种形式的能源，这些能源来自公共电网、现场分布式能源、内部自备电源、外部燃气管网等。另外，数据中心运行过程中产生的大量余能可以在数据中心内部回收再利用，也可以送到系统外部加以利用，如区域供热系统。

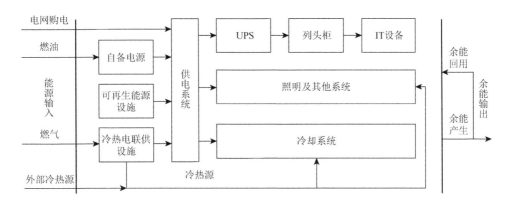

图 14.3　数据中心的能源系统

IT 设备是数据中心的基础核心设施，包括服务器、存储设备和交换机等。服务器是 IT 设备中最重要的设备，负责处理大量的数据密集型业务。存储设备用于存储数据中心内的海量数据。交换机用于数据通信，将整个数据中心的服务器互连起来。

供电系统主要包括 UPS、列头柜等。供电系统采用 UPS 为数据中心提供不间断的电力，以满足数据中心工作的电力需求。同时，数据中心一般还配备了柴油发电机组作为备用电源，当市电电源发生故障时可立即为数据中心供能，保证供电的安全和稳定。

冷却系统包括制冷量输送分配系统、冷机组等，为数据中心提供冷源，主要负责带走 IT 设备运行过程中产生的以及室外传输的热量，使机房的湿度和温度保持在合适的范围内，保证 IT 设备的健康运行。

其他辅助系统包括输电系统、楼宇自动化系统、监控系统和照明系统等。

14.2.2　数据中心能耗特点

1. 数据中心能耗构成

数据中心主要耗能设备包括 IT 设备，以及冷却系统、供电系统、照明系统等机房环境的配套设施，少量能耗用于如安防设备、灭火、防水、传感器以及建筑管理系统等其他设备。各种设备的耗电比例如图 14.4 所示。从整体来看，IT 设备与冷却系统占数据中心总能耗的比重最大，二者合计共占 80%。

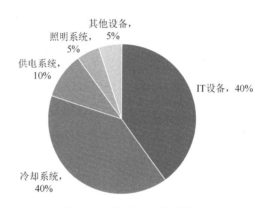

图 14.4　数据中心能耗构成

2. 数据中心能耗指标

（1）数据中心电能利用效率。电能利用效率计算的是设备消耗的能量。它是数据中心总耗电量与 IT 设备能耗的比值[18]，一般用年均电能利用效率值。它的理想值是 1，正常值在 1.3 到 2 之间，越接近 1 表明用于 IT 设备的电能占比越高，制冷、供配电等非 IT 设备耗能越低。计算公式如下：

$$\text{PUE} = P_{\text{TPU}} / P_{\text{IT}} \qquad (14.1)$$

式中，PUE 为电能利用效率；P_{TPU} 为维持数据中心正常运行的总耗电量（千瓦时）；P_{IT} 为数据中心中 IT 设备耗电量（千瓦时）。

（2）数据中心水资源利用效率。水资源利用效率指数据中心在 IT 设备作用下的用水量，用数据中心总耗水量与数据中心 IT 设备耗电量的比值表示（升/千瓦时）[19]，一般用年均水资源利用效率值。水资源利用效率值越小，代表数据中心利用水资源的效率越高。

计算公式如下：

$$\text{WUE} = (\sum W_{\text{TWU}}) / \sum P_{\text{IT}} \qquad (14.2)$$

式中,WUE 为水资源利用效率;W_{TWU} 为输入数据中心的总水量(升);P_{IT} 为数据中心中 IT 设备耗电量(千瓦时)。

(3)可再生能源利用率。可再生能源利用率指数据中心中可再生能源供电量与数据中心总耗电量的比值,可用于衡量数据中心可再生能源的情况[20],以促进可再生、无碳排放或极少碳排放的能源利用。计算公式如下:

$$RER = P_{RES} / P_{TPU} \qquad (14.3)$$

式中,RER 为可再生能源利用率;P_{RES} 为可再生能源供电量(千瓦时);P_{TPU} 为维持数据中心总耗电量(千瓦时)。

3. 数据中心能耗影响因素

数据中心能耗与服务器功率、内部其他辅助设备的能耗相关。同一天的不同时段内,访问量、计算量的变化会对服务器的功率产生影响,而温度、湿度等因素则会对数据中心内部其他辅助设备产生影响。

(1)能耗与服务器所承受的访问量、计算量相关。在访问量、计算量升高的情况下,其负载率随之升高,单位时间内服务器功率上升,能源消耗量增加,碳排放量增加。根据相关调查,数据中心在进行计算与提供服务时,不同时段的访问情况呈现潮汐特征。访问主要集中在每日 8:30 至 24:00,部分数据访问还会出现在节假日集中而平日较少的情况。

(2)能耗与能效使用情况相关。假设不同数据中心的服务器能耗相同,但是其基础设施架构及运营管理不同,则数据中心的电能利用效率越低,其冷却及其他辅助系统的能耗就越低,总能耗越低。目前中国数据中心企业正在通过改造供电、冷却、管理系统等方式对能耗进行优化,以降低其电能利用效率,减少相关开支。

14.2.3　数据中心能源管理方法

数据中心能源消耗量巨大且能源利用率低,对其进行能源管理是数据中心节能减排的重要措施。下面主要从本地设备级、网络负载级和能源网络级三个方面来介绍数据中心能源管理方法[21]。

1. 本地设备级能源管理

本地设备级能源管理主要是指在本地数据中心采用先进技术设备或直接对内地设施的运行状态进行调控进而降低数据中心能耗的管理方式。

1)模块化数据中心

模块化数据中心是部署数据中心容量的便携式方法。模块化数据中心由专门设计的模块和组件组成，集成了供电系统、冷却系统、密闭通道、监控系统、机柜系统、综合布线和消防等系统，可提供具有多种电源和冷却规模组合的可扩展数据中心容量以供选择，实现了供电、制冷和管理组件的无缝集成。模块可以装运、添加、集成或改装到现有数据中心中，最大限度地降低基础设施对机房环境的耦合，实现数据中心的绿色节能[22]。

模块化数据中心通常有两种类型，即集装箱式和便携式。集装箱式是将数据中心设备装入标准集装箱，然后运输到所需的位置，且通常配备自己的冷却系统。便携式是将数据中心设备安装到由预制组件组成的设施中，这些组件可以在站点上快速构建并按需添加到设备中。

模块化数据中心已经在互联网、电信、金融、政府等多个行业得到了广泛应用，并有效降低了数据中心能耗和运行成本。

2）液冷技术

传统上，数据中心的制冷是通过冷冻水系统和计算机房空气处理（computer room air handling，CRAH）装置对机房内气流降温来完成的[23]。在这些传统的数据中心冷却方法中，用于冷却的能源可以达到数据中心总能耗的 40%。随着数据中心中机架密度的快速增长，单独使用空气冷却系统已无法完全满足数据中心的制冷需求。随着数据中心制冷技术的不断革新，其他制冷方法如液体冷却系统等已在数据中心行业实施，如谷歌利用液体冷却方案为其张量处理单元（tensor processing unit，TPU）服务器降温。

液体冷却是指以液体作为冷媒，为产热设备带走热量的技术。目前液冷技术主要有三种部署方式，分别是浸没、冷板、喷淋。一方面，使用该技术可以将传统风冷系统的能耗降低多达 50%。另一方面，余热回收再利用方案的使用使得数据中心运营商能够将多余的热量出售给需要供热的主体，如建筑物、室内游泳池或温室。虽然空气冷却可以提供高达 35℃的回风温度，但液体冷却可以提供高达 75℃的回水温度[24]。因而，液体冷却技术具有降低冷却系统能耗和通过回收再利用数据中心产生的余热创造新的商业模式的巨大潜力[25]。

3）虚拟化技术

虚拟化是资源的逻辑表示，这种表示不受物理限制的约束，它的主要目标是对包括基础设施、系统和软件等 IT 资源的表示、访问、配置和管理进行简化，并为这些资源提供标准的接口来接收输入和提供输出[26]，如图 14.5 所示。虚拟化技术包括两个层面：一是硬件层面的虚拟化；二是软件层面的虚拟化，有服务器、存储和网络的虚拟化。

服务器虚拟化是指将服务器物理资源抽象成逻辑资源，让一台服务器变成几台甚至上百台相互隔离的虚拟服务器，不再受限于物理上的界限，而是让中央处理器、内存、磁盘、I/O（input/output，输入/输出）等硬件变成可以动态管理的"资源池"。目前业界主流的虚拟技术包括硬分区、软分区、逻辑分区等。

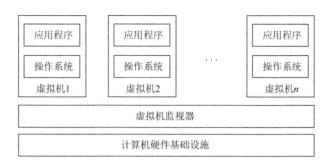

图 14.5 虚拟化技术实现的典型架构

存储虚拟化就是为主机创建物理存储资源的过程。通过虚拟化技术，将多个存储介质模块集中到一起，并在一个存储资源池中统一管理。存储设备虚拟化根据实现方式，可以划分为基于主机的虚拟化、基于存储设备的虚拟化和基于网络的虚拟化。

网络虚拟化通常分为虚拟局域网和虚拟专用网。虚拟局域网是其典型的代表，它可以将一个物理局域网划分成多个虚拟局域网，或者将多个物理局域网中的节点划分到一个虚拟局域网中，提供一个灵活便捷的网络管理环境，使大型网络更加易于管理，还可以通过集中配置不同位置的物理设备来实现网络的最优化。

虚拟化技术可大大减少需要维护和管理的设备，如服务器、交换机、存储器等，从而达到减少 IT 设备的数量、提高 IT 资源的利用率的效果，最终实现降低数据中心能耗的目的。

4）服务器节能技术

服务器包含 CPU（central processing unit，中央处理器）、磁盘、内存、网卡及主板元器件等几大部件，其中 CPU 能耗占到整台服务器总能耗的近三分之一，磁盘占整台服务器总能耗的 13%，内存占整台服务器总能耗的 6%。

CPU 的计算功能越强，其功耗就越大。CPU 节能技术主要有动态电压调频（dynamic voltage frequency scaling，DVFS）技术和深度睡眠等。动态电压调频技术是一种管理 CPU 功率的技术，它允许 CPU 在多个频率下工作[27]。CPU 的能耗与工作电压的平方成正比，利用该技术可降低空闲轻负载状态下 CPU 的工作电压与频率，进而实现降低能耗的目的。英特尔公司的 CPU 还支持一种智能降频技术，其能够让 CPU 根据实际使用情况来自主控制频率和电压，进而实现能耗的控制。

磁盘节能技术主要有磁盘休眠技术和磁盘降速技术，这些技术是按磁盘负载情况控制磁盘全速、空闲、休眠和下电四种状态工作。全速是指磁盘在高速运转，进行数据的读写访问；空闲只是读写期间的短时空闲阶段，磁盘若在一定时间内不工作即进入休眠状态；若磁盘长时间不工作，就进入下电状态。磁盘在运行过程中，可以通过软件智能监控当前处于哪种工作强度，自动调节工作状态，以达到节能的效果。

近几年来内存节能技术也逐步成熟，出现双倍数据速率同步动态随机存储器（double data rate synchronous dynamic random access memory，DDR SDRAM）、DDR3 SDRAM 甚至 DDR4 等技术。这些内存可以在更低的电压下工作，当没有读写操作时，内存能耗极低，同时具有密度大、读取和写入速度快等特点，不用加电也可以保存数据。此外，在内存布线密度上下功夫，也可达到节能的目的。

5）存储设备节能技术

存储设备也是数据中心的一个重要且能耗较大的 IT 设备。数据中心的增长速度非常快，会导致存储设备的容量增长也越来越快。但实际上，数据中心中存储设备的利用率也比较低，实际使用的存储容量远低于存储实际总容量。据统计，数据中心中的存储设备大约有 35%～50%的容量都是空闲的，造成很大的能耗浪费。目前，存储设备节能技术主要包括自动精简配置技术、重复数据删除技术和硬盘错峰上电技术。

自动精简配置技术是一项对存储资源进行自动分配和利用的技术，该技术可以根据应用或者用户的容量需求及使用现状，实时动态地改变存储容量资源的分配。因此，应用该技术能更加充分地利用磁盘阵列的有效存储空间。通过自动精简配置技术的应用，可以有效地节省电力消耗和制冷成本。一个典型的自动精简配置能够将有效存储空间利用率从 60%提升至 80%，从而有效降低数据中心的能耗。

重复数据删除技术是通过算法减少分布在存储空间中的相同文件或数据块的数据缩减技术。该技术可以有效减少所需的存储容量，通过将数据进行分块，从中筛选出相同的数据块，然后将其删除，并以指向唯一实例的指针取代。通过该技术，数据缩减比例可以达到 10∶1 到 50∶1，甚至更高比例，进而达到节约存储空间的目的，从而减少能耗。

硬盘错峰上电技术是将硬盘分组控制上电，每组间隔约 3～4 秒。机械硬盘在主轴起旋上电瞬间，电机起动时有一个比较大的脉冲电流，峰值可以超出正常运行电流的 1～2 倍，影响产品的峰值功耗，对供电系统的影响比较大。通过硬盘错峰上电可以有效规避主轴起旋带来的功耗脉冲，每个机柜可以配置更多的设备，提高了机房的供电效率和机柜密度，可有效降低硬盘峰值功耗的 50%～70%。

2. 网络负载级能源管理

数据网络、IT 设备和冷却系统的特性，使数据中心具有了时间和空间负载调节能力，可作为极其重要的需求响应资源[28]。

　　数据中心的计算资源在内部并不局限于任何地理位置，可以通过前端服务器和数据中心之间的通信线路托管在其他服务器上，即可以使用前端服务将用户向云服务商提交的业务负载分发给地理分布的数据中心。此外，数据中心的工作负载一般注明需要完成的截止时间，不同工作负载的截止时间不同。按照响应时间，一般将网络负载分为批处理网络负载和交互型网络负载。前者对完成时间的要求较低，不需要立即处理，在规定的时间内完成即可，典型的如索引、数据挖掘，而后者对响应的实时性要求较高。

　　在 IT 设备方面，利用动态电压和频率缩放、动态集群服务器配置、虚拟机技术等技术，可以根据计算资源的需求动态控制激活的服务器数量和频率，从而改变数据中心能耗。在保证服务质量前提下，服务器可以选择两种处理网络负载的方式，如图 14.6 所示。图（a）的工作方式是服务器以较低的运行功率在较长时间内完成网络负载的处理。图（b）的工作方式是服务器以较高的运行功率在尽可能短的时间内完成网络负载的处理。两种工作方式下服务器 CPU 的利用率不同，能耗曲线也会不同。前者服务器的用电功率曲线较低且平稳，后者服务器的用电功率曲线有明显的波峰和波谷。

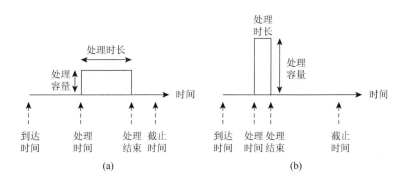

图 14.6　满足服务质量的两种服务器工作模式

　　在冷却系统方面，数据中心可使用三种不同的冷却基础设施，即空气冷却、液体冷却和浸入式冷却。这些基础设施的能耗与要提取的热量成正比。由于数据中心安全运行的温度环境是一个区间，且可通过热感知工作负载分布[29]等热管理技术改变所提取的热量，因此冷却系统通过控制要提取的热量可以动态控制功耗[30]。

　　凭借智能电网先进的通信能力，数据中心运营商可以相应地接收需求响应信号并参与其中。数据中心既可作为批发电力市场的大用户也可以作为零售市场的普通用户参与需求响应。对数据中心而言，只要在响应截止时间前完成对数据服务请求的处理，就可以考虑通过转移、迁移和分配网络负载等方式方法显著改变数据中心的能耗,从而参与需求响应[31]。数据中心可参与基于激励的和基于价格的需求响应计划。

　　基于激励的需求响应计划常见的激励方式有两种,一种是直接为用户提供补贴,另一种是在现有电价基础上给予用户一定的购电折扣。相关研究集中在数据中心如何在基于激励的需求响应计划中设计激励机制。在实时网络负载控制方面,它们通常旨在最小化调节信号与实际功耗之间的差值,以及最小化调节成本。数据中心参与需求响应的能力以在不同时区的分布式数据中心之间迁移网络负载时用电量的变化来衡量。不确定的激励到达网络负载时,需要确定各个数据中心每小时参与需求响应的最佳能力,这被表述为最小化数据中心总购电成本的随机优化问题,最终通过蒙特卡罗模拟采用基于场景的方法将其转化为混合整数线性规划问题来求解。数据中心参与基于激励的需求响应计划不仅能改善互联网服务公司的财务状况,还能减轻分布式数据中心对环境造成的影响。

　　基于价格的需求响应计划是制定不同电价策略以反映不同时区供电成本,引导用户合理用电,降低电网峰谷差。大多数研究采用实时电价作为数据中心参与基于电力批发市场的需求响应计划的依据。这可分为两种情况:一是数据中心的电力需求量相对较小,不会影响市场的清算价格。在这种情况下,实时价格一般被假设为已知,数据中心运营商可通过预测方法获得该价格后再参与需求响应计划。二是数据中心的电力需求比较大,会影响市场的结算价格,即在放松管制的电力市场中,数据中心运营商是价格制定者。然而,当考虑电网的动态特性和实际物理约束时,获得价格影响模型通常是具有挑战性的。因此,可以将价格敏感系数定义为电价变化百分比与数据中心电力负荷变化百分比的比值,通过数据中心与主电网之间的大量历史交互信息获得,进而构建一种价格敏感的网络负载调度方案[32]。

　　数据中心参与基于价格的需求响应计划还可从负荷聚合商角度出发。电价由数据中心运营商和负荷聚合商之间的合同决定,这种电价比电力批发市场设定的价格更灵活。因此,可以设计有针对性的基于价格的需求响应计划来指导数据中心网络负载的调度,避免给数据中心带来负面影响。这种需求响应计划可分为两种场景:一是由同一电力系统供电的地理分布数据中心参与需求响应计划。例如,基于双层二次规划的定价机制,负荷聚合商选择适当的定价机制来平衡上层的电力负荷,然后数据中心运营商通过网络负载分配和服务器控制来最小化下层的电费[33]。二是由不同电力系统供电的地理分布数据中心参与需求响应计划。例如,基于两阶段施塔克尔贝格博弈的定价方案,每个负荷聚合商设置一个实时价格以最大化第一阶段收益,然后数据中心在第二阶段通过工作负载分配和服务器控制最小化其电费[34]。在第一阶段,一个独特的纳什均衡被证明是存在的。在第二阶段,通过一个迭代的分布式算法实现收敛并达到均衡。建议的定价方案可以为"正确的需求"带来"正确的价格"。

由于数据中心具有能耗大、负载时空可调节等特性,其在电力市场扮演越发重要的角色,中国部分省(区、市)已经发布关于数据中心参与电力市场交易的相关政策,具体如表 14.4 所示。

表 14.4 数据中心参与电力市场交易相关政策

发布日期	发布机构	文件名称	相关内容
2019 年 5 月	北京市经济和信息化局、北京市发展和改革委员会、北京市城市管理委员会	《关于开展北京市绿色数据中心(第一批)征集工作的通知》	明确获评为绿色数据中心的企业,可获得北京市电力市场化交易资格
2020 年 4 月	福建省工业和信息化厅、国家能源局福建监管办公室、福建省通信管理局	《关于开展大数据中心企业电力市场注册工作的通知》	全省电网覆盖范围内,运营机柜超过 150 台的超算中心或数据中心企业中,符合条件的年购电量在 1000 万千瓦时及以上的用户,可自主选择注册成为批发用户或零售用户,直接向发电企业购电或选择向售电公司购电
2021 年 2 月	浙江省发展和改革委员会、浙江省能源局、国家能源局浙江监管办公室	《2021 年浙江省电力直接交易工作方案》	信息传输、软件和信息技术服务业等行业 10 千伏及以上电压等级用户可参与售电市场交易
2021 年 2 月	内蒙古自治区发展和改革委员会、内蒙古自治区工业和信息化厅	《关于调整部分行业电价政策和电力市场交易政策的通知》	符合产业政策的大数据中心列入电力市场有限交易范围

数据中心网络负载级能源管理主要是对网络负载进行动态调整,改变数据中心内设备运行状态,从而参与需求响应。在考虑数据中心参与需求响应时,应充分认识数据中心运营商和电力市场之间的互动关系,并在此基础上设计最优的激励率或恰当的电价以实现电网和数据中心运营商双赢的局面。

3. 能源网络级能源管理

数据中心包含众多能源设备,可综合利用冷、热、电、气等多种能源,对其进行科学高效的调度和合理的梯级利用是提高数据中心能源利用效率,实现碳中和的有效措施[35, 36]。

1)广域多能互补

CCHP 技术是指通过燃料燃烧同时满足电、热和冷负荷,可实现能源的梯级利用,具有降低成本、节约能耗、减少排放污染等特点[37]。腾讯上海青浦数据中心利用天然气满足了数据中心 39%的用电需求和 30%的制冷需求。国家超级计算广州中心天然气分布式能源站项目一期工程利用 CCHP 技术实现了能源综合利用效率高于 70%。当多种形式能源存在价格差异时,数据中心运营商可选择最经济的能源供给形式，形成多能互补。例如，在电价较高时段，数据中心利用本地 CCHP 设备供电，从而减少向主电网的购电量，实现更高效益。

为了确保供电的可靠性，数据中心内往往配备了各种形式的储能系统，包括电储能、热储能和冷储能等。电储能是最主要的储能方式，按照存储原理的不同又分为电化学储能和物理储能两种技术类型。储能设备不仅可以为数据中心提供运行所需的能源，也可以实现电力的"削峰填谷"，降低用电费用。例如，冰蓄冷技术[38]，该技术可在电力负荷较低或电价较低的夜间，利用电制冷机制冷，并以冰的形式储存起来。在电力负荷较高或电价较高的白天，再将存储的冷量释放出来为数据中心供冷从而减少用电量，降低用电费用。中国电信北京永丰国际数据中心通过应用高压 10 千伏供电的蓄冰冷水冷机组，大幅降低了运行成本。除此之外，多种形式的储能设备方便新能源与数据中心的融合，从而极大降低数据中心对环境产生的不利影响。现如今，燃料电池取代传统的电化学电池逐渐成为数据中心储能发展的一大趋势[39]。燃料电池是高效的能量转换装置，与传统发电源相比，在理论和实践上都能以更高的效率将化学能直接转换为电能[40]，其中利用水电解制氢，再利用氢能发电的方式是实现数据中心储能充放电的有效方式。

2）余热回收利用

数据中心工作时会释放大量中低品位余热，这些余热具有低温、高容量和产热稳定的特征。回收的余热可用于加热生活用水、供暖，或为附近游泳池或洗衣店提供服务。余热回收实际上是对冷凝热的回收。数据中心内的冷水机组在制冷模式下运行时，冷凝器散发的热量一般通过冷却塔或者冷凝风机排向室外大气环境，其温度通常为 35～50℃。若将数据中心工作时产生的余热作为热排放一方面是对具备大量用热需求场所来说是一种浪费，另一方面也给周围环境带来了一定的影响。余热回收系统就是通过一定的方式对冷水机组冷凝热进行回收再利用，将其作为用户的初级热源或最终热源。

余热回收过程可利用热泵技术，通过该技术从低品位余热中吸取热能，并传输到高温系统。在热泵的帮助下，数据中心的余热可以达到 60℃及更高。在寒冷地区使用热泵技术将数据中心余热回收并用于区域供暖，有着广阔的市场前景及节能意义，可以在帮助用户降低用热成本的同时间接减少因使用化石燃料产生的二氧化碳[41]。例如，腾讯天津高新云数据中心回收利用余热以满足办公楼采暖需求，每年可节省 50 余万元的采暖费，减少 1620.87 吨标准煤能耗，相当于减少二氧化碳排放约 4000 吨。此外，一些数据中心配备了烟气热水型溴化锂机组，可以回收余热用于数据中心自身的制冷，从而提高数据中心的能源利用效率。为实现"双碳"目标，积极推进数据中心的余热利用，引导数据中心走高效、低碳、集约、循环的绿色发展道路，就成为一种必然。

3）可再生能源采购

数据中心的碳排放主要来源于电力使用，大比例使用可再生能源是数据中心减少碳足迹、迈向碳中和的必由之路[42]。众多数据中心企业已经提出 100%使用可再生能源的目标。例如，秦淮数据集团在 2020 年底提出碳中和目标，计划在 2030 年实现中国运营范围内所有新一代超大规模数据中心 100%采用可再生综合能源解决方案。

随着高比例可再生能源的发展和电力市场改革的逐步深入，数据中心采购可再生能源的方式越来越多元化，包括自建可再生能源项目（投资建设分布式项目和投资建设大型集中式项目）、市场化直接采购可再生能源和采购绿色电力证书[43]。各种采购方式汇总如表 14.5 所示。

表 14.5　数据中心采购可再生能源方式总结

方式	描述	经济效益	收益率	政策可行性	备注
市场化直接采购可再生能源	直接购买绿色电力	基于市场	基于市场	基于电力市场政策，越来越多区域可行	可在条件允许地区展开探索，为未来 3～5 年绿电交易大规模展开奠定基础
投资建设分布式项目	在数据中心直接安装分布式光伏，自发自用	降低电费 0.1 元/千瓦时	8%	可行	适用于新建园区项目
投资建设大型集中式项目	投资大型风电、光伏项目，直接使用或间接利用项目产生的绿色电力抵消数据中心用电	投资额较大，可通过融资和参股方式解决	9%～12%	可行	可规模化实现减碳和布局能源战略；业内对绿色属性所有权有异议，需要与市场化交易或绿色电力证书交易挂钩
采购绿色电力证书	可再生能源发电量的确认和属性证明；官方认可的绿色电力消费唯一凭证	增加电费	平价绿色电力证书 0.02～0.05 元/千瓦时 补贴绿色电力证书 0.13～0.90 元/千瓦时	可行	补充手段

（1）自建可再生能源项目。自建可再生能源项目可以是建立大型集中式电站或者分布式发电站。分布式可再生能源发电遵循因地制宜、清洁高效、分散布局的原则，就近发电、并网、转换和消纳，充分利用当地可再生能源资源，可一定程度上减少化石燃料的使用。目前，已有不少数据中心通过自建项目来利用可再生能源。例如，中经云数据存储科技（北京）有限公司亦庄数据中心在大楼顶层设计安装有 8 兆瓦的光伏电站，利用太阳能产生的电力为建筑供电。又如，2015 年苹果公司开始对中国光伏产业进行投资，与四川晟天新能源发展有限公司在四川运营集中式光伏电站。

（2）市场化直接采购可再生能源。市场化直接采购可再生能源是指电力用户直接与可再生能源电力企业或售电公司进行交易采购可再生能源电量。目前根据交易区域分为省域间市场化交易和省内市场化交易方式，根据结算周期分为现货市场和中长期交易，根据成交方式分为双边协商、集中撮合和集中竞价等方式，根据交易频次分为年度交易、季度交易、月度交易和日前交易等方式。市场可再生能源的交易量在不断增长，随着电力体制改革工作的开展以及数据中心的发展受到各地重视，越来越多的数据中心通过电力市场直接采购可再生能源电力。

（3）采购绿色电力证书。绿色电力证书是指国家可再生能源信息管理中心按照相关管理规定，依据可再生能源上网电量，通过国家能源局可再生能源发电项目信息管理平台，向符合资格的可再生能源发电企业颁发的具有唯一代码标识的电子凭证。数据中心可在中国绿色电力证书认购交易平台采购，该方式可以使数据中心摆脱限制其无法直接购买可再生能源的各种因素，实现扩大应用可再生能源的目标。

14.3　通信基站能源管理

14.3.1　通信基站概述

基站是安装在一个固定地点的高功率多信道双向无线电发送机[44]。由于5G通信基站的加速建设，基站能耗增长迅速，本节主要分析5G通信基站的能源管理。

基站可分为宏基站和微基站，宏基站主要用于室外覆盖，其覆盖范围在密集城区间距约为300~400米，在郊区可达1000米以上，功耗较大；微基站主要用于解决宏基站难以解决的室内场景、覆盖盲区等场景，功耗远低于宏基站。目前主要运营商的5G宏基站主设备的空载功耗约2.2~2.3千瓦，满载功耗约3.7~3.9千瓦。

基站设备根据功能可分为高层基带协议处理单元、底层基带协议处理单元以及5G射频单元这三个功能模块，并通过外部或内部接口连接各个模块。高层和底层基带协议处理单元主要负责实现物理层等协议基本功能以及接口功能。其中协议基本功能包括用户面及控制面相关协议功能；接口功能包括基站设备与核心网之间的回传接口、基带模块与射频模块之间的前传接口、同步接口等。5G射频单元主要完成数字信号与射频模拟信号之间转换。为了提高基站的灵活性，基站内存在多种物理形态，包括集中单元（centralized unit，CU）、分布单元（distributed unit，DU）、基带单元（base band unit，BBU）、有源天线单元（active antenna unit，AAU）和射频拉远单元（radio remote unit，RRU）等，如图14.7所示。CU负责高层基带协议功能，DU 实现底层基带协议功能，AAU 和 RRU 实现射频处理等功能，BBU 则负责完成基带协议功能。

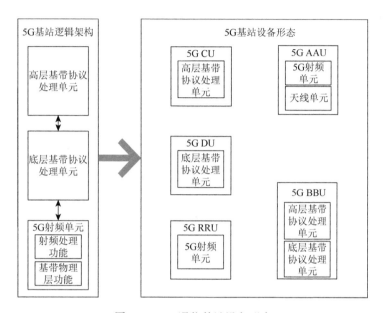

图 14.7　5G 通信基站设备形态

14.3.2　通信基站能耗特点

5G 基站的能耗主要包含三个方面。一是传输过程中所产生的能耗，包括射频部分和功率放大器所产生的能源消耗；二是计算过程中所产生的能耗，主要包括数字处理、管理控制、核心网等能源消耗；三是其他能源消耗，主要包括通信基站制冷设备、监控设备等其他设备所消耗的能源。从能耗设备的角度分析，5G 基站功耗主要包含主设备能耗、空调能耗、配电和其他能耗，各项占比如图 14.8 所示。

通信基站的能效一般定义为每消耗一焦耳能量能够可靠传输的比特数[45]。为了在与现有网络相同甚至比现有网络更低功耗的情况下实现 5G 通信网络的1000 倍容量增长，基站能源利用效率也需要提高 1000 倍[46]，如此高倍率的能效提升要求基站的能效管理进行一系列的革新。

通信基站的能耗受到多种因素的影响，如主设备和空调配电等辅助设备的能效、业务负载量等。随着业务负载量的变化，5G 基站主设备功率也产生变化。一般来说，BBU 功耗受负载变化的影响小，基本维持稳定。AAU 的功耗受业务负载变化的影响较大，其功耗与业务负载量成正比关系，详见表 14.6。

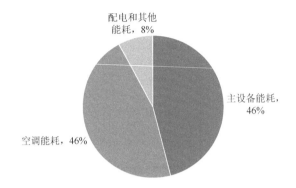

图 14.8　5G 通信基站能耗构成

表 14.6　5G 主设备实测功耗

业务负载率	品牌 1		品牌 2	
	AAU 平均功耗/瓦	BBU 平均功耗/瓦	AAU 平均功耗/瓦	BBU 平均功耗/瓦
100%	1127.3	293.0	1175.4	325.8
50%	892.3	293.0	956.8	325.8
30%	762.4	293.5	856.9	319.0
20%	733.9	293.2	797.5	319.0
10%	699.4	293.4	738.6	319.0
空载	633.0	293.6	663.0	330.0

14.3.3　通信基站能源管理方法

随着 5G 商用日益成熟，移动信息呈指数级增长，通信基站密度与能耗相应增加。目前，通信基站能源管理主要是从设备级、站点级和网络级三方面展开[47]。

1. 设备级能源管理方法

设备级能源管理方法是在硬件设计层面降低通信基站的基础功耗和提高通信基站设备的能源利用率，主要包括主设备节能技术和配套设备节能技术[48]。

1）主设备节能技术

5G 基站主设备的典型配置为 1 个 BBU 和 3 个 AAU[49]。BBU 的能源消耗主要来自基带板，基带板能耗约占总能耗的 70%～75%。BBU 受接入移动用户的影响较小，其功耗较为稳定。AAU 的作用是将基带数字信号转换为模拟信号，再将模拟信号调制为高频射频信号，借助功放单元放大该信号的功率，并使用天线发射该信号。AAU 设备为了解决天线设备产品设计的难点，将 5G 射频处理单元与大规模天线阵列集成在一起，从而构成有源天线阵列，以此实现大规模多输入多输出（multiple-input multiple-output，MIMO）技术。AAU 的功耗主要来自功放、数字基带、收发信板等关键器件。AAU 的能耗大，且受接入移动用户的影响较大，其功耗与接入移动用户呈正比例关系。主设备节能主要考虑以下三方面的工作：一是在保证 5G 系统性能及后续升级能力的基础上，提高器件集成度，从而降低设备基础功耗；二是利用新材料，如使用氮化镓、碳化硅等新材提供较高的基站功放效率，不断优化 AAU 设备功放效率；三是利用半导体新工艺，减少单片面积、提高芯片集成度，这样不仅可以大幅提高 5G 系统性能，也有利于进一步降低基站设备功耗。

2）配套设备节能技术

（1）通信基站供能系统。基站可从环境中收集能量并将其转换成电能进而减少从主电网购电。尽管这种方法不会直接减少系统运行所需的能量，但可利用清洁能源为无线网络供电，从而减少通信基站的碳排放。目前主要存在两种能量收集方式：一是环境能量收集，从自然资源中获取清洁能源，如太阳能和风能；二是射频能量收集[50]，从无线电信号中获取能量，从而回收以往被浪费的能量。

由于可再生能源出力具有波动性和间歇性，如何应对随时变化的可再生能源出力以及可能带来的能源中断问题成为基站利用能量收集技术的主要挑战。为了应对上述挑战，现阶段主要存在两种方法：一是随机优化，假设可再生能源出力服从某种概率分布[51]，然后基于概率信息对通信基站运行进行优化；二是基于机器学习的方法，利用历史大数据预测可再生能源的出力情况，从而使通信基站适应外在的不确定性[52]。通信基站还配备储能设备[53]，可再生能源出力与大电网互补，为基站供电并给蓄电池充电，通过能源的优化调度实现光伏供电优先、不足部分再通过向电网购电补充，当可再生能源出力不足或电网购电价格较高时蓄电池向基站供电[54]。

就射频能量收集而言，空气中可用的电磁能量的数量一般是事先不知道的，因而能量随机性的问题也是存在的。然而，射频能量收集技术可与无线能量传输技术相结合，从而使网络节点相互共享能量，这具有双重优势。首先，它可以重新分配网络总能量，延长电池能量不足的节点的寿命[55]。其次，可以在网络中部署作为无线能源的专用信标，从而消除或减少射频能源的随机性。并且可以更进一步地将能量信号叠加在常规通信信号上，从而产生无线携能通信[56]。该技术能够极大地提升能源分配的灵活性。

（2）通信基站制冷系统。通信基站内的通信设备等需要在一定的温度和湿度条件下运行，同时对空气的清洁度也有一定的要求。基站内的电源系统、配电系统以及通信设备在运行过程中都会发热，因此要保证基站维持一定的温度，需要配置合适的制冷系统。目前，大部分无人值守的基站，制冷系统都是不间断工作的，其耗电量约占总耗电量的 40%。降低制冷系统能耗是基站节能的有效途径。液冷技术利用低沸点液体在基站内部进行热交换，能有效提升散热效率。例如，2020 年，运营商 Elisa 在芬兰部署的全球首个液冷 5G 通信基站，在采用液冷技术后能够大幅降低制冷设备的能耗，可降低 30%的站点能耗和 80%的二氧化碳排放量。

设备级能源管理方法为降低通信基站能耗提供了基础，但该方法的实现依赖于通信基站关键器件技术的发展。因此，设备级能源管理方法的应用需要经历一定的时间。此外，基站设备级能源管理需要产业链合作伙伴共同参与，在产品设计、研发、生产、优化等各流程中都把降低基站硬件功耗作为设备能力的重要指标之一。随着通信行业产业链的逐步发展和基站硬件技术设备的迭代优化，设备级能源管理方法的节能效益将会逐步显现出来。

2. 站点级能源管理方法

通信基站的站点级能源管理方法是借助对硬件的调配，在保证通信基站性能不受影响的前提下，完成对基站的相应调整，减少基站空闲时的能耗，进而实现通信基站节能减排的目标。

通信基站的能耗水平与业务负载量紧密相关，且 5G 通信网络的业务在时间、空间上均表现出分布不均的特点。白天工作高峰时期，通信网络的业务负载量大，通信基站能耗高；夜晚工作低谷时期，通信网络的业务负载量小，通信基站的能耗低，这种特点为站点级能源管理方法的应用创造了条件。站点级能源管理方法基于通信网络业务负载的分布特征，在业务负载量小时关闭部分基站内的硬件设施，从而减少 AAU 的动态功耗，达到节能目的。站点级能源管理方法主要包含关断技术[57]。关断技术是基于基站实时负荷情况，合理休眠或关闭部分数据通道，从而实现基站节能自动化，达到更好的节能效果[58]。关断技术主要有符号关断、通道关断、载波关断和深度休眠。

1）符号关断技术

基站并非时刻都处于最大流量的状态，所以子帧（sub frame）中的符号会在一些时刻内没有填满数据。符号关断技术动态检测符号是否有数据发送，若存在没有发送数据的符号则关闭相应的功放；当符号内存在数据传输时，立刻启动功放。该技术主要应用于业务负载时延不敏感的场景，如图 14.9 所示。符号关断技术的原理就像原本是单向四车道的高速公路，每个车道都有人维持秩序，但到夜间空闲时间关闭了其中三个车道，只留一个。符号关断的比例是通信基站健康运行的一个重要的参数，在实际运行中与通信基站的调度方式有关。可通过改进调度算法，将所需传输的数据集中在指定符号内，提高空闲符号的比重，提升符号关断的比例，进而加强符号关断技术的应用效果。

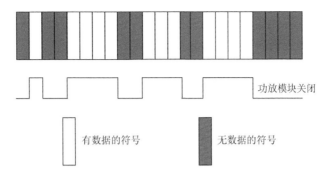

图 14.9　符号关断技术

2）通道关断技术

通道关断技术基于通信网络业务负载的变化，选择恰当的时间对部分发射接收器（transmitter receiver，TR）进行休眠，从而达到节能的效果。如图 14.10 所示。监测当前上行和下行资源块（resource block，RB）的利用情况，如果资源块满足关断的条件，则触发执行通道关断操作；若资源块利用率较高不满足关断条件或已经达到了预先设定的节能结束时间，则退出通道关断状态，从而起到节约资源的作用。该方案主要应用于夜间通信网络低业务负载的场景。此外，基站在进行通道关断时需要考虑诸多因素。一方面，降低通信基站发射功率后可能对通

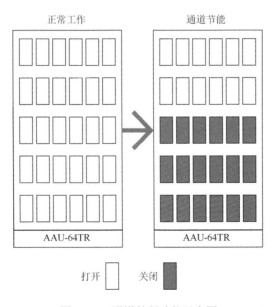

图 14.10　通道关断功能示意图

信网络重要性能指标造成的影响；另一方面，为了防止通信网络业务负载情况估计失误的情况出现，需要考虑上行资源块的接收性能。因此，在实际工作中，需要对上行和下行的通断关断功能分开考虑，以保障通信网络性能达到预期水平。

3）载波关断技术

多载波同覆盖场景下，可利用载波关断技术在网络负载较少或小区业务量较低时达到通信基站节能目标。具体地说，一个同覆盖小区组包括覆盖小区和容量小区。当监测到载波关断阈值高于同覆盖小区的资源块利用率且资源块满足时延条件时，关闭容量小区的载波，调度用户从容量小区转换至覆盖小区。当监测到资源块的利用率升高并大于载波关断阈值时，打开容量小区的载波，启动均衡机制，使用户从覆盖小区调回容量小区，从而实现覆盖小区和容量小区的业务负载恢复节能前水平。利用载波关断技术，可以在同覆盖小区资源块利用率较低时段降低天线的发射功率，从而实现通信基站的节能。

4）深度休眠技术

深度休眠技术主要适用于业务负载具有明显潮汐特征的场景，如商场、地铁等。在这些场景中，一天的不同时刻存在业务空闲段和业务繁忙段。在业务负载量较少时段，基站关闭数字通路、AAU功放以及绝大多数射频设备，仅保留最基本的数字接口电路，从而在不影响用户体验的基础上实现降低通信基站能耗的目的。当业务负载量增加并高于预先设置的休眠阈值时，则激活基站内设施设备，恢复至休眠前的工作状态。

具体地说，预先设定深度休眠的启停时间和检测周期。如果到达节能启动时间，基站内无业务负载且无终端驻留，则启动深度休眠。在AAU进入深度休眠前会进行相应的用户迁移以保证用户体验不受影响；如果通信基站内存在业务负载或有终端驻留，则下一个周期再执行检测；如果到达预先设定的节能终止时间，则基站恢复到正常工作状态。因此，只要设定好深度休眠模式的启动与关闭事件，便能在有效的空闲状态下实现通信基站的节能目的。

关断技术主要作用于AAU的动态功耗，且应用效果与通信网络的业务负载量密切相关。通信网络的业务负载量越低，应用关断技术所能达到的节能效果越好。此外，节能参数的设置也会影响关断技术的节能效果。节能起止时间间隔越长，关断阈值设置越低，关断技术的节能效果往往会越好。因而，在实际操作过程中，可在不同的节能场景下配置不同的节能参数，从而实现最佳的节能效果。

3. 网络级能源管理方法

1）通信基站群参与电力需求响应

需求响应是智能电网的重要组成部分，是电力需求侧管理实施的重要内容。随着5G基站能耗与数量的逐步增长，其在需求侧的重要程度也愈加凸显。首先，对电网而言，通信基站群是通信设备中电力消耗的主要部分[59]。其次，通信基站具有柔性负荷特征且在空间上呈现分散性的特点。作为基站总功耗的主要组成部分，AAU 的能耗显著受到接入移动用户的影响。例如，单个基站中与接入移动用户负载相关的可调功耗约为 1.5～1.6 千瓦，占满载功耗的 40%左右。实际通信基站运行过程中往往会存在一定的冗余计算量，因而在保证信息通信服务质量的基础上，可利用通信网络的传输特性在基站间转移接入的移动用户数量，从而改变单个基站的业务负载量。基站业务负载量的变化会改变基站内 AAU 的能耗。

为了保证供电的安全可靠，通信基站往往配有 UPS，具有用电和储能的双重特点。近年来，通信基站逐渐配备了能源收集装置，基站可利用可再生能源进行并网或离网运行。在一定区域内，基站结合可再生能源和储能设备等分布式电源，并架设物理输电线路形成一定规模的微电网，如图 14.11 所示。

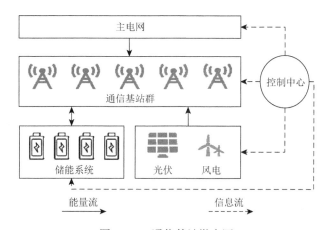

图 14.11　通信基站微电网

上述特点使得 5G 基站具备了参与需求响应的潜力，即在时空中不同节点或者售电电价的引导下，通过转移基站群中各基站的接入移动用户，管理和控制各基站接入的用户设备数量，调度蓄电池内的电量，从而使得 5G 基站群可以有效地参与需求响应。

通信基站群参与需求响应时可和电网运营商进行有效互动。在业务负载较少的深夜，通信基站群可以借助关断技术降低能耗并利用从电网运营商处购买的多余电量为储能设备充电。在日间业务负载较高时，通信基站群内的储能设备放电为基站供能，从而减少购电量。此外，通信基站群可以利用通信网络在地理分布的基站间转移接入的移动用户，从而改变各个基站的能耗水平，充分利用不同地区购电的价格差异。当然，通信基站群参与需求响应的同时需要能够保证实时和可靠的通信。目前，已有一些企业已经开始尝试利用通信基站群参与需求响应。

2）通信网络规划与部署

为了应对通信基站运营过程中数量庞大的连接设备，在通信网络部署和运营方面已出现一些新兴技术来帮助通信基站节能降耗。

通信网络部署技术主要包括密集网络部署和大规模多输入多输出部署。密集网络的理念是通过增加部署的基础设施设备数量来应对设备数量的爆炸式增长。从节能的角度来看，节点密集化减少了通信终端之间的物理距离，从而使得基站能够在较低的发射功率下实现更高的数据速率。节点密集化对能量效率存在有益的影响，但是这种增益会随着基础设施节点密度的增加而逐渐递减，最终可能会降低网络的能效[60]。如果说密集网络的想法是增加基础设施节点的数量，那么大规模多输入多输出的思路就是增加部署的天线数量[61]。在大规模多输入多输出中，少数庞大且昂贵的天线组成的传统阵列被数百个由低成本功放和电路组成的小天线所取代。就能源效率而言，大规模多输入多输出部署已被证明可以将辐射功率降低至一个与部署天线数量的平方根成正比的量，同时保持信息速率不变[62]。

在通信网络运营方面，卸载技术是另一个关键技术，它有助于提高通信网络的容量和能效。当前可用的用户设备已经配备了多种无线电接入技术——如蜂窝、蓝牙和 Wi-Fi 等。只要存在可替代的连接技术，就可以卸载蜂窝流量，从而基站能向无法卸载流量的用户提供额外的蜂窝资源。现有的卸载方法有设备到设备通信、可见光通信技术和本地缓存等。设备到设备通信是指几个位于同一位置或非常接近的设备可以直接通信[63]。设备到设备通信对系统能量效率有深远的影响，因为邻近设备之间的直接传输要比通过可能很远的通信基站进行通信消耗的传输功率要低得多。可见光通信技术是一种可以在未来无线系统中服务于室内通信的技术。虽然这是一种短距离技术，但它具有一些显著优势，如非常高的能效、大带宽的可用性以及支持大数据速率的能力[64]。本地缓存是指无线网络会受到随时间变化的流量负载的影响，可以在轻负载时段通过使用的冗余容量来下载可能由多个用户请求的热门内容并将其存储在通信基站的缓存中。通过减少回程链路上的负载，本地缓存策略避免了为不同用户多次传输相同内容，从而有效地提高核心网络的能源效率。

3）部署基于 C-RAN 的 5G 无线接入网架构

基于云的无线接入网（cloud radio access network，C-RAN）是另一种有助于提高 5G 通信基站能效的关键技术。随着云计算的快速发展，C-RAN 是指当前在通信基站中执行的许多功能可转移到远程数据中心并通过软件来实现[65]。该思路下的通信基站可以只存在射频链路和基带到射频的转换阶段，大大减少了基站内的配套设备，从而降低了基站的能源消耗。此外，这些轻型基站通过高容量链路连接到数据中心来运行所有基带处理和资源分配算法，这为通信网络提供了极大的灵活性,从而节约了部署成本,降低了能源消耗。移动边缘计算[66]也是一种较为先进的技术,该技术使靠近移动用户的无线电接入网络具备云计算能力,可以提供具有低延迟和高速率接入的服务环境。它可以提高网络灵活性,进而可以节省大量能源。

截至 2020 年 10 月,中国移动通信集团广东有限公司 C-RAN 创新试点已完成 BBU 集中部署、无源波分、GPS(global positioning system,全球定位系统)有源分路时钟系统接入等多项能力验证,率先实施约 500 个公共物业免租建设 C-RAN,5G C-RAN 比例超 50%,预计节省加密虚拟网络(secret private network,SPN)和光模块费用超 7 亿元,每年节省电费和维护费超 5000 万元。

综上,5G 通信基站的能源管理方法应结合信息通信行业产业链的实际发展情况,不断采用新工艺、新材料、新方案、新设计等创新技术,逐步降低基站内设备基础功耗;应用站点级能源管理方法,采取符号关断、通道关断、载波关断和深度休眠等节能技术;从网络层面引导基站群参与电力需求响应,做好通信网络规划及部署并利用 C-RAN 技术,以达到综合网络服务能力强、用户体验优、经济性好和能耗低的目标。

14.4　本 章 小 结

随着信息化、数字化建设的快速发展,信息通信行业在社会经济中越来越重要,其能源消耗和碳排放问题受到广泛重视。

首先,本章介绍了信息通信行业的用能特点,一方面,该行业的能耗体量大,对环境的影响不容忽视;另一方面,信息通信行业作为数字基础设施,可以助力其他行业实现数字化转型,有利于节能减排。

其次,本章着重介绍了数据中心和通信基站两种新型负荷,以及各自的能耗特点和能源管理方法。数据中心的能源管理主要从本地设备级、网络负载级和能源网络级三方面展开,通信基站的能源管理主要从设备级、站点级和网络级三个方面展开。

本章参考文献

[1]　新京报. 邬贺铨院士:信息产业可提前实现碳中和[EB/OL]. (2021-03-30) [2021-09-26]. http://epaper.bjnews. com.cn/html/2021-03/30/content_800180.htm.

[2]　Andrae A S G. New perspectives on internet electricity use in 2030[J]. Engineering Applied Science Letters,2020, 3(2):19-31.

[3]　Belkhir L,Elmeligi A. Assessing ICT global emissions footprint:trends to 2040 & recommendations[J]. Journal of Cleaner Production,2018,177:448-463.

[4]　叶睿琪,袁媛,魏佳,等. 中国数字基建的脱碳之路:数据中心与 5G 减碳潜力与挑战(2020-2035)[R]. 北

京：绿色和平，2021.

[5] GeSI Accenture Strategy. SMARTer2030：ICT solution for 21st century challenges[R]. Brussels：Global e-Suntainability Initiative，2015.

[6] 陈树勇，宋书芳，李兰欣，等. 智能电网技术综述[J]. 电网技术，2009，33（8）：1-7.

[7] 苗新，张恺，田世明，等. 支撑智能电网的信息通信体系[J]. 电网技术，2009，33（17）：8-13.

[8] 赵娜，袁家斌，徐晗. 智能交通系统综述[J]. 计算机科学，2014，41（11）：7-11，45.

[9] Khekare G S，Sakhare A V. A smart city framework for intelligent traffic system using VANET[C]. 2013 International Mutli-Conference on Automation，Computing，Communication，Control and Compressed Sensing（iMac4s）. New York：IEEE，2013：302-305.

[10] Wang K，Wang Y H，Sun Y F，et al. Green industrial Internet of things architecture：an energy-efficient perspective[J]. IEEE Communications Magazine，2016，54（12）：48-54.

[11] 李道亮. 物联网与智慧农业[J]. 农业工程，2012，2（1）：1-7.

[12] Masanet E，Shehabi A，Lei N，et al. Recalibrating global data center energy-use estimates[J]. Science，2020，367（6481）：984-986.

[13] 齐彦丽，周一青，刘玲，等. 融合移动边缘计算的未来 5G 移动通信网络[J]. 计算机研究与发展，2018，55（3）：478-486.

[14] 熊小明. 适应"云-边-端"模式的 5G 边缘数据中心建设探讨[J]. 通信世界，2019，（8）：36-39.

[15] 中国信息通信研究院. 中国 5G 发展和经济社会影响白皮书（2020 年）[R]. 北京：中国信息通信研究院，2020.

[16] 王毅，陈启鑫，张宁，等. 5G 通信与泛在电力物联网的融合：应用分析与研究展望[J]. 电网技术，2019，43（5）：1575-1585.

[17] Chen S R，Li P，Ji H R，et al. Operational flexibility of active distribution networks with the potential from data centers[J]. Applied Energy，2021，293：116935.

[18] Zhang W W，Wen Y G，Wong Y W，et al. Towards joint optimization over ICT and cooling systems in data centre：a survey [J]. IEEE Communications Surveys & Tutorials，2016，18（3）：1596-1616.

[19] Depoorter V，Oró E，Salom J. The location as an energy efficiency and renewable energy supply measure for data centres in Europe[J]. Applied Energy，2015，140：338-349.

[20] Wahlroos M，Pärssinen M，Manner J，et al. Utilizing data center waste heat in district heating—impacts on energy efficiency and prospects for low-temperature district heating networks[J]. Energy，2017，140：1228-1238.

[21] 冯成，王毅，陈启鑫，等. 能源互联网下的数据中心能量管理综述[J]. 电力自动化设备，2020，40（7）：1-9.

[22] Ham S W，Kim M H，Choi B N，et al. Energy saving potential of various air-side economizers in a modular data center[J]. Applied Energy，2015，138：258-275.

[23] Oró E，Depoorter V，Garcia A，et al. Energy efficiency and renewable energy integration in data centres. Strategies and modelling review[J]. Renewable and Sustainable Energy Reviews，2015，42：429-445.

[24] Ebrahimi K，Jones G F，Fleischer A S. A review of data center cooling technology，operating conditions and the corresponding low-grade waste heat recovery opportunities[J]. Renewable and Sustainable Energy Reviews，2014，31：622-638.

[25] Oró E，Allepuz R，Martorell I，et al. Design and economic analysis of liquid cooled data centres for waste heat recovery：a case study for an indoor swimming pool[J]. Sustainable Cities and Society，2018，36：185-203.

[26] 邓维，廖小飞，金海. 基于虚拟机的数据中心能耗管理机制[J]. 中兴通讯技术，2012，18（4）：15-18.

[27] Li Y B，Orgerie A C，Menaud J M. Balancing the use of batteries and opportunistic scheduling policies for

maximizing renewable energy consumption in a cloud data center[C]. 2017 25th Euromicro International Conference on Parallel, Distributed and Network-Based Processing. New York: IEEE, 2017: 408-415.

[28] Chen M, Gao C W, Song M, et al. Internet data centers participating in demand response: a comprehensive review[J]. Renewable and Sustainable Energy Reviews, 2020, 117: 109466.

[29] Zhao X G, Peng T, Qin X, et al. Feedback control scheduling in energy-efficient and thermal-aware data centers[J]. IEEE Transactions on Systems, Man, Cybernetics: Systems, 2016, 46（1）: 48-60.

[30] Khalaj A H, Halgamuge S K. A review on efficient thermal management of air-and liquid-cooled data centers: from chip to the cooling system[J]. Applied Energy, 2017, 205: 1165-1188.

[31] 吴刚, 高赐威, 陈宋宋, 等. 考虑需求响应的数据中心用电负荷优化研究综述[J]. 电网技术, 2018, 42（11）: 3782-3788.

[32] Yu L, Jiang T, Zou Y L. Price-sensitivity aware load balancing for geographically distributed internet data centers in smart grid environment[J]. IEEE Transactions on Cloud Computing, 2018, 6（4）: 1125-1135.

[33] Wang H, Huang J W, Lin X J, et al. Proactive demand response for data centers: a win-win solution[J]. IEEE Transactions on Smart Grid, 2016, 7（3）: 1584-1596.

[34] Tran N H, Tran D H, Ren S L, et al. How geo-distributed data centers do demand response: a game-theoretic approach[J]. IEEE Transactions on Smart Grid, 2016, 7（2）: 937-947.

[35] 王奕, 张勇军, 李立涅, 等. 数据中心园区能源互联网的关键技术与发展模式[J]. 中国工程科学, 2020, 22（4）: 65-73.

[36] 吕佳炜, 张沈习, 程浩忠, 等. 集成数据中心的综合能源系统能量流-数据流协同规划综述及展望 [J]. 中国电机工程学报, 2021, 41（16）: 5500-5521.

[37] Lin H S, Yang C Z, Xu X Q. A new optimization model of CCHP system based on genetic algorithm[J]. Sustainable Cities Society, 2020, 52: 101811.

[38] Chen H, Peng Y H, Wang Y L. Thermodynamic analysis of hybrid cooling system integrated with waste heat reusing and peak load shifting for data center[J]. Energy Conversion and Management, 2019, 183: 427-439.

[39] Gill S S, Buyya R. A taxonomy and future directions for sustainable cloud computing: 360 degree view [J]. ACM Computing Surveys, 2019, 51（5）: 1-33.

[40] Abdelkareem M A, Elsaid K, Wilberforce T, et al. Environmental aspects of fuel cells: a review[J]. Science of The Total Environment, 2021, 752: 141803.

[41] Oró E, Taddeo P, Salom J. Waste heat recovery from urban air cooled data centres to increase energy efficiency of district heating networks[J]. Sustainable Cities and Society, 2019, 45: 522-542.

[42] Huang P, Copertaro B, Zhang X X, et al. A review of data centers as prosumers in district energy systems: renewable energy integration and waste heat reuse for district heating[J]. Applied Energy, 2020, 258: 114109.

[43] 2021 年数据中心高质量发展大会. 低碳数据中心发展白皮书（2021 年）[R]. 北京: 2021 数据中心高质量发展大会, 2021.

[44] 刘友波, 王晴, 曾琦, 等. 能源互联网背景下 5G 网络能耗管控关键技术及展望[J]. 电力系统自动化, 2021, 45（12）: 174-183.

[45] Saraydar C U, Mandayam N B, Goodman D J. Pricing and power control in a multicell wireless data network[J]. IEEE Journal on Selected Areas in Communications, 2001, 19（10）: 1883-1892.

[46] Buzzi S, I C L, Klein T E, et al. A survey of energy-efficient techniques for 5G networks and challenges ahead[J]. IEEE Journal on Selected Areas in Communications, 2016, 34（4）: 697-709.

[47] 吕婷, 张猛, 曹亘, 等. 5G 基站节能技术研究[J]. 邮电设计技术, 2020, （5）: 46-50.

[48] 王江汉，刘修军，鲁军. 5G 基站高能耗分析与应对策略[J]. 无线互联科技，2021，18（6）：1-2.

[49] 帅农村，邵泽才. 基于多元线性回归算法的 5G 基站能耗模型 [J]. 移动通信，2020，44（5）：32-36，41.

[50] Ulukus S，Yener A，Erkip E，et al. Energy harvesting wireless communications：a review of recent advances[J]. IEEE Journal on Selected Areas in Communications，2015，33（3）：360-381.

[51] Michelusi N，Zorzi M. Optimal adaptive random multiaccess in energy harvesting wireless sensor networks[J]. IEEE Transactions on Communications，2015，63（4）：1355-1372.

[52] Gunduz D，Stamatiou K，Michelusi N，et al. Designing intelligent energy harvesting communication systems[J]. IEEE Communications Magazine，2014，52（1）：210-216.

[53] Renga D，Hassan H A H，Meo M，et al. Energy management and base station on/off switching in green mobile networks for offering ancillary services[J]. IEEE Transactions on Green Communications Networking，2018，2（3）：868-880.

[54] Niyato D，Lu X，Wang P. Adaptive power management for wireless base stations in a smart grid environment[J]. IEEE Wireless Communications，2012，19（6）：44-51.

[55] Chia Y-K，Sun S，Zhang R. Energy cooperation in cellular networks with renewable powered base stations[J]. IEEE Transactions on Wireless Communications，2014，13（12）：6996-7010.

[56] Krikidis I，Timotheou S，Nikolaou S，et al. Simultaneous wireless information and power transfer in modern communication systems[J]. IEEE Communications Magazine，2014，52（11）：104-110.

[57] 马忠贵，宋佳倩. 5G 超密集网络的能量效率研究综述[J]. 工程科学学报，2019，41（8）：968-980.

[58] 曹广山，田军，王科，等. 支持 5G 演进的无线网络节能方案探讨[J]. 信息通信技术，2020，14（5）：25-29，56.

[59] 周宸宇，冯成，王毅. 基于移动用户接入控制的 5G 通信基站需求响应 [J]. 中国电机工程学报，2021，41（16）：5452-5462.

[60] Soh Y S，Quek T Q S，Kountouris M，et al. Energy efficient heterogeneous cellular networks[J]. IEEE Journal on Selected Areas in Communications，2013，31（5）：840-850.

[61] Larsson E G，Edfors O，Tufvesson F，et al. Massive MIMO for next generation wireless systems[J]. IEEE Communications Magazine，2014，52（2）：186-195.

[62] Ngo H Q，Larsson E G，Marzetta T L. Energy and spectral efficiency of very large multiuser MIMO systems[J]. IEEE Transactions on Communications，2013，61（4）：1436-1449.

[63] Tehrani M N，Uysal M，Yanikomeroglu H. Device-to-device communication in 5G cellular networks：challenges，solutions，and future directions[J]. IEEE Communications Magazine，2014，52（5）：86-92.

[64] Wu S E，Wang H G，Youn C H. Visible light communications for 5G wireless networking systems：from fixed to mobile communications[J]. IEEE Network，2014，28（6）：41-45.

[65] Checko A，Christiansen H L，Yan Y，et al. Cloud RAN for mobile networks—a technology overview[J]. IEEE Communications Surveys & Tutorials，2015，17（1）：405-426.

[66] Sardellitti S，Scutari G，Barbarossa S. Joint optimization of radio and computational resources for multicell mobile-edge computing[J]. IEEE Transactions on Signal Information Processing over Networks，2015，1（2）：89-103.

第 15 章　服务业能源碳中和

15.1　服务业用能特点

按照发达国家的发展规律，一般进入工业化后期或者后工业化阶段，第三产业，尤其是服务业将成为国民经济持续发展的重要支撑。服务业高附加值、低能耗、低排放的属性特点，使得发达国家的经济发展在这一阶段逐渐摆脱对能源消费的依赖，实现碳排放达峰。随着工农业节能减排的边际效益日益递减，如何利用服务业赋能产业转型升级和结构优化，以及充分挖掘服务业的节能减排潜力已成为学界和业界的重要研究方向。

15.1.1　服务业概述

1. 服务业的定义与范畴

20 世纪后半期以来，发达国家产业结构不断优化，经济服务化趋势日益明显。劳动密集型制造业增值空间小、污染大，各国由此颁布了一系列政策措施以加大服务业在国民经济中的比重，发展高附加值、高质量的服务业成为各国经济转型的重要手段。同时，随着科技的发展和人们物质水平的不断提高，服务业逐渐呈现出多元化发展趋势。

要实现服务业的节能减排和绿色发展，需要界定服务业的内涵与范畴。对服务的认识决定了服务业的内涵和外延，对服务业的发展起到了重要作用。服务是指社会成员之间提供的可以满足某种欲望、需求而不涉及所有权转移的、无形的行为或过程，它们不能脱离生产单独地进行交易。

1960 年，美国市场营销协会（American Marketing Association，AMA）最先给服务下的定义为：直接提供满足（交通运输、房屋租赁）或与有形商品一起提供满足的不可感知活动。这一定义在此后的很多年里一直被人们广泛采用，但其依赖于生活中的普遍场景，在服务业多元化的今天显然有较高的局限性。1975 年，斯坦顿将服务定义为：用来满足需求的一种无形活动或行为，这些行为并不一定与出售有形货物有所关联；整个生产与销售的过程就是一种服务，过程当中可能不包含有形货物的提供，不过即使是提供有形货物的服务，该货物的所有权也不会因此而产生转移[1]。虽然对服务的定义至今尚未得到广泛共识[2]，但对服务所具有的无形性、同步性等特点的认识是基本一致的，服务的特性如表 15.1 所示[3]。

表 15.1　服务的特性

特性	概念	解释
无形性	无形性也称为"不可触摸性"，是服务产品最根本的特征和属性	服务从本质上来讲没有所有权交换的问题，因此在顾客购买和使用服务的时候只是得到了服务的使用权，而不涉及任何东西的所有权转移。即使是在唱片、录像带等存在实体的服务产品中，顾客也只能观赏而不能将其中的歌曲等据为己有，可以说唱片、录像带等只是服务的载体
同步性	同步性指服务的生产、流通和消费在时间上是不可分的，也可以简单地认为服务只有在需要消费时才进行生产	服务的同步性导致其受限于时间和地理的因素，进而造成了服务业仍然是劳动密集型产业。同时，该特性导致服务业管理者必须对服务业的规模进行合理的控制，在对服务水平、资产量、销售额、未来发展进行详尽的、综合的考虑后实施的决策才能使服务业经营者获得最大利润，这必然导致服务业不能像工业、农业那样进行大规模生产
易逝性	易逝性也称为"不可存储性"，指服务作为一种非实体的产品，不管是在时间上还是空间上都不可存储	服务的易逝性造成服务供需之间的不平衡，如服务能力不足，一些顾客将得不到服务，会失去盈利的机会，而服务能力过剩，表现为服务能力的闲置
异质性	异质性指服务的构成成分及质量水平经常变化，同一项服务会因为提供的主体、时间、地点、环境、方式以及气氛的变化，而产生服务内容、形式、质量、效果等方面的差异	服务难测度的原因主要是"人"，直接参与服务生产和消费的是服务人员和顾客。所以不论是服务人员在身体素质、心理状态、教育水平、职业操守方面的差异，还是顾客存在的文化水平、兴趣爱好等方面的差异都会影响到服务产品及其质量
难测度性	难测度性指服务的产出难以标准化、服务产出的质量难以精确测量	服务的提供及其效果都有赖于客户的配合，因此个性化水平高，难以标准化，并且服务产品及其质量受多方面因素影响且均为定性数据，难以测量

对服务业的认识随着对服务认识的发展而发展，相较于传统的仅对服务产品进行核算的经济体系来说，人们更多地承认了服务产品的物质属性，并出现了各种形式的不以实物为载体的服务产品。对服务业的定义通常可以概括性地分为两类：第一类是通过服务的内涵界定服务业，即把从事生产、经营符合服务内涵的行业称为服务业；第二类是通过排他性的方式来说明"服务"，即采用剩余法定义，将不能划分为第一、第二产业的产业部门称为服务业[4]。后者无法完全概括服务业具体的内涵，因此不适合理论分析。

2. 服务业的分类

服务业涉及领域广、涵盖部门多，对服务业分类主要包括以下几种方法。

1）按时间先后划分

按时间先后可以将服务业划分为传统服务业、新兴服务业和现代服务业。传统服务业是工业化前就存在的、满足人们生活的基本服务行业，由修理业、医疗服务业、银行业和典当等组成。新兴服务业是在科技快速发展的背景下，由消费升级和社会分工细化导致的新兴服务业态，其具有高附加值、高质量等特点，是典型的知识密集型产业。新兴服务业主要包括生活性服务业和生产性服务业[5]。现代服务业既包括新兴服务业，又包括采用现代科学技术和新型经营形态对传统服务业的技术改造和升级[6]。现代服务业由流通部门、为生产和生活服务的部门、为提高科学文化和居民素养服务的部门和为社会公共需求服务的部门组成。

2）按服务对象划分

按服务对象可以将服务业划分为生产服务业、生活服务业、社会服务业。类似的分类方法是辛格曼分类法，其主要按照服务功能进行分类，分为流通服务、生产服务、社会服务和个人服务四种，如表 15.2 所示。

表 15.2　辛格曼服务业分类及内容

名称	内容
流通服务	广告业、交通、通信业、仓储业、批发业、零售业以及其他销售服务
生产服务	银行、信托及其他金融业、保险业、房地产、工程和建筑服务业、会计和出版业、法律服务、其他营利服务
社会服务	医疗和保健业、医院、教育、福利和宗教服务、政府、邮政、非营利机构、其他专业化服务和社会服务
个人服务	家庭服务、旅馆和餐饮业、修理服务、洗衣服务、理发与美容、娱乐和休闲、其他个人服务

3）按服务消费性质划分

按服务消费性质可以将服务业划分为经济网络型、最终需求型和交易成本型三类。经济网络型服务业具有广泛的外部效应和社会经济基础设施的性质，一般包括物资网络、资本网络和信息网络三类。最终需求型服务业包括消费者服务业和部分社会服务业。交易成本型服务业包括生产者服务业、政府和企业相关辅助性服务。

观察服务业的分类，可以看出服务业整体呈现出总体存量大、个体规模小、高附加值、高质量发展的趋势。因此要想实现服务业碳中和，一方面需要加强服务业在经济中的占比，以减少污染、提高经济效益；另一方面需要对服务业生产、流通、消费过程中的用料、用能进行精细化管理。

3. 服务业发展现状

在科学技术快速发展的背景下，深化社会分工、布局全球产业链成为各国实现产业转型的重要手段。由此越来越多的服务工作从隐性变为显性，服务供给的"外部化"更加明显。除此之外，服务在企业销售额和利润中的占比逐渐增高，已经成为各行各业提升产品价值, 获得产品核心竞争力的重要手段, 新兴服务业是服务、高科技与信息部门之间相互关系的核心[7]。

21 世纪以来, 服务业逐渐成为缓解能源短缺瓶颈、实现产业转型与高质量发展的重要手段, 也是衡量经济发展水平的重要标志。世界各国都在大力发展服务业, 提高服务业在国民经济中的比重。其中, 2001~2019 年中国、美国和日本服务业增加值在国民经济中的占比如表 15.3 所示。

表 15.3　2001~2019 年中国、美国和日本三国服务业增加值在国民经济中的占比

年份	中国	美国	日本	年份	中国	美国	日本
2001	41.2%	74.0%	67.1%	2011	44.3%	75.9%	71.7%
2002	42.3%	74.9%	68.3%	2012	45.5%	76.2%	71.8%
2003	42.0%	74.6%	68.7%	2013	46.9%	75.8%	71.6%
2004	41.2%	74.2%	69.0%	2014	48.3%	75.8%	70.9%
2005	41.3%	74.0%	69.5%	2015	50.8%	76.8%	69.8%
2006	41.8%	73.7%	69.5%	2016	52.4%	77.5%	69.9%
2007	42.9%	73.9%	69.6%	2017	52.7%	77.2%	69.5%
2008	42.9%	74.5%	70.3%	2018	53.3%	76.9%	69.5%
2009	44.4%	76.4%	71.9%	2019	54.3%	77.3%	69.3%
2010	44.2%	76.2%	70.5%				

美国自 20 世纪 70 年代开始就逐步实现"服务经济", 呈现出增长速度快、经济总量高的趋势; 其中金融服务业、保险业、信息服务业、教育和健康产业、科技服务、旅游业等行业在现代服务业中的比重最高[8]。欧盟各国服务业专注于知识密集型与资源节约型原则, 构建了以金融保险、计算机服务、科技服务、维修服务等领域为主导的服务业。日本凭借其精益管理的思想, 着力发展汽车服务、批发零售、信息与通信等服务行业。

中国服务业的快速发展是在 20 世纪初期, 总体呈现出稳中求进的总趋势, 2000~2019 年中国服务业基本情况如图 15.1 所示[9, 10]。随着供给侧结构性改革和科技水平的不断提高, 中国服务业的特点逐渐由劳动密集型和资源过度利用向知识密集型和资源友好型转变。现阶段规模以上科技服务业、高技术服务业和战略性新兴服务业营业收入增速加快。信息技术服务业、金融业、房地产业稳步增长, 2020 年合计拉动服务业增加值增长 2.7 个百分点, 具体如图 15.2 所示。

4. 服务业节能管理概述

服务业在国民经济中的占比逐渐增大以及服务经济的精细化管理为实现服

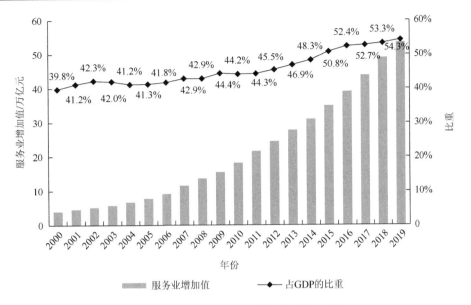

图 15.1　2000～2019 年中国服务业基本情况

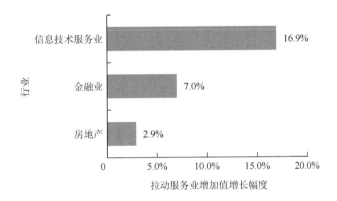

图 15.2　2020 年中国服务业保持快速增长

业提质增效打下坚实的基础。一方面，服务业相较于工业、农业能源消费量低、环境污染程度小，故而提高服务业在国民经济中的占比是实现节能减排的重要手段；另一方面，不同服务业行业的节能潜力不同，实现服务业知识密集型、技术密集型、环境友好型转型是服务业节能管理的另一项关键措施。总的来说，服务业以提高服务产出效率、减少服务行业能源消耗两个方面为抓手，成为各国实现"双碳"目标的主要手段之一。

提高服务业在国民经济中的占比，主要分为对传统行业的升级改造和对新型服务业的大力扶持两类措施：①充分利用互联网、云计算、区块链、数字孪生等相关技术，实现服务业向工业、农业、传统服务业领域的渗透，通过对企业全时段的信息化采集与监控以及全流程的智能化管理，发现和改进制造业企业流程及运行中的高能耗、高污染流程以提高能源利用率和产品产出效率。②应当加大服务业在产品价值链中的比重，重视研发和设计、定制化生产、咨询、售中售后服务等对产品价值增值的积极作用，提高企业在服务领域的投资。以戴尔科技集团为例，该公司注重客户需求、以提供顾客信赖的产品和服务为最大的竞争力；在供应链布局中直接去掉了中间供应商，采用网络和电话订购的方式实现了顾客需求的精准传达，满足了用户个性化的需求，在许多企业仍凭借着规模化、集成化生产来降低成本的情况下，这种柔性化的生产体系无疑是一种创新；在售后和咨询方面，其也提供了上门服务等措施，提高了服务的响应速度和质量。对于计算机产品来说，这种快速响应的需求定制、咨询和售后服务是人们最关心的。因此，人们也更愿意购买这种可靠的产品，而这种信任给予了戴尔计算机价值更高的宽容度，可以说对新型的、有创造性的服务的投入是必要且有价值的。

不同服务行业存在不同节能潜力，需要综合考虑各行业的用料、用能特性，服务过程之间的差异后，给出针对性的节能方案。①从传统服务业和新型服务业的角度来说，传统服务业是劳动密集型产业，能耗小、污染低，主要的节能措施是提高服务人员的绿色环保意识，在保障健康和卫生条件的允许下，减少一次性商品的使用，倡导尽量使用可循环物品；新型服务业为知识密集型、技术密集型产业，其主要特点是聚集程度高、信息化程度高，主要的节能措施是实现产业园区与办公楼的绿色化管理、信息技术及通信产业的节能化建设、物流和仓储产业的循环使用等。②从生产服务业、生活服务业、社会服务业的角度来说，生产服务业中的研发和设计行业、金融业、信息与通信产业、物流业等是节能减排的源头，实现绿色设计和产品全生命周期绿色研发、绿色金融及绿色信贷的资金引导、信息与通信产业的智慧化管理、绿色物流业将极大地提高服务业、制造业的能源产出，降低单位 GDP 能耗；生活服务业和社会服务业则主要以培养生态保护意识和绿色消费意识、实现垃圾分类、促进废旧物资循环利用与闲置资源交易、促进共享经济等为主要手段，增强全民节能意识，实现精细化的个人碳排放管理。

15.1.2　服务业用能概述

服务业能源消费及其污染排放是影响服务业绿色低碳转型的重要因素[11, 12]。一些研究发现服务业具有很高的节能空间，因此实施服务业节能改造将提高服务业能源利用效率，并降低污染物和二氧化碳的排放[13]。也有研究指出服务业的快速增长将降低能源总体消费强度，发展资源依赖少、高质量、高附加值的现代服务业将存在巨大的节能空间[14]。

可以说，经济快速增长必然会带动能源消费的快速增长，服务业也不例外。以中国为例，2010～2019 年第三产业能源消费情况如表 15.4 所示[15]。第三产业生产总值由 2010 年 182 061.9 亿元增长至 2019 年 535 371.0 亿元，各年第三产业生产总值增长率保持在 10%左右；2011～2014 年第三产业生产总值净增长在 30 000 亿元左右，2015～2019 年第三产业生产总值净增长在 40 000 亿元左右，尤其是 2018 年第三产业生产总值净增长为 51 344.9 亿元。第三产业能源消费量也呈现出较快的增长趋势，2010～2013 年第三产业能源消费净增长迅速，第三产业能源消费净增长一度上升至 8528.5 万吨标准煤；2014～2019 年第三产业能源消费净增长缓慢下降，与第三产业能源消费量的净增长呈现相反的趋势，说明第三产业中更多的行业实现了现代化管理和产业的升级转型，第三产业逐渐呈现出高附加值、低能耗的特点。单位 GDP 能耗数据也印证了第三产业的环境友好特性。自 2013 年以来，第三产业单位 GDP 能耗一直呈现下降趋势，以较慢的能源消费量增长带动生产总值较快增长，第三产业发展逐步实现集约型和技术密集型转型。综上所述，提高第三产业在国民经济中的比例，是节能降耗的有效途径。

表 15.4　2010～2019 年中国第三产业能源经济相关指标

年份	第三产业生产总值/亿元	第三产业能源消费量/万吨标准煤	单位 GDP 能耗
2010	182 061.9	46 575.8	0.255 8
2011	216 123.6	51 520.0	0.238 0
2012	244 856.2	56 651.3	0.231 0
2013	277 983.5	65 179.8	0.235 0
2014	310 654.0	67 293.5	0.217 0
2015	349 744.7	71 602.1	0.205 0
2016	390 828.1	74 820.9	0.191 0
2017	438 355.9	78 935.1	0.180 0
2018	489 700.8	82 873.0	0.169 0
2019	535 371.0	85 115.0	0.159 0

15.1.3　服务业节能管理

实现"双碳"目标不能仅依靠简单的能耗削减实现，更重要的是通过降低高耗能、高排放的落后产能在国民经济中的比重，逐步加强高新技术产业、生物医疗产业等新兴产业在国民经济中的作用，以实现低碳绿色可持续发展；对于高耗能企业，控制能源消耗量与单位 GDP 能耗成为今后发展需要关注的重点。

各国应当谋求自身国情实践对世界可持续发展的贡献，将能源发展转型与转变经济发展方式结合起来，以能源环境作为硬约束，形成促进加快转变经济发展方式的倒逼机制，以此实现国家能源安全和高质量可持续发展[16]。

1. 绿色产业

根据国际绿色产业联合会发表的声明，绿色产业是指"在生产过程中力求实现绿色生产机制，在资源使用上力求节约以及减少污染的产业"。基于此，绿色产业有广义和狭义之分，广义上的绿色产业贯穿于社会发展的全过程，狭义的绿色产业则主要包括清洁生产、回收利用技术等。

中国政府在 2019 年发布了《绿色产业指导目录（2019 年版）》，明确了绿色产业的相关领域，对装备产品设置了较高的技术标准，将推动相关产品供给高质量发展。其中规定了节能环保、清洁生产、清洁能源、生态环境产业、基础设施绿色升级和绿色服务六大板块，以建立健全绿色低碳循环发展体系。

（1）节能环保产业包括高效节能装备制造、先进环保装备制造、资源循环利用装备制造新能源汽车和绿色船舶制造、节能制造、污染治理和资源循环利用，该板块实现了对资源节约型和环境保护型装备和产业活动的扶持。

（2）清洁生产产业包括产业园区绿色升级、废弃物（危险废物、废气、废液、废渣）治理和资源化利用，该板块旨在降低废弃物对环境的污染，变废为宝，提高资源利用效率。

（3）清洁能源产业包括新能源与清洁能源装备制造等，该板块致力于能源生产和装备体系的清洁化、高效转型。

（4）生态环境产业主要关注于生态保护和修复。

（5）基础设施绿色升级提升人们的绿色生活水平。

（6）绿色服务提供绿色产业的相关专业化服务。

实施上述板块的具体措施包括：鼓励绿色低碳技术创新研发、提高科研资金投入、加速科技成果转换、实现绿色技术应用推广等。可以说，完善和提高以上六个板块中的产业水平，将加快构建全面的绿色产业发展生产、流通、消费体系，实现节能增效，推动绿色发展迈上新台阶。

2. 绿色审计

构建相应的绿色标准及监督检察机构是实现绿色测量、绿色监管的基础。由于资本的逐利性，如不对企业进行绿色化评定和绿色化监管，就会产生"搭便车"的现象。因此完善绿色标准、绿色认证体系和统计监测制度在绿色转型初期起着决定性作用。故而要落实国家绿色产品认证制度，加快标准化支撑机构建设，培育一批区域内专业绿色认证机构，进一步打造高可信度、公开透明的绿色监测、披露平台，强化信息的共享和公开的监督。

3. 绿色金融

绿色金融将环境成本"内部化"，要求金融服务行业在投融资、信贷等业务中充分考虑与环境相关的潜在风险、收益和成本，实现对社会资本的引导，促进社会的可持续发展。对于各行各企业来说，金融行业的信贷、债券、融资等业务，是企业现金流的重要组成部分，绿色金融的实施必将对高耗能产业产生致命的打击。因此，绿色金融的实施将有效引导产业链优化。

具体措施包括：①要实现绿色金融需要大力发展绿色贷款、绿色股权、绿色债券、绿色保险、绿色基金等金融工具，设立碳减排支持工具，引导金融机构为绿色低碳项目提供长期限、低成本资金。②鼓励符合条件的企业或机构发行绿色债券、碳中和债券，发展绿色信贷和绿色直接融资。③支持符合条件的绿色产业企业上市融资，支持符合条件的绿色产业上市公司通过增发股票等方式和利用公司债、银行间市场债务融资工具再融资。④加大对金融机构的绿色金融业绩评价考核力度，鼓励设立绿色产业发展基金[17]。⑤支持保险机构开展绿色保险业务，发挥保险费率调节机制作用，加快建立健全保险理赔服务体系。⑥鼓励社会资本以市场化方式设立绿色低碳产业投资基金。⑦研究设立国家低碳转型基金，支持传统产业和资源富集地区绿色转型。

4. 绿色贸易

绿色贸易是指在国际贸易中建立的绿色化的贸易规则，鼓励环境友好型、技术密集型产品间的贸易。相较于传统的贸易体系，其考虑了产品附加的环境成本、社会成本，有利于贸易出口商实现产业转型。美国经济分析局 2018 年数据显示，美国服务业贸易主要出口部门为旅游服务、其他商业服务、专利服务、金融服务、运输服务、信息服务、维修服务、保险服务，占比分别为 26%、19%、16%、14%、11%、5%、4%、3%。美国实现绿色贸易从侧面反映了其服务经济达到了较高的水平，高质量的绿色贸易为其带来了丰厚的回报，可以说实现绿色贸易避免了原材料出口、低水平制造业的在经济结构中的不断扩张，实现了产业发展的高质量转型。因此，应当积极优化贸易结构，大力发展高质量、高附加值的绿色产品贸易，从严控制高污染、高耗能产品出口。

5. 信息服务业

信息服务业是指通过计算机及网络通信等技术对信息进行生产、收集、加工、存储、传输和利用的一系列社会服务产业。信息服务业为各行各业提供了节能增效的方法，通过对采集到的信息和数据进行分析，形成各企业针对性的知识图谱，有利于企业实现从采购、生产到销售全产业链的精细化管理。此外以深度学习为代表的客户画像、以关联分析为基础的推荐系统等都将全方位地改变企业的信息流、资金流、商流和物流，并由此实现各行各业节能增效。同时，随着社会全面智能化建设，传感器、传输设备、计算设备和存储设备的全天候、不间歇运转以及新一代信息技术基础设施的高耗能特点，都使得信息服务产业逐渐成为能耗管控的重点对象之一。更重要的是信息服务业的快速发展使得原本不能分工合作的一大类产业，以网络的方式联系在一起，出现了一系列新的生产生活的模式，如数字服务、协同化设计等。

因此，要实现信息服务业的节能管理主要包括：①新一代信息技术基础设施配套相关的余热回收、综合能源系统、分布式电源等设备，以提高能源利用效率；②采用分时电价、实时电价、激励政策等引导数据处理设备能耗实现"削峰填谷"；③加快信息服务业绿色转型，做好大中型数据中心、网络机房绿色建设和改造，建立绿色运营维护体系；④鼓励各行业进行数字化改造，发现生产、物流、消费中的潜在价值，降低单位 GDP 能耗；⑤实施、推广和应用更多与信息技术相结合的创新想法。

6. 循环经济

循环经济是指按照能量流动和生态物质循环的规律重构经济系统，以"减量化、再利用、资源化"为根本原则，以"低消耗、低排放、高效率"为基本特征，从而提高资源利用效率的行业的总称。

实现循环经济需要重视：①产品全系统绿色设计和绿色运维，始终贯穿绿色服务理念，注重各行业生产流程中的废气、废液、废物的回收和利用；②建立健全建筑行业绿色生产评价指标，引导实现传统服务向绿色服务的转变；③增强对大宗固废、废旧物资回收、余热回收等各种形式的废旧物品回收行业的扶持，增加对其技术升级改造的帮扶和资金的扶持；④推广数字化、集约化回收模式，提高废旧物资回收的精细化整理程度，增强废旧物资的分类管理，实现高科技、高质量、高附加值的再利用，降低废物循环利用中的损耗。

7. 绿色物流

绿色物流是指以降低资源消耗和环境污染为目标，实现在物流作业环节和管理中的绿色化,其中物流作业环节绿色化包括绿色运输、绿色包装、绿色仓储等,物流管理绿色化包括改进传统物流体系、实现集约物流发展、推广逆向物流体系等。作为电商经济下孕育的新型行业,物流业对环境的污染显而易见,除了大量运输导致的交通废气排放污染外,物流运输中的包装造成了塑料污染,给人们的生活带来了负担。

实现绿色物流是物流业健康发展的保障,主要措施包括:①增强集约化、综合化的物流运输,发展水陆空等物流运输渠道和路线的协同管理,满足顾客高效、安全等需求的同时,尽可能地降低成本;②需要统筹规划转运站、仓储站选址,综合考虑固定成本和变动成本;③提高物流包装循环化利用,减少塑料包装在物流中的比例;④避免过度包装造成的资源浪费;⑤提高仓储和转运站的智能化、数字化建设;⑥发展冷链物流产品和系统的设计运行标准,打造高效节能冷链物流体系。

8. 低碳零售

低碳服务业是指为获得可持续的发展优势,零售企业在生产、经营过程中,为降低自身全生命周期中的碳排放所采取的行动的总和。在零售业各业态中,超市的低碳化走在了前列。2008 年,英国特易购(TESCO)公司在泰国、韩国和英国等地开办的超市在建筑和运维上采用多项节能技术,分别实现碳减排 40%、50% 和 70%。减碳风潮促进了国内外许多超市的节能化改造,推动了超市节能减排标准的完善和实施。除了超市主体外的更多的零售主体可以从内部经营、外部协调、可持续发展三个方面实现低碳零售。

零售业实现内部经营低碳化主要依靠于各个环节的碳排放管理,通过提高原材料产出比、循环利用物资、实现零售企业运维的智能化等获取竞争优势。零售业实现外部协调低碳化依赖于实现企业全生命周期的碳排放管理,提高绿色设计、循环利用、废品处理、售后服务低碳化水平。零售业可持续发展依赖于企业高层的绿色化发展前瞻以及政府部门的节能禁令和倡导,可通过提高绿色规划的支持力度、开展员工低碳教育、坚持限塑令和提高零售企业污染税费等手段实现。

9. 共享经济

共享经济是指拥有闲置资源的机构或个人,将资源使用权有偿让渡给他人,实现让渡人与使用者共同受益的经济形式。对让渡人来说,闲置资源创造了使用价值,降低了保存成本,有利于提高产品使用效率;对使用者来说,其仅仅在一段时间内拥有使用权限,不用购买商品的使用权,因而不用支付购买该产品所有生命周期的费用,也不用支付相应的维护成本,但又能极大地满足需求,降低使用成本。

共享经济通过分享的方式提高了产品利用效率，降低了大规模共享产品的生产、运营的批量成本，因此应当大力推广。推广的主要手段有：发展出行、住宿等领域共享经济，规范发展闲置资源交易；构建非垄断的共享平台，提高共享平台的透明性、公平性。

10. 绿色消费

绿色消费是指一种减少或避免对环境造成破坏，以实现生态保护为特征的新型消费行为和过程。绿色消费的主体有绿色消费生产者和绿色消费者。绿色消费生产者是消费低碳化引导主体，其实现绿色消费的主要措施有：①促进商贸企业绿色升级，加强旅游饭店、商业企业、大型文化设施、金融企业节能管理和用能系统节能改造，培育一批绿色流通主体；②发展绿色旅游，减少高排放、高污染旅游项目建设；③倡导酒店、餐饮等行业不主动提供一次性用品；④推进会展业绿色发展，推动办展设施循环使用；⑤推动汽修、装修装饰等行业使用低挥发性有机物含量原辅材料。

绿色消费者作为响应者，应当梳理环保意识，实现"聚沙成塔式"的绿色消费聚集效应，其实现绿色消费的具体措施有：①宣传绿色消费意识，提高产品利用率和循环使用效率，形成绿色生活方式；②鼓励使用环保再生产品和绿色设计产品；③倡导绿色装修，鼓励选用绿色建材、家具、家电，减少家电待机状态能量损耗；④推广节能低碳节水用品，推动太阳能、再生水等应用；⑤尽量购买能降解塑料制品，减少一次性消费品和包装用材消耗；⑥持续推进垃圾分类和减量化、资源化，推动生活垃圾源头减量，建立生活垃圾分类投放、收集、转运和处理系统；⑦加强塑料污染全链条治理，整治过度包装，推动生活垃圾源头减量；⑧推进生活垃圾焚烧处理，降低填埋比例，探索适合我国厨余垃圾特性的资源化利用技术；⑨推进污水资源化利用。

总而言之，服务业作为产业价值链中增值空间最高的环节，必将承担更多的节能增效责任，而实现服务业能源碳中和势必要对服务业进行"开源节流"的改造，即实现服务业能源节约和能效提升。

15.2　数　字　经　济

15.2.1　数字经济概述

1. 数字经济的内涵

数字经济是以数字化的知识和信息作为关键生产要素，以数字技术为核心驱动力，以现代信息网络为重要载体，通过数字技术与实体经济深度融合，不断提高数字化、网络化、智能化水平，加速重构经济发展与治理模式的新型经济形态[18]。作为一种新型经济形态，数字经济已经成为经济增长的动力源泉和产业转型升级的重要驱动力，也是全球新一轮产业竞争的制高点。必须认识到，数字经济不是数字技术的经济，而是一门各产业与数字技术融合的经济，其超越了信息通信部门的范畴，实现了资源共享化、组织平台化，成为继农业经济、工业经济后人类历史发展的一个新的历史阶段，为人类社会发展方式、生产关系再造、经济增长开创了新的实施路径。

数字经济的"五纵三横"特征概括了实施数字经济的内涵和外延，可以说数字经济是以线上化、智能化、云化为核心，以实现基础设施数字化、社会治理数字化、生产方式数字化、工作方式数字化、生活方式数字化为主要目的的经济形式。随着数字经济的发展，以数据为关键生产要素推动生产力发展和生产关系变革，实现生产力和生产关系的辩证统一，将有效驱动各行业节能增效。

中国信息通信研究院发布的《中国数字经济发展白皮书（2020 年）》分析了数字经济对组织和社会形态的深刻影响，从生产力和生产关系的角度提出了数字经济的"四化"框架（即数字产业化、产业数字化、数字化治理和数据价值化[19]），以明确数字经济的发展主体，具体如图 15.3 所示。

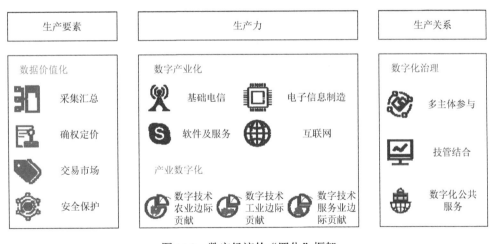

图 15.3　数字经济的"四化"框架

本节以数字经济中的"四化"框架为基础，阐述数字经济是如何推动经济转型和高质量发展，从而帮助各行业实现提质增效、节能降碳。

（1）数字产业化。数字产业化是以通信产业为代表的信息制造业、电信业、软件和信息技术服务业、互联网行业等行业的总和，是数字经济发展的基础。数字产业化满足了数据生产、传输、加工、存储的大规模、高并发需求。广泛的、综合性的数字设施建设为企业监控生产过程、实现资源合理配置提供了支持，同时也催生出一些新型的数字产业供应商，其不仅仅提供新型的数字设备，更多地提供了依靠数字设备的一整套技术、产品、服务的解决方案，如与 5G 技术、集成电路、人工智能、大数据、云计算、区块链等相关的标准、技术、产品及服务。可以说，数字产业本身就是一个巨大的经济增长主体。

（2）产业数字化。产业数字化是数字经济发展的主阵地，通过传统行业数字化改造促进经济高质量发展，提升全要素生产率，推动经济转型升级。产业数字化是融合的经济，落脚点是实体经济，总要求是高质量发展，主要包括智能制造、两化融合、工业互联网、平台经济、物联网等融合产业经济新模态。

（3）数字化治理。数字化治理是数字经济健康发展的保障，通过实施基础设施数字化、社会治理数字化，推进国家治理体系规范化、提高国家治理能力现代化。通过数字化手段打造智慧城市、提升区域协同、深化对外开放，全面提高行政决策、组织、执行、监管等制度治理能力水平，进一步降低信息壁垒，更好地服务新发展格局。数字化治理包括但不限于以多主体参与为典型特征的多元治理，以"数字技术＋治理"为典型特征的技术与管理结合，以及数字化公共服务。

（4）数据价值化。数据价值化表明数据作为同土地、资本、劳动力、人力资源一样的生产要素，将发挥巨大价值，并将推动经济发展产生根本性变革。数据作为生产要素，与经济社会各领域的深度融合，将有效驱动劳动力、资本、土地、技术、管理等要素网络化共享、集约化整合、协作化开发和高效化利用，推动劳动工具数字化、劳动对象服务化、劳动机会大众化以及在生产关系层面促进资源共享化、组织平台化[20]。同时，要想更好地发掘数据价值，应当注重数据价值的分配，故而明确数据价值的归属权、设立数据处理标准、进行数据透明化定价以及保护数据隐私才能更好地发挥数据价值。

"四化"间的作用和联系对于更好地发展数字经济、助力碳中和具有指导性的作用[21]。

数字产业化和产业数字化重塑生产力，是数字经济发展的核心。数字产业化和产业数字化相互促进、相互融合，成为数字经济增长和经济数字化发展的主要动力源泉。数字产业化伴随着科技理论的不断突破，产生了物联网、大数据、区块链、云计算等一大批新型数字服务业技术，形成了完整的企业数字化实施路径和数字化解决方案。产业数字化的发展受到数字化企业凭借高灵活性、高可靠性、低成本性所产生的竞争优势的影响，逐步实现在各个行业的渗透，推动了企业生产关系的根本性改造。可以说，数字产业的支持和产业数字化的需求推动了社会生产力和生产关系的变革，激发了各行业的创新潜力，涌现出一大批能够实现智能化生产、平台化交易等的新产业、新模式，为产业转型、经济发展带来增长的全新动能。

数字化治理引领生产关系深刻变革，是数字经济发展的保障。生产关系是人们在物质资料生产过程中形成的社会关系。数字经济推动数据、智能化设备、数字化劳动者等创新发展，加速数字技术与传统产业融合，推动治理体系向着更高层级迈进，加速支撑国家治理体系和治理能力现代化水平提升。在治理主体上，部门协同、社会参与的协同治理体系加速构建，数字化治理正在不断提升国家治理体系和治理能力现代化水平；在治理方式上，数字经济推动治理由"个人判断""经验主义"的模糊治理转变为"细致精准""数据驱动"的数字化治理；在治理手段上，云计算、大数据等技术在治理中的应用，增强态势感知、科学决策、风险防范能力；在服务内容上，数字技术与传统公共服务多领域、多行业、多区域融合发展，加速推动公共服务均等化进程。

数据价值化重构生产要素体系，是数字经济发展的基础。生产要素是经济社会生产经营所需的各种资源。农业经济下，技术、劳动力、土地构成生产要素组合；工业经济下，技术、资本、劳动力、土地构成生产要素组合。数据不是唯一生产要素，但其作为数字经济全新的、关键的生产要素，贯穿于数字经济发展的全部流程，与其他生产要素不断组合迭代，加速交叉融合，引发生产要素多领域、多维度、系统性、革命性全体突破，如图 15.4 所示。价值化的数据要素将推动技术、资本、劳动力、土地等传统生产要素发生深刻变革。数据要素与传统生产要素相结合，催生出金融科技等"新资本"、数字孪生等"新土地"、智能机器人等"新劳动力"、区块链等"新思想"、人工智能等"新技术"，生产要素的新组合、新形态将为推动数字经济发展不断释放放大、叠加、倍增效应[22]。数据推动服务业数字化，能够实现信用评价、客户细分、风险防控；推动工业数字化实现智能感知、智能生产、精准控制。

2. 数字经济发展现状

数字经济的发展由以信息和通信技术发展为引领逐渐转变为以多模态的产业升级和更大范围、更深层次的生产生活新需求为引领的各项数字化融合与应用技术的蓬勃发展。可以说，数字经济正在成为各国经济转型与发展赛道的重要竞争力之一，因此推动数字经济更好更快发展刻不容缓。中国信息通信研究院发布的《全球数字经济白皮书——疫情冲击下的复苏新曙光》显示，2020 年全球数字经济规模达到 32.6 万亿美元，占 GDP 比重为 43.7%，同比名义增长 3.0%。美国数字经济规模达到 13.6 万亿美元，远超世界其他国家，位列世界第一；中国数字经济规模为 5.4 万亿美元，位居世界第二。

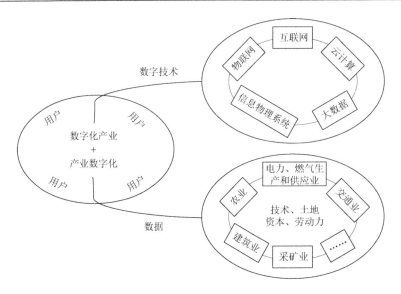

图 15.4　数据与其他生产要素的融合模型

美国数字经济关注于前沿技术，在高科技服务、数字贸易和先进制造业中占据主导地位，而形成这种领先地位的原因是超前的数字经济战略规划。美国在 1993 年就发布了"国家信息基础设施行动计划"，并在之后陆续出台了一系列数字经济政策和举措，构建了完整的数字经济创新技术体系、知识产权保护体系及其技术标准，以推动互联网普及，支持发展信息产业，确保了美国在数字经济发展中的领先地位。英国关注于数字产业、数字政府领域的建设，颁布了《数字经济法 2010》（Digital Economy Act 2010）等一系列相关战略计划，加快了数字政府、人工智能等数字产业的发展以及数字经济的人才培养，促进了英国数字经济的健康发展。欧盟则主要关注于数字技术、工业数字化、数据安全等领域，凭借其在自动控制、先进制造等行业的领先优势，抢占工业数字化的先机。同时，为了减少数字基础设施对美国的依赖，投入了大量资金新建数字基础设施和开展数据安全研究。澳大利亚政府认为数字经济是提高国际竞争地位、促进生产、改善社会福利的必然选择，提出了《澳大利亚的数字经济：未来的方向》[23]。日本政府关注于数字技术创新、产业数字化和数字社会建设，颁布了《i-Japan 战略 2015》《日本制造业白皮书》《下一代人工智能推进战略》《科技创新综合战略 2017》等一系列数字经济发展战略，凭借其在超级计算机、集成电路、生物医学上的领先优势，加速智能型产业、社会建设，突破人口老龄化、劳动力短缺、产业竞争不足等发展瓶颈[24]。

近年来，中国数字经济产业蓬勃发展，中国政府相继出台了《国家创新驱动发展战略纲要》《"十三五"国家信息化规划》等一系列战略规划，为数字经济在中国的快速发展提供政策支持和经济保障。中国拥有完整的工业体系和巨大的市场潜力，注重实现产业数字化，并致力于由此推动国内国际双循环体系发展。中国政府以数字化基础建设为抓手，推动实施"宽带中国"战略、"互联网＋"行动等一系列措施，建成了户户通、宽带入户等一系列示范项目，完成了中国绝大部分地区的数字基础建设。截至 2020 年 3 月，中国网民规模达 9.04 亿人，互联网普及率达到 64.5%，手机网民规模达 8.97 亿人，网民使用手机上网的比例达 99.3%。

此外，中国注重产业数字化建设，通过技术创新和场景融合的方式实现了数字技术与传统行业的深度融合，甚至孕育出以网约车、共享单车、网络众筹、房屋短租等为代表的一批新的产业模式。在全球经济受新冠肺炎疫情影响的情况下，数字技术与制造业、医疗、零售、教育、医疗等行业的融合进程迅速步入新的高度，"云问诊"、"云课堂"、协同办公、直播售卖等新形式产业不断涌现，数字化的生产方式逐步被人们所接受。数字经济与传统领域的深度融合，新模式、新业态层出不穷，市场规模不断扩大。截至 2020 年 3 月，中国在线教育用户规模达 4.23 亿人；网上外卖用户规模达到 3.98 亿人，占网民整体的 44.0%；网约车用户规模达 3.62 亿人，占网民整体的 40.1%；在线旅行预订网民规模 3.73 亿人，占网民整体的 41.3%。可以说数字经济已经成为经济增长的新动力，而作用于国民经济生产、消费的各个环节。2010~2019 年，中国电子商务交易额年均复合增速达 25%，2011~2019 年，中国网上零售额年均复合增速高达 39%，在电子商务蓬勃发展的带动下，中国数字经济也将步入高质量发展阶段，以新模式、新技术助推国民经济增长，为内外贸易融合提供新途径。

在工业生产领域，以国有企业改革为引导，加快中小企业数字化建设，逐步形成全产业链、全渠道供需匹配的精准对接，引导中小企业上平台、用数据、变模式、转业务，逐步形成产业链高效协同、供应链柔性配置、大中小企业融通发展新格局。数据技术产业快速发展，云计算、物联网等信息基础设施更加完备，骨干企业全球影响力持续增强。中国网络信息技术产业规模和国际出口全球第一，网络通信、超级计算、智能终端等跨入全球领先行列，涌现出一批国际竞争力强的龙头企业。

在数字治理方面，推动政务信息系统整合共享，引导政府构建智慧城市、智能产业园等数字治理示范项目，着力提升政府治理和服务能力。中国数字经济快速增长，如图 15.5 所示。由此可见，数字经济在各国经济中的地位十分重要[25]。

3. 数字经济节能管理概述

实现"双碳"目标主要依赖于"减增量""压库存"两种方式，其中减增量主要包括提高能源利用效率、提高可再生能源在能源消耗中的比例以及减少不必要

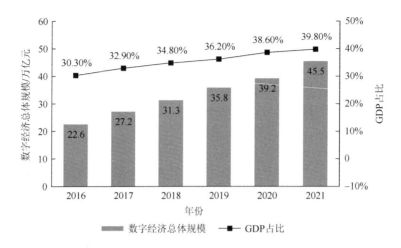

图 15.5　2016～2021 年中国数字经济总体规模与 GDP 占比

的活动三种方式；压库存主要包括增加生态系统建设和恢复以及碳捕集、利用与封存技术两种，数字经济在这两方面具有巨大的节能潜力。

从减增量的角度来说，数字经济将推动旧有生产力改造，提高资源利用效率和劳动生产效率，以数字化为生产力，推动生产关系变革。在提高能源利用效率方面，数字经济从三个方面分别构建了节能管理数字化平台。

1）信息与通信等数字产业的节能降耗

随着互联网、大数据、云计算、物联网及人工智能等数字技术的不断发展，数字经济自身的能耗也呈现出快速增长的趋势[26]。与制造业等产业相比，数字经济本身对生态环境资源的依赖度不大，主要是人力资本和技术的投入，无疑属于绿色低碳产业。

但数字经济的聚集性较强，往往在很小的空间里有着非常密集的设备设施投入，如大型的数据中心或者超级计算机等，而这些设施设备的运行往往需要耗用大量的电能。据 2018 年的研究测算，全球所有数据中心加起来，电力消耗总量已经占据了全球电力年使用量的 3%。到 2025 年，全球数据中心使用的电力总量按现在的电力价格来估算的话，年费用将会超过百亿美元，年均复合增长率将达到 6%。可以说数字企业本身就是一个碳排放大户。因此，数字企业首先应当对自身高耗能设备进行节能改造，如提高可再生能源在能源消费中的占比、采用人工智能技术实现精准控制等。

2）对传统行业进行节能改造

数字经济之所以成为推动经济转型的重要动力源泉，最主要的原因是其对传统行业的升级改造使一系列新业态、新模式得以产生，实现了传统行业的高质量发展[27]。数字化技术将"低碳化、电气化、数字化"作为实现碳中和的关键，通过对各行各业进行数字化、智能化转型来提质增效、节能减排，为推进工业领域低碳工艺革新和数字化转型提供了机遇。

工业企业数字化管理是以数据为核心，基于传感器收集海量数据，结合软件平台和大数据分析技术来实现工业自动化控制、智慧化管理，进而改进生产工艺流程、降低不必要的能源消耗和提高生产效益，具体模型如图 15.6 所示。通过数字化技术促进工业碳减排有四大着力点：第一，获取企业内部涉"碳"的各种信息，把"碳"管起来，摸清碳家底，规范碳核算；第二，数字化助力研发设计，从源头减少碳排放；第三，数字化技术助力生产制造，从过程中减少碳排放；第四，数字化助力运营服务，整体上节本、增效、提质。

图 15.6　工业企业数字化管理全流程

3）数字技术有助于碳轨迹的测量和记录以及碳交易市场的培育

碳排放标准体系建设是开展碳减排和一切排放测算的基础，历史上一直存在底数不清、计量模糊的问题，尤其是对广大的中小企业排放主体，缺乏高效低成本的统计和测算方法及工具。现阶段，借助数字经济领域成熟的数字技术和工具，如物联网、大数据、云计算等，来推进碳排放标准化体系的建设，各产业得以形成碳减排度量和测算基线，进而提高了碳配额分配到交易等方面的效率。

数字技术有利于培育碳交易市场，而碳交易市场的形成必将鼓励更多企业通过减碳、售碳获得更多的收益，规范高耗能行业碳成本支出，从而实现企业绿色化发展。从压库存的角度来说，数字经济可以实现生态环境的数字化监测、追踪个人碳排放行为等，这类碳排放数据的追踪有利于金融业有针对性地资助绿色企业，而不会被某些骗取补助的企业所蒙蔽。

15.2.2 数字经济用能特点

据统计，中国 2020 年 GDP 总量中大约有三分之一与数字经济直接或间接相关。但由于数字经济不是数字的经济，而是一门融合的经济，因此不能简单地根据某种划分来判定数据经济能源消费的现状。下面根据数字经济内涵，简单描述数字经济的能源消费量、能源消费结构和发展趋势。

数字产业化代表了新一代高科技技术，其特点是依赖于互联网络实现社会资源的互联和高效利用。数字产业化中的高科技技术大多配备了高耗能的设施以维持产品的高并发性和全天候运转。"新基建"作为数字经济产业发展的基础拥有极大的节能减排潜力。信息基础设施包括以 5G、物联网、工业互联网、卫星互联网为代表的通信网络基础设施，以人工智能、云计算、区块链等为代表的新技术基础设施，以及以数据中心、智能计算中心为代表的算力基础设施等。融合基础设施主要是指深度应用互联网、大数据、人工智能等技术，支撑传统基础设施转型升级，进而形成的基础设施，如智能交通基础设施、智慧能源基础设施等。

以 5G 技术为例，华为在 2019 年 10 月的全球电信业能效峰会上发表了一份《5G 通信电力目标网络白皮书》，描述了 5G 基站建设耗能的基本情况。该白皮书显示，一座 5G 基站平均耗能 6 千瓦，满载功耗 8 千瓦。之后随着大功率多发射器多接收天线的普及和移动边缘计算的嵌入，基站的功耗要提高到平均 10.4 千瓦，满载功率达到 13.7 千瓦。据统计，2019 年中国有 544 万座 4G 基站。因 5G 基站覆盖距离短于 4G 基站，按照保守的 1 个 4G 基站需要 1.2 个 5G 基站来计算，代替全国现有的 4G 基站需要 650 万座 5G 基站。如果每座基站的平均总功耗是 7 千瓦，这就需要新增电力负荷 21.65 吉瓦[28]。区块链技术为了维持数据不被篡改，一般采用工作量证明机制，该机制需要强大的算力支持，会造成大量的电能消耗。2018 年曾有机构统计，全球的比特币挖矿行为每年消耗的电量为 6156 万千瓦时，相当于美国 570 万户人家年消耗电量。

数据中心是集中存储和处理数据的地方，一个数据中心可以有几千个甚至几万个机架，通过管理软件进行组合，机架里面装的是由无数芯片组成的服务器。除了计算机的计算运行需要耗能，数据中心的制冷也需要消耗大量的能量。截至 2018 年底，中国大小规模的数据中心总量已超过 40 万个。据统计，2020 年中国数据中心耗电量为 2045 亿千瓦时，占全社会用电量的 2.7%。

产业数字化是指应用数字技术和数据资源为传统产业带来的产出增加和效率提升，是数字技术与实体经济的融合。传统企业通过数字化改造，可以实现能耗的精准管理，在提高经济效益的同时实现更大程度的节能减排。

图 15.7 展示了 2016～2019 年中国第一、第二、第三产业的数字经济渗透率，可以看出数字经济在各行各业均呈现出快速的增长趋势，可以助力各行各业实现高质量发展。

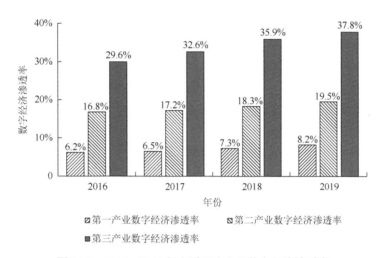

图 15.7　2016～2019 年中国三次产业数字经济渗透率

上述渗透率中第三产业不包括信息通信服务业、软件和信息技术服务业；第二产业汇总中不包括电子信息制造业
（来源：中国信息通信研究院《中国数字经济发展白皮书（2020 年）》）

交通产业中的车路协同基于传感探测、边缘计算、自动驾驶等技术，通过路测单元、车载终端获取和交互车路信息，对整体道路流量、交通事件、路况进行预判，实现车辆之间、车辆和基础设施之间的智能协同，达到加快路口通行速度、降低车辆燃油消耗、提高交通安全冗余度等目标；通过路径规划，降低碳足迹，减少能耗。在工业互联网产业中构建能源监控、预警、能耗数据管理等细分领域，通过对数据的分析、优化提供降低生产运维能耗的预警及解决方案。这些产业的数字化带来的是流程的精细化管理，一方面可以实现产业的精细化管理，提高产业效率，另一方面呈现出巨大的节能减排潜力。

另外，能源产业数字化也将从能源供需两侧助力碳中和。能源产业数字化指的是通过云计算、大数据、人工智能、物联网、区块链等创新技术，以能源消费用户全生命周期营运为牵引，实现数字化指导下的能源行业生产、储运、销售、消费全产业链管理流程再造。长期以来，中国能源领域形成了以石油、天然气、电力等部门为核心的相对独立的子系统和技术体系。例如，煤-电、热供应系统，集中的"点-线"式供应及配套设备系统经过长期建设，对内不断强化上下游之间的刚性关联，对外又相对独立，久而久之形成了"能源竖井"，在提高能源转换效率的同时，又能够实现多能融合，促进整个产业链的协同发展，逐步形成产业价值网，提高了能源优化配置能力，进一步提升了对市场的响应和适应能力。从具体的数字化技术来说，5G 网络切片技术可以满足电网信息采集类及工业自动化控制类业务的连接诉求，同时通过高传输速率，扩展无人设备应用，依托"端到端"网络保障服务等级协议（service-level agreement）、业务隔离、网络功能按需定制、自动化的典型特征，助力能源电力数字化转型，保障电力网络连接需求，从而创造全新的商业模式[29]。人工智能技术可以提升电力系统处理电力复杂问题的能力，简化业务流程并提升智能水平。大数据技术盘活电力领域海量原始数据，充分发挥电力数据价值。云计算由中央向边缘不断延伸，解决实时性安全服务问题。数字孪生将有效提高电力企业运营效率。区块链为能源交易改革创新奠定可信基础。

数字化治理在能源领域的代表为智慧能源城市[30]。智慧能源是应用物联网技术实现对能源生产、存储、传输和使用进行实时数据采集，以云计算、边缘计算、大数据、人工智能等技术进行实时优化和处理，形成的去中心化和广泛资源参与的综合管理系统。智慧能源城市构成如图 15.8 所示。通过构建智慧能源城市，将解决城市能源就地供需平衡，促进各种形式能源间的转换，提高电气化水平，提高清洁能源在供给和消费侧的比重，提高能源利用效率，最终实现城市能源消费的基本无碳化。

图 15.8　智慧能源城市

15.2.3　数字经济节能管理

中国发展数字经济是贯彻落实"创新、协调、绿色、开放、共享"新发展理念的重要举措。通过实施传统产业数字化,形成数字技术与实体经济集成融合的新格局,从而促进数字经济的低碳发展。推动数字经济产业的低碳化发展将成为未来节能增效的有效手段之一。数字经济对绿色低碳可持续发展的作用主要体现在三个方面:①产业数字化带动实现传统产业经济转型和绿色发展[31];②数字产业化助力实现碳中和目标[32];③数字化治理引导全社会绿色低碳发展。基于此,本节给出了以上三方面的具体节能减排管理建议及措施。

1. 关于产业数字化绿色发展的建议和措施

(1)工业企业数字化。工业企业数字化根据企业业务流程、能耗特性的不同,主要分为工业互联网、智能制造、智慧能源管理等集中数字化方式。工业互联网是指以传感器集中收集的海量数据为基础,通过人工智能、SaaS、大数据技术等实现分析、预测,帮助工业企业实现决策智能化、工业自动控制化、管理智能化的平台。通过建设工业互联网,能够实现企业全流程的监控管理,实现能源利用、产出、生产工业、生产实况等各方面效率的提高和生产流程的优化,实现提质增效。智能制造主要关注生产流程中能耗和产出的相关指标,与工业互联网类似。智慧能源管理则重点关注生产过程中的能耗管理,主要应用于一些高耗能工业企业,如水泥、钢铁等行业,因为这类行业中能源消耗是其成本的重要组成。通过智慧能源管理,提高废气、废液的循环化高效管理和综合利用,推动储热设备和智慧园区综合化的能源利用可以极大地降低该类企业的成本。

(2)能源互联网。能源互联网是以电网为主干和平台,对各种一次、二次能源的生产、存储、传输、使用和转换装置,以及它们的信息、通信、控制和保护装置进行直接或间接连接的网络化物理系统。能源互联网最主要的特征是集成了冷、热、电、气各种能源,通过数字技术和数字化控制装备实现能源的传输,从而满足供需双方的需求。能源互联网通过需求响应、虚拟电厂等一系列手段,建设了柔性电网,减少了备用容量、减缓了火电厂投资建设、提高了可再生能源利用率,实现了能源网络的绿色化转型。

(3)服务企业数字化。服务业作为经济增长速度最快,高附加值、高质量、低污染发展的产业受到人们的广泛关注。服务企业数字化能够达到减增量的效果,实现绿色贸易、绿色物流、绿色金融等一系列服务业绿色转型,有效引导企业树立低碳环保发展理念,实现节能降碳。

　　（4）农业数字化。农业在 GDP 中的占比较小，但农业生产、加工过程中的污染却不容忽视。相关研究表明，农业生产过程中过量施用氮肥、磷肥、钾肥等，会造成土地盐碱化；为预防病虫害发生而喷洒的农药造成了污染物的富集，危害人类和生态健康发展；麦秆等的焚烧造成了大气污染。因此，提高农业数字化建设能够实现农业中农药、施肥等精准化、科学化管理，降低污染，实现绿色低碳发展。农业数字化能将遥感、计算机技术、地理信息系统、定位系统、自动化技术与农学、植物生理学、生态学等基础学科有机结合起来，实现对农业生产过程从宏观到微观的实时监测，并定期获取农业生长信息，生成动态空间信息系统，达到合理利用农业资源，降低生产成本，改善生态环境，提高农作物产品和质量的目的。因此，应当大力推进农业数字化建设。

　　（5）构建产业间碳交易平台。数字技术为企业优化提供的支撑不仅仅体现在企业内部，事实上，它在企业之间发挥的协调作用更为关键。通过互联网、云计算等实现农业企业、工业企业、信息服务企业等不同行业企业数字化，实现碳轨迹、碳核算数据在不同行业企业间的数据交换，从而逐步构建碳排放权交易市场，成为又一个减碳降碳的有效措施，如图 15.9 所示。

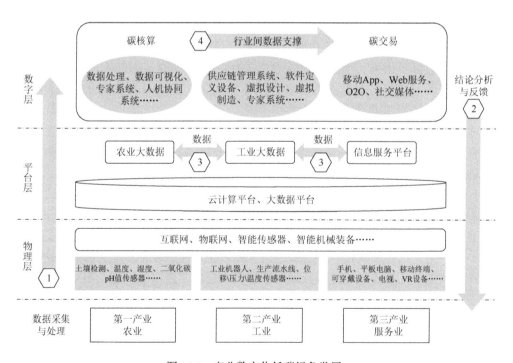

图 15.9　产业数字化低碳绿色发展

2. 关于数字产业化绿色发展的建议和措施

（1）加强顶层设计，强化数字基础设施的绿色低碳导向，出台针对数字基础设施产业的"双碳"目标路线图。加大可再生能源分布密集地区数字中心的建设力度，促进太阳能、风能等非化石能源的就地消纳。

（2）完善数字基础设施产业使用可再生能源的考核体系，将控制能源消耗总量和单位 GDP 能耗目标与新建数据中心的审批政策挂钩，并将数据中心可再生能源使用比例作为考核指标之一[33]。进一步完善数字基础设施产业使用可再生能源的市场机制，促进产业与可再生能源的协同发展，扩大产业参与可再生能源市场化交易的范围，并完善绿色电力证书机制。

（3）健全促进数字基础设施产业使用可再生能源的激励机制，引导资本流向，并发挥公共资金对于绿色低碳数字基础设施的撬动作用[34]。同时鼓励更多数字企业为减碳研究提供资金，数字企业利润整体处于较高水平，所以可以选择设立项目资助、基金等支持 CCS（carbon capture and storage，碳捕集与封存）技术的研究。

（4）鼓励数字企业尽力减少碳排放，鼓励数据中心等配备特殊冷却液设备进行降温，鼓励数字企业通过研究智能算法建设高效能源管控系统。

3. 关于社会治理数字化绿色发展的建议和措施

（1）智慧城市。相关研究表明，与城市相关的全球能源需求比例约占 65%。通过将城市建筑和基础设施与互联网、云计算、数据分析、机器学习连接，可以提高城市的感知力和智慧化运营水平，从而减少能源消耗和碳排放。加快智慧城市建设，将助力城市可持续发展。例如，实现智慧照明、智能空调，减少不必要时间段和路线的照明将减少设备的无效运转；实现智慧交通，将显著减少城市拥堵，减少在交通中的等待时间，减少尾气排放和燃油损耗。

（2）生态资产数字化。通过生态产品价值实现，为生态资产数字化创造交易的条件，激发绿色经济活力。生态资产数字化赋予每一生态产品以数字身份，对生态资产的数量、质量、所属权进行跟踪记录，可以实现生态价值实时核算，建立生态农产品、森林碳汇等交易平台，促进生态固碳健康发展。

（3）完善碳排放信息管理系统。逐步建成碳排放交易体系，实现考虑基于生产状况等因素的碳配额分配机制[35]。所有涉及碳排放的企业都需要对自己的碳排放数据进行管理，建立以企业为单位的碳排放信息系统。一是实时监测企业的碳排放情况，形成碳排放报表；二是要具有统计分析、查询、预测、预警和决策支持功能；三是具备碳交易功能，企业可以通过信息系统买入和卖出碳指标。同时，通过人工智能对获取的大数据进行分析，金融机构可以直接勾画出整个企业的碳足迹，估算出其真实减排力度。

可以说，数字经济蓬勃发展有助于提高整个社会的信息化、智能化水平，提高资源配置效率，带来政府、企业及其他组织治理模式的深刻变化，有利于减少碳排放。

15.3 循环经济

15.3.1 循环经济概述

1. 循环经济的内涵

循环经济是指按照自然生态系统物质循环和能量流动规律，以"减量化、再利用、资源化"为根本原则，以"低消耗、低排放、高效率"为基本特征的生态经济发展新模式[36]。循环经济的思想由美国经济学家鲍丁在其"宇宙飞船理论"中首次提出，引发了一系列关于可持续发展问题的研究，并成为人们解决环境危机、实现物质闭路循环和能量梯级利用，从而提高经济利益的有效手段。可以说循环经济是对传统线性经济"大量生产、大量消费、大量废弃"模式的改革，通过产品清洁生产、资源循环利用和废品高效回收三种主要手段，实现了从源头到末端治理全过程的资源化利用，降低了废弃物的排放，成为实现"双碳"目标的重要举措之一，二者的对比见图 15.10。

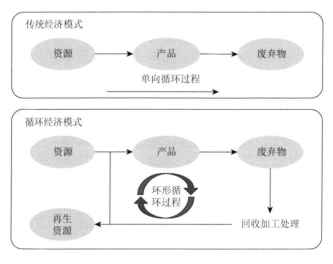

图 15.10 循环经济模式与传统经济模式比较图

传统工业企业不考虑生态环境成本，是一种"资源消耗—产品工业—污染排放"的物质单向流动线性经济，其不但不能实现产品生命周期的绿色化管理，甚至想尽各种办法实现废气、废液、废料直排，从而造成了土地、水资源、空气资源的二次污染，而这些成本却需要政府和民众承担，这显然不符合经济收益的基本逻辑[37]。

在资源短缺的今天，各国政府相继出台了一系列废弃物排放标准，这对于企业来说无疑增加了巨大的环境成本，因此寻求一种提高能源利用效率、减少污染物排放的生产运行机制成为现代工业企业实现高质量发展的目标。循环经济将环境成本内部化，以提高资源利用为抓手，实现资源从源头到末端治理全部过程的优化，实现尽可能少的"取料"和尽可能无污染的"排放"，从而提高企业利用效率，降低企业环境治理成本[38]。

2. 循环经济实施原则

循环经济的核心是资源的高效利用，故而产品的清洁生产、资源的循环利用和废品的高效回收都服务于这一目的，这也决定了循环经济不是针对企业某一环节的改革，而是针对企业生产流程全方位整体化的改造。因此实施循环经济必须要进行系统的考虑，而不是简单地集成相关产业，要遵循如下实施原则[39]。

（1）生态成本总量控制的原则。循环经济考虑了生态成本，将进行经济生产导致生态系统的破坏后，人为修复所需的代价也纳入产品的成本中，故而破坏环境的行为需要付出高昂的环境代价。

（2）系统分析的原则。循环经济的实施需要进行系统的考虑，通过对企业全面的投入产出分析，了解企业生产从原料投入到末端治理循环利用的可能性。结合现有的新型制造、信息传输、新材料等技术，以及当地资源禀赋等一系列相关因素，进而实现物质、能源在企业内部、企业之间的合理配置。

（3）3R 原则。循环经济最基本的运行原则是 3R 原则，即减量化（reduction）、再利用（reuse）、再循环（recycle）。需要注意的是，3R 原则的重要性不是并列的，而是与其排列顺序有关，这与人们在经济活动中逐步总结出的资源利用思想保持了一致。从传统的线性经济到关注于末端治理的绿色经济，再到提高资源利用效率低碳经济，人们逐渐意识到从生产源头就开始采用实现绿色发展目标的经济生产方式能最大限度地减少污染物排放，提高能源利用效率。除此之外，对于必要的生产资源，可以通过再利用延长产品生命周期以及再循环提高产品生产、流通、消费过程中的废弃物的资源化利用率，实现企业成本的降低和效益的提高[40]。

资源利用的减量化原则要求从生产、消费、流通的源头开始减少不必要的能源消费，预防废弃物的产生。企业将通过技术改造、采用绿色设计的理念、制订产品全生命周期用能规划、开展清洁生产等措施，最大限度地减少资源消耗和污染物的排放。

产品生产的再利用原则要求在产品使用过程中尽可能多次以及尽可能多种方式地使用所购买的产品，延长产品生命周期，防止产品过早成为垃圾。企业在生产过程中要提高产品质量，要求制造产品和包装容器能够以初始的形式被反复利用。鼓励再制造工业的发展，以便拆卸、修理和组装用过的和破碎的东西。鼓励人们将可用的或可维修的物品返回市场体系供别人使用或捐献自己不再需要的物品。反对不必要的产品一次性化，在保障健康安全的情形下，尽可能不使用一次性产品。

废弃物的再循环原则要求尽可能多地再生利用或循环利用。通过对"废物"的再加工处理（再生）使其成为资源，并制成使用资源、能源较少的新产品，再次进入市场或生产过程，以减少垃圾的产生。再循环有两种情况：第一种是原级再循环，也称为原级资源化，即将消费者遗弃的废弃物循环用来形成与原来相同的新产品，如利用废纸生产再生纸、利用废钢铁生产钢铁。第二种是次级再循环或称为次级资源化，是将废弃物作为与其性质不同的其他产品的原料的再循环过程，如将制糖厂所产生的蔗渣作为造纸厂的生产原料、将糖蜜作为酒厂的生产原料等。

15.3.2 循环经济发展现状

循环经济作为以产品清洁生产、资源循环利用和废弃物高效回收为特征的生态经济发展形态，已经成为解决经济发展与资源紧缺的重要手段之一。从国际看，一方面绿色低碳循环发展成为全球共识，世界主要经济体普遍把发展循环经济作为破解资源环境约束、应对气候变化、培育经济新增长点的基本路径。美国、欧盟、日本等发达国家和地区已系统部署新一轮循环经济行动计划，加速循环经济发展布局，应对全球资源环境新挑战。另一方面世界格局深刻调整，单边主义、保护主义抬头，叠加全球新冠肺炎疫情影响，全球产业链、价值链和供应链受到非经济因素的严重冲击，国际资源供应不确定性、不稳定性增加，给各国资源安全带来重大挑战。

中国处于经济快速发展的时期，资源能源需求仍将刚性增长，同时中国一些主要资源对外依存度高，供需矛盾突出，资源能源利用效率总体上仍然不高，大量生产、大量消耗、大量排放的生产生活方式尚未根本性扭转，资源安全面临较大压力。发展循环经济、提高资源利用效率和再生资源利用水平的需求十分迫切，且空间巨大[41]。

当前，中国循环经济发展仍面临重点行业资源产出效率不高，再生资源回收利用规范化水平低，回收设施缺乏用地保障，低值可回收物回收利用难，大宗固废产生强度高、利用不充分、综合利用产品附加值低等突出问题。中国单位 GDP

能源消耗、用水量仍大幅高于世界平均水平，铜、铝、铅等大宗金属再生利用仍以中低端资源化为主。动力电池、光伏组件等新型废旧产品产生量大幅增长，回收拆解处理难度较大。稀有金属分选的精度和深度不足，循环再利用品质与成本难以满足战略性新兴产业关键材料要求，亟须提升高质量循环利用能力。无论从全球绿色发展趋势和应对气候变化要求来看，还是从国内资源需求和利用水平来看，中国都必须大力发展循环经济，着力解决突出矛盾和问题，实现资源高效利用和循环利用，推动经济社会高质量发展。同时，大力发展循环经济，推进资源节约集约利用，构建资源循环型产业体系和废旧物资循环利用体系，对保障国家资源安全，推动实现"双碳"目标，促进生态文明建设具有重大意义。

发达国家发展循环经济以废弃物处理和再生利用为主；中国则主张循环经济应该从生产领域的资源开发开始，在生产、流通、消费全过程实施物质循环利用。不同的认识导致各国开展循环经济的重点各有侧重[42]。

美国是最早进行循环经济探索和实践的国家，颁布了《固体废弃物处置法》《资源保护和回收法》《污染预防法》等一系列法律[43]。美国重视循环经济生态工业园建设，创建了多个虚拟型生态工业园区、现有改造型生态工业园区和全新创建型生态工业园区，提高了工业园区内部的能源利用效率，减少了污染物的排放。

德国发展循环经济以废弃物处理为核心，在 20 世纪中期就制定了《废弃物处理法》《循环经济与废弃物管理法》等一系列法律法规，规定了工业和生活中各种垃圾的处理方法。在德国整个循环经济法规体系中，最重要的是《循环经济与废弃物管理法》，其强调了循环经济闭路循环的思想，强调了节省资源的新型工业技术和废弃物回收的重要作用。

法国专注于工业废弃物的再利用，以轮胎为例，法国在 2002 年颁布了强制回收废旧轮胎的法规，鼓励废旧轮胎回收企业的研发工作，并在此基础上实现了废旧橡胶循环再生企业[44]。

日本是最早实施循环经济的国家，在日本经济快速发展时期，粗放型的资源利用的排放造成了诸多环境污染问题，日本由此确立了以政府、企业和个人为主体的循环经济战略体系。日本在 1970 年就制定了《废弃物处理及清扫法》，1991 年又制定了《再生资源利用促进法》，其目的为减少废弃物、促进再生利用以及确保废弃物的适当处理。2001 年，日本开始实施《家电回收再利用法》，该法贯彻"谁扔垃圾谁付钱"的原则，规定市民应负担回收处理费用[45]。1997 年又颁布《容器包装再利用法》，该法明确生产商和市民对容器包装物具有回收的责任。截至 2000 年，日本已经颁布了《推进建立循环型社会基本法》《有效利用资源促进法》《家用电器再利用法》《食品再利用法》《绿色采购法》《建筑及材料回收法》《容器包装再利用法》等七项法律，并在 2001 年 4 月之前相继付诸实施。

中国以解决复合型生态问题为抓手的循环经济实践不同于发达国家从废弃物角度出发进行的循环经济实践。2008 年，中国工业固体废车弃物产生量为19.01 亿吨，综合利用量达到 12.35 亿吨，综合利用率已经达到 65%。2019 年，中国一般工业固体废物产生量 13.8 亿吨，综合利用量 8.5 亿吨，处置量 3.1 亿吨，一般工业废物综合利用量占总量的 55.9%，粉煤灰、冶金渣几乎全部被综合利用制造建筑材料[46]。2019 年全国用水总量达到 6021.2 亿立方米，万元 GDP 取水量为60.8 立方米，全国万元 GDP 用水量比 2015 年（按可比价计算）下降 23.8%。由于全面实施循环用水技术，2020 年中国钢铁工业协会会员单位钢铁企业吨钢耗新水为 2.45 米^3/吨，比上年下降 4.34%；钢铁企业水的平均重复利用率在 98.02%，基本与上年持平，处于较高技术水平。"十二五"期间，全国单位 GDP 能耗下降19.71%，化学需氧量排放总量下降了 10.1%，二氧化硫排放总量下降了 12.9%。进入"十三五"以来，中国循环经济发展取得积极成效，2020 年主要资源产出率比2015 年提高了约 26%，单位 GDP 能源消耗继续大幅下降，单位 GDP 用水量累计降低 28%，农作物秸秆综合利用率达 86%以上，大宗固废综合利用率达 56%[47]，建筑垃圾综合利用率达 50%，废纸利用量约 5490 万吨，废钢利用量约 2.6 亿吨，再生有色金属产量 1450 万吨，占国内十种有色金属总产量的 23.5%，其中再生铜、再生铝和再生铅产量分别为 325 万吨、740 万吨、240 万吨。资源循环利用已成为保障中国资源安全的重要途径。

15.3.3　循环经济节能管理

大力发展循环经济，推进资源节约集约利用，构建资源循环型产业体系和废旧物资循环利用体系，对保障国家资源安全，推动实现"双碳"目标，促进生态文明建设具有重大意义。实施循环经济，应遵循 3R 原则，着力建设资源循环型产业体系，加快构建废旧物资循环利用体系，深化农业循环经济发展，全面提高资源利用效率，提升再生资源利用水平，为经济社会可持续发展提供资源保障。具体实施路径归纳如下[47]。

（1）推进循环经济法律建设。加快循环经济相关法规的制定工作，是引导循环经济发展的重要举措。要修订废旧家电及电子废弃物、废旧轮胎、废包装物回收利用管理办法；要制定高耗能、高耗水行业市场准入标准，完善主要用能设备能效标准和重点用水行业取水定额标准，组织修订主要耗能行业节能设计规范，建立强制性产品能效标识和再生利用品标识制度，制定重点行业清洁生产评价指标体系。

（2）加大以循环经济为主要内容的结构调整和技术改造的力度。根据资源条件、区域和行业特点，合理调整中国的产业结构和布局，优化资源配置，用循环经济理念指导区域发展、产业转型和老工业基地改造。严格限制高耗能、高耗水、高污染项目，加快淘汰落后技术、工艺和设备。鼓励发展资源消耗低、附加值高的第三产业和高技术产业，加快用高新技术和先进适用技术改造传统产业，不断增强高效利用资源和保护环境的能力。加大利用国债资金或财政预算内资金支持重点节能、节水和资源综合利用项目的力度。要积极推进产业园区和产业集群循环化水平，以提升资源产出率和循环利用率为目标，优化园区空间布局，开展园区循环化改造，推动园区企业循环式生产、产业循环式组合，组织企业实施清洁生产改造，促进废弃物综合利用、能量梯级利用、水资源循环利用，推进工业余压余热、废气废液废渣资源化利用，积极推广集中供气供热，搭建基础设施和公共服务共享平台，加强园区物质流管理。鼓励化工等产业园区配套建设危险废物集中贮存、预处理和处置设施。

（3）加快循环经济技术开发、示范和推广应用。要重点组织开发有重大推广意义的资源节约和替代技术、能量梯级利用技术、循环经济发展中延长产业链及相关产业链接技术、零排放技术、有毒有害原材料替代技术、可回收利用材料和回收处理技术。组织实施循环经济重大技术示范，制定和发布相关技术政策，加快新技术、新工艺、新设备的推广应用。

（4）组织循环经济试点。拟选择冶金、有色、煤炭、电力、化工、建材等重点行业；废旧家电、电子产品、废旧轮胎、废纸、废包装物回收利用，机电产品再制造、再生铝和垃圾资源化等重点领域；工业园区、资源短缺城市和资源型城市开展循环经济试点。通过试点，提出重点行业、重点领域、工业园区、典型城市的循环经济发展模式、重大技术领域和重大项目领域，制定和完善促进循环经济发展的相关法规和政策，提出按循环经济模式规划、建设和改造工业园区以及区域发展的基本思路，树立循环经济的先进典型，为加快推动循环经济发展提供示范和借鉴[48]。

（5）全面推行清洁生产，从源头减少污染物的产生。通过不断采取改进设计、使用清洁的能源和原料、采用先进的工艺技术与设备、改善管理、延长产品生命周期等，减少或避免污染物的产生，实现由末端治理向污染预防的转变。大力开展资源综合利用，最大限度地利用资源，减少废弃物的最终处置。一是对共伴生矿进行综合开发利用；二是对生产过程中产生的废气、废渣、废水，建筑和农业废弃物及生活垃圾等进行综合利用；三是对生产和消费过程中产生的各种废旧物资进行回收利用。

（6）加强大宗固废综合利用。提高矿产资源综合开发利用水平和综合利用率，以煤矸石、粉煤灰、尾矿、共伴生矿、冶炼渣、工业副产石膏、建筑垃圾、农作物秸秆等大宗固废为重点，支持大掺量、规模化、高值化利用，鼓励应用于替代原生非金属矿、砂石等资源。固体废弃物中含有色金属等多种再生资源，加以合理利用，有助于大幅降低冶金煤耗。在确保安全环保前提下，探索将磷石膏应用于土壤改良、井下充填、路基修筑等。推动建筑垃圾资源化利用，推广废弃路面材料原地再生利用。加快推进秸秆高值化利用，完善收储运体系，严格禁烧管控。加快大宗固废综合利用示范建设。

（7）加强再生资源回收利用。推进生活垃圾分类回收与再生资源回收"两网融合"，建立健全回收体系。完善废旧物资回收网络，推行"互联网＋"回收模式，实现再生资源应收尽收。加快落实生产者责任延伸制度，引导生产企业建立逆向物流回收体系。开展废旧家电回收处理体系建设试点工作。加快构建废旧物资循环利用体系，依托国家"城市矿产"示范基地、静脉产业园等，加强废纸、废塑料、废旧轮胎、废金属、废玻璃等再生资源的回收利用，提升资源产出率和回收利用率。

（8）倡导绿色低碳生活方式。推进"光盘行动"，坚决制止餐饮浪费行为。推进生活垃圾分类收集和资源化利用。推进塑料污染全链条治理、过度包装治理，加快快递包装绿色转型，电商快件基本实现不再二次包装。优先发展公共交通，有序发展共享交通，积极引导绿色出行。

（9）广泛开展循环经济的宣传教育。在组织开展资源节约系列宣传活动中，把推动循环经济发展作为重要内容，进一步加大宣传教育力度，转变观念，树立可持续的消费观和节约资源、保护环境的责任意识，大力提倡绿色消费，引导消费者自觉选择有利于节约资源、保护环境的生活方式和消费方式，把节能、节水、节材、节粮、垃圾分类回收、减少一次性产品使用等与发展循环经济密切相关的活动逐渐变为全体公民的自觉行动。

15.4　绿色物流

15.4.1　绿色物流概述

1. 绿色物流的内涵

物流的概念于 20 世纪初产生于美国，特指在一定的劳动组织下，实现货物从供应方流向需求方的一系列活动的集合，其主要包括运输、存储、装卸搬运、流通加工以及由此衍生的需求预测、物料仓储、仓库选址、库存控制等一系列活动[49]。可以看出，物流是在商品流动过程中实现价值创造的产业，其本质是服务业。随着产业分工、国际贸易和电子商务的快速发展，物流业发展迅速，形成了具有流通系统化、信息化、现代化特性，跨部门、跨行业、跨区域的现

代物流系统。现代物流可以大大节约流通费用，提高流通的效率与效益，逐渐成
为一个国家物流现代化的主要标志。

　　伴随着现代物流业的快速发展，其运输、存储、装卸、包装等流通过程中
产生了大量的物流垃圾，造成了巨大的环境污染和破坏，由此绿色物流应运而
生。绿色物流是指以降低对环境的污染、减少对资源的消耗为目标的，充分利用
物流资源、采用先进物流规划技术，实施运输、仓储、装卸、搬运、流通加工、
配送、包装、信息处理等物流活动，从而降低物流活动对环境影响的过程[50]。绿
色物流主要通过实施物流作业环节和物流管理全过程的绿色化来实现，其中物
流作业环节绿色化包括绿色运输、绿色流通加工、绿色仓储、绿色包装等，物
流管理全过程则涉及物流体制、物流模式的绿色化发展，如开展逆向物流等。

　　2. 绿色物流体系

　　绿色物流体系是全面、有效实施绿色物流的基础和保障，由集约资源、绿色
运输、绿色流通加工、绿色装卸、绿色仓储、绿色包装、绿色信息收集和管理、
废弃物回收等环节组成[51]，具体如图 15.11 所示。

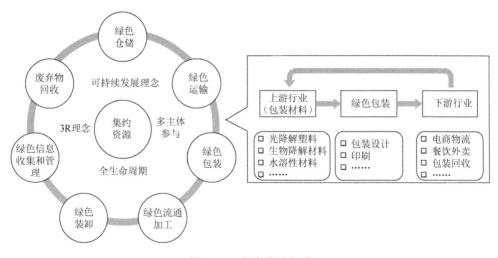

图 15.11　绿色物流体系

　　（1）集约资源。整合物流过程中零散的运输、包装、仓储等资源，实现资源
的优化配置，采用数字化、智能化相关技术，提高资源利用效率，减少个体经济
的固定成本损耗和浪费。

　　（2）绿色运输。运输是物流中价值创造的源头，实现绿色运输将极大地减轻
物流业对环境的污染。首先，应当提高运输过程中的效率，降低空载率，实施共

同配送业务，将地理上接近或线路上一致的商品集中在一起实现统一配送；其次，应该对货运网点、配送中心的设置做合理布局和规划，通过商品销售数据建立大型的仓储基地，平衡高峰时段和低谷时段运输量，促使货运汽车数量增速相对平缓；再次，应当提高运输工具绿色化建设，提高电动汽车、电动船舶等的使用；最后，要防止运输过程中出现泄漏问题，以免对局部地区造成严重的环境危害。

（3）绿色流通加工。流通加工是指在商品流通过程中继续对商品进行生产性加工，使其成为更加适合消费者需求的最终产品。物流中的加工主要包括分拣、贴标、组装等。绿色流通加工要求其遵循绿色原则，需要变分散加工为集中加工，减少加工中的废弃物（如防震泡沫、塑料、冰块等）的产生。

（4）绿色装卸。绿色装卸要求在装卸过程中减少暴力快递行为，减少商品包装甚至商品的损坏，从而避免资源浪费以及废弃物对环境造成污染。同时，绿色装卸还需要提高搬运的灵活性，消除无效搬运，合理利用现代化机械，提高装卸过程中的平稳性。

（5）绿色仓储。绿色仓储要求仓储环境安全可靠，摆放整齐，减少因仓储管理混乱导致的混乱查找和商品遗失，以及因环境潮湿等造成的商品损坏或泄漏。此外，应该加强对仓储环境的合理布局，避免因仓库布局过于密集导致的运输次数的增加和仓库布局松散导致的运输效率的降低。

（6）绿色包装。绿色包装要求采用易于循环和降解的包装材料，鼓励使用循环材料和循环包装盒/袋；尽量避免过大包装、过分包装、多重包装，从而降低过度包装所造成的环境污染。

（7）绿色信息收集和管理。物流不仅是商品空间的转移，也包括相关信息的收集、整理、存储和利用。绿色物流要求对绿色物流系统的相关信息进行及时有效的收集、处理，并及时运用到物流管理中去，减少错发、漏发、商品遗失等造成的污染和相关物流活动的损耗，促进物流的进一步绿色化。

（8）废弃物回收。物流中产生的各种材料的包装废弃物是物流中最直接被人们注意到的污染物，必须有效地组织废弃物回收，使废弃物得以重新进入生产和生活循环。

15.4.2　绿色物流发展现状

1. 物流业现状

贸易全球化主导下的生产制造精细化分工，规模经济成为现代企业生存、扩张的主要逻辑，这意味着完成一件商品的制造需要不断组装、生产各种中间件。另外，随着电商经济的快速发展，不论是从产品供给侧还是消费侧都产生了大量

的物流需求。物流业的发展水平已经成为反映国家经济水平的一项重要指标。截至
2021 年,中国物流总额、物流总值、物流总费用都已经迈入到了世界第一的物流市
场行列。中华人民共和国国家邮政局(以下简称国家邮政局)数据显示,2009 年
中国快递量仅有 18.6 亿件,2020 年已经攀升到 833.6 亿件,可见中国快递服务企
业业务量呈爆发性增长(图 15.12[52])。

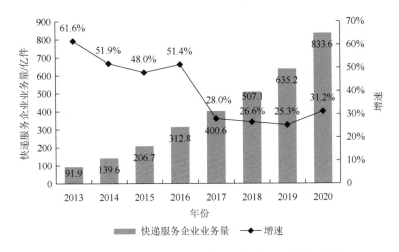

图 15.12　2013～2020 年中国快递服务企业业务量及增速

物流包含了很多环节,包括包装、仓储、装卸、搬运等,物流行业的性质决
定了整个流程伴随着大量包装垃圾的产生。统计数据表明,2013 年至 2019 年,
中国年垃圾清运总量从 17 238.6 万吨增长到 24 206.2 万吨[15],如图 15.13 所示。
其中,快递包裹贡献了不少垃圾,在中国特大城市中,快递包装垃圾增量已占
到生活垃圾增量的 93%,部分大型城市则为 85%至 90%,这些包装垃圾以纸张、
塑料为主,原材料大多源于木材、石油。不仅如此,快递包装中常用的透明胶
带、塑料袋等材料,主要原料都是聚氯乙烯,这一物质埋在土里,需要上百年
才能降解,会对环境造成不可逆转的损害,快递包裹减负刻不容缓。

2. 绿色物流现状

欧美国家提出绿色物流的概念,并开展了一系列绿色物流技术研究及实
践。美国政府关注于大宗商品运输绿色化,《美国运输科技发展战略》中提出
要建立安全可靠的运输系统,并为其提供一系列高科技技术支撑。欧洲从 20 世
纪 80 年代末就开始探索综合物流,通过加强企业间合作集约资源,着力推动
绿色标准、开展绿色包装材料实验等。日本对物流业集成化、智能化的发展重

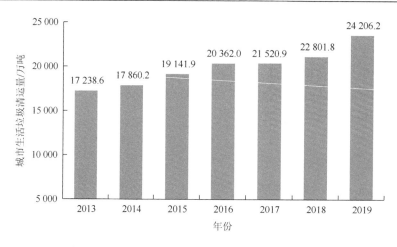

图 15.13 2013~2019 年中国城市生活垃圾清运量

视程度高，规定了从物流道路建设到尾气排放以及货物托盘使用率等详尽的绿色物流规则。

中国物流业起步晚，尚处于高速发展阶段，呈现出资源利用率低、污染程度高的特点。借鉴国外发展经验和现实要求，实现绿色物流将有利于中国物流业实现可持续发展。自 2016 年开始，国家邮政局陆续出台了若干个关于绿色包装的政策文件、标准等，对绿色包装提出了新的要求。交通运输部在 2018 年开展城市绿色货运配送示范工程的活动[53]。2020 年，国家邮政局制定"9792"目标，要求提升瘦身胶带的封装比例达 90%，电商快件不再二次包装率达 70%，要求循环中转袋使用率达到 90%，新增 2 万个设置标准包装废弃物回收装置的邮政快递网点。其他涉及绿色物流的国家部委政策文件如表 15.5 所示。此外，还有一些企业也为绿色物流助力，其主要成就如表 15.6 所示。

表 15.5 中国绿色物流发展相关政策法规

政策规划	发布主体（时间）	主要内容
《快递业温室气体排放测量方法》	国家邮政局（2014 年）	主要规定快递业温室气体排放的测量原则、主要排放源、测量方法、排放指标等内容
《物流业发展中长期规划（2014—2020 年）》	国务院（2014 年）	到 2020 年，基本建立布局合理、技术先进、便捷高效、绿色环保、安全有序的现代物流服务体系。大力发展绿色物流
《中华人民共和国邮政法》	全国人民代表大会常务委员会（2015 年）	构建邮政业规范发展的大框架，具体规定了邮政设施、邮政服务、邮政资费、损失赔偿、快递业务等内容，为绿色物流发展奠定基础
《推进快递业绿色包装工作实施方案》	国家邮政局（2016 年）	旨在谋划快递业绿色包装工作，提高快件包装领域资源利用效率，降低包装耗用量

续表

政策规划	发布主体（时间）	主要内容
《邮政业发展"十三五"规划》	国家邮政局、国家发展改革委、交通运输部（2016 年）	注重行业绿色发展。推广环保应用，推动节能减排
《快递业发展"十三五"规划》	国家邮政局（2017 年）	提出通过减少对传统能源的依赖，优化要素投入结构，实现快递业"低污染、低能耗、低排放、高效能、高效率、高效益"的绿色发展
《邮政业封装用胶带 第 2 部分：生物降解胶带》	国家邮政局（2017 年）	规定了生物降解胶带的要求、试验方法、检验规则、标志、包装、运输和储存等
《关于全面深入推进绿色交通发展的意见》	交通运输部（2017 年）	明确提出：到 2020 年，初步建成布局科学、生态友好、清洁低碳、集约高效的绿色交通运输体系。交通运输行业新能源和清洁能源车辆数量达到 60 万辆；交通运输二氧化碳排放强度比 2015 年下降 7%；力争实现 2020 年多式联运货运量比 2015 年增长 1.5 倍
《邮件快件包装填充物技术要求》	国家邮政局（2018 年）	规定邮件快件包裹填充物的主要分类、标识、规格尺寸、物理力学性能、气味性、重金属限量以及生物降解要求等内容
《快递业绿色包装指南（试行）》	国家邮政局（2018 年）	提出要逐步实现包装材料的减量化和再利用
《"无废城市"建设试点工作方案》	国务院办公厅（2018 年）	加快推进快递业绿色包装应用，到 2020 年，基本实现同城快递环境友好型包装材料全面应用
《关于推动物流高质量发展 促进形成强大国内市场的意见》	国家发展改革委等 24 个有关部门（2019 年）	加快绿色物流发展；持续推进柴油货车污染治理力度；鼓励企业使用符合标准的低碳环保配送车型；发展绿色仓储
《关于加快推进快递包装绿色转型的意见》	国家发展改革委等部门（2020 年）	到 2022 年，快递包装领域法律法规体系进一步健全；制定实施快递包装材料无害化强制性国家标准；快递包装标准化、绿色化、循环化水平明显提升。到 2025 年，快递包装领域全面建立与绿色理念相适应的法律、标准和政策体系，形成贯穿快递包装生产、使用、回收、处置全链条的治理长效机制

表 15.6　部分企业探索绿色物流的主要成就

企业	探索绿色物流的主要成就
菜鸟	回箱计划，推出全球首个全品类"绿仓"；为行业输出了多样的快递包装解决技术：电子面单、切箱算法、智能箱型推荐等
京东	青流计划，使用可降解的快递袋；截至 2022 年 1 月，已在 50 多个城市布局使用了约 20 万辆新能源汽车
顺丰	使用循环的快递箱，同时快递文件袋也是二次使用
中通	截至 2022 年 1 月，电子面单使用率已达 100%，在全国 90 多个运转中心和部分网点使用绿色循环中转袋
圆通	于 2017 年上线 RFID 系统，并在全国 4 个启用自动化设备的中心，批量使用可循环的 RFID 环保袋

15.4.3　绿色物流节能管理

物流行业是节能减排的重要领域。中国物流市场存在着集中程度低、企业数量多、规模小、效益低等突出问题，导致绿色物流实施的难度加大。要实现绿色物流，需要整合企业的运营流程和经济运行流程，提高整体效益，还可以扩展到区域间物流的协调。此外，还需要企业的自律和广大公众的积极参与，将绿色理念长期贯穿于全社会。近年来，许多国家陆续出台了关于绿色物流实施路径的政策，为实现绿色物流指明了方向，现总结如下[54, 55]。

（1）绿色物流职能管理部门的明确和绿色物流政策的发布是发展绿色物流的主要动力和基本保障。明确职能管理部门有利于责任的划分，有助于加强对整个物流市场的调控，打破行业垄断、部门分割、地区封锁，实现资源的整合，提高集约资源利用率。绿色物流政策的发布包括限制和管理制度、激励制度等，为发展绿色物流标准体系建设、拉动绿色物流经济投资提供保障。

（2）加快物流企业各主体的技术创新建设。在产品生命周期的每一阶段，都应当积极地发现和改进不必要的能源和资源消耗，实现运输、包装、仓储等物流环节的绿色化。通过绿色化技术创新实现企业节能增效，从机制、政策上调动企业的积极性，使企业真正成为技术开发的主体、技术创新的主体和推广运用的主体。要实现产学研联合攻关，增强绿色物流技术的引进吸收和自主开发能力，积极培育新的经济增长点。

（3）要积极调整运输结构，推进多式联运重点工程建设，加快发展公铁、铁水、空陆等联运模式。深入实施铁路专用线进企入园工程，完善铁路专用线集疏运体系。加强物流运输组织管理，探索多式联运"一单制"，深化国际机场航空电子货运试点工作。推广绿色低碳运输工具，淘汰更新或改造老旧车船，在港口和机场服务、城市物流配送、邮政快递等领域优先使用新能源或清洁能源汽车。加快港口岸电设施建设，支持机场开展辅助动力装置替代设备建设和应用。支持物流企业构建数字化运营平台，鼓励发展智慧仓储、智慧运输，推动建立标准化托盘循环共用制度。

（4）物流运作模式绿色化，倡导的是以信息化为抓手，以共享物流为手段，通过物流运作中大数据优化计算分流和合流，恰到好处地让合流的一批货正好装一车或尽量装满一车，实现集中配送或共同配送，减少配送车辆配送次数，杜绝配送车辆空跑，实现物流运作绿色化。绿色物流运作与管理的核心措施是信息化，因为没有信息化，物流企业做不到优化分流合流，这方面就涉及一系列的措施。通过信息化的应用，推动城乡共同配送，可以实现绿色物流的管理模式绿色化。

（5）推动物流技术设备的绿色化。推进标准化仓库设施的绿色化，形成一套绿色仓库标准；通过标准的评定和认证来推动企业实现物流设施绿色化，引导企业进行物流设施的建设与改造，实现节能、节地、节水、节气、节电和降低碳排放；使用节能设备，包括用 LED（light emitting diode，发光二极管）照明、光伏发电，以及使用新能源的叉车等设备，降低传统设备的能耗和排放，此外，还可以使用物流周转箱循环共用、库架一体的节能冷库、O2O（online to offline，线上到线下）车货匹配模式、密集仓库、托盘循环共用等。

（6）推进物流包装绿色化发展，避免过度包装，提高电商快递末端配送的绿色包装占比。让绿色包装贯穿物流全过程，对快递和电商的包装采取能不包装就不包装的原则。在物流运输中有些产品是可以裸装运输的，如果做不到裸装，必须有产品的包装，那么电商配送环节尽量使用原发包装，从电商的角度做到无电商的包装，直接共享产品的包装。当做不到无电商包装、根据产品特点和客户隐私必须增加电商配送的包装时，要求大力推进电商包装的减量化。考虑到物流快递领域中有野蛮分拣作业，为保护产品安全，电商企业难以推进减量包装，这就需要在物流作业服务规范上努力。提倡循环使用措施，要是回收使用也做不到，就采用循环利用的逻辑。循环利用如果还做不到，就要求这类包装物垃圾要尽量做到环保可降解。

15.5　本章小结

首先，本章描述了服务业的内涵和外延，并由此归纳整理了服务业发展增速及其用能的相关数据，可以看出随着科技的进步和人民生活水平的提高，服务业在国民经济中的比重越来越大，因此成为节能减排、实现"双碳"目标的关键实施路径之一。要实现服务业能源碳中和势必要对服务业进行"开源节流"的改造，即能源节约和提升能效，本章从服务业细分领域的角度出发给出了具体的节能减排管理建议及措施。

其次，本章以数字经济、循环经济、绿色物流三个典型的新型服务业为例，详细介绍了以上三个行业的发展现状和能源消费面临的新环境，给出了相应节能增效实施路径。

数字经济以数字技术为核心驱动力，通过不断提高各行业数字化、网络化、智能化水平，为人类社会发展方式、生产关系再造、经济增长开创了新的实施路径，成为帮助各行业实现提质增效、零碳减碳的重要手段。本章首先从数字产业化、产业数字化、数字化治理、数据价值化四个方面对数字经济的内容进行了概括，后又从这四个方面分析了数字经济的用能状况，提出了传统产业经济在实现数字化转型、数字产业快速发展的同时也要注重解决自身的碳中和问题、注重数字化治理在全社会绿色低碳发展中的引导作用三方面的具体节能减排管理建议及措施，为数字经济助力碳中和打下了坚实的基础。

　　循环经济以提高资源利用率为抓手，将全面提高资源利用效率，充分发挥减少资源消耗和降碳的协同作用；通过 3R 原则，更多的企业将从源头出发实现企业生产流程绿色化管理、提高园区产业集群循环化改造、重视固废资源化利用、加强再收回利用。

　　绿色物流则以降低对环境的污染、减少对资源的消耗为目标，通过充分利用物流资源、采用先进物流规划技术，降低物流活动对环境影响；本章从绿色物流系统组成的角度，分别介绍了绿色运输、绿色流通加工、绿色仓储、绿色包装等的具体节能减排措施，为实现绿色物流提供了具体的实施路径。

本章参考文献

[1] 王仰东，谢明林，安琴，等. 服务创新与高技术服务业[M]. 北京：科学出版社，2011.
[2] 李晓. 服务营销[M]. 武汉：武汉大学出版社，2004.
[3] 贺景霖. 现代服务业发展研究[M]. 武汉：湖北科学技术出版社，2015.
[4] 张新爱，张志红，宗成华. 服务业与制造业共生演化发展研究[M]. 石家庄：河北人民出版社，2018.
[5] 赵明霏. 知识密集型服务业发展研究[D]. 天津：南开大学，2013.
[6] 刘徐方. 智慧服务：现代服务业发展研究[M]. 北京：中国水利水电出版社，2019.
[7] 郑吉昌. 我国产业结构的调整与服务业的发展[J]. 现代管理科学，2004，(6)：6-9.
[8] 程大中. 论服务业在国民经济中的"黏合剂"作用[J]. 财贸经济，2004，(2)：68-73，97.
[9] 国家统计局. 中国第三产业统计年鉴2020[M]. 北京：中国统计出版社，2020.
[10] 国家统计局能源统计司. 中国能源统计年鉴2020[M]. 北京：中国统计出版社，2020.
[11] Butnar I, Llop M. Structural decomposition analysis and input-output subsystems: changes in CO$_2$ emissions of Spanish service sectors（2000—2005）[J]. Ecological Economics，2011，70（11）：2012-2019.
[12] 王凯，唐小惠，甘畅，等. 中国服务业碳排放强度时空格局及影响因素[J]. 中国人口·资源与环境，2021，31（8）：23-31.
[13] 王凯. 中国服务业能源消费CO$_2$排放及其因素分解[J]. 环境科学研究，2013，26（5）：576-582.
[14] 张泊远. 青海省第三产业与能源强度关系的实证研究——基于VAR和SVAR模型[J]. 西安财经学院学报，2012，25（6）：59-64.
[15] 国家统计局. 中国统计年鉴2020[M]. 北京：中国统计出版社，2020.
[16] 国务院发展研究中心，壳牌国际有限公司. 中国中长期能源发展战略研究[M]. 北京：中国发展出版社，2013.
[17] 中华人民共和国国务院. 国务院关于加快建立健全绿色低碳循环发展经济体系的指导意见[EB/OL]. （2021-02-22）[2022-01-22]. http://www.gov.cn/zhengce/content/2021/02/22/content_5588274.htm.
[18] 马文彦. 数字经济2.0 发现传统产业和新兴业态的新机遇[M]. 北京：民主与建设出版社，2017.
[19] 中国信息通信研究院. 中国数字经济发展白皮书（2020年）[R]. 北京：中国信息通信研究院，2020.
[20] 李晓华. 数字经济新特征与数字经济新动能的形成机制[J]. 改革，2019，(11)：40-51.
[21] 李京文，卫兴华. 中国发展与西部开发社科文献 I[M]. 兰州：甘肃文化出版社，2002.

[22] 余丰慧. 金融科技：大数据、区块链和人工智能的应用与未来[M]. 杭州：浙江大学出版社，2018.

[23] 田丽. 各国数字经济概念比较研究[J]. 经济研究参考，2017，（40）：101-106，112.

[24] 逄健，朱欣民. 国外数字经济发展趋势与数字经济国家发展战略[J]. 科技进步与对策，2013，30（8）：124-128.

[25] 中华人民共和国国家发展和改革委员会. 党的十八大以来高技术领域发展成就之五：中国在数字经济领域取得突出成就[EB/OL].（2017-10-06）[2022-01-22]. http://www.gov.cn/xinwen/2017-10/06/content_5229797.htm.

[26] 绿色和平，赛宝计量检测中心. 中国数字基建的脱碳之路：数据中心与5G减碳潜力与挑战（2020—2035）[R]. 北京：绿色和平，2021.

[27] 刘昭洁. 数字经济背景下的产业融合研究——基于制造业的视角[D]. 北京：对外经济贸易大学，2018.

[28] 中国储能网新闻中心. 5G基站能耗：2025年或新增53GW[EB/OL].（2020-07-11）[2022-01-22]. https://www.escn.com.cn/news/show-1068170.html.

[29] 亿欧智库. 2021能源电力数字化转型研究报告[R]. 北京：亿欧智库，2021.

[30] 中关村国标节能低碳技术研究院，中国智慧能源产业技术创新战略联盟. 中国智慧能源产业发展报告（2017）[M]. 北京：中国质检出版社，中国标准出版社，2018.

[31] 易高峰. 数字经济与创新管理实务[M]. 北京：中国经济出版社，2018.

[32] 龙海波. 推进"碳达峰、碳中和"数字经济大有可为[EB/OL].（2021-09-07）[2022-01-22]. https://www.nbd.com.cn/articles/2021-09-07/1905433.html.

[33] 中华人民共和国国家发展和改革委员会. 国家发展改革委关于印发《完善能源消费强度和总量双控制度方案》的通知[EB/OL].（2021-09-11）[2022-01-22]. http://www.gov.cn/zhengce/zhengceku/2021-09/17/content_5637960.htm.

[34] 吴兆军. 应重视数字基础设施绿色低碳化发展[J]. 审计观察，2021，（7）：1.

[35] 刘菁. 碳足迹视角下中国建筑全产业链碳排放测算方法及减排政策研究[D]. 北京：北京交通大学，2018.

[36] 曲向荣，李辉，王俭. 循环经济[M]. 北京：机械工业出版社，2012.

[37] 李金惠，曾现来，刘丽丽，等. 循环经济发展脉络[M]. 北京：中国环境出版社，2017.

[38] 卢红兵. 循环经济与低碳经济协调发展研究[D]. 北京：中共中央党校，2013.

[39] 马歆，郭福利. 循环经济理论与实践[M]. 北京：中国经济出版社，2018.

[40] 韩庆利，王军. 关于循环经济3R原则优先顺序的理论探讨[J]. 环境保护科学，2006，（2）：59-62.

[41] 周芸. "双碳"目标下的生态社区建设与社区循环经济发展[J]. 张江科技评论，2021，（4）：44-47.

[42] 李国平，黄国勇. 各国发展循环经济的经验比较[J]. 生态经济，2007，（6）：94-96.

[43] 李伟. 我国循环经济的发展模式研究[D]. 西安：西北大学，2009.

[44] 余强，黄超. 中国废旧轮胎循环利用行业碳减排及碳核查方法学[M]. 北京：中国环境出版社，2018.

[45] 周宏大，梁书升. 农村循环经济[M]. 北京：中国农业出版社，2006.

[46] 中华人民共和国国务院. 国务院关于加快发展循环经济的若干意见[EB/OL].（2005-09-08）[2022-01-22]. http://www.gov.cn/zwgk/2005-09/08/content_30305.htm.

[47] 中华人民共和国国家发展和改革委员会. 国家发展改革委关于印发"十四五"循环经济发展规划的通知[EB/OL].（2021-07-07）[2022-01-22]. https://www.ndrc.gov.cn/xxgk/zcfb/ghwb/202107/t20210707_1285527.html.

[48] 新华社. 中华人民共和国国民经济和社会发展第十四个五年规划和2035年远景目标纲要[EB/OL].（2021-03-13）[2022-01-22]. http://www.gov.cn/xinwen/2021-03/13/content_5592681.htm.

[49] 李海波，苏元章. 物流基础实务[M]. 北京：北京理工大学出版社，2018.

[50] 章竞，汝宜红. 绿色物流[M]. 北京：北京交通大学出版社，2014.

[51] 王勇，刘永. 运输与物流系统规划[M]. 成都：西南交通大学出版社，2018.

[52] 中国国家邮政局. 国家邮政局公布2021年上半年邮政行业运行情况[EB/OL].（2021-07-17）[2022-01-22].

http://www.gov.cn/shuju/2021-07/17/content_5625659.htm.

[53]　国务院办公厅. 国务院办公厅转发国家发展改革委等部门关于加快推进快递包装绿色转型的意见的通知 [EB/OL]. （2020-12-14）[2022-01-22]. http://www. gov.cn/zhengce/content/2020-12/14/content_5569345.htm.

[54]　王继祥. 中国绿色物流发展的路径与解决方案（上）[N]. 中国邮政报，2021-01-07 （4）.

[55]　王继祥. 中国绿色物流发展的路径与解决方案（下）[N]. 中国邮政报，2021-01-28 （4）.